TOPOGRAPHIE

DE

TOUS LES VIGNOBLES CONNUS

OUVRAGE DU MÊME AUTEUR.

MANUEL DU SOMMELIER, ou instruction pratique sur la manière de soigner les vins, contenant la Théorie de la Dégustation, de la Clarification, du Collage et de la Fermentation *secondaire* des vins ; des moyens de prévenir leur altération et de les rétablir lorsqu'ils sont dégénérés ou naturellement défectueux ; la manière de distinguer les vins purs des mélangés, frelatés ou artificiels ; le tarif actuel des impôts sur les boissons, celui des frais que l'on paye à l'entrepôt de Paris, etc., par C. E. Jullien, ingénieur. 5ᵉ édition revue et augmentée, avec trois planches. Prix, 3 fr.

IMPRIMERIE DE Mme Ve BOUCHARD-HUZARD, RUE DE L'ÉPERON, 5.

TOPOGRAPHIE

DE

TOUS LES VIGNOBLES

CONNUS

CONTENANT LEUR POSITION GÉOGRAPHIQUE,
L'INDICATION DU GENRE ET DE LA QUALITÉ DES PRODUITS DE CHAQUE CRU,
LES LIEUX OU SE FONT LES CHARGEMENTS ET LE PRINCIPAL COMMERCE DES VINS,
LE NOM ET LA CAPACITÉ DES TONNEAUX ET DES MESURES EN USAGE,
LES MOYENS DE TRANSPORT ORDINAIREMENT EMPLOYÉS,
LES TARIFS DES DOUANES DE FRANCE ET DES PAYS ÉTRANGERS, ETC., ETC.

OUVRAGE COURONNÉ PAR L'INSTITUT

Par A. JULLIEN,

Auteur du *Manuel du Sommelier.*

CINQUIÈME ÉDITION

Revue, corrigée et augmentée

Par C. E. JULLIEN,

ingénieur.

Quid non ebrietas designat? Operta recludit :
Spes jubet esse ratas ; ad prœlia trudit inertem,
Sollicitis animis onus eximit; addocet artes ;
Fecundi calices quem non fecere disertum ?
Contracta quem non in paupertate solutum.

Horatius, *lib* 1, *epist.* 5.

PARIS

LIBRAIRIE D'AGRICULTURE ET D'HORTICULTURE
DE Mme Ve BOUCHARD-HUZARD
rue de l'Éperon, 5.

1866

TRADUCTION DE L'ÉPIGRAPHE.

Qui ne sait d'une heureuse ivresse,
Qui ne sait les heureux effets?
Elle prodigue la sagesse,
Elle révèle les secrets.
Des chimères de l'espérance
Elle sait nous faire jouir.
C'est dans la coupe du plaisir
Que l'ignorant boit la science.
Au lâche elle rend la vaillance,
Au fourbe la sincérité,
Et dans le sein de l'indigence
Fait trouver la félicité.
Gaîté, franchise, confiance,
Talents, vous êtes ses bienfaits.
Eh! quel buveur manqua jamais
Ou de courage ou d'éloquence?

(Œuvres d'HORACE, traduites par M. DARU.)

Les augmentations considérables que j'ai faites à cet ouvrage m'ont forcé, pour ne pas le mettre en deux volumes, non-seulement d'augmenter le nombre et la longueur des lignes contenues dans chacune des pages, mais encore d'employer des abréviations pour indiquer les distances et la position des pays que j'ai cités. Voici les signes que j'ai employés :

kil. signifie kilomètre.
E. — est.
S. — sud.
O. — ouest.
N. — nord.

TABLE DES CHAPITRES.

—◦◦◦◦—

	Pages.
Rapport fait a l'Académie des sciences.	1
Observations préliminaires de la 3ᵉ édition. — Classification des vins.	9
Vocabulaire des termes techniques.	19
Notice sur les vignobles de l'antiquité.	25
Vignobles des anciens.	28
Europe.	29
Asie.	37
Afrique.	40
Analyse du vin.	42
Propriétés du vin.	43

PREMIÈRE PARTIE.

France.

INTRODUCTION.	45
CHAPITRE PREMIER. — Flandre, Hainaut, Cambresis, Picardie, et une partie de l'Ile-de-France et de la Brie.	48
§ Iᵉʳ. Département du Nord.	49
§ II. Département du Pas-de-Calais.	49
§ III. Département de la Somme.	50
§ IV. Département de l'Aisne.	50
Classification.	52
CHAPITRE II. — Normandie et une partie du Perche.	53
§ Iᵉʳ. Départements de la Manche, de l'Orne, du Calvados et de la Seine-Inférieure.	54
§ II. Département de l'Eure.	54
Classification.	54
CHAPITRE III. — Ile-de-France et Brie.	55
§ Iᵉʳ. Département de l'Oise.	55
§ II. Département de la Seine.	56
§ III. Département de Seine-et-Oise.	56

	Pages.
§ IV. Département de Seine-et-Marne.	58
Classification.	59
CHAPITRE IV. — CHAMPAGNE.	60
§ I⁰ʳ. Département des Ardennes.	60
§ II. Département de la Marne.	61
§ III. Département de la Haute-Marne.	73
§ IV. Département de l'Aube.	75
Classification.	77
CHAPITRE V. — LORRAINE.	78
§ I⁰ʳ. Département de la Moselle.	78
§ II. Département de la Meuse.	80
§ III. Département de la Meurthe.	81
§ IV. Département des Vosges.	83
Classification.	84
CHAPITRE VI. — ALSACE.	84
§ I⁰ʳ. Département du Bas-Rhin.	85
§ II. Département du Haut-Rhin.	87
Classification.	90
CHAPITRE VII. — BRETAGNE.	91
§ I⁰ʳ. Départements du Finistère et des Côtes-du-Nord. . .	91
§ II. Département d'Ille-et-Vilaine.	92
§ III. Département du Morbihan.	92
§ IV. Département de la Loire-Inférieure.	92
Classification.	94
CHAPITRE VIII. — ANJOU et MAINE.	94
§ I⁰ʳ. Département de la Mayenne.	94
§ II. Département de la Sarthe.	95
§ III. Département de Maine-et-Loire.	96
Classification.	99
CHAPITRE IX. — TOURAINE.	100
Département d'Indre-et-Loire.	100
Classification.	104
CHAPITRE X. — ORLÉANAIS, BLAISOIS, BEAUCE, une partie du Perche et du GATINAIS.	105
§ I⁰ʳ. Département d'Eure-et-Loir.	105
§ II. Département du Loiret.	106
§ III. Département de Loir-et-Cher.	110
Classification.	114

Pages.

CHAPITRE XI. — Bourgogne et Beaujolais.   114

§ 1er. Département de l'Yonne.   117
§ II. Département de la Côte-d'Or.   127
§ III. Département de Saône-et-Loire, et une partie de celui
       du Rhône.   140
       Classification.   147

CHAPITRE XII. — Franche-Comté.   150

§ 1er. Département de la Haute-Saône.   150
§ II. Département du Doubs.   151
§ III. Département du Jura..   153
       Classification.   156

CHAPITRE XIII. — Bresse, Bugey et pays de Gex.   157

       Département de l'Ain.   157
       Classification.   159

CHAPITRE XIV. — Poitou et une partie de la Saintonge. . . .   159

§ 1er. Département de la Vendée.   160
§ II. Département des Deux-Sèvres.   160
§ III. Département de la Vienne.   162
       Classification.   163

CHAPITRE XV. — Berry, Nivernais et Bourbonnais.   164

§ 1er. Département de l'Indre.   164
§ II. Département du Cher.   165
§ III. Département de la Nièvre.   166
§ IV. Département de l'Allier.   167
       Classification.   169

CHAPITRE XVI. — Aunis, Saintonge et Angoumois.   170

§ 1er. Département de la Charente-Inférieure.   170
§ II. Département de la Charente.   173
       Classification.   176

CHAPITRE XVII. — Limosin et Marche.   177

§ 1er. Département de la Haute-Vienne.   177
§ II. Département de la Corrèze.   178
§ III. Département de la Creuse.   179
       Classification.   179

CHAPITRE XVIII. — Auvergne, Velay et Forez.   179

§ 1er. Département du Puy-de-Dôme.   180
§ II. Département de la Loire.   183
§ III. Département du Cantal.   185

Pages.

§ IV. Département de la Haute-Loire. 186
        Classification. 186

CHAPITRE XIX. — DAUPHINÉ et LYONNAIS. 187

§ Iᵉʳ. Partie du département du Rhône. 187
§ II. Département de l'Isère. 189
§ III. Département de la Drôme. 192
§ IV. Département des Hautes-Alpes. 196
        Classification. 196

CHAPITRE XX. — GUIENNE et GASCOGNE. 198

§ Iᵉʳ. Département de la Gironde. 198
§ II. Département de la Dordogne. 225
§ III. Département des Landes. 230
§ IV. Département de Lot-et-Garonne. 234
§ V. Département du Gers. 235
§ VI. Département du Lot. 236
§ VII. Département de l'Aveyron. 238
        Classification. 239

CHAPITRE XXI. — LANGUEDOC. 242

§ Iᵉʳ. Département de l'Ardèche. 243
§ II. Département de la Lozère. 245
§ III. Département du Gard. 245
§ IV. Département de Tarn-et-Garonne. 249
§ V. Département du Tarn. 250
§ VI. Département de l'Hérault. 252
§ VII. Département de la Haute-Garonne. 257
§ VIII. Département de l'Aude. 259
        Classification. 260

CHAPITRE XXII. — PROVENCE, comtat d'AVIGNON, principauté
        d'ORANGE et comté de NICE. 262

§ Iᵉʳ. Département des Basses-Alpes. 263
§ II. Département du Var. 263
§ III. Département des Alpes-Maritimes. 266
§ IV. Département de Vaucluse. 266
§ V. Département des Bouches-du-Rhône. 269
        Classification. 273

CHAPITRE XXIII. — SAVOIE. 274

CHAPITRE XXIV. — BÉARN, BIGORRE, NAVARRE, CONSERANS,
        comté de FOIX et ROUSSILLON. 278

§ Iᵉʳ. Département des Basses-Pyrénées. 278

Pages.

§ II. Département des Hautes-Pyrénées.. 281
§ III. Département de l'Ariége. 283
§ IV. Département des Pyrénées-Orientales. 284
    Classification. 288

CHAPITRE XXV. — Ile de Corse. 290

CHAPITRE XXVI. — Classification générale des vins de France. 291
§ Ier. Vins rouges. 292
§ II. Vins blancs. 307
§ III. Vins de liqueur. 315

DEUXIÈME PARTIE.

Pays étrangers.

INTRODUCTION. 319

CHAPITRE PREMIER. — Suède, Norwége et Danemark. . . . 320

CHAPITRE II. — Royaume-Uni de Grande Bretagne et Irlande. 322

CHAPITRE III. — Royaumes des Pays-Bas et de Belgique. . . 331

CHAPITRE IV. — Allemagne et Zollverein. 333
§ Ier. Hanovre et ville libre de Brême. 336
§ II. Royaume de Prusse. 337
§ III. Royaume de Saxe. 341
§ IV. Pays de Hesse, duché de Nassau, etc. 341
§ V. Royaume de Bavière. 347
§ VI. Royaume de Wurtemberg. 351
§ VII. Grand-duché de Bade. 352

CHAPITRE V. — Empire d'Autriche. 355
§ Ier. Silésie autrichienne, Bohême et Moravie. 356
§ II. Gallicie. 357
§ III. Archiduché d'Autriche et Saltzbourg. 357
§ IV. Hongrie. 358
§ V. Transylvanie, Siebenbürgen. 364
§ VI. Styrie, Carinthie, Carniole. 364
§ VII. Illyrie. 365
§ VIII. Tyrol. 367

CHAPITRE VI. — Suisse. 368

Pages.

CHAPITRE VII. — ITALIE et ILES qui en dépendent.   376

§ Iᵉʳ. Piémont, Gênes, île de Sardaigne.   378
§ II.   Lombardie et Vénétie.   381
§ III. Parme.   385
§ IV.   Modène, Massa et Lucques.   386
§ V.   Toscane et île d'Elbe.   386
§ VI.   État romain.   389
§ VII. Naples et Sicile.   393

CHAPITRE VIII. — ESPAGNE.   402

§ Iᵉʳ. Galice.   407
§ II.   Asturies.   407
§ III. Biscaye.   408
§ IV.   Navarre.   408
§ V.   Aragon.   409
§ VI.   Catalogne.   409
§ VII. Léon.   410
§ VIII. Vieille-Castille.   413
§ IX.   Nouvelle-Castille.   411
§ X.   Valence.   413
§ XI.   Estramadure.   413
§ XII. Andalousie.   414
§ XIII. Murcie.   417
§ XIV. Grenade.   418
§ XV.   Iles Baléares.   420

CHAPITRE IX. — PORTUGAL.   423

§ Iᵉʳ. Province d'Entre-Douro-e-Minho.   424
§ II.   Province de Traz-os-Montes.   424
§ III. Province de Beira.   424
§ IV.   Estramadure portugaise.   429
§ V.   Alemtejo.   430
§ VI.   Algarves.   430

CHAPITRE X. — RUSSIE et POLOGNE.   430

§ Iᵉʳ. Petite Russie.   430
§ II.   Russie méridionale.   430
§ III. Royaume d'Astracan.   435
§ IV.   Provinces caucasiques.   438
§ V.   Royaume de Pologne.   441

CHAPITRE XI. — TURQUIE.   445

§ Iᵉʳ. Provinces continentales de la Turquie d'Europe. . . .   446

Pages.

§ II. Iles de l'Archipel.   450
§ III. Ile de Chypre.   453
§ IV. Provinces continentales de la Turquie d'Asie.   457

CHAPITRE XII. — Royaume de Grèce et iles Ioniennes. . . .   461

§ Ier. Thessalie.   462
§ II. Livadie.   462
§ III. Morée.   463
§ IV. Iles de l'Archipel.   465
§ V. Iles Ioniennes.   466

CHAPITRE XIII. — Asie.   469

§ Ier. Arabie.   469
§ II. Perse.   471
§ III. Afghanistan, ou Caboul.   475
§ IV. Indostan, ou Indes orientales.   475
§ V. Tonquin, Cochinchine, Laos et Cambodja.   476
§ VI. Chine.   476
§ VII. Tatarie indépendante.   479
§ VIII. Japon.   480
§ IX. Iles du grand Océan.   480

CHAPITRE XIV. — Afrique.   481

§ Ier. Égypte.   482
§ II. Nubie, Abyssinie, Barbarie, Maroc, Sénégal et Guinée   483
§ III. Afrique méridionale.   484

CHAPITRE XV. — Iles de l'océan Atlantique.   489

§ Ier. Iles du cap Vert.   489
§ II. Iles Canaries.   489
§ III. Ile Madère.   493
§ IV. Iles Açores.   498

CHAPITRE XVI. — Amérique.   499

§ Ier. Possessions russes.   500
§ II. Possessions anglaises.   500
§ III. États-Unis.   501
§ IV. Mexique.   506
§ V. Amérique centrale.   508
§ VI. Antilles, Haïti, etc.   508
§ VII. Colombie, Nouvelle-Grenade, Venezuela.   510
§ VIII. Guyane.   511
§ IX. Pérou et Bolivie.   511
§ X. Brésil.   513

                                                        Pages.
   § XI. Uruguay, Paraguay, Chili, la Plata.   514
CHAPITRE XVII. — Australie.   516

CHAPITRE XVIII. — Classification générale des vins
   étrangers.   517

   § Ier. Vins rouges.   518
   § II. Vins blancs.   522
   § III. Vins de liqueur.   525

APPENDICE.

   I. Nombre d'hectares plantés en vigne en 1788, 1829 et
      1847.   530
  II. Statistique de la production et de la consommation de
      vin.   532
 III. Superficie des vignobles et production moyenne des
      vins blancs et rouges de 1852 à 1860.   536
  IV. Production du vin de 1859 à 1864.   536
   V. Production de l'alcool en 1862, 1863, 1864.   536
  VI. Production de la bière.   536
 VII. Prix des vins exportés en 1826-1864.   537
VIII. Prix des vins importés aux mêmes années.   538
  IX. Alcoolisation des vins pour l'exportation.   538
   X. Dimensions que doivent avoir les futailles métriques. .   540

TABLE GÉNÉRALE DES VIGNOBLES.

PREMIÈRE PARTIE. — Vignobles de France.   541
DEUXIÈME PARTIE. — Vignobles étrangers.   557

RAPPORT

FAIT

A L'ACADÉMIE DES SCIENCES DE L'INSTITUT DE FRANCE

SUR LA 3ᵉ ÉDITION D'UN OUVRAGE INTITULÉ :

TOPOGRAPHIE

DE

TOUS LES VIGNOBLES CONNUS

PRÉCÉDÉE

D'UNE NOTICE TOPOGRAPHIQUE SUR LES VIGNOBLES DE L'ANTIQUITÉ

ET SUIVIE

D'UNE CLASSIFICATION GÉNÉRALE DES VINS,

PAR A. JULLIEN.

L'auteur de cet ouvrage s'est proposé de réunir en un seul corps les renseignements statistiques et commerciaux propres à faire connaître les vignobles établis sur toute la surface du globe, leur situation, leur étendue superficielle, la quantité de vin qu'ils produisent et l'ordre dans lequel ces différents vins doivent être classés d'après les qualités qui en constituent le mérite, d'après les ressemblances qui peuvent exister entre ceux mêmes qui tirent leur origine des contrées les plus éloignées, et les nuances de parfum et de goût qui distinguent quelquefois des vins récoltés dans les clos les plus voisins.

Le travail de M. Jullien est composé de deux parties : la première comprend les vignobles et les vins de France ; la seconde traite des vignobles et des vins étrangers.

(Nous faisons abstraction d'une Notice sur les vins des anciens, qui annonce dans l'auteur une instruction littéraire distinguée, mais qui ne peut pas être regardée comme appartenant à la statistique.)

1

La description des vignobles de France forme la partie la plus considérable et la plus importante de l'ouvrage : l'auteur n'en a point assujetti les marches à l'ordre alphabétique des départements ; il a classé les vignobles par région ou contrée, en se conformant, pour les dénominations et pour les circonscriptions, aux données du commerce. Les départements n'entrent que comme sous-divisions dans les différentes parties de ce cadre, et, lorsqu'il a été nécessaire de fractionner des départements pour rapprocher, dans un même paragraphe, des crus entre lesquels il existe de l'analogie, M. Jullien l'a fait ; ainsi, par exemple, les vignobles de la partie du département de Saône-et-Loire, vulgairement connue sous le nom de Châlonnais, sont portés dans le même chapitre que ceux de la Côte-d'Or, parce que le commerce place les vins qui y sont récoltés dans la catégorie des vins de Bourgogne. Les vins du Mâconnais qui sont produits dans le département de Saône-et-Loire, et ceux du Beaujolais, qui fait partie du département du Rhône, ont des qualités si sensiblement analogues, que le commerce s'est accoutumé à les désigner par un seul et même nom, celui de vin de Mâcon. Ce qui concerne les vignobles de ces deux contrées a été réuni dans le même chapitre. La partie du département du Rhône, qu'on appelle le Lyonnais, a été rapprochée du département de l'Isère, à cause des vins si estimés des côtes du Rhône, récoltés sur l'une et l'autre rive de ce fleuve, qui, dans cette partie de son cours, forme la limite des deux départements.

Ce classement présente le territoire vinifère de la France dans un tableau méthodique dont l'esprit saisit facilement l'ensemble, parce qu'il est composé de groupes où les vins sont réunis par l'analogie de leurs qualités caractéristiques, autant que par la communauté d'origine ; outre cet avantage, il a celui d'être fondé sur des dénominations célèbres. Il suffit, en effet, de nommer les vins de Champagne, du Rhône, de Bourgogne, de Médoc, etc., pour faire sentir la convenance de conserver et de présenter en première ligne des noms connus depuis si longtemps dans le monde commerçant.

M. Jullien fait d'abord connaître le nombre d'hectares des vignobles réunis dans un même paragraphe, le nombre des communes sur le territoire desquelles les vignes existent, celui des propriétaires entre lesquels elles sont partagées, et la quantité moyenne de leur produit annuel, exprimée en hectolitres. Il donne ensuite des détails sur la variété des plants ou cepages, sur la culture de la vigne, sur la fabrication et la qualité du vin, et sur le commerce qui s'en fait tant à l'intérieur qu'à l'extérieur.

Les différents vignobles sont décrits successivement, suivant l'ordre d'estime dont jouissent, à raison de leur qualité, les vins qu'ils produisent ; d'où résulte une première classification, bonne seulement pour le pays où elle a été faite. Ses résultats ne sont pas comparables avec ceux de la classification propre à un autre vignoble ; elle n'établit entre eux aucune mesure commune ; elle apprend, à la vérité, quels sont, dans chaque canton, les vins qu'on y estime le plus, mais elle ne fait point connaître le rang qu'ils doivent occuper dans la série générale des vins des autres contrées. Une classification faite sur des échelles si diverses et si bornées serait très-compliquée et fort peu utile dans quelques pays ; elle ne servirait qu'à désigner quels sont les vins qu'on décore du nom de vins de première qualité, parce qu'ils sont les moins·mauvais de ceux qu'on y récolte.

M. Juliien a établi une classification générale qui embrasse tous les vins connus, soit français, soit étrangers : ils y forment une série méthodique dans laquelle ils sont rapprochés d'après l'analogie de leur qualité ; ils y sont, en quelque sorte, ramenés à la même échelle. Il forme d'abord deux grandes classes caractérisées par la couleur, *rouge* et *blanc*.

Chaque classe est partagée en genres caractérisés par la *consistance ;* il y en a trois, celui des vins *secs*, celui des vins *moelleux* et celui des vins de *liqueur :* des exemples feront connaître le sens que l'auteur attache à cette nomenclature. Les vins du Rhin sont du genre des vins secs ; les vins de Bourgogne, de Bordeaux et la plupart des vins français appartiennent au genre des vins moelleux ; le Champagne produit, dans ses premiers crus, des vins secs et des vins moelleux.

Dans chaque genre, il y a cinq espèces caractérisées, principalement par des qualités que la dégustation découvre, et par l'estime des consommateurs, dont le commerce est généralement le confident et l'interprète. On demandera peut-être si une telle classification n'est pas arbitraire, et s'il est un art qui puisse assigner d'une manière certaine le rang qu'un vin donné doit occuper parmi les autres vins. Cet art existe, et l'usage qu'on en fait dans le commerce pour régler des intérêts importants ou pour préparer des spéculations considérables prouve que cet art repose sur des bases réelles; il a sa langue, et M. Jullien en donne le vocabulaire. On y trouve des mots techniques au moyen desquels on peut exprimer, dans leurs nuances les plus légères, les qualités des vins et leurs défectuosités, par des phrases rappelant, par leur concision, celles dont les botanistes font usage dans leurs descriptions. Lorsqu'un vin est caractérisé par une de ces phrases, un négociant exercé, même sans avoir un échantillon à sa disposition, est en état de déterminer le rang auquel ce vin doit être placé et d'arrêter son opinion sur le prix qu'on peut en demander aux consommateurs, et que ceux-ci consentiront à payer.

C'est en s'aidant de toutes les observations faites dans le commerce des vins, et de sa propre expérience dans ce commerce, que M. Jullien est parvenu à établir sa classification générale ; il l'a successivement appliquée à tous les vignobles qu'il a décrits : reprenant ensuite ces résultats partiels, il a formé un tableau général des vins de France, où tous les crus du même rang sont rapprochés dans un seul et même article. Un tableau pareil comprend tous les vins étrangers : ceux-ci, quoique placés dans un cadre séparé de celui des vins français, sont cependant rapportés à la même échelle, et lorsque deux vins, quelle que soit leur origine ou française ou étrangère, occupent le même rang, chacun dans son cadre, ils sont censés avoir un mérite égal. Il ne faudrait pas conclure de cette expression que les vins dont il s'agit sont identiques, elle peut s'appliquer à des vins doués de qualités distinctes, souvent très-différentes et même opposées, il suffit qu'ils jouissent, au même degré, de la faveur des consommateurs, et qu'ils soient également recherchés dans le commerce.

Cette classification est une des parties les plus intéressantes du travail de M. Jullien et celle qui contribue le plus à lui donner un caractère original ; nous ne doutons pas qu'elle ne devienne très-utile aux négociants pour la pratique de leur commerce, aux consommateurs, qu'elle mettra à l'abri des tromperies, en leur donnant des idées justes et précises sur la valeur relative des vins, et à un grand nombre de propriétaires de vignes, soit en les éclairant sur le rang des vins qu'ils produisent, soit en appelant dans la circulation des vins qui sont consommés sur les lieux de production, parce que leurs qualités sont inconnues ou ignorées.

Un ouvrage intitulé *OEnologie française*, par M. Cavoleau, partagea le prix de statistique en 1827. Comme son titre l'indique, il ne s'appliquait qu'aux vignobles français ; il avait pour objet d'en faire connaître l'étendue superficielle, les produits et leur prix, les lieux d'exportation, l'emploi dans les consommations intérieures ou pour le commerce extérieur. Les vins y sont classés suivant l'ordre de leurs qualités ; mais cette classification n'est que locale. La commission, qui fit sur ce travail un rapport a l'Académie, dans sa séance du 28 mai 1827, sans se dissimuler les incertitudes et les omissions inévitables dans un ouvrage de ce genre, considéra que celui-ci, offrant un mode de recherches spéciales appliqué à un objet déterminé et aussi important, méritait la plus honorable distinction : nous sommes entièrement de cet avis. La *Topographie des Vignobles* par M. Jullien avait déjà paru, elle était même à sa seconde édition ; mais elle n'avait pas été présentée au concours. Cet ouvrage avait été publié, pour la première fois, en 1816 : feu M. Bosc, membre de cette Académie, en porta le jugement suivant :

« Nulle part cet objet n'avait encore été traité avec l'ensemble
« et les détails convenables, parce qu'un négociant en vins ha-
« bitant Paris pouvait seul entreprendre de le faire, comme
« placé au centre de la plus grande consommation, comme moins
« influencé que ceux des pays de vignobles par l'esprit de parti (1).

« [Je dois ajouter, dit-il ailleurs, que l'ouvrage est écrit avec
« clarté et d'une manière convenable à son objet... Sans doute,
« l'intérêt particulier, l'habitude, les préjugés locaux pourront
« trouver les jugements de M. Jullien erronés : mais il n'en res-
« tera pas moins certain que son travail, qui manquait, je ne
« dirai pas seulement à la France, je ne dirai pas seulement à
« l'Europe, mais au monde, ne peut que lui faire infiniment
« d'honneur (2).] »

On sait que M. Bosc avait entrepris un grand travail sur la culture de la vigne ; il avait visité presque tous les vignobles de France, à l'époque de la vendange, pour en étudier les produits et les causes qui influent sur leurs qualités. Il s'était attaché à déterminer l'influence du choix des cepages, de la nature du sol et

(1) *Annales d'agriculture*, t. LXX, p. 32 (octobre 1817).
(2) *Idem*   *idem*,   p. 85.

de son exposition, des méthodes de culture et des procédés de fabrication.

Les éloges motivés qu'un observateur aussi habile, un homme d'un jugement aussi intègre et aussi éclairé a accordés au travail de M. Jullien suffiraient pour en garantir le mérite. L'ouvrage n'en était encore qu'à sa première édition ; c'est la troisième qui est présentée au concours de 1832 : la seconde avait paru en 1822, cinq ans avant la publication de l'*Œnologie française*. Ces dates font voir que M. Jullien est entré le premier dans la carrière. Ce débit de son ouvrage a principalement lieu parmi les négociants qui font le commerce des vins ; l'épuisement de deux éditions depuis 1816, et la nécessité d'en faire une troisième à la fin de 1831, montrent l'estime dont il jouit dans cette classe d'hommes, qui, par leur état, sont ses véritables juges, et qui paraissent avoir une entière confiance dans les notions qu'il leur fournit sur leur commerce.

Postérieurement à 1827, le public a été mis en possession d'un document authentique sur la matière qui a fait l'objet des recherches de M. Jullien et de M. Cavoleau ; c'est un rapport au roi, fait le 15 mars 1830, par M. le comte Chabrol, ministre des finances, sur l'étendue des terrains plantés en vignes et sur leur produit. Les résultats numériques auxquels se rattache une perception financière doivent être présumés exacts, parce qu'ils sont déterminés par une discussion contradictoire entre les agents du fisc, qui ont un intérêt personnel à ce que rien ne soit omis ou atténué, et les contribuables, intéressés à ce que rien ne soit supposé ou exagéré. Les données obtenues par cette voie peuvent être employées avec quelque confiance dans les recherches statistiques. Le rapport du ministre des finances nous fournissait donc un moyen de vérifier l'exactitude des résultats numériques contenus dans les ouvrages des particuliers.

La troisième édition de la *Topographie des vignobles* étant postérieure au rapport du ministre des finances, il n'a pas été possible de lui faire subir cette épreuve ; mais on pouvait y soumettre la deuxième édition, qui est de 1822, et l'*Œnologie française*, qui a paru en 1827. Dans ces deux ouvrages, aussi bien que dans le rapport du ministre, on trouve l'évaluation de l'étendue superficielle du terrain planté en vignes dans soixante-treize départements.

En 1829, le ministre l'évalue à . . . .   1,993,207 hectares.
En 1827, M. Cavoleau l'évaluait à. . .   1,711,456
En 1822, M. Jullien l'évaluait à. . . .   1,863,315

Les deux différences sont en moins (1).

Celle de M. Cavoleau, en 1827, était de 281,751 hectares ; elle est égale à 0,141.

Celle de M. Jullien, en 1822, n'était que de 129,892 hectares ; elle n'est donc que de 0,065.

Dans l'édition de 1832, M. Jullien a corrigé ses évaluations d'après le rapport du ministre des finances ; mais il ne l'a pas fait d'une manière servile : nous en citerons un exemple.

Le rapport du ministre donne, département par département, le produit moyen annuel de 1 hectare de vigne, calculé d'après les récoltes des années 1826, 1827 et 1828 ; le produit moyen de ces trois années est évalué à 44,814,000 hectolitres de vin pour toute la France. M. Jullien croit cette évaluation trop élevée ; il remarque que les trois années qui ont servi à sa détermination ont été d'une abondance plus qu'ordinaire, et que les années de moindre abondance sont les plus nombreuses : en conséquence, il donne, département par département, une autre moyenne, qu'il a conclue de renseignements qu'il possède sur les récoltes des années antérieures. Il résulte de son calcul que le produit annuel moyen de toutes les vignes de France est de 39,231,000 hectolitres de vin.

Si l'on calcule, d'après ces résultats, le produit annuel moyen de 1 hectare de vigne dans toute la France, on trouve,

D'après les données du rapport du ministre.   22 hectol. 21 lit.
D'après les données de M. Jullien.   19   44

Quoique M. Jullien ait consulté un grand nombre de documents administratifs, son ouvrage ne peut être considéré comme une compilation ; l'observation des faits, leur appréciation et leur exposition raisonnée en forment le principal fonds : c'est, en quelque sorte, une monographie statistique des produits de la vigne dans tout l'univers. Avec quelque soin qu'un ouvrage de

(1) Voy. dans l'*Appendice* le tableau de la production du vin en France depuis une série d'années.   (*Note de la 5ᵉ édition.*)

ce genre ait été composé, il sera toujours susceptible d'améliorations : c'est un sort commun à tous les ouvrages consacrés à l'exposition des faits recueillis par l'observation dans un sujet de quelque étendue ; ils sont continuellement perfectionnés et jamais complétement achevés. L'auteur de la *Topographie des vignobles* n'a pas cessé de travailler à l'amélioration du sien : dans les intervalles des éditions, il s'est appliqué à recueillir de nouveaux faits ; il a visité des vignobles célèbres, et il a reçu des renseignements utiles de correspondants instruits que son commerce et la publication de son livre lui ont procurés; lorsqu'il s'occupait d'une nouvelle édition, il communiquait à ses correspondants l'article relatif au pays que chacun d'eux habitait, avec invitation d'indiquer les inexactitudes et les omissions qu'ils pourraient y remarquer. Nous avons eu sous les yeux la circulaire qui fut écrite pour préparer la troisième et dernière édition ; de nombreuses questions y sont posées avec précision et clarté ; aussi cette édition est-elle plus parfaite que la précédente, qui elle-même est supérieure à celle de 1816. L'ouvrage de M. Jullien appartient bien certainement à la statistique; il en embrasse une division tout entière, dans laquelle est comprise une des branches les plus importantes de la richesse de la France ; il est composé avec une bonne méthode, et il a beaucoup ajouté à la somme des connaissances sur les matières qui y sont traitées. Ces mérites, et la constance avec laquelle l'auteur s'est attaché à son sujet, la persévérance qu'il a mise à améliorer son travail pendant le cours des seize années qui séparent la première édition de la troisième, lui donnent des droits à recevoir des marques distinguées de l'approbation de l'Académie.

La commission dont je suis l'organe a l'honneur de proposer à l'Académie de décerner le prix de statistique fondé par M. de Montyon à l'ouvrage intitulé *Topographie de tous les vignobles connus*, par M. Jullien, édition de 1832.

L'Académie adopte les conclusions de ce rapport.

Certifié conforme :

Le secrétaire perpétuel pour les sciences mathématiques,
F. ARAGO.

(15 octobre 1832.)

OBSERVATIONS PRÉLIMINAIRES
DE LA 3e ÉDITION.

CLASSIFICATION DES VINS.

Cet ouvrage est destiné à faire connaître les nombreux vignobles qui couvrent presque toutes les parties du globe où le climat permet de les cultiver, et spécialement ceux de la France, dont les produits, estimés partout, forment une des branches les plus importantes de son commerce avec les nations étrangères.

Nous possédons plusieurs excellents traités sur la culture de la vigne et sur les meilleurs procédés à suivre pour la fabrication du vin ; mais, lorsque je publiai la première édition de cet ouvrage, en 1816, personne n'avait encore entrepris de réunir les renseignements géographiques, statistiques et commerciaux propres à faire connaître la situation de tous les vignobles, leur étendue, la quantité et la qualité de leurs produits sous les différents climats, les nuances de goût et de parfum qui distinguent entre eux les vins de divers crus, et les ressemblances que l'on reconnaît entre ceux de vignobles fort éloignés les uns des autres. Ce travail présentait de grandes difficultés, et, malgré tous les soins que je donnai à sa rédaction, il resta fort incomplet. La seconde édition, publiée en 1822, contenait beaucoup plus de détails et moins d'inexactitudes ; mais l'édition que je publie a subi des changements beaucoup plus considérables : la plupart des chapitres ont été entièrement refaits, et tous ont été corrigés et augmentés : on reconnaîtra même, dans la seconde partie, des chapitres tout à fait neufs. Les vignobles de l'Allemagne, de la Russie méridionale, de la Turquie, de la Grèce, de l'Asie, de l'Afrique et de l'Amérique, qui n'étaient qu'imparfaitement indiqués dans les précédentes éditions, sont décrits dans celle-ci avec assez de détails pour faire connaître leur importance et la nature de leurs produits.

J'ai extrait de tous les tarifs des *douanes* publiés jusqu'à ce jour par le gouvernement ce qui est relatif aux droits imposés sur les boissons, tant à leur entrée qu'à leur sortie et à leur passage dans les différents États. Plusieurs de ces tarifs n'indiquant pas la capacité des mesures employées pour la fixation des droits ni la valeur des monnaies, j'ai suppléé à ces omissions par des recherches dans d'autres ouvrages.

J'ai fait tous mes efforts pour conserver aux noms propres des pays l'orthographe qui leur convient ; mais, ayant trouvé beaucoup de ces noms écrits de différentes manières dans les ouvrages que j'ai consultés, dans les dictionnaires et sur les cartes géographiques, je n'ai pu que choisir celle qui m'a paru la meilleure.

La notice sur les vins des anciens, qui, dans la précédente édition, n'était qu'un aperçu très-succinct, a été remplacée par une notice topographique assez détaillée pour faire connaître la situation des vignobles, leur importance, la qualité de la plupart de leurs produits, les procédés employés pour préparer les vins, les vases dans lesquels on les conservait, etc.

Le vocabulaire des mots techniques employés pour désigner les qualités, les défectuosités et les altérations des vins a été augmenté de plusieurs articles.

Mon but principal étant de fournir aux propriétaires les moyens de comparer les produits de leurs crus avec ceux des autres vignobles, et de connaître les causes de leurs dissemblances ; aux négociants, ceux de distinguer le genre, l'espèce et la qualité des vins des différents crus, afin de diriger leurs spéculations avec plus de sûreté ; enfin de mettre les consommateurs à portée de choisir, parmi ceux de tous les pays, les vins qu'ils jugeront les plus convenables à leur goût et à leur tempérament, j'ai indiqué la position géographique de tous les vignobles, et même celle de tous les crus dont les produits jouissent de quelque réputation ; le genre et l'espèce de chacun de ces produits ; les caractères qui distinguent les vins récoltés sous différents climats, et les anomalies qui existent entre ceux des divers crus du même vignoble ; le rang qu'ils occupent, suivant leur mérite, parmi ceux du même territoire et parmi les vins du même genre et de la même espèce que l'on récolte dans les autres contrées. J'indique aussi le nom vulgaire des cepages le plus généralement cultivés dans chaque vignoble ; les méthodes particulières adoptées dans quelques pays pour la fabrication des vins ; les causes qui concourent à augmenter ou à diminuer leur qualité ; le temps qu'on doit ordinairement les conserver en tonneaux pour qu'ils parviennent à leur maturité, celui de leur durée, et s'ils supportent le transport, tant par mer que par terre. A ces détails j'ai ajouté tous les renseignements nécessaires pour acheter cette liqueur et pour la faire parvenir en bon état à sa destination, tels que l'indication des lieux où s'en fait le principal commerce, les usages de chaque pays pour la vente en gros, le nom et la capacité des tonneaux et des mesures usités dans les différents vignobles ; les moyens de transport le plus généralement employés, etc.

Les chapitres consacrés à la France et aux pays qui en ont fait partie pendant un certain nombre d'années renferment des détails plus positifs sur l'étendue des terrains plantés en vignes, la quantité de vin qu'ils produisent, celle consommée par les habitants, et ce qui en est livré à l'exportation ou à la fabrication de l'eau-de-vie. J'avais l'intention d'indiquer avec précision l'espèce à laquelle appartiennent les cepages qui portent différents noms dans chaque pays, et ceux qui, sous la même dénomination, ne font cependant pas partie de la même variété ; mais les recherches que j'ai faites à cet égard ont été infructueuses, et j'ai appris avec étonnement que la vigne , qui , à tant de titres, mérite de fixer l'attention des naturalistes, n'a point encore été complétement décrite, et que ses nombreuses variétés ne sont pas bien connues. Le seul ouvrage qui en traite avec quelques détails a été publié à Madrid il y a plusieurs années (1), et M. *Caumels* nous

_____

(1) *Essai sur les variétés de la vigne qui végètent en Andalousie*, par don

en a donné une excellente traduction. L'auteur ne fait
mention que des vignes de l'Andalousie, dont il décrit
cent vingt variétés, et assure que l'Espagne en contient
au moins cinq cents. Un ouvrage beaucoup plus complet
se préparait en France sur le même objet; le célèbre Bosc,
de l'Académie des sciences, que nous avons perdu en 1828,
avait entrepris de décrire les différents cepages qui peuplent nos vignobles, et parmi lesquels il avait remarqué
près de mille variétés distinctes, dont près de moitié, déjà
dessinée et peinte, devait être gravée en couleur, de manière à représenter le sarment, ses feuilles et ses fruits,
sous les formes, les dimensions et les couleurs qu'ils ont
en pleine végétation. Un savant digne de lui succéder
rendrait un grand service à la science et à l'agriculture en
terminant ce bel ouvrage.

Les dissemblances qu'on remarque dans les nombreuses
variétés de la vigne font juger que leurs produits diffèrent
également entre eux; et si l'on ajoute à ces anomalies les
changements de goût et de qualité qui résultent de la
nature du sol, du climat, de l'exposition des vignobles
et de la manière de traiter le moût, on se convaincra qu'il
y a entre les vins des différents pays une foule de nuances
distinctes. Pour les faire apprécier et faciliter l'intelli-
gence des dénominations dont je qualifie les vins de chaque
cru, j'ai adopté un système de division en genres et en
espèces principales, et de classification, qui, j'espère,
aura l'approbation de mes lecteurs; je vais le développer.

Les vins diffèrent principalement entre eux par la consistance et par la couleur.

La consistance me semble présenter trois genres distincts,
savoir : les vins secs, ceux de liqueur, et les vins que je
qualifie de moelleux. Cependant il y en a de mixtes qui
n'appartiennent à aucun de ces genres, mais qui se rapprochent plus ou moins de l'un ou de l'autre; je les met-
trai au rang de ceux avec lesquels ils ont le plus d'analogie.

Les vins secs se caractérisent par un goût piquant, et,

Simon Roxas Clemente, bibliothécaire du jardin royal botanique, à Madrid.

quoique dépourvus de *moelleux* et de *velouté*, ceux des premiers crus ont du bouquet, de la séve, du spiritueux et une saveur agréable. Ces vins proviennent généralement des vignobles situés au-dessus du 47° degré de latitude, tels que ceux de l'Alsace, du Palatinat et de la majeure partie de l'Allemagne. Les vins qu'on récolte au delà des 50° et 51° degrés de latitude sont acerbes et presque entièrement privés de spiritueux.

Les *vins de liqueur* sont ceux qui, après avoir complété leur fermentation spiritueuse, conservent beaucoup de douceur, même lorsqu'ils sont très-vieux. On les fait ordinairement dans les vignobles situés au-dessous du 39° degré de latitude, et ils sont d'autant plus chargés de parties sucrées qu'ils ont été récoltés plus près de l'équateur.

Les vins que je nomme *moelleux* tiennent le milieu entre les vins secs et ceux de liqueur; ils n'ont ni le piquant des premiers ni l'extrême douceur des derniers. On les récolte principalement entre les 39° et 47° degrés de latitude, par conséquent dans les vignobles de France et dans une partie de ceux du Portugal, de l'Espagne, de la Suisse et de la Russie méridionale.

Je viens d'assigner à chaque genre de vin la région qui le produit; cependant cette règle est sujette à de nombreuses exceptions résultantes soit de l'espèce de plant cultivé, soit de l'exposition plus ou moins favorable, soit d'autres circonstances qui concourent à changer la nature du raisin. En effet, on récolte des vins acerbes et plats dans des contrées méridionales, tandis qu'on en fait de bons et de très-spiritueux dans quelques cantons plus rapprochés du pôle. Je ferai observer aussi qu'on prépare des vins de liqueur dans les pays que je considère comme n'en produisant pas, et des vins secs dans d'autres que je cite comme ne devant fournir que des premiers; mais ces vins doivent leur consistance moins à la nature du sol et au climat qu'aux procédés employés pour leur fabrication. En Alsace, par exemple, et dans plusieurs vignobles de l'Allemagne, on fait sécher en partie le raisin ou bouillir le moût, pour obtenir des vins de liqueur en concentrant les parties sucrées, tandis que, dans les îles de l'Archipel, on y introduit de l'eau pour se procurer, par ce moyen, des vins non liquoreux que l'on nomme *vins secs*.

Quant à leur *couleur*, les vins se divisent en rouges et en blancs. Lorsque les premiers sont très-foncés, on les nomme *vins noirs;* la plupart le sont moins, et conservent le nom de *vins rouges;* d'autres, peu colorés, se qualifient de *vins rosés, vins paillets* et *vins gris*. Les vins blancs se distinguent aussi par plusieurs nuances, mais sans changer de dénomination ; les uns ne diffèrent pas, à la vue, de l'eau la plus limpide ; d'autres affectent toutes les nuances appelées *teinte ambrée,* et jusqu'à la couleur jaune (1). Il en est aussi de verdâtres; ceux qui proviennent du vignoble de Cotnar, en Moldavie, sont tout à fait verts, et leur couleur augmente d'intensité à mesure qu'ils vieillissent.

Je ferai observer que les vins qui diffèrent de couleur peuvent être cependant du même genre, sous le rapport de la consistance, et que les vins secs, liquoreux ou moelleux affectent indifféremment toutes les teintes.

Indépendamment des différences de consistance et de couleur, les vins de chacune des divisions que j'ai établies sous ces deux rapports présentent encore entre eux

---

(1) D'après l'opinion de quelques savants, la teinte jaune qui se manifeste dans les vins blancs et dans la vieille eau-de-vie annonce la présence d'une plus ou moins grande quantité de *tanin,* que leur communique le bois des tonneaux; mais l'expérience m'ayant prouvé que des vins blancs, *sans tache,* prennent cette teinte dans des bouteilles de verre, je suis fondé à croire que ce changement de couleur n'est pas dû à cette seule cause, à moins qu'on ne suppose que le tanin, dont tous les vins retiennent une plus ou moins forte portion, ne soit susceptible de s'y propager, ou qu'il ne s'y développe et n'agisse comme partie colorante qu'au bout d'un certain temps. D'autres ont pensé que la teinte jaune pouvait aussi provenir de l'oxydation du carbone, dont l'existence dans cette liqueur n'est pas douteuse. Au surplus, quelle que soit la diversité de ces opinions, il est constant que les vins blancs du Mâconnais et de plusieurs cantons de la Bourgogne, ceux de la Touraine, de l'Anjou et de beaucoup d'autres vignobles, mis très-blancs en bouteilles, y contractent une teinte ambrée. On a remarqué aussi que, parmi les vins de différents crus conservés dans des tonneaux faits du même bois, les uns étaient sujets à se tacher, tandis que d'autres restaient blancs. Je citerai, à l'appui de cette assertion, les vins de Chablis, département de l'Yonne, qui ne prennent que très-rarement une teinte ambrée, tandis que ceux de plusieurs vignobles voisins, quoique réunissant autant de qualités quant au goût, se tachent presque toujours au bout de quelques mois.

beaucoup de différences, qui donnent lieu à des sous-divisions d'espèces, dont le nombre est presque aussi considérable que celui des crus. Je les partage en trois espèces principales, savoir : *les vins fins, les vins communs* et *les vins d'ordinaire*. Chacune de ces espèces a des qualités qui lui sont particulières, et d'autres qui sont communes à tous les vins.

Les *vins fins*, secs, moelleux ou liquoreux, rouges ou blancs, affectent toutes les nuances de la couleur qui les qualifie ; ils ont plus ou moins de corps et de spiritueux, qualités qui sont aussi le partage des vins d'ordinaire et des vins communs, mais ils se distinguent par la juste proportion et la parfaite combinaison des différentes substances qui les constituent, et surtout par la *séve* et le *bouquet* qui les caractérisent ; ils ont encore l'avantage d'acquérir beaucoup de qualité en vieillissant.

Les vins communs affectent, comme les vins fins, toutes les nuances de couleur ; il est rare qu'ils se conservent assez longtemps pour acquérir beaucoup de qualités agréables. Leur défaut le plus ordinaire est d'être grossiers, acerbes ou pâteux, lorsqu'ils sont jeunes, et de se décomposer avant de devenir potables : ils ont souvent un goût de terroir désagréable, auquel il faut être habitué pour les boire sans répugnance. Ceux de l'Italie, de l'Espagne, du Portugal et de plusieurs autres contrées méridionales ont en même temps une douceur fade qui est encore plus désagréable. Les vins communs paraissent quelquefois avoir du *corps* ou de la *délicatesse;* mais ces qualités ne tardent pas à disparaître. Le corps n'y est souvent que la réunion de parties colorantes tartreuses ou mucilagineuses, plus ou moins grossières, qui, au bout de quelques mois, se séparent en masse de la liqueur après en avoir opéré la décomposition. La délicatesse que l'on trouve dans quelques vins communs ne résulte que de l'absence de la couleur, du corps et souvent du spiritueux ; lorsqu'ils ont perdu le peu de fermeté et le goût acerbe qu'ils possèdent, ce n'est plus qu'une boisson sans force, sans goût et sans chaleur. Ces vins ont, en général, moins de spiritueux que les vins fins ; il en est cependant qui en ont beaucoup, tels que ceux provenant des plants que l'on cultive de préférence dans les pays où on se livre plus spécialement à la fabrication de l'eau-de-vie.

Les *vins d'ordinaire* participent du caractère des vins fins et de celui des vins communs. Ils diffèrent d'autant plus des premiers qu'ils se rapprochent davantage des seconds. Ils ont, à différents degrés, les mêmes qualités que les vins fins, à l'exception de la *séve* et du *bouquet*, dont la présence se fait peu sentir dans ceux dits de *première qualité*, moins encore dans ceux de la seconde, et nullement dans ceux de la troisième et de la quatrième qualité. Ils supportent un mélange d'eau plus ou moins considérable, et conservent assez de goût pour flatter le palais, suivant le corps et le degré de spiritueux, de *nerf* et de *mordant* dont ils sont pourvus. Leur couleur est plus ou moins foncée, comme celle des autres vins; mais elle ne contribue pas à leur faire porter l'eau, car beaucoup de vins très-chargés de parties colorantes, tels que ceux dits *vins noirs*, sont privés de corps et de vinosité, ont peu de goût quand on les boit purs, et ne sentent plus rien dès qu'ils sont mêlés d'eau; tandis que d'autres, d'une couleur pâle, conservent un goût agréable, lors même qu'on y ajoute moitié d'eau et plus. Les vins d'ordinaire s'améliorent en vieillissant, et se gardent plus ou moins longtemps. La plupart de ceux de première et de seconde qualité ne conviennent qu'aux personnes assez riches pour avoir des caves bien garnies; on les sert souvent à l'entremets chez celles qui ne boivent habituellement que des vins communs.

Ce que je viens de dire s'applique également aux vins de tous les genres, excepté aux vins de liqueur; ceux de cette espèce, qui ne peuvent pas être considérés comme vins fins, ne sont pas, pour cela, des vins d'ordinaire, parce que leur extrême douceur les exclut du nombre des boissons employées à l'usage journalier.

On voit, par ce qui précède, que je partage les vins en deux divisions principales, savoir : 1° le *genre*, qui comprend, sous le rapport de la *consistance*, les vins secs, ceux de liqueur et les vins moelleux ; sous le rapport de la *cou-*

leur, les vins rouges et les blancs; 2° l'*espèce* qui comprend les vins fins, les vins communs et ceux d'ordinaire. Pour faire apprécier les nuances qui distinguent les vins des différents crus, il m'a fallu établir un grand nombre de sous-divisions, et voici la marche que j'ai suivie :

J'ai considéré les vins de chaque genre comme devant être divisés en cinq classes, dont la première renferme les vins fins de qualité supérieure, que l'on récolte dans un très-petit nombre de crus; la seconde comprend tous ceux d'excellente qualité, qui, étant plus abondants que les précédents, sont aussi plus généralement connus comme vins fins de première qualité ; la troisième, tous les vins fins et *demi-fins*, qui, sans avoir les qualités des précédents, sont cependant considérés comme vins d'entremets. La quatrième classe se compose des vins d'ordinaire de *première qualité*, et enfin la cinquième, de seconde, de troisième ou de quatrième qualité, et des vins communs.

Dans les paragraphes consacrés à chaque département, province ou Etat, suivant l'importance de ses vignobles, les crus sont nommés dans l'ordre du mérite des meilleurs vins qu'ils produisent, et partagés en autant de classes que peuvent en comporter les différentes nuances de qualité qu'ils possèdent. Il résulte de cette classification que dans les uns on trouvera les vins de chaque genre divisés en deux, trois ou quatre classes, et que chacun d'eux présentera une première et une seconde classe, etc. Lorsqu'on trouvera, au-dessous des titres *vins rouges* ou *vins blancs*, la qualification de *première classe*, il ne faut pas en inférer que les crus qui y sont nommés produisent réellement des vins de première classe dans leur genre ; ils ne sont tels que pour le vignoble dont il est question, et ce n'est que dans la classification placée à la fin du chapitre qu'on trouvera l'indication précise de la classe à laquelle appartiennent les vins de tous les crus cités dans les différents paragraphes. L'ouvrage étant divisé en deux parties, dont la première comprend les vignobles de France et la seconde ceux des pays étrangers, j'ai terminé chacune d'elles par une classification générale des vins mentionnés dans les divers chapitres.

Les eaux-de-vie, les esprits-de-vin et les raisins secs étant des produits de la vigne, j'en ai parlé dans les articles consacrés aux pays où leur fabrication est de quelque importance; et quoique les liqueurs fermentées, autres que celles provenant du raisin, soient étrangères à mon sujet, j'ai cru pouvoir indiquer les boissons qui remplacent le vin dans les pays où l'on n'en récolte pas.

J'ai puisé les matériaux nécessaires pour composer cet ouvrage, 1° dans les rapports et dans les mémoires adressés par MM. les préfets au ministère de l'intérieur pour servir à la rédaction de la statistique générale de la France; 2° dans plus de mille volumes de géographie et de statistique et de voyages, qui m'ont été successivement confiés à la bibliothèque du roi; 3° enfin dans les renseignements que j'ai obtenus de beaucoup de propriétaires et de négociants des différents vignobles, auxquels j'ai communiqué ou adressé chacun de mes articles pour les vérifier. Pendant le temps qui s'est écoulé depuis la publication de la deuxième édition, j'ai continué mes démarches pour obtenir de nouveaux renseignements; j'ai consulté un grand nombre de personnes de tous les pays, et j'ai extrait de plusieurs ouvrages qui ont paru les documents nouveaux qu'ils contenaient; enfin je n'ai rien négligé pour rendre mon ouvrage complet et exact (1).

---

(1) La présente édition (la cinquième) a été mise à jour, et la partie statistique a été entièrement renouvelée et remplacée par les données les plus récentes.

VOCABULAIRE

ACERBE. On qualifie ainsi les vins faits avec des raisins provenant de mauvais cepages ou n'ayant pas atteint leur maturité; ils sont en même temps durs, âpres et piquants.

ALCOOL. Terme employé en chimie pour désigner toutes les liqueurs spiritueuses qui sont parfaitement déflegmées, c'est-à-dire dégagées de leurs parties aqueuses; il est synonyme d'*esprit*. Dans cet ouvrage, il n'est employé que pour indiquer l'esprit-de-vin, ou sa présence dans cette liqueur.

APRE. Ce mot caractérise les vins qui, par leur rudesse, causent une sensation désagréable au palais.

AROME. Odeur qui s'exhale des vins; on la nomme plus généralement *bouquet*.

AROME SPIRITUEUX. C'est le parfum qui se dégage des liqueurs spiritueuses lors de la dégustation. Selon sa force, il continue à se faire sentir plus ou moins longtemps après le passage de la liqueur. Dans plusieurs vignobles, on le nomme *sève* (voyez ce mot).

BARRIQUE. Nom que portent les tonneaux en usage dans le Bordelais et dans plusieurs autres pays et jaugeant environ 228 litres.

BOUQUET. Odeur agréable qui s'exhale des vins fins au moment où on les expose au contact de l'air (voyez *Sève*).

BOURRU, VIN BOURRU. On nomme ainsi celui qui sort de la cuve ou du pressoir et dont la transparence est obscurcie par une grande quantité de lie.

CHAIS ou CELLIERS. Ce sont des magasins situés au rez-de-chaussée ou peu enfoncés en terre, dans lesquels on range les vins en tonneaux.

CHARNU. Cette qualification s'applique au vin qui a une certaine consistance: il peut être tel sans avoir beaucoup de spiritueux, ce qui le distingue des vins *corsés* (voy. *Mache*).

COLLAGE, COLLER UN VIN. C'est y introduire des matières propres à s'emparer de toutes les parties qui en masquent la transparence et à les précipiter au fond du vase. Le *Manuel du sommelier* indique la manière de faire cette opération et les substances qu'il est convenable d'employer pour les différents vins.

CORPS, VIN QUI A DU CORPS, VIN CORSÉ. Expressions employées pour désigner ceux qui ont une certaine consistance, un goût prononcé, une force *vineuse*, dont la substance est *charnue*, qui remplit la bouche; enfin le contraire d'un vin léger, sec, froid et aqueux.

CRÉMANT. Se dit des vins de Champagne qui, moussant peu, potillent dans le verre, et forment à leur surface une nappe de mousse qui se dissipe en peu d'instants.

CRU, CRUDITÉ. S'applique au vin trop jeune, qui n'est pas encore mûr et conserve une *verdeur* désagréable.

CRU. Terroir où croît la vigne. On dit d'un vin qu'il est du cru de telle vigne ou de tel clos, ce qui ne présente qu'un espace circonscrit; mais on dit aussi qu'il est du cru de telle côte, de tel canton, et même de telle province, quoique ces dernières applications indiquent une étendue de terrain qui renferme ou peut renfermer un grand nombre de crus dont les produits diffèrent en qualité.

CUVÉE. Ce mot, pris dans son acception la plus générale, signifie la quantité de vin contenue dans une cuve; mais on l'emploie aussi pour indiquer le produit de toute une vigne, dont la récolte remplit plusieurs cuves. On entend par vin de première cuvée celui qui est le meilleur ou de première qualité pour le pays; par seconde cuvée, celui qui lui est inférieur, etc. Ce mot est aussi quelquefois synonyme de *cru*, et l'on dit également vin de première, deuxième et troisième cuvée, ou de premier, deuxième ou troisième cru de tel vignoble. On appelle encore *cuvée* un nombre de pièces de vin de même espèce ou que l'on a mêlées entre elles pour les rendre semblables. *Mettre des vins en cuvée*, c'est les mêler ensemble de manière que toutes les pièces que l'on remplit reçoivent une égale quantité de chaque espèce.

DÉLICAT, DÉLICATESSE. Un vin délicat est peu chargé de tartre et de parties colorantes; il n'est ni âpre ni piquant, et peut avoir du spiritueux, du corps et même du grain; mais il faut que ces qualités soient bien combinées, et qu'aucune ne domine.

DÉNATURER un vin, c'est lui ôter le goût et les autres qualités qui le caractérisent, soit en le mêlant avec un ou plusieurs autres vins, soit en y introduisant des substances étrangères.

DROIT EN GOUT. Se dit des vins, des eaux-de-vie et des esprits-de-vin qui n'ont aucun goût étranger à celui qui leur est propre (voyez *Franc de goût*).

DUR, DURETÉ. On qualifie de *durs* les vins dont le goût âpre affecte désagréablement le palais.

ÉVENT (goût d'). Les vins contractent cette altération quand on les laisse dans des tonneaux ou dans des bouteilles que l'on n'a pas soin de boucher.

ÉCHAUFFÉ, ÉCHAUX (goût d'). Voyez *Pousse*.

FAIBLE. S'applique aux vins ayant peu de corps, de spiritueux et de goût; il en est de fort agréables, et que nombre de personnes préfèrent pour leur usage journalier. Ces vins, s'ils n'ont pas d'autres défauts, sont toujours susceptibles d'être améliorés par le mélange de bons vins.

FERME, FERMETÉ. On emploie cette expression pour désigner un vin qui réunit, à beaucoup de corps, de la force, du *nerf* et du *mordant*, ou celui qui, n'ayant pas acquis sa parfaite maturité, conserve encore de la verdeur. Cette propriété est un défaut dans les vins que l'on veut boire purs, tandis qu'elle est une qualité dans ceux qui servent à en rajeunir d'autres. La *fermeté* dans un vin très-liquoreux tempère sa douceur fade; les anciens avaient beaucoup de vins qui étaient en même temps doux et fermes.

FEUILLETTE, mesure en usage en Bourgogne; la feuillette est de 130 litres.

FIN, FINESSE. Un vin a de la finesse lorsqu'il est léger et délicat, qualités qui se rencontrent dans les vins d'ordinaire comme dans les vins fins; mais ces derniers doivent avoir, en outre, de la *sève* et surtout du *bouquet*.

FINIR (VINS QUI FINISSENT BIEN). Se dit de ceux qui se conservent, gagnent de la qualité en vieillissant et sont moins sujets que d'autres à subir une dégénération complète. Cette propriété, commune aux vins de toutes les classes, l'est rarement à ceux de basse qualité.

FORT. Qualification donnée aux vins qui, ayant beaucoup de spiritueux, de corps et un goût prononcé, sont propres à donner du ton à l'estomac, à durer longtemps, à supporter le mélange d'une plus grande quantité d'eau, et à rétablir des vins affaiblis ou dégénérés.

FRANC DE GOUT. On qualifie ainsi les vins qui n'ont pas d'autre saveur que celle que doit leur donner le raisin; ceux qui ont un goût de terroir ou d'herbage, quoique très-naturels, ne sont pas réputés francs de goût: il en est de même de ceux dans lesquels on a introduit des matières étrangères dont la présence se fait sentir.

FRANC DE QUALITÉ. Se dit des vins

qui n'ont subi aucune altération.

FUMEUX. Expression qui s'emploie pour indiquer les vins dont les parties spiritueuses se volatilisent promptement et montent au cerveau.

FUT, FUTAILLE. Ces deux mots sont synonymes de *tonneau* : le premier s'applique également aux tonneaux pleins et à ceux qui sont vides; mais le second s'emploie plus ordinairement pour les tonneaux vides.

FUT, GOUT DE FUT. Saveur désagréable que les tonneaux en mauvais état communiquent au vin.

GÉNÉREUX, GÉNÉROSITÉ. On dit qu'un vin est généreux lorsque les qualités qui le constituent le rendent chaud et balsamique, qu'il donne du ton à l'estomac, en facilite les fonctions, et rétablit les forces. *Horace* consacre cette épithète, lorsqu'il dit, livre Iᵉʳ, ép. xv, *Generosum et lene requiro*, etc.

GLACE. *Vin frappé de glace.* Les vins exposés à un très-grand froid gèlent. Si l'on sépare de la glace la partie restée liquide, celle-ci contient d'autant plus de spiritueux que la partie glacée est plus considérable. Les vins de Sillery, et, en général, tous les vins blancs de la Champagne, sont meilleurs quand on a soin de les frapper de glace avant de les mettre sur la table.

GOUT DE TERROIR. Il est communiqué au vin par le terrain sur lequel il a été récolté.

GOUT D'HERBAGE. Il provient soit de plantes dont les racines, s'entrelaçant dans celles de la vigne, transmettent leur goût au raisin, soit des différents végétaux employés en remplacement du fumier.

GRAIN. On appelle ainsi une espèce d'âpreté qui, sans avoir rien de désagréable, se fait plus ou moins sentir dans la plupart des vins *moelleux* ou *secs*, lorsqu'ils ne sont pas très-vieux et qu'ils n'ont subi aucun mélange.

GRAISSE. Dégénération que subissent les vins, de secs qu'ils étaient ils ont une consistance huileuse. Cette dégénération n'est souvent

qu'une maladie qui dure plus ou moins longtemps. Les vins blancs de la Champagne y sont très-sujets et se rétablissent d'eux-mêmes. (Voyez le *Manuel du sommelier*, 4ᵉ édition, p. 170.)

GROSSIER. Cette qualification convient aux vins ayant de la dureté, un goût pâteux ou qui sont lourds, épais et sans agrément; ceux de plusieurs bons crus paraissent quelquefois tels lorsqu'ils sont jeunes; mais, en vieillissant, ils se débarrassent des particules de lie qui masquaient leurs qualités, et deviennent fins et agréables; la plupart des vins communs qui n'ont que ce défaut s'améliorent par le mélange avec des vins légers et surtout avec des vins blancs

HAUTAINS. On donne ce nom à des ceps qu'on laisse croître très-haut, et dont les rameaux montent sur les arbres et s'entrelacent aux branches; ils produisent une grande abondance de raisin; mais le vin en est ordinairement de mauvaise qualité, parce qu'une partie des grappes est cachée sous les feuilles, et acquiert rarement sa maturité.

HECTOLITRE. Il se compose de 100 *litres*, mesure usitée pour la vente des liquides, et équivaut à 105 *pintes* 1/99, mesure ancienne de Paris.

JAUGE. C'est la juste mesure que doit avoir un vaisseau destiné à contenir des liqueurs : c'est aussi le nom de l'instrument qui sert à mesurer la capacité d'un tonneau ou de tout autre vase.

JAUGER. C'est mesurer la capacité d'un vase : on emploie aussi ce verbe pour indiquer cette même capacité.

LÉGER. Les vins légers sont peu pourvus de corps, de couleur et de grain ; ils ont quelquefois beaucoup de spiritueux, ceux qui en manquent sont faibles et plats.

LIQUEUR, LIQUOREUX. On dit du vin qui conserve une douceur sucrée qu'il a de la liqueur ou qu'il est liquoreux; mais cela ne veut pas dire qu'il soit positivement un *vin de liqueur*, parce que celui-ci doit rester tel après avoir complété sa fermentation spiritueuse. Les vins blancs, ne fermentant pas ordinairement en cuve, sont beaucoup plus sujets que les rouges à conserver leur douceur primitive, et l'on en rencontre qui ne la perdent qu'au bout d'un an, et quelquefois plus tard.

LITRE. Mesure usitée pour la vente des liquides; il équivaut à 1 pinte 74 millièmes, ancienne mesure de Paris.

MACHE. On emploie ce mot pour désigner un vin épais et pâteux, parce qu'il remplit la bouche et paraît avoir assez de consistance pour être mâché.

MALADIES DES VINS. On donne ce nom aux altérations momentanées que subissent les vins, et dont ils se rétablissent au bout d'un certain temps avec ou sans le secours de soins particuliers.

MOELLE. Le vin qui a de la moelle est onctueux sans être liquoreux; il a du corps et de la consistance, mais point d'âpreté.

MOELLEUX. Les vins ainsi qualifiés ont une certaine consistance, et sont plutôt doux que secs et piquants. J'ai choisi cette expression pour caractériser le genre de ceux qui tiennent le milieu entre les vins de liqueur et les vins secs; elle m'a paru propre à indiquer le caractère de presque tous ceux de France, qui, sans avoir un goût sucré ni fade comme beaucoup de vins d'Espagne et d'Italie, ne sont jamais secs et piquants comme les *vins du Rhin* et de la plupart des vignobles de l'Allemagne.

MONTANT. On dit qu'un vin a du montant, lorsque les parties aromatiques et spiritueuses qui s'en dégagent montent au cerveau; ce mot s'emploie aussi pour indiquer l'effet que produisent les vins mousseux et les autres liqueurs gazeuses, quand les émanations du gaz acide carbonique se portent dans le nez et y produisent un picotement dont la force est en raison de la qualité mousseuse du vin.

MORDANT. Cette qualification s'applique aux vins susceptibles de communiquer leur goût à ceux avec lesquels on les mêle. Le mordant est dans les vins une qualité qui, réunissant, à beaucoup de corps, du spiritueux et un bon goût, sert à améliorer ceux qui sont faibles; mais c'est un défaut dans les petits vins, parce qu'alors ils ne sont pas propres à être rendus meilleurs par l'effet du mélange.

MOU. Se dit d'un vin qui manque de corps et de nerf.

MOUSTILLE. Ce mot indique le caractère d'un vin qui, n'ayant pas encore complété sa fermentation spiritueuse, conserve de la douceur mêlée à un goût légèrement piquant que lui donne le *gaz acide carbonique* qui ne cesse de s'en dégager. Il ne mousse pas, mais il continue de fermenter plus ou moins sensiblement. Le vin qui a de la *moustille* est dans un état intermédiaire entre le moût et le vin qui a complété sa fermentation.

MOUT. C'est le jus récemment exprimé du raisin et qui n'a pas encore fermenté.

MUET, VIN MUET. C'est celui dont on a arrêté ou suspendu la fermentation en l'imprégnant d'acide sulfureux (fumée de soufre), et qui reste à l'état de moût.

MUTER. C'est l'action de préparer le vin muet.

NATURE, NATUREL. On dit qu'un vin est *en nature*, lorsqu'il a été conservé tel qu'il est sorti de la cuve ou du pressoir sans aucune addition d'autre vin. Un vin *naturel* est celui dans lequel on n'a introduit aucune substance qui lui soit étrangère. Un vin composé du mélange de plusieurs est *naturel*, mais il n'est pas *en nature*, parce que chacun de ceux qui le composent a perdu le goût et le caractère qu'il avait auparavant. La réunion et la combinaison de leurs parties ont donné lieu à la formation d'une liqueur dont la couleur, le goût et toutes les qualités présentent une *nature* de celle de chacun des composants.

NERF, NERVEUX. Un vin nerveux est celui qui, réunissant assez de corps, de spiritueux et de force pour se maintenir longtemps au même degré de qualité, supporte plus facilement que d'autres le transport par mer ou par terre, et mieux à l'intempérie des saisons. Il est aussi très-bon pour rétablir les vins affaiblis.

PATEUX. Cette qualification désigne le vin d'une consistance épaisse qui empâte la bouche, et dont les molécules semblent s'attacher au palais.

PIÈCE. Tonneau jaugeant 228 litres; en usage dans le sud-ouest de la France.

PLAT. Les vins plats sont dénués de corps, de saveur et de spiritueux; quoique souvent très-colorés, ils sont, en général, sujets à se décomposer; mais on peut les améliorer et prolonger leur existence en les mêlant avec des vins corsés et spiritueux, blancs ou rouges, ou en y mettant un peu d'alcool.

PIQUANT. Il se dit 1° des vins *secs* qui affectent désagréablement le palais des personnes qui ne sont pas accoutumées à les boire tels; 2° des vins qui tournent à l'aigre.

POUSSE ou ÉCHAUFFÉ (goût de). Dans les vins récemment faits, il provient de ce qu'on les a laissés fermenter trop fort ou trop longtemps; et, dans les vins vieux, il est occasionné par une fermentation accidentelle dont on n'a pas arrêté assez tôt les progrès. Les vins *poussés* ont un goût et une odeur fétides. (Voyez le *Manuel du sommelier*, page 186).

PRÉCOCE. Se dit des vins qui acquièrent promptement leur maturité.

SÈVE. Ce mot est généralement employé, à Bordeaux et dans plusieurs autres vignobles, pour indiquer la force vineuse et la saveur aromatique qui se développent lors de la dégustation, embaument la bouche et continuent de se faire sentir après le passage de la liqueur. Elle se compose de l'alcool et des parties aromatiques qui se dilatent et se vaporisent aussitôt que le vin est frappé de chaleur dans la bouche et dans l'estomac. On désigne aussi la même qualité par le nom d'*arome spiritueux* (voyez ce mot). La sève diffère du bouquet en ce que celui-ci se dégage à l'instant où le vin est frappé

d'air, qu'il n'indique pas la présence du spiritueux et qu'il flatte plutôt l'odorat que le goût.

SOPHISTIQUÉ. Un vin *sophistiqué* est celui dans lequel on a introduit des matières étrangères susceptibles de rester en dissolution dans cette liqueur. Le sucre, le miel et des aromates ont quelquefois été introduits dans le vin pour l'adoucir ou le parfumer; des baies de sureau ou d'autres teintures pour le colorer. Le poiré est quelquefois mis dans les petits vins blancs pour leur donner de la *moustille* (voyez ce mot). Nombre d'écrivains ont signalé d'autres sophistications avec des substances délétères, et surtout avec la *litharge*, poison des plus dangereux; mais heureusement tous les procès-verbaux et les rapports faits par le comité de salubrité, depuis soixante-dix ans, prouvent qu'il n'a été trouvé de litharge dans aucun des vins soumis à son examen. Des expériences ont, au contraire, prouvé que l'introduction de ce poison dans le vin n'aurait d'autre résultat que la décomposition de cette liqueur, qui alors ne serait plus vendable. (Voyez le *Manuel du sommelier*, 4ᵉ édition, p. 141.)

SOYEUX. On qualifie ainsi les vins dont le contact avec le palais fait éprouver une sensation agréable, qui n'est altérée par aucune âpreté.

TANIN. Substance contenue principalement dans l'écorce de chêne et servant à tanner les cuirs; elle existe en plus ou moins grande quantité dans tous les vins, et ceux qui en sont privés ne peuvent pas être clarifiés avec la colle de poisson (voyez le *Manuel du sommelier*, p. 60, 61 et 82). Le tanin que le bois des tonneaux communique aux vins blancs est considéré comme une des causes qui leur font contracter une teinte jaune.

TIRAGE AU FIN. Se dit, à Bordeaux, de l'opération nommée, dans d'autres vignobles, *soutirage*. Elle consiste à tirer d'un tonneau tout le vin parfaitement clair, en laissant au fond la lie qui s'est précipitée. Cette locution s'emploie plutôt pour indiquer le soutirage des vins qui ont été collés que pour ceux qui sont restés sur leur première lie.

TONNEAU. Grand vaisseau de bois propre à contenir des liquides ou d'autres marchandises. Ceux destinés pour le vin varient de capacité et portent des noms différents, suivant le pays où ils sont employés. Comme j'en ai fait mention dans chaque article de cet ouvrage, je crois inutile de donner ici de plus amples détails à ce sujet. (Voyez aussi *Barrique*, *Feuillette* et *Pièce*.)

On se sert aussi du mot *tonneau* pour exprimer une quantité plus ou moins considérable de liqueur contenue dans plusieurs pièces ou barriques; et, sous cette acception, il n'est pas donné à un vaisseau quelconque, mais à la quantité même du liquide, qui diffère d'un pays à l'autre.

Tonneau, en terme de marine, indique une quantité de marchandises pesant 1,000 kilogrammes et pour certaines marchandises encombrantes occupant l'espace d'un mètre cube. Quand il s'agit d'un chargement de vin, le tonneau est de quatre pièces ou barriques, contenant chacune 228 litres.

TOURNER. On emploie ce mot pour exprimer le changement d'état que subissent les vins qui s'altèrent ou se décomposent. On dit d'un vin qu'il tourne à l'aigre, à l'amertume, à la graisse ou au pourri, quand le principe de ces dégénérations commence à se manifester, et qu'il est *tourné à l'aigre*, etc., lorsque la dégénération est complète.

VELOUTÉ. Se dit d'un vin tout à fait exempt de verdeur, d'âpreté, de sécheresse et de pâteux, dont la douceur ne participe pas du goût sucré des vins de liqueur, et qui ne fait éprouver au palais d'autre sensation que celle de son parfum et de son goût agréable.

VELTE. Mesure ancienne usitée pour la vente des vins et des eaux-de-vie. Elle contenait 8 pintes de Paris, qui représentent 7 lit. 616 millièmes. On donnait aussi le nom de *velte* à l'instrument qui sert à *jauger* les tonneaux.

VELTER. C'est *jauger* ou mesurer un tonneau avec la *velte*.

VERT. Les vins sont tels lorsqu'ils proviennent de raisins qui n'avaient pas atteint leur maturité.

VIF. Se dit des vins qui ont peu de moelleux sans être piquants; ceux qui ont cette qualité sont légers et diurétiques.

VIN CHAUD. On appelle ainsi ceux qui, pourvus de beaucoup de spiritueux, sont employés à donner de la chaleur aux vins faibles et froids.

VIN DOUX. C'est celui qui, n'ayant pas complété sa fermentation spiritueuse, conserve un goût sucré. On donne aussi ce nom au moût récemment exprimé du raisin.

VIN SEC. On nomme ainsi les vins dépourvus de moelleux; mais les *vins secs* proprement dits sont ceux qui, comme les vins du Rhin, ont un goût légèrement piquant sans être acide. Les vins de Madère sont aussi des vins secs, mais ils n'ont pas de piquant.

VINER. C'est donner au vin une plus grande force vineuse ou plus de spiritueux; on vine des petits vins en y en mêlant d'autres d'une qualité et d'une force supérieures; mais les vins du midi de la France, ordinairement employés à cet usage, ont toujours été vinés eux-mêmes avant d'être expédiés; c'est-à-dire qu'on y a introduit une plus ou moins forte portion d'eau-de-vie ou d'esprit-de-vin (1).

VINEUX. Se dit proprement d'un vin qui a beaucoup de force, de spiritueux, et qui réunit à un plus haut degré toutes les qualités qui caractérisent le vin proprement dit.

VINOSITÉ. Goût et force vineuse. Ce mot est quelquefois employé pour indiquer le plus haut degré de spiritueux.

VINS QUI SE MARIENT BIEN. On qualifie ainsi les vins qui sont propres à entrer dans les mélanges.

(1) Depuis 1852 jusqu'en 1865 sept départements du midi de la France avaient le droit de viner leur vin en franchise, c'est-à-dire que l'alcool employé à cet usage ne payait pas d'impôt. La loi de finances de 1865 a fait cesser ce privilège. Le vin destiné à l'exportation peut être viné en franchise.

NOTICE TOPOGRAPHIQUE

LES VIGNOBLES DE L'ANTIQUITÉ.

Les historiens et les poëtes de l'antiquité parlent du vin, et cette liqueur paraît être presque aussi anciennement connue que les autres productions végétales ; mais on ne peut pas assigner l'époque précise où les hommes commencèrent à en faire avec le fruit de la vigne. Les ouvrages des écrivains les plus anciens s'accordent pour indiquer Noé comme étant le premier qui en ait fait en Illyrie, Saturne dans la Crète, Bacchus dans l'Inde, Osiris en Egypte, et le roi Géryon en Espagne. Ces mêmes ouvrages prouvent non-seulement que le vin était connu de leur temps, mais encore qu'on avait déjà des idées saines sur ses diverses qualités, sur ses vertus et sur ses préparations. Les poëtes de l'antiquité font l'éloge de cette liqueur, et la regardent comme un présent des dieux. Homère, qui vécut 884 ans avant l'ère chrétienne, la qualifie de divin breuvage ; il parle des différentes espèces de vins et de leurs qualités, comme en ayant éprouvé les heureux effets. Les législateurs et les philosophes eux-mêmes font son éloge. Le patriarche Melchisédech offrait à Dieu du pain et du vin en sacrifice. Platon, tout en blâmant l'usage immodéré que l'on en faisait de son temps (430 ans avant Jésus-Christ), le regarde comme le plus beau présent que Dieu ait fait aux hommes. Caton, né en 232 avant Jésus-Christ ; Marcus Varron, né 116 ans plus tard ; Dioscoride, Pline, Athénée, qui vécurent au commencement de notre ère, et beaucoup d'autres, ont écrit sur la vigne et sur les procédés employés de leur temps pour la préparation des différents vins.

Il paraît que les Egyptiens donnèrent les premières notions sur la culture de la vigne et la préparation du vin aux peuples de la

Grèce, qui portèrent cet art à un très-haut degré de perfection. Les Italiens l'apprirent des Grecs, et leur sol étant très-favorable à la vigne, cet arbuste devint en peu de temps un objet important de culture dans toute l'Italie.

Les anciens préparaient leurs vins de différentes manières : les uns étaient légers et délicats ; d'autres étaient plus ou moins colorés, corsés et spiritueux. Ils faisaient sécher en partie les raisins au soleil pour obtenir des vins liquoreux. Les vins faibles étaient conservés dans les celliers frais, tandis que les vins forts étaient placés dans des endroits chauds, et même dans des étuves, afin d'accélérer leur maturité et de les rendre plus spiritueux. Ces étuves se nommaient *fumaria*. Celles des Romains étaient d'une construction fort simple ; mais celles des Grecs étaient disposées pour recevoir de grandes quantités de vins précieux, que l'on préparait avec soin et dont on avançait la maturité à l'aide d'une température maintenue toujours au même degré. Ignorant l'art d'extraire l'alcool du vin par la distillation, ils ne pouvaient pas employer cette liqueur pour augmenter la force de leurs vins, mais ils y ajoutaient, pour remplir ce but, beaucoup d'autres substances. On répandait sur le moût de la poix ou de la résine en poudre pendant la fermentation, et, quand elle était terminée, on y faisait infuser des fleurs de vigne, des feuilles de pin ou de cyprès, des baies de myrte broyées, des copeaux de bois de cèdre, des amandes amères, du miel et beaucoup d'autres ingrédients ; mais le procédé le plus ordinaire paraît avoir été de mêler ces substances dans une partie du moût, de faire bouillir le tout jusqu'à épaisse consistance, et de le verser ensuite à diverses proportions sur les vins. Pour empêcher la dégénération de cette liqueur, on employait les coquilles pulvérisées, le sel grillé, les cendres de sarment, les noix de galle ou les cônes de cèdre rôtis, les glands ou les noyaux d'olives brûlés, et diverses autres substances. Quelquefois on plongeait dans la liqueur des torches allumées ou des fers rougis. Il est incertain que les anciens aient connu le soufrage. Cependant Pline, qui vécut dans le premier siècle de notre ère, parle du soufre comme étant employé pour clarifier les vins ; mais il ne dit pas s'il l'employait solide ou en vapeur. L'emploi des blancs d'œufs paraît avoir fréquemment eu lieu pour cette opération.

Galien, né à Pergame, en Mysie, vers l'an 131 de l'ère chrétienne, parle des vins d'Asie, qui, mis dans de grandes bouteilles que l'on suspendait dans les cheminées, acquéraient par l'évaporation la dureté du sel. Aristote, né 384 ans avant Jésus-Christ, dit que les vins d'Arcadie se desséchaient dans les outres, dont on les tirait par morceaux; qu'il fallait les délayer avec de l'eau chaude et les passer ensuite dans un linge pour en séparer les impuretés. Cette filtration étant susceptible d'altérer leur goût et leur saveur, les personnes soigneuses les laissaient reposer, exposés à l'air pendant la nuit ; Baccius dit que, par ce dernier procédé, ils acquéraient la couleur, la transparence et la richesse de nos meilleurs vins de *malvoisie*. Ils pouvaient être limpides et d'un fort bon goût; mais la dessiccation du moût s'opposait à la formation de l'alcool, et la liqueur délayée, étant exposée à l'air, devait perdre le peu de spiritueux qu'elle pouvait contenir.

Comme les vins ainsi délayés étaient souvent bus chauds, l'eau chaude était un article indispensable dans les festins. Les Romains avaient des lieux publics nommés *thermopolia*, dans lesquels on en trouvait toujours et où l'on allait boire les liqueurs préparées, chaudes ou froides, comme dans nos cafés. L'appareil dans lequel on faisait chauffer l'eau, tel que l'ont décrit Vitruve et Sénèque qui vivaient dans les premiers temps de l'ère chrétienne, se composait de trois vases placés au-dessus les uns des autres, et communiquant entre eux par des tuyaux. Celui du bas fournissait de l'eau bouillante, celui du milieu de l'eau tiède, et celui du haut de l'eau froide. Ils se remplissaient l'un par l'autre.

Les anciens avaient aussi l'habitude de rafraîchir leurs breuvages avec de la glace ; ils conservaient la neige dans des glacières. Quand Alexandre assiégea Petra, il fit creuser des trous profonds, qui furent remplis de neige et recouverts avec des branches de chêne. Plutarque, vers l'an 66 de Jésus-Christ, indique le même procédé; seulement il propose la paille et de grosses toiles pour couvrir le trou. Les Romains adoptèrent cette méthode pour conserver la neige, qu'ils faisaient venir des montagnes et qui, du temps de Sénèque, donnait lieu à un commerce assez considérable. Galien et Pline décrivent le procédé qui est encore employé entre les tropiques pour rafraîchir l'eau, en la faisant évaporer, pendant la nuit, dans des vases poreux.

Les plus grands vases employés, dans les premiers temps, pour contenir le vin étaient des peaux d'animaux rendues imperméables avec de l'huile, de la graisse ou des gommes-résines. Quand Ulysse alla dans la caverne des cyclopes, il avait une peau de chèvre pleine du vin que lui avait donné Maron, prêtre d'Apollon. Athénée nous apprend que, dans la célèbre fête processionnale de Ptolémée Philadelphe, qui régnait 32 ans avant Jésus-Christ, un char de 35 coudées (environ 52 pieds) de longueur, sur 14 (21 pieds) de largeur, portait une outre faite avec des peaux de panthères et contenant 3,000 *amphores* ou 76,980 litres de vin. Ces vases, que l'on emploie encore aujourd'hui dans toute la Grèce, dans quelques parties de l'Italie, en Espagne, dans la Grucinie et dans plusieurs autres vignobles de la Russie méridionale, servaient pour transporter les vins et pour conserver ceux destinés à être bus promptement; mais, dès le temps d'Homère, les meilleurs vins étaient mis dans des tonneaux, où ils restaient jusqu'à ce qu'ils eussent acquis leur maturité : on les mettait alors dans des vases de terre enduits intérieurement avec de la cire et extérieurement avec de la poix. On employait aussi, pour l'enduit intérieur, des compositions grasses mêlées de substances aromatiques.

Les Grecs, quoique très-policés, étaient généralement accusés d'aimer beaucoup le vin et d'en boire avec excès ; ils permettaient à leurs femmes d'en faire usage en particulier, mais ils ne les admettaient jamais dans leurs festins. Les dames romaines, au contraire, étaient admises dans les repas les plus somptueux; mais le vin leur était interdit, quoique les hommes en fissent une ample consommation en leur présence.

VIGNOBLES DES ANCIENS.

Avant la découverte de l'Amérique, qui n'a eu lieu qu'en 1492, le monde connu ne se composait que de trois parties, l'Europe, l'Asie et l'Afrique. Du temps de Strabon, qui naquit 50 ans avant Jésus-Christ et vécut sous Auguste, aucune de ces trois parties n'avait encore été complétement visitée et décrite. Ce philosophe et plusieurs de ses contemporains nous ont laissé des renseignements sur un grand nombre de vignobles fort étendus et qui produisaient une immense quantité de vins de diverses qualités. Mais nous avons lieu de croire qu'il y en avait beaucoup d'autres dont ils n'ont pas parlé, parce qu'ils ne les connaissaient pas. Une assez forte partie de ceux qu'ils décrivent était située dans des pays où il n'en existe plus aujourd'hui; et, dans plusieurs de ceux où ils ont été conservés, les vins que l'on récolte ne paraissent plus être de la même qualité que ceux que l'on y faisait autrefois.

EUROPE.

Du temps de Strabon, les géographes ne connaissaient que la partie méridionale du *sinus Codanus* (mer Baltique), qu'ils croyaient être un grand golfe formé par l'Océan ; ils considéraient l'Europe comme bornée au nord par ce golfe ; à l'est par le fleuve Tanaïs (Don), le Palus Mœotis (mer d'Azof), le Pont-Euxin (mer Noire) et la mer Egée (mer de l'Archipel); au sud par la mer intérieure (Méditerranée), et à l'ouest par l'Océan. Elle comprenait la Germanie, les Gaules, l'Hispanie, la Rhétie, l'Italie, la Sarmatie européenne, la Dacie, la Pannonie, la Mœsie, l'Illyrie, la Thrace et la Grèce.

La vigne n'était pas connue dans la partie septentrionale de l'Europe. Suivant Pline, né l'an 23 et mort l'an 79 de notre ère, le fer belliqueux brillait seul dans la cabane du Germain ; point de vignobles, point d'arbres fruitiers, si ce n'étaient quelques cerisiers sur les bords du Rhin. Avant que les Romains leur fissent connaître le vin, ils ne buvaient que de la bière ; le même auteur assure que la vigne, le figuier et l'olivier n'avaient point encore franchi la barrière des Alpes lors de la grande émigration des peuples celtiques, qui avait eu lieu vers l'an 400 avant Jésus-Christ.

Les anciennes chroniques nous apprennent que la vigne était connue dans l'Auxerrois quand les Romains pénétrèrent dans les Gaules, et que l'an 92 de Jésus-Christ, après une disette de grain, Donatien ordonna d'arracher la moitié des vignes et défendit d'en planter de nouvelles. Du temps de Pline, toute la Gaule narbonnaise produisait déjà des vins de diverses qualités, parmi lesquels il y en avait de fort bons ; ils provenaient de cepages tirés d'Alba Helviorum, qui est Alps dans le Vivarais. Les Romains tiraient des vins rouges de Narbonne (1) et des vins muscats du Languedoc, ce qui prouve que l'introduction de la vigne en France date de temps très-reculés. Pline parle aussi

(1) Narbo; *Histoire ancienne.*
Id., page 196. Marseille abondait en vignes et en oliviers.
Page 197. Ils apprirent aux Gaulois à tailler la vigne.

des vignes *bituriques* ou du BERRY, d'où l'on peut conclure que
la permission d'avoir des vignobles, donnée par l'empereur
Probus en 281, ne doit s'entendre que de la *Gaule lugdunoise*
et de la *Belgica*, où jusqu'alors l'hydromel, la bière et peut-être
le cidre avaient été les seules boissons. Ausone, qui naquit en
309, nous apprend que, dans l'AQUITAINE SECONDE, les *Bituri-
ges-Vibisci* habitaient la plus grande partie du Bordelais, et
qu'une de leurs tribus, les MEDULLI (habitants du Médoc), récoltait des vins que l'on estimait à Rome. Dans la GAULE-AQUI-
TAINE, suivant Apollonius, le pays des ARVERNES (l'Auvergne)
avait de beaux vignobles. Les Romains tiraient aussi des vins de
VIENNA (Vienne en Dauphiné) et de MASSILIA (Marseille).

L'HISPANIE (Espagne et Portugal) avait de grands vignobles;
Pline cite ceux que les *Laletani* cultivaient dans les environs de
BARCINO (Barcelone) comme produisant des vins qui étaient estimés à Rome. Martial et Silius Italicus, qui vivaient dans le premier siècle de notre ère, citent les vins de TARRACO (Tarragon)
comme égalant en qualité les meilleurs de la Toscane et comme
peu inférieurs à ceux de la Campanie. Il paraît que la partie de
cette contrée, que l'on nommait LUSITANIE et qui forme aujour-
d'hui le royaume de Portugal, n'avait pas de vignobles, ou qu'ils
étaient d'une bien faible importance, car les anciens auteurs
n'en font aucune mention.

La RHÉTIE, qui comprenait à peu près le pays des Grisons, le
Tyrol et une partie des Etats de Venise, avait des vignobles qui
produisaient d'excellents vins, principalement au pied des Alpes;
mais nous n'avons aucune notion précise sur les qualités qui les
distinguaient. Suétone, né l'année 75 de notre ère, dit seulement
qu'ils faisaient les délices de César-Auguste, qui régnait lorsque
Jésus-Christ vint au monde.

L'ITALIE, que les Grecs nommaient HESPÉRIE, était couverte
de vignes, qui produisaient des vins très-estimés, surtout dans
sa partie méridionale. Il y en avait aussi beaucoup dans sa partie
septentrionale, que les Romains nommaient GAULE CISALPINE.
On en rencontrait jusqu'au pied des Alpes; mais les vins qu'on
en tirait étaient, en général, de qualité inférieure; cependant
Pline cite comme généreux ceux de la LIGURIE (Etat de Gênes),
et quelques auteurs parlent avantageusement de ceux de l'Etrurie
(Toscane), parmi lesquels on distinguait ceux de STATONIA comme
étant assez généreux; le territoire de VERONA (Vérone) en donnait aussi d'assez bons. SPOLETUM (Spolette) dans l'*Umbrie* (duché d'Urbin) fournissait des vins blancs d'une couleur ambrée,

légers et agréables. Le Latium (Etat romain) produisait une
grande quantité de vins de diverses qualités; ceux d'Albanum
(Albano), dont Horace, né 66 ans avant Jésus-Christ, et Juvénal,
qui vécut dans le commencement de notre ère, font plusieurs
fois l'éloge, étaient les uns légers, les autres forts. Ceux-ci,
d'abord liquoreux, épais et grossiers, perdaient leur liqueur
après six ou sept ans de garde; ils devenaient fins et fort
agréables. Le vin de Labicum (monte Comparto) tenait le milieu
entre ceux de Falerne et ceux d'Albanum pour sa consistance;
celui de Signia (Segni) était si ferme et si astringent, qu'on ne
l'employait guère autrement que comme remède. Les vins les
plus légers du territoire de Rome étaient ceux du canton des
Sabins, parmi lesquels on distinguait ceux de Nomentum (La-
mentano). Strabon les compare aux meilleurs de l'Italie et même
de la Grèce : ils avaient une couleur rouge peu foncée, de la
délicatesse et beaucoup d'agrément. Horace, qui en récoltait,
les recommandait à Mécénas comme étant légers, généreux,
forts et propres à ranimer dans la saison des froids.

Pline nous apprend qu'Auguste et tous les gens opulents de
son temps recherchaient particulièrement le vin de Setia (Sezza),
vignoble situé au-dessus du forum Appii, parce qu'il était fin,
délicat, agréable et surtout très-salubre. Horace n'en fait pas
mention, sans doute parce qu'il préférait les vins forts; mais Juvénal, Silius Italicus et Galien, né l'an 131, sont de l'avis de
Pline, et disent que ce vin se conservait longtemps. Les amateurs
de vins forts lui préféraient celui du champ de Coecube, situé
entre Terracina (Terracine) et Crieta (Gaëte), dont Horace fait un
grand éloge. Galien dit qu'il était généreux, très-capiteux et susceptible d'une longue conservation; il ajoute que l'on vendait à
Rome, sous le nom de vin de Cœcube, un vin blanc de Bithynie,
qui lui ressemblait beaucoup. Ce vignoble ayant été en partie détruit lorsque Néron fit établir un canal entre Averne et Ostie, le
vin perdit sa réputation.

Fundi, près de Crieta (Gaëte) produisait des vins qui ressemblaient à ceux de Cœcube, Galien les cite comme pleins de force,
de corps, et si capiteux qu'on ne pouvait en boire qu'une petite
quantité.

Sinuessa, ville maritime du Latium, sur la frontière de la
Campanie, au pied du mont Massique, faisait un grand commerce des vins de son territoire et de ceux récoltés sur les coteaux
voisins.

La Campanie Heureuse, aujourd'hui Terre de Labour, produisait autrefois les vins célèbres qui faisaient les délices des Romains. Suivant Strabon et Pline, ce pays occupait tout le terrain compris entre l'ancienne Sinuessa et le promontoire de Sorrento ; elle contenait les montagnes vinifères du Massique, du Vésuve et du Gaurus, dont les collines, couvertes de vignes sur toutes leurs faces, formaient des vignobles considérables qui n'étaient séparés par aucune culture. Les meilleurs vins se récoltaient sur les côtes exposées au midi, et ceux du mont Massique étaient les plus estimés. Les auteurs ne sont pas d'accord sur la position des crus célèbres. Florus et Martial parlent de Falerne comme d'une montagne ; mais Polybe, né l'an 24 avant Jésus-Christ, ainsi que Pline et plusieurs autres, l'indiquent comme étant un champ, tandis que d'autres disent que c'était une région de la Campanie fertile en excellents vins : d'où l'on pourrait conclure que tous les vins récoltés sur les collines du Massique prenaient le nom de *falerne*. On en faisait de trois espèces, du sec, du doux et celui que l'on nommait *falerne léger*. Quelques auteurs les classent différemment ; ils nomment *gauranum* le vin récolté sur le sommet des coteaux ; *faustianum* celui qui provenait de la moyenne région, et *falernum* celui que l'on tirait des vignes de la partie inférieure.

Aucun vin n'a été célébré autant que le *falerne* ; Martial lui a donné le nom d'immortel ; mais les écrivains se sont peu occupés de faire connaître positivement sa nature et ses qualités ; on apprend seulement que les anciens en faisaient un très-grand cas, qu'ils le gardaient fort longtemps et qu'ils ne le buvaient qu'avec leurs meilleurs amis. Tous les auteurs s'accordent pour dire que, jeune, il était si âpre qu'il fallait le garder pendant un grand nombre d'années avant qu'il fût assez adouci pour être bu avec plaisir. Il paraît, d'après Galien, que ce vin n'était à son plus haut degré de qualité qu'après dix ans de garde, qu'il se conservait tel jusqu'à vingt ans, mais qu'en le conservant plus longtemps il était sujet à devenir amer. Cependant Horace, qui aimait beaucoup les vins vieux et qui pouvait avoir au moins trente-trois ans quand il composa ses Odes, parle de l'ouverture d'une urne de vin de Falerne, qui était aussi âgé que lui : d'où l'on peut conclure que, quand ce vin provenait d'un cru supérieur et qu'il était bien soigné, il durait très-longtemps.

Le mont Vésuve avait des collines couvertes de vignes ; mais les vins qu'elles produisaient n'avaient pas la réputation qu'ils ont acquise depuis, et l'on ne cite aucun cru qui ait eu de la célébrité chez les anciens.

Le mont GAURUS était situé près de SURRENTUM (Sorrento), à
25 kil. S. E. de Naples; les ouvrages modernes ne font pas mention
de cette montagne, mais ils disent que les collines de Surrentum produisaient des vins excellents. Suivant Pline, la réputation du vin de Falerne avait déterminé les propriétaires du Gaurus à planter des cepages tirés de ce vignoble et à vendre leurs
vins sous le même nom. Virgile dit que la légèreté et la salubrité de ces vins les faisaient ordonner aux convalescents, et
qu'en vieillissant ils ne devenaient jamais amers, comme cela
arrivait à beaucoup d'autres ; mais Athénée fait observer, d'après
Galien, qu'ils restaient toujours maigres et faibles, parce qu'ils
manquaient de corps et de spiritueux. Les vins de l'ancienne
CAPOUE (Santa-Maria-delle-Grazie), à 2 milles de la rive gauche
du Vulturne, ressemblaient beaucoup à ceux de Surrentum.
VENAFRUM (Venafro), à 70 kil. N. O. de Neapolis, fournissait aussi
quelques vins estimés. CALES (Calvi) , à 8 ou 12 kil. de Capoue,
tirait de son territoire un vin très-estimé et connu sous le nom
de *calenum vinum.* Horace en faisait un grand cas, et Galien le
présente comme plus léger, plus agréable et plus ami de l'estomac que le falerne. Il dit que ceux des crus nommés *Caulinum*
et *Statanum*, près de NEAPOLIS (Naples), étaient peu inférieurs
à ce vin célèbre. MAMERTIUM (Oppido), ville du Brutium (Calabre), était entourée de vignobles très-productifs et dont les vins
étaient fort estimés.

Pline forme une classe particulière des vignobles de la SICILE.
Le vin nommé *mamertinum*, parce qu'il était récolté par des
colons venus de Mamertium, se faisait dans les environs de MES-
SANA (Messine) ; il était léger et un peu astringent. On assure
que ce fut Jules César qui le présenta le premier dans ses festins. Celui de TAUROMENIUM (Taormina) ressemblait au précédent et se présentait souvent sous son nom. Le *pollium* ou *pol-
lasum*, que l'on tirait de SYRACUSE, était un vin doux de qualité
supérieure ; il provenait d'un cepage nommé *Biblia*, sans doute
parce qu'il avait été apporté de la contrée de la Thrace nommée
Biblina. Les anciens ne font aucune mention des vignobles du
sud-ouest de la Sicile, dont nous tirons aujourd'hui d'excellents
vins.

Dans les premiers temps de la république, les Romains con-
sommaient peu de vin, parce que les guerres continuelles qu'ils
avaient à soutenir les empêchaient de soigner leurs vignobles.
Romulus ordonna d'employer le miel pour les libations, et, suivant Pline, Numa défendit de répandre du vin sur les tombes,

parce que cette liqueur était peu abondante. Ce n'est qu'environ 600 ans après la fondation de Rome, que les vins d'Italie furent en réputation. On finit par en récolter une si grande quantité que Caton, malgré son extrême frugalité, en faisait distribuer trois *émines* ou $0^l,80$ par jour à chacun de ses valets ou de ses esclaves. On leur en donnait jusqu'à un *congius* ou $3^l,21$ pendant le temps des fêtes saturnales. Lorsque le commerce de la république eut pris de l'extension, le luxe fit des progrès rapides, et les Romains tirèrent de l'étranger les vins les plus précieux qu'ils distribuaient quelquefois avec une grande prodigalité. Varron, né 116 ans avant Jésus-Christ, dit que Lucullus, son contemporain, au retour de son expédition d'Asie, fit distribuer à la populace de Rome 600 *culeus*, ou environ 310,000 litres de vin de Chios.

La mesure agraire des Romains était le *jugerum*, qui contenait environ 40 ares; celle pour la vente des vins était le *culeus*, qui contenait 513 litres; l'*amphore*, de $25^l,66$; l'*urne*, de $12^l,83$; le *congius*, de $3^l,21$, et l'*hémine*, de $0^l,56$.

La SARMATIE d'Europe, qui forme aujourd'hui plusieurs provinces de la Russie; la DACIE, la PANNONIE, la MŒSIE, qui font partie des empires de Russie, d'Autriche et de Turquie, ne sont point indiquées comme ayant eu des vignobles dans l'antiquité; cependant, du temps de Strabon, la vigne était connue dans la TAURIQUE (Crimée), située sous la même latitude que la Dacie, ce qui donne lieu de croire qu'elle végétait aussi dans une partie de ces contrées qui contiennent maintenant beaucoup de vignobles, et où cet arbuste croît sans culture.

La THRACE (Roumanie) était située entre le Pont-Euxin, la Propontide, la mer Egée et la Macédoine; elle avait des vignobles considérables qui fournissaient à ses habitants les moyens de satisfaire leur passion pour le vin. Plusieurs cantons en produisaient d'excellente qualité, parmi lesquels les auteurs citent, comme le plus anciennement connu, celui de *Maronée*, qui provenait, sans doute, des environs de la ville de ce nom, située sur la côte de la mer Egée, près du mont *Ismarus*, dont une partie était inculte et l'autre couverte de vignes. Ulysse s'en approvisionna pour son voyage à la terre des cyclopes. Ce vin était doux, avait une couleur très-foncée, avec beaucoup de corps et de spiritueux. Homère le cite comme étant riche, non frelaté et digne des dieux. La contrée nommée BIBLINA, aussi dans la Thrace, était célèbre par les vins généreux qu'elle fournissait.

Le vin nommé *prammian* paraît être aussi anciennement connu que celui de Maronée. Nous voyons dans Homère qu'Hécamède prépara, sous la direction de Nestor, un copieux breuvage de ce vin pour Machaon, quand il fut blessé à l'épaule; mais son origine et le lieu où on le récoltait sont restés incertains. Pline en parle comme d'une production distinguée des environs de Smyrne, d'autres le disent provenir des vignobles d'Ephèse (Aio-Tsoluc), dans l'Asie Mineure. Athénée dit qu'il provenait d'une montagne rocailleuse de ce nom dans l'île d'Icaros (Nicaria), d'autres le font récolter dans l'île de Lesbos, d'autres enfin disent qu'il tenait son nom du cepage qui le produisait, ce qui me paraît assez vraisemblable. Ce vin rouge n'était ni doux ni épais, mais fort dur, astringent, très-vigoureux et susceptible d'une longue conservation. On l'ordonnait souvent comme médicament. Aristophane, qui naquit 427 ans avant Jésus-Christ, dit que les vins de *Maronée* et de *Prammian* faisaient froncer le sourcil quand ils étaient jeunes, mais que, parvenus à leur maturité, ils étaient généreux, forts, pleins de séve et de bouquet; il ajoute cependant que les Athéniens ne les aimaient pas et les accusaient d'obstruer les organes digestifs. Pline parle de ces vins comme ayant encore une grande réputation de son temps, et dit qu'on ne les buvait que mêlés avec huit parties d'eau.

L'Illyrie, dans laquelle on a prétendu que Noé ait planté la première vigne après le déluge, et qui contient, de nos jours, des vignobles étendus, n'a sans doute jamais cessé de cultiver cet arbuste; cependant les auteurs ne font aucune mention des vins qu'elle produisait dans l'antiquité.

Grèce. Cette grande contrée se composait 1° de la terre ferme, qui comprenait la Macédoine, l'Epire, la Thessalie et la Grèce propre; 2° la presqu'île ou Péloponèse, contenant l'Achaïe, l'Elide, l'Arcadie, l'Argolide, la Messénie et la Laconie; 3° des îles de la mer Ionienne; 4° de celles de la mer Egée qui font partie de l'Europe. Je comprendrai dans ce paragraphe les îles de la côte de l'Asie Mineure, parce que, leurs vins étant de même nature, les auteurs anciens les ont souvent cités avec ceux de la Grèce sans distinguer leur position.

Toutes les provinces de terre ferme et celles du Péloponèse (1)

(1) *Histoire ancienne*, page 66. La vigne croît naturellement en Grèce, mais sauvage.
Histoire ancienne, page 195. Naxos, célèbre par son temple de Bacchus et l'excellence de ses vins.

contenaient des vignobles plus ou moins considérables qui fournissaient une immense quantité de vins, sur lesquels les auteurs anciens ne nous ont transmis que peu de renseignements, attendu que ceux des îles qui étaient supérieurs en qualité ont fixé de préférence leur attention.

Parmi les vins du continent, Stéphane cite avec éloge ceux de MENDA, ville de Macédoine, sur la côte occidentale de la presqu'île de Pallène; ils étaient blancs, plus légers que ceux de Maronée et ne se délayaient que dans trois parties d'eau. Les vins de la portion de l'Epire nommée MAREOTIS sont cités comme étant de qualité supérieure. Virgile, né 70 ans avant Jésus-Christ, nous dit qu'ARGOS, dans le Péloponèse, était renommé par ses vins bienfaisants et susceptibles d'une longue conservation. Suivant Aristote, les vins de l'ARCADIE se desséchaient dans des outres, dont on les tirait par morceaux, qu'il fallait délayer dans de l'eau pour les boire. On ne pouvait dessécher ainsi que les vins très-liquoreux, épais et peu fermentés, ou du moût récemment extrait des raisins qui, par l'évaporation, acquéraient d'abord la consistance d'un sirop, et finissaient par se transformer en une moscouade dont la dissolution dans l'eau pouvait produire une boisson sucrée plus ou moins agréable, mais peu spiritueuse. Si l'on traitait ainsi les vins de nos meilleurs crus, on n'obtiendrait pour résidu que de la lie. Dans les pays soumis à la loi de Mahomet, on prépare encore des sirops et une espèce de raisiné que l'on délaye dans de l'eau pour en faire des boissons qui remplacent le vin; mais elles n'ont pas les mêmes qualités.

Les vins liquoreux de la Grèce étaient supérieurs à ceux de tous les autres pays, la plupart étaient faits avec des raisins muscats; on les récoltait principalement dans les îles de la mer Egée et dans quelques cantons de la mer d'Ionie. La vigne y était cultivée avec le plus grand soin sur des terrains et à des expositions si favorables, qu'elle fournissait des vins excellents. Ceux des îles de CHIOS (Scio) et de LESBOS (Mételin), sur la côte d'Asie, enfin de THASSUS (Tasso), sur la côte de Macédoine, étaient particulièrement cités comme les meilleurs; mais plusieurs des autres îles, telles que CORCYRE (Corfou), dans la mer Ionienne, CRÈTE (Candie) et RHODES, fournissaient aussi des vins très-estimés pour leur richesse, leur parfum, leur douceur et leur délicatesse. Ils avaient une couleur ambrée assez foncée, parce qu'ils fermentaient longtemps avec la pellicule du raisin. CHIOS, dont les habitants prétendaient avoir su, les premiers, cultiver la vigne, récoltait, suivant Athénée, sur les hauteurs crayeuses d'ARIUSIUM, des vins secs et des vins doux d'excellente qualité. Strabon les cite comme les meilleurs de la Grèce. Pline vante surtout celui que l'on faisait dans le canton d'ARVISIA. Le vin dit *saprian* avait un parfum délicieux et très-fort, qui embaumait la salle du festin. Celui de *Phanean*, vanté par Virgile, venait aussi de l'île de Chios. Les vins de LESBOS avaient un bouquet très-suave, mais moins prononcé que celui de Chios; Pline les accuse d'avoir un goût salé et leur préfère ceux de THASSUS (Tasso), qui étaient généreux, doux et parfumés; ceux-ci mûrissaient lentement et acquéraient en vieillissant un parfum délicieux. On préparait, dans cette dernière île et à Lesbos, un vin léger nommé *omphacites*, qui provenait d'une espèce de raisin que l'on vendangeait avant son entière maturité, et que l'on exposait au soleil pendant trois ou quatre jours avant de le presser; quand il avait terminé sa fermentation, on exposait au soleil les vases qui le contenaient jusqu'à ce qu'il eût atteint sa maturité. Les Romains faisaient un très-grand cas des vins de l'île d'ICAROS (Nicaria).

Dans l'île de CRÈTE (Candie), les vins étaient préparés avec le plus grand soin. Lorsque les raisins étaient bien mûrs, on les saupoudrait avec du plâtre pour donner plus de consistance à leur jus. Les meilleurs vins de cette île étaient surtout estimés pour la suavité de leur parfum, qui égalait celui des fleurs les plus odorantes. Ceux de LEUCADIA (Sainte-Maure) et de ZACINTHUS (Zante), dans la mer Ionienne, étaient préparés de la même manière et avaient beaucoup de spiritueux. Les vins de NAXOS (Naxie), RHODES et Cos (Stanco), dans la mer Egée, passaient, du temps de Pline, pour avoir un goût salé comme ceux de Lesbos. L'île SCIATUS (Sciati), sur la côte de Thessalie, faisait des vins qui ressemblaient à ceux de Maronée; mais ils étaient moins spiritueux.

ASIE.

Les anciens ne connaissaient qu'environ la moitié de cette partie du monde, que les Romains divisaient en Asie propre et en Asie Mineure. Les écrivains nous indiquent quelques pays où la vigne prospérait; mais ils ne donnent que peu de détails sur la nature et la qualité des vins qu'on y récoltait. Ils ne parlent pas des vignes de l'ALBANIE et de la COLCHIDE, qui occupaient

l'espace compris entre le Pont-Euxin, le Palus Mœotis, le Rha
(Volga) et la mer Caspienne. Ces contrées, qui font aujourd'hui
partie de l'empire de Russie, sous le nom de *provinces caucasiques*, ont une si grande quantité de vignes, qui croissent sans
culture dans les forêts, dont elles couvrent tous les arbres, et
qui produisent une immense quantité de raisins de bonne
qualité dont on fait du vin, que l'on est fondé à considérer la
vigne comme étant indigène dans ces contrées.

Beaucoup de cantons de l'ASIE MINEURE avaient des vignobles fort étendus. Dans la partie occidentale du PONTUS, où les
montagnes du Taurus s'abaissent et s'éloignent du Pont-Euxin,
on voyait l'olivier, les arbres fruitiers et la vigne orner les collines, au pied desquelles l'Halys (Kisit-Irmak) et l'Iris (Iechit-
Irmak) roulaient leurs ondes. Dans la PAPHLAGONIE (Anatolie),
suivant Strabon, la vigne et l'olivier bravaient les vents du nord
sur plusieurs côtes de l'Olgasis.

Xénophon, Strabon et Pline nous apprennent que la BITHY-
NIE (Anatolie) produisait tous les fruits de la Grèce : elle avait
beaucoup de vignes, dont on tirait des vins de plusieurs espèces,
parmi lesquels Florentinus cite ceux que donnait le cepage
nommé *Mescites*, comme étant de première qualité. Galien, de
Pergame, en Mysie, dit que le vin blanc de la Bithynie, quand
il était très-vieux, passait, à Rome, pour du vin de Cœcube,
mais qu'alors il était amer et peu agréable à boire. Le même
auteur parle des vins de TIBENUM, d'ARSYNIUM et de TITUCA-
SENUM comme étant les plus légers de ceux que l'on faisait dans
sa patrie. Les deux premiers étaient rouges et non liquoreux ;
le dernier était doux, peu spiritueux et peu coloré. Ces vins
acquéraient plus promptement leur maturité qu'aucun de ceux
des autres vignobles de l'Asie Mineure. LAMPSACUS (Cherdak),
dans la même province, était entouré de vignobles très-productifs.

Suivant Virgile et Galien, la montagne de *Tmolus*, en LYDIE,
produisait un vin doux, d'une couleur très-ambrée, qui se vendait au plus haut prix. Pline dit qu'étant trop liquoreux pour
qu'on pût le boire pur, on l'employait principalement pour corriger l'âpreté des autres vins et leur donner du parfum. SMYRNE,
dans l'Ionie, fournissait des vins que les Romains aimaient beaucoup. Ceux de CLAZOMÈNE (Vourla), sur le golfe de Smyrne,
étaient préférés, même à ceux de Lesbos, parce qu'on y mêlait
moins d'eau de mer. EPHÈSE (Aio-Tsoluc), aussi dans l'Ionie,
sur la rive gauche du Caister, avait des vignobles dont on tirait

des vins forts, généreux et parfumés, auxquels plusieurs auteurs donnent le nom de *prammian*.

La vigne se plaisait dans les terrains volcaniques de la plaine de CATACÉCOMÈNE, partie la plus orientale de la PHRYGIE, sur les bords de l'*Hermus* (Sarabat); elle y produisait beaucoup de vins de bonne qualité. Dans la partie de la CAPPADOCE (Kara-mania) voisine de l'Euphrate, il y avait de beaux vignobles; on en rencontrait aussi dans la CARIE; ils produisaient des vins estimés, parmi lesquels on distinguait particulièrement ceux de CNIDE (Porto-Génovèse), dans la province nommée *Doride*, comme généreux et agréablement parfumés. Galien cite avec éloge les vins de SCYBELUS dans la Pamphylie; ils étaient très-épais et très-liquoreux. Celui d'ABATÈS, en Cilicie, était aussi un vin rouge très-liquoreux. La CARMANIE (Kerman), sur le golfe Persique, produisait des raisins d'une grosseur extraordinaire dont on tirait de bons vins.

La vigne prospérait dans plusieurs vallées de l'ARMÉNIE voisines de l'ARSACE. L'ATROPATÈNE ou petite MÉDIE (Aderbijam) avait beaucoup de cantons riches en vin. PERSÉPOLIS (Stakhar), ville de la Perside (Farsistan), dont Alexandre le Grand ordonna la démolition, dans un accès d'ivresse, était entourée de beaux vignobles qui produisaient des vins très-généreux, parfumés et fort agréables.

La Syrie était riche en vignes dans les contrées voisines de la mer *intérieure* (Méditerranée). La célèbre LAODICÉE (Latakieh) florissait par son port et par ses vignobles; les collines du mont LIBAN étaient couvertes de vignes. Les auteurs profanes vantent les vins de BYBLOS (Gabail), de SAREPTA (Sarfand), de TYR (Sour), de SALON, d'ASCALON (Scalona), etc. L'Ecriture sainte loue les vignes du torrent de SOREC, de SABANA, de JASER et d'ABEL; Ezéchiel, qui vécut 599 ans avant notre ère, parle de l'excellent vin de CHELBON, que l'on vendait aux foires de Tyr. Strabon, né 50 ans avant l'ère chrétienne, et Plutarque, qui ne vint que 116 ans après lui, le nomment *calebonium vinum* : il se récoltait près de DAMAS. Enfin l'île de CYPRUS (Chypre) produisait des vins qui, suivant Pline, provenaient de ceps d'une grosseur extraordinaire; mais ils n'étaient pas estimés comme le sont ceux que l'on y récolte aujourd'hui.

La CHINE, qui n'était pas connue des anciens, avait des vignobles dans les temps les plus reculés. Les annales chinoises nous apprennent que plusieurs provinces en avaient de très-considérables longtemps avant l'ère chrétienne; les poëtes chinois ont célébré le vin dans toutes leurs chansons depuis le règne d'*Hy-ven* jusqu'à celui de *Han*. Enfin leurs annales font mention du vin de raisin sous le règne de l'empereur *Vou-Ty*, qui monta sur le trône l'an 140 avant Jésus-Christ.

AFRIQUE.

Les anciens ne connaissaient que la partie septentrionale de cette contrée, que les Grecs nommaient Libye et Hespérie. Elle contenait autrefois de grands vignobles que l'on n'y rencontre plus aujourd'hui; tandis que son extrémité méridionale, qui fournit maintenant des vins précieux, n'avait pas un cep de vigne.

Strabon et Pline ont célébré la fertilité de la région du mont Atlas. Le premier décrit les riches plaines de l'Afrique proprement dite, où, parmi des champs de blé inépuisables, des vergers et des vignobles, CARTHAGE, rétablie en qualité de colonie romaine, était redevenue la reine des cités africaines. Le même auteur dit que les vignes de ces contrées avaient le tronc assez gros pour que deux hommes pussent à peine l'embrasser; que les grappes étaient longues d'une coudée (environ 47 pouces) et que les vins avaient une âpreté que l'on corrigeait en y mêlant du plâtre. Cette contrée, qui forme aujourd'hui la régence de Tunis, n'a plus de vignes. Athénée cite les vins blancs que l'on récoltait dans les environs du lac MAREOTIS (Birka-Mariout), comme n'ayant pas de rivaux en excellence. Ce vin, dont Antoine et Cléopâtre faisaient leurs délices 40 ans avant notre ère, se nommait quelquefois *vin d'Alexandrie*, parce que le vignoble était peu éloigné de cette ville; il avait de la douceur, de la légèreté et un parfum des plus agréables; il était facile à digérer et peu capiteux. Cependant celui de l'île MÉROÉ (Nuabia), que Cléopâtre fit servir à César, paraît avoir joui d'une plus haute réputation, suivant Lucain, qui vécut dans le premier siècle de notre ère; il ressemblait à celui de Falerne. Le vin dit *tœniotique*, du nom de la bande de terre qui le produisait, avait une couleur verdâtre, beaucoup de corps et un parfum aromatique très-prononcé; il était plus liquoreux que celui du lac Mareotis et avait en même temps de la fermeté. Le vin d'ANTILLA, près d'Alexandrie, était le seul qui eût de la réputation parmi ceux des nombreux vignobles qui ornaient les bords du Nil. Pline vante celui de SEBENY-TUM (Semenhoud), ville du Delta (basse Egypte), qui était fait avec trois espèces de raisins ; mais il n'indique pas les qualités qui le distinguaient, et dit seulement qu'il était liquoreux et qu'on en consommait beaucoup à Rome. Horace dit que, dans les îles FORTUNÉES (îles Canaries), la terre donnait sans culture d'abondantes moissons et que les vignes fleurissaient toujours sans avoir besoin d'être taillées.

Quelques-uns des pays autrefois célèbres pour l'excellence des vins qu'ils fournissaient ont conservé, de nos jours, cette réputation ; mais beaucoup l'ont perdue. Les Romains prisaient bien plus les vins grecs en général et plusieurs de ces vins en particulier que nous ne le faisons aujourd'hui. Strabon trouvait le vin de Samos détestable ; celui de Chypre, autrefois méprisé, fait maintenant les délices de nos tables ; tandis que nous ne faisons aucun cas des vins de Scio, que les Romains estimaient singulièrement.

Dès les temps les plus reculés, les hommes faisaient usage de boissons fermentées. Strabon nous apprend que, dans l'Asie, au delà du Taurus, le riz en fournissait une qui était assez spiritueuse, et que les Indiens aimaient beaucoup. Néarque, amiral d'Alexandre, né 356 ans avant Jésus-Christ, indique la canne à sucre et la liqueur spiritueuse qu'on tirait de son jus ; les Germains faisaient de la bière : cette boisson, ainsi que le cidre et l'hydromel, était d'un grand usage dans les Gaules. La grande quantité de liqueurs fermentées que l'on prépare aujourd'hui chez tous les peuples, même sauvages, qui habitent les contrées où la vigne ne prospère pas, prouve assez le goût naturel de tous les hommes pour les boissons enivrantes.

ANALYSE DU VIN.

Les vins soumis à la distillation, au degré de l'eau bouillante, fournissent 1° du gaz acide carbonique, s'ils en contiennent; 2° de l'alcool; 3° un peu d'acide; 4° de l'huile.

En arrêtant la distillation, après avoir obtenu ces produits, il reste, dans la cucurbite, une liqueur chargée, dont la composition varie suivant la nature du vin qu'on a distillé.

Les résidus des vins secs sont acides; ils contiennent de la lie, du tartre, une matière extractive et une substance colorante; ceux des vins demi-liquoreux et liquoreux offrent, en outre de ces produits, le sucre, qui n'a pas été décomposé.

La lie est ce dépôt qui, après avoir troublé les vins pendant leur fermentation, se précipite lorsqu'elle est achevée : c'est un mélange de la substance végéto-animale, qui a servi de ferment au moût, et qui contient plus ou moins de tartre, de matière extractive et de principe colorant; le tout est délayé dans une plus ou moins grande quantité de vin, que l'on extrait en soumèttant cette lie à l'action d'une presse, qui en fait une masse solide que l'on dessèche, soit pour la conserver et la vendre dans cet état, soit pour la brûler et en retirer un carbonate de potasse connu sous le nom de *cendres gravelées*, très-employé dans la teinture et dans la fabrication des savons.

Le marc du raisin, fortement exprimé et desséché, sert de nourriture aux bestiaux. En Suisse, et dans quelques autres pays, on emploie le marc comme engrais et comme combustible; sa cendre est fort riche en potasse. Les pepins ou semences qu'il renferme sont employés à nourrir la volaille. Les Italiens en retirent, dit-on, de l'huile à brûler.

Toutes les liqueurs fermentées contiennent un acide plus ou moins abondant, différent du tartre, et qui paraît accompagner partout la matière sucrée. L'eau ou l'alcool, passés sur l'extrait des vins, enlèvent cet acide, qui est reconnu pour être l'acide malique. Les vins qui en contiennent le plus fournissent les plus mauvaises eaux-de-vie; ceux, au contraire, qui en renferment le moins en donnent d'excellentes.

PROPRIÉTÉS DU VIN.

Le vin, quand on en use avec modération, a la propriété de fortifier l'estomac, de favoriser la transpiration et d'aider à toutes les fonctions du corps et de l'esprit : ces effets se font plus ou moins sentir, selon le caractère propre à celui dont on fait usage.

Les vins blancs contiennent un tartre plus fin, les rouges en ont ordinairement un plus grossier : les premiers sont plus actifs, les seconds le sont moins et nourrissent davantage; enfin les vins blancs picotent plus que les autres, ce qui est cause qu'ils agissent sur les urines; mais ils peuvent plus facilement incommoder.

Les gros vins, c'est-à-dire ceux qui, parmi les vins communs, sont très-colorés, corsés, pâteux et lourds, enivrent moins promptement que les vins légers, parce que les principes qui les composent se portent avec moins de facilité au cerveau; mais ils s'en dégagent avec plus de peine quand ils y sont parvenus : cette sorte de vin convient aux personnes qui suent facilement ou qui font beaucoup d'exercice et à celles que le jeûne a épuisées, ou qui supportent difficilement l'abstinence.

Les vins délicats, et en général ceux que j'ai qualifiés de *vins fins*, sont moins nourrissants, mais plus capables de délayer les sucs, de se distribuer dans les différentes parties du corps et d'exciter les évacuations nécessaires; c'est pourquoi ils sont propres aux vieillards, aux convalescents et aux personnes dont les viscères sont embarrassés par des obstructions, pourvu, toutefois, qu'ils n'aient pas trop de montant, comme il arrive à quelques-uns.

Les vins qui tiennent le milieu entre les deux espèces dont je viens de parler ne sont ni trop nourrissants ni trop diurétiques, et conviennent à la plupart des tempéraments; je les ai qualifiés de vins d'ordinaire, parce qu'ils sont généralement préférés pour la consommation journalière.

Les vins liquoreux ne conviennent pas pour l'usage habituel, non-seulement parce que le goût pâteux et fade de la plupart s'oppose à ce que l'on puisse les boire à longs traits, mais encore parce qu'ils sont sujets à causer des obstructions. Cependant ceux de première qualité et vieux ont un goût fort agréable et des vertus toniques qui les font rechercher; ils conviennent aux estomacs froids, et sont propres à dissiper les coliques causées par des matières crues et indigestes; mais, dans tous les cas, on ne doit les boire qu'en petite quantité.

TOPOGRAPHIE

DE

TOUS LES VIGNOBLES

CONNUS.

Première partie.

FRANCE.

INTRODUCTION.

La France, située presque au centre de l'Europe, entre les 13ᵉ et 25ᵉ degrés de longitude, et les 42ᵉ et 54ᵉ de latitude septentrionale, est, par sa position et par la nature de son sol, le pays le plus riche en vignes. Suivant le rapport fait au roi par M. le comte Chabrol, ministre des finances, le 15 mars 1830, la France contenait, en 1788, 1,555,475 hectares de vignes, non compris celles des départements de l'Aveyron, de l'Isère et du Morbihan, qui ne sont pas indiquées sur le tableau, et que j'évalue, d'après d'autres renseignements, à 17,451 hectares; ce qui porte la quantité de terrain planté en vignes, en 1788, à 1,572,926 hectares. Suivant les documents réunis au ministère de l'intérieur depuis 1804 jusqu'en 1813, la France contenait alors 1,734,573 hectares de vignes, dont le produit, constaté par les inventaires faits après chaque récolte, depuis 1804 jusqu'à 1808 inclusivement, les évaluations de la régie des droits réunis, depuis 1809 jusqu'à 1811, et les états envoyés par les préfets après les récoltes de 1812, 1813 et 1814, s'élevait, terme moyen de ces onze années, à 31,012,452 hectolitres de vin. Enfin, suivant le rapport du 15 mars 1830, la France contenait, en 1829, y compris 24,360 hectares que j'ajoute pour les départements de l'Aveyron et de l'Isère, 2,017,667 hectares de vignes, qui avaient produit, terme moyen des récoltes de 1826, 1827 et 1828, 44,814,161 hectolitres de vin, par an; mais, ces trois années ayant été assez abondantes, j'ai, en comparant les évaluations anciennes avec les nouvelles, établi un terme moyen qui me paraît approcher de la vérité et dont il résulte que la France a produit alors, année moyenne, environ 39 millions d'hectolitres de vin. Actuellement, en tenant compte des nouvelles plantations faites depuis une trentaine d'années et de l'annexion de la Savoie et de Nice, on peut évaluer la superficie totale des vignes, en France, à près de 2,300,000 hectares, et la production moyenne à 42 millions d'hectolitres. A en juger d'après les dernières années dont nous connaissions la production : 1862 (37,109,636 hect.), 1863 (54,371,875 hect.), 1864 (50,653,422 hect.); ce chiffre serait au-dessous de la vérité, mais 1863, 1864 et surtout 1865 ont fourni des récoltes abondantes, qui peuvent causer quelques illusions sur les années ordinaires. Nous donnons, du reste, à l'*appendice* la production de toute une série d'années et nous nous bornons à y renvoyer le lecteur.

Les vins rouges et les vins blancs de nos différents vignobles affectent presque toutes les nuances des trois genres que j'ai décrits p. 12 et suivantes de cet ouvrage. Les *vins secs* de l'Alsace, quoique très-bons, sont cependant inférieurs à ceux de plusieurs crus de la rive droite du Rhin. Nos *vins de liqueur*, fort estimés de l'étranger et mis au premier rang par de célèbres gourmets, sont moins goûtés en France que ceux que nous tirons à grands frais de quelques pays lointains; mais nos *vins moelleux* (1),

_____

(1) Voy. le Vocabulaire *ante*, page 22.

dont le goût et le parfum sont aussi variés qu'agréables, ne connaissent pas de rivaux hors des limites de notre territoire ; ils ont surtout ces qualités que les meilleures variétés de la vigne ne peuvent fournir que lorsqu'elles végètent dans des terrains choisis et sous un ciel tel que le nôtre. Les vins de nos premiers crus sont les seuls dans lesquels on trouve réuni cet arome spiritueux nommé *bouquet,* qui, précurseur du goût, flatte l'odorat et promet de plus douces jouissances, avec cette *séve* délicieuse, qui, moins légère que le bouquet, ne se dilate que dans la bouche, l'embaume et survit au passage de la liqueur. Ces qualités, que possèdent essentiellement nos vins fins, distinguent aussi plusieurs de nos meilleurs vins d'ordinaire : ceux-ci, dont le nombre est considérable, fournissent, comme ceux-là, à de grandes exportations et sont souvent assez bons pour prendre les noms des crus les plus renommés. Nos vins d'ordinaire de 2°, de 3°, de 4° qualité et nos vins communs procurent à la population française la boisson la plus saine et la plus généralement recherchée ; ils entrent pour une forte portion dans les envois à l'étranger et servent encore à la fabrication d'une quantité considérable d'eaux-de-vie et d'esprits-de-vin, qui forment une branche importante de notre commerce avec tous les peuples de la terre.

Ce qui distingue surtout les vins français de ceux des autres pays, c'est leur étonnante variété ; en effet, les vins de chacune de nos provinces ont un goût et un parfum qui leur sont propres, et que l'on reconnaît facilement sans avoir une grande habitude de la dégustation. Les vins même de crus très-voisins, et qui ne sont séparés que par un mur ou par un chemin, ont entre eux des dissemblances assez sensibles pour être appréciées par les gourmets expérimentés du pays, qui, après avoir goûté vingt essais qu'on leur présente, ne se trompent sur aucun, et indiquent la vigne d'où provient chacun d'eux.

Afin de conserver aux différents vins les noms sous lesquels ils sont connus depuis des siècles, et surtout afin de mettre le lecteur à portée de connaître les nuances qui dis-

tinguent ceux que l'on désigne ordinairement sous la même
dénomination, j'ai composé les chapitres consacrés à la
France, les uns d'une grande province et les autres de plusieurs petites. Chaque département forme un paragraphe,
dans lequel les crus sont rangés et décrits suivant la qualité de leurs produits, et, à la fin du chapitre, tous les vins
cités dans les différents paragraphes sont réunis dans une
classification qui indique les rapports de qualité qu'ont
entre eux tous les vins de la province, et le rang qu'ils
occupent dans la classification · générale des vins du
royaume.

Quoique la France produise plus de vin qu'il n'en faut
pour la consommation de ses habitants, on y fait cependant une assez grande quantité de liqueurs fermentées, qui
servent de boisson journalière dans les provinces dont le
climat n'est pas favorable à la vigne : tels sont la *bière*, dont
la fabrication annuelle, évaluée à plus de 2 millions d'hectolitres en 1830, est arrivée, par un accroissement continu,
à 5,323,078 hectolitres de bière forte, et 1,880,443 hectolitres de bière faible en 1864; enfin le *cidre*, dont la
récolte s'élève, année commune, à environ 9 millions
d'hectolitres. Il n'entrait pas dans mon plan de parler de
ces liqueurs; mais j'ai cru devoir indiquer, en passant,
les quantités produites.

CHAPITRE PREMIER.

Flandre, Hainaut, Cambresis, Picardie et une partie de l'Ile-de-France et de la Brie.

Les provinces comprises dans ce chapitre sont situées sous les
49° et 50° degrés de latitude; elles forment les départements
du Nord, du Pas-de-Calais, de la Somme et de l'Aisne. On ne
rencontre des vignobles importants que dans la partie méridionale du département de l'Aisne, et les vins qu'ils fournissent
sont, à quelques exceptions près, de qualité inférieure.

§ I. *Département du* NORD, *formé du Hainaut français, de la Flandre française et du Cambresis; il est divisé en 7 arrondissements :* Lille, Avesnes, Cambray, Douai, Valenciennes, Dunkerque et Hazebrouck.

Ce département ne produit ni vin ni cidre ; on ne cultive la vigne que dans les jardins, et le raisin est uniquement employé pour le service de la table. La bière, dont la fabrication s'élève à plus de 1,500,000 hectolitres, est la boisson ordinaire de tous les habitants ; néanmoins on y fait un très-grand commerce des vins de Bourgogne, de Bordeaux, de Champagne, et, en général, de tous les bons vignobles de la France. Comme cette liqueur n'est pas d'un usage journalier, et que les frais de transport sont considérables, on ne s'approvisionne que de très-bons vins dans ce pays, où l'on rencontre, proportion gardée, beaucoup plus de bonnes caves qu'à Paris. Les Flamands aiment à faire des provisions en ce genre ; ils achètent ordinairement leurs vins dans le courant de l'année qui suit la récolte et les conservent avec soin jusqu'à l'époque convenable pour les mettre en bouteilles. Ils n'attendent pas que leurs caves soient vides pour faire de nouveaux achats, et choisissent toujours ceux des années où la température a été favorable à la vigne, de manière qu'ils ont constamment un assortiment complet d'excellents vins vieux, et d'autres en réserve, qui s'améliorent dans leurs caves, pour remplacer les premiers. Par ce moyen, ils ne sont point exposés à boire des vins de mauvaise qualité, ni à les payer trop cher lorsqu'il survient une disette.

On fabrique dans ce département environ 28,000 hectolitres d'eau-de-vie de grain, du genièvre et depuis quelques années aussi de betteraves ; une partie en est consommée par les habitants, une autre va à Paris et se distribue en France ; le surplus est exporté, partie en Belgique, partie dans les colonies, par le port de Dunkerque.

§ II. *Département du* PAS-DE-CALAIS, *formé de l'Artois et de la basse Picardie ; il est divisé en 6 arrondissements :* Arras, Saint-Omer, Saint-Pol, Montreuil, Boulogne et Béthune.

De même que le précédent, ce département ne fournit point de vin : la vigne n'y est cultivée qu'en treille, et le raisin ne

4

mûrit que dans les meilleures expositions. Les vins nécessaires à la consommation des habitants sont apportés, par mer, de Bordeaux et des autres vignobles du Midi ; on en tire aussi par le chemin de fer et les canaux de la Bourgogne, du Mâconnais et de l'Orléanais. Dans plusieurs cantons, on cultive des pommiers à cidre, qui donnent, année commune, environ 36,000 hectolitres de cette boisson ; on fabrique environ 600,000 hectolitres de bière, dont les habitants font un grand usage, et l'on distille 10 à 12,000 hectolitres d'eau-de-vie de grain ou de pomme de terre, ainsi qu'une certaine quantité de betteraves.

§ III. *Département de la* SOMME, *formé de la partie occidentale de la Picardie et divisé en 5 arrondissements : Amiens, Abbeville, Doullens, Montdidier et Péronne.*

D'après les inventaires faits par la régie des droits réunis, depuis la récolte de 1804 jusques et y compris celle de 1808, la vigne était alors cultivée dans onze communes de l'arrondissement de Montdidier, sur une étendue de 33 hectares, et la récolte moyenne était d'environ 1,100 hectolitres de vins de la plus mauvaise qualité. Le compte rendu le 15 mars 1830 portant *qu'il n'est pas récolté de vin dans ce département*, j'ai lieu de croire qu'on y a tout à fait renoncé à cette culture, bien qu'un tableau de 1849 ait accusé 14 hectares. CAGNY, village près d'Amiens, a quelques vignes dont les fruits sont consommés dans cette ville.

Le cidre est la boisson la plus commune dans ce département ; on en récolte 200,000 hectolitres par an, et l'on fabrique, en outre, environ 200,000 hectolitres de bière et un peu d'eau-de-vie.

Le vin donne lieu, en Picardie, à un commerce d'importation considérable ; on trouve dans ce pays beaucoup de caves très-bien approvisionnées en vins de Bourgogne et des autres bons vignobles du royaume.

§ IV. *Département de l'*AISNE, *formé d'une partie de la Picardie, de l'Ile-de-France et de la Brie ; il est divisé en 5 arrondissements : Laon, Saint-Quentin, Vervins, Soissons et Château-Thierry.*

Ce département, placé entre les 49° et 50° degrés de latitude, est un des plus septentrionaux de ceux où la vigne est cultivée ; celle-ci ne prospère que dans les arrondissements de Laon, Soissons et Château-Thierry, où elle occupe 9,033 hectares, produisant, récolte moyenne, environ 274,000 hectolitres de vin rouge et 49,000 hectolitres de vin blanc. Les vins du Laonnais, qui sont les meilleurs, s'expédient en grande partie à Lille et à Douai, dont les relations habituelles avec le département de l'Aisne favorisent les échanges. L'arrondissement de Château-Thierry fait quelques envois dans les départements de l'Oise et de la Seine.

Les poiriers et les pommiers sont cultivés dans quelques cantons et fournissent, année commune, 169,000 hectolitres de cidre ; on fait, en outre, environ 100,000 hectolitres de bière et une certaine quantité d'eau-de-vie.

Les cepages cultivés dans l'arrondissement de Laon sont, en rouges, le *bon-noir*, espèce de *pineau*, l'*esplein-vert*, le *gamet*, le *gouais* et le *pendillard* ; en blancs, le *bon-blanc* ou *pineau*, le *romeré*, le *vert-blanc*, le *gouais* ou *melon*, et le *meunier*.

VINS ROUGES.

PARGNAN, CRAONNE, CRAONELLE, JUMIGNY, VASSOGNE, BELLEVUE et CUSSY, dans le canton de Craonne, à 18 kil. de Laon, fournissent des vins qui ont une supériorité marquée sur ceux des autres crus du département ; ils sont légers, délicats, assez spiritueux et d'un goût agréable.

ROUCY, à 24 kil. S. E. de Laon, fait des vins qui soutiennent la comparaison avec ceux de Craonne : ils sont moins légers et moins délicats, mais ils ont plus de corps et supportent mieux le transport.

LAON est situé sur une montagne isolée et plantée de vignes dans presque tout son pourtour. Les vins que l'on récolte sur la partie exposée au midi sont les meilleurs, et approchent de la qualité des précédents ; ils ont moins de spiritueux et une couleur plus foncée : on distingue surtout ceux des crus nommés la *Cuisine* et la *Cave-de-Saint-Vincent*.

CRÉPY, BIÈVRE, ORGEVAL, MONTCHALONS, VOURCIENNE, PLOYARD et ARANCY, à 8 et 12 kil. de Laon, fournissent des vins de bonne qualité, quoique moins délicats et moins spiritueux que ceux dont je viens de parler.

CHATEAU-THIERRY récolte, sur des coteaux situés près des

bords de la Marne, des vins assez délicats, mais privés de corps et de spiritueux. Tréloup, à 14 kil. de Château-Thierry, fournit aussi des vins assez agréables, mais faibles.

Vailly et Soupir, à 12 et 16 kil. de Soissons, donnent les meilleurs vins de cet arrondissement ; ils sont assez agréables, mais froids, sans force et bien inférieurs à ceux du Laonnais et de la Marne. Les propriétaires ne doivent l'exportation d'une partie de leurs récoltes qu'à la proximité du département de l'Oise et à la rivière d'Aisne, qui en rend le transport peu dispendieux. Les vins des autres vignobles sont tous de qualité inférieure.

VINS BLANCS.

Pargnan, Cussy, Chateau-Thierry, Charly, Essonne et Azay sont entourés de vignobles dans lesquels on fait beaucoup de vins blancs faibles en qualité, mais d'assez bon goût. Ceux de Pargnan sont légers, d'un goût agréable et plus spiritueux que les autres. La plupart de ceux des environs de Château-Thierry sont teints en rouge avec une liqueur extraite des merises noires, que l'on fait d'abord fermenter et que l'on concentre ensuite par l'ébullition.

Le principal commerce de vins se fait à Laon, à Soissons et à Château-Thierry. Les tonneaux en usage à Laon, Craonne, Roucy et dans les autres vignobles de cet arrondissement se nomment *pièces*, et contiennent 27 veltes, ancienne mesure de Paris, ou 205 litres 1/2. Dans les vignobles du Soissonnais, on se sert du *muid*, qui, suivant les cantons, est de 33 à 35 veltes, ou de 251 à 266 litres; on emploie aussi la *pièce champagne*, de 26 veltes ou 198 litres. A Château-Thierry, les *pièces* jaugent 24 veltes ou 182 litres 1/2.

Expéditions. Celles de Laon pour la Flandre se font par terre, tandis que celles de Soissons pour le département de l'Oise ont lieu par la rivière d'Aisne ; les envois de Château-Thierry pour le département de la Seine se font par la Marne, mais surtout par le chemin de fer.

CLASSIFICATION.

Les meilleurs vins rouges de Pargnan, Craonne, Craonelle,

Jumigny, Vassogne, Bellevue, Cussy, Roucy, et plusieurs de ceux qui proviennent de la partie la mieux exposée de la montagne de Laon, dans le département de l'Aisne, sont compris dans la 5ᵉ classe des vins de France, comme *vins ordinaires* de 2ᵉ et de 3ᵉ qualité. Ceux de Crépy et des autres vignobles compris dans ce chapitre ne donnent que des vins d'ordinaire de 4ᵉ qualité et des vins communs. Les meilleurs vins blancs de Pargnan, de Cussy, de Château-Thierry, de Charly, d'Essonne et d'Azay sont des vins d'ordinaire de 2ᵉ qualité. Tous les autres crus ne fournissent que des vins d'ordinaire de 3ᵉ ou de 4ᵉ qualité et des vins communs, tant en rouges qu'en blancs.

CHAPITRE II.

Normandie et une partie du Perche.

Ces provinces, placées sous les 48ᵉ et 49ᵉ degrés de latitude, forment les cinq départements de l'Eure, de la Manche, de l'Orne, du Calvados et de la Seine-Inférieure. Le premier renferme seul quelques vignobles peu importants ; mais il est couvert, ainsi que les quatre autres, d'une grande quantité de pommiers qui fournissent d'excellent cidre. On estime à 4,737,000 hectolitres la récolte annuelle de cette liqueur, savoir 650,000 dans le département de l'Eure, 844,000 dans celui de la Manche, 723,000 dans celui de l'Orne, 900,000 dans celui du Calvados, et 1,620,000 dans le département de la Seine-Inférieure.

Les Normands, assez sages pour renoncer à la culture de la vigne, qui ne se plaît pas dans leur sol, n'ont pas cessé de rendre hommage à ses produits, dont ils achètent, chaque année, une grande quantité, choisie dans les meilleurs crus. Des marchands de la Bourgogne, de la Champagne et d'autres pays vignobles parcourent cette province pour y prendre des commandes. On y consomme beaucoup de vins de Bordeaux, qui arrivent, en partie, par mer dans les différents ports de ce pays, et surtout au Havre et à Rouen, le reste vient par le chemin de fer : ces deux villes ont des entrepôts considérables de marchandises coloniales, des vins et des autres productions du midi de la France destinées pour Paris ; quelques expéditions ont encore lieu sur des bateaux à vapeur et autres, qui remontent la Seine à cause du bas prix de ce transport, mais le chemin de fer tend à absorber tout le trafic.

§ I. *Départements de la* MANCHE, *de l'*ORNE, *du* CALVADOS *et de la* SEINE-INFÉRIEURE.

Ces départements n'ont d'autres vignobles que ceux que l'on rencontre sur les coteaux qui dominent le bourg d'ARGENCE, à 14 kil. de Caen, département du Calvados; ils ne donnent que très-peu de vin et de la plus mauvaise qualité : mais la culture du pommier fournit aux habitants une grande quantité de très-bons cidres.

§ II. *Département de l'*EURE, *formé de la partie orientale de la Normandie nommée* Vexin normand, *d'une partie du Perche, et des pays d'Ouche, Lieuvain et Roumois; il est divisé en 5 arrondissements :* Evreux, les Andelys, Bernay, Louviers *et* Pont-Audemer.

1,156 hectares de vigne, partagés entre 2,000 propriétaires, produisent, récolte moyenne, environ 5,000 hectolitres de vins rouges qui sont consommés par les habitants. Les plants le plus généralement cultivés sont le *noirion*, le *meunier*, le *meslier*, le *gros-blanc*, le *coquillart* et le *muscat noir et blanc*. Les vins de ce pays sont plus ou moins acerbes et dénués de qualité ; les meilleurs se récoltent dans les vignobles de CHATEAU-D'ILLIERS, de NONANCOURT, de BUEIL et de MENILLES, arrondissement d'ÉVREUX, et à PORT-MORT, arrondissement des Andelys.

Les tonneaux employés pour le vin sont de toutes dimensions; ceux dans lesquels on met ordinairement le cidre se nomment *pipes*, et contiennent environ 1 muid 1/2. Cette liqueur se vend au muid, qui varie, suivant les cantons, de 216 à 284 litres.

CLASSIFICATION.

Tous les vins des vignobles compris dans ce chapitre ne figurent que parmi les plus communs de France.

CHAPITRE III.

Ile-de-France et Brie.

Ces provinces, placées sous les 48° et 49° degrés de latitude, composent les quatre départements de l'Oise, de la Seine, de Seine-et-Oise et de Seine-et-Marne, qui contiennent ensemble 46,603 hectares de vigne, dont les produits sont, en général, de qualité inférieure. Cependant quelques-unes des côtes les mieux exposées et peuplées de bons cepages donnent d'assez bons vins d'ordinaire.

§ I. *Département de l'*Oise, *formé d'une partie de l'Ile-de-France et de la Picardie; il est divisé en 4 arrondissements : Beauvais, Clermont, Senlis et Compiègne.*

2,285 hectares de vigne produisent, récolte moyenne, environ 66,000 hectolitres de vins (63,000 hectolitres de vin rouge et 3,000 de blanc) de basse qualité, qui ne supportent pas le transport et ne peuvent se garder que deux ans ; ils se consomment généralement dans le département, qui récolte, en outre, environ 723,000 hectolitres de cidre; l'on y fait environ 10,000 hectolitres de bière.

VINS ROUGES.

On cite comme les meilleurs ceux que fournissent les coteaux voisins de la ville de Clermont ; leur seul mérite est d'être moins mauvais que les autres. Ceux de l'arrondissement de Beauvais sont inférieurs ; mais les habitants les trouvent bons, et consomment toute leur récolte. Ceux des arrondissements de Compiègne et de Senlis sont âpres, froids et au-dessous du médiocre.

VINS BLANCS.

Mouchy-Saint-Eloi, canton de Liancourt, à 9 kil. de Clermont, donne du vin blanc qui, dans les bonnes années, a un

goût agréable et se conserve assez longtemps. L'arrondissement
~~de Compiègne en fournît~~ aussi que l'on préfère aux rouges, en
ce qu'ils sont moins acerbes.

Le commerce des vins se fait dans chaque vignoble. Les tonneaux en usage à Beauvais sond le *muid* de 40 veltes ou 304 litres; ailleurs on emploie des pièces de différentes dimensions,
telles que celles d'Orléans et autres.

§ II. *Département de la* SEINE, *situé au milieu de l'Ile-de-France;
il est composé de la ville de Paris et des arrondissements de
Saint-Denis et de Sceaux.*

2,751 hectares de vigne produisent, récolte moyenne, environ 101,000 hectolitres de vin rouge de la plus mauvaise qualité, qui sont consommés par les cultivateurs, ou vendus en
détail dans les guinguettes des environs de la capitale. Les marchands de Paris n'achètent que très-peu de ces petits vins, et
seulement dans les temps de disette, parce qu'ils ont un goût
acide que le mélange des bons vins ne corrige qu'imparfaitement et pour très-peu de temps.

Les cepages le plus généralement cultivés sont, en rouges,
le *meunier*, le *gamet*, le *murelot*, ou *languedoc*, le *morillon*, le
plant de roi ou *bourguignon*, le *pineau franc*, le *noireau* ou
négrier et le *saumoireau*; en blancs, le *meslier*, le *bourguignon*,
le *morillon*, le *gouais*, le *rochelle* et le *muscadet* ou *pineau
gris.*

On fabrique dans le département plusieurs centaines de mille
hectolitres de bière de différentes qualités.

§ III. *Département de* SEINE-ET-OISE, *formé de la partie méridionale de l'Ile-de-France, et divisé en 6 arrondissements :* Versailles, Corbeil, Etampes, Mantes, Pontoise *et* Rambouillet.

20,404 hectares de vigne, sur le territoire de 394 communes,
produisent, année moyenne, environ 492,000 hectolitres de
vins communs (463,000 hectolitres de vin rouge, 13,000 hectolitres de blanc), dont 400,000 sont consommés dans le département et le surplus livré au commerce. On fait, en outre, environ 130,000 hectolitres de cidre chaque année, et 20,000 hectolitres de bière.

Les plants le plus généralement cultivés sont, en rouges, le *morillon,* le *meunier,* le *bourguignon,* le *rochelle* et le *gouais;* en blancs, le *morillon,* le *meslier,* le *bar-sur-aube,* le *saumoireau,* le *rochelle* et le *muscadet.*

VINS ROUGES.

Mantes-sur-Seine est entouré de vignobles qui produisent d'assez bons vins d'ordinaire, parmi lesquels on cite avec éloge celui de la *côte des Célestins.* Septeuil, à 10 kil. S. de Mantes, fait des vins qui ont assez de corps et d'agrément. On distingue aussi ceux de Boissy-sans-Avoir, à 5 kil. de Montfort-l'Amaury.

Athis, à 12 kil. de Corbeil et de Paris. Le clos dépendant du château contient 20 hectares de vigne qui, grâce aux soins du propriétaire, produisent des vins légers et agréables, bien supérieurs à ceux de presque tous les vignobles du département. Les autres crus de cette commune donnent des vins communs assez bons, mais inférieurs à ceux du clos.

Mons, à 12 kil. de Corbeil, fournit aussi quelques vins estimés dans le pays. Ceux d'Andresy, à 4 kil. de Poissy, sont légers, peu spiritueux, mais agréables.

Deuil et Montmorency, arrondissement de Pontoise, font des vins qui ont du corps, de la couleur et un bon goût, quoique grossiers et peu spiritueux.

Argenteuil, canton de Versailles, à 8 kil. de Paris, est environné d'un vignoble assez considérable, qui produit beaucoup de vins de qualité inférieure, et dont la plupart ont un goût de terroir et même une odeur très-désagréables, qui proviennent de la quantité et de l'espèce d'engrais que l'on emploie (*la poudrette*); mais les vignerons, étant sûrs de vendre la totalité de leur récolte pour les guinguettes des environs de Paris, ne s'occupent que des moyens de la rendre abondante. Quelques propriétaires, qui mettent plus de soins dans la culture, dans le choix des plants et dans la fabrication de leur vin, obtiennent des boissons de faible qualité, qui n'ont rien de désagréable. Sannois, près d'Argenteuil, à 18 kil. de Versailles, fait des vins qui sont généralement plus verts et moins colorés que ceux d'Argenteuil, mais ils se conservent plus longtemps.

VINS BLANCS.

Mignaux, commune de Villaine, à 5 kil. de Versailles, et

AUTEUIL, à 7 kil. de Monfort, récoltent des vins blancs légers et agréables. L'auteur de l'*Almanach des gourmands* compare ceux de Mignaux aux meilleures *tisanes* de Champagne; mais cet éloge est fort exagéré, car le choix de ces vins peut tout au plus être comparé aux tisanes de seconde qualité.

Les environs d'ANDRESY produisent aussi quelques petits vins blancs estimés dans le pays.

Les tonneaux en usage à Andresy se nomment *pièces*, et contiennent environ 228 litres. A Mantes-sur-Seine, le vin se vend au *muid*, composé de 2 feuillettes, chacune de 17 veltes 1/2 ou 133 litres. A Argenteuil et dans les autres vignobles des environs de Paris, on n'emploie que de vieux tonneaux de toutes formes et de toutes dimensions.

Andresy exporte quelques vins en Picardie, et Mantes en Normandie; Paris en tire fort peu, si ce n'est dans les années de disette.

§ IV. *Département de* SEINE-ET-MARNE, *formé d'une partie de l'Ile-de-France, de la Brie et du Gâtinais; il est divisé en 5 arrondissements : Melun, Coulommiers, Fontainebleau, Meaux et Provins.*

21,163 hectares de vigne, sur le territoire de 345 communes, produisent, récolte moyenne, environ 660,000 hectolitres de vins communs (rouge, 550,000; blanc, 110,000), dont au moins 245,000 sont consommés par les habitants; le surplus est livré au commerce. Ce département produit aussi du cidre, dont on récolte environ 23,000 hectolitres par an.

Les plants le plus généralement cultivés sont le *pineau*, le *meslier*, le *meunier*, le *tresseau*, le *saumoireau*, le *fromentin*, le *rochelle*, le *gamel* et le *gouais*.

VINS ROUGES.

L'arrondissement de FONTAINEBLEAU, qui contient seul 7,325 hectares de vigne, a quelques crus dont les vins sont estimés comme vins communs, le vignoble de la GRANDE-PAROISSE, à 3 kil. de Montereau-Faut-Yonne, et quelques vignobles voisins, fournissent des vins qui ont une belle couleur, du corps, un goût assez franc et beaucoup de fermeté; ceux des SABLONS et de MORET, près Fontainebleau, quoique bien inférieurs, sont en général susceptibles d'être améliorés par le mélange avec de bons vins.

L'arrondissement de MELUN produit, dans les bonnes années, quelques vins d'une couleur convenable et d'un goût assez bon, mais ils sont généralement peu spiritueux. Ceux de CHARTRETTES, de BOISSISE, d'HÉRICY et de FÉRICY sont les meilleurs: on préfère surtout ceux de la côte des *Vallées*, à Chartrettes. Les vins des arrondissements de PROVINS et de COULOMMIERS sont plats et grossiers; le rouge est âpre et désagréable quand il n'est pas mêlé avec le vin blanc; et celui-ci, seul, tourne promptement à la graisse. Les communes de SAINT-GIREX et d'ORLY, situées aux confins de la Brie, du côté du département de la Marne, récoltent des vins moins mauvais que les autres. On cite comme les meilleurs ceux de la côte dite le *Grand-Bréant*, sur le territoire de la commune de COURPALAIS, à 3 kil. de Rozoy. Ils sont moins rudes et ont un assez bon goût.

L'arrondissement de MEAUX, situé au centre de la Brie, ne fait que de petits vins peu colorés, secs, verts, froids et dénués de spiritueux. Ils ne sont pas susceptibles d'être améliorés par le mélange avec de bons vins, si ce n'est pour les consommer très-promptement; leur acide perce au bout de quelques jours, et la couleur même des vins qu'on y a introduits ne se soutient pas. LAGNY, à 14 kil. S. O. de Meaux, est entouré de vignobles qui ne produisent que des vins de cette espèce.

VINS BLANCS.

On en récolte très-peu dans ces vignobles; ceux de la côte des *Vallées*, à CHARTRETTES, sont assez bons: tous les autres, à quelques exceptions près, ne valent pas mieux que les rouges.

Les tonneaux en usage, achetés ordinairement à Paris, sont de diverses capacités; on emploie de préférence les *pièces* d'Orléans, qui contiennent 228 litres. Le commerce des vins se fait dans chaque vignoble; ceux des arrondissements de Fontainebleau et de Melun sont expédiés en grande partie à Paris; les autres se consomment dans le pays.

CLASSIFICATION.

Les meilleurs vins rouges des vignobles compris dans ce chapitre ne peuvent figurer que dans la 5ᵉ classe des vins de

France; savoir : ceux des meilleurs crus de Mantes-sur-Seine et du clos d'Athis , département de Seine-et-Oise, de la côte des Vallées, département de Seine-et Marne, parmi les vins d'ordinaire de 2ᵉ et de 3ᵉ qualité, et les autres, parmi ceux de 4ᵉ qualité et les vins communs. Quant aux vins blancs, ceux de Mignaux, département de Seine-et-Oise, de la côte des Vallées, département de Seine-et-Marne, et de Mouchy-Saint-Eloi, département de l'Oise, peuvent être rangés dans la 5ᵉ classe, comme vins d'ordinaire de 3ᵉ qualité, plutôt que de seconde.

CHAPITRE IV.

Champagne.

Cette province, qui a 260 kil. de long sur 180 de large, est située sous les 47ᵉ, 48ᵉ et 49ᵉ degrés de latitude, et divisée en quatre départements, des Ardennes, de la Marne, de la Haute-Marne et de l'Aube, qui contiennent ensemble 58,281 hectares de vigne.

Les vins de Champagne ont une réputation trop bien établie pour qu'il soit nécessaire d'en faire l'éloge , cependant tous ceux de cette province ne soutiennent pas également bien l'honneur de leur nom. Les vignobles du département de la Marne sont les seuls qui fournissent ce vin célèbre, dont il se fait des expéditions considérables à l'étranger. Quelques crus du département de l'Aube produisent des vins rouges justement estimés, et qui s'exportent dans plusieurs provinces de France; ceux du département de la Haute-Marne voyagent moins; enfin les vins du département des Ardennes sont de qualité inférieure et ne sortent pas du pays.

§ I. *Département des* ARDENNES, *formé de la partie septentrionale de la Champagne, d'une partie du Hainaut et de la Picardie; il est divisé en 5 arrondissements : Mézières, Rethel, Rocroy, Sedan et Vouziers.*

La vigne n'est cultivée que dans les arrondissements de Rethel, Sedan et Vouziers. Elle occupe 1,604 hectares de terrain, et produit, récolte moyenne, environ 70,000 hectolitres de vins (rouges) communs, que l'on consomme dans le pays ; mais, comme ils ne suffisent pas à ses besoins, les personnes aisées tirent du département de la Marne de meilleurs vins pour leur table. Dans plusieurs cantons, on cultive des pommiers qui fournissent à peu près 38,000 hectolitres de cidre ; on fait, en outre, chaque année, environ 300,000 hectolitres de bière dans tout le département.

Les cepages le plus généralement cultivés sont le *mauzac*, le *plant gris* ou *plant doré*, le *bourguignon rouge*, le *chanet* ou *chardonnet* et le *chasselas blanc*.

Les vignobles les plus considérables sont dans l'arrondissement de Vouziers, qui fournit seul environ 40,000 hectolitres de vins par an. Quelques propriétaires parviennent à en faire d'assez agréables ; mais, en général, ils manquent de corps, de spiritueux et de couleur : on est obligé de les boire dans la première année, et ils ne supportent pas le transport, même à de petites distances. On cite, comme préférables à tous les autres, les vins paillets que l'on récolte à BALAY, à 4 kilom. de Vouziers.

§ II. *Département de la MARNE, formé d'une partie de la Champagne, et divisé en 5 arrondissements : Châlons-sur-Marne, Epernay, Reims, Sainte-Menehould et Vitry-sur-Marne.*

Le vin est la principale richesse de ce département et l'objet d'un commerce considérable avec toute la France et les pays étrangers. La vigne occupe 17,379 hectares de terrain, sur le territoire de 453 communes, et produit, récolte moyenne, environ 597,000 hectolitres de vins (rouge 410,000, blanc 187,000), dont au moins 250,000 sont consommés par les habitants.

La vigne est cultivée dans les cinq arrondissements ; mais ce n'est que dans ceux de Reims et d'Epernay que l'on trouve ces coteaux célèbres dont les produits sont estimés et recherchés dans tous les pays. Les vins blancs ont surtout contribué à cette réputation par leur délicatesse, leur agrément, et peut-être plus encore par cette mousse petillante qu'ils conservent jusque dans leur extrême vieillesse, et qui, si elle n'est pas ce que les vrais gourmets estiment le plus dans les vins de Champagne, est au moins ce que la foule des amateurs y recherche le plus généralement. Les vins rouges se distinguent aussi par beaucoup de finesse, de délicatesse et d'agrément; ils occupent un rang distingué parmi les meilleurs vins fins de France.

Les cepages qui produisent les meilleurs vins sont, en rouges, le *petit plant doré*, le *gros plant doré noir* ou *pineau*, le *perlusot* et le *couleux*; en blancs, *le blanc doré*, le *petit blanc*, le *chasselas* ou *bar-sur-aube* et le *gros plant vert*. Les vins de médiocre qualité sont le produit du *verdillasse*, de l'*enfumé noir*, du *petit plant vert* et du *languedoc blanc*; les vins de basse qualité sont, en rouges, le produit du *meunier*, du *teinturier*, du *gouais* et du *gamet*; en blancs, du *marmot*, du *gamet*, du *meunier* et du *gouais*, dont il y a plusieurs variétés.

Les raisins noirs et les blancs sont cultivés indistinctement dans les vignobles destinés à fournir des vins blancs. Ce mélange concourt à la perfection des vins de ce genre, et surtout de ceux qu'on tire en mousseux. Les premiers résistent mieux que les autres à l'effet des gelées et des pluies, fréquentes à l'époque des vendanges; ils mûrissent plus promptement, ce qui est très-avantageux lorsque la température est froide; mais, dans les années chaudes, l'excès de maturité rend les parties colorantes susceptibles de se dissoudre dès les premières pressions et de tacher la liqueur. Les vins qu'on tire des raisins rouges ont plus de corps, de spiritueux et de séve; ils font des vins non mousseux et des vins crémants supérieurs à ceux que l'on tire des raisins blancs; mais ceux-ci ont plus de légèreté et sont plus susceptibles de mousser fortement, ce qui fait que, pour obtenir des vins *grands mousseux* d'excellente qualité, on mêle ensemble, à diverses proportions, le produit des raisins rouges et des raisins blancs. Cependant il y a des cantons où l'on trouve très-peu de raisins noirs, et dont, néanmoins, les vins sont fort estimés.

Pour faire des vins blancs sans taches avec des raisins noirs, on use de beaucoup de précautions; non-seulement on choisit les grappes les plus mûrs et les plus saines, mais encore on les dégage avec soin de tous les grains secs, verts ou pourris. Elles sont déposées dans de grands paniers que l'on transporte au pressoir à dos de cheval, et qu'on a soin de couvrir avec une toile, pour atténuer l'action du soleil et éviter la fermentation. L'opération du pressurage se fait avec toute la célérité possible, et l'on ne presse qu'à deux ou trois reprises, suivant que la liqueur conserve sa douceur et sa transparence, ou qu'elle acquiert plus de fermeté et de force, ou enfin qu'elle se tache. Le produit de ces premières pressions donne le vin de choix; celui des suivantes fournit ceux connus dans le pays sous le nom de *vins de taille,* lesquels sont légèrement colorés, de bon goût, et plus spiritueux que les premiers; ils entrent ordinairement pour 1/10 ou 1/12 dans les vins mousseux que l'on tire des coteaux de 4ᵉ classe. Les vins que l'on obtient des dernières pressions, sans être précisément rouges, sont assez chargés de parties colorantes pour ne plus pouvoir être considérés comme vins blancs; on s'en sert avec avantage pour donner de la force et de la qualité aux vins rouges communs.

Les raisins destinés à la fabrication du *vin rosé* sont cueillis avec la même précaution que ceux employés pour faire le vin blanc; on les traite de la même manière au pressoir; mais, avant de les y porter, ils sont égrappés et foulés légèrement dans des vases appropriés à cet usage, et ils y séjournent assez de temps pour qu'un commencement de fermentation, en dissolvant une partie des résines colorantes, donne au moût la teinte rose que l'on veut obtenir; mais on emploie plus fréquemment, pour la fabrication des vins rosés, une liqueur nommée *vin de Fismes* (1); elle est tirée des baies de sureau, que l'on fait bouillir avec de la crème de tartre, et qu'on passe au filtre. Quelques gouttes suffisent pour teindre en rose une bouteille de vin blanc, sans altérer son goût ni sa salubrité; la couleur est plus belle, se conserve plus longtemps que celle des vins que l'on a teints en les laissant fermenter, et l'emploi de cette liqueur empêche de tourner à la graisse. On en met environ 2 litres dans une pièce de 220 bouteilles.

Le prix élevé des vins mousseux de Champagne provient nonseulement de la qualité des vins que l'on choisit pour les rendre tels et des soins infinis qu'ils exigent avant de pouvoir être expédiés, mais encore des pertes et des avances considérables auxquelles sont exposés les propriétaires et les négociants qui se livrent à ce genre de spéculation, enfin des phénomènes bizarres qui déterminent ou détruisent la qualité mousseuse. Quant aux pertes, les propriétaires comptent généralement 15 à 20 bouteilles sur 100; il y en a quelquefois beaucoup plus : les vins de 1828 ont cassé 80 bouteilles sur 100. On doit ajouter à cette première perte de la liqueur et des flacons les déchets qui ont lieu chaque fois qu'on sépare les vins de leurs dépôts, par le dé-

(1) Elle se fabrique dans la ville de ce nom, située à 24 kil. de Reims.

gorgement(1), opération qu'on leur fait subir au moins deux fois
avant de les expédier.

Les phénomènes qui déterminent ou détruisent la qualité
mousseuse des vins sont si étonnants, qu'ils ne peuvent pas être
expliqués. Le même vin, tiré le même jour, dans des bouteilles
de la même verrerie, descendu dans le même caveau et placé sur
le même tas, mousse à telle hauteur et dans telle direction, tandis qu'il mousse beaucoup moins ou point du tout dans telle
autre position, près de telle porte ou sous tel soupirail. On voit
aussi des vins qui ont d'abord parfaitement moussé perdre la
mousse à un changement de saison. Ce sont tous ces accidents
réunis qui occasionnent la cherté des vins mousseux; ils sont si
variés et si extraordinaires, que les négociants les plus expérimentés ne peuvent ni les prévoir ni s'en garantir toujours. La
qualité des matières servant à la fabrication des bouteilles, et
peut-être aussi le degré de feu qu'elles ont subi, contribuent à
diminuer ou à conserver la mousse des vins de Champagne; on
assure même que ce phénomène s'étend jusqu'aux verres employés pour les boire, et que l'on en a vu dans lesquels ce vin
perdait à l'instant toute fermentation, tandis qu'il la conservait
dans d'autres qu'on avait remplis en même temps. On ne doit
donc pas être étonné de trouver, dans le même panier, des bouteilles dont le vin mousse plus ou moins fortement, et d'autres
où il ne mousse pas du tout.

Les vins que l'on tire en mousseux sont mis en bouteilles pendant les mois de mars, d'avril et jusqu'au 15 mai, qui suivent la
récolte. La fermentation commence ordinairement dans les premiers jours de juin, et continue tout l'été; elle est surtout très-
forte à la fin de juin, pendant la fleuraison de la vigne, au mois
d'août, lorsque le raisin commence à mûrir, et toutes les fois
que le temps est orageux. C'est à ces époques que les propriétaires éprouvent le plus de perte par la *casse* des bouteilles, et
qu'il n'est pas prudent de traverser une cave qui en est garnie,
sans être garanti par un masque en fil de fer; des ouvriers ont
été grièvement blessés par des éclats de bouteilles pour avoir négligé cette précaution. La fermentation diminue à l'automne, et
il est rare que de graves accidents se renouvellent dans la seconde
année. Néanmoins ces vins doivent toujours être mis dans des
caves fraîches et profondes, afin que leur température éprouve

(1) C'est une opération par laquelle on retire le dépôt de la bouteille, en
y laissant le vin parfaitement limpide : j'ai indiqué la manière de la faire
dans le *Manuel du sommelier*, 4ᵉ édit., p. 221.

moins de changements. Celles de Reims, d'Epernay, d'Avise et de beaucoup d'autres vignobles de ce pays sont creusées dans un sol calcaire et à 30 ou 40 pieds de profondeur.

Parmi les vins préparés pour la *mousse*, il en est qui ne prennent qu'une légère fermentation : ceux-ci, appelés *crémants*, ou demi-mousseux, chassent le bouchon avec moins de force, petillent moins dans le verre, et leur mousse forme, en les versant, une nappe d'écume qui couvre la liqueur et se dissipe au bout de quelques instants; ils ont, sur les vins *grands mousseux*, l'avantage de conserver plus de qualités vineuses et d'être moins piquants : leur prix, lorsqu'ils proviennent d'un bon cru, est ordinairement plus élevé que celui des mousseux, parce qu'ils sont fort recherchés par un grand nombre d'amateurs, et que, ne devant leur qualité qu'à l'un de ces phénomènes bizarres qui se manifestent dans les vins de Champagne, on n'est pas à portée de s'en procurer en aussi grande quantité qu'on peut le désirer.

Quoique l'on ne soit pas encore parvenu à connaître positivement quelle sera la qualité mousseuse que pourra acquérir le vin de Champagne, lorsqu'on le met en bouteilles, l'expérience a cependant fourni quelques observations générales, que je crois devoir consigner ici. La première est que, dans les années où la température a été assez chaude pour faire parvenir le raisin à sa parfaite maturité, comme cela a eu lieu en 1825, le vin qu'on en retire est plus spiritueux, et il est rare qu'il devienne *grand mousseux*; la deuxième, que, dans les années moins favorables à la maturité du raisin, on fait des vins plus légers, plus verts, et, par conséquent, moins spiritueux, qui moussent au point d'occasionner des pertes extraordinaires, par le grand nombre de bouteilles qu'ils cassent; la troisième, que les vins mousseux perdent souvent leur douceur et leur spiritueux en vieillissant, tandis que leur qualité mousseuse augmente ainsi que le goût piquant que leur donne le *gaz acide carbonique*, qui ne cesse de s'y former naturellement; la quatrième, enfin, que, lorsqu'il survient des gelées blanches au moment où le raisin est presque parfaitement mûr, les vins que l'on en obtient réunissent toutes les qualités des vins non mousseux à celles des plus grands mousseux.

On peut conclure, des trois premières observations, que la qualité mousseuse des vins de Champagne est en raison inverse du degré de spiritueux dont ils sont pourvus; et, de la quatrième, que les gelées blanches, en resserrant les pores du raisin, interceptent sa transpiration insensible et concentrent ses principes fermentescibles : d'où il résulte que, si l'on pouvait produire le même effet sur la vendange en la descendant dans une glacière au sortir de la vigne, on obtiendrait cette excellente qualité de vin presque tous les ans.

Les *vins mousseux* de la Champagne sont à juste titre préférés à tous ceux de la même espèce que l'on prépare dans d'autres vignobles. Leur supériorité ne provient pas d'un haut degré de spiritueux, de corps et de parfum, mais de ce que ces qualités ne s'y rencontrent qu'en proportions convenables pour constituer des vins fins, légers, délicats et susceptibles d'être bus à haute dose sans incommoder; enfin ce sont des vins plutôt *aimables* que très-généreux, et dont l'ivresse se dissipe promptement.

Les meilleurs vins rouges se récoltent sur le revers septentrional des coteaux de la Marne, qui prennent le nom de *montagnes de Reims*. Les vignes, quoique généralement exposées au nord et au levant, n'en donnent pas moins des vins savoureux : ils se divisent, dans le commerce et d'après leur qualité, en vins de *la Montagne*, de *la basse Montagne* et de *la terre de Saint-Thierry*. Ces vins sont, en général, bons à être mis en bouteilles au bout d'un an; ceux de très-bonne qualité se conservent de six à douze ans, suivant la température de l'année qui les a produits, la manière dont ils ont été faits et la cave dans laquelle on les a placés.

VINS ROUGES.

Première classe.

VERZY, VERZENAY, MAILLY et SAINT-BASLE, situés entre 11 et 15 kil. de Reims, donnent les meilleurs vins, dits de *la Montagne* : ils ont une belle couleur, du corps, du spiritueux, et surtout beaucoup de finesse, de séve et de bouquet.

BOUZY, à l'extrémité de la chaîne, entre le midi et le levant, appartient aux deux divisions de la Montagne et de la basse Montagne; les vins qu'il fournit ont toutes les qualités des précédents, et se distinguent surtout par leur délicatesse et leur bouquet.

Le CLOS DE SAINT-THIERRY, situé dans la terre de ce nom, à 7 kil. N. O. de Reims, produit des vins qui réunissent la couleur et le bouquet des vins de haute Bourgogne à la légèreté des vins de Champagne.

Deuxième classe.

HAUTVILLERS, MAREUIL, DIZY, PIERRY et ÉPERNAY, situés sur les coteaux de la Marne, sont plus connus pour leurs vins blancs que pour les rouges ; cependant quelques propriétaires de ces vignobles choisissent les meilleurs raisins de leurs vignes pour faire de ces derniers, et les obtiennent de qualité supérieure. On distingue surtout à Hautvillers les vins des crus nommés *les Quartiers*, au centre desquels se trouve, à mi-côte, la vigne dite *le Hataut*, qui produit le meilleur. Ces vins approchent beaucoup de ceux de Bouzy ; ils doivent être gardés deux ou trois ans en tonneaux, et se conservent ensuite dix ans et plus en bouteilles ; mais ils sont sujets à s'altérer dans les mauvaises caves.

SILLERY, TAISSY, LUDES, CHIGNY, RILLY et VILLERS-ALLERAND, sur la montagne, entre 5 et 15 kil. de Reims, récoltent des vins qui participent de toutes les qualités de ceux des crus que j'ai cités dans la 1ʳᵉ classe, et qui n'en diffèrent que par des nuances que les gourmets expérimentés peuvent seuls apprécier.

Le vignoble de CUMIÈRES, à 3 kil. d'Épernay, est placé sur les coteaux dits de *la rivière de Marne*, et touche aux cantons célèbres pour les vins blancs ; cependant il n'a de réputation que pour ses vins rouges, qui sont encore plus fins et plus délicats que ceux de Reims ; mais ils ont moins de corps et de spiritueux , et sont si précoces , que , lorsqu'ils proviennent d'une année chaude, ils parviennent à leur maturité dès la première année, et se conservent rarement au delà de trois à quatre ans.

Troisième classe.

VILLE-DOMMANGE, ÉCUEIL et CHAMERY, situés dans la division des vignobles dits de *la basse Montagne*, à 8 et 9 kil. de Reims, donnent, surtout le premier, des vins de fort bonne qualité, qui durent dix à douze ans.

SAINT-THIERRY, dont j'ai déjà cité le clos dans la 1ʳᵉ classe, IRIGNY, CHENAY, DOUILLON, VILLEFRANQUEUX, HERNOUVILLE et quelques autres crus de cette partie des vignobles nommés *la terre de Saint-Thierry*, produisent des vins rouges très-recherchés, d'une couleur peu foncée et d'un goût fort agréable.

Quatrième classe.

VERTUS, à 14 kil. S. d'Epernay, fournit des vins qui ont une belle couleur, du corps, du spiritueux et un fort bon goût : ils sont un peu fermes pendant la première année; mais ils gagnent beaucoup en vieillissant, et se conservent longtemps.

AVENAY, CHAMPILLON et DAMERY, sur les coteaux dits de *la Marne*, produisent aussi de fort bons vins rouges, mais inférieurs aux précédents. Les meilleurs ne peuvent être considérés que comme vins d'ordinaire de 2ᵉ qualité, parmi lesquels on préfère ceux d'Avenay.

MONTHELON, à 5 kil. d'Epernay, et MARDEUIL, à 2 kil. de la même ville, font des vins qui participent des qualités de ceux des Vertus, et parmi lesquels on préfère ceux de Monthelon.

MOUSSY, VINAY, CLAVEAU et MANCY, entre 4 et 8 kil. d'Epernay; CHAMERY et PARGNY, à 8 et 10 kil. de Reims, font des vins de même espèce, mais ils se conservent moins bien.

VANTEUIL, REUIL et FLEURY-LA-RIVIÈRE, à 4 et 9 kil. d'Epernay, font des vins qui ressemblent à ceux de Monthelon ; mais ils sont moins colorés, plus faibles et très-inférieurs en qualité.

Parmi les vignobles qui ne produisent que des vins communs, on cite ceux de CHATILLON, de ROMERY, de VINCELLES, de CORMOYEUX, de VILLERS, d'OEUILLY, de VANDIÈRES, de VERNEUIL et de TROISSY, situés dans un rayon de 20 kil. d'Epernay, comme fournissant les vignobles des environs de SEZANNE, et tous ceux des arrondissements de CHALONS et de VITRY-SUR-MARNE ne donnent, à très-peu d'exceptions près, que des vins de basse qualité.

VINS BLANCS.

Première classe.

SILLERY, canton de Verzy, à 8 kil. de Reims, a donné son nom au plus estimé des vins blancs de Champagne; il a une

couleur ambrée et un goût sec qui le caractérisent ; le corps, le
spiritueux, le charmant bouquet et les vertus toniques dont il
est pourvu lui assurent la priorité sur tous les autres ; il a la
propriété de conserver la bouche fraîche et de pouvoir être bu
à haute dose sans incommoder. On ne le sert que frappé de
glace ; il se boit au premier et au second service. Ce vin se
conserve fort longtemps et acquiert beaucoup de qualité en
vieillissant ; il n'est bon que quand il ne mousse pas. Lorsque
des accidents ou son exposition à une température trop élevée
le mettent en fermentation, il perd sa qualité ; mais on parvient à le rétablir en le frappant de glace pendant une heure, la
bouteille restant débouchée.

Le village de Sillery étant dans une plaine, son territoire ne
contient que peu de vignes, qui produisent plus de vins rouges
que de vins blancs, et aucun de ces derniers n'est de qualité
supérieure , mais la maréchale d'Estrées, autrefois propriétaire
de Sillery, avait des vignobles considérables sur le territoire
des communes de LUDES, de MAILLY, de VERNEZAY et de VERZY,
situées entre 10 et 12 kil. S. S. E. de Reims. Les vins qu'ils produisaient étaient réunis dans les caves du château de Sillery,
pour y être soignés et vendus, ce qui les fit considérer par les
acquéreurs comme provenant du territoire de ce village. Toutes
ses propriétés ayant été vendues, les excellentes vignes qui en
dépendaient sont maintenant entre les mains de beaucoup de
particuliers, parmi lesquels plusieurs grands propriétaires font
encore de fort bons vins blancs dignes de leur ancienne réputation ; mais les vignerons qui en ont acheté, cherchant plutôt la
quantité que la qualité, en font de bien inférieurs, et, comme
toutes ces vignes sont peuplées de raisins noirs, la plupart ne
font que des vins rouges. Les meilleures de ces vignes sont sur
le territoire de Vernezay. On distingue surtout celles nommées
les *Blancs-Fossés*, les *Bas-Pertuis*, les *Carreaux*, les *Demi-
Dîmes*, les *Basses-Coutures*, les *Pisse-Renard*, les *Champs-
Saint-Martin* et les *Basses-Bruyères*. On met au second rang
celles de Mailly, à 11 kil. de la même ville, parmi lesquelles on
distingue celles nommées les *Bruyères*. Une partie de ces excellents crus est réunie au domaine de ROMONT (1), propriété isolée à 2 kil. de Sillery. Les meilleurs crus de Verzy sont les *Bail-*

(1) Ce domaine appartient ou appartenait à la maison Moët et compagnie,
d'Épernay, ainsi que celui de la *Côte-à-Bras*, d'Hautvillers, et le *Closet*,
à Épernay, première vigne plantée en Champagne.

lons, les *Vignes-Goisses*, les *Terres-Saint-Basle*, les *Houles*, les *Charronnées*, les *Noyés-Dorés*, les *Faucelles* et les *Basses-Vinzelles*.

Aʏ et Maʀᴇᴜɪʟ-sᴜʀ-Aʏ, à 20 kil. S. de Reims, et 2 kil. N. E. d'Epernay. Ces deux vignobles contigus sont les premiers de ceux dits *de la rivière de Marne*. Les vins qu'ils fournissent sont assez doux, fins, délicats, parfumés, spiritueux et plus légers que ceux de Sillery. Lorsque les raisins ont acquis leur parfaite maturité, ils conservent pendant longues années la douceur qui leur est naturelle, sans aucune addition de parties sucrées. On distingue à Ay les vignes nommées *Charmont*, *Asniers*, les *Blancs-Fossés*, les *Droualles*, les *Meunières*, *Cheuselle*, les *Côtes-Bonnates*, la *Goutte-d'Or*, les *Villers*, les *Vauzelles*, le *Terme*, *Pierre-Robert* et les *Chaudes-Terres* ; à Mareuil, la *Place-Saint-Pierre*, les *Macrets*, la *Blanche-Voie*, les *Charmons* et les *Bourdeleuses*.

Dɪᴢʏ, à 2 kil. d'Epernay, fait des vins de qualités très-variées, et dont la plupart ne peuvent pas entrer dans cette classe; mais la partie de son territoire nommée les *Crayons* produit des vins qui participent du caractère et de toutes les qualités de ceux d'Ay ; ils n'en diffèrent qu'en ce qu'ils sont plus fins et un peu moins spiritueux. On distingue surtout ceux des vignes dites les *Millenons*, *Souchienne*, *Moque-Bouteille* et les *Léons*.

Hᴀᴜᴛᴠɪʟʟᴇʀs, à 16 kil. de Reims et à 4 kil. d'Epernay, sur les coteaux de la Marne, fournissait autrefois des vins qui égalaient et surpassaient même souvent ceux de premiers crus d'Ay; mais plusieurs des vignes qui dépendaient autrefois de l'abbaye étant tombées entre les mains des propriétaires qui ne les cultivent pas avec le même soin, leurs produits, quoique fort bons, ne sont plus mis qu'au second rang. Cependant le vignoble nommé *la Côte-à-Bras*, et plusieurs autres grandes pièces de vignes réunies au même domaine, n'ont subi aucun changement dans leurs cepages et produisent encore des vins dignes de leur réputation. Moins doux, mais plus corsés que ceux d'Ay, ils ont beaucoup de finesse, du spiritueux, du parfum et un excellent goût. On estime beaucoup aussi ceux des vignes nommées le *Champ-de-Linette*, le *Clos-Saint-Pierre*, *Montimelles*, les *Côtes-de-Lery*, les *Bismarlettes*, le *Pignon*, le *Trésor*, les *Prières*, les *Vorivat*, les *Maladries* et les *Garennes*.

Pɪᴇʀʀʏ, à 3 kil. d'Epernay, donne, dans les vignes dont le plant n'a pas été changé, des vins peu inférieurs à ceux d'Ay : ils sont plus secs, durent plus longtemps et se distinguent surtout par un goût de pierre à fusil assez prononcé. On met en première ligne les crus nommés les *Bordets*, les *Porgeons*, les *Gouttes-d'Or*, les *Rocherets*, les *Folies*, les *Collines* et *En-Renard*, comme donnant les meilleurs vins blancs dans les vignes situées à mi-côte : on ne fait que des vins rouges avec le produit des vignes situées plus haut et plus bas. Beaucoup de propriétaires des autres crus ont multiplié le cepage dit de *Brie*, ou *meunier*, qui donne des récoltes plus abondantes, mais de très-mauvaise qualité. Moussy, limitrophe de Pierry, donne des vins de bonne qualité, dans les vignes nommées les *Balavennes*, les *Aventures*, les *Chardeloup*, les *Côtes-aux-Cerisiers*, les *Crayons*, *En-Rigobelin* et les *Culbutes* ; mais le plant de Brie est aussi très-multiplié dans ce vignoble.

Les vins d'EPERNAY sont, en général, inférieurs à ceux d'Ay; cependant plusieurs vignes, telles que celles dites les *Semons*, les *Rocherets*, les *Clausets*, *Toulettes*, les *Justices*, *Belnaut*, *Cheligon* et les *Partelines*, en fournissent qui les égalent en qualité. Ces vignes, de même que toutes celles que j'ai citées dans cette classe, sont peuplées de cepages rouges.

Deuxième classe.

Les vignobles de CRAMANT, le MÉNIL et AVIZE, entre 6 et 10 kil. d'Epernay, ne sont généralement peuplés que de raisins blancs, qui y réussissent mieux que les rouges. Les vins qu'ils produisent ont de la douceur, beaucoup de finesse, de légèreté et d'agrément ; mêlés avec ceux d'Ay et des autres vignobles de la 1re classe, ils font des vins mousseux qui réunissent toutes les qualités que l'on estime dans ceux de cette espèce. Ces mélanges sont nécessaires dans les années chaudes, parce que les vins des premiers crus de la Marne, étant faits avec des raisins noirs, sont moins propres à la mousse que ceux qui proviennent de raisins blancs, et qu'alors ces derniers occasionnent la fermentation. C'est aussi principalement parmi les vins blancs des crus que je viens de citer que l'on trouve ceux nommés *tisanes*, si estimés comme apéritifs, et que les médecins ordonnent dans les maladies de la vessie. On ne les met en bouteilles qu'un an après la récolte. Il se fait aussi des vins du même nom dans les vignobles d'Ay, de Pierry, d'Epernay, de Mareuil et même de Sillery ; mais cette tisane a plus de corps et de spiritueux que celle dont je viens de parler, et se boit à la glace comme les vins

de Sillery : elle est fort recherchée. La majeure partie des vins
de Cramant entre dans cette 2ᵉ classe ; mais on ne peut y placer
qu'une faible portion de ceux du Ménil et d'Avize. Epernay,
cité dans la 1ʳᵉ classe, fournit beaucoup de vins qui ne peuvent
figurer que dans celle-ci et les suivantes, bien que 95 pour 100
de ses vignes soient peuplés de cepages rouges. Saint-Martin-
d'Ablois, à 6 kil. d'Epernay, donne à cette classe les bons vins
que produit la partie de son territoire nommée les *Crayons*.

Troisième et quatrième classes.

La plupart des vignes d'Epernay, du Ménil, d'Avize et de
Saint-Martin-d'Ablois, toutes celles d'Oger, à 9 kil. d'Epernay, et quelques-unes de celles de Grauve, à 7 kil. de la même
ville, fournissent des vins provenant de raisins blancs qui parcourent les différents degrés de ces classes. La vigne nommée
les *Roualles*, à Grauve, donne de bons vins de 5ᵉ classe.

Cinquième classe.

Chouilly, Monthelon, Grauve, Mancy, Molins, Vinay et
Montgrimault, entre 4 et 8 kil. d'Epernay, Beaumont, Villers-aux-Nœuds, à 8 et 12 kil. de Reims, donnent des vins
blancs légers, agréables, mais faibles en qualité, qui se consomment ordinairement dans l'année. Lorsque la température a
été chaude, les meilleurs sont souvent employés à la préparation
des vins mousseux de 5ᵉ classe, en y ajoutant environ 1 dixième
de *vin de taille*, d'Ay ou de Mareuil (1), qui, en leur donnant
du corps et du spiritueux, les rend susceptibles de se conserver.
Les environs d'Ancerville, de Vitry-sur-Marne et de Sezanne ne produisent que de petits vins secs, verts et plats, qui
ne se conservent pas ; ils sont consommés en totalité dans le
pays.
Le principal commerce des vins de Champagne se fait à
Reims (2), à Avize et à Epernay ; cette dernière ville est avan-

---

(1) C'est celui de la troisième ou quatrième pression qui commence à
prendre une légère teinte rouge ; voyez ce que j'en ai dit plus haut page 63.
(2) En 1844 il s'expédiait de Reims, tant en France qu'à l'étranger,
6,635,652 bouteilles de vin de Champagne.
Au 1ᵉʳ avril dernier (1861), les marchands étaient détenteurs de
30,225,260 bouteilles de vin de Champagne, représentant 251,961 hectoli-

tageusement placée au centre des meilleurs vignobles, et sur un terrain favorable à l'établissement de bonnes caves; celles-ci, creusées dans des bancs de craie, sont vastes, très-propres à la conservation et à l'amélioration des vins, et aussi solides que si elles étaient soutenues par des voûtes en pierre : celles de M. *Moët* sont surtout remarquables par leur étendue ; elles forment une espèce de labyrinthe dont on trouverait difficilement l'issue sans guide. Les murs sont tapissés, à 6 pieds de hauteur, de bouteilles artistement rangées et qui, dépositaires du jus précieux des meilleures vignes de la Champagne, attendent dans ce séjour l'ordre de leur départ pour les pays lointains. Peu de voyageurs passent dans cet endroit sans les aller voir, et plusieurs souverains ont eu la curiosité de les visiter.

Les tonneaux en usage se nomment *demi-queues*, contenant, celles dites de *Reims*, environ 204 litres, et celles dites de *Château-Thierry* 183 litres. Les expéditions par terre se font des différents vignobles; celles par eau se chargent sur la Marne, dans les ports de Mareuil, d'Ay et d'Epernay.

§ III. *Département de la* HAUTE-MARNE, *formé de la partie méridionale de la Champagne et de quelques portions de la Bourgogne et de la Lorraine; il est divisé en 3 arrondissements : Chaumont, Langres et Vassy.*

16,386 hectares de vigne, répartis sur 390 communes, produisent, récolte moyenne, environ 600,000 hectolitres de vins (rouge 585,000, blanc 12,000), dont 300,000 sont consommés par les habitants ; le surplus est livré au commerce et s'exporte dans les départements voisins.

Les cepages le plus généralement cultivés sont le *noirien*, le *morillon*, noir et blanc, le *gamet*, le *gouais*, le *fromenteau*, le *bourdelais*, le *chasselas* et le *teinturier ;* ce dernier en petite quantité.

---

tres 89 litres, et en argent un minimum de 90 millions. Il a été expédié à l'étranger 8,488,223 bouteilles, et en France 2,697,508, soit au total 11,185,731 bouteilles, dont le prix de vente a atteint près de 40 millions.

Le seul arrondissement de Reims expédie 5 millions de bouteilles ; il expédie, en outre, 3,000 hectolitres de vin rouge, d'une valeur ensemble de 225,000 fr.; il emploie 2,000 ouvriers tonneliers.

VINS ROUGES.

Première classe.

AUBIGNY, canton de Prauthoy, à 20 kil. de Langres, produit
des vins qui ont une couleur peu foncée, beaucoup de délicatesse et un bouquet fort agréable. Ceux de MONTSAUGEON, à
20 kil. S. de la même ville, se conservent bien et ne diffèrent
des précédents que par un peu moins de délicatesse.

Deuxième classe.

VAUX, RIVIÈRES-LES-FOSSES, PRAUTHOY, entre 18 et 22 kil.
de Langres, et plusieurs autres communes de la partie méridionale du même arrondissement, font des vins de bonne qualité,
quoique inférieurs aux précédents.

Les vignobles de JOINVILLE, à 16 kil. de VASSY, la côte de
SAINT-URBAIN, à 4 kil. de Joinville, et quelques coteaux des vignobles de CHATEAU-VILAIN, de CRÉANCEY et d'ESSEY-LES-
PONTS, dans la partie occidentale de l'arrondissement de Chaumont, fournissent en petite quantité des vins légers, coulants et
fort agréables, qui n'ont cependant ni la valeur ni le bouquet de
ceux des vignobles compris dans la 1re classe. GYÉ-SUR-AUJON,
à 20 kil. O. de Langres, produit beaucoup de vins communs.
Les environs de SAINT-DIZIER, à 25 kil. E. de Vitry-sur-Marne,
produisent une assez grande quantité de petits vins qui, quoique
faibles en qualité, n'ont aucun goût désagréable. On accuse les
propriétaires d'en augmenter la couleur avec des vins noirs, des
baies de sureau ou d'hièble, et plus souvent avec de l'orseille,
apportée dans ce pays sous le nom de *brinbelles.*

Les tonneaux en usage portent des noms différents, et varient
de capacité dans plusieurs cantons : ceux de l'arrondissement
de Langres se nomment *muids,* et contiennent 241 litres ; ceux
de Vassy et de Saint-Dizier sont ou des pièces dites de *Champagne,* de 182 litres, ou des *tonneaux,* dont les uns, dits *petit-
bar,* jaugent 205 litres, et les autres, dits *gros-bar,* 228 litres.
Dans l'arrondissement de Chaumont, le *muid* n'est que de
230 litres.

§ IV. *Département de l'Aube, formé des parties S. E. de la Champagne et N. E. de la Bourgogne; il est divisé en 5 arrondissements : Troyes, Arcis-sur-Aube, Bar-sur-Aube, Bar-sur-Seine et Nogent-sur-Seine.*

22,912 hectares de vigne produisent, récolte moyenne, environ 607,000 hectolitres de vins (rouge 565,000, blanc 42,000), dont la moitié ou à peu près est consommée par les habitants ; le surplus est livré au commerce. Les plants le plus généralement cultivés sont, en rouges, le *pineau*, le *pineau franc*, nommé aussi *gamery*, le *françois* ou *bachet*, le *gamet*, le *gouais* et le *fromenté violet;* en blancs, l'*arbonne*, le *fromenté*, le *bar-sur-aube* ou *chasselas*, le *gamet* et le *pineau.*

VINS ROUGES.

Première classe.

Les Riceys, commune composée de trois bourgs dits Ricey-Haut, Ricey-Haute-Rive et Ricey-Bas, sont situés dans une vallée étroite, à 12 kil. S. de Bar-sur-Seine, et environnés de coteaux qui produisent de fort bons vins. Ceux des premières cuvées de chacun de ces trois vignobles jouissent d'une égale réputation ; ils sont vifs, très-spiritueux, d'un goût agréable, pourvus d'un joli bouquet et de beaucoup de séve. Ces vins, forts et capiteux, ont besoin d'être gardés deux ans en tonneaux et bien soignés; ils acquièrent ensuite beaucoup de qualité en bouteilles. Les meilleurs sont ceux des vignes nommées *la Velue, la Forêt, Violette, les Rôties, Tronchoit, Boudier, Rotier, Foiseul, Chênepelot, Champaux* et *Chanpeloche.* Les vins de ce pays ne doivent jamais être mélangés avec d'autres ; ils y perdent leur qualité.

Balnot-sur-la-Laigne, voisin des Riceys, récolte, sur la même côte, des vins semblables aux précédents, parmi lesquels on distingue surtout ceux de la côte de *Vaux*, comme les meilleurs du pays.

Avirey et Bagneux-la-Fosse, à 9 et 13 kil. de Bar-sur-Seine, donnent aussi de fort bons vins qui approchent de ceux des Riceys. Le cru le plus estimé est celui dit du *Val-des-Riceys*, à Avirey.

Les vins des vignobles que je viens de citer s'expédient généralement pour la Flandre, la Picardie et la Normandie, où ils sont très-estimés, à cause de la propriété qu'ils ont de précipiter promptement les boissons froides, telles que la bière et le cidre, dont les habitants de ces provinces font plus particulièrement usage.

Deuxième classe.

BOUILLY, LAINES-AUX-BOIS, JAVERNANT et SOULIGNY entre 8 et 16 kil. de Troyes ; BAR-SUR-SEINE et BAR-SUR-AUBE, à 28 et 48 kil. de la même ville, fournissent des vins d'ordinaire agréables, mais supportant difficilement le transport : on les consomme, pour la plupart, dans le pays.

GYÉ, NEUVILLE et LANDREVILLE, entre 7 kil. et 9 kil. de BAR-SUR-SEINE, possèdent des vignobles dont on tire une grande quantité de vins communs et grossiers, de couleur foncée et supportant bien le transport. La côte dite des *Gravilliers,* à Neuville, sur laquelle quelques propriétaires ont conservé le plant fin dit *pineau,* donne aussi des vins peu inférieurs à ceux des Riceys.

VINS BLANCS.

Les vignobles des RICEYS, que j'ai déjà cités pour leurs vins rouges, donnent aussi des vins blancs estimés ; ils sont vifs, petillants, très-spiritueux et d'un goût agréable.

BAR-SUR-AUBE. On fait, dans le territoire de cette ville, de fort jolis vins qui, quoique peu spiritueux, se conservent assez bien.

RIGNY-LE-FERRON, à 28 kil. de Troyes, fournit de petits vins blancs assez bons et qui supportent le transport.

VILLENOXE, à 8 kil. de Nogent-sur-Seine, est entouré de grands vignobles qui fournissent beaucoup de vins blancs communs et beaucoup de vins rouges de qualité inférieure.

Le principal commerce des vins se fait aux Riceys, à Bar-sur-Aube et à Bar-sur-Seine. Les tonneaux qu'on y emploie se nomment *demi-queues,* dites *jauges gros-bar,* et contiennent 228 litres ; ceux de Villenoxe se nomment *pièces,* et doivent contenir 24 veltes, ou 181 litres ; mais, comme les vins de ce vignoble sont en grande partie consommés dans le pays, le vendeur exige qu'on lui rende les pièces vides qu'il fait réparer tous les ans, ce qui diminue leur capacité, de manière qu'elles ne sont plus réputées contenir qu'environ 172 litres. Les expéditions se font par terre ou par les rivières d'Aube et de Seine ; les chargements ont lieu à Arcis-sur-Aube et à Nogent-sur-Seine.

CLASSIFICATION.

VINS ROUGES.

Ceux de Verzy, de Verzenay, de Mailly, de Saint-Basle, de Bouzy et du clos de Saint-Thierry, département de la Marne, soutiennent parfaitement la comparaison avec les vins des premiers crus de la haute Bourgogne, lorsqu'ils proviennent d'années dont la température a été très-chaude et sèche; mais, comme cela est rare, je me contenterai de les placer en première ligne parmi ceux de la 2ᵉ classe.

Les vins de Hautvillers, Mareuil, Dizy, Pierry, Epernay, Taissy, Ludes, Chigny, Rilly, Villers-Allerand et Cumières, département de la Marne ; les meilleurs des Riceys, de Balnot-sur-Laigne, d'Avirey et de Bagneux-la-Fosse, département de l'Aube, entrent dans la 3ᵉ classe des vins de France, les uns comme vins fins et les autres comme vins demi-fins.

Ville-Dommange, Ecueil, Chamery et la terre de Saint-Thierry, département de la Marne ; Aubigny et Montsaugeon, département de la Haute-Marne, fournissent des vins qui parcourent les différents degrés de ceux de la 4ᵉ classe.

Les vins de Vertus et de plusieurs des autres crus qui composent la 4ᵉ classe du département de la Marne ; ceux de Bouilly, Laines-aux-Bois et Javernant, département de l'Aube, et ceux de Vaux, Rivières-les-Fosses, Prauthoy, et de quelques autres communes de l'arrondissement de Langres, département de la Haute-Marne, font des vins d'ordinaire de 2ᵉ, de 3ᵉ et de 4ᵉ qualité, qui entrent dans la 5ᵉ classe des vins de France; tous les autres ne figurent que parmi les vins communs.

VINS BLANCS.

Le vin *sec* de Sillery, les vins *moelleux* des meilleurs crus d'Ay, de Mareuil, de Dizy, d'Hautvillers, de Pierry et d'Epernay, département de la Marne, sont les plus généralement recherchés ; et comme tels ils pourraient être mis à la tête des vins blancs de la 1re classe de France ; mais ils ont, dans le Bordelais et la Bourgogne, des rivaux redoutables, qui ont de nombreux partisans. Je crois, par conséquent, ne devoir les considérer que comme égalant en qualité les meilleurs de ces vignobles.

Cramant, les meilleurs crus du Ménil, d'Epernay et d'Avize, ainsi que le cru des *Crayons*, à Saint-Martin-d'Ablois, donnent des vins de 2e classe. Ceux des autres parties de ces mêmes vignobles, tous ceux d'Oger et du cru des *Roualles*, à Grauve, n'entrent que dans la 3e. Les vins blancs des Riceys, département de l'Aube, sont au nombre des vins d'ordinaire de la 1re qualité dans la 4e classe.

Chouilly, Monthelon, Grauve, Mancy, Molins, Vinay, Montgrimault, Beaumont et Villers-aux-Nœuds, département de la Marne, ne font que des vins d'ordinaire de 2e qualité, qu'on doit ranger dans la 5e classe. Les vignobles de Bar-sur-Aube et de Rigny-le-Ferron, département de l'Aube, ne fournissent que des vins communs ; tous les autres sont de qualité inférieure.

CHAPITRE V.

Lorraine.

Cette province, placée sous les 48e et 49e degrés de latitude, forme les départements de la Moselle, de la Meuse, de la Meurthe et des Vosges. La vigne est un objet important de culture dans plusieurs cantons ; elle occupe 40,002 hectares de terrain, et fournit des vins dont quelques-uns sont de fort bonne qualité ; mais ils supportent difficilement le transport et sont rarement expédiés hors de la province.

§ I. *Département de la* MOSELLE, *formé de la partie septentrionale de la Lorraine, et divisé en 4 arrondissements : Metz, Thionville, Sarreguemines et Briey.*

5,465 hectares de vigne, sur le territoire de 224 communes, produisent, récolte moyenne, environ 265,000 hectolitres de vins (rouge 209,000, blanc 56,000), qui, dans les années ordinaires, sont consommés par les habitants; mais, lorsque les récoltes sont abondantes, une partie de l'excédant de la consommation est exportée, et le reste est converti en eaux-de-vie d'assez bonne qualité. Les principaux vignobles sont dans l'arrondissement de Metz.

Les plants le plus généralement cultivés sont, en rouges, le *gros* et le *petit noir*, le *gros* et le *petit pineau*; en blancs, l'*auxerrois*, le *bouquet*, la *patte-de-mouche*, le *gros vert* et la *grosse race*. Une partie des plants fins ayant été détruits en 1789 par les gelées, on les a remplacés par de gros plants, qui résistent mieux à l'intempérie des saisons, et produisent beaucoup de vins d'une qualité inférieure à ceux provenant des premiers.

VINS ROUGES.

Les vignoble de SCY, JUSSY, SAINTE-RUFFINE, DALE, NOUILLY, ARS et SEMÉCOURT, entre 4 et 12 kil. de Metz, récoltent, sur les coteaux de la rive gauche de la Moselle exposés au midi, les vins les plus estimés; ils ont une belle couleur et un goût agréable; leur maturité est complète au bout de trois ans, et l'on peut les garder dix ans et plus, surtout lorsqu'ils proviennent de bons plants et de vignes qui sont très-peu fumés. On en fait des envois dans le département de la Meuse et dans les contrées qui bordent les deux rives du Rhin.

Quelques communes de l'arrondissement de Sarreguemines donnent d'assez bons vins; les autres sont, en général, de médiocre qualité, ne supportent pas le transport et se conservent difficilement plus d'un an.

VINS BLANCS.

Les vins blancs sont, pour la plupart, légers et agréables, mais de peu de durée; ceux de DORNOT, à 2 kil. de Metz, ont quelque supériorité sur ceux des autres vignobles, mais ils ne sortent pas du pays.

Les tonneaux en usage varient de capacité; le vin se vend à la *mesure,* qui contient 44 litres.

§ II. *Département de la* MEUSE, *formé de la partie occidentale de la Lorraine, et divisé en 4 arrondissements : Bar-le-Duc, Commercy, Montmédy et Verdun.*

15,178 hectares de vigne, sur le territoire de 337 communes, produisent, récolte moyenne, environ 471,000 hectolitres de vins presque entièrement rouges, dont 300,000 sont consommés par les habitants; le surplus est livré au commerce : une faible portion est convertie en eaux-de-vie qui restent dans le pays.

Les plants le plus généralement cultivés sont le *pineau noir* et le *blanc*, le *bourguignon*, l'*aubain*, le *vert plant* et la *grosse race*. Le produit du dernier est abondant et de mauvaise qualité. On assure que 1 hectare planté en *grosse race*, et nouvellement mis en valeur, peut donner 200 hectolitres de vin, tandis que la même superficie, plantée en *pineau*, n'en donnerait que 65. Les principaux vignobles sont situés dans le voisinage de la Meuse, de l'Ornain, de l'Aire, de la Saulx et de la Woëvre.

VINS ROUGES.

Première classe.

BAR-LE-DUC et BUSSY-LA-CÔTE, qui n'en est éloigné que de 6 kil., récoltent des vins légers, délicats et fort agréables, qu'on peut compter parmi les vins d'ordinaire de 1re qualité; bien choisis, ils supportent le transport même par mer pendant les deux premières années et se conservent assez longtemps.

LONGEVILLE, SAVONNIÈRES-DEVANT-BAR, LIGNY, NAIVES-DE-VANT-BAR, ROZIÈRES-DEVANT-BAR, BÉHONNE, CHARDOGNE et VARNEY, dans un rayon de 12 kil. autour de Bar-le-Duc, produisent des vins de même espèce que les précédents, et qui leur sont peu inférieurs.

CREUE, dans l'arrondissement de Commercy, à 9 kil. de Saint-Mihiel, fait des vins rouges et des vins rosés qui sont estimés.

Deuxième classe.

Les vignobles d'APREMONT, LOUPMONT, WOINVILLE, VARNÉ-VILLE, LIOUVILLES, VIGNEULLES, SAINT-JULIEN, CHAMPOUGNY,

VAUCOULEURS, VIGNOT, SAMPIGNY, SAINT-MIHIEL, DOMPCEVRIN, BUXIÈRES, BUXERULLES, MONSEC et HATTONCHATEL, arrondissement de Commercy, fournissent des vins qui ont un bon goût, de la vivacité, du corps et assez de spiritueux; ils sont moins délicats que ceux de Bar-le-Duc, mais ils supportent bien le transport : on recherche particulièrement ceux des coteaux d'*Apremont*, de *Loupmont*, de *Woinville*, de *Varnéville*, de *Liouville*, de *Vigneulles*, de *Saint-Julien* et de celui nommé *Haroncôte*, à Saint-Mihiel.

BELLEVILLE, à 2 kil. de Verdun, récolte, sur la côte de Saint-Michel, des vins qui ont une couleur foncée et un bon goût; ils supportent difficilement le transport, mais ils se conservent bien dans le pays, et sont consommés en presque totalité à Verdun. Les pays nommés les ROCHELLES et les ALLOUVEAUX, situés à l'ouest de Verdun, produisent aussi d'assez bons vins.

RAMBUCOURT, LOISEY, ANCERVILLE et plusieurs autres communes de l'arrondissement de Bar font des vins communs qui se consomment dans le pays, comme la plupart de ceux des autres arrondissements.

VINS BLANCS.

CREUE, déjà cité pour ses vins rouges, à 30 kil. de Commercy, fournit les meilleurs vins blancs. On estime aussi ceux de BONCOURT, à 5 kil. de la même ville.

L'exportation qui se fait a lieu pour les Vosges, les Ardennes, puis pour la Belgique, le Luxembourg, et même pour les Pays-Bas. Les droits imposés sur les vins de France, à leur entrée dans les pays voisins, diminuent beaucoup l'exportation de ce département. Dans les vignobles de Bar, on vend les tonneaux avec le vin ; mais, dans la plupart des vignobles, l'acquéreur est tenu de les fournir.

Les tonneaux en usage se nomment *pièces*, et contiennent 180 litres. Le vin se vend à la *queue*, composée de 2 pièces. Dans quelques cantons, on se sert aussi d'une mesure appelée *charge* ou *hotte*, et contenant 40 litres.

§ III. *Département de la* MEURTHE, *formé de la partie orientale de la Lorraine, et divisé en 5 arrondissements : Nancy, Château-Salins, Lunéville, Sarrebourg et Toul.*

16,557 hectares de vigne, sur le territoire de 483 communes,

6

produisent, récolte moyenne, environ 811,000 hectolitres de vins (rouge 790,000, blanc 21,000), dont 44,000 sont consommés dans le pays ; le surplus est exporté dans les départements des Vosges et du Haut-Rhin ; on en convertit une faible portion en eaux-de-vie pour l'usage des habitants.

Les plants le plus généralement cultivés sont le *pineau noir* et le *blanc*, qui donnent le meilleur vin ; l'*éricé noir*, plus connu sous le nom de *liverdun*, et qu'on préfère ici au pineau ; l'*éricé blanc*, le *gamet*, le *facan* et la *grosse race*. L'éricé est le cepage auquel, vers 1830, M. le curé d'Achain a donné la préférence, et avec lequel il est parvenu à faire du vin meilleur et plus susceptible de conservation que celui de ses voisins.

VINS ROUGES.

THIAUCOURT, PAGNY-SUR-MOSELLE, ARNAVILLE, BAYONVILLE, CHAREY, ESSEY, VILLERS-SOUS-PRENY et VANDELAINVILLE, canton de Thiaucourt, arrondissement de Toul, fournissent les meilleurs vins du département. Une couleur convenable, de la délicatesse et un goût agréable sont les qualités qui les distinguent ; on peut les placer parmi les vins d'ordinaire de seconde qualité. On recherche particulièrement à Thiaucourt celui du cru nommé *Rud-de-Ma*.

TOUL, BRULEY, DOMGERMAIN, PANNES, EUVEZIN, JAULNY, RAMBERCOURT, ECROUVES, LUCEY, et plusieurs autres communes de l'arrondissement de Toul, produisent des vins de même espèce que les précédents, mais moins délicats.

BOUDONVILLE, CÔTE-RÔTIE et PIXERÉCOURT, arrondissement de Nancy ; ROVILLE et NEUVILLER, arrondissement de Lunéville ; VIC, TINCRY et ACHAIN, entre 6 et 11 kil. de Château-Salins, donnent des vins d'ordinaire assez bons, parmi lesquels on distingue ceux du petit coteau nommé *côte des Chanoines*, près de Nancy. Les autres sont colorés, faibles, froids, ne se conservent pas bien et ne supportent pas le transport ; ceux de la partie sud-est de l'arrondissement de Lunéville sont âpres, dénués de spiritueux et ne s'éclaircissent jamais bien, même en les mêlant avec de meilleurs vins.

VINS BLANCS.

BRULEY, à 4 kil. de Toul, et SALIVAL, à 4 kil. de Château-

Salins, produisent les meilleurs; ils sont agréables et se conservent assez bien. On préfère à Salival ceux du cru de l'ancienne abbaye.

Le principal commerce de vin se fait à Toul et à Lunéville. Les tonneaux en usage n'ont pas une capacité uniforme et déterminée; il y en a de très-petits, et d'autres qui contiennent jusqu'à 600 litres et plus. Les mesures en usage sont, à Toul, la *charge*, de 39 litres; dans la plupart des autres cantons, et dans presque toute la Lorraine, on se sert de la *mesure*, contenant 44 litres. Les expéditions qui se font à Toul se chargent sur la Moselle.

§ IV. *Département des Vosges, formé de la partie méridionale de la Lorraine, et divisé en 5 arrondissements : Epinal, Mirecourt, Neufchâteau, Remiremont et Saint-Dié.*

5,022 hectares de vigne, sur le territoire de 239 communes, produisent, récolte moyenne, environ 195,000 hectolitres de vins rouges, qui ont, en général, peu de qualités, et ne suffisent pas à la consommation des habitants, qu'on estime monter à plus de 200,000 hectol. par an. Le déficit est rempli par les départements de la Meurthe et de la Meuse. Les vignobles les plus considérables sont situés dans les arrondissements de Mirecourt et de Neufchâteau, qui contiennent ensemble plus de 2,600 hectares de vigne; celui de Remiremont n'en a point. On fait environ 25,000 hectolitres de bière dans les parties du département qui n'ont pas de vignes.

Les plants que l'on cultive ici sont le *pineau*, l'*éricé*, le *gamet*, le *facan blanc* et la *grosse race*.

VINS ROUGES.

Les vignobles de Charmes, Xaronval et Ubexy, à 10 kil. de Mirecourt, donnent des vins d'un goût agréable et qui sont fort estimés dans le pays. Ceux de Vincey, Portieux et Gircourt, à 12, 16 et 28 kil. de Mirecourt, diffèrent peu des précédents.

L'arrondissement de Neufchateau, dans lequel le *pineau* occupe les deux tiers des vignes, fournit aussi d'assez bons vins. Les meilleurs sont des vins d'ordinaire de 2ᵉ qualité. Tous ceux des arrondissements d'ÉPINAL et de SAINT-DIÉ sont de basse qualité.

Les tonneaux varient de capacité, et le vin ne se vend qu'à la *mesure*, qui contient, suivant les cantons, de 42 à 45 litres.

CLASSIFICATION.

Les vins rouges de Bar-le-Duc, de Bussy-la-Côte, de Longeville, de Savonnières, de Ligny, de Naives, de Rozières, de Behonne, de Chardogne, de Varney et de Creue, département de la Meuse; ceux de Scy, de Jussy, de Sainte-Ruffine et de Dâle, département de la Moselle, peuvent être compris dans la 4° classe des vins de France, comme vins d'ordinaire de 1re qualité.

Les vins d'Apremont, Loupmont, Woinville, Varnéville, Liouville, Vigneulles, Saint-Julien, Champougny, Vaucouleurs, Vignot, Sampigny, Saint-Mihiel, Dompcevrin, Buxières, Buxerulles, Monsec et Hattonchâtel, département de la Meuse, entrent dans la 1re section de la 5° classe; ceux de Belleville, les Rochelles, les Allouveaux, Rambucourt, Loisy et Ancerville, même département, n'entrent que dans la 2° section; ceux de Thiaucourt, Pagny, Arnaville, Bayonville, Charey, Essey, Villers-sous-Preny et Vandelainville, département de la Meurthe; Charmes, Xaronval et Ubexy, département des Vosges, donnent des vins qui figurent dans la 5° classe, parmi ceux d'ordinaire de diverses qualités. Tous les autres ne doivent être considérés que comme vins communs.

Les vins blancs de Bruley et de Salival, département de la Meurthe, et ceux de Creue, département de la Meuse, qui sont les meilleurs de la province, ne peuvent être comptés que parmi ceux d'ordinaire de 2° qualité dans la 5° classe.

CHAPITRE VI.

. Alsace.

Cette province, située sous les 47° et 48° degrés de latitude, forme aujourd'hui les départements du Haut et du Bas-Rhin. La vigne est une de ses principales richesses; elle occupe 23,615 hectares de terrain, et fournit des vins qui font l'objet d'un commerce très-étendu avec l'Allemagne et le Nord. Les raisins rouges ne prospèrent pas aussi bien ici que les blancs, et le peu de vins qu'ils fournissent, ne pouvant entrer en concurrence avec ceux des provinces méridionales, est consommé dans le pays. Les vins blancs, au contraire, sont fort estimés; ils occupent le second rang parmi les vins dits *du Rhin*. Cependant, malgré leur *bouquet* et leurs autres qualités, le goût sec et même piquant qui les caractérise ne plaît pas aux personnes habituées à boire les vins de Bourgogne, de Champagne et de Bordeaux : ceux-ci leur sont généralement préférés en France; mais ils ont une grande vogue en Suisse et dans toute l'Allemagne. Les vignes de l'Alsace sont, en général, tenues très-hautes; on plante les ceps à 1 mètre les uns des autres, et on les soutient avec des échalas qui ont jusqu'à 3 mètres 50 de haut.

§ I. *Département du* BAS-RHIN, *formé de la basse Alsace et d'une petite partie de la Lorraine; il est divisé en 4 arrondissements : Strasbourg, Saverne, Schelestadt et Wissembourg.*

Après les grains, la vigne est le plus grand produit de ce département, presque tous les coteaux en sont couverts; la culture y est très-florissante, mais les vins sont, en général, inférieurs en qualité à ceux du Haut-Rhin. 12,054 hectares de vigne, sur le territoire de 333 communes, produisent, récolte moyenne, environ 443,000 hectolitres de vins (rouge 11,000, blanc 432,000), dont 200,000 sont consommés par les habitants; le surplus est livré au commerce et s'exporte sur la rive droite du Rhin, dans le grand-duché de Bade, etc. On fabrique, en outre, environ 300,000 hectolitres de bière.

Les plants les plus estimés sont le *chasselas*, le *muscat* et le *kléber*, rouges et blancs, le *riesling blanc*, le *rohlender*, le *salvener* et le *veldelinc*. Le riesling produit le meilleur vin blanc; il se distingue des autres par sa force, son goût agréable et le degré de vieillesse auquel il peut atteindre; les autres vins ne durent ordinairement que cinq ou six ans.

VINS ROUGES.

On en récolte fort peu; ils sont presque tous de qualité inférieure et se consomment dans le pays. On distingue comme préférables aux autres ceux de WOLXHEIM et de NEUWILLER.

VINS BLANCS.

Première classe.

MOLSHEIM, à 17 kil. O. de Strasbourg, fournit, sous le nom de *finkenwein*, des vins blancs qui ont un excellent goût, de la *sève* et un bouquet fort agréable.

Wolxheim, à 13 kil. de Strasbourg, donne des vins dits de *riesling*, du nom du raisin qui les produit; ils ont de la force, du parfum et un fort bon goût; ils sont moins spiritueux et mûrissent moins promptement que les bons *vins gentils* du département du Haut-Rhin, mais ils ont plus de bouquet et se conservent beaucoup plus longtemps.

Deuxième classe.

MUTZIG, à 20 kil. de Strasbourg, produit des vins de l'espèce de ceux de Molsheim, mais inférieurs en qualité.

MEUWILLER et ERNOLSHEIM, près de Saverne, récoltent aussi des vins blancs assez estimés. Ceux d'IMBSHEIM et du territoire même de SAVERNE sont bons, mais ils ne se conservent pas au delà de trois à quatre ans.

Les arrondissements de WISSEMBOURG et de SCHELESTADT ne font que des vins d'ordinaire, parmi lesquels ceux de KIENHEIM, à 4 kil. de Schelestadt, et surtout les vins clairets de THIEFFENTHAL, ont de la réputation. Ces derniers sont délicats et fort agréables. Il n'y a pas de vignes dans la banlieue de Strasbourg; le vin qu'on y fait provient des treilles qui sont dans les jardins.

On récolte, dans quelques cantons, des vins *muscats* agréables, mais beaucoup moins parfumés que ceux du midi de la France; on fait aussi d'autres vins doux nommés *kléber*, du nom du plant qui les produit. Les meilleurs de cette dernière espèce se récoltent à WOLXHEIM et à HEILIGENSTEIN, à 25 kil. de Strasbourg.

Le principal commerce de vins se fait à Strasbourg, à Schelestadt, à Obernai, à Molsheim et à Barr. Ils s'expédient par le Rhin, ou par terre directement. On les vend à l'hectolitre, et le propriétaire ne fournit les tonneaux que pour ceux de 1re qualité. Les vins communs sont achetés dans les vignobles par les marchands, qui viennent y remplir les tonneaux qu'ils amènent avec eux.

On ne fabrique pas d'eaux-de-vie; néanmoins la ville de Strasbourg fait un très-grand commerce de celles qu'elle tire du midi de la France, et dont elle est le principal entrepôt pour l'Allemagne; elle les expédie par le Rhin jusqu'à Mayence, Coblentz, Cologne, Wesel, etc. Les envois pour Berlin, Leipzig, etc., remontent le Mein jusqu'à Francfort.

§ II. *Département du* HAUT-RHIN, *formé de la haute Alsace, et divisé en 3 arrondissements : Colmar, Mulhouse et Béfort.*

11,561 hectares de vigne, sur le territoire de 185 communes, produisent, récolte moyenne, environ 490,000 hectolitres de vins (blanc 485,000 hect.), dont 225,000 sont consommés par les habitants et le surplus est livré au commerce. On ne convertit en eau-de-vie que les marcs et les lies de vin du premier soutirage.

Les principaux vignobles de ce pays sont situés au pied des Vosges, sur le revers oriental et méridional de ces montagnes. Les communes qui en contiennent le plus, et dont les vins sont préférés, se trouvent dans l'arrondissement de Colmar; celui de Mulhouse en a beaucoup moins, celui de Béfort en a très-peu. Les plants le plus généralement cultivés sont, en blancs, le *burger*, raisin commun et très-productif; le *gros* et le *petit riesling*, le *tokay* et le *silvain;* en raisins de couleur, le *tokay gris*, le *gentil gris*, le *gentil rose*, le *gentil noir*, le *pineau* et le *teinturier*, ce dernier en petite quantité, et seulement pour donner aux vins rouges une couleur plus foncée.

VINS ROUGES.

Leur qualité est inférieure à celle des vins blancs; on en récolte fort peu, et la presque totalité se consomme dans le pays; cependant il en est plusieurs qui méritent d'être cités : tels sont ceux de RIQUEWIHR, de RIBEAUVILLÉ, d'AMMERSCHWIHR, de KIENTZHEIM, de KAYSERSBERG, du château d'OLWILLER, de WALBACH et quelques autres, dans l'arrondissement de Colmar. Les vins rouges de ces vignobles, et particulièrement ceux du cru

nommé *Geisbourg*, à Kaysersberg, ont de l'analogie avec les
bons vins d'ordinaire de Bourgogne; ils se conservent trois ou
quatre ans en tonneaux, et jusqu'à quinze ou vingt ans en bouteilles. Celui qu'on nomme *rieslinger*, quoique de très-médiocre
qualité quand il est jeune, acquiert, chaque année, de la délicatesse et du bon goût; il se vend aussi cher que les vins dits *gentils* (voir plus loin).

VINS BLANCS.

Première classe.

GUEBWILLER, à 10 kil. S. O. de Colmar, produit des vins secs
qui ont du corps, du spiritueux, de la sève, se distinguent surtout par un goût de noisette nommé, dans le pays, *eschgrisse*,
avec un bouquet aromatique très-prononcé et agréable : on leur
donne le nom de *kitterlé*. Une grande partie de ce qui ne se consomme pas dans le pays est expédiée en Suisse.

TURCKHEIM, à 5 kil. de Colmar, donne des vins de l'espèce et
à peu près de la qualité des précédents; on les désigne dans le
pays sous le nom de *brand*.

RIQUEWIHR et RIBEAUVILLÉ, à 10 kil. N. O. et 12 kil. N. N. O.
de Colmar, sont entourés de vignobles étendus et fort estimés
pour l'excellente qualité de leurs vins dits *gentils*, qui ont moins
de force et de sève que ceux de Guebwiller, mais sont beaucoup
plus agréables. Autrefois la plus grande partie des récoltes
était transportée à Mayence pour être mélangée avec les
vins du Rhin, afin de leur donner de la force, et tempérer
leur fermeté. Les meilleurs vins de Riquewihr sont ceux dits de
Schonenberg, et les plus estimés à Ribeauvillé se nomment
trottacker et *zahnacker;* ils se conservent plus de vingt ans, et
gagnent beaucoup de délicatesse en vieillissant; les voyages, loin
de les altérer, augmentent leur qualité.

THANN, à 24 kil. de Béfort. Le meilleur vin de ce vignoble provient du cru nommé *Rangen;* il est très-spiritueux et attaque les
nerfs avec une telle violence, que ceux qui en usent avec excès
sont, quelque temps après, comme paralysés; il est peu de personnes qui puissent en boire une bouteille sans être incommodées. L'indisposition est plus forte et plus prompte à se
manifester quand on s'expose au grand air en sortant de table.
Cependant ce vin est recherché et se vend toujours à un prix
élevé.

BERGHOLTZELL, RUFACH, PFAFFENHEIM, ENGUICHEIM, IN-GERSHEIM, MITTELWEYER, HUNNEVEYER, KATZENTHAL, AMMERS-CHWIHR, KAYSERSBERG, KIENTZHEIM, SIGOLSHEIM, BABELHEIM, et plusieurs autres communes de l'arrondissement de Colmar, produisent des vins d'une très-bonne qualité.

Les vins compris dans cette 1re classe s'exportent principale-ment en Suisse, dans les royaumes de Wurtemberg, de Bavière et les pays du Nord; ils se conservent fort longtemps, surtout ceux dits *gentils*, qui proviennent de l'espèce de raisin fin nommé *riesling*, et que l'on appelle aussi *raisin gentil*, pour le distin-guer des raisins communs, désignés dans le pays sous le nom de *burger*. Les marchands de Cologne et de Francfort achetant, chaque année, les vins *gentils* pour les mêler avec ceux du Rhin, dont ils augmentent la force, plusieurs propriétaires, surtout dans la commune de *Riquewihr*, mettent de l'eau-de-vie dans leurs vins gentils, et atténuent ensuite la force obtenue par ce mélange, en y ajoutant une quantité proportionnelle de vin commun; cet amalgame, en altérant la qualité des vins de ce vignoble, lui a fait perdre beaucoup de sa réputation.

Deuxième classe.

RIXHEIM et HABSHEIM, à 16 kil. d'Altkirch, donnent des vins assez estimés dans le pays et du genre des précédents, mais très-inférieurs en qualité; plusieurs autres cantons produisent des vins d'ordinaire et des vins communs, qui servent à la con-sommation des habitants et sont rarement exportés.

VINS DE LIQUEUR.

Lorsque la température a été favorable à la vigne, on fait à *Colmar*, à *Olwiller*, à *Kientzheim*, à *Kaysersberg*, à *Ammersch-wihr*, et dans quelques autres vignobles du même arrondisse-ment, des *vins de paille* (strohweine), ainsi nommés parce que, dans l'origine, les raisins que l'on employait à leur fabrication étaient étendus pendant plusieurs mois sur de la paille, avant d'être portés au pressoir. Maintenant on choisit les grappes les plus belles et les plus mûres dans les meilleures espèces de rai-sins gentils, on les attache avec des fils et on les suspend à des perches disposées à cet effet dans les chambres de l'étage supé-rieur de la maison : les portes et les fenêtres restent ouvertes

tant que l'on n'a pas à craindre que la gelée puisse attaquer les
raisins, et l'on a soin de les visiter au moins une fois par semaine
pour en ôter les grains pourris. On les laisse sécher ainsi jusqu'au mois de mars, époque à laquelle on fait ordinairement le
vin de paille. La quantité de liqueur que l'on retire de ces raisins à demi secs n'est ordinairement que la dixième partie de
celle qu'on aurait obtenue à l'instant de la vendange ; mais elle
est très-douce et onctueuse comme de l'huile. On assure que,
lorsque ce vin a été gardé six ou huit ans, il ressemble au vin de
Tokay ; plus il vieillit, plus il acquiert de finesse et d'agrément ;
c'est pourquoi il peut être rangé parmi les meilleurs vins de liqueur de France. Il se vend ordinairement 6 fr. la bouteille,
et souvent plus cher dans le pays. On trouve, dans les vignobles
de *Riquewihr*, de *Ribeauvillé*, et dans quelques autres, des
plants de muscat, dont on fait des vins de ce nom, mais en petite
quantité ; ils ne sortent pas du département et se conservent rarement bien longtemps.

Le principal commerce de vins se fait à Colmar ; il se fait aussi
dans les communes situées au pied des montagnes. La mesure
ordinairement employée pour la vente est l'*ohm*, qui représente
50 litres. Les tonneaux en usage se nomment *pièces*, et contiennent depuis 2 jusqu'à 10 hectolitres. Ces derniers sont placés
vides sur de grands chariots faits exprès.

CLASSIFICATION.

VINS ROUGES.

Ceux de Riquewihr, de Ribeauvillé, d'Ammerschwihr, de
Kientzheim, de Kaisersberg, du château d'Olwiller et de Walbach, département du Haut-Rhin, entrent dans la 4ᵉ classe des
vins de France, comme vins d'ordinaire de 1ʳᵉ qualité ; les autres parcourent les différents degrés de la 5ᵉ classe.

VINS BLANCS.

Ceux de 1ʳᵉ qualité des vignobles de Guebwiller, Turckheim,
Riquewihr, Ribeauvillé, Thann, Bergholtzell, Rouffach, Pfaffenheim, Enguisheim, Ingersheim, Mittelweyer, Hunneveyr, Katzenthal, Ammerschwihr, Kaisersberg, Kientzheim, Sigolsheim,

et Babelheim, département du Haut-Rhin ; ceux de Molsheim et
Wolxheim, département du Bas-Rhin, sont des vins *secs*, qui,
pour leur qualité et leur prix, occupent un rang distingué parmi
ceux de la 2ᵉ classe. Ceux de 2ᵉ qualité des mêmes vignobles
entrent dans la 3ᵉ classe. Les vins de Mutzig, Neuwiller, Ernolsheim, Imbsheim et Saverne, département du Bas-Rhin,
ainsi que ceux de Rixheim et Habsheim, département du Haut-
Rhin, sont dans la 4ᵉ classe ; tous les autres n'entrent que dans
la 5ᵉ, dont ils parcourent les différents degrés.

VINS DE LIQUEUR.

Les meilleurs vins dits de *paille*, que l'on fait à *Colmar* et
dans quelques autres vignobles du même arrondissement, peuvent être comptés parmi les vins de liqueur de 1ʳᵉ classe. Les
autres vins doux entrent, ceux de Wolxheim et Heiligenstein,
dans la 3ᵉ classe, et les autres dans la 4ᵉ.

CHAPITRE VII.

Bretagne.

Cette province, placée sous les 47ᵉ et 48ᵉ degrés de latitude,
compose les départements de la Loire-Inférieure, du Morbihan,
du Finistère, des Côtes-du-Nord et d'Ille-et-Vilaine. Ce pays ne
produit que des vins communs et presque tous blancs. Le département de la *Loire-Inférieure* est le seul qui renferme des vignobles importants. Ceux du *Morbihan* et d'*Ille-et-Vilaine* n'en ont
que très-peu, et les deux autres en sont privés.

§ I. *Départements du* FINISTÈRE *et des* CÔTES-DU-NORD.

Le premier, formé de la partie septentrionale, et le second, de
la partie occidentale de la Bretagne, ne contiennent pas de vignobles. Le département du Finistère récolte, année commune,
environ 70,000 hectolitres de cidre, et celui des Côtes-du-Nord
plus de 500,000 hectolitres, dont une partie est envoyée à

Saint-Malo pour l'approvisionnement des navires qui vont à la pêche de la morue, et dans les autres ports de la basse Bretagne.

§ II. *Département d'*ILLE-ET-VILAINE, *formé de la partie N. E. de la Bretagne, et divisé en 6 arrondissements : Rennes, Fougères, Montfort-sur-Men, Redon, Saint-Malo et Vitré.*

190 hectares de vigne produisent, récolte moyenne, environ 5,000 hectolitres de vins blancs communs, de qualité inférieure. Les moins mauvais se récoltent sur le territoire de REDON; ils sont légers, assez agréables, et ressemblent à ceux de Nantes. La boisson ordinaire du pays est le cidre, dont on récolte environ 750,000 hectolitres par an. Les tonneaux en usage se nomment *barriques*, et contiennent 228 litres.

§ III. *Département du* MORBIHAN, *formé de la partie méridionale de la Bretagne, et divisé en 4 arrondissements : Vannes, Lorient, Ploërmel et Pontivy.*

Les terrains plantés en vignes et situés sur les côtes, et qui se réduisaient, il y a 30 ans, à 100 hectares, produisaient alors, récolte moyenne, environ 1,000 hectolitres de vin très-médiocres en qualité, et fort au-dessous de ceux des environs de Nantes. On cultive actuellement 1,693 hectares en vigne produisant près de 40,000 hectolitres de vin blanc commun. Ce pays récolte, année ordinaire, près de 700,000 hectolitres de cidre, qui est la boisson habituelle des habitants. Les tonneaux en usage se nomment *barriques*, et contiennent environ 228 litres.

§ IV. *Département de la* LOIRE-INFÉRIEURE, *formé de la partie S. E. de la Bretagne , et divisé en 5 arrondissements : Nantes , Ancenis, Châteaubriant, Paimbœuf et Savenay.*

29,583 hectares de vigne, sur le territoire de 152 communes, produisent, récolte moyenne, environ 740,000 hectolitres de vins (blancs 734,000), dont environ 280,000 sont consommés par les habitants ; une partie de l'excédant, prise parmi les meilleurs vins, est livrée à l'exportation ; le reste est converti en eaux-de-vie, dont ce pays fait un grand commerce. Ce département produit, en outre, près de 75,000 hectolitres de cidre.

Les principaux vignobles sont situés dans les arrondissements de *Nantes*, *Ancenis* et *Savenay*. On fait très-peu de vins rouges (6,000 hectolitres), qui sont tous mauvais, mais beaucoup de vins blancs communs. Les plants le plus généralement cultivés sont le *muscadet*, le *gros plant* et le *pineau*. Le *muscadet* est celui qui produit le plus.

VINS BLANCS.

VARADES, chef-lieu de canton, à 10 kil. d'Ancenis, MONTRE-LAIS et LA CHAPELLE, canton de Varades, à 15 kil. de la même ville, récoltent les meilleurs vins blancs du pays ; ils sont produits par le plant nommé *pineau*, ont du spiritueux, de l'agrément, supportent bien le transport et se conservent longtemps. Ceux de Montrelais sont supérieurs à tous les autres.

VALET, à 20 kil. de Nantes ; LA CHAPELLE-HULLIN, à 10 kil. de Valet ; LA HAYE, LE LOROUX, LE PALET, MAISDON et SAINT-FIACRE, tous dans l'arrondissement de Nantes ; SAINT-GEREON, SAINT-HERBLON et RIAILLÉ, près d'Ancenis, produisent des vins doux, légers, d'un goût agréable et qui se conservent assez bien.

Ce département produit une grande quantité de vins blancs communs, qui ont un goût de terroir désagréable, et qui sont sujets à tourner à la graisse. On en expédie d'assez fortes parties à Paris, où ils entrent dans les mélanges avec des vins rouges très-colorés. Ils sont loin de valoir, pour cet emploi, les vins blancs d'Anjou, et on ne les mêle que dans les vins destinés à être vendus en détail dans les cabarets. Les vins que l'on tire de l'espèce de cepage nommé *gros plant* sont acerbes, d'un goût désagréable et se conservent difficilement plus d'un an ; mais, convertis en eaux-de-vie, ils rendent un cinquième de plus que ceux que l'on fait avec le *muscadet*. Le principal commerce des vins et des eaux-de-vie se fait à Nantes, à Paimbœuf et à Ancenis. Les eaux-de-vie sont fabriquées chez les propriétaires (bouilleurs de cru), qui ont tous des alambics, dans lesquels ils brûlent les vins de leurs récoltes. Celles qui sont bien distillées ont de la réputation et sont recherchées, surtout en Angleterre.

Les tonneaux en usage se nomment *barriques*, et contiennent 30 veltes ou 228 litres. On expédie aussi les eaux-de-vie dans

de *doubles barriques*, jaugeant de 60 à 66 veltes. Les expéditions se font en partie par mer, surtout à Nantes, en partie par
la Loire et les canaux, mais de plus en plus par les chemins
de fer.

CLASSIFICATION.

Varades, Montrelais, la Chapelle, Valet, la Chapelle-Hullin,
la Haye, le Loroux, le Palet, Maisdon, Saint-Fiacre, Saint-Gervais, Saint-Herblon et Riaillé, département de la Loire-Inférieure, fournissent des vins blancs, dont les meilleurs entrent
dans la 5ᵉ classe comme vins d'ordinaire de 2ᵉ, de 3ᵉ et de
4ᵉ qualité. Tous les autres sont au nombre des vins communs.

CHAPITRE VIII.

Anjou et Maine.

Ces provinces sont placées sous les 47ᵉ et 48ᵉ degrés de latitude ; elles forment les départements de la Mayenne, de la Sarthe
et de Maine-et-Loire, qui contiennent ensemble 40,089 hectares de vigne, dont on tire des vins d'ordinaire assez bons
et beaucoup de vins communs, parmi lesquels les blancs sont
les plus estimés. Le département de Maine-et-Loire contient
plus de trois quarts des vignobles, et fait les meilleurs vins.

§ I. *Département de la* MAYENNE, *formé de la partie occidentale
du Maine et d'une partie de l'Anjou; il est divisé en 3 arrondissements : Laval, Château-Gontier et Mayenne.*

En 1788 ce territoire avait 1,600 hectares de vigne ; en 1829
780 hectares de vigne produisaient, récolte moyenne, environ
8,500 hectolitres de vin, dont la mauvaise qualité détermine,
chaque année, quelques propriétaires à arracher leurs vignes
pour les remplacer par des cultures plus appropriées au sol et
au climat de ce pays. En 1849 la statistique n'accusait plus que

420 hectares, et après 1860 nous trouvons néant en regard de Mayenne. La culture du pommier est plus avantageuse pour ce département et fournit tous les ans 300,000 hectolitres de cidre.

§ II. *Département de la* Sarthe, *formé de la partie méridionale du Maine, avec quelques portions de l'Anjou et du Perche ; il est divisé en 4 arrondissements : le Mans, la Flèche, Mamers et Saint-Calais.*

9,590 hectares de vigne, sur le territoire de 200 communes, produisent, récolte moyenne, environ 111,000 hectolitres de vins (rouge 41,000 hectolitres, blanc 70,000 hectolitres), qui ne suffiraient pas aux besoins des habitants, si leur boisson habituelle n'était pas le cidre, dont ils récoltent, chaque année, 224,000 hectolitres.

Les plants le plus généralement cultivés sont le *pineau* noir et blanc, le *meunier*, le *verjutier*, le *morillon* noir et blanc, le *vignar* noir, le *mancel* noir, le *verret* noir, le *gouais* ou *forard* blanc-jaune, le petit *doin* et l'*arabot* blanc.

Les vins de ce département sont, la plupart, de très-basse qualité ; le seul cru dont les produits se distinguent par leur bon goût, assez de corps et de spiritueux, est le clos des *Jasnières*, commune de l'Homme, à 11 kil. de Château-du-Loir ; il contient 25 hectares de vigne entièrement plantés de *pineau* rouge et blanc. Le vin fait avec soin se conserve fort longtemps, et, lorsqu'il provient d'une année très-chaude et sèche, il acquiert, en vieillissant, des qualités que pourraient lui envier des crus plus renommés ; mais ces années sont très-rares, et l'on ne peut, en général, le compter que parmi les vins d'ordinaire de 2ᵉ qualité.

Les autres crus qui jouissent de quelque réputation dans le pays sont ceux de Bazouges, Brouassin, Arthezé, la Chapelle-d'Aligné, Saint-Verand et Cromières, dans l'arrondissement de la Flèche, et de Gazonfière, près le Mans, pour les vins rouges ; et, pour les vins blancs, ceux de la Flotte, la Chatre, Sainte-Cécile, Marcon et Château-du-Loir, arrondissement de Saint-Calais ; de Mareuil, dans celui de la Flèche ; enfin ceux de Saint-Benoist, Saint-Georges et Champagne, à 9 kil. du Mans. Les vins des autres vignobles ont un goût de terroir désagréable, et sont dénués de corps et de spiritueux. Les tonneaux en usage se nomment *busses*, et contiennent depuis 240 jusqu'à 250 litres.

§ III. *Département de* MAINE-ET-LOIRE, *formé de l'Anjou, et divisé en 5 arrondissements : Angers, Baugé, Beaupréau, Saumur et Segré.*

30,499 hectares de vigne produisent, récolte moyenne, environ 432,000 hectolitres de vins (rouge 67,000 hectolitres, blanc 365,000 hectolitres), dont 120,000 sont consommés par les habitants ; le surplus est livré au commerce ou converti en eaux-de-vie et en vinaigre ; ce dernier est très-estimé et connu sous le nom de *vinaigre de Saumur.* Ce département récolte, en outre, près de 40,000 hectolitres de cidre, dont la plus grande partie se fait dans l'arrondissement de Segré, qui produit très-peu de vin. Il est consommé dans le pays.

Les coteaux qui bordent les rivières sont, en général, ceux où la vigne est cultivée avec le plus de succès ; aussi récolte-t-on du vin sur l'une et l'autre rive de la *Loire*, de la *Mayenne*, de la *Sarthe*, du *Loir*, du *Thouet*, de la *Dive* et du *Layon*, surtout dans les lieux voisins de leurs embouchures ; ceux qui en sont éloignés n'en ont pas ou de médiocres.

Les *vins rouges* forment une faible portion du produit des vignobles de l'Anjou, et sont moins estimés que les vins blancs : ceux-ci, dont la récolte est très-abondante et parmi lesquels il y en a de fort bons, fournissent beaucoup à l'exportation ; on les expédie surtout en Hollande et dans les pays du Nord. Les propriétaires des bons crus font vendanger à plusieurs reprises ; les deux premières cueillettes, qui ne se composent que des raisins les plus mûrs, fournissent les vins que l'on expédie à l'étranger ; ceux que l'on fait avec la troisième servent à la consommation du pays et à la fabrication des eaux-de-vie et des vinaigres : on en envoie aussi à Paris, où ils entrent dans les vins vendus au détail.

VINS ROUGES.

CHAMPIGNY, près de Saumur, fournit des vins corsés d'une couleur foncée, de bon goût et très-généreux ; ils n'acquièrent leur maturité qu'après quatre ou cinq ans de garde, et sont alors fort agréables. On estime surtout ceux du clos des *Cordeliers.*

DAMPIERRE, VARRAINS, CHASSÉ, SAINT-CYR-EN-BOURG et BREZÉ, situés dans un rayon de 4 à 12 kil. de Saumur, récoltent des vins qui participent de toutes les qualités de ceux de Champigny, auxquels ils sont peu inférieurs. Le cru nommé *Bellai,* dans la commune d'ALLONES, à 10 kil. de Saumur, produit des vins de même qualité. Quelques coteaux du territoire de Saumur produisent des vins de même espèce, mais inférieurs en qualité.

NEUILLÉ, à 9 kil. de Saumur, produit des vins d'une couleur foncée, qui sont potables au bout d'un an; mais ils se conservent moins longtemps que les précédents. Ceux de presque tous les autres vignobles sont communs, grossiers et ont un goût de terroir désagréable.

VINS BLANCS.

Première classe.

Les coteaux bien exposés du territoire de SAUMUR produisent des vins blancs corsés, très-spiritueux, et qui supportent bien le transport par mer; ils ont de la finesse, du bon goût, et même un peu de bouquet, mais ils sont très-capiteux. On distingue, comme les plus délicats, ceux des crus nommés les *Rôtissants,* la *Perrière,* les clos du grand et du petit *Morin* et des *Poilleux.* Les vignes de ces coteaux, qui appartiennent à des bourgeois, sont ordinairement taillées à *court bois,* c'est-à-dire qu'on ne laisse que deux nœuds sur chaque tige, et, lors de la vendange, on choisit les raisins destinés à faire le vin de première cuvée; tandis que les vignerons propriétaires laissent de six à huit nœuds sur chaque tige, fument leurs vignes et mettent, sans choix, tous les raisins au pressoir, ce qui leur procure des récoltes plus abondantes, mais leur vin est bien inférieur en qualité.

PARNAY, DAMPIERRE, SOUZAY et TURQUANT, à 8 kil. de Saumur; MARTIGNÉ-BRIANT, THOUARCÉ, FOY, RABLAY, BEAULIEU et SAINT-LUYGNE, à 24 et 32 kil. N. O. de la même ville, font des vins de la même espèce et parmi lesquels il y en a qui sont peu inférieurs à ceux des coteaux de Saumur.

SAVENNIÈRES, à 11 kil. S. O., SAINT-AUBIN-DE-LUIGNÉ, à 16 kil. S., et ROCHEFORT, à 14 kil. S. O. d'Angers, font des vins qui diffèrent peu des précédents, et parmi lesquels on dis-

7

tingue ceux des crus nommés *la Coulée de Serrant* et *la Rous-selière*, à Savennières ; le clos *des Buandières*, à Saint-Aubin, et *les Quartz-de-Chaulne*, à Rochefort.

Vins mousseux. Quand on les fait avec les meilleurs vins blancs, ils ont de la finesse et un goût fort agréable, mais ils sont très-capiteux, bien moins légers et moins délicats que ceux de la Champagne.

Deuxième classe.

CHAINTRÉ, VARRAINS, CHASSÉ, SAINT-CYR-EN-BOURG, BREZÉ, COURCHAMPS, le MIHERVÉ et SAUMOUSSEY, voisins de Saumur, produisent des vins de bonne qualité, mais inférieurs à ceux des vignobles cités dans la 1re classe ; ils s'expédient concurrem- ment avec eux pour la Belgique et la Hollande, où il s'en fait une grande consommation.

Troisième classe.

Les vignobles de TRÉLAZÉ, SAINT-BARTHÉLEMY, ANDARD et BRAIN-SUR-L'AUTHION, à 4 et 8 kil. d'Angers, fournissent des vins assez bons, mais inférieurs aux précédents. Quelques proprié- taires de Trélazé et de Saint-Barthélemy en font qui n'ont pas de goût de terroir et qui diffèrent peu de ceux des crus cités dans la 2e classe.

DISTRÉ, à 5 kil. de Saumur, ANTOIGNÉ et le BAS-NUEIL, à 24 kil. de la même ville, et BRION, à 12 kil. de Baugé, produi- sent des vins doux, agréables et assez francs de goût de terroir, qui sont ordinairement expédiés à Paris.

Les arrondissements de SEGRÉ et de BAUGÉ ne font que des vins de basse qualité ; ils ont, ainsi que ceux des bas crus de Saumur et d'Angers, un goût de terroir désagréable, nommé *goût de tuf*, qu'ils communiquent aux eaux-de-vie qu'on en tire, ce qui nuit à leur débit. L'arrondissement de Beaupréau n'a pas de vignobles.

Les vins blancs de l'Anjou sont, en général, fort spiritueux et produisent un bon effet dans les mélanges ; ils donnent de la légèreté, de l'agrément et de la force aux vins grossiers, plats et trop colorés.

Les tonneaux en usage se nomment *busses* et contiennent 230 litres. Les eaux-de-vie se mettent dans les mêmes tonneaux que le vin ; elles se vendent à la velte de 8 pintes, ancienne mesure de Paris, ou 7,65 litres

Le principal commerce des vins et des eaux-de-vie se fait à Saumur et à Angers ; celui des vinaigres se fait plus particulièrement à Saumur. Les expéditions pour le Maine et la Normandie ont lieu en partie par la Mayenne ; celles pour Paris et Orléans remontent la Loire et plus généralement prennent le chemin de fer, et celles pour l'étranger descendent cette rivière jusqu'à Nantes, d'où elles vont, par mer, à leur destination.

CLASSIFICATION.

Les meilleurs vins rouges de Champigny, département de Maine-et-Loire, entrent dans la 4° classe des vins de France, comme vins d'ordinaire de 1° qualité ; ceux de Dampierre, Varrains, Chassé, Saint-Cyr, Brezé, Saumur et Neuillé, même département, et ceux du clos des Jasnières, département de la Sarthe, n'entrent que dans la 5° classe, comme vins d'ordinaire de 2°, de 3° ou de 4° qualité ; les autres ne figurent que parmi les vins communs.

Les vins blancs des coteaux de Saumur, de Parnay, Dampierre, Souzay, Turquant, Martigné-Briant, Thouarcé, Foy, Rablay, Beaulieu, Saint-Luygne, Savennières, Saint-Aubin-de-Luigné et Rochefort, département de Maine-et-Loire, sont des vins d'ordinaire de 1° qualité dans la 4° classe ; quelques-uns pourraient même être considérés comme vins fins de 3° classe. Les meilleurs vins mousseux peuvent, pour leur qualité et pour leur prix, être comparés à ceux de 3° classe de la Champagne. Les vins de Chaintré et des autres crus, qui forment la 2° classe du même département, et ceux du clos des Jasnières, département de la Sarthe, entrent dans la 5° classe, comme vins d'ordinaire de 2° qualité. Ceux de Trélazé et des autres crus des départements compris dans ce chapitre entrent dans la même classe, les uns comme vins d'ordinaire de 3° ou de 4° qualité, et les autres comme vins communs.

CHAPITRE IX.

Touraine.

Cette province, située sous le 47° degré de latitude, forme le département d'Indre-et-Loire; elle contient des vignobles très-étendus et qui sont une des principales sources de sa richesse. Parmi les vins que l'on tire de ce pays, il en est peu qui jouissent d'une grande réputation comme vins de table, mais ils sont fort estimés dans le commerce pour le bon effet qu'ils produisent dans les mélanges. Presque tous les vins rouges ont une couleur foncée, beaucoup de nerf, de mordant et de corps, assez de spiritueux et un bon goût.

Les vins blancs de 1re qualité s'expédient en Hollande et en Belgique; les autres entrent dans les vins de détail de la capitale et fournissent à la fabrication d'une assez grande quantité de bonne eau-de-vie.

Département d'INDRE-ET-LOIRE, divisé en 3 arrondissements, Tours, Chinon et Loches.

56,885 hectares de vigne, sur le territoire de 308 communes, produisent, récolte moyenne, environ 685,000 hectolitres de vins (rouge 427,000, blanc 258,000 hect.), dont 300,000 sont consommés dans le pays; le surplus est exporté ou converti en eau-de-vie, branche de commerce importante, surtout dans les années abondantes.

Les plants le plus généralement cultivés sont le gros et le menu *pineau blanc*, qui dominent à Vouvray; l'*orléans*, le *malvoisie*, l'*arnaison rouge*, qui donnent ce qu'on appelle le *vin noble*, dans les vignobles de Joué; le *cos*, le *grolleau*, le *meunier*, le *morillon*, le *macé doux* dans les autres crus rouges du premier rang, et les mêmes plants mêlés plus ou moins abondamment dans les vignobles inférieurs avec l'*auvergnat gris*, qui produit beaucoup, et le *gros noir*, qui communique au vin une couleur très-foncée. Les raisins blancs qui se trouvent plus fréquemment dans les vignobles rouges sont le *surin* et l'*arnaison blanc*. Dans les vignobles inférieurs, où l'on récolte principalement du vin blanc, le *pineau* gros et *menu* est presque toujours mêlé avec le *gois* et le *verdet*, dont le seul mérite est de rendre beaucoup. Dans l'arrondissement de Loches, on cultive le *tendrier*, l'*auberon*, le *fromenteau*, le *bordelais*, l'*aunis*, le *virat*, le *salais*, le *fié*, le *oie-rôtie*, le *confort* et la *franche noire*. Quelques-uns de ces plants peuplent les vignes de l'arrondissement de Chinon, ainsi que le *chenin*, le *breton rouge* et *blanc*, le *pineau noir*, le *foirault*, la *vigne-folle*, etc. Le *breton*, qui paraît être le même que le *bordelais*, domine dans les vignobles de Saint-Nicolas-de-Bourgueil avec le *morillon* et le *pineau*.

VINS ROUGES.

Première classe.

Joué, à 4 kil. S. de Tours, fournit des vins dits *nobles*, qui ont une belle couleur, du corps, du spiritueux, un goût fort agréable et surtout *très-franc* : on les compare à ceux de plusieurs des bonnes cuvées de la grande côte d'Auxerre, département de l'Yonne ; ils ont cependant un peu plus de fermeté et une couleur plus foncée. On peut les mettre en bouteilles au bout de deux ans ; ils gagnent ensuite beaucoup de qualités en vieillissant.

Saint-Nicolas-de-Bourgueil, arrondissement de Chinon, à 36 kil. de Tours. Le clos de *Saint-Nicolas* fournit des vins d'une couleur foncée, pleins de corps et de spiritueux, ayant plus de dureté que les précédents pendant les premières années : ils acquièrent de l'agrément en vieillissant et ressemblent à plusieurs vins de la 4ᵉ classe du Bordelais, tant par leur goût que par leur parfum, qui participe de la framboise. Les autres crus de cette commune donnent des vins très-colorés, lourds et froids, qui se classent avec ceux de Chinon.

Deuxième classe.

Les vignobles qui produisent les vins dits du *Cher* sont situés sur les deux rives de la rivière de ce nom, et s'étendent, sur sa rive droite, depuis Thésée, département de Loir-et-Cher, jusqu'à Dierre, à 22 kil. de Tours ; sur la rive gauche, depuis Mareuil,

département de Loir-et-Cher, jusqu'à Vérets, à 10 kil. de Tours ;
ils se récoltent sur le territoire de 22 communes, dont 11 sont
dans le département d'Indre-et-Loire, et les 11 autres dans le
département de Loir-et-Cher (1). Les vins qu'ils fournissent ont
une couleur foncée, un bon goût, beaucoup de corps, du spiritueux et un mordant qui les rendent très-propres à donner de
la couleur et de la qualité aux vins faibles, et à rétablir ceux qui
sont trop vieux. Ces qualités les font rechercher, et leur prix est
toujours plus élevé que celui de beaucoup d'autres vins qui leur
sont préférables pour la consommation journalière ; cependant,
bien choisis et d'une bonne année, ils deviennent agréables en
vieillissant, et ressemblent un peu aux vins d'ordinaire de
2ᵉ qualité du Bordelais, dont ils ont le *grain* et le goût ; mais,
en général, ils sont plus spiritueux.

Les meilleurs crus situés dans ce département sont à CHIS-
SEAUX, CIVRAY, LA CROIX-DE-BLÉRÉ, sur la rive droite du Cher ;
BLÉRÉ, ATHÉE et AZAY-SUR-CHER, sur la rive gauche : toutes
ces communes sont dans le canton de Bléré, entre Amboise et
Tours.

CHENONCEAUX et DIERRE, sur la rive droite, EPEIGNÉ, FRAN-
CUEIL et VÉRETZ, sur la rive gauche du Cher, fournissent des
vins de même espèce que les précédents, mais ils réunissent à
un moindre degré les qualités que l'on recherche dans les vins
du *Cher.*

SAINT-CYR-SUR-LOIRE, SAINT-AVERTIN et BALLAN, situés entre
4 et 8 kil. de Tours, font aussi des vins rouges qui participent
de toutes les qualités des vins dits du *Cher.*

CHINON, à 38 kil. S. O. de Tours, a, dans son voisinage, des
vignobles assez considérables dont on tire des vins d'une belle
couleur, assez corsés et spiritueux, mais dont le goût est moins
franc que celui des vins de Bléré ; ils ont aussi moins de mordant.

LUYNES et FONDETTES, à 6 et 8 kil. de Tours, LANGEAIS et
SAINT-MARC, à 20 kil. de Chinon, sur la rive droite de la Loire,
fournissent au commerce des vins qui participent de la qualité
de ceux de Bléré, mais qui ont moins de corps, de nerf et de
mordant.

AMBOISE, sur la rive gauche de la Loire, à 20 kil. de Tours,
a dans son voisinage les vignobles de POCÉ, de SAINT-OUEN, sur

(1) Voyez, chapitre X ci-après, les vignobles de Thésée, Monthou-sur-
Cher, etc., département de Loir-et-Cher, p. 111.

la rive droite de la Loire, et de SAINT-DENIS, sur la rive gauche, qui produisent, en première cuvée, des vins moins colorés, moins corsés et plus agréables que ceux du Cher : ils sont préférés pour la consommation journalière. CHARGEУ et LIMERAI, sur la rive droite de la même rivière, MOSNES, SOUVIGNY et CHARGÉ, sur la rive gauche, tous voisins d'Amboise, donnent, dans le choix, des vins peu colorés et assez agréables ; mais on y fait une très-grande quantité de vins communs, verts, secs, peu spiritueux, et qui se conservent moins bien que ceux du Cher ; cependant ils font un assez bon effet dans les mélanges. Les vins de tous les vignobles que j'ai cités dans cette classe, ceux de Chinon exceptés, se présentent dans le commerce sous le nom de *vins du Cher*, qui ne convient réellement qu'à ceux que l'on récolte dans le voisinage de cette rivière. Les vignobles de l'arrondissement de LOCHES ne produisent, sauf quelques exceptions, que des vins communs et de qualité inférieure.

VINS BLANCS.

Première classe.

VOUVRAY, chef-lieu de canton, à 8 kil. E. de Tours, sur la rive droite de la Loire, produit des vins blancs de fort bonne qualité ; ils sont très-doux et même liquoreux la première année : en vieillissant, cette liqueur se convertit en spiritueux ; ils deviennent alors moelleux, d'un goût fort agréable et très-capiteux. Les vins de choix sont au-dessus de l'ordinaire, sans cependant pouvoir être considérés comme *vins fins*. Ceux de 1ʳᵉ qualité viennent rarement à Paris, où ils ne seraient pas vendus leur prix ; on les expédie pour la Hollande et les Pays-Bas.

Deuxième classe.

ROCHECORBON et VERNON, canton de Vouvray, sur la rive droite de la Loire, et MONTLOUIS, sur la rive gauche, entre 4 et 12 kil. de Tours, récoltent beaucoup de vins blancs de la même espèce, mais inférieurs à ceux des premières cuvées de Vouvray.

SAINT-GEORGES, à 3 kil. N. de Tours, a quelques vignes dont les vins sont assez bons, quoique, en général, inférieurs aux précédents.

NAZELLE et NOIZAY, sur la rive droite de la Loire ; LUSSAULT

et SAINT-MARTIN-LE-BEAU, sur la rive gauche ; ROUGNY et CHAN-
ÇAY, sur la Brenne, tous entre 12 et 15 kil. de Tours, produisent
des vins blancs agréables, mais moins corsés et moins spiritueux que ceux de Vouvray.

LANGEAIS, déjà cité pour ses vins rouges, fait des vins blancs
très-communs et sujets à jaunir. Les propriétaires sont dans
l'usage de les vendre en même temps que leurs vins rouges, et
au même prix ; ce qui diminue la valeur de ces derniers, qui se
payeraient plus cher si on les vendait seuls.

Tous les vins blancs de la Touraine prennent le nom de ceux
de Vouvray, en sortant du département ; ce qui nuit à la réputation que méritent les véritables vins de ce finage.

Les tonneaux en usage se nomment *poinçons*, et contiennent,
à Saint-Nicolas-de-Bourgueil et à Chinon, 230 litres ; à Tours,
Bléré, Amboise et dans les autres vignobles dont les vins rouges
prennent le nom de *vins du Cher*, les *pièces* ou *poinçons* contiennent 52 veltes ou 243 litres : ceux de Vouvray jaugent
54 veltes ou 258 litres. Les mêmes tonneaux sont employés
pour les eaux-de-vie.

Le commerce des vins se fait à Tours, à Chinon et à Amboise ;
ils sont expédiés par le Cher ou la Vienne jusqu'à la Loire, qu'ils
descendent pour aller à Nantes, ou qu'ils remontent pour venir
à Paris par le chemin de fer, ou par les canaux d'Orléans et de
Loing et par la Seine. La ville d'Amboise, située au centre des
vignobles du Cher et de la Touraine, est le principal port de
chargement sur la Loire.

Le canton de RICHELIEU, à 17 kil. S. E. de Chinon, est l'un
de ceux où il se fabrique le plus d'eaux-de-vie ; il s'en fait un
très-grand commerce à l'Isle-Bouchard, à 14 kil. E. S. E. de
Chinon, et 32 kil. S. O. de Tours ; on en expédie, par la Vienne,
jusqu'à la Loire, qu'elles descendent pour aller à Nantes, ou
qu'elles remontent pour aller à Tours, et de là, par le chemin
de fer, à Amboise, Blois, Orléans et Paris.

CLASSIFICATION.

Les vins rouges dits *nobles* de Joué, et ceux du clos de Saint-
Nicolas-de-Bourgueil, entrent dans la 4ᵉ classe des vins de
France, comme vins d'ordinaire de 1ʳᵉ qualité : tous les autres
ne peuvent figurer que dans la 5ᵉ, les uns comme vins d'ordinaire de 2ᵉ, 3ᵉ ou 4ᵉ qualité et les autres comme vins communs.

Les meilleurs vins blancs de Vouvray entrent dans la 4ᵉ classe de ceux de cette couleur, comme vins d'ordinaire de 1ʳᵉ qualité ; les autres parcourent les différents degrés de la 5ᵉ classe.

CHAPITRE X.

Orléanais, Blaisois, Beauce, une partie du Perche et du Gâtinais.

Ces provinces, placées sous les 47ᵉ et 48ᵉ degrés de latitude, ont formé les départements d'Eure-et-Loir, du Loiret et de Loir-et-Cher, qui contiennent ensemble 67,764 hectares de vignes, dont quelques-unes fournissent de fort bons vins d'ordinaire.

§ I. *Département d'*Eure-et-Loir, *formé de la Beauce, d'une partie du Perche et d'une faible portion de l'Orléanais ; il est divisé en 4 arrondissement : Chartres, Châteaudun, Dreux et Nogent-le-Rotrou.*

4,318 hectares de vigne produisent, récolte moyenne, environ 108,000 hectolitres de vins (rouges), dont une partie sert à la consommation des habitants, concurremment avec le cidre, qui fournit environ 175,000 hectolitres par an ; l'excédant est exporté dans le département de Seine-et-Oise.

Les plants de vigne le plus généralement cultivés sont, en rouges, l'*auvernat* et le *meunier ;* en blancs, le *meslier* et le *blanc de Beaune.* Le *marillon* et le *danneville* se voient aussi dans quelques vignes. Tous les vins de ce pays sont médiocres en qualité, froids et peu savoureux ; ils ne supportent pas le transport, se conservent difficilement plus de deux ans et sont même sujets à tourner, dès la première année, pendant les chaleurs. Les personnes aisées tirent leurs vins de table de l'Orléanais, de la Bourgogne et de la Champagne.

Les vignobles dont les produits méritent quelque préférence sur les autres sont ceux de Sèche-Côte, le Monceau, Chavannes, Roussière et Saint-Piat, arrondissement de Chartres ;

de Croisselles, Malsausseux et du Luat-Clairet, dans les
environs de Dreux ; et enfin de Varennes, des côtes de Mache-
clou et du clos de Champdé, près de Châteaudun.

Les tonneaux en usage se nomment *poinçons*, et contiennent
depuis 210 jusqu'à 230 litres.

§ II. *Département du* Loiret, *formé de la majeure partie de l'Orléanais et d'une petite portion du Berry, de la Beauce et du Gatinais; il est divisé en 4 arrondissements : Orléans, Gien, Montargis et Pithiviers.*

37,854 hectares de vigne, sur le territoire de 339 communes,
produisent, récolte moyenne, environ 942,000 hectolitres de
vins (rouge 769,000, blanc 173,000), dont plus de 250,000
sont consommés par les habitants ; le surplus est livré au commerce et s'expédie dans les départements voisins sous le nom
de *vins d'Orléans.*

Aucun des vins de ce pays ne se distingue par les qualités qui
constituent les vins fins ; mais beaucoup sont estimés comme
vins d'ordinaire; ils ont, en général, une belle couleur, peu de
spiritueux, un goût agréable et *franc.* Le mélange de bons vins
augmente leur qualité ; ils en reçoivent et conservent le goût,
se gardent plusieurs années et gagnent de la qualité lorsqu'ils
sont mis en bouteilles.

Les plants que l'on cultivait autrefois le plus généralement
dans les premiers crus étaient, en rouges, l'*auvernat* et l'*auvernat gris;* mais, en 1817 et 1818, beaucoup de propriétaires y
ont substitué le *saint-moreau* et le *fromenté,* qui produisent
beaucoup plus de vins, mais bien inférieurs en qualité. Dans les
bas crus, on plante le *gascon,* le *gamet* et le *gouais;* cependant, il y a un certain nombre d'années, plusieurs propriétaires
des vignes de 2ᵉ et de 3ᵉ classe ont arraché une partie de leurs
plants communs et les ont remplacés par celui nommé *auvernat,* d'où il résulte que les vins de ces classes sont meilleurs
qu'ils n'étaient. On cultive aussi, en blancs, l'*auvernat,* le *blancheton,* le *framboisé,* le *meslier* et le *gamet.*

VINS ROUGES.

Première classe.

GUIGNES, commune de Tavers, à 25 kil. d'Orléans, fait des vins corsés, d'une belle couleur, d'un excellent goût, assez spiritueux, ayant un bouquet peu prononcé, mais agréable.

SAINT-JEAN-DE-BRAY, à 4 kil. E. d'Orléans. Les vins de la côte ont une belle couleur, du corps, de la finesse, un bon goût et se conservent bien. Le cru le plus estimé est le clos *Sainte-Marie*, qui, par son exposition, donne encore le meilleur vin, quoiqu'on y ait substitué de jeunes vignes aux anciens plants et le cepage dit *auvernat gris* à l'auvernat fin.

SAINT-JEAN-LE-BLANC, à 5 kil. d'Orléans, fournit des vins de fort bonne qualité que l'on compare à ceux de Saint-Jean-de-Bray.

SAINT-DENIS-EN-VAL, canton d'Olivet, à 4 kil. d'Orléans, donne encore quelques vins délicats, agréables et d'une belle couleur; mais ce vignoble a perdu de sa réputation, parce que beaucoup de propriétaires ont remplacé l'*auvernat* fin par l'*auvernat* gris, qui produit davantage.

LA CHAPELLE, SAINT-AY et FOURNEAUX, sur la rive gauche de la Loire, entre 8 et 12 kil. d'Orléans, recueillent des vins qui approchent beaucoup de ceux de Saint-Jean-de-Bray et qui ont plus de corps.

MEUNG, à 16 kil. S. O. d'Orléans, BEAUGENCY, BAULE et BAULETTE, à 24 kil. O. de la même ville, sur la rive droite de la Loire, fournissent des vins agréables, plus précoces que les précédents, et néanmoins de bonne garde.

SANDILLON, à 12 kil. S. E. d'Orléans, produit des vins d'une belle couleur, assez spiritueux, d'un bon goût et très-solides : ceux des bonnes années, bien choisis, ont même un peu de bouquet.

Deuxième classe.

JARGEAU, sur la rive gauche de la Loire, à 16 kil. E. d'Orléans, et SAINT-DENIS-DE-JARGEAU, à 16 kil. S. E. de la même ville, sur le bord de la Loire, donnent, en première cuvée, de bons vins d'ordinaire; ils ont de la délicatesse, un goût agréable, et sont bons à boire la seconde année : on les conserve difficilement plus de trois ans en tonneau.

SAINT-MARC, SAINT-GY, et SAINT-PRIVÉ, près d'Orléans, donnent aussi, dans leurs meilleures vignes, des vins d'ordinaire de bonne qualité, parmi lesquels ceux de Saint-Marc sont préférés.

Troisième classe.

BOU et MARDIÉ, à 10 kil. d'Orléans, récoltent des vins assez agréables, mais faibles, et qu'on a de la peine à conserver.

OLIVET, SAINT-MESMIN, SAINT-MARCEAU, SAINT-ANDRÉ et CLÉRY, entre 4 et 12 kil. d'Orléans, font des vins colorés, grossiers, durs et peu spiritueux, qui proviennent du plant nommé *gascon*, dont ces vignobles sont plantés : seuls, ils ne sont pas agréables à boire, mais ils font un assez bon effet dans les mélanges.

SAINT-PATERNE, SARAN, GEDY, INGRÉ, FLEURY, SENOY et quelques autres crus de l'arrondissement d'Orléans offrent, dans le choix, des vins communs assez bons, mais, en général, inférieurs aux précédents.

Les arrondissements de MONTARGIS et de PITHIVIERS fournissent beaucoup de vins communs, connus sous le nom de *vins du Gatinais* : ils sont, pour la plupart, très-colorés, grossiers et peu spiritueux ; mais ils font un bon effet dans les mélanges et sont susceptibles d'être rendus meilleurs par l'addition de bons vins. Les vignobles de BOESSE, à 3 kil. de Pithiviers, de SAINT-LOUP, MONTBARROIS, AUXY, EGRY et BOIS-COMMUN, canton de Beaune, entre 32 et 44 kil. N. E. d'Orléans, donnent la 1re qualité des vins de ce pays ; ils ont une belle couleur, et, quoique grossiers, leur goût n'est pas désagréable.

On assure que, du temps de Philippe-Auguste et de saint Louis, les vins du Gatinais se buvaient sur la table des rois. Il est probable qu'alors on n'y cultivait que de bons plants, et sur les coteaux les mieux exposés, car il serait difficile d'en tirer aujourd'hui un vin d'ordinaire de 1re qualité.

Les vins de l'arrondissement de GIEN se conservent difficilement, et ne supportent pas le transport à de grandes distances.

Dans presque tous les vignobles de l'Orléanais, il y a des cantons où l'on cultive le plant dit *gascon*, dont le raisin, quand il parvient à maturité, donne en abondance des vins grossiers et colorés ; mais, dans les années pluvieuses, ils sont secs, acerbes, froids, et ne peuvent être comparés qu'aux vins de Brie, sur lesquels ils n'ont d'autre avantage que celui de faire un moins mauvais effet dans les mélanges.

VINS BLANCS.

MARIGNY et REBRÉCHIEN, à 8 et 12 kil. d'Orléans, en plaine, produisent une assez grande quantité de vins blancs, dont quelques-uns sont assez agréables et conservent leur blancheur.

SAINT-MESMIN, à 6 kil. d'Orléans, a encore quelques vignes plantées en auvernat blanc dont on tire des vins de bonne qualité ; mais, en général, ce vignoble a beaucoup perdu de sa réputation, parce que la plupart des propriétaires ont arraché ce cepage pour le remplacer par d'autres qui produisent davantage.

LOURY, à 16 kil. d'Orléans, et plusieurs autres vignobles du même arrondissement, fournissent des vins blancs de basse qualité qui servent ordinairement à la fabrication du vinaigre connu sous le nom de *vinaigre d'Orléans*, et qui est très-estimé pour la table, pour la fabrication des sirops de vinaigre et pour celle des conserves de cornichons et de tous les fruits qui se servent en hors-d'œuvre.

Le siége du principal commerce des vins et des vinaigres est à Orléans. Cette ville fait aussi un grand commerce d'eaux-devie qui portent son nom, mais dont elle n'est que l'entrepôt, car on n'en fabrique dans ce pays que lorsque les récoltes sont très-abondantes : elles proviennent toutes de l'Angoumois, de la Saintonge, du Poitou, du Blaisois, etc. Les tonneaux en usage dans l'Orléanais se nomment *pièces* ou *poinçons*, et doivent contenir 31 veltes ou 238 litres, mais la plupart ne contiennent que 30 veltes ou 228 litres ; il y en a même qui contiennent moins : ceux du Gatinais varient de capacité, parce que l'on n'emploie ordinairement que de vieux fûts provenant de Paris et des environs. Les expéditions d'Orléans se font par terre, mais plus ordinairement par la Loire et les canaux ; celles de Montargis se font par le canal de Loing et la Seine.

§ III. *Département de* LOIR-ET-CHER, *formé du Blaisois et d'une partie de la Beauce et de la Touraine; il est divisé en 3 arròndissements : Blois, Romorantin et Vendôme.*

25,592 hectares de vignes produisent, récolte moyenne, environ 979,000 hectolitres de vins (rouges 674,000, blancs 305,000), dont 240,000 sont consommés par les habitants; le surplus est livré au commerce ou converti en eau-de-vie. L'arrondissement de Blois contient seul 19,391 hectares de vignes.

Les plants le plus généralement cultivés sur les deux rives de la Loire, dans l'arrondissement de Blois, sont, en rouges, l'*auvernat franc*, qui occupe à peine le dixième du terrain planté en vignes, le *lignage*, le *meunier* et le *gros noir* : ce dernier cepage, dont le jus est naturellement rouge, n'est cultivé en grand que dans quelques communes situées au nord de Blois, et qui occupent environ 20 kil. carrés; on cultive, en blancs, l'*auvernat*, le *meslier*, le *sauvignon*, le *blancheton*, l'*herbois et* le *gouais*. Ce dernier entre dans les plantations pour trois cinquièmes; les vignobles de la côte du Cher sont entièrement peuplés du cepage rouge nommé *cahors*.

On fait dans le Blaisois trois espèces de vins bien distincts, savoir : des *vins noirs*, des *vins rouges* et des *vins blancs*.

VINS NOIRS.

·Ces vins, que fournit le plant dit *gros noir*, sont épais et d'une couleur rouge tellement foncée qu'ils paraissent noirs. Jeunes, leur goût est âpre et désagréable; en vieillissant, ils perdent de leur couleur, deviennent fades et n'ont aucun goût vineux; cependant ils se conservent assez longtemps. Leur mérite est de s'allier, sans les altérer, à tous les vins peu colorés et aux vins blancs que l'on veut teindre en rouge; ils sont estimés à raison de l'intensité de leur couleur et de la propriété qu'ils ont d'empêcher la décomposition des vins rouges, et même de rétablir ceux qui sont altérés. Dans les bonnes années, une pièce de ce vin suffit quelquefois pour donner une belle couleur rouge à sept pièces de vin blanc; mais, ordinairement, elle n'en colore que de 4 à 6. Les plus foncés se récoltent dans les vignobles de JARDAY, VILLESECRON, FRANCILLON et VILLEBAROU. Ces vins ressemblent, par leur couleur, à ceux qui portent le même nom dans les vignobles de Cahors, département du Lot; mais ils en diffèrent quant à la qualité. Ces derniers ont du corps, beaucoup de spiritueux et un bon goût, qualités qu'ils doivent non-seulement au sol et à la température plus favorables du climat qui les produit, mais encore aux procédés employés pour leur fabrication. Il est probable que ceux de Blois leur ressembleraient davantage si on les traitait de la même manière. (*Voyez*, plus loin, le département du Lot, chap. XX, § VI.)

VINS ROUGES.

Première classe.

BLOIS. La côte des GROUETS, qui s'étend depuis Blois jusqu'à Onzain, sur la rive droite de la Loire, produit des vins qui sont d'abord assez colorés et fermes; mais, en vieillissant, leur couleur diminue, et ils acquièrent du spiritueux, un goût fort agréable et même un peu de parfum. Après deux ou trois ans de garde en tonneaux, si on les met en bouteilles, on peut les conserver pendant huit ou dix ans, mais il faut les tenir dans des caves très-fraîches.

Les communes situées sur le *Cher*, depuis Montrichard, à 24 kil. S., jusqu'à Saint-Aignan, à 36 kil. S. de Blois, produisent des vins très-colorés, corsés, spiritueux et de bon goût, qui sont connus sous le nom de *vins du Cher* : ils ont toute la qualité de ceux du même nom que l'on fait dans le département d'Indre-et-Loire, et dont j'ai parlé ci-dessus. Les meilleurs se récoltent à THÉSÉE et à MONTHOU-SUR-CHER ; ils ont toutes les qualités que l'on recherche dans les vins de cette espèce : on met au second rang ceux de BOURRÉ, MONTRICHARD et CHISSAY, sur la rive droite du Cher, et ceux de MAREUIL, POUILLÉ, ANGÉ, FAVEROLLES, SAINT-GEORGES et LUSILLÉ, sur la rive gauche de la même rivière. Ceux de SAINT-AIGNAN sont encore de bonne qualité ; mais ceux des vignobles situés au-dessus de cette commune sont plus froids, plus durs et se conservent moins bien.

MEUSNES, à 9 kil. de Saint-Aignan et 33 kil. de Blois, récolte, sur des coteaux exposés au midi et dont le sol recèle des carrières de silex, des vins d'un bon goût, assez spiritueux, et qui, mis en bouteilles dans la deuxième ou la troisième année de leur récolte, gagnent en qualité et se conservent dix ou douze ans. On distingue celui du clos nommé *Chanjolay* comme supérieur à tous les autres.

CHAMBON, canton d'Herbault, à 8 kil. de Blois, et quelques autres vignobles voisins, récoltent des vins de même espèce que ceux des Grouets ; ils ont seulement un peu moins de spiritueux.

Deuxième classe.

ONZAIN, à 19 kil. S. O. de Blois, et tous les vignobles de la côte qui s'étend jusqu'à Amboise, sur la rive droite de la Loire, produisent des vins qui ont une belle couleur ; mais ils sont moins spiritueux et moins susceptibles de conservation que ceux de la côte des Grouets.

MER-LA-VILLE, à 16 kil. N. E. de Blois, et les vignobles situés entre cette ville et la frontière du département du côté de Beaugency, font des vins qui ont un bon goût et assez de spiritueux; ils sont potables au bout d'un an, mais ils ne se conservent pas très-longtemps.

CHAUMONT, dans l'arrondissement et à 28 kil. N. E. de Romorantin, sur la rive gauche de la Loire, fournit des vins de la même espèce que ceux d'Onzain, mais ils sont encore plus froids.

L'arrondissement de VENDÔME ne produit que des vins communs; on cite cependant comme ayant une belle couleur et un bon goût ceux de PEZOU et de quelques clos de la VILLE-AUX-CLERCS, à 8 et 12 kil. de Vendôme : les vins de cet arrondissement, ainsi que ceux de SELLES et de plusieurs autres vignobles de l'arrondissement de Romorantin, sont consommés dans le pays.

VINS BLANCS.

La contrée nommée SOLOGNE, située sur la rive gauche de la Loire, dans l'arrondissement de Blois, produit, sur le territoire de dix communes, une quantité considérable de vins blancs, qui, dans les années favorables à la vigne, ont beaucoup de douceur et un goût agréable. On estime surtout ceux du cru nommé *Murblin*, dans la commune de COURCHEVERNY, à 11 kil. de Blois.

MUIDES et SAINT-DIÉ, à 12 kil. et 15 kil. de Blois, font, dans les vignes où l'on a conservé les bons cepages, des vins agréables et peu inférieurs à ceux de Courchverny. MEUSNES, déjà cité pour ses vins rouges, donne aussi des vins blancs estimés dans le pays.

VIMEUIL, SAINT-CLAUDE, MORET et MONTELIVAUT, sur la côte dite des *Nouéls*, entre Blois et Saint-Dié, ne cultivaient autrefois que les cepages blancs nommés *auvernat* et *meslier*; ils récoltaient alors des vins très-francs de goût, spiritueux et vifs, qui étaient recherchés par le commerce de Paris; mais les propriétaires ayant arraché ces plants et les ayant remplacés par celui nommé *blancheton*, qui est d'un plus grand rapport, les vins qu'ils récoltent sont bien moins bons.

MER-LA-VILLE, sur la rive gauche de la Loire, à 16 kil. N. E. de Blois, et les vignobles qui sont entre ces deux villes, produisent des vins blancs communs qui ont un bon goût, assez de corps et de spiritueux, parmi lesquels on préfère ceux de SUÈVRES, à 14 kil. de Blois.

TROO, ARTUIS et MONTOIRE, arrondissement de Vendôme, font des vins spiritueux que l'on convertit en eau-de-vie. Plusieurs autres cantons fournissent de petits vins blancs communs, parmi lesquels on en rencontre qui ont un goût agréable. Il s'en fait quelques chargements pour Paris, où ils entrent dans les vins qui se vendent au détail.

Il y a un grand nombre de chaudières montées dans le *Blaisois* et dans la *Sologne;* elles sont toutes en activité lorsqu'on a des récoltes abondantes, et fournissent des eaux-de-vie très-estimées, que l'on fabrique ordinairement à 20 degrés et que l'on porte à 22 degrés quand les acquéreurs le désirent. Leur extrême douceur, qui augmente en vieillissant, les fait préférer à toutes les autres pour la fabrication des liqueurs. Le commerce d'Orléans tire beaucoup de ces eaux-de-vie, dont la consommation se fait principalement dans la Picardie, la Beauce, la Normandie et l'Ile-de-France.

A Blois, à Mer-la-Ville et à Saint-Dié, on fabrique des vinaigres qui sont comparables à ceux d'Orléans pour la qualité. Les vinaigriers d'Orléans et de Paris tirent beaucoup de petits vins blancs du département de Loir-et-Cher pour les convertir en vinaigre.

Le principal commerce des vins et des eaux-de-vie se fait à Blois, d'où ils s'expédient concurremment par le chemin de fer, la Loire et les canaux. Les expéditions par eau ont lieu par les ports de *Mer-la-Ville*, de *Suèvres* et de *Saint-Dié.*

Les tonneaux en usage à Blois se nomment *poinçons* et contiennent 50 veltes ou 228 litres; ceux des vignobles de la côte

8

du Cher contiennent 250 litres, et ceux de Selles et des environs, arrondissement de Vendôme, n'en contiennent que 200. Les vins de Blois se vendent ordinairement sur la lie, francs de tous frais pour les vendeurs; les reliages, les barrages et les congés sont à la charge de l'acquéreur.

CLASSIFICATION.

Les meilleurs vins rouges de Guignes, Saint-Jean-de-Bray, Saint-Jean-le-Blanc, Saint-Denis-en-Val, la Chapelle, Saint-Ay, Fourneaux, Meung, Beaugency, Baule, Baulette et Sandillon, département du Loiret, et le choix de ceux de la côte des *Grouets,* département de Loir-et-Cher, sont au nombre des vins d'ordinaire de 1re qualité, dans la 4e classe des vins rouges de l'empire. Ceux de Jargeau, Saint-Denis-de-Jargeau, Saint-Marc, Saint Gy et Saint-Privé, département du Loiret; de Thésée, Monthou-sur-Cher, Bourré, Montrichard, Chissay, Mareuil, Pouillé, Angé, Faverolles, Saint-Georges, Lusillé, Meusnes et Chambon, département de Loir-et-Cher, ne peuvent entrer que dans la 5e, comme vins d'ordinaire de 2e ou 3e qualité; les autres entrent dans la même classe, tant comme vins d'ordinaire de 4e qualité que comme vins communs. Les vins noirs ne peuvent être rangés dans aucune classe comme vins de table; mais, par le prix que l'on y met et leur utilité comme partie colorante, ils égalent les vins d'ordinaire de 2e qualité dans la 5e classe.

Les meilleurs vins blancs des vignobles cités dans ce chapitre ne sont que des vins d'ordinaire de 2e qualité dans la 5e classe; la plupart des autres n'ont de mérite que pour la fabrication des eaux-de-vie et des vinaigres.

CHAPITRE XI.

Bourgogne et Beaujolais.

La Bourgogne, placée sous les 46e et 47e degrés de latitude, a environ 200 kil. de long sur 120 de large; elle forme les trois départements de l'Yonne, de la Côte-d'Or et de Saône-et-Loire. Le Beaujolais, situé sous les 45° et 46° degrés de latitude, n'a que 40 kil. de longueur sur 32 de largeur, et constitue le second arrondissement du département du Rhône, dont le premier, formé du Lyonnais, sera compris dans le chap. XIX, § Ier.

On pourrait s'étonner de la réunion que je fais, dans ce chapitre, du Beaujolais avec la Bourgogne; cette province faisant partie du département du Rhône, il paraîtrait plus naturel de ne pas l'en avoir séparée; mais mon intention étant de présenter et de classer ensemble les vins du même genre, et ceux de Beaujolais n'ayant que très-peu de rapports avec ceux du Lyonnais, j'ai cru devoir les réunir avec les vins de Mâcon, dont ils ont adopté les tonneaux et les usages pour la vente, et sous le nom desquels ils se présentent dans le commerce. Les mêmes motifs m'ont déterminé à retrancher du département de Saône-et-Loire l'arrondissement de Châlons-sur-Saône et à le réunir au département de la Côte-d'Or; ainsi les paragraphes de ce chapitre seront composés, savoir : le premier du département de l'Yonne, le second de celui de la Côte-d'Or avec l'arrondissement de Châlons-sur-Saône; et le troisième du surplus du département de Saône-et-Loire et de l'arrondissement de Villefranche, département du Rhône.

L'étendue des terres cultivées en vignes, qui s'est singulièrement accrue depuis la révolution, s'élève maintenant à 103,171 hectares : on a converti en vignobles des terrains bas et marécageux ; on a introduit des engrais ou fait rapporter des terres neuves sur les côtes pour obtenir de plus abondantes récoltes; enfin on a substitué de jeunes plants aux vieilles vignes, et même des cepages communs aux cepages fins. Par suite de ces spéculations mal entendues, la Bourgogne a produit beaucoup plus de vins d'ordinaire et de vins communs qu'autrefois, et l'exportation qui en a été faite sous le nom de ceux des bons crus a altéré la réputation des vignobles de ce pays, mais l'on verra, dans le cours de ce chapitre, que le nombre des bons crus, loin d'être diminué, s'est accru de plusieurs coteaux, dont les produits égalent, s'ils ne surpassent, en qualité et en quantité ceux que la cupidité a pu détruire ou dénigrer; cependant je dois faire observer ici que quelques propriétaires ont adopté la méthode de mettre du sucre dans leur cuve pour augmenter le degré de spiritueux et le corps de leurs vins. Ce procédé, qui est très-bon pour les vins de bas crus, surtout dans les années où le raisin ne mûrit pas, est très-nuisible à la qualité des vins

fins, que l'on est alors obligé de laisser fermenter plus longtemps; ils acquièrent une couleur plus foncée, plus de corps,
plus de fermeté et, par conséquent, moins de délicatesse; le
bouquet et la séve, qui sont leurs principales qualités, en sont
sensiblement altérés et quelquefois détruits par les fermenta-
tions secondaires que ce sucre y occasionne. Ces vins acquièrent
plus lentement leur maturité, et je serais tenté de croire qu'ils
sont plus sujets à tourner à l'amertume, maladie qui contribue
beaucoup à empêcher les consommateurs de s'approvisionner
en vins de la haute Bourgogne, tandis que ceux du Bordelais,
qui se conservent beaucoup mieux, acquièrent, chaque jour, un
plus grand nombre de partisans.

Les vins des départements qui forment la Bourgogne se présentent sous trois noms différents et se distinguent par des caractères qui sont particuliers à chacun d'eux : ceux du département de l'Yonne, connus sous le nom de *vins de la basse Bourgogne*, sont, en général, moins pourvus de spiritueux (1), de
séve et surtout de *bouquet* que ceux du département de la Côte-
d'Or; ils sont plus vifs et conservent assez longtemps une faible
portion de l'âpreté qui caractérise les vins de Bordeaux : ceux
du département de la Côte-d'Or, plus connus sous la dénomination de vins de la *haute Bourgogne*, réunissent toutes les qualités qui constituent les vins parfaits, et se distinguent par la
juste répartition de chacune d'elles. Dans ces vins, le corps ne
nuit pas à la délicatesse; la *moelle* ne les rend ni pâteux ni
fades; la légèreté ne provient pas du manque de force, de chaleur et de goût; enfin le spiritueux ne les rend pas trop fumeux.
Les vins du département de Saône-et-Loire et de l'arrondissement de Villefranche, département du Rhône, connus sous le
nom de *vins de Mâcon*, diffèrent de ceux de la haute Bourgogne
en ce qu'ils ont moins de parfum; ils ont aussi une *moelle* plus
épaisse et beaucoup moins délicate : sans être pâteux, ils ont ce
qu'on appelle de la *mâche;* celle-ci est estimée dans la plupart,
et annonce la présence de qualités qui se développent à mesure
qu'ils vieillissent. Du reste, les vins des premiers crus de ce pays
ont beaucoup d'analogie avec plusieurs de ceux de la seconde
classe du département de la Côte-d'Or; ils se présentent souvent
sous leurs noms et soutiennent très-bien la comparaison.

(1) Ceci ne s'applique pas aux *vins de Tonnerre*, qui possèdent cette
qualité à un très-haut degré.

§ I. *Département de l'YONNE, formé de la basse Bourgogne et d'une partie de la Champagne ; il est divisé en 5 arrondissements : Auxerre, Avallon, Joigny, Sens et Tonnerre.*

La vigne est très-ancienne dans ce pays, et particulièrement dans l'Auxerrois, où l'on rencontre encore des vignes plus que centenaires ; elle y était déjà connue lorsque les Romains pénétrèrent dans les Gaules, et l'histoire nous apprend qu'une disette, survenue en l'an 92 de Jésus-Christ, détermina l'empereur Domitien à faire arracher la moitié des vignes et à défendre d'en planter de nouvelles.

Les cinq arrondissements du département de l'Yonne contiennent des vignobles plus ou moins importants ; ceux de Tonnerre et d'Auxerre sont particulièrement célèbres pour la qualité de leurs produits : les meilleurs vins de ces deux pays se disputent la priorité et sont également dignes de figurer sur les tables somptueuses. Le Tonnerrois donne des vins qui sont pourvus de toutes les qualités que l'on estime dans ceux de la basse Bourgogne, et d'un degré de spiritueux supérieur à celui de la plupart de ceux de l'Auxerrois ; ce surcroît de qualité, qui force les gourmets à leur accorder la priorité, nuit à leur réputation auprès des consommateurs, et, quoique très-salubres pour les personnes qui en font un usage modéré, on prétend qu'ils sont trop fumeux. Les vins de l'Auxerrois, plus susceptibles d'être bus à haute dose sans incommoder, conviennent mieux aux estomacs délicats et sont préférés par nombre de personnes. L'arrondissement d'Avallon fournit des vins corsés et généreux ; celui de Joigny, des vins légers et agréables ; mais celui de Sens ne produit, à quelques exceptions près, que des vins très-communs et de basse qualité. L'amateur qui veut visiter ces vignobles, en partant de Paris, s'arrête à Joigny, va de là à Auxerre, dont il parcourt les environs ; il passe à Chablis, de là à Tonnerre, et ensuite à Avallon, d'où il peut se rendre dans le département de la Côte-d'Or.

37,732 hectares de vigne, sur le territoire de 482 communes, produisent, récolte moyenne, environ 1,027,000 hectolitres de vins (rouge 894,000, blanc 133,000), dont au moins 250,000 sont consommés par les habitants ; le surplus s'expédie pour Paris, pour le nord de la France et pour les pays étrangers. On ne fabrique pas d'eau-de-vie, si ce n'est avec les marcs de raisins et de lies. Celle qu'on en obtient a un goût désagréable et se consomme dans le pays. Quelques cantons peu favorables à la culture de la vigne sont peuplés de pommiers, dont on tire, chaque année, environ 5,000 hectolitres de cidre.

Les plants le plus généralement cultivés sont le *pineau* noir et blanc, le *tresseau*, que l'on nomme *véro* à Joigny, le *roncain* et le *gamet*, dont on cultive plusieurs variétés, et qui fait un grand tort à la réputation des vins de Bourgogne : comme il produit plus que le pineau, plusieurs propriétaires le préfèrent, malgré le peu de qualité des vins qu'on en tire. Il serait à désirer que l'on renouvelât l'ordonnance de Charles IX, qui défendait de planter l'*infâme gamet* dans les vignes qui produisaient les vins fins. Dans l'arrondissement de Sens et dans quelques cantons de celui de Joigny, on cultive, avec les plants que j'ai nommés, le *samoreau*, le *meslier* et le *gouais*.

VINS ROUGES.

Première classe.

DANNEMOINE, à 4 kil. O. de Tonnerre. C'est sur le territoire de cette commune qu'est située la célèbre côte dite *des Olivotes*, dont les vins, pourvus d'une belle couleur, de beaucoup de corps et surtout de spiritueux, sont en même temps fins et délicats ; ils ont aussi de la séve et du bouquet, qualités qui sont cependant moins prononcées que dans les vins de la haute Bourgogne. Ils ne doivent ordinairement être mis en bouteilles qu'après trois ans de garde en tonneaux ; ils y acquièrent de la qualité et se conservent longtemps. On distingue encore, dans ce vignoble, les crus nommés les *Monts-Savoye*, les *Poinsots* et la *Chapelle*.

Le territoire de TONNERRE, à 32 kil. E. d'Auxerre, contient plusieurs crus distingués, parmi lesquels on estime particulièrement ceux des côtes de *Pitoy*, des *Perrières* et des *Préaux*, des vignes nommées les *Grandes-Poches*, les *Basses-Poches* et les *Charloux*. Les vins des côtes de Pitoy et des Perrières, ainsi que celui des Grandes-Poches, sont en tout semblables à ceux des Olivotes ; dans les autres crus, ils sont un peu moins fins, mais ils ont plus de corps et se conservent encore plus longtemps.

AUXERRE, à 169 kil. S. E. de Paris. Les meilleurs vignobles de cet arrondissement sont situés sur la montagne dite la *grande côte d'Auxerre*, qui est couverte de vignes bien soignées et entièrement peuplées du plant nommé *pineau noir* : le gamet, qui a détruit la réputation de plusieurs contrées autrefois célèbres, n'y a pas encore été planté. Le clos renommé de la *Chaînette*, qui contient environ 5 hectares, et le coteau de *Migraine*, qui en contient plus de 20, occupent le premier rang parmi les vignobles de l'Auxerrois : le premier donne des vins généreux, fins et délicats, ayant une séve et un bouquet agréables ; ceux du second sont un peu moins délicats, mais ils ont plus de corps et de spiritueux, ce qui les rend susceptibles de supporter les voyages, propriété rare parmi les vins de cette espèce. Les évêques d'Auxerre, qui possédaient un clos de 4 hectares sur ce coteau, envoyaient quelquefois de leurs vins en Angleterre et constamment en Italie. Les vins de la grande côte d'Auxerre sont, en général, plus colorés et plus corsés que ceux du Tonnerrois ; mais ceux-ci ont plus de finesse, de délicatesse et de bouquet ; ils sont aussi plus fumeux, parce que l'on met dans la cuve les raisins blancs avec les raisins rouges.

Deuxième classe.

Les vins de plusieurs vignes de la *grande côte d'*AUXERRE suivent de près ceux des clos que j'ai cités dans la 1ᵉ classe, et leur disputent souvent la priorité. Ceux de la vigne nommée *Clairion*, de 12 hectares 1/2, participent de toutes les qualités, et ressemblent beaucoup aux vins de la *Chaînette* ; la vigne *Boivin*, de 23 hectares, en fournit de comparables à ceux de *Migraine*. Les autres vins de première *cuvée* de la même côte ne diffèrent des précédents qu'en ce qu'ils ont un peu plus de corps et moins de finesse. Les vignes nommées *Judas*, de 5 hectares, *Pied-de-Rat*, de 7 hectares 1/2, *Rosoir*, de 5 hectares, et *Quétard*, de 8 hectares, occupent le premier rang parmi ces dernières. On cite aussi celles de *Chapotte*, de *Boussicat* et de *Champeaux*, qui occupent chacune 15 hectares, et celle des *Iles*, qui en a 7 1/2.

TONNERRE présente ici les crus nommés les *Beauvais* et les *Pertuis-Batteaux*. Les vins de ce dernier cru sont fins, mais moins colorés et moins corsés que ceux du premier.

ÉPINEUIL, à 12 kil. N. de Tonnerre, fournit des vins qui diffèrent peu de ceux des côtes de Pitoy et des Perrières, cités dans la 1ᵉ classe ; ils sont fins, délicats et très-spiritueux : on distingue particulièrement aussi ceux des coteaux nommés les *Hautes-Poches*, la *Haute-Perrière*, le *Buisson*, les *Bridaines*, les *Champs-Soins*, les *Derrière-Quincy* et les *Corbiers-Moreaux*. On faisait autrefois, dans ce vignoble, des vins d'une couleur très-pâle, que l'on nommait *vins gris* : ils étaient fins, délicats et très-légers, mais encore plus capiteux que les autres. On en fait très-peu aujourd'hui ; mais on prépare une assez grande quantité de vins mousseux de fort bonne qualité.

IRANCY, à 11 kil. S. d'Auxerre, récolte des vins d'une belle couleur, corsés et généreux, parmi lesquels on estime surtout ceux de la côte de *Palotte*, qui pourrait figurer dans la 1re classe; ils ne sont ordinairement bons à mettre en bouteilles qu'au bout de quatre ans, époque à laquelle ils ont perdu beaucoup de leur couleur et acquis de la finesse et du bouquet. On assure que les Bénédictins, autrefois propriétaires du clos de la *Chaînette*, trouvaient tant de qualité au vin de la *Palotte*, qu'ils en mêlaient une certaine portion avec leur vin de première cuvée, pour lui donner plus de corps et de force, et le mettre en état de supporter les voyages. Après ce premier cru d'Irancy, on cite ceux dits du *Paradis*, de *Bergère*, de *Vaux-Chassés* et des *Cailles*. qui, quoique moins estimés que la côte de Palotte, fournissent d'excellents vins. Les autres premières cuvées d'Irancy en donnent qui diffèrent plus ou moins, par leur qualité, de ceux des crus que je viens de nommer.

DANNEMOINE, déjà cité dans la 1re classe, a aussi des cuvées qui méritent de figurer ici : telles sont celles dites les *Craies*, les *Lorraines* et les *Marguerites*. Les vins de ce dernier cru sont fins, mais ils ont moins de corps et de couleur que ceux des deux premiers. La plupart de ceux des crus du Tonnerrois, que j'ai cité dans cette classe, ressemblent au vin compris dans la première; ils participent de toutes leurs qualités et n'en diffèrent qu'en ce qu'ils sont un peu moins fins. Il y a sur Tonnerre, Dannemoine et Epineuil plusieurs autres crus qui valent ceux que je viens de nommer, mais ils ont si peu d'étendue que leurs produits sont ordinairement mêlés, lors de la vendange, avec ceux des crus plus considérables.

COULANGE-LA-VINEUSE, à 10 kil. S. d'Auxerre, a encore quelques cuvées qui soutiennent son ancienne réputation; la plus estimée est celle dite du *Seigneur*. Le propriétaire a soigneusement conservé l'ancien plant nommé *franc pineau* et obtient des vins de même qualité que ceux des premières cuvées d'Irancy. Peu d'autres ont suivi son exemple, et beaucoup ont

planté dans leurs vignes une plus ou moins grande quantité de
gros plants, dont les produits sont plus abondants, mais bien
inférieurs en qualité. Quelques vignerons ont proscrit tout à
fait le pineau, de manière que ce vignoble, autrefois célèbre
par la qualité de ses produits, ne brille plus aujourd'hui, à
quelques exceptions près, que par la quantité de vins d'ordinaire et de vins communs qu'il livre au commerce.

Troisième classe.

VINCELOTTES, à 11 kil. d'Auxerre, fournit des vins de la
même espèce que ceux d'Irancy, et peu inférieurs.

AUXERRE. Ce vignoble peut encore figurer ici comme fournissant, dans les secondes cuvées de la grande côte et dans le
choix de quelques autres coteaux de son territoire, des vins
corsés et généreux, qui diffèrent de ceux de la première cuvée
en ce qu'ils sont moins délicats. On cite, comme les meilleurs,
ceux des vignes du *Tureau*, du *Monthardoin*, de *Sainte-Nitace*,
de *Chaumont*, de *Chauvent*, de *Chapoté*, des *Iles*, de *Nantelle*,
de *Motembasse*, de *Poiry* et des *Côtes-Chaudes*.

AVALLON, à 52 kil. S. E. d'Auxerre. On récolte sur son territoire beaucoup de bons vins, parmi lesquels on distingue ceux
de la côte d'*Annay*, comme délicats et fort agréables, et ceux
des côtes de *Rouvre* et du *Vault* comme corsés et solides. La
vigne dite le *Champ-Gachot*, sur la côte d'Annay, est surtout
estimée pour la bonne qualité de ses produits. On cite en seconde ligne ceux des crus de *Tarrot* et de *Monfole*.

VÉZELAY et GIVRY, près d'Avallon, à 40 kil. S. p. E. d'Auxerre,
fournissent aussi des vins de bonne qualité, dont les meilleurs
se récoltent dans la vigne dite le *Clos*, à Vézelay, et la côte de
la *Girande*, à Givry. On attribue particulièrement aux vins des
premiers crus d'Avallon et à ceux du *Clos* de Vézelay la propriété de supporter le transport par mer. Quoique bien soignés
et mis en bouteilles en temps convenable, ils deviennent quelquefois troubles et d'un goût désagréable; mais il suffit de les
laisser reposer pendant trois ou quatre mois pour qu'ils recouvrent leur transparence et leur qualité.

JOIGNY, à 28 kil. N. N. O. d'Auxerre et 142 kil. S. E. de Paris.
Les meilleurs vins de ce pays se récoltent sur des côtes exposées
au midi, et qui bordent la rivière d'Yonne sur un espace de
6 kil. de l'E. à l'O. La plus célèbre se nomme *Côte-Saint-*

Jacques. Tous les vins qui proviennent de vignes peuplées du cepage nommé *pineau* sont légers, délicats et fins ; ils ont de la séve et même un peu de bouquet ; ceux des vignes dans lesquelles on a mêlé des plants communs sont plus colorés et moins fins, mais encore de bonne qualité. Les autres côtes produisent des vins qui ne diffèrent que par de légères nuances. Celui des *Tuées* est peu coloré, sec, vif et très-spiritueux ; il a un peu du goût de la pierre à fusil ; celui de *Vergemartin* est moins spiritueux, mais il a de la finesse et de la moelle ; celui de *Migraine* a une belle couleur, du corps et un peu de parfum ; celui de *Souvilliers* est moins coloré, plus léger et plus fin que celui de Migraine ; enfin celui du *Calvaire* a une belle couleur, de la moelle et un goût agréable. Tous ces vins, que l'on laisse ordinairement peu fermenter dans la cuve, sont potables dès la deuxième année, et l'on ne doit pas les laisser plus de deux ans en tonneaux ; ils sont agréables, apéritifs et excitent la gaieté. On les accuse d'être aussi très-capiteux ; mais l'ivresse qu'ils produisent se dissipe assez promptement pour que l'amateur puisse perdre et retrouver sa raison jusqu'à deux et trois fois dans le même jour ; on assure qu'il lui suffit de dormir pendant deux heures après chaque séance pour pouvoir se remettre à table.

Plusieurs vignobles qui, pour la majorité de leurs produits, ne sont portés que dans la 4ᵉ classe, ont des côtes privilégiées qui fournissent des vins dignes de figurer dans celle-ci : tels sont la côte de la *Belle-Fille*, à Jussy ; quelques cuvées des vignobles d'Arcy-sur-Cure ; la *Vieille-Plante*, à Pontigny, dans l'arrondissement d'Auxerre ; le *clos du Château*, à Tronchoy ; le *Vaux*, à Cheney ; le *Clos*, à Vaulichères ; enfin les *Devoirs* et les *Laumonts*, à Molesme, dans le voisinage de Tonnerre.

Quatrième classe.

CHENEY, VAULICHÈRES, TRONCHOY et MOLESME, à 6 kil. de Tonnerre, dont je viens de citer les premiers crus, et quelques autres vignobles des environs de la même ville, donnent des vins qui ont une belle couleur, du corps, du spiritueux et un bon goût. Ils se gardent longtemps, et acquièrent de la qualité en vieillissant.

CRAVANT, à 16 kil. S. E. d'Auxerre, récolte des vins d'une

couleur foncée, qui ont du corps, un fort bon goût et gagnent à être gardés.

Jussy, à 8 kil. S. d'Auxerre, fait des vins qui ressemblent à ceux de Coulange; on distingue particulièrement la *côte de la Belle-Fille*, que j'ai déjà citée à la fin de la 3ᵉ classe.

Vermanton, à 20 kil. S. E. d'Auxerre, donne des vins légers, agréables et très-précoces; ceux des côtes dites de *Bertry*, la *Vaux-Moine*, *Naudigeon*, les *Plantes-Hautes* et la *Grande-Côte* sont fort estimés.

Joigny, dont les meilleurs crus sont cités dans la 3ᵉ classe, présente dans celle-ci les côtes ou coteaux nommés *Saint-Thibault*, aux *Poules*, *Vaux-Larnoult*, les *Chambugles*, les *Clos*, les *Chauffours*, les *Mignottes*, les *Madeleines*, *Chantepuce* et *Sonnerosse*, comme produisant des vins d'ordinaire de 2ᵉ qualité; les *Jaucheroys*, les *Gueurées*, la *Chaume-au-Baril*, la *Voie-Blanche*, les *Chaillos* et le *Petit-Tuot*, pour les vins d'ordinaire de 3ᵉ qualité; enfin beaucoup d'autres vignes qui produisent des vins communs de toutes les nuances.

Saint-Bris, à 8 kil. S. E. d'Auxerre, a dans son territoire les côtes nommées la *Poire*, les *Chaussants*, la *Chaise*, les *Perprauts*, la *Voie-Blanche* et *Blamoy*, qui fournissent des vins d'une belle couleur, corsés et de bon goût.

Arcy-sur-Cure, à 28 kil. S. E. d'Auxerre, produit, en première cuvée, des vins de l'espèce de ceux de Coulange-la-Vineuse et qui en approchent par la qualité.

Pouilly, près d'Arcy-sur-Cure, a dans son territoire la côte dite *Mainberthe*, qui donne des vins estimés.

Pontigny, à 12 kil. N. E. d'Auxerre. J'ai cité dans la 3ᵉ classe la vigne peu étendue nommée la *Vieille-Plante*; elle fournit du vin qui réunit la séve et le bouquet du bordeaux aux autres qualités du bourgogne; vieux, il étonne les gourmets. Ce terrain, situé sur la crête d'un coteau peu élevé, appartenait autrefois aux Bernardins. Plusieurs autres crus de cette paroisse donnent de bons vins d'ordinaire et des vins communs.

Vezinnes, Junay, Saint-Martin-sur-Armançon, Commissey, Neuvy-Sautour et quelques autres vignobles de l'arrondissement de Tonnerre, fournissent des vins d'une belle couleur, d'un bon goût et très-solides; mais on a converti en vignobles des terrains bas et l'on a planté beaucoup du cepage nommé *gamet*, qui ne donne que des vins très-inférieurs.

Villeneuve-le-Roi, Saint-Julien-du-Sault et plusieurs autres communes de l'arrondissement de Joigny, récoltent des vins de bon goût, qui, bien choisis, et d'une année dont la température a été favorable à la vigne, se conservent et acquièrent de la qualité en vieillissant. On distingue à Villeneuve-le-Roi ceux de la côte de *Montqueue*. Les vins des bas crus sont bien inférieurs et ont un goût de terroir désagréable.

PARON, à 3 kil. de Sens, fait des vins qui ressemblent à ceux des bons crus de Villeneuve-le-Roi. On distingue surtout la côte de *Crève-Cœur*, qui, entièrement peuplée de bons cepages, donne des vins qui ont quelques rapports avec ceux de la grande côte d'Auxerre.

MARSANGY, ROUSSON, COLLEMIERS, ROZOY et GRON, entre 4 et 9 kil. de Sens, donnent des vins communs, mais légers et assez agréables.

VERON, à 5 kil. de Sens, fournit des vins d'une assez belle couleur et très-précoces. mais inférieurs aux précédents. Beaucoup d'autres vignobles de ce département en produisent de plus ou moins communs et grossiers, dont il ne se fait d'exportations que pour Paris, où ils entrent dans les vins vendus au détail.

VINS BLANCS.

Première classe.

JUNAY, à 3 kil. de Tonnerre, sur la côte, près de l'Armançon, a dans son territoire le cru nommé *Vaumorillon* dont les vins, pleins de corps, de finesse et surtout de spiritueux, égalent en qualité plusieurs de ceux des premières cuvées de Meursault, département de la Côte-d'Or.

EPINEUIL, à 2 kil. N. de Tonnerre, fait, dans le cru dit les *Grisées*, des vins de même espèce et aussi estimés que les précédents.

CHABLIS, à 16 kil. E. d'Auxerre. Ce vignoble produit beaucoup de vins blancs très-estimés, et dont les meilleurs entrent dans la 2ᵉ classe des vins français immédiatement après ceux des premières cuvées de Meursault (Côte-d'Or). Ils ont, sur presque tous les vins du même genre, l'avantage de conserver leur blancheur transparente : ils sont spiritueux sans être trop fumeux, ont du corps, de la finesse et un parfum très-agréable. Les cuvées les plus recherchées de ce finage sont 1° *le Clos*, dont le vin, fort en esprit et un peu dur la première année, devient très-agréable au bout de dix-huit mois, et se conserve parfaite-

ment; 2° les cuvées dites de *Valmur* et de *Grenouille* : elles
donnent des vins qui, en primeur, ont plus de douceur et de
délicatesse que ceux du *Clos* ; mais, lorsqu'ils ont perdu cette
qualité nommée dans le commerce *moustille*, ils sont moins
spiritueux et ne se conservent pas aussi longtemps; 3° *Vaudésir*,
Bouguereau et *Mont-de-Milieu*, qui donnent des vins très-fins
et de la plus parfaite transparence. Les vins de Chablis doivent
être mis en bouteilles dans la seconde année; ils y acquièrent
beaucoup de qualité et se conservent mieux que si on les tirait
plus tard.

TONNERRE, à 32 kil. E. d'Auxerre, récolte, sur les côtes des
Préaux et de *Pitoy*, déjà citées pour leurs vins rouges, des vins
blancs corsés, spiritueux et fins, qui diffèrent peu de ceux des
meilleurs crus de Junay et d'Epineuil.

DANNEMOINE, à 4 kil. O. de Tonnerre, fait aussi, sur la côte
des *Olivotes*, des vins blancs qui se distinguent parmi les meilleurs de cette classe.

FLEY, à 4 kil. de Chablis, récolte, sur la côte dite de *Blanchot*,
des vins que l'on compare à ceux des premiers crus de Chablis.

VINS MOUSSEUX. Les meilleurs crus de Tonnerre, de Dannemoine et d'Epineuil donnent des vins qui, traités comme on le
fait en Champagne, moussent parfaitement et sont fort agréables,
mais très-capiteux.

Deuxième classe.

MILLY, MALIGNY, POINCHY, CHICHÉE, FLEY et FONTENAY,
entre 12 et 18 kil. E. d'Auxerre, qui, pour la généralité de leurs
produits, ne peuvent entrer que dans la 3° classe, ont des crus
privilégiés, dont les vins diffèrent peu de ceux des premières
cuvées du territoire de Chablis : telles sont la côte *Delchet*, à
Milly ; la *Fourchaume*, à Maligny ; une partie des côtes de
Troène, à Poinchy, de *Vaucompin*, à Chichée, et la *Côte*, à Fontenay; mais elles appartiennent presque toutes à des propriétaires de Chablis, qui en amalgament souvent les produits avec
leurs meilleures vignes.

TONNERRE et EPINEUIL ont encore des crus fort estimés qui
peuvent figurer honorablement ici, savoir, ceux dits les *Charloups*, *Voutois*, la *Maison-Rouge*, et les *Beauvais*, à Tonnerre;
enfin les *Bridennes*, à Epineuil. Les vins de ces coteaux sont petillants et d'un goût agréable; ils conservent longtemps cette

douceur qu'on nomme *moustille*, et qui en fait l'agrément pendant la première année : en vieillissant, ils deviennent très-spiritueux et *finissent toujours bien*.

CHABLIS. Les secondes cuvées de ce vignoble, parmi lesquelles on distingue celles dites le *Chapelot*, *Vauvilien*, une partie de *Bouguereau* et de la *Preuse*, *Vaulovent*, *Lépinotte*, *Montmain*, *Vosseyros*, le bas du *Clos*, etc., donnent des vins fort agréables lorsqu'ils sont bien faits et quand on n'y mêle pas de raisins des bas crus. Ils ont la blancheur et une partie de la qualité de ceux des premières cuvées.

CHAMPS et SAINT-BRIS, à 6 et 8 kil. d'Auxerre, donnent de bons vins blancs; ils sont spiritueux et délicats, surtout ceux des cuvées dites de la *Poire*, de *Blamoy*, de la *Voie-Blanche* et des *Chaussants* : ces vignobles et plusieurs autres de l'arrondissement d'Auxerre produisent une grande quantité de vins blancs communs sujets à contracter une teinte jaune, qui est accompagnée d'un mauvais goût. On évite cette dégénération en les collant aussitôt après le premier soutirage avec 25 grammes de ma poudre n° 3, par feuillette, et en les laissant sur cette colle. Des expériences ont été faites en grand sur des vins communs de Saint-Bris et sur ceux de Chevannes, à 7 kil. d'Auxerre, qui leur sont inférieurs et bien plus sujets encore à *tourner au jaune*; ces vins sont restés blancs, droits en goût, et ont été vendus 25 pour 100 plus cher que ceux des mêmes crus que l'on n'avait pas collés de cette manière. (*Voy.* le *Manuel du sommelier*, 4° édit.)

VIVIERS, BÉRU, FLEY, à 8 kil. de Tonnerre, et POINCHY, près Chablis, qui, pour la généralité de leurs produits, ne doivent figurer que dans la 3° classe, ont quelques coteaux dont les vins entrent dans celle-ci : tel est celui de la *Gravière*, à Viviers.

Troisième et quatrième classes.

ROFFEY, SÉRIGNY, TISSEY, VEZANNES, BERNOUIL, DIÉ, TANLAY, CHEMILLY, et plusieurs autres vignobles de l'arrondissement de Tonnerre, fournissent des vins de bon goût et qui se conservent. On distingue particulièrement, à Tanlay, le cru dit la *Vigne-Noire*, et, à Chemilly, celui de *Guette-Soleil*, comme produisant des vins d'abord un peu durs, mais qui *finissent bien*, et se conservent souvent mieux que plusieurs de ceux cités dans la 2° classe.

VILLY, LIGNY-LE-CHATEL, POILLY, CHEMILLY, COURGY, BENNES, et plusieurs autres vignobles peu éloignés de Chablis, et entre 10 kil. et 20 kil. d'Auxerre, donnent aussi des vins d'ordinaire et des vins communs parmi lesquels on en trouve d'assez bons.

Le commerce des vins du département de l'Yonne se fait dans chacun des principaux vignobles, et particulièrement à Auxerre, Chablis, Tonnerre, Avallon, Joigny et Villeneuve-le-Roi. Il a lieu par l'entremise des commissionnaires et des tonneliers, qui conduisent les acquéreurs chez les propriétaires ou qui font eux-mêmes les achats quand on leur adresse des commandes.

Les tonneaux en usage se nomment *feuillettes*, et contiennent 18 veltes ou 136 litres. Le vin se vend au *muid*, composé de 2 *feuillettes*. Les expéditions se font, soit par terre directement, soit par la rivière d'Yonne, qui se jette dans la Seine. Les chargements ont lieu ordinairement dans les ports de Cravant, d'Auxerre, de Régennes, de Bassou, de la Roche, de Joigny, de Villeneuve-le-Roi, de Rozoy et de Sens.

§ II. *Département de la* CÔTE-D'OR, *divisé en 4 arrondissements : Dijon, Beaune, Châtillon-sur-Seine, Semur, ainsi que l'arrondissement de Châlons-sur-Saône (département de Saône-et-Loire), le tout formé de la haute Bourgogne.*

Ce département doit son nom à la chaîne de petites montagnes qui s'étend depuis Dijon, par Nuits, Beaune, Chagny et Châlons-sur-Saône, jusqu'à Mâcon, et qu'on appelle *Côte-d'Or*, à cause de la richesse de ses produits. C'est surtout entre Dijon et Santenay, et dans les arrondissements de *Beaune* et de *Dijon*, qu'on récolte ces vins célèbres connus sous le nom de *vins fins de haute Bourgogne*, qui, s'ils ont quelques rivaux, ne sont surpassés par aucun d'eux. Les vins des premiers crus, lorsqu'ils proviennent d'une bonne année, réunissent, dans de justes proportions, toutes les qualités qui constituent les vins parfaits; ils n'ont besoin d'aucun mélange, d'aucune préparation pour atteindre leur plus haut degré de perfection. Ces opérations, que l'on qualifie, dans certains pays, de *soins qui aident à la qualité*, sont toujours nuisibles aux vins de la Côte-d'Or. Ils ont un bouquet qui leur est propre et qui ne se développe souvent qu'au bout de trois ou quatre ans. C'est les altérer que d'y introduire des substances aromatiques ou d'autres vins, quelle qu'en soit la qualité. Il ne convient même pas de les mêler ensemble, car la réunion de deux vins de la 1re classe serait suivie de la perte de leur bouquet et ne produirait plus qu'un vin inférieur à ceux de la 2e et même de la 3e classe.

Si l'on entre dans le département de la Côte-d'Or par celui de l'Yonne, on traverse l'arrondissement de Semur, et l'on arrive à Dijon, où commencent les bons vignobles; on va de là à Beaune, en parcourant les excellentes côtes de Vosnes, de Gevrey, de Vougeot, de Chambolle, de Nuits, d'Aloxe et de Savigny; après Beaune, on trouve les beaux vignobles de Volnay, Pomard et Meursault, qui sont contigus; un peu plus loin, Puligny, sur le territoire duquel est situé le célèbre Montrachet; on va de là à Chassagne, à Santenay, à Chagny et à Châlons-sur-Saône, ville dans le voisinage de laquelle sont situés les vignobles de Mercurey, Givry et Bussy.

Les vins rouges de la Côte-d'Or joignent à une belle couleur beaucoup de parfum et un goût délicieux; ils sont à la fois corsés, fins, délicats et spiritueux, sans être trop fumeux. Bus avec modération, ils donnent du ton à l'estomac et facilitent la digestion. Les vins blancs possèdent les mêmes qualités; ils sont moelleux, leur couleur prend, en vieillissant, une teinte ambrée, qui leur est naturelle, et qui n'occasionne jamais l'altération de leur goût; ceux des premiers crus disputent les honneurs du dessert aux vins les plus estimés.

Le département de la Côte-d'Or n'avait, en 1788, que 17,658 hectares de vigne; il en contient aujourd'hui 29,811 hectares, qui produisent, récolte moyenne, environ 800,000 hectolitres de vin (rouge 697,000 hectol., blanc 103,000 hectol.). L'arrondissement de Châlons-sur-Saône, que j'ai réuni dans ce paragraphe parce que les vins qu'il produit se classent avec ceux de la Côte-d'Or, contient 11,700 hectares de vigne, dont le produit est évalué, récolte moyenne, à 274,000 hectolitres de vin (dont rouge 207,000); ce qui élève à 1,074,000 hectolitres le produit présumé des vignobles réunis dans ce paragraphe. Les habitants en consomment environ 350,000; le surplus est livré au commerce d'exportation, tant pour l'intérieur de la France que pour les pays étrangers.

Les cepages le plus généralement cultivés sont, en rouges, le *noirien* et le *pineau*, qui peuplent seuls la presque totalité des vignes où l'on recueille les vins fins; le *giboudot*, le *melon noir* et le *gamet*, qui produisent les vins d'ordinaire et les vins communs,

Les raisins blancs sont le *chaudenay*, qui fait les meilleurs vins; le *melon blanc*, le *narbonne* ou *chasselas*, et le *gamet* : ce dernier plant, en rouge comme en blanc, ne donne que des vins de qualité inférieure.

Les vignobles sont considérés, dans le pays, comme répartis sur trois côtes, savoir : la *côte de Nuits*, qui comprend tous les vignobles du canton de Nuits et quelques-uns de ceux de l'arrondissement de Dijon; la *côte de Beaune*, qui renferme ceux de l'arrondissement de Beaune, à l'exception du canton de Nuits; et enfin la *côte châlonnaise*, qui comprend tous les vignobles de l'arrondissement de Châlon-sur-Saône.

VINS ROUGES.

Première classe.

Les crus qui forment cette 1re classe, à l'exception du chambertin, sont situés dans le canton de Nuits, à 12 kil. N. E. de Beaune; on les range dans l'ordre suivant :

La Romanée-Conti, territoire de Vosnes, à 3 kil. N. de Nuits et 17 kil. S. de Dijon : ce vignoble célèbre, qui n'occupe que 1 hectare 72 ares de terrain, fournit un vin remarquable par sa belle couleur, son arome spiritueux, sa délicatesse et la finesse de son goût délicieux. On s'en procure difficilement du véritable, parce que le clos qui le produit est si petit, qu'on n'y récolte, année commune, que 10 à 12 *pièces* ou *demi-queues* de vin.

Le Chambertin, situé sur le territoire de Gevrey, à 10 kil. S. de Dijon, occupe 25 hectares de terrain et produit, tous les ans, 130 à 150 pièces d'excellent vin, qui joint à une belle couleur beaucoup de *séve* et de moelleux, de la finesse, un goût parfait et le *bouquet* le plus suave.

Le Richebourg, territoire de Vosnes, occupe environ 6 hectares de terrain; son vin ne diffère de celui de la *Romanée-Conti* qu'en ce qu'il est un peu plus coloré, moins fin et moins délicat: il se distingue surtout par beaucoup de *séve* et de *bouquet*.

Le Clos-Vougeot, à 15 kil. S. de Dijon, contient 47 hectares; il donne des vins qui ressemblent beaucoup aux précédents, mais ils sont plus spiritueux. Les produits des différentes portions de ce clos varient de qualité : les vignes placées sur les parties élevées donnent un vin très-fin et très-délicat; les parties

9

basses, et surtout celles qui bordent la grande route, en donnent
de bien inférieurs.

La ROMANÉE-DE-SAINT-VIVANT, territoire de Vosnes. Ce vignoble, d'environ 10 hectares, est ainsi nommé parce qu'il
appartient à un couvent du même nom. Il fournit des vins de
la même espèce que celui de la *Romanée-Conti*, mais inférieurs
en qualité, la vigne qui les produit étant d'un plus grand rapport : cette différence provient de la nature du terrain et de la
manière dont il est cultivé.

La TACHE, territoire de Vosnes, ne contient que 1 hectare
38 ares. Les vins de ce coteau sont à peu près semblables aux
précédents, peut-être même supérieurs, et surtout plus susceptibles d'être gardés longtemps.

Le SAINT-GEORGES, territoire de Nuits, à 20 kil. S. p. O. de
Dijon. Le vin du clos de ce nom a beaucoup de ressemblance
avec celui de *Chambertin*, auquel néanmoins il est inférieur en
qualité ; il a plus de couleur, de goût, de corps et même de
moelleux que les crus de Vosnes que je viens de citer ; mais
ceux-ci lui sont préférés pour leur finesse et leur délicatesse.

Le CORTON, territoire d'Aloxe, à 4 kil. N. de Beaune et
28 kil. S. de Dijon. Le vin de cette montagne, au pied de laquelle s'élève le village, est de la même espèce que celui de
Saint-Georges ; il a un peu plus de moelleux, mais moins d'agrément : c'est un vin très-coloré, corsé et vigoureux, qui se conserve longtemps et supporte parfaitement le transport par mer.
Il acquiert, en vieillissant, beaucoup de séve et de bouquet.

Indépendamment des crus distingués dont je viens de parler,
il y a, dans quelques cantons moins célèbres, des coteaux privilégiés dont les vins approchent de la qualité de ceux que j'ai
cités : tels sont le clos de PRÉMEAUX, qui contient environ
30 hectares, et la vigne nommée les *Porets*, territoire de NUITS ;
le *Musigny*, les *Amoureuses* et les *Hauts-Douais*, qui contiennent ensemble 13 hectares, et dont les vins ressemblent à ceux
des Romanées, dans celui de CHAMBOLLE ; le *Clos-du-Tart* et
le *Clos-à-la-Roche*, à MOREY ; le *Clos-Morjot*, la *Martroie* et le
Clos-Saint-Jean, à Chassagne ; et enfin la *Perrière*, à FIXIN,
canton de Gevrey (1). Ces vignes, n'ayant que peu d'étendue,
ne sont pas connues hors de la Bourgogne, et les vins qu'elles
produisent se vendent toujours moins cher que ceux des crus en
réputation, quoiqu'ils leur soient comparables pour la qualité.

(1) *Voyez* Prémeaux, Chambolle, Morey, Chassagne et Fixin, ci-après.

Parmi les vins qui composent cette 1re classe, ceux qui supportent le mieux les voyages par mer sont le *corton*, le *chambertin*, le *saint-georges* et la *perrière*, lorsqu'ils proviennent d'une année dont la température a été favorable à la vigne.

Deuxième classe.

Vosnes, à 3 kil. N. de Nuits. Les vins de ce vignoble sont, en général, les plus fins et les plus délicats de la côte nuitonne. Les premières cuvées, après celles de la *Romanée-de-Saint-Vivant*, de *Richebourg* et de la *Tâche*, qui figurent dans la 1re classe, sont celles dites la *Grande-Rue* et les *Varoilles* ; elles suivent immédiatement, et les vins qu'elles produisent diffèrent peu en qualité de ceux de la *Tâche* et de la *Romanée-de-Saint-Vivant*. Les Mal-Consorts et les autres vignes connues sous le nom de *premières cuvées* suivent de près les deux que je viens de nommer.

Nuits, à 12 kil. N. E. de Beaune et 20 kil. S. p. O. de Dijon. Après les vins du clos Saint-Georges, dont j'ai déjà parlé, on cite ceux des *Échezeaux*, des *Vaucrains*, des *Cailles*, des *Vignes-Rondes*, des *Bousselots*, des *Cras*, des *Chagniots* et des *Boudots*. Ces vins sont plus colorés, plus corsés, plus moelleux, plus spiritueux et se conservent plus longtemps que ceux de *Volnay*, de *Pomard* et de *Beaune*; mais ceux-ci sont plus précoces, plus agréables et plus *francs de goût* ; ils peuvent être bus dès la seconde année de leur récolte, tandis que ceux de *Nuits* ne peuvent pas l'être avant la troisième et même la quatrième année. En revanche, ces derniers, bien choisis, supportent mieux les voyages tant par terre que par mer.

Prémeaux, près Nuits, à 20 kil. de Dijon, dont j'ai cité le clos à la suite des crus de la 1re classe, a encore plusieurs vins qui prennent rang parmi ceux des premières cuvées de Nuits : les meilleures vignes sont celles nommées les *Perrières*, les *Corvées*, les *Didiers*, les *Cailles*, les *Forêts* et les *Pruliers*. Les vins qu'elles fournissent sont de même nature et participent de toutes les qualités de ceux de *Nuits*.

Chambolle, à 4 kil. N. de Nuits et à 15 kil. S. de Dijon. Ce vignoble est surnommé le *Volnay* de la côte de Nuits, parce que les vins de ses meilleures vignes étant faits avec des raisins rouges, auxquels on mêle une certaine quantité de raisins blancs, ils ont un peu plus de corps et de spiritueux que ceux de Volnay, et bien plus de dorée. Ceux des vignes dites le *Musigny*, les *Bonnes-Mares* et les *Varoilles*, que j'ai citées à la suite des vins de la 1re classe, peuvent aller de pair avec ceux de la Tâche, de Saint-Georges et de Corton.

Celles que je dois citer ici sont les *Amoureuses*, les *Hauts-Douais*, les *Charmes*, les *Sordes*, les *Babillers*, les *Cras*, les *Friéez* et les *Noues* : elles produisent des vins très-fins et qui diffèrent peu de ceux des trois premiers crus.

VOLNAY, à 4 kil. S. O. de Beaune, produit le plus léger, le plus délicat, le plus fin, le plus agréable des vins de la côte de Beaune et même de toute la France; il a, en outre, de la séve et un charmant bouquet. Les crus les plus distingués de ce terroir sont les *Caillerets*, les *Champans*, la *Chapelle* et *Chevrey*. Quelques propriétaires emploient les procédés de vinification dont j'ai parlé plus haut, et qui, en augmentant le corps et la couleur de leurs vins, les privent des qualités qui faisaient autrefois leur principal mérite.

POMARD, à 3 kil. S. O. de Beaune. La qualité des vins de ce terroir diffère peu de celle des précédents; ils ont seulement plus de couleur et de corps, et, par conséquent, moins de finesse et d'agrément en primeur. Le *Clos-de-la-Commarenne*, la vigne dite le *Rugien* et celle des *Epeneaux* l'emportent sur toutes les autres.

BEAUNE, à 38 kil. S. S. O. de Dijon. Le territoire de cette ville est le plus étendu et celui qui fournit le plus de vins, tant en 1re qu'en 2e qualité : ils diffèrent peu de ceux de Volnay et de Pomard; il y a même quelques cuvées qui vont de pair avec les meilleurs de ces vignobles. Les vins de la côte de Beaune ont la réputation bien acquise d'être les plus *francs de goût* (1) de toute la Bourgogne. Les crus les plus estimés sont les *Grèves*, les *Fèves*, le *Clos-des-Mouches*, le *Clos-du-Roi* et les *Cras*. Cette commune produit aussi beaucoup de vins de 2e et de 3e cuvée, qui prennent place parmi ceux des 3e, 4e et 5e classes.

MOREY, à 6 kil. N. de Nuits et à 13 kil. de Dijon. Les vins de cette commune ne sont pas très-inférieurs à la plus grande partie de ceux de Nuits; elle a même plusieurs cuvées qui les surpassent en qualité : telles sont celles dites le *Clos-du-Tart* et

(1) Tous les vins de cette côte, parmi lesquels ceux de Volnay occupent le premier rang, n'ont pas d'autre saveur que celle qu'ils doivent au raisin. Ceux de Chambolle et des autres crus de la côte de Nuits, bien que supérieurs en qualité, n'ont pas au même degré ce genre de *franchise*.

le *Clos-à-la-Roche*, que j'ai citées à la suite de la 1re classe. Elles fournissent des vins qui sont de la même espèce que ceux de Chambertin, de Saint-Georges et de Corton; mais ils n'ont pas autant de corps et de spiritueux, et ils se conservent moins longtemps.

SAVIGNY, à 4 kil. N. de Beaune et à 30 kil. S. p. O. de Dijon. On récolte dans ce vignoble fort étendu une grande abondance de vin, dont la majeure partie ne peut figurer que dans les 3e et 4e classes; mais il a des coteaux privilégiés dont les produits sont peu inférieurs aux premières cuvées de Beaune, tels que la *Dominode*, les *Vergelesses*, les *Marconnets-sur-Beaune* et les *Jarrons*.

MEURSAULT, à 6 kil. S. de Beaune, récolte, dans les vignes dites les *Santenots* et les *Pelures*, des vins qui ne diffèrent de ceux des Caillerets, premier cru de Volnay, qu'en ce qu'ils ont plus de corps et se conservent plus longtemps. Ceux de la vigne dite *les Cras* ont toute la finesse et l'agrément des meilleurs vins de Volnay.

La ferme de BLAGNY, territoire de Puligny, à 10 kil. S. O. de Beaune, fournit aussi des vins fins dignes de figurer dans cette classe.

Troisième classe.

GEVREY, à 10 kil. S. p. O. de Dijon. Ce vignoble est situé sur la côte de Nuits; ses crus les plus estimés après le *Chambertin* sont ceux de *Saint-Jacques*, de la *Chapelle*, des *Véroilles* et des *Mazys*. Tous les vins qu'ils produisent ont du corps, une belle couleur, du bouquet et se conservent; ils sont de l'espèce de ceux de Nuits et en approchent par la qualité.

CHASSAGNE, canton de *Nolay*, à 12 kil. S. de Beaune, fournit des vins agréables et fins, qui sont plus spiritueux que ceux de la côte de Beaune; mais leur goût étant moins *franc*, ils ne sont pas aussi recherchés. Quelques crus privilégiés produisent des vins peu inférieurs à ceux de la 1re classe; tels sont le *Morjot*, et particulièrement le clos de ce nom, la *Martroie* et le *Clos-Saint-Jean*, cités dans la 1re classe, et dont les produits sont bien supérieurs en qualité à ceux de tous les autres crus de ce finage.

ALOXE, à 4 kil. N. de Beaune et à 28 kil. S. de Dijon, donne des vins corsés, fins, spiritueux et qui ont du bouquet. On distingue comme les meilleurs ceux des vignes nommées les *Pou-gets*, la *Charlemagne* et les *Bressantes*; ils sont peu inférieurs aux vins de *Corton*, que j'ai cités dans la 1re classe.

SAVIGNY, à 4 kil. N. de Beaune, précédemment mentionné, fournit des vins qui peuvent figurer ici. Les meilleures cuvées sont de l'espèce et de la qualité des secondes cuvées de Beaune. On y fait aussi beaucoup de vins d'ordinaire de 1re qualité, légers et agréables, qui, en général, ne se conservent pas très-longtemps.

SANTENAY, canton de Nolay, à 15 kil. S. de Beaune et 48 kil. S. de Dijon. Ce vignoble, qui fait partie de la côte de Beaune, produit des vins de bon goût et qui se conservent longtemps. Les cuvées dites les *Gravières* et le *Clos-de-Tavanne* ferment la liste des vins fins et sont assimilées aux secondes cuvées de Beaune, de Pomard et de Volnay : toutes les autres ne donnent que des vins d'ordinaire de 1re et de 2e qualité.

CHENOVE, à 4 kil. S. de Dijon. Les crus qui peuvent figurer dans cette classe sont le *Clos-du-Roi* et le *Chapitre*; ils donnent des vins d'une couleur foncée, d'un bon goût, très-solides, et qui acquièrent, en vieillissant, beaucoup de qualité et un bouquet agréable : on les assimile à ceux des secondes cuvées de Nuits. Les autres parties de ce vignoble produisent des vins d'ordinaire de 1re et de 2e qualité.

Les vins dits de *seconde cuvée*, récoltés sur les territoires de Vosnes, de Nuits, de Volnay, de Pomard, de Beaune, de Chambolle et de Morey, doivent encore figurer dans cette classe comme vins *demi-fins* : les mêmes vignobles fournissent aussi des vins d'ordinaire de 1re et de 2e qualité, dont les meilleurs s'expédient souvent comme *vins fins* dans les pays où ceux des premières cuvées ne sont pas appréciés à leur valeur.

Quatrième classe.

MERCUREY, à 12 kil. N. de Châlon-sur-Saône et à 52 kil. S. de Dijon. On comprend sous la dénomination de *vins de Mer-curey* non-seulement ceux de ce vignoble, mais encore les vins de TOUCHES, d'ESTROY et du BOURGNEUF; ils se distinguent parmi les vins de la *côte châlonnaise* par l'agrément de leur goût, leur légèreté, leur vivacité et leur parfum; ils sont les plus *francs de goût* de toute cette côte et se conservent très-longtemps. Les meilleurs sont des plus estimés parmi les vins d'ordinaire de 1ʳᵉ qualité; ils ne doivent être mis en bouteilles qu'après avoir séjourné deux ou trois ans dans les tonneaux, suivant la température de l'année qui les a produits. Tous les vins de la *côte châlonnaise*, même ceux de Mercurey, ont peu de moelleux, mais un goût sec qui les caractérise et les distingue de ceux de la côte de Beaune, sous le nom desquels ils se présentent néanmoins très-souvent dans le commerce.

GIVRY, à 8 kil. O. de Châlon-sur-Saône, a des crus privilégiés qui fournissent des vins supérieurs à ceux des premières cuvées de Mercurey : tels sont ceux nommés les *Boischevaux*, le *Clos-Salomon*, le *Cellier*, la *Baraude* et les *Vignes-Rouges*. Les vins qu'on en tire sont très-corsés, spiritueux et de bon goût; lorsqu'ils proviennent d'une année dont la température a été favorable à la vigne, et qu'ils ont acquis leur maturité en tonneaux avant d'être mis en bouteilles, ils ont de la finesse, du bouquet, et approchent des vins fins de la 3ᵉ classe. Les autres crus de ce canton fournissent quelques vins d'ordinaire de 1ʳᵉ qualité et beaucoup d'autres de 2ᵉ et de 3ᵉ; ils ont, en général, plus de corps, mais moins de délicatesse que les vins de Mercurey, et doivent être gardés plus longtemps en tonneaux.

Le territoire de DIJON renferme des vignobles estimés. On met au premier rang celui des *Marcs d'or*, dont les vins sont corsés, moelleux et d'un fort bon goût ; ils figurent avec honneur parmi ceux d'ordinaire de 1ʳᵉ qualité. Le cru dit les *Ponneaux* donne des vins qui ressemblent à ceux des Marcs d'or, mais ils sont inférieurs en qualité.

MONTHELIE, à 7 kil. N. de Beaune. Ce vignoble a quelques coteaux qui fournissent des vins fins de l'espèce et de la qualité de ceux des secondes cuvées de Volnay : on rencontre parmi les autres beaucoup de bons vins d'ordinaire de 1ʳᵉ et de 2ᵉ qualité.

MEURSAULT. Les vins de ce finage, dits *passe-tout-grain* (1), sont solides, très-corsés et propres à rétablir les vins affaiblis. Cette propriété, plus que l'agrément de leur goût, les a placés parmi les plus estimés de cette classe; cependant, lorsqu'ils ont vieilli trois ou quatre ans en tonneaux et quelques mois en bou-

(1) On nomme *vins de passe-tout-grain* deux des vignes plantées de *noirien* et de *gamet* mélangés en diverses proportions ; ils sont, en général, considérés comme vins d'ordinaire de 2ᵉ qualité. Les vins communs proviennent du *gamet* seul, ou des vignes plantées en mauvaise exploitation.

teilles, ils sont fort bons comme vins d'ordinaire, les uns de 1re et les autres de 2e qualité.

GEVREY, déjà cité pour ses vins fins, FIXIN, FIXEY et BROCHON, situés entre 8 et 10 kil. de Dijon, produisent de très-bons vins d'ordinaire, dont la plupart sont plutôt de la 1re qualité que de la 2e; ils ont une belle couleur, sont plus agréables et plus francs de goût que ceux de la côte châlonnaise. La vigne dite la *Perrière*, sur le territoire de Fixin, donne des vins fins, corsés et très-solides, que j'ai déjà cités à la suite de ceux de la 1re classe.

SAINT-MARTIN, à 2 kil. N. de Châlon-sur-Saône. Les vins de cette commune sont corsés et se conservent longtemps; cependant ils ont généralement moins de qualité qu'ils n'en avaient il y a trente ans, parce que beaucoup de propriétaires ont substitué des plants communs aux plants fins qui peuplaient alors presque toutes les vignes; ceux du coteau dit les *Chassières* font partie des vins d'ordinaire de 1re qualité, les autres ne figurent que parmi ceux de la 2e et de la 3e.

RULLY, à 12 kil. de Châlon-sur-Saône, fournit, dans ses meilleures vignes, des vins d'ordinaire de 1re qualité.

MONBOGRE, commune de Saint-Désert, à 10 kil. de Châlon-sur-Saône, récolte des vins d'une couleur foncée, qui, d'abord très-fermes, gagnent beaucoup en vieillissant et deviennent agréables. Ils ont, comme ceux de Meursault, le mérite de fortifier et de soutenir les vins affaiblis, ce qui leur a valu le surnom de *médecins* de la côte châlonnaise : c'est à ce seul titre que je les range dans cette classe.

Cinquième classe.

Les vins qui composent cette classe sont : 1° ceux des *cuvées inférieures* des différents vignobles compris dans les quatre premières classes; 2° ceux des crus dont l'exposition, la nature du terrain et l'espèce de plant ne donnent que des vins d'ordinaire de moindre qualité que ceux que j'ai cités. Si on les comparait à ceux des vignobles de France qui ne produisent que des vins d'ordinaire, on pourrait les diviser encore en plusieurs classes, dont la première comprendrait les vins d'ordinaire de 2e qualité, les autres ceux de 3e ou 4e qualité et les vins communs.

MONTAGNY, CHENOVE, BUXY, SAINT-VALLERIN et SAULES, connus sous le nom de vignobles de la Côte-de-Buxy, à 13 kil.

O. S. O. de Châlon-sur-Saône, produisent beaucoup de vins
d'ordinaire de 2ᵉ et de 3ᵉ qualité, qui ont un bon goût et de
l'agrément; ils sont plus précoces et paraissent d'abord plus
agréables que ceux de Givry et de Saint-Martin; mais ils n'acquièrent pas autant de qualité en vieillissant.

JAMBLES, SAINT-JEAN-DE-VAUX et SAINT-MARC, à 11 kil. de
Châlons, fournissent une grande quantité de vins communs
très-colorés, corsés et de bonne garde. Il s'en fait un commerce
considérable avec la Suisse, la Lorraine et l'Alsace. Leur défaut
est de manquer de spiritueux et d'être aussi durs que grossiers.
Plusieurs autres cantons donnent des vins de la même espèce.

Les vignobles de l'arrondissement de CHATILLON-SUR-SEINE,
département de la Côte-d'Or, ne produisent que des vins communs; ceux de l'arrondissement de SEMUR ont plusieurs coteaux
qui fournissent à la consommation du pays des vins d'ordinaire
de 2ᵉ et de 3ᵉ qualité, parmi lesquels on cite ceux de FLAVIGNY
comme ayant du corps, assez de spiritueux et un bon goût; ils
sont surtout très-solides, gagnent de la qualité en vieillissant et
lorsqu'on les fait voyager. Beaucoup d'autres crus du même arrondissement fournissent des vins communs.

VINS BLANCS.

Première classe.

PULIGNY, à 10 kil. S. O. de Beaune. C'est sur le territoire de
cette commune qu'est situé le *Mont-Rachet*, célèbre par les
excellents vins blancs qu'il produit; quoique récoltés sur le
même terrain et fournis par la même espèce de plant, ils diffèrent entre eux par leur qualité, qui dépend de l'exposition des
vignes : on les distingue sous les dénominations de *vins de
Mont-Rachet aîné*, de *chevalier Mont-Rachet* et de *bâtard Mont-
Rachet*. Le premier, supérieur aux deux autres, se récolte sur
la partie de la montagne exposée au levant et au midi; il réunit
toutes les qualités qui constituent un vin parfait; il a du corps,
beaucoup de spiritueux et de finesse, un goût de noisette très-
agréable qui lui est particulier, et surtout une séve et un bouquet dont la force et la suavité le distinguent des autres vins
blancs de la Côte-d'Or. Le *chevalier Mont-Rachet* participe de
toutes les qualités de son aîné, mais il ne les possède pas au
même degré. Le *bâtard Mont-Rachet* suit de plus près le *cheva-*

lier et partage quelquefois avec lui les éloges des connaisseurs.

Vins mousseux. Depuis quelques années, on en prépare beaucoup dans le département de la Côte-d'Or. Ceux que l'on fait avec les raisins rouges des meilleurs crus réunissent au plus haut degré toutes les qualités qui constituent les vins parfaits de cette espèce. Ils ont plus de corps et de spiritueux que ceux de la Champagne, mais ils sont moins légers et moins délicats.

Deuxième classe.

MEURSAULT, déjà cité pour ses vins rouges, fournit beaucoup de vins blancs fort estimés, et qui, en sortant du pays, prennent souvent le nom de *vins de Mont-Rachet*, auxquels ils ressemblent un peu, mais dont ils n'ont pas toute la qualité. Le coteau dit la *Perrière* est particulièremens renommé pour l'excellence de ses vins, qui soutiennent la comparaison avec le *bâtard Mont-Rachet*; ils ont beaucoup de finesse, de délicatesse et de parfum. Les vignes nommées la *Combette*, la *Goutte-d'or*, la *Genevrière* et les *Charmes* fournissent des vins de la même espèce et qui, pour le mérite, doivent être classés après ceux de la Perrière, dans l'ordre que j'ai suivi en les nommant.

Troisième classe.

La vigne dite le *Rougeot*, et plusieurs autres du territoire de Meursault, donnent encore des vins dits de *première cuvée*, qui ne diffèrent entre eux que par de très-légères nuances : ils sont corsés, spiritueux, fins et pourvus d'un joli bouquet.

La ferme de BLAGNY, sur le territoire de Puligny, fournit des vins blancs fins qui se vendent le même prix que ceux des premières cuvées de Meursault.

NOTA. Les vins blancs de la haute Bourgogne sont, en général, bons à mettre en bouteilles au bout d'un an ou de dix-huit mois; il en est peu qui aient besoin de rester deux ans en tonneaux. La plupart prennent, en vieillissant, une teinte ambrée qui n'altère ni leur qualité ni leur transparence; celui de la *Goutte-d'or* de Meursault doit son nom à sa brillante couleur d'or. Quoique mis en bouteilles avec soin et parfaitement limpides, tous ces vins sont sujets à des maladies pendant le cours desquelles ils paraissent avoir perdu leur qualité; mais il suffit de les laisser reposer pendant quelques mois pour qu'ils recouvrent leur transparence, leur bon goût et leur bouquet : ces maladies ne sont qu'un travail de la nature par le moyen duquel les vins complètent leur fermentation, se purifient et parviennent à leur plus haut degré de qualité; plus ils vieillissent et moins ils y sont sujets.

Quatrième classe.

Les secondes cuvées de Meursault, parmi lesquelles on distingue celle dite de la *Barre*, donnent des vins qui ont une partie des qualités de ceux de première cuvée; ils sont moins fins et moins délicats, mais fort agréables comme vins d'ordinaire de 1re qualité; ils peuvent seuls figurer ici.

Cinquième classe.

Les troisièmes cuvées de Meursault occupent encore le premier rang dans cette classe et donnent de bons vins d'ordinaire de 2e qualité.

MONTAGNY, CHENOVE, BUXY, SAINT-VALLERIN et SAULES, sur la côte de *Buxy*, à 13 kil. de Châlon-sur-Saône, fournissent des vins légers, petillants et d'un goût agréable; ils conservent longtemps leur liqueur, et, si on les met en bouteilles au mois de mars qui suit la récolte, ils moussent comme le champagne : cette propriété est commune à presque tous les vins blancs de Bourgogne, mais on fait rarement cet essai sur ceux de 1re qualité; la mousse, d'ailleurs, casse beaucoup de bouteilles et se perd ici au bout de quelques mois, tandis que les vins de Champagne la conservent pendant plusieurs années.

BOUZERON, à 14 kil. de Châlons, fait des vins moins légers que ceux de la côte de Buxy; mais ils ont un goût distingué qui se rapproche de ceux des troisièmes cuvées de Meursault.

GIVRY, déjà cité, recueille, dans la partie de ses vignobles dite le *Champ-Poureau*, un vin blanc de l'espèce de ceux de Buxy, mais moins léger et moins spiritueux : on le boit avec plaisir quand il provient d'une année dont la température a été favorable à la vigne. Quelques autres crus produisent des vins communs qui sont, pour la plupart, consommés dans les cabarets du pays ou mêlés avec les vins rouges de basse qualité ou trop colorés.

Le principal commerce des vins de la haute Bourgogne se fait à Dijon, à Gevrey, à Nuits et surtout à Beaune, département de la Côte-d'Or; à Chagny, à Châlons-sur-Saône et à Givry, département de Saône-et-Loire.

Les tonneaux en usage se nomment *demi-queues* et contiennent 30 veltes ou 228 litres. Le vin se vend à la *queue*, qui se compose de deux *demi-queues*; on emploie aussi, surtout pour l'expédition des vins fins, des quarts de *queue*, que l'on nomme *feuillettes*, et qui contiennent 15 veltes ou 114 litres. Les *demi-queues* de l'arrondissement de Châlons ne contiennent que 29 veltes ou 220 litres.

Expéditions. Les vins de la Côte-d'Or s'expédient ordinairement par le chemin de fer, surtout ceux de 1re qualité. Les vins de la côte châlonnaise s'expédient par la même voie ou par le canal de Châlons, la Loire et les canaux de Briare et de Loing jusqu'à la Seine. Le choix de ces divers moyens dépend du prix des transports combiné avec le besoin plus ou moins pressant d'activer les arrivages.

§ III. 1° *Département de* SAONE-ET-LOIRE, *formé d'une partie de la haute Bourgogne et du Mâconnais; il est divisé en 5 arrondissements: Mâcon, Autun, Charolles, Louhans et Châlon-sur-Saône; ce dernier arrondissement ayant été décrit dans le département de la Côte-d'Or.*

2° *La partie du département du* RHONE *formée du Beaujolais sous le nom d'arrondissement de Villefranche.*

Le département de Saône-et-Loire contient 55,628 hectares de vigne, qui produisent, récolte moyenne, environ 844,000 hectolitres de vins. Ayant retranché l'arrondissement de Châlon pour le réunir au département de la Côte-d'Or, il n'entre dans ce paragraphe que les arrondissements de Mâcon, Autun, Charolles et Louhans, qui contiennent ensemble 23,928 hectares de vigne; avec l'arrondissement de Villefranche, du département du Rhône, qui en contient 17,000, ce qui porte à 40,928 hectares l'étendue des vignobles compris dans ce paragraphe, leur produit est, récolte moyenne, d'environ 1,150,000 hectolitres de vins, dont à peu près 250,000 sont consommés par les habitants; le surplus est envoyé dans le nord de la France et à l'étranger.

Les vins du Mâconnais et du Beaujolais sont généralement connus dans le commerce sous le nom de *vins de Mâcon*. On les estime plus comme bons vins d'ordinaire que comme vins fins; cependant ceux de plusieurs crus se distinguent par beaucoup de qualités et figurent avec honneur à l'entremets. Aucun d'eux ne peut être comparé aux vins de 1re classe; mais les meilleurs entrent dans la 2e, immédiatement après ceux des premières cuvées de Beaune : ils pourraient leur être assimilés s'ils joignaient aux qualités qui leur sont propres le bouquet qui distingue particulièrement les vins du département de la Côte-d'Or; ils n'en sont pas tout à fait dépourvus, mais celui qu'ils ont n'est ni aussi prononcé ni aussi suave. Les vins de Mâcon sont, en général, corsés, spiritueux, quelquefois trop fumeux, mais toujours agréables et peu sujets à s'altérer, lors même qu'on les garde longtemps.

Si l'on arrive dans ce département par celui de la Côte-d'Or, on suit la route de Châlon-sur-Saône, ou cette rivière jusqu'à Mâcon, dont les vignobles sont fort bons, et l'on entre par la route de Lyon et la Saône dans le département du Rhône, dont l'arrondissement de Villefranche fait partie.

Les cepages le plus généralement cultivés sont, en rouges, le *bourguignon*, qui produit les meilleurs vins; le *chanay*, qui en fournit d'excellents, mais en si faible quantité qu'on en plante fort peu, et celui appelé la *bronde*; ce dernier, dont les raisins sont gros et serrés, mûrit mal et ne donne que des vins très-communs; en blancs, le *chardonnay*, qui fournit les bons vins de Pouilly; le *bourguignon* et le *gamet*, dont on fait très-peu de vins blancs, mais que l'on mêle ordinairement dans la cuve avec le raisin rouge, pour obtenir des vins plus légers.

VINS ROUGES.

Première classe.

Le *Moulin-à-Vent*, cru du *hameau* (1) des TORINS, dont la commune de ROMANÈCHE, à 13 kil. de Mâcon, produit les vins les plus fins et les plus délicats du pays; ils ont de la légèreté,

(1) Dans ce pays, les communes sont presque toutes composées de plusieurs hameaux peu éloignés les uns des autres, et dont le territoire, en général peu étendu, fournit des vins de même qualité.

beaucoup de spiritueux, de la séve et un joli bouquet. Les autres
crus du hameau des *Torins* récoltent des vins de la même espèce
et qui possèdent, à quelques nuances près, les mêmes qualités.
On estime particulièrement : 1° le cru nommé les *Carquelins*;
2° celui des *Labories*, qui s'étend aussi sur le territoire de
Chénas; ils peuvent être mis en bouteilles dix-huit mois ou
deux ans après la récolte.

CHÉNAS, contigu aux Torins, est sur le canton de Beaujeu, à
12 kil. S. de Mâcon et à 23 de Villefranche, département du
Rhône : il fournit des vins d'une belle couleur, plus corsés et
plus spiritueux que les précédents. On peut les garder trois ou
quatre ans en tonneaux; mis ensuite en bouteilles, ils acquièrent de la finesse et du parfum, et vont de pair avec les premières cuvées des Torins. On distingue surtout des hameaux de
la *Rochelle*, des *Vrillats*, de la *Tour-du-Bief*, des *Michelons*,
des *Michots*, du *Bief* et de la *Cave;* ils se conservent fort longtemps et supportent très-bien le transport.

Les vins des Torins sont plus fins et plus précoces que ceux
de Chénas, mais ces derniers ont plus de corps, durent plus
longtemps et finissent mieux. Le mélange, qui dénature la
plupart des vins fins des autres vignobles, est avantageux à ceux
de ces deux crus; leur réunion produit un vin parfait, dans
lequel on retrouve la finesse et le parfum du premier, avec le
corps et la force du second. Ce mélange doit être fait lors du
premier ou du second soutirage. On garde le vin en cercles pendant deux ou trois ans; mis ensuite en bouteilles, il se conserve
pendant plus de dix ans.

Deuxième classe.

FLEURY, canton de Beaujeu, à 12 kil. de Villefranche, fournit
de très-bons vins; ils sont légers, fins, délicats, ont du bouquet,
de la séve et un goût des plus agréables. Ceux des hameaux de
Mœuriers, du *Vivier*, des *Garants*, des *Charmilles*, de *Poncier*,
des *Déduits* et de la *Chapelle-des-Bois* sont des vins fins de
3° classe, peu inférieurs à ceux des Torins. Les hameaux nommés les *Chafongeons*, le *Bourg*, les *Raclées*, *Grandpré*, les *La-
bourons* et *Arpayé*, dans la même commune, produisent des
vins d'ordinaire de 1ʳᵉ qualité.

LA CHAPELLE-DE-GUINCHAY, à 10 kil. de Mâcon, a, dans la
partie haute de son territoire, qui touche à Chénas, des vi-

gnobles dont on tire des vins légers, spiritueux et fort agréables. Les meilleurs se récoltent dans les hameaux nommés les *Bocarts, Deschamps*, les *Gandelins, Jean-Lorons*, les *Daroux* et les *Blémonts ;* les autres parties de cette commune ne donnent que des vins d'ordinaire et des vins communs.

ROMANÈCHE, à 15 kil. de Mâcon. Le territoire de ce bourg, déjà cité comme fournissant les excellents vins du Moulin-à-Vent et des Torins, contient encore des crus dont les vins sont fort estimés et participent de la qualité de ceux des Torins ; ils sont seulement moins délicats. On recherche particulièrement ceux des hameaux de *Lapierre*, des *Gimarets*, de *Brennet*, des *Pérelles*, des *Maisons-Neuves*, des *Guillates*, de la *Rivière* et des *Fargets*. Les vignes qui occupent la partie orientale de cette commune ne donnent que des vins d'ordinaire.

Troisième classe.

LANCIÉ, à 18 kil. de Villefranche, produit des vins de l'espèce de ceux de Fleury, dans les hameaux nommés *Château-Gaillard*, la *Mère-Latière*, le *Moulin-Mézia* et les *Peloux ;* tous ceux des autres crus sont bien inférieurs.

BROUILLY, situé sur la partie la plus élevée de la montagne de ce nom, dans le canton de Belleville, fait des vins peu inférieurs à ceux de Chénas ; ils ont une couleur foncée, beaucoup de corps et se conservent longtemps, surtout ceux du hameau de *Néronde*.

ODENAS et SAINT-LAGER, à 12 kil. de Villefranche, font des vins d'une belle couleur, corsés, spiritueux, et qui gagnent beaucoup à être gardés en cercles pendant deux ou trois ans ; les plus estimés se récoltent sur la montagne de *Brouilly*, qui appartient à quatre paroisses. La partie exposée au midi dépend d'Odenas, celle du levant de Saint-Lager, celle du nord de Cercié, et celle du couchant de Quincié. Les hameaux de *Pierreux*, commune d'Odenas, donnent des vins peu inférieurs à ceux de Brouilly.

JULIÉNAS, canton de Beaujeu, à 11 kil. de Mâcon, récolte des vins colorés, corsés, spiritueux et très-solides ; il faut les garder deux ou trois ans en cercles, avant de les mettre en bouteilles ; ils gagnent beaucoup en vieillissant et se conservent dix à douze ans. Les meilleurs se recueillent dans les hameaux dits les *Mouilles*, le *Bourg*, le *Bois de la Salle* et *Rizières*.

CHEROUBLES, à 16 kil. de Villefranche, fournit des vins corsés, spiritueux et très-solides; il faut les garder trois ou quatre ans en cercles.

MORGON, hameau situé sur la montagne du *Pic*, dans la commune de *Villiers*, à 18 kil. de Villefranche, fournit, en première cuvée, des vins corsés, spiritueux et de bon goût qui valent ceux de Juliénas; ils durent longtemps et finissent toujours bien.

SAINT-ETIENNE-LA-VARENNE, à 11 kil. de Villefranche, fait, en première cuvée, des vins pleins de corps et de spiritueux, dont on préfère ceux des hameaux nommés le *Carat*, *Méty*, les *Daroux*, la *Carelle* et le *Bélouzard*.

JULLIÉ et EMERINGES, canton de Beaujeu, à 26 et 24 kil. de Villefranche, donnent des vins qui diffèrent peu en qualité des meilleurs de Juliénas, surtout ceux des hameaux nommés les *Chanoriers* et les *Lanerys*, à Jullié.

DAVAYÉ, à 6 kil. S. O. de Mâcon. Les vins de ce vignoble sont très-colorés, corsés et même durs, pendant les premières années; mais, après quatre ou cinq ans de séjour dans les tonneaux, ils se bonifient, et font alors de très-bons vins d'ordinaire, particulièrement dans le hameau du *Bourg*.

Quatrième classe.

Le territoire de la CHASSAGNE, à 5 kil. S. de Villefranche, produit des vins de plusieurs espèces : ceux du clos ressemblent beaucoup aux vins de Juliénas, et sont plus solides; ils se conservent douze à quinze ans en cercles, et jusqu'à vingt-cinq et trente ans en bouteilles; ceux des environs du clos sont inférieurs, et, dans les bas crus, ils sont communs et grossiers.

VILLIÉ, REGNIÉ, LANTIGNÉ, QUINCIÉ, MARCHAND, DURETTE et les ETOUX, canton de Beaujeu; CERCIÉ, le haut SAINT-JEAN-D'ARDIÈRE, les hameaux de PIZAY, de JASSERON, de VADOUX et les hauts de BELLEVILLE, arrondissement, et à 12 kil. N. de Villefranche, fournissent des vins légers, très-agréables, que l'on peut boire dès la seconde année.

MONTMELAS SAINT-SORLIN, à 11 kil. de Villefranche, récolte, en première cuvée, des vins légers, agréables et qui se conservent bien.

CHARENTAY, à 11 kil. de Villefranche. Les vins que produisent les hameaux de *Vurils*, des *Chênes*, de *Manternaut*, des

Combes et de *Garanche* ont du corps, assez de spiritueux et un bon goût; les autres sont communs et de basse qualité.

CHARNAY, à 3 kil. de Mâcon, et PRISSÉ, à 6 kil. de la même ville, donnent des vins colorés et fermes, qu'il faut garder quatre ans avant de les mettre en bouteilles; on préfère à Charnay ceux des hameaux de *Franclieu* et de *Levigny*, et, à Prissé, la côte de *Colonge*.

VAUXRENARD, à 7 kil. de Beaujeu, a des vins de l'espèce et qui participent de la qualité de ceux de Julliénas, auxquels ils sont inférieurs.

SAINT-AMOUR, à 9 kil. de Mâcon, fait des vins agréables, surtout dans les vignes qui avoisinent l'église et dans les hameaux de la *Ville* et de la *Salle*.

CHEVAGNY, CHANES, LAISNES et SAINT-VERAND, à 8 kil. de Mâcon, produisent des vins corsés, de bon goût et estimés comme vins d'ordinaire de 2ᵉ qualité. La côte de *Creuse-Noire*, sur le territoire de Laisne, donne le meilleur vin et le plus solide.

LOCHÉ, VINZELLES, HURIGNY, SANCÉ, SENNECÉ et SAINT-JEAN-LE-PRICHE, à 4 kil. de Mâcon; SAINT-GENGOUX-LE-ROYAL, à 28 kil. N. de la même ville; BLACÉ, SAINT-JULIEN, SALE, DENICÉ et LACÉNAS, à 6 kil. de Villefranche, fournissent des vins communs assez bons parmi lesquels on préfère ceux de Blacé et de Saint-Julien.

BUSSIÈRES, DOMANGE, SAINT-SORLIN, AZÉ, PIERRECLOS, VERZÉ, IGÉ, SAINT-GENGOUX-DE-SCISSÉ, CLESSÉ, VIRÉ, LAIZÉ et PERONNE, arrondissement de Mâcon, COGNY et LIERGUES, arrondissement de Villefranche, ne récoltent que des vins communs, mais de bon goût et qui se conservent assez bien.

Les territoires de TOURNUS, LACROT, GRATTAY, BOYER, PLOTTES, OZENAY, LE VILLARS, LUGNY, CRUZILLES et plusieurs autres communes de l'arrondissement, entre 20 et 28 kil. de Mâcon, ont des vignobles considérables, qui fournissent une grande quantité de vins communs, grossiers et peu spiritueux; cependant ils se conservent assez longtemps.

Les vignobles des arrondissements d'AUTUN, de CHAROLLES et de LOUHANS ne produisent, en général, que des vins grossiers et qui se gardent difficilement sans s'altérer.

VINS BLANCS.

Première classe.

POUILLY, commune de Solutré, à 8 kil. S. de Mâcon. Les vins de ce vignoble sont très-estimés et figurent avec honneur dans la 3° classe des vins de France; ils sont moelleux, fins, corsés, agréables, ont du bouquet et surtout beaucoup de spiritueux. On leur reproche avec raison d'être trop fumeux : il est prudent de n'en boire qu'avec modération. Ces vins doivent être gardés deux ans en tonneaux; si on les met plus tôt en bouteilles, ils sont sujets à fermenter.

FUISSÉ, à 7 kil. S. de Mâcon, récolte des vins qui ne diffèrent des précédents qu'en ce qu'ils ont un peu moins de spiritueux.

Deuxième classe.

CHAINTRÉ, à 10 kil. de Mâcon, récolte, dans le haut de son territoire, des vins blancs qui ont de la douceur, du corps et un goût fort agréable; ils diffèrent de ceux de Pouilly en ce qu'ils ont moins de spiritueux.

SOLUTRÉ, à 8 kil. S. de Mâcon, fournit des vins plus secs que ceux de Pouilly, dont ils ont d'ailleurs une partie des qualités.

DAVAYÉ, à 6 kil. de Mâcon, produit des vins blancs plus moelleux que les précédents, mais ayant moins de spiritueux et d'agrément.

Troisième classe.

VERGISSON, à 8 kil. S. de Mâcon, fournit des vins de l'espèce de ceux de Solutré, quoique inférieurs en qualité et sujets à contracter une teinte jaune.

VINZELLES, LOCHÉ et CHARNAY, entre 4 et 8 kil. de Mâcon, produisent des vins de la même espèce que ceux de Chaintré, mais inférieurs en qualité.

LES CERTAUX, SAINT-VERAND, PIERRECLOS, BUSSIÈRES, SAINT-MARTIN et quelques autres vignobles de l'arrondissement de Mâcon donnent des vins blancs de bon goût, et d'autres plus communs, qui sont ordinairement mêlés avec des vins rouges trop colorés et trop durs pour leur donner plus de légèreté et d'agrément.

Le commerce des vins se fait dans tous les vignobles, et principalement à Mâcon, à Villefranche, à Beaujeu et à Belleville.

Les tonneaux en usage se nomment *pièces*, et contiennent 28 veltes ou 215 litres. Le vin se vend à la *botte*, composée de 2 pièces.

Les expéditions se font tant par chemin de fer que par eau. Dans ce dernier cas, les vins se chargent généralement dans le port de Mâcon, sur la Saône, qu'ils remontent jusqu'à Châlons, où ils sont embarqués de nouveau sur le canal du Centre, qui les conduit à la Loire : ils descendent cette rivière jusqu'au canal de Briare et arrivent à Paris par la Seine.

CLASSIFICATION.

VINS ROUGES.

Les crus nommés la Romanée-Conti, le Chambertin, le Richebourg, le Clos-Vougeot, la Romanée-de-Saint-Vivant, la Tâche, le clos de Saint-Georges et le Corton, département de la Côte-d'Or, fournissent de vins de qualité supérieure et qui figurent dans la 1re classe. Le clos de Prémeaux, les vignes nommées les Porets, à Nuits; le Musigny, les Bonnes-Mares, les Véroilles, à Chambolle; le Clos-du-Tart, le Clos-à-la-Roche, à Morey; le Clos-Morjot, la Martroie, le Clos-Saint-Jean, à Chassagne; et la Perrière, à Fixin, même département, en donnent de peu inférieurs, et qui se rangent dans la même classe.

Les vins de Vosnes, de Nuits, de Chambolle, de Volnay, de Pomard, de Beaune, de Morey, de Savigny, de quelques cuvées de Meursault et de la ferme de Blagny, département de la Côte-d'Or ; ceux des meilleurs crus de Dannemoine, de Tonnerre et d'Epineuil, des clos de la Chaînette et de Migraine, à Auxerre, département de l'Yonne; et enfin ceux du Moulin-à-Vent, des Torins et de Chénas, dans les arrondissements de Mâcon et de Villefranche, occupent un rang distingué dans la 2e classe.

Gevrey, Chassagne, Aloxe, Savigny-sous-Beaune, Blagny, Santenay et Chenove, département de la Côte-d'Or; les vignes nommées Clairion et Boivin, sur la grande côte d'Auxerre, plusieurs crus de Tonnerre et d'Epineuil, département de l'Yonne; Fleury, dans l'arrondissement de Villefranche, la Chapelle-de-

Guinchay et Romanèche, département de Saône-et-Loire, donnent des vins fins et demi-fins de 3° classe.

Mercurey et Givry, arrondissement de Châlon-sur-Saône; Dijon, Monthelie, Meursault et les autres vignobles cités dans la 4° classe du département de la Côte-d'Or; les vignes dites Judas, Pied-de-Rat, Rozoir, Quétard et quelques autres de la grande côte d'Auxerre; plusieurs crus de Tonnerre, Epineuil, Irancy, Dannemoine, Coulange-la-Vineuse, Vincelottes, Auxerre, Avallon, Vézelay, Givry, Joigny et quelques autres, département de l'Yonne; Lancié, Brouilly, Odenas, Saint-Lager, Julliénas, Cherouble, Morgon, Saint-Étienne-la-Varenne, Jullié, Emeringes et Davayé, dans les arrondissements de Mâcon et de Villefranche, produisent des vins d'ordinaire de 1re qualité, dans la 4° classe du royaume, parmi lesquels ceux de Mercurey, Givry, Dijon, Monthelie et Meursault sont toujours au premier rang.

Les vins des vignobles de la 5° classe du département de la Côte-d'Or, et ceux de la 4° classe des départements de l'Yonne et de Saône-et-Loire, parcourent les différents degrés de la 5° classe des vins de France; mais ceux du département de la Côte-d'Or sont généralement pourvus de plus de qualités que les autres.

VINS BLANCS.

Les vins de Puligny, des crus dits Mont-Rachet aîné, chevalier Mont-Rachet et bâtard Mont-Rachet, qui forment la 1re classe des vins blancs du département de la Côte-d'Or, vont de pair avec les meilleurs de ce genre. Les vins mousseux que l'on fait avec les raisins rouges des premiers crus de la Côte-d'Or méritent aussi d'être rangés dans cette classe.

Les crus dits la Perrière, la Combette, la Goutte-d'Or, la Genevrière et les Charmes, situés sur le territoire de Meursault, fournissent les meilleurs vins blancs de la Bourgogne, après ceux de Mont-Rachet, et sont au nombre des plus estimés de la 2° classe.

La vigne dite le Rougeot, et plusieurs autres dont les produits prennent le nom de vins de première cuvée de Meursault, ainsi que la ferme de Blagny, département de la Côte-d'Or; les côtes de Vaumorillon, à Junay; des Grisées, à l'Epineuil; des Préaux et des Pitois, à Tonnerre; des Olivottes, à Dannemoine, et les meilleurs vins mousseux de ces vignobles; les cuvées dites du

Clos, de Valmure, de Grenouille, de Vaudesir, de Bouguereau et de Mont-de-Milieu, à Chablis, département de l'Yonne, produisent des vins blancs qui prennent rang dans la 3° classe des vins de France; quelques-uns pourraient même figurer dans la 2° classe. Ceux de Pouilly et de Fuissé, département de Saône-et-Loire, entrent dans la même classe, et vont de pair, pour la qualité, avec ce que les vignobles de Tonnerre et de Chablis fournissent de meilleur.

La cuvée dite de la Barre, à Meursault, et plusieurs autres des secondes cuvées du même territoire, département de la Côte-d'Or, occupent encore le premier rang ici. La côte Delchet, à Milly; la vigne dite la Fourchaume, à Maligny; une partie de la côte de Troëne, à Poinchy; de celle de Vaucompin, à Chichée; de celle de Planchot, à Fley, et de celle de Fontenay; les coteaux nommés les Charloups, les Voutois, la Maison-Rouge et les Beauvais, à Tonnerre; les Bridennes, à Epineuil; les vignes dites le Chapelet, Vauvilien, Bouguereau, la Preuse, Vaulovent, Lépinotte, Montmain, Vossegros, les Bas-du-Clos et quelques autres, à Chablis; celles de la Poire, de Blamoy, de la Voie-Blanche et des Chaussants, à Saint-Bris et à Champ; enfin de la Gravière, à Viviers, département de l'Yonne, donnent des vins d'ordinaire de 1re qualité, qui parcourent les différents degrés de la 4° classe du royaume. Chaintré, Solutré et Davayé, département de Saône-et-Loire, sont, pour le mérite de leurs produits, au niveau des meilleurs crus du département de l'Yonne, cités dans cette classe.

Les vins dits de troisième cuvée de Meursault, département de la Côte-d'Or; ceux de Montagny, Chenove, Buxy, Saint-Vallerin, Saules, Bouzeron et Givry, arrondissement de Châlons-sur-Saône; de Viviers, de Béru, de Fley et des autres crus nommés dans les 3° et 4° classes du département de l'Yonne; et enfin de Vergisson, Vinzelles, Loché, Charnay, les Certeaux, Saint-Verand, Pierreclos, Bussières et Saint-Martin, département de Saône-et-Loire, produisent des vins blancs d'ordinaire et des vins communs de diverses qualités, qui se rangent parmi ceux de la 5° classe de la France.

CHAPITRE XII.

Franche-Comté.

Cette province, située sous les 46° et 47° degrés de latitude, a environ 190 kil. de long sur 120 de large ; elle forme les départements de la *Haute-Saône*, du *Doubs* et du *Jura*, qui contiennent ensemble 44,486 hectares de vigne. Le département du Jura a surtout de très-beaux vignobles, dont les vins ont quelque analogie avec ceux de la haute Bourgogne, auxquels, néanmoins, ils sont inférieurs.

En Franche-Comté, ainsi que dans toutes les provinces de France, on cultive plusieurs espèces de raisins : les principales sont le *sauvignon blanc*, qui occupe seul les vignes de Château-Châlons, d'Arbois, de l'Etoile et des autres vignobles qui donnent de bons vins blancs ; le *poulsart* noir, qui fournit les bons vins rouges de Salins et des Arsures, mêlé avec le *trousseau*, le *noirain*, le *savignon blanc* et le *melon blanc*. Dans les vignes qui produisent les vins d'une qualité inférieure, on trouve le *troussé noir*, le *moulan*, le *decolan*, le *gamet* blanc et noir, le *ganche*, autrement dit *foirard* blanc, l'*enfariné* noir, le *margillain* et le *mandoux* ou *maldoux* ; le dernier surtout ne fournit que de très-mauvais vins. Ces cepages changent de nom dans les différents vignobles : le *troussé noir* de Poligny se nomme *valet noir* aux Arsures et *taquet* à Salins ; le *margillain*, dont il y a deux espèces, se nomme, à Salins, la grosse espèce *argant* et la petite *baclan*.

§ I. *Département de la* HAUTE-SAONE, *formé de la partie septentrionale de la Franche-Comté et divisé en trois arrondissements : Vesoul, Gray et Lure.*

13,729 hectares de vigne, sur le territoire de 503 communes, produisent, récolte moyenne, environ 394,000 hectolitres de vins (rouges 337,000, blancs 57,000 h.), dont les deux tiers sont consommés par les habitants ; le surplus est exporté en Suisse ou dans les départements des Vosges et du Haut-Rhin.

RAY, à 28 kil. de Gray, fournit les meilleurs vins rouges ; on distingue surtout ceux du clos *du Château* et ceux du coteau qui l'avoisine; ils sont délicats, se conservent longtemps et acquièrent de la qualité et même un peu de bouquet.

Les vignobles de CHARIEZ, de NAVENNE et de QUINCEY, entre 2 et 5 kil. de Vesoul, ceux de GY, à 16 kil. E., et de CHAMPLITTE-LE-CHATEAU, à 18 kil. N. de Gray, donnent, dans les crus où l'on a conservé le cepage nommé *pineau*, des vins qui out une belle couleur, du corps et un bon goût; ils se conservent longtemps, surtout ceux de Gy et de Chariez, qui gagnent beaucoup à être gardés : tous les autres sont grossiers, peu spiritueux et sans agrément. On fait peu de vins blancs, et aucun ne mérite d'être cité.

Tous les vins de l'arrondissement de LURE sont de basse qualité, mais dans les cantons de CHAMPAGNY et de SAINT-LOUP on récolte beaucoup de cerises, avec lesquelles on fabrique, chaque année, près de 4,000 hectolitres de kirsch-wasser, dont les principales distilleries sont à CLAIREGOUTTE, à 8 k. de Lure, dans le canton de Champagny, et à FOUGEROLLES, à 10 kil. E. de Saint-Loup. Ceux de Clairegoutte, faits avec des cerises de bois, sont préférés à ceux de Fougerolles.

Le principal commerce des vins se fait à Vesoul et à Gray; celui du kirsch-wasser se fait à Lure, qui en est le principal entrepôt. Les tonneaux varient de capacité; ceux en usage à Vesoul se nomment *pièces* et contiennent 200 litres; on emploie aussi des *feuillettes* ou demi-pièces de 100 litres et des *quarteaux* qui n'en contiennent que 75. A Gray et dans les environs, la pièce est de 180 litres. Le kirsch-wasser s'expédie dans des barils de diverses capacités et en bouteilles.

§ II. *Département du* DOUBS, *formé de la partie orientale de la Franche-Comté et divisé en 4 arrondissements : Besançon, Pontarlier, Baume-les-Dames et Montbéliard.*

8,148 hectares de vigne, sur le territoire de 322 communes, produisent, récolte moyenne, environ 205,000 hectolitres de vins (rouges 180,000, blancs 25,000 hect.), dont 20 à 30,000 de qualité inférieure s'exportent en Alsace ; ils sont remplacés par une plus grande quantité de bons vins du Jura et de la Bourgogne. La consommation annuelle des habitants s'élève à près de 200,000 hectolitres. Les vins de ce département sont inférieurs à ceux du Jura ; les meilleurs ne font que de bons vins d'ordinaire de 2ᵉ qualité.

VINS ROUGES.

BESANÇON. Cet arrondissement produit les meilleurs vins du département : on cite particulièrement les crus dits les *Trois-Chalets* et les *Emingueys*, sur le territoire de Besançon, comme donnant des vins qui ont une belle couleur, du corps et de l'agrément après trois ou quatre ans de garde.

BYANS, à 17 kil. S. O. de Besançon ; MOUTHIER, à 26 kil. ; LOMBARD, à 20 kil. ; LIESLE, à 23 kil. S. E., et LAVANS, à 7 kil. de la même ville, fournissent des vins peu inférieurs aux précédents.

Les vignobles de JALLERANGE, POUILLEY-LES-VIGNES, BEURRE, CHATILLON-LE-DUC, CHOUZELOT et POINVILLERS, entre 4 et 20 kil. de Besançon, donnent, dans les bonnes années, des vins d'ordinaire assez bons. Les autres vignobles ne produisent que des vins communs plus ou moins colorés et grossiers ; ceux de l'arrondissement de *Baume* sont faibles, sans qualité, et se conservent difficilement.

VINS BLANCS.

Milerey, hameau situé dans le canton d'Audeux, à 11 kil. de Besançon, donne des vins blancs fort agréables qui approchent de ceux de 2ᵉ qualité d'Arbois ; ils moussent la première année et gagnent de la qualité en vieillissant. Quelques autres vignobles du même arrondissement produisent, en petite quantité, des vins blancs assez bons, mais inférieurs aux précédents.

Le principal commerce des vins se fait à Besançon. Les tonneaux en usage se nomment, les uns *pièces*, et contiennent 212 litres ; les autres, *muids*, de 304 à 318 : la *queue* se compose de deux *pièces*. On se sert aussi, pour la vente des vins, d'une mesure nommée *quart*, qui équivaut à 79 litres; de la *tinne*, qui est de 33 ; et du *setier*, qui n'en contient que 50.

§ III. *Département du* JURA, *formé de la partie méridionale de la Franche-Comté et divisé en 4 arrondissements :* Lons-le-Saunier, Dôle, Poligny *et* Saint-Claude.

19,609 hectares de vigne, sur le territoire de 299 communes, produisent, récolte moyenne, environ 504,000 hectolitres de vins (rouges 464,000, blancs 40,000), dont le tiers suffit à la consommation des habitants ; la majeure partie s'exporte en Suisse, et particulièrement dans le canton de Neufchâtel ; on en envoie aussi dans les départements de la Haute-Saône et du Haut-Rhin : l'Allemagne en tire peu jusqu'à présent. La cherté des transports, ainsi que la concurrence des vins de Bourgogne et de Champagne, auxquels ils sont inférieurs, leur ont fermé les routes de la capitale, qui ne tire que quelques bouteilles des vins d'Arbois ; les chemins de fer contribueront peut-être à leur ouvrir plus grandement le marché de la capitale.

Les vins rouges de ce pays sont secs et plutôt piquants que moelleux ; ceux des premiers crus gagnent à vieillir et se conservent longtemps quand ils sont bien soignés, mais la plupart des vins d'ordinaire et tous les vins communs tournent promptement à l'aigre quand les tonneaux ne sont pas tenus pleins : on attribue cette altération à leur longue fermentation dans la cuve, où on les laisse souvent pendant trois mois avec leur marc. Le mélange leur est contraire, surtout avec des vins d'un autre pays ; les essais que l'on a faits pour améliorer ceux des mauvaises récoltes, en y mêlant des vins du midi de la France, n'ont pas réussi ; la couleur foncée des derniers n'entre pas en dissolution dans les petits vins secs du Jura, elle se précipite avec la lie, la liqueur reste trouble et aussi mauvaise qu'auparavant ; mais les vins blancs sont, en général, de bonne qualité, et plusieurs soutiennent la comparaison avec ceux des meilleurs cantons de la France.

Les principaux vignobles, et ceux qui produisent les meilleurs vins, sont dans les arrondissements de POLIGNY et de LONS-LE-SAUNIER ; ils occupent le revers occidental de la chaîne inférieure du mont Jura, dont ils suivent les sinuosités, et forment une zone d'environ 60 kil. de longueur qui traverse ces deux arrondissements du N. E. au S. O. Si on entre dans le Jura par le département de la Côte-d'Or, on traverse l'arrondissement de Dôle, qui ne produit que des vins communs, et l'on arrive à Poligny, situé au centre des bons vignobles, qui s'étendent au S. O. de cette ville jusqu'après Lons-le-Saunier, et au N. E. jusqu'au delà de Salins.

VINS ROUGES.

Première classe.

Les ARSURES, dans le canton et à 28 kil. d'Arbois. Cette commune fournit les meilleurs vins rouges ; ils ont une couleur peu foncée, du corps, de la finesse, de la vivacité, beaucoup de spiritueux, un bouquet de framboise assez agréable, mais peu prononcé. Ces vins, bien soignés, peuvent être gardés en tonneaux jusqu'à 6 et 7 ans ; ils se conservent ensuite fort longtemps en bouteilles.

SALINS, MARNOZ et AIGLEPIERRE, à 16 et 18 kil. N. E. de Poligny, produisent des vins rouges estimés et qui méritent de l'être ; leur couleur est plutôt légère que foncée ; ils sont fins, agréables, plus délicats et plus précoces que ceux des Arsures, mais moins spiritueux et se conservent moins longtemps.

ARBOIS, à 8 kil. N. E. de Poligny, fournit des vins qui ressemblent aux précédents et sont, comme eux, de bons vins d'ordinaire de 1re qualité ; ils supportent mieux le transport que ceux de Salins.

Deuxième classe.

VOITEUR, MENETRU et BLANDANS, à 10 kil. N. de Lons-le-Saunier, et les coteaux situés entre Voiteur et Poligny, donnent des vins légers, délicats et agréables.

VADANS, SAINT-LOTHAIN et POLIGNY, voisins l'un de l'autre, font, dans les vignes où l'on a conservé le bon cepage, des vins estimés pour leur corps et leur solidité.

GERAISE et SAINT-LAURENT, sur la côte qui s'étend depuis Gevingey jusqu'à Rotalier, entre 5 et 9 kil. S. de Lons-le-Saunier, produisent des vins rouges de bonne qualité.

Les secondes cuvées des vignobles déjà cités, et plusieurs cantons moins bien exposés ou peuplés de plants communs, ainsi que presque tous les cantons de l'arrondissement de DOLE, produisent des vins plus ou moins colorés et grossiers, qui, bien choisis et dans les bonnes années, sont assez agréables, quoique faibles en qualité.

VINS BLANCS.

Première classe.

CHATEAU-CHALON, à 10 kil. N. de Lons-le-Saunier. Ce vignoble produisait autrefois des vins blancs qui, après vingt ans de garde, pouvaient se comparer aux plus renommés. Le coteau qui fournissait cette précieuse liqueur appartenait alors au chapitre de Château-Chalon; l'abbesse faisait garder les vignes, et le raisin restait sur le cep jusqu'au mois de décembre. Cette propriété a été vendue par petites portions à des particuliers, qui, n'ayant plus l'unité d'intention et les moyens de conservation d'un grand propriétaire, sont obligés de vendanger avec la masse et font des vins bien inférieurs à ceux d'autrefois ; cependant on en fait encore beaucoup de cas, ils ont du moelleux, beaucoup de spiritueux, du bouquet, et une sève aromatique très-prononcée et agréable.

ARBOIS, à 8 kil. N. E. de Poligny, fournit de très-bons vins ; jeunes, ils sont doux, agréables, petillants, et moussent comme le champagne ; vieux, ils approchent de l'ancien vin de Château-Chalon, mais il faut les garder longtemps.

PUPILLIN, à 2 kil. d'Arbois, récolte des vins de la même qualité et qui se vendent sous le nom de *vins d'Arbois.*

Dans la 2ᵉ édition de cet ouvrage, j'ai fait observer que les vins mousseux d'Arbois jouiraient d'une bien plus haute réputation et viendraient plus fréquemment faire les honneurs des banquets de la capitale s'ils étaient mieux soignés et si les propriétaires, à l'exemple des Champenois, les expédiaient dégagés de toutes les parties susceptibles d'altérer leur transparence. J'apprends que depuis quelques années on a fait, pour obtenir ce résultat, de nombreuses expériences qui n'ont pas réussi, parce que la nature du vin s'y oppose : il mousse très-fort, casse presque toutes les bouteilles pendant la première année, et cesse ensuite de mousser. Mais on m'annonce en même temps que des négociants de Salins sont parvenus à faire des mousseux légers, fort agréables et parfaitement limpides avec des vins d'une qualité inférieure à ceux d'Arbois ; ils sont moins spiritueux et, par conséquent, moins fumeux.

Deuxième classe.

L'ÉTOILE et QUINTIGNY, à 6 kil. N. O. de Lons-le-Saunier, récoltent des vins blancs un peu inférieurs à ceux d'Arbois, et néanmoins fort estimés; ils ont moins de moelle, de sève et de bouquet, mais ils sont assez spiritueux, corsés et d'un goût fort agréable. On les préfère pour l'usage ordinaire, parce qu'ils sont moins fumeux.

MONTIGNY, à 14 kil. N. E. de Poligny, fournit des vins de même espèce que les précédents et presque de la même qualité.

Plusieurs autres communes des arrondissements de POLIGNY et de LONS-LE-SAUNIER font des vins blancs assez agréables, mais inférieurs à ceux déjà cités. L'arrondissement de DÔLE n'en produit que de communs.

Le principal commerce des vins se fait à Lons-le-Saunier, à Salins, à Poligny et à Arbois. Les tonneaux en usage se nomment *muids* et contiennent environ 300 litres. Dans l'arrondissement de Lons-le-Saunier, on emploie encore une ancienne mesure nommée *baral* qui contient 58 litres. Les expéditions se font par la voie de terre.

CLASSIFICATION.

VINS ROUGES.

Les vins des Arsures, de Salins, et le choix de ceux de Marnoz, d'Aiglepierre et d'Arbois, département du Jura, ne sont comparables qu'à ceux de 4ᵉ classe de la Côte-d'Or, comme vins d'ordinaire de 1ʳᵉ qualité. Ceux du Clos-du-Château, à Ray, département de la Haute-Saône; de Voiteur, Menetru, Blandans, Vadans, Saint-Lothain, Poligny, Geraise et Saint-Laurent, département du Jura, et ceux de plusieurs crus du territoire de Besançon, de Byans, de Mouthier, de Lombard, de Liesle et de Lavans, département du Doubs, parcourent toutes les nuances des vins d'ordinaire de 2ᵉ qualité. Ceux de Ray, Chariez, Navenne, Quincey, Gy et Champlitte-le-Château, département de la Haute-Saône, sont au nombre des meilleurs vins d'ordinaire de 3ᵉ qualité; tous les autres se confondent dans la foule des vins communs.

VINS BLANCS.

Le département du Jura fournit les vins de Château-Chalon, qui pouvaient autrefois figurer dans la 1re classe, mais qui n'entrent plus aujourd'hui que dans la 2e, avec ceux d'Arbois et de Pupillin mousseux et non mousseux.

Les meilleurs vins de l'Étoile et de Quintigny, même département, se rangent dans la 3e classe; ceux de Montigny, département du Jura, et de Milerey, département du Doubs, dans la 4e, et tous les autres dans la 5e.

CHAPITRE XIII.

Bresse, Bugey et pays de Gex.

Ces provinces, situées sous les 45e et 46e degrés de latitude, forment le département de l'AIN, qui est divisé en 5 arrondissements, *Bourg*, *Belley*, *Gex*, *Nantua* et *Trévoux*.

15,464 hectares de vigne produisent, récolte moyenne, environ 422,000 hectolitres de vin (rouge 332,000, blanc 91,000), dont 200,000 sont consommés par les habitants. Quelques-uns sont estimés comme vins d'ordinaire de 2e qualité. On en fait beaucoup de communs qui, dans les années abondantes, alimentent un grand nombre de chaudières et fournissent une assez grande quantité d'eau-de-vie; mais, lorsque la récolte n'est qu'ordinaire, on ne distille que les marcs, les lies et les vins gâtés.

Les plants le plus généralement cultivés dans ce pays sont, en rouges, le *chétuan*, le *négret*, le *meslier*, le *gros plant* et le *mandouze*; en blanc, le *mornant*, le *gamet*, le *gouan*, le *mollian* et la *roussette* : on cultive aussi quelques ceps *hautains* dont on ne tire que des vins de basse qualité.

VINS ROUGES.

SEYSSEL, à 24 kil. de Belley. Les environs de cette ville fournissent des vins qui ont une belle couleur, un goût agréable et sont réputés les meilleurs du département.

CHAMPAGNE, MACHURAT, TALLISSIEUX, CULOZ, ANGLEFORT, GROSLÉE, SAINT-BENOIT, VIRIEUX et CERVEYRIEUX, entre 8 et 16 kil. de Belley, font des vins d'une bonne couleur, assez spiritueux et qui se conservent bien.

Les communes de SAINT-RAMBERT, TORCIEUX, AMBÉRIEUX, VAUX, LAGNIEUX, SAINT-SORLIN, VILLEBOIS, l'HUIS et plusieurs autres communes de l'arrondissement de Belley ont quelques coteaux bien exposés qui donnent des vins d'ordinaire de 3ᵉ et de 4ᵉ qualité; tous les autres sont grossiers, dénués de spiritueux et sujets à tourner.

Les vignobles de MONTMERLE, THOISSEY, MONTAGNIEUX, et quelques autres de l'arrondissement de Trévoux, donnent des vins communs qui se conservent assez bien et entrent souvent dans le commerce avec les vins des bas crus du Mâconnais et du Beaujolais.

Les cantons de COLIGNY, de TREFFORD et du PONT-D'AIN, situés dans la partie de l'arrondissement de Bourg nommée le *Revermout*, ont des vignobles considérables sur le territoire de 37 communes. Quelques coteaux exposés au midi et à l'est y donnent des vins agréables, quoique faibles en qualité; mais tous les autres sont âpres, plats et ont un goût de terroir qui déplaît généralement aux personnes qui n'y sont pas habituées.

L'arrondissement de NANTUA n'a que très-peu de vignes, dont le produit ne suffit pas aux besoins du pays.

VINS BLANCS.

SEYSSEL, déjà cité, fournit des vins blancs d'assez bonne qualité que l'on tire du plant nommé la *roussette*. Quand on laisse assez longtemps le raisin sur le cep pour qu'il commence à pourrir, le vin conserve sa douceur pendant fort longtemps et mousse quand on le met en bouteilles au printemps qui suit la récolte; il ne s'en exporte pas en bouteilles.

PONT-DE-VEYLE, près de la rive gauche de la Veyle, à 24 kil. O. de Bourg. Les environs de cette ville et quelques autres vignobles du même arrondissement produisent des vins blancs faibles en qualité, mais agréables au goût et qui se conservent assez bien.

Les tonneaux en usage se nomment *pièces* et contiennent depuis 185 jusqu'à 248 litres, suivant les cantons; on se sert aussi d'autres fûts nommés *tonneaux*, qui varient de capacité depuis

250 jusqu'à 273 litres. Les pièces le plus généralement employées ressemblent beaucoup à celles de Mâcon, tant pour la forme que pour la contenance.

Le commerce d'exportation de ce département est peu considérable; cependant les arrondissements de Belley et de Trévoux expédient de leurs vins à Lyon, à Genève et dans quelques parties du Jura et de l'Isère; celui de Bourg en fournit de blancs qui sont employés avec avantage pour diminuer l'intensité de couleur et rendre plus agréables les vins communs du Mâconnais; mais, à leur tour, les vignobles du département de Saône-et-Loire envoient de leurs bons vins dans les arrondissements de Bourg et de Trévoux. Quelques vins de ce département sont expédiés pour Paris.

CLASSIFICATION.

Les vins rouges et les vins blancs de Seyssel et le choix de ceux de Champagne, Machurat, Tallissieux, Culoz, Anglefort, Groslée, Saint-Benoît, Virieux et Cerveyrieux entrent dans la 5ᵉ classe comme vins d'ordinaire de 2ᵉ qualité; ceux des autres vignobles entrent dans la même classe, quelques-uns comme vins d'ordinaire de 3ᵉ et de 4ᵉ qualité, et la plus grande partie comme vins communs.

CHAPITRE XIV.

Poitou et une partie de la Saintonge.

Le Poitou et la partie de la Saintonge qui s'y trouve réunie dans les trois départements de la Vendée, des Deux-Sèvres et de la Vienne sont placés sous le 46ᵉ degré de latitude et sous les 16ᵉ, 17ᵉ et 18ᵉ de longitude; ils contiennent ensemble 68,765 hectares de vigne, qui produisent beaucoup de vins tant rouges que blancs, dont les meilleurs ne sont que de bons vins d'ordinaire; mais on y fabrique aussi des eaux-de-vie d'excellente qualité qui donnent lieu à un commerce étendu pour la France et pour les pays étrangers.

§ I. *Département de la* VENDÉE, *formé d'une partie du Poitou et divisé en 3 arrondissements : Napoléon-Vendée (autrefois la Roche-sur-Yon et Bourbon-Vendée), Fontenay et les Sables-d'Olonne.*

15,495 hectares de vigne, sur le territoire de 293 communes, produisent, récolte moyenne, environ 430,000 hectolitres de vins blancs, de qualité très-médiocre et, en général, verts, plats et sujets à tourner à la graisse dès la première année. La totalité des récoltes se consomme dans le pays; on tire de Bordeaux les bons vins de table, et des vins communs du département de la Charente-Inférieure. La mauvaise qualité des vins provient en grande partie de ce que les propriétaires arrachent les bons plants pour les remplacer par de plus productifs.

LUÇON, FAYMOREAU, LOGE-FOUGEREUSE, SIGOURNAY et les HERBIERS, arrondissement de Fontenay, et TALMONT, à 12 kil. des Sables, produisent des vins dont les meilleurs sont assez spiritueux et agréables comme vins d'ordinaire de 3° qualité. Les tonneaux en usage se nomment *barriques*, et contiennent 228 litres.

§ II. *Département des* DEUX-SÈVRES, *formé d'une partie du Poitou, de l'Aunis et de la Saintonge; il est divisé en 4 arrondissements : Niort, Bressuire, Melle et Parthenay.*

21,660 hectares de vigne, sur le territoire de 252 communes, produisent, récolte moyenne, environ 391,000 hectolitres de vins (rouges 176,000, blancs 215,000), dont environ 160,000 suffisent à la consommation des habitants; le surplus est converti en eaux-de-vie, qui se fabriquent principalement dans la partie sud-ouest de l'arrondissement de Niort. Il s'en fait aussi, mais en moindre quantité, dans les vignobles de Thouars, et un peu dans le sud-est de l'arrondissement de Melle. Ces eaux-de-vie sont de deux qualités, l'une dite de Saintonge et l'autre d'Aunis. La première est *droite en goût*, et diffère peu de celle de Cognac, dont elle prend le nom en sortant du département; la seconde a presque toujours un goût de terroir qui nuit à sa qualité. On ne distille ordinairement que les vins blancs, qui sont plus abondants que les rouges; il en faut, année commune, 6 à 7 barriques pour obtenir une barrique d'eau-de-vie.

Les plants le plus généralement cultivés sont, en rouges, le *chauché* ou *pineau* et le *dégoûtant*, que plusieurs propriétaires préfèrent parce qu'il produit beaucoup; en blancs, on ne voit partout que la *folle-blanche*, qui fournit les vins dont on fait l'eau-de-vie.

VINS ROUGES.

Mont-en-Saint-Martin-de-Sanzay et Bouillé-Loret, à 12 kil. de Thouars, la Rochenard et la Foy-Montjault, à 16 kil. de Niort, et Airvault, à 24 kil. de Parthenay, font des vins d'une belle couleur et d'un bon goût, qui figurent parmi les meilleurs vins d'ordinaire de 3e qualité; comme ils ne supportent pas le transport, on les consomme dans le département. Les vins communs sont très-colorés, plats, et ont un goût de terroir désagréable.

VINS BLANCS.

On en récolte très-peu de bons, si ce n'est ceux que quelques propriétaires font avec soin, pour leur usage; tout le reste est converti en eaux-de-vie.

Le principal commerce des vins et des eaux-de-vie se fait à Niort; ils se vendent à la mesure de 27 veltes ou 205l,46. Les tonneaux en usage pour l'eau-de-vie se nomment *pièces* et contiennent de 60 à 70 veltes; le vendeur doit les fournir, et leur valeur est comprise dans le prix convenu pour la liqueur. Ceux employés pour le vin sont des *barriques* de 38 à 40 veltes, que l'acquéreur est tenu de rendre après les avoir vidées, à moins de conventions contraires. On ne met ordinairement en cave que les vins destinés à la consommation du propriétaire; les autres sont conservés dans des *chais* (celliers) au rez-de-chaussée.

Expéditions. Les vins ne sortent presque jamais du département; les eaux-de-vie s'expédient, soit pour Châtellerault, où elles sont embarquées sur la Vienne, qui les conduit à la Loire qu'elles descendent jusqu'à Nantes, pour aller à l'étranger, ou qu'elles remontent pour venir à Paris par les canaux et la Seine, soit, plus souvent, maintenant, directement, par le chemin de fer.

Mauzé, à 20 kil. S. O. de Niort, est l'un des entrepôts d'eau-de-vie du département de la Charente : il s'y fait des chargements considérables de cette liqueur pour différents pays.

§ III. *Département de la* VIENNE, *formé du haut Poitou et divisé en 5 arrondissements : Poitiers, Châtellerault, Civray, Loudun et Montmorillon.*

31,610 hectares de vigne, sur le territoire de 342 communes, produisent, récolte moyenne, 550,000 hectolitres de vins (rouges 305,000 hectolitres, blancs 245,000 hectolitres), dont plus de 230,000 sont consommés par les habitants; le surplus est livré au commerce ou converti en eaux-de-vie fort estimées, qui valent souvent celles de la Saintonge. Les principales distilleries sont situées dans les arrondissements de Poitiers, de Loudun et de Châtellerault.

Les cepages cultivés dans ce pays sont, en rouges, le *caulis* ou *cos*, la *vigneronne*, le gros et le petit *breton*, le *lacet*, le *salais*, le *doucin*, le *balzac*, la *vicarne*, l'*orléanais*, le *meunier* et le *bordelais*; en blancs, le *nantais*, le *verdin*, le *foireau*, les *fiés jaune* et *vert*, la *folle*, le *gouai*, le *pineau*, le *groseillier*, le *fromenteau* et la *vicarne*.

Autrefois on récoltait plus de vins blancs que de rouges; ces derniers sont, en général, très-colorés, durs et âpres; ils se gardent longtemps et s'améliorent en vieillissant : on en a vu qui conservaient encore leur qualité au bout de quarante ans.

VINS ROUGES.

CHAMPIGNY, SAINT-GEORGES-LES-BAILLARGEAUX, COUTURE, JAULNAY et DISSAY, situés entre 10 et 19 kil. de Poitiers, fournissent des vins d'une belle couleur, spiritueux et de bon goût; gardés de quatre à cinq ans en cercles avant de les mettre en bouteilles, ils font de bons vins d'ordinaire de 2ᵉ qualité.

CHAUVIGNY, SAINT-MARTIN-LA-RIVIÈRE et VILLEMORT, situés entre 12 et 15 kil. de Montmorillon; SAINT-ROMAIN, à 20 kil., et VAUX, à 10 kil. de Châtellerault, récoltent des vins assez estimés dans le pays.

Les cantons de NEUVILLE et de MIREBEAU, arrondissement de Poitiers, ne produisent, en général, que des vins de qualité inférieure.

VINS BLANCS.

Les vignobles des environs de LOUDUN et des TROIS-MOUTIERS fournissent des vins blancs spiritueux et assez bons, parmi lesquels on préfère ceux de SAIX, SOLOMÉ et ROIFFÉ, à 12 kil. et 14 kil. de Loudun, comme ayant quelque analogie avec ceux des coteaux de Saumur; enfin ceux de SAINT-LÉGER, CURZAY, RANTON et POUANÇAY, comme faisant un bon effet dans les mélanges. L'arrondissement de CHATELLERAULT en produit beaucoup que l'on convertit en eaux-de-vie, et dont on fait des envois à Paris.

Le principal commerce des vins et des eaux-de-vie se fait à Poitiers, Loudun et Châtellerault; cette dernière ville, située sur la rive droite de la Vienne et sur la route de Bordeaux, est l'entrepôt général des produits de plusieurs départements.

Les tonneaux en usage se nomment *barriques*; ceux destinés pour l'eau-de-vie contiennent de 32 à 36 veltes; on se sert aussi de *tierçons*, de 62 à 70 veltes. Les barriques employées pour le vin varient de capacité; à Châtellerault et à Poitiers, elles contiennent environ 33 veltes ou 252 litres.

Lorsque les expéditions se font par la Vienne, les principaux chargements ont lieu à Châtellerault, mais ce sont les chemins de fer qui les attirent de plus en plus.

CLASSIFICATION.

VINS ROUGES.

Ceux de Champigny, de Saint-Georges-les-Baillargeaux, de Couture, de Jaulnay et de Dissay, département de la Vienne, sont au nombre des vins d'ordinaire de 2ᵉ qualité dans la 5ᵉ classe des vins de France. Ceux de Chauvigny, Saint-Martin-la-Rivière, Villemort, Saint-Romain et Vaux, même département; de Mont-en-Saint-Martin-de-Sanzay, Bouillé-Loret, la Rochenard, la Foy-Monjault et Airvault, département des Deux-Sèvres, entrent dans la même classe, mais seulement comme vins d'ordinaire de 3ᵉ et de 4ᵉ qualité. Les meilleurs vins blancs des vignobles qui avoisinent Loudun et les Trois-Moutiers, département de la Vienne, entrent dans la 5ᵉ classe, comme vins d'ordinaire de 2°, de 3° et de 4° qualité; les autres ne sont que des vins communs, dont une assez forte portion est convertie en eaux-de-vie.

CHAPITRE XV.

Berry, Nivernais et Bourbonnais.

Ces provinces, situées sous les 46° et 47° degrés de latitude, et sous les 19°, 20° et 21° degrés de longitude, forment les quatre départements de l'Indre, du Cher, de la Nièvre et de l'Allier, qui contiennent ensemble 50,238 hectares de vigne, dont on tire beaucoup de vins, et dont plusieurs, surtout parmi les blancs, sont de fort bonne qualité.

§ I. *Département de l'INDRE, formé du bas Berry, avec une faible portion de l'Orléanais et de la Touraine; il est divisé en 4 arrondissements : Châteauroux, Issoudun, Le Blanc et La Châtre.*

La vigne était déjà cultivée dans le Berry du temps de Pline; elle occupe maintenant 17,639 hectares de terrain, sur le territoire de 252 communes. Son produit, récolte moyenne, est évalué à 306,000 hectolitres de vins (rouges 277,000, blancs 29,000) : les habitants en consomment 150,000 ; le surplus s'exporte dans les départements voisins.

Les vignobles de VALANÇAY, de VIC-LA-MOUSTIÈRE, de VEUIL et de LATOUR-DU-BREUIL, arrondissement de Châteauroux ; de CONCREMIERS et de SAINT-HILAIRE, dans celui du Blanc, sont les seuls que l'on puisse citer comme produisant des vins rouges assez bons ; ceux de presque tous les autres crus sont au-dessous du médiocre.

CHABRIS et REUILLY, arrondissement d'Issoudun, récoltent des vins blancs d'un goût agréable.

Le principal commerce des vins se fait à Issoudun et à Châteauroux, localités qui sont actuellement des stations de chemin de fer ; du reste, des vins se chargent en grandes quantités sur l'Indre, qui les conduit à la Loire. Les tonneaux en usage se nomment *poinçons*, et contiennent environ 218 litres.

§ II. *Département du* CHER, *formé d'une partie du Berry et d'une faible portion du Bourbonnais; il est divisé en 3 arrondissements : Bourges, Saint-Amand et Sancerre.*

10,714 hectares de vigne, sur le territoire de 263 communes, produisent, récolte moyenne, environ 266,000 hectolitres de vins (rouges 212,000, blancs 54,000), dont 150,000 sont consommés par les habitants ; le surplus est livré au commerce et s'exporte sur divers points de la France. Dans les années ordinaires, on ne convertit en eaux-de-vie que les vins gâtés ; mais, dans les années abondantes, on distille une assez grande quantité de vins blancs et quelques rouges, surtout dans l'arrondissement de Bourges. Il faut ordinairement 7 pièces de vin blanc ou 9 de rouge pour obtenir une pièce d'eau-de-vie à 22 degrés.

Les plants le plus généralement cultivés sont, en rouges, le *teinturier*, le *grand noir* et le *pinet* ou *pineau ;* ce dernier est le plus commun dans le canton de Sancerre, et produit le meilleur vin : en blancs, le *pinet gris*, le *sauvignon* et le *meslier ;* celui-ci est préféré.

VINS ROUGES.

CHAVIGNOL, commune de SAINT-SATUR, à 2 kil. de Sancerre, produit des vins peu colorés, délicats, spiritueux et d'un goût fort agréable, que l'on compare à ceux des secondes cuvées de Joigny, département de l'Yonne ; ils se conservent assez longtemps dans des caves fraîches.

SANCERRE, chef-lieu d'arrondissement, à 47 kil. N. E. de Bourges et 194 kil. S. de Paris, est environné de vignobles qui fournissent des vins d'une belle couleur, assez spiritueux et d'un bon goût.

Les arrondissements de Bourges et de Saint-Amand ont quelques clos plantés en *pineau*, qui donnent d'assez bons vins. On distingue particulièrement ceux de VASSELAY et de FUSSY, à 6 kil. de Bourges, et ceux de SAINT-AMAND, à 32 kil. S. de la même ville, comme étant de bon goût et pouvant se garder plu-

sieurs années ; tous les autres sont froids, pesants, grossiers et
sujets à s'altérer.

VINS BLANCS.

Le canton de SANCERRE donne les meilleurs vins blancs, parmi
lesquels on cite ceux des vignobles de CHAVIGNOL et de SAINT-
SATUR, à 2 kil. de Sancerre. Nouveaux, ils ont de la douceur et
une pointe très-agréable qu'on nomme *moustille;* vieux, ils conservent assez leur blancheur, ils sont vineux et d'un bon goût ;
bien choisis et d'une année dont la température a été favorable
à la vigne, ils sont comparables aux vins de première cuvée de
Saint-Bris, département de l'Yonne.

Les vignobles de l'arrondissement de SAINT-AMAND et ceux
de l'arrondissement de BOURGES, surtout, produisent beaucoup
de vins blancs communs, dont les meilleurs viennent quelquefois à Paris, pour entrer dans les vins de détail. Une partie
s'expédie à Orléans, où l'on en fait du vinaigre ; l'excédant est
converti en eaux-de-vie.

Le principal commerce des vins se fait à Sancerre et à
Bourges ; celui des eaux-de-vie a plus particulièrement lieu
dans cette dernière ville : elles s'expédient ordinairement à
Orléans. Les tonneaux en usage pour le vin se nomment *poinçons,* et contiennent environ 218 litres. Les expéditions pour
Paris se font par la Loire et les canaux, et surtout directement
par le chemin de fer.

§ III. *Département de la* NIÈVRE, *formé de la presque totalité du
Nivernais avec quelques parties de l'Orléanais et du Gatinais;
il est divisé en 4 arrondissements : Nevers, Château-Chinon,
Clamecy et Cosne.*

9,856 hectares de vigne, sur le territoire de 276 communes,
produisent, récolte moyenne, environ 214,000 hectolitres de
vins (rouges 158,000, blancs 56,000), dont 180,000 sont consommés par les habitants; le surplus est livré au commerce.

Les plants le plus généralement cultivés sont, en rouges, le
grand noir, le *pinet* et le *teinturier;* en blancs, le *pinet,* le *sauvignon* et le *meslier.*

VINS ROUGES.

POUILLY-SUR-LOIRE, à 10 kil. E. S. E. de Sancerre, qui a de la réputation pour ses vins blancs, produit en petite quantité des vins rouges d'une couleur convenable, assez spiritueux et qui ont un goût agréable. On distingue comme les meilleurs ceux du coteau de *la Roche*. Quelques crus de l'arrondissement de NEVERS font des vins de même espèce ; tous les autres vignobles du département ne font, à quelques exceptions près, que des vins de médiocre qualité, qui se consomment dans le pays ou dans les environs.

VINS BLANCS.

POUILLY-SUR-LOIRE produit des vins blancs qui ont du corps, du spiritueux, un léger parfum de pierre à fusil et un goût fort agréable ; ils ne sont pas sujets à jaunir et conservent assez longtemps leur douceur. On estime surtout ceux des coteaux de la *Prée*, de *Lossery* et des *Nues*.

Les autres vignobles de ce canton produisent des vins de la même espèce et qui sont connus dans le commerce sous le nom de *vins de Pouilly*, quoique la plupart soient bien inférieurs en qualité. La récolte annuelle est évaluée à environ 40,000 hectolitres, dont la plus grande partie s'exporte pour Paris, où ils sont recherchés pour la vente au détail.

Les tonneaux en usage se nomment *poinçons*, et contiennent 224 litres. Les achats se font dans les vignobles. Pouilly est l'entrepôt et le lieu de chargement sur la Loire.

§ IV. *Département de l'ALLIER, formé du Bourbonnais et d'une petite portion du Nivernais ; il est divisé en 4 arrondissements : Moulins, Gannat, Lapalisse et Montluçon.*

12,029 hectares de vigne produisent, récolte moyenne, environ 252,000 hectolitres de vins communs (rouges 198,000, blancs 54,000), dont 110,000 sont consommés par les habitants ; une partie du surplus est exportée dans le département de la Creuse ; on en envoie aussi quelquefois à Paris, où ils entrent dans les vins qui se vendent au détail. Les eaux-de-vie

sont importées dans ce département, le peu que l'on en fait ne
pouvant suffire aux besoins : on ne distille ordinairement que
les lies et les vins gâtés.

Les plants le plus généralement cultivés se nomment, savoir,
les rouges, le *lyonnais* ou *gamet*, le *cahors*, le gros et le petit
bourguignon, le *verdurant*, le *sauvignon* et le *lachon* ou *tachant;*
les blancs, le *tressalier* et le *saint-pierre*.

Les vins rouges de ce pays ne jouissent d'aucune réputation,
même comme vins d'ordinaire ; la plupart, assez colorés ,
manquent de spiritueux, ont un goût de terroir désagréable, et
ne sont potables que mélangés avec de meilleurs vins. Il faut
cependant en excepter ceux de plusieurs vignobles de la GA-
RENNE-DU-SEL, près Saint-Pourçain, qui ont du corps, du spiritueux et un bon goût; bien choisis et d'une bonne année, ils
acquièrent de la qualité en vieillissant et peuvent être considérés comme vins d'ordinaire de 2ᵉ ou de 3ᵉ qualité.

Les vignobles de l'arrondissement de MONTLUÇON ne donnent
que des vins froids et plats, qui se conservent difficilement et
sont sujets à passer à la fermentation putride (1). On attribue
leur mauvaise qualité au séjour trop long qu'ils font dans la
cuve ; mais les marchands du département de la Creuse, qui en
achètent la plus grande partie, recherchent la couleur plutôt que
la qualité ; ce qui fait que, malgré les inconvénients de cette
routine, on aura de la peine à y renoncer.

Les vins rouges des CREUZIERS, à 5 kil. de Lapalisse, ne
valent pas mieux que les précédents ; ils sont durs, verts et
plats. Une forte partie de la récolte est consommée à Moulins et
dans les environs; on n'en expédie qu'une petite quantité à
Paris.

VINS BLANCS.

SAINT-POURÇAIN, à 22 kil. N. de Gannat, et LA CHAISE, com-

---

(1) L'auteur d'un mémoire dans lequel j'ai puisé ces renseignements
demande quel serait le moyen de retarder la dégénération des vins. Je
crois qu'on y parviendrait en mêlant au vin, quand on le tire de la cuve,
une certaine quantité de bonne eau-de-vie ou d'esprit-de-vin : ce remède
me paraît d'autant plus sûr, que les vins ne tournent au pourri que lorsqu'ils
sont privés de spiritueux. L'addition d'esprit-de-vin aurait encore l'avantage de compléter la dissolution des résines colorantes, et le vin aurait une
plus belle couleur. On pourrait obtenir le même résultat en introduisant,
dans la cuve, du sucre ou du sirop de raisin qui, par la fermentation, se
convertiraient en *alcool*. La concentration d'une partie du moût par l'ébullition pourrait aussi produire le même effet.

mune de MONESTAY, sur la côte près de l'Allier, à 19 kil. S. de
Moulins, produisent les meilleurs ; de même que les rouges, ils
manquent de spiritueux, mais ils ont un goût agréable et sont
fort estimés pour le mélange avec les vins rouges trop colorés ;
ils leur donnent de la légèreté et tempèrent leur dureté sans
changer leur goût.

Quelques vignobles des communes de CREUZIER-LE-VIEUX et
de CREUZIER-LE-NEUF, à 5 kil. de Lapalisse, donnent des vins
qui ressemblent aux précédents et dont les meilleurs sont au
nombre des vins d'ordinaire de 3° qualité.

Les tonneaux en usage se nomment *pièces* et contiennent,
celles dites *de la Chaise,* environ 230 litres, et celles des Creuziers de 180 à 190. Les premières sont employées pour les vins
blancs, et les autres pour les vins rouges.

Les achats se font dans les vignobles mêmes. Les vins sont
embarqués dans les différents ports de l'Allier, qui les conduit à
la Loire ; ils arrivent à Paris par les canaux de Briare, de Loing
et par la Seine, et de plus en plus par le chemin de fer.

CLASSIFICATION.

Les vins rouges de Chavignol et de Sancerre, département du
Cher, de Pouilly, département de la Nièvre, et les meilleurs de
la Garenne-du-Sel, département de l'Allier, entrent dans la
5° classe comme vins d'ordinaire de 2° qualité ; ceux de Vasselay, Fussy et Saint-Amand, département du Cher, de Valançay,
de Vic-la-Moustière, de Veuil, de Latour-du-Breuil, de Concremiers et de Saint-Hilaire, département de l'Indre, ne sont que
des vins d'ordinaire de 3° ou de 4° qualité ; les autres ne
figurent que parmi les plus communs.

Les meilleurs vins blancs de Chavignol et de Saint-Satur, département du Cher, et de Pouilly, département de la Nièvre,
sont au nombre des vins d'ordinaire de 1° qualité dans la
4° classe. Tous les autres entrent dans la 5°, comme vins d'ordinaire de 2°, de 3° ou de 4° qualité et comme vins communs.

CHAPITRE XVI.

Aunis, Saintonge et Angoumois.

Ces provinces, placées sous les 45° et 46° degrés de latitude, forment les départements de la Charente-Inférieure et de la Charente, qui contiennent ensemble 213,422 hectares de vigne, dont on tire une très-grande quantité de vins peu recherchés pour la table, mais avec lesquels on fait des eaux-de-vie excellentes qui donnent lieu à un grand commerce, tant avec l'intérieur de la France qu'avec les pays étrangers.

§ I. *Département de la* CHARENTE-INFÉRIEURE, *formé de l'Aunis et d'une partie de la Saintonge; il est divisé en 6 arrondissements : la Rochelle, Jonzac, Marennes, Rochefort, Saintes et Saint-Jean-d'Angély.*

115,997 hectares de vigne, sur le territoire de 504 communes, produisent, récolte moyenne, environ 2,667,000 hectolitres de vins (rouges 407,000, blancs 2,260,000), dont près de 600,000 sont consommés par les habitants ; le surplus est converti en eaux-de-vie ou exporté en Bretagne. Lorsque les récoltes ne sont pas assez abondantes dans l'Orléanais, dans la Touraine et dans les autres vignobles qui approvisionnent Paris, cette ville en tire quelques milliers de barriques qui entrent dans les vins que l'on vend en détail.

Les cepages qui produisent les meilleurs vins sont, en rouges, le *chauché*, le *quercy* et le *dégoûtant*; en blancs, la *folle-blanche* et le *colombar* ; mais on cultive d'autres cepages inférieurs, et la plupart sont de basse qualité ; ceux de la rive droite de la Charente ont presque seuls quelque mérite comme vins d'ordinaire.

VINS ROUGES.

SAINTES, à 72 kil. S. E. de la Rochelle et 464 S. O. de Paris, a, dans son territoire et dans celui de quelques communes voisines, des vignobles assez étendus, qui donnent, surtout dans les crus que les propriétaires font valoir par eux-mêmes, des vins d'ordinaire de bonne qualité que l'on nomme *vins de borderie* ; lorsqu'ils proviennent d'une année dont la température a été favorable et qu'on les soigne bien, ils ont, après quatre ou cinq ans de garde, une saveur agréable, de la légèreté, de la chaleur et même un peu de bouquet. On cite comme les meilleurs ceux du cru de *Senouche*, commune de CHAPNIERS, à 5 kil. de Saintes, des premiers crus de FONTCOUVERTE, de BUSSAC et de LA CHAPELLE, entre 4 et 8 kil. de Saintes.

SAINT-ROMAIN, à 28 kil. S. O. de Saintes, SAUJON, à 22 kil. O. de la même ville, et LE GUA, à 17 kil. S. E. de Marennes, fournissent des vins qui ont une couleur foncée, du corps, assez de spiritueux et un bon goût ; ils acquièrent de la qualité en vieillissant et font de bons vins d'ordinaire. Pour les boire jeunes, on les mêle, à diverses portions, avec des vins blancs.

SAINT-JEAN-D'ANGÉLY, à 24 kil. N. E. de Saintes, est entouré de vignobles qui produisent des vins dont la couleur, le goût et la qualité ont de la ressemblance avec ceux des environs de Saintes, et qui jouissent de la même estime dans le pays. On préfère surtout ceux des communes de SAINT-JULIEN-DE-LESCAP, à 2 kil., des NOULLIERS, à 10 kil., et de BEAUVAIS-SUR-MATHA, à 25 kil. E. p. S. de Saint-Jean-d'Angély.

MARENNES, à 40 kil. N. O. de Saintes, SAINT-JUST, à 4 kil. de Marennes, et plusieurs autres communes de cet arrondissement, récoltent des vins d'une couleur très-foncée, mais inférieurs à ceux de Saint-Romain ; ils manquent de spiritueux ; leur couleur n'est pas franche et ne se soutient pas ; ils sont sujets à s'altérer pendant les grandes chaleurs, surtout lorsqu'ils voyagent. Le seul moyen de les garantir de cet accident est de les *viner*, c'est-à-dire de mettre sur chaque barrique 1 ou 2 veltes de bonne eau-de-vie avant de les expédier ; ce mélange complète la dissolution des résines colorantes que la faiblesse du moût a laissée imparfaite, et donne au vin le degré de spiritueux nécessaire.

LA ROCHELLE et les pays environnants fournissent des vins communs, moins chargés de couleur que les précédents, peu spiritueux, et dont la plupart ont un goût saumâtre désagréable qui provient du terroir, et plus encore d'une plante marine nommée *sarre* (varech) dans le pays, qu'on emploie pour fumer les vignes. Quelques cantons produisent du vin dit *chauché*, du nom du plant qui le fournit ; il est estimé dans le pays pour sa couleur foncée et son bon goût; on peut le conserver en bouteilles pendant 4 à 5 ans.

L'île d'OLÉRON, à 8 kil. du continent, et à 10 kil. N. O. de Marennes, produit des vins communs de l'espèce de ceux de la Rochelle et qui ont le même goût de terroir.

L'île de RÉ, qui n'est séparée de celle d'Oléron que par le détroit nommé *pertuis d'Antioche*, n'est qu'à 2 kil. de la côte et à 12 kil. O. de la Rochelle; elle fournit beaucoup de vins communs de la même espèce que les précédents, et peut-être même inférieurs en qualité.

L'île d'AIX, située entre ces deux îles, fait des vins un peu meilleurs que ceux de l'île de Ré.

VINS BLANCS.

Les meilleurs se récoltent dans les vignobles situés entre Saintes et Cognac; on cite particulièrement ceux de CHÉRAC, à 15 kil. de Saintes : ils ont du spiritueux, un goût agréable et se conservent longtemps. SURGÈRES, sur la petite rivière de Gère, à 22 kil. N. E. de Rochefort, fait des vins blancs qui ont du spiritueux et un goût agréable; ils se gardent assez longtemps et conservent leur blancheur. Quelques vignobles des environs de SAINT-JEAN-D'ANGÉLY en produisent aussi de la même qualité.

LA ROCHELLE. Les vignobles qui avoisinent cette ville produisent beaucoup de vins blancs, dont les habitants font usage pour leur consommation et dont on tire une grande quantité d'eaux-de-vie.

L'île d'OLÉRON fait quelques vins blancs préférables aux rouges, quoique bien inférieurs aux précédents : ceux de l'île de RÉ, des environs de MARENNES et de ROCHEFORT sont presque tous convertis en eaux-de-vie, seul emploi auquel ils soient propres. L'île de Ré en convertit aussi une assez forte quantité en vinaigres qui sont consommés dans le département et dans ceux limitrophes.

Les eaux-de-vie forment une branche très-importante du commerce de ce département; elles se font à 22 degrés, et la quantité que l'on en fabrique est évaluée à près de 150,000 hectolitres par an. Les vins blancs de la rive gauche de la Charente et ceux que l'on tire de la partie orientale de l'arrondissement de la Rochelle sont convertis en eaux-de-vie, qui prennent le nom d'*eaux-de-vie de Cognac*, dont elles ont une partie des qualités. Il y a de grandes fabriques et beaucoup de petites : dans toutes les communes, et même dans tous les hameaux de l'arrondissement de la Rochelle, on voit peu de propriétaires aisés qui n'aient des alambics pour distiller les vins de leur récolte. Les environs de Saint-Jean-d'Angély, de Surgères, de la Tremblade, les îles d'Oléron et de Ré en fournissent aussi une grande quantité.

Le principal commerce des vins et des eaux-de-vie se fait à la Rochelle, à Saint-Martin (île de Ré), à Château (île d'Oléron), à Tonnay-Charente, à Saintes, à Saint-Jean-d'Angély et à Surgères.

Les tonneaux en usage pour le vin se nomment *barriques* et contiennent de 215 à 225 litres : quatre barriques forment le *tonneau*, mesure usitée pour l'établissement du prix des vins et de leur transport par terre ou par mer. L'acquéreur est tenu de fournir les *barriques* ou de les payer au vendeur en sus du prix convenu pour le vin.

Les eaux-de-vie se vendent à tant les 27 veltes ou les 205^l,46 ; elles se livrent dans des tonneaux nommés *tierçons*, qui contiennent de 60 à 70 veltes, et sont fournis par le vendeur.

Expéditions. Les vins et les eaux-de-vie destinés pour l'étranger et pour le nord de la France s'expédient par mer ; ils se chargent dans les ports de la Rochelle, de Tonnay-Charente, de Rochefort, de la Tremblade, de Marennes, et dans ceux des îles d'Oléron et de Ré ; mais les principaux chargements se font dans les trois premières villes, et surtout à Tonnay-Charente. Pour l'intérieur les expéditions se font principalement par chemin de fer.

§ II. *Département de la* CHARENTE, *formé de l'Angoumois avec une partie de la Saintonge, du Poitou et de la Marche ; il est divisé en 5 arrondissements : Angoulème, Barbezieux, Cognac, Confolens et Ruffec.*

97,495 hectares de vigne, sur le territoire de 454 communes et partagés entre 92,936 propriétaires, produisent, récolte moyenne, environ 1,723,000 hectolitres de vins (rouges 648,000, blancs 1,075,000 hectol.), dont 300,000 suffisent à la consommation des habitants ; une grande partie du surplus est convertie en eaux-de-vie à 22 degrés, dont la fabrication est évaluée à

180,000 hectolitres par an. Une autre portion, choisie parmi les meilleurs vins rouges, s'exporte soit en Hollande, soit dans les départements de la Vienne, de la Vendée, des Deux-Sèvres, de la Haute-Vienne et à Rochefort pour l'approvisionnement de la marine.

Les cepages le plus généralement cultivés sont, en rouges, le *balsac*, le *dégoûtant*, le *pineau*, le *chauché* et le *maroquin*; en blancs, la *folle-blanche*, le *bouilleau*, le *blanc-doux*, le *colombar*, le *sauvignon* et le *saint-pierre*. Les grains de cette dernière espèce sont gros et peu serrés, les grappes pèsent souvent plusieurs livres. On cultive aussi quelques plants de *muscat*.

Les vins de ce département ne jouissent d'aucune réputation comme vins de table; les meilleurs ne sortent pas de la classe des vins d'ordinaire de 2ᵉ qualité; en revanche, ses vignobles fournissent des eaux-de-vie d'une qualité supérieure et qui sont recherchées sur tous les marchés de l'Europe sous le nom d'*eaux-de-vie de Cognac*. Le raisin qui fournit cette précieuse liqueur est la *folle-blanche*, dont le fruit produit un vin blanc dénué d'agrément, mais très-spiritueux. L'eau-de-vie que l'on tire des vins rouges est inférieure et n'a pas la douceur et le bouquet que l'on estime dans celle qui provient des vins blancs. Dans les bonnes années, le vin donne le cinquième de son volume en eau-de-vie de 4 à 5 degrés du pèse-liqueur de *Tessa*, ce qui fait de 22 à 23 1/2 degrés à l'aréomètre de *Bartier*; dans les mauvaises années, au contraire, il faut jusqu'à neuf, dix et même onze parties de vin pour en faire une d'eau-de-vie. La distillation se fait, dans chaque vignoble, chez les propriétaires, qui ont tous des chaudières plus ou moins grandes, selon leurs besoins (bouilleurs de cru).

Les cantons qui fournissent les meilleures eaux-de-vie sont la contrée nommée CHAMPAGNE, qui comprend une partie des arrondissements de Saintes et de Jonzac, dans le département de la Charente-Inférieure, et celui de Cognac, dans la Charente; le territoire de COGNAC, celui de JARNAC, sur la rive droite de la Charente, à 8 kil. de Cognac; ROUILLAC, à 20 kil. N. E. de Cognac; AIGRE, à 26 kil. de Ruffec. Toutes les eaux-de-vie de ce département et celles de quelques cantons du département de la Charente-Inférieure figurent dans le commerce sous le nom d'*eaux-de-vie de Cognac*, et participent plus ou moins des qualités de celles des crus que je viens de citer.

VINS ROUGES.

Les vignobles qui fournissent les meilleurs sont ceux de
SAINT-SATURNIN, d'ASNIÈRES, de SAINT-GENIS, de LINARS, de
MOULIDARS, canton d'Hiersac; de FOUQUEBRUNE, de GARDES,
de BLANZAC, dans celui de Valette; de VARS, de MONTIGNAC,
canton de Saint-Amant-de-Boixe; de SAINT-SERNIN, VOUTHON
et MARTHON, canton de Montbron; de MORNAC, de la COURONNE-
LA-PALUD, de ROULET et de NERSAC, situés dans un rayon de
20 à 25 kil. d'Angoulême; ceux de CHASSORS et de JULIENNE,
canton de Jarnac, arrondissement de Cognac, et de plusieurs
cantons des arrondissements de CONFOLENS et de BARBEZIEUX.
Les côtes qui sont bien exposées et plantées de bonnes espèces
de raisins donnent des vins spiritueux d'une belle couleur et
d'un bon goût, qui peuvent être mis au rang des vins d'ordinaire de 2ᵉ et de 3ᵉ qualité. Quelques propriétaires de Saint-
Saturnin et de plusieurs petits coteaux des autres communes
font des vins de fort bonne qualité, mais il y en a si peu que
l'on n'en trouve jamais dans le commerce. Les vins communs,
très-chargés en couleur, épais, pâteux et âpres, sont néanmoins
assez solides et supportent le transport.

VINS BLANCS.

Les vignobles déjà cités fournissent quelques vins blancs
agréables qui se consomment dans le pays.

Le canton dit de la CHAMPAGNE, près Cognac, produit des
vins blancs de bon goût et très-spiritueux; ils restent doux fort
longtemps.

On fait, dans les environs de COGNAC, un vin de liqueur dit
des *Grandes-Borderies*, qui a de la réputation dans le pays.
On le prépare avec des raisins du plant nommé *colombar*, qu'on
laisse sur le cep jusqu'après les premières gelées.

Le principal commerce des vins et des eaux-de-vie se fait à
Angoulême, à Rouillac, à Cognac et à Jarnac; ces deux dernières villes sont les principaux entrepôts des eaux-de-vie, que
l'on y prépare suivant le goût de chaque pays.

Les tonneaux en usage pour le vin se nomment *barriques* et
contiennent 27 veltes ou 205ˡ,46. Les eaux-de-vie se vendent à
la même mesure de 27 veltes et s'expédient dans des tonneaux

de diverse capacité; les plus usités se nomment *tierçons* et contiennent de 64 à 70 veltes : on emploie aussi des *sixains* ou barriques de 30 à 40 veltes.

Expéditions. Angoulême, Cognac et Jarnac expédient une partie de leurs eaux-de-vie, par la Charente, à Tonnay-Charente et à Rochefort, département de la Charente-Inférieure, où elles sont chargées sur les navires de toutes les nations; une autre partie des chargements se fait à Angoulême, ville située sur le chemin de fer de Paris à Bordeaux. La construction de nouvelles voies ferrées dans les deux Charentes doit tendre à modifier encore le mode d'expédition en faveur des chemins de fer.

CLASSIFICATION.

Les meilleurs vins rouges de Saintes, de Chepniers, de Fontcouverte, de Bussac, de la Chapelle, de Saint-Romain, de Saujon, du Gûa, de Saint-Julien-de-Lescap, des Noulliers et de Beauvais-sur-Matha, département de la Charente-Inférieure ; de Saint-Saturnin, d'Asnières, de Saint-Genis, de Linars, de Moulidars et de plusieurs autres communes des cinq arrondissements du département de la Charente peuvent entrer dans la 5° classe comme vins d'ordinaire de 2° et de 3° qualité ; ceux de Saint-Jean-d'Angély, de Marennes, de Saint-Just, de la Rochelle, ainsi que des îles d'Oléron et de Ré, département de la Charente-Inférieure, figurent presque tous parmi les vins communs.

Les vins blancs de Chérac, de Surgères et de quelques crus des environs de Saintes et de Saint-Jean-d'Angély, département de la Charente-Inférieure, et ceux de la Champagne, département de la Charente, entrent aussi dans la 5° classe, les uns comme vins d'ordinaire de 2°, de 3° ou de 4° qualité, les autres comme vins communs.

CHAPITRE XVII.

Limosin et Marche.

Ces provinces, placées sous les 45° et 46° degrés de latitude, forment les trois départements de la Haute-Vienne, de la Corrèze et de la Creuse ; les deux premiers contiennent ensemble 19,877 hectares de vigne qui ne produisent que des vins communs. Le département de la Creuse n'a pas de vignobles.

§ I. *Département de la* HAUTE-VIENNE, *formé du haut Limosin et divisé en 4 arrondissements : Limoges, Bellac, Rochechouart et Saint-Yrieix.*

Le sol et la température de ce département semblent également se refuser à la culture de la vigne : on en voyait autrefois des champs très-considérables aux environs de Limoges ; il n'en existe plus aujourd'hui que dans la partie occidentale du département, sur quelques coteaux de la Vienne, du Vincou et de la Gartempe. Les communes qui en cultivent le plus sont celles d'ISLE, d'AIXE et de VERNEUIL, entre 3 et 10 kil. O. de Limoges, de BELLAC, SAINT-BONNET, LA CROIX, PEYRAC, le PONT-SAINT-MARTIN, DARNAC, SAINT-OUEN, le DORAT, MAGNAC-LAVAL, DOMPIERRE, RANÇON et BUSSIÈRE-BOFFY, arrondissement de Bellac ; de ROCHECHOUART, SAINT-JUNIEN, CHAILLAC, SAINT-VICTURNIEN, SAINT-BRICE et SAINT-MARTIN-DE-JUSSAC, arrondissement de Rochechouart. Il n'y a pas de vignobles dans celui de Saint-Yrieix. Les plants le plus généralement cultivés sont le *pineau noir* et le *blanc*, le *sauvignon*, la *folle-blanche* et l'*augustine-blanche*. On rencontre dans les jardins le *muscat blanc* et le *violet*, le *malvoisie* et le *chasselas*.

Les vignobles occupent 3,137 hectares de terrain et produisent, récolte moyenne, environ 41,000 hectolitres de petits vins plats (rouges 20,000, blancs 21,000), plutôt doux que verts, et qui sont sujets à tourner pendant la canicule. Comme ils ne suffisent pas pour les besoins du pays, on en tire, chaque année,

12

environ 140,000 hectolitres des départements de la Corrèze, du Lot, de la Dordogne et de la Charente.

Les vins se vendent à la *velte*, qui vaut 7 pintes du pays ; la *pinte* varie de capacité dans chaque canton et contient depuis 1 litre 7/10 jusqu'à 2 litres. Les tonneaux en usage se nomment *barriques* et n'ont aucune grandeur déterminée, parce que l'on n'emploie que ceux qui ont servi à l'importation des vins qu'on a tirés des autres pays.

§ II. *Département de la* CORRÈZE, *formé de la partie méridionale du Limosin et divisé en 3 arrondissements : Tulle, Brives et Ussel.*

16,740 hectares de vigne, sur le territoire de 99 communes, produisent, récolte moyenne, environ 291,000 hectolitres de vins (rouges, 268,000, blancs 23,000), dont 150,000 suffisent à la consommation du pays ; le surplus est exporté dans les départements de la Creuse et de la Haute-Vienne. Dans les années abondantes, on convertit une partie des vins communs en eaux-de-vie, dont les principales distilleries sont à Tulle et aux environs. L'arrondissement d'Ussel et la partie septentrionale de ceux de Tulle et de Brives n'ont pas de vignobles : on n'y cultive que des treilles , et uniquement pour en manger le fruit, qui, dans plusieurs cantons, arrive souvent à peine à l'état de verjus.

Aucun des vins de ce pays ne jouit d'une haute réputation ; on cite cependant quelques crus de la partie sud-ouest du département comme produisant de fort bons vins d'ordinaire de 2ᵉ qualité : tels sont ceux des côtes d'ALLASSAC, SAILLAC, DONZENAC, VARETS et SYNEX, entre 7 et 12 kil. de Brives ; ils ont une couleur convenable, un bon goût et assez de spiritueux. On met au second rang ceux des vignobles de MEISSAC, de SAINT-BAZILE, de QUEYSSAC, de NONARDS, de PUY-D'ARNAC et de BEAULIEU, entre 14 et 28 kil. de Brives; enfin ceux d'ARGENTAT, à 22 kil. S. E. Tulle. Ces vins, bien choisis, se conservent et s'améliorent en vieillissant. Les vins communs manquent de spiritueux, et sont peu propres à la distillation ; il en faut ordinairement 9 pièces pour faire 1 pièce d'eau-de-vie.

Les environs d'ARGENTAT fournissent des vins blancs capiteux, petillants et assez agréables. Quelques propriétaires font, pour leur usage, du vin de *paille*, qui est doux et agréable après quelques années de garde.

Le principal commerce des vins se fait à Brives ; celui des
eaux-de-vie à Tulle, d'où elles s'expédient principalement pour
Bordeaux.

§ III. *Département de la* CREUSE, *formé de la haute Marche et de*
quelques parties du Berry, du Bourbonnais, de l'Auvergne, et
du bas Limosin, divisé en 4 arrondissements : Guéret, Aubusson,
Bourganeuf et Boussac.

Ce département n'a pas de vignobles ; quelques propriétaires
ont essayé des plantations, mais avec si peu de succès, qu'ils
n'ont pas eu d'imitateurs. On ne rencontre aujourd'hui la vigne
que dans les jardins ou contre les murailles des maisons ; les
fruits qu'on en obtient parviennent rarement à leur maturité.
Ce pays tire des départements voisins les vins nécessaires à sa
consommation.

CLASSIFICATION.

Les meilleurs vins rouges d'Allassac, Saillac, Donzenac,
Varets et Synex, département de la Corrèze, entrent dans la
5° classe, comme vins d'ordinaire de 2°, de 3° et de 4° qualité ;
les autres ne figurent que parmi les vins les plus communs. Les
blancs d'Argentat entrent aussi dans la 5° classe comme vins
d'ordinaire de 3° qualité. Les vins de paille du même vignoble
se rangent dans la 3° classe des vins de liqueur.

CHAPITRE XVIII.

Auvergne, Velay et Forez.

Ces provinces, situées sous le 45° degré de latitude et les 20°
et 21° de longitude, forment aujourd'hui les départements du
Puy-de-Dôme, de la Loire, du Cantal et de la Haute-Loire,
contenant ensemble 37,184 hectares de vigne, qui produisent
des vins dont fort peu ont de la réputation ; leur principal mé-

rite est de faire un bon effet dans le mélange avec d'autres vins.
Suivant Apollonius, l'Auvergne avait déjà de beaux vignobles du
temps des Romains.

§ I. *Département du* Puy-de-Dôme, *formé de la basse Auvergne,
du Velay et de quelques communes du Bourbonnais; il est divisé
en 5 arrondissements : Clermont-Ferrand, Ambert, Issoire,
Riom et Thiers.*

28,529 hectares de vigne, sur le territoire de 198 communes,
produisent, récolte moyenne, environ 778,000 hectolitres de
vins (rouges 751,000, blancs 27,000), dont à peu près 200,000
sont consommés par les habitants ; une faible portion est convertie en eaux-de-vie dans les distilleries de Clermont ; le surplus est livré au commerce.

Les cepages préférés pour la qualité et l'abondance de leurs
produits sont, dans l'ordre de leur mérite, en rouges, le *magrot,*
le *fromental,* le *bordelais,* le *meister,* le *bru,* le *mancex,* l'*agrier,*
le *vermeil,* le *picard,* le *pic-poule,* le *périgord ;* en blancs, l'*œil-
de-perdrix,* la *blanque-donzelle,* le *bécudel,* le *fumat,* le *mancez*
et le *bouillant.*

Les vins d'Auvergne, en général très-précoces, ne supportent
le transport que pendant la première année de leur récolte, encore sont-ils sujets à s'altérer quand on les fait voyager pendant
les grandes chaleurs de l'été ; ils ont peu de spiritueux et se
conservent rarement plus de deux ans lorsqu'ils ont voyagé.
Quand plusieurs récoltes abondantes se succèdent, les vins communs sont presque sans valeur, et les propriétaires, forcés de
les garder, les voient souvent s'altérer dès la première année,
au point de n'en tirer aucun produit. Des expériences faites en
1820, et auxquelles j'ai pris part, m'ont prouvé que l'addition
de 6 pour 100 d'eau-de-vie à 21 degrés donne à ces vins le spiritueux nécessaire pour se conserver en tonneaux pendant plus
de quatre ans sans éprouver la moindre altération. Ce mélange
augmente leur qualité et soutient leur couleur. Une pièce de
vin, traitée de cette manière et collée avec ma poudre n° 1,
le 27 mars 1821, est restée sur cette colle jusqu'au 28 avril 1824
sans éprouver d'altération. D'autres expériences ont aussi
prouvé que les vins que l'on colle dans les foudres, et qu'on
laisse ainsi sans les soutirer, se conservent mieux et plus longtemps que les autres. Un propriétaire qui suit cette méthode m'a

assuré que tous les vins de son canton s'étaient altérés et que les siens, seuls, avaient conservé toute leur qualité. Les vins d'Auvergne font un bon effet dans le mélange et s'allient bien avec tous les autres vins.

Au sortir de la cuve, les vins de ce pays sont logés dans des foudres, où ils se conservent assez longtemps et dont on ne les tire que pour les livrer aux acquéreurs : on les met alors dans des tonneaux neufs, qui souvent n'ont pas subi les préparations nécessaires pour ôter au bois son astriction, d'où il résulte que le vin, qui a cessé de fermenter et se trouve séparé de sa lie, est bien plus susceptible de contracter un mauvais goût et de perdre quelques-unes de ses parties essentielles. On éviterait cet inconvénient si l'on rinçait les tonneaux avec 2 ou 3 litres de bonne eau-de-vie, que l'on pourrait même ne pas retirer. J'ai donné de plus grands détails sur la préparation des tonneaux dans la 4ᵉ édition de mon *Manuel du sommelier*, page 21 et suivantes. Un propriétaire m'a dit avoir fait des expériences qui lui ont prouvé que les vins d'Auvergne seraient plus spiritueux si l'on pouvait décider les vignerons à suivre de meilleurs procédés de fabrication, et surtout à les laisser fermenter moins longtemps dans la cuve, où ils contractent un goût de *grappe* désagréable.

VINS ROUGES.

Première classe.

CHANTURGUE. Un vignoble situé sur la montagne de ce nom, à 5 kil. O. de Clermont-Ferrand, donne du vin léger, délicat et d'un goût agréable ; lorsqu'il provient d'une bonne année et qu'on le conserve pendant deux ou trois ans dans le pays, il acquiert de la finesse et du parfum : on assure qu'il a alors toutes les qualités et même le goût des vins de 3ᵉ classe du Bordelais, et que le propriétaire le vend ordinairement 3 fr. la bouteille ; mais, comme il ne peut pas supporter les voyages, on le consomme en totalité dans le pays.

Deuxième classe.

CHATELDON et RIS, à 12 kil. N. de Thiers, fournissent des vins d'une couleur pâle, qui sont légers, délicats, très-spiritueux

et acquièrent en bouteille un bouquet agréable, mais peu prononcé; ceux de Châteldon, dits *vins gris*, sont comparables aux
vins de 2ᵉ qualité de Joigny, département de l'Yonne; ceur de
Ris ont une couleur un peu plus foncée, sont d'abord moins délicats; mais ils ont le même degré de spiritueux et d'agrément :
ils supportent mieux le transport que ceux de Châteldon.

Troisième classe.

MARIOL, le LACHAU, CALVILLE et quelques autres vignobles
voisins de Thiers produisent des vins légers, spiritueux et agréables, parmi lesquels on préfère ceux de Mariol.

La CHAUX, à 15 kil. de Thiers, les MARTRES, AUTHEZAT, MON-
TON et VIC-LE-COMTE, entre 14 et 18 kil. de Clermont; MONT-
PEYROUX et COUDES, 9 kil. d'Issoire, produisent des vins d'une
couleur foncée, assez spiritueux, d'un bon goût, et surtout très-
précoces; ils sont un peu épais et pâteux; mais, mêlés avec des
blancs et surtout avec ceux de l'Anjou, ils font des vins d'ordinaire fort agréables; si l'on y ajoute de bons vins du Languedoc ou de Cahors, ils imitent les vins d'ordinaire de 3ᵉ qualité
du Mâconnais.

NECHERS, ISSOIRE et quelques autres crus de l'arrondissement
dont cette dernière ville est le chef-lieu; COURNON, LANDES,
ORCET, LEZANDRE, MÉZEL, DALLET et PONT-DU-CHATEAU,
entre 4 et 12 kil. de Clermont, font des vins qui diffèrent peu
des précédents. BEAUMONT et AUBIÈRE, à 2 et 3 kil. S. et S. E.
de Clermont, ainsi que presque tous les vignobles que je n'ai pas
cités, ne font que des vins communs, grossiers, pâteux et dénués
de spiritueux.

VINS BLANCS.

CORENT, à 14 kil. S. E. de Clermont, fournit, en petite quantité, de très-jolis vins blancs, qui ont du spiritueux et un bon
goût. Mis en bouteilles au mois de mars qui suit la récolte, ils
moussent comme le champagne et conservent pendant un an le
goût légèrement liquoreux qui les caractérise et contribue à les
rendre très-agréables.

CHAURIAT, à 14 kil. E. de Clermont, fournit aussi des vins
blancs assez bons, mais inférieurs aux précédents; ils sont faits
avec des raisins rouges que l'on presse en sortant de la vigne :

chaque propriétaire aisé en prépare pour son usage, et, si quelques-uns en font une plus grande quantité, ils les vendent le double du prix fixé pour les vins rouges.

Le commerce se fait dans les vignobles mêmes. Les propriétaires conservent leurs vins dans des *foudres*, qui contiennent depuis 120 jusqu'à 240 veltes, ou de 912 à 1,824 litres; ils ne les tirent de ces grands tonneaux que pour les livrer aux acheteurs, qui sont tenus de fournir ceux dans lesquels ils veulent les transporter.

Le vin se vend au *pot*, qui contient 14 litres 75 centilitres. Les tonneaux en usage pour transporter les vins se nomment *pièces;* ils varient de capacité depuis 17 pots jusqu'à 21 pots : le nombre en est marqué de la manière suivante sur le fond du tonneau.

Le rond vaut 12 pots;

Le Λ renversé vaut 5 pots;

Chaque barre placée entre les branches vaut 1 pot;

Et quatre barres placées horizontalement sous le tout valent 1/2 pot. Ces marques, mises sur le fond d'une pièce, indiqueraient qu'elle contient 20 pots 1/2. La même marque est également employée dans tous les vignobles de l'Auvergne; mais, à Châteldon, à Ris, à Mariol et, en général, dans la basse Auvergne, le rond ne vaut que 10 pots au lieu de 12.

Les vins se chargent sur l'Allier, qui traverse les principaux vignobles. Les ports de chargement sur cette rivière sont Issoire, Coudes, les Martres, Cournon, Dallet et Pont-du-Château. Les vins de Ris, Châteldon et Mariol se chargent à Ris et au Puy-Guillaume, sur la Dore, qui les conduit à l'Allier, et celle-ci à la Loire, qu'ils descendent jusqu'au canal de Briare qui les conduit à Buge, où ils entrent dans le canal de Loing; ils arrivent ensuite à Paris par la Seine.

§ II. *Département de la* LOIRE, *formé du Forez et d'une partie du Beaujolais; il est divisé en 3 arrondissements : Montbrison, Roanne et Saint-Etienne.*

12,673 hectares de vigne, sur le territoire de 236 communes, produisent, récolte moyenne, environ 270,000 hectolitres de vin (rouge 261,000, blanc 9,000), dont environ 120,000 sont consommés par les habitants; le surplus est livré au commerce d'exportation. L'arrondissement de Saint-Etienne tire une

partie de sa consommation des départements du Rhône et de
l'Ardèche.

VINS ROUGES.

Première classe.

LUPÉ, CHUYNES, CHAVENAY, SAINT-MICHEL-SOUS-CONDRIEU et
SAINT-PIERRE-DE-BOEUF, dans un rayon de 20 à 24 kil. de Saint-
Etienne, et BOEN, à 24 kil. N. de Montbrison, ont des vignobles dont
on tire des vins qui joignent à une belle couleur du corps beaucoup de spiritueux, et même un bouquet agréable : ce sont de
bons vins d'ordinaire de 1re qualité ; la majeure partie en est envoyée à Lyon, et le surplus à Saint-Etienne.

Deuxième classe.

Les vignobles que j'ai cités dans la 1re classe fournissent aussi
des vins qui ne peuvent entrer que dans celle-ci comme vins
d'ordinaire de diverses qualités et comme vins communs.

RENAISON, à 11 kil. de Roanne, récolte, sur la côte du même
nom, des vins d'une couleur foncée, assez spiritueux et de bon
goût, mais épais et pâteux.

SAINT-ANDRÉ-D'APCHON, SAINT-HAON-LE-CHATEL et quelques
autres vignobles de la rive gauche de la Loire, à l'ouest de
Roanne, produisent des vins de la même espèce, qui sont connus dans le commerce sous le nom de *vins de Renaison.* Lorsque la récolte est abondante et de bonne qualité, on en expédie
une certaine quantité à Paris, où ils entrent dans les mélanges
et donnent aux vins communs, qui se vendent en détail, un goût
qui plaît généralement aux consommateurs. Les vins de *Renaison* sont précoces, rarement fermes, et s'allient avec tous les
autres vins sans les dénaturer ; mais ils ne sont presque jamais
agréables à boire purs, et se conservent difficilement plus de
deux ans lorsqu'ils ont voyagé.

CHARLIEU, à 14 kil. N. E. de Roanne, fournit des vins très-
communs, dont il se fait aussi quelques expéditions pour Paris.
Ils sont, en général, plus fermes que ceux de Renaison ; bien
choisis et d'une année dont la température a été favorable à la
vigne, ils ont une belle couleur, un bon goût, assez de spiri-

tueux, mais toujours de la dureté. Comme on les met dans des tonneaux qui ressemblent à ceux du Mâconnais, on les vend assez généralement sous le nom des vins communs de ce pays. Ils ont l'avantage de se conserver plus longtemps que ceux de Renaison.

VINS BLANCS.

Le CHATEAU-GRILLET, propriété isolée, à 2 kil. de Condrieu, département du Rhône, au-dessous de Saint-Michel-sous-Condrieu, et à 26 kil. E. de Saint-Etienne, produit un vin blanc vif, très-spiritueux, d'un goût fort agréable, qui a de la séve et un joli bouquet; il est, dans son genre, l'un des meilleurs de France; on le préfère à celui de Condrieu, département du Rhône, avec lequel il a de la ressemblance. Ce vin est liquoreux quand on le fait, et reste tel pendant un ou deux ans; mais, après avoir perdu cette qualité, il est plutôt sec que doux.

SAINT-MICHEL-SOUS-CONDRIEU, LA CHAPELLE et CHUYNES, entre 20 et 24 kil. E. de Saint-Etienne, fournissent des vins du genre des précédents, mais inférieurs en qualité. Les autres vignobles du même canton produisent aussi quelques vins blancs, qui diffèrent plus ou moins, par leur qualité, de ceux que je viens de citer.

Les tonneaux en usage dans le canton de Pélussin se nomment *tonneaux-de-trois-années*, et contiennent de 260 à 270 litres; ceux de Charlieu, 28 veltes ou 213 litres, et ceux de Renaison de 198 à 200 litres.

Il n'y a pas de distillerie dans ce département, les vins qu'on pourrait y employer n'étant susceptibles de fournir que très-peu d'eau-de-vie.

§ III. *Département du* CANTAL, *formé de la haute Auvergne et d'une partie du Velay; il est divisé en 4 arrondissements : Aurillac, Mauriac, Murat et Saint-Flour.*

353 hectares de vigne, sur le territoire de 11 communes, et produisent, récolte moyenne, environ 8,000 hectolitres de vin de la plus mauvaise qualité, et qui est consommé sur les lieux. Les personnes aisées tirent des départements de la Corrèze, de l'Aveyron, du Lot et du Puy-de-Dôme des vins de meilleure qualité pour leur consommation.

§ IV. *Département de la* HAUTE-LOIRE, *formé du Velay, d'une partie de la basse Auvergne et de quelques communes du Gévaudan, du Vivarais et du Forez; il est divisé en 3 arrondissements: le Puy, Brioude et Yssingeaux.*

5629 hectares de vigne, sur le territoire de 104 communes, produisent, récolte moyenne, environ 144,000 hectolitres de vins de basse qualité (rouges 133,000, blancs 11,000) qui ne suffisent pas à la consommation des habitants; ils tirent le surplus de leur approvisionnement du Languedoc, des côtes du Rhône et de la Bourgogne.

Les vignobles qui fournissent les vins les moins mauvais sont situés dans les cantons de BAS et de MONISTROL arrondissement d'Yssingeaux, de BRIOUDE, d'AZON et de LA VOUTE, arrondissement de Brioude, enfin de VAUREY, arrondissement du Puy. Il se fait aucune exploitation des vins de ce pays.

CLASSIFICATION.

Les vins rouges de Chanturgue, département du Puy-de-Dôme, entrent comme vins fins dans la 3e classe; ceux de Châteldon et de Ris, même département, ne peuvent être mis que dans la 4e, avec ceux de Lupé, de Chuynes, de Chavenay, de Saint-Michel, de Saint-Pierre-de-Bœuf et de Boen, département de la Loire.

Mariol, le Lachau, Calville, la Chaux, les Martres, Authezat, Monton, Vic-le-Comte, Montpeyroux, Coudes, Nechers, Issoire, Cournon, Landes, Orcet, Lezandre, Mézel, Dallet, Pont-du-Château, Beaumont, Aubière, etc., département du Puy-de-Dôme ; Renaison, Saint-André-d'Apchon, Saint-Haon-le-Châtel et Charlieu, département de la Loire, fournissent des vins qui se rangent dans la 5e classe, les uns parmi ceux d'ordinaire de 2e, de 3e ou de 4e qualité, les autres parmi les vins communs.

VINS BLANCS.

Ceux de Château-Grillet, département de la Loire, sont compris dans les vins de 1re classe ; ceux de Saint-Michel-sous-Condrieu, de la Chapelle et de Chuynes, dans la 3e classe. Les vins blancs de Corent, département du Puy-de-Dome, entrent dans la 4e comme vins d'ordinaire de 1re qualité ; et ceux de Chauriat, même département, parcourent les différents degrés de la 5e.

CHAPITRE XIX.

Dauphiné et Lyonnais.

Ces provinces sont placées sous le 45ᵉ degré de latitude ; le Dauphiné forme les départements de l'Isère, des Hautes-Alpes et de la Drôme. Le Lyonnais fait partie du département du Rhône, dont le surplus, formé du Beaujolais, a été réuni au Mâconnais, département de Saône-et-Loire, dans le § III du chap. XI, p. 114, parce que les vins de ces deux pays ont beaucoup de ressemblance entre eux, et qu'ils sont connus dans le commerce sous le même nom. Ainsi le Lyonnais figurera seul ici dans le paragraphe consacré au département du Rhône.

Les pays réunis dans ce chapitre contiennent ensemble 70,415 hectares de vigne, qui produisent des vins parmi lesquels plusieurs jouissent d'une haute réputation. Ceux des environs de Vienne étaient déjà renommés du temps des Romains : Pline et Plutarque en font l'éloge, et disent qu'ils avaient un goût de poix, que l'on aimait à Rome. Martial en parle dans ses épigrammes et dit :

> *Hæc de vitiferá venisse picata Vienná :*
> *Ne dubites misit Romulus ipse mihi.*

Le goût que ces vins avaient alors provenait sans doute de ce qu'on les transportait dans des outres enduites intérieurement avec de la poix.

§ I. *Partie du département du* RHÔNE, *formée du Lyonnais, dont le chef-lieu est Lyon.*

Le département du Rhône contient 51,896 hectares de vigne, qui produisent, récolte moyenne, environ 991,000 hectolitres de vin. Ayant compris l'arrondissement de Villefranche dans le paragraphe consacré au département de Saône-et-Loire, p. 140, l'arrondissement de Lyon, que je présente seul ici, n'a que 44,896 hectares de vigne, qui produisent, récolte moyenne, envi-

ron 410,000 hectolitres de vins (rouges 358,000, blancs 52,000),
dont plus de 200,000 sont consommés par les habitants ; le surplus est livré au commerce. Ces vins sont, en général, très-
solides, et supportent parfaitement le transport par mer.

VINS ROUGES.

Première classe.

La *Côte-Rôtie*, territoire d'Ampuis, à 28 kil. S. de Lyon, dans
le canton de Sainte-Colombe. Les cepages nommés *serine-noire*
et *vionnier blanc* sont les seuls cultivés dans ce vignoble. Les
vins que produisent deux côtes nommées *Côte-Rôtie brune* et
Côte-Rôtie blonde ont du corps, du spiritueux, de la finesse,
une séve et un parfum très-agréables. Ils ont besoin de rester en
tonneaux trois ou quatre ans, pour acquérir la maturité convenable ; mis ensuite en bouteilles, ils y gagnent encore de la
qualité pendant nombre d'années.

Deuxième classe.

Verinay, entre Sainte-Colombe et Ampuis, produit des vins
de la même espèce que ceux de Côte-Rôtie, et qui se présentent
dans le commerce sous le même nom ; ils sont considérés comme
formant la deuxième qualité de ces vins.

Troisième classe.

Sainte-Foy, à 3 kil. de Lyon ; les Barolles, à 8 kil. S. O.,
et Millery, à 12 kil. S. de la même ville, fournissent des vins
plus légers que les précédents, moins corsés, assez spiritueux et
d'un goût agréable ; ils ne sont mûrs qu'après cinq ou six ans
de conservation en tonneaux ; mais ensuite en bouteilles, ils acquièrent de la qualité et un parfum qui participe de celui de la
framboise, et se conservent fort longtemps. On distingue à Millery ceux des clos nommés la *Galée* et la *Maladière*. On fait dans
tous les vignobles des vins de deux qualités bien distinctes.
Ceux des propriétaires dont les vignes sont peuplées de bons
cepages qui produisent peu ont de la qualité ; mais ceux qui

proviennent du cepage nommé *persaigue*, qui produit beaucoup, sont communs et d'une couleur foncée.

IRIGNY et CHARLY, à 8 kil. S. de Lyon, et en général tous les vignobles qui bordent le Rhône, produisent des vins qui ont une belle couleur, du spiritueux et un bon goût.

CURIS, POLEYMIEUX et COUZON, canton de Neuville, à 8 kil. de Lyon, et les coteaux qui bordent la Saône, donnent beaucoup de vins, parmi lesquels on distingue ceux du clos *Garnier*, à Curis, et de quelques autres crus, comme fort bons lorsqu'ils ont été gardés pendant quelques années. Jeunes, ils sont presque tous verts et liquoreux. Les vins communs sont grossiers, acerbes, et ont un goût de terroir désagréable.

VINS BLANCS.

CONDRIEU, à 32 kil. S. de Lyon, donne des vins qui ont un fort bon goût, du corps, du spiritueux, de la séve et un bouquet très-suave; ils se conservent longtemps et prennent, en vieillissant, une teinte ambrée : on en récolte du même genre dans plusieurs vignobles voisins; mais ils sont inférieurs à ceux de Condrieu, sous le nom desquels ils se vendent ordinairement.

Le principal commerce des vins se fait à Lyon, d'où ils s'expédient par le Rhône, la Saône, les canaux et les chemins de fer.

Les tonneaux en usage se nomment *bareilles*, et contiennent de 210 à 215 litres. L'ancienne mesure de Condrieu se nomme *vase* et contient 76^l,17. Dans quelques communes, le vin se vend à l'*asnée*, qui, à Lyon, est de 93 litres.

§ II. *Département de l'*ISÈRE, *formé de la partie septentrionale du Dauphiné et divisé en 4 arrondissements : Grenoble, Saint-Marcellin, la Tour-du-Pin et Vienne.*

Le Rapport au Roi, du 15 mars 1830, n'indique ni l'étendue des vignobles ni leur produit; il motive cette lacune par une observation ainsi conçue : *Dans ce département, la vigne, en général, est plantée au pied des arbres et grimpe dans les branches. Le sol est consacré à une autre culture. Il n'a donc été possible d'indiquer ni le nombre d'hectares plantés ni le produit par hectare.* Cependant un état dressé à la régie des droits réunis 1° d'après les inventaires faits de chaque récolte depuis 1804 jusqu'en 1808 inclus; 2° d'après les évaluations faites depuis 1809 jusqu'en 1811 inclus; 3° enfin l'état envoyé par le préfet après la récolte de 1812 : le produit moyen de ces neuf années donne, pour chacune d'elles, 408,282 hectolitres de vin. Le nombre d'hectares de vigne indiqué par la régie est de 18,028 hectares et celui indiqué par le préfet en 1812 est de 21,028 hectares; mais des renseignements recueillis en 1824 portent la quantité des terrains plantés en vignes à 10,660 hectares, et leur produit à 369,000 hectolitres. Cette dernière évaluation donne lieu de croire que les terrains employés à d'autres cultures ont été déduits de la quantité d'hectares précédemment annoncée et que le produit indiqué est au-dessous de celui coté dans les inventaires faits par la régie de 1804 à 1808 inclus, mais dans lesquels on a pu comprendre des vins restants des années précédentes. La statistique agricole de 1852-1862 compte 26,091 h. produisant 649,000 hectol. de vin rouge et 9,000 hectol. de vin blanc, mais cette même statistique évalue à 392,000 fr. les produits accessoires de la vigne. La consommation des habitants absorbe la presque totalité des récoltes; cependant il se fait quelques exportations.

La vigne était déjà cultivée dans ce pays du temps de Pline, et fournissait des vins que l'on estimait à Rome. Les principaux vignobles sont sur la rive droite de l'Isère, et ceux qui produisent les meilleurs vins sont dans l'arrondissement de Vienne. Ce département a trois espèces de vignes, celles plantées de ceps hautains, qui grimpent sur des arbres, particulièrement des érables; celles en espaliers hauts ou en treilles; enfin les vignes basses : ces dernières donnent les meilleurs vins; mais, comme elles en produisent moins que les autres, leur nombre diminue chaque année. Les vins des coteaux, la plupart très-chauds et de bonne qualité, se conservent longtemps et supportent parfaitement les voyages par terre et par mer. Les cepages qui peuplent les bons crus se nomment, dans le pays, la *serine* et le *vionnier*.

VINS ROUGES.

Première classe.

VIENNE, à 24 kil. S. de Lyon et 497 kil. S. E. de Paris, récolte, sur les coteaux qui l'entourent au nord, des vins qui ont du corps, du spiritueux et un bon goût, parmi lesquels on distingue ceux du vignoble nommé la *Porte-du-Lyon*. Ils sont presque tous consommés à Vienne et à Lyon.

Reventin, à 6 kil. S., et Seyssuel, à 4 kil. N. de Vienne, donnent des vins qui ont du corps, du spiritueux et une légère odeur de violette qui les rend agréables.

Deuxième classe.

Saint-Chef, Saint-Savin, Jailleu et Ruy, canton de Bourgoin, entre 8 et 12 kil. de la Tour-du-Pin, ont des coteaux qui produisent les meilleurs vins de cet arrondissement.

Saint-Verand, à 8 kil. de Vienne, a, dans son territoire, le vignoble nommé les *Roches*, dont on tire des vins d'ordinaire qui ont une belle couleur, du corps et un fort bon goût; ils gagnent à vieillir et supportent bien les voyages. Quelques autres communes du même arrondissement en produisent de semblables.

Vienne. Les coteaux qui sont au levant de la petite plaine du *Plan-de-l'Aiguille* fournissent aussi d'assez bons vins; mais les vignes que l'on a plantées dans cette plaine n'en donnent que de bien inférieurs.

La vallée de Grésivaudan contient des vignobles assez considérables sur les deux rives de l'Isère, entre Chapareillan et Grenoble. On y cultive principalement des ceps hautains. Les communes de Jarrie-Haute, de Lambin, de Crolles et de la Terrasse, entre 8 et 24 kil. de Grenoble, sur la rive droite, celles de Grignon et de Saint-Maximin, sur la rive gauche, fournissent les meilleurs vins; ils sont d'abord verts et grossiers; mais, en vieillissant, ils perdent ces défauts et font alors d'assez bons vins d'ordinaire, parmi lesquels on préfère ceux du coteau nommé les *Mas-des-côtes-plaines*, à Jarrie-Haute.

Murinais, Bessins, Pont-en-Royans et Saint-André, entre 4 et 12 kil. de Saint-Marcellin, donnent des vins qui ne sont pas tous également bons : ceux que produisent les vignes basses sont d'assez bonne qualité, tandis que ceux qui proviennent des ceps hautains, que l'on rencontre en grand nombre dans ces vignobles, sont âpres, verts, dénués de spiritueux et ne supportent pas le transport.

VINS BLANCS.

Les raisins blancs donnant de la délicatesse, du feu et de l'a-
grément aux vins rouges, on les mêle presque toujours dans la
cuve avec les raisins colorés : d'où il résulte qu'on fait très-peu
de vins blancs, si ce n'est dans les années où ce cepage produit
une grande abondance de fruits. Dans les cantons qui bordent
le Rhône, et surtout dans celui de VIENNE, ils sont de bonne
qualité.

La CÔTE-SAINT-ANDRÉ, à 30 kil. S. E. de Vienne, fournit des
vins blancs légers, petillants et d'un goût agréable.

On fait très-peu d'eau-de-vie dans le département de l'Isère.
La ville de Grenoble a plusieurs distilleries dans lesquelles on
fabrique des liqueurs qui ont de la réputation, entre autres le
fameux ratafia dit de *Teissère*. Le bourg de la Côte-Saint-André, à 30 kil. S. E. de Vienne, fournit aussi des liqueurs très-
estimées, sous le nom d'*eaux-de-la-côte*.

Le principal commerce des vins se fait à Vienne, d'où ils s'exportent en Allemagne, en Suisse et dans l'intérieur de la France.
Les expéditions se font par le Rhône, et quelquefois par terre
directement. Les tonneaux en usage se nomment *barriques*, et
varient de capacité; ils contiennent ordinairement de 210 à
250 litres. Le vin se vend à l'*asnée*, qui représente environ
76 litres.

§ III. *Département de la* DRÔME, *formé de la partie S. O. du
Dauphiné, et divisé en 4 arrondissements : Valence, Dié, Montélimar et Nyons.*

24,238 hectares de vigne, sur le territoire de 526 communes,
produisent, récolte moyenne, environ 366,000 hectolitres de
vin (rouge 358,000, blanc 8,000), sur lesquels 240,000 sont
consommés par les habitants; le surplus est livré au commerce
d'exportation. Les vignes plantées sur les coteaux produisent
généralement de bons vins, qui supportent les plus longs voyages
sans s'altérer. Les vins communs n'étant pas propres à la distillation, on ne fait de l'eau-de-vie qu'avec les marcs de raisin et
les vins gâtés.

VINS ROUGES.

Première classe.

TAIN, sur le Rhône, à 16 kil. N. de Valence, a dans son territoire la côte de l'*Hermitage*, dont les vins sont aussi estimés que
ceux des premiers crus du Bordelais et de la haute Bourgogne.
Cette côte, qui s'élève à environ 160 mètres au-dessus du niveau
du Rhône, est formée de plusieurs coteaux nommés *mas* dans le
pays, et qui sont placés en amphithéâtre. Sa pente méridionale,
sur laquelle les vignes sont plantées, est assez rapide pour que
l'on soit obligé de soutenir la terre avec de petits murs placés à
des distances plus ou moins rapprochées, suivant l'inclinaison
du terrain. Tous les coteaux sont exposés au midi, de manière
que la vigne qui les couvre est garantie des vents du nord et
reçoit les rayons du soleil, depuis le moment où il se lève; mais
ils laissent entre eux des gorges plus ou moins profondes, dans
lesquelles le soleil ne pénètre pas aussi longtemps. Leur partie
inférieure, que l'on nomme *sabot*, est chargée d'une grande
quantité de terre entraînée par les pluies, ce qui occasionne les
différences de qualité que l'on remarque dans les vins, quoique
toute la côte soit peuplée des mêmes cepages, qui sont, pour le
vin rouge, ceux nommés dans le pays la *grosse* et la *petite siras*,
et, pour le vin blanc, la *marsane* et la *roussane*.

Les vignes qui produisent les meilleurs vins sont situées dans
les *mas* (quartiers) nommés *Méal, Gréfieux, Beaume, Raucoule,
Muret, Guiognières, les Bessas, les Burges* et *les Lauds*. Le terrain de ces différents mas est composé de grès et de cailloux, à
l'exception de celui des Bessas, qui est graniteux ; il a peu d'é-
paisseur, et l'on rencontre souvent le roc à moins de 1 pied de
profondeur. Ces crus, que j'ai nommés dans l'ordre du mérite
de leurs produits, fournissent des vins qui sont en même temps
corsés, moelleux, fins et délicats; ils ont une très-belle couleur,
beaucoup de spiritueux, avec une séve et un bouquet aromatiques très-prononcés et des plus agréables. Le vin du mas des
Bessas diffère particulièrement de celui des autres crus, en ce
qu'il a ordinairement une couleur plus foncée, et cette qualité
le fait rechercher par les marchands qui le destinent à entrer
dans les mélanges ; mais il a moins de finesse et de parfum. On
a remarqué que les vignes de ce canton graniteux et plus

escarpé que les autres duraient beaucoup plus longtemps et produisaient une plus grande abondance de vin.

Deuxième classe.

CROSES, MERCUROL et GERVANT. Ces trois communes, situées
entre 14 et 18 kil. de Valence, produisent des vins qui participent de toutes les qualités de ceux de l'Hermitage, auxquels,
néanmoins, ils sont inférieurs. Dans les années dont la température est favorable à la vigne, les vins de Croses ne diffèrent de
ceux de l'Hermitage qu'en ce qu'ils ont moins de finesse et de
moelle.

Troisième classe.

SAILLANS, à 14 kil. O. S. O. de Die ; VERCHENY, à 10 kil. de
la même ville, et le territoire même de DIE, produisent des vins
d'une couleur foncée, corsés et spiritueux, qui gagnent beaucoup à être gardés.

DONZÈRE, ROUSSAS, CHATEAUNEUF-DU-RHÔNE , ALLAN, la
GARDE-ADHÉMAR et MONTSÉGUR, situés entre 4 et 12 kil. de
MONTÉLIMAR, et le territoire même de cette ville, fournissent
des vins de même espèce que les précédents. On préfère, dans
les environs de Montélimar, ceux des quartiers nommés le *Bois-
de-l'eau, Géry, Redondon* et les *Champs.*

Quatrième classe.

ETOILE, à 10 kil., LIVRON, à 19 kil., et SAINT-PAUL, à 6 kil.
de Valence, ainsi que plusieurs autres cantons, fournissent des
vins communs plus ou moins colorés, grossiers, pâteux et lourds,
qui sont pour la plupart consommés dans les lieux mêmes où
on les récolte.

VINS BLANCS.

Première classe.

Les différents crus de la côte de l'HERMITAGE, que j'ai cités comme donnant d'excellents vins rouges, produisent aussi des vins blancs de 1ʳᵉ qualité ; ils sont corsés, spiritueux, pleins de finesse, d'agrément, de séve et de parfum. On les met en bouteilles au bout de quatre ans ; ils se conservent très-longtemps et acquièrent beaucoup de qualité en vieillissant. Ceux du mas de *Raucoule* sont supérieurs à tous les autres.

Deuxième classe.

MERCUROL, déjà cité pour ses vins rouges, fournit des vins blancs qui ont quelque analogie avec ceux de l'Hermitage ; mais ils sont inférieurs en qualité.

DIE, sur la Drôme, à 40 kil. E. p. S. de Valence, a, dans ses environs, des vignobles dont on tire des vins blancs de fort bonne qualité, qui sont connus sous le nom de *clarette de Die*. Doux, assez spiritueux et d'un goût fort agréable, ils moussent comme le champagne ; mais ils ne conservent ces qualités que pendant deux ans.

CHANOS-CURSON, à 12 kil. N. de Valence, fait des vins blancs doux, peu spiritueux, mais d'un goût agréable, que l'on consomme dans le département.

VINS DE LIQUEUR.

Quelques grands propriétaires de TAIN font, avec des raisins blancs choisis sur la côte de l'Hermitage, du *vin de paille* très-estimé et qui se vend fort cher ; il a la couleur de l'or, du parfum et un goût délicieux. Les raisins destinés à sa préparation sont étendus sur de la paille ou suspendus à des perches pendant six semaines ou deux mois : lorsqu'ils sont en partie desséchés, on les égrappe et on les porte au pressoir. Le jus que l'on exprime est très-épais et visqueux ; mais, quand il a subi la fermentation, il s'éclaircit, et on le soutire dans des tonneaux, où il reste pendant plusieurs années avant d'être mis en bouteilles. C'est alors une liqueur délicieuse, que l'on dit être supérieure aux vins de même nom que l'on fait en Alsace.

Les environs de DIE produisent des vins *muscats* rouges, et des blancs d'assez bonne qualité.

On évalue à 1,200 barriques ou 2,500 hectolitres la récolte annuelle des vins fins rouges et blancs de la côte de l'Hermitage. Les négociants de Bordeaux en achètent une grande partie, qui est employée à donner du corps et de la force aux vins qu'ils expédient pour les pays étrangers. Le surplus est envoyé dans le nord de l'Europe et aux États-Unis d'Amérique : la France n'en consomme qu'une faible quantité.

Le principal commerce des vins de l'Hermitage se fait à Tain, d'où ils s'expédient par le Rhône, ou par terre directement. La *clarette* se tire de Die, ainsi que les autres vins de cet arrondissement. Les tonneaux en usage se nomment *barriques*, et contiennent 210 litres.

§ IV. *Département des* HAUTES-ALPES, *formé de la partie S. E. du Dauphiné, et divisé en 5 arrondissements : Gap, Briançon et Embrun.*

5,188 hectares de vigne produisent, récolte moyenne, environ 102,000 hectolitres de vins (rouges 98,000), qui ne suffisent pas pour la consommation des habitants. Les rouges sont assez colorés, mais dénués de qualité. Les vignobles situés près des bords de la Durance sont les mieux entretenus, et donnent d'assez bons vins d'ordinaire ; les plus estimés sont ceux de ROCHE-DE-JARJAIE, LETRET, CHATEAUNEUF-DE-CHABRE et de la côte de NEFFES ; leur réputation ne passe pas cependant les limites du département.

Parmi les vins blancs, on cite avec éloge la *clarette* de la SAULCE, à 14 kil. de Gap ; elle est peu inférieure à celle de Die, et l'on en exporte dans plusieurs contrées voisines. Les vins de la partie septentrionale de ce département sont généralement mauvais.

Les mesures de capacité en usage sont l'*émine*, qui contient de 22 à 30 litres ; le *baral*, de 32 à 34 ; et la *charge*, qui se compose ordinairement de 4 émines.

CLASSIFICATION.

VINS ROUGES.

Ceux de 1re qualité de l'Hermitage, département de la Drôme, sont au nombre des vins de 1re classe. Ceux de 2e qualité entrent dans la 2e classe, avec les vins de Côte-Rôtie, département du Rhône.

Vérinay, département du Rhône ; Croses, Mercurol et Gervant, département de la Drôme, donnent des vins fins et demi-fins de 5ᵉ classe.

Sainte-Foy, les Barolles, Millery et la Galée, département du Rhône ; la Porte-du-Lyon, Reventin et Seyssuel, département de l'Isère ; les meilleurs crus de Saillans, Vercheny, Die, Don-zère, Roussas, Châteauneuf-du-Rhône, Allan, la Garde-Adhé-mar, Montségur et Montélimar, département de la Drôme, pro-duisent des vins d'ordinaire de 1ʳᵉ qualité, qui entrent dans la 4ᵉ classe.

Les vins d'Irigny, de Charly, de Curis, de Poleymieux et de Couzon, département du Rhône ; de Saint-Chef, Saint-Savin, Jailleu, Ruy, les Roches, Vienne, Jarrie-Haute, Lambin, Crolles, la Terrasse, Grignon, Saint-Maximin, Murinais, Bessins, Pont-en-Royans et de Saint-André, département de l'Isère ; d'Etoile, de Livron et de Saint-Paul, département de la Drôme, et tous ceux du département des Hautes-Alpes, entrent dans la 5ᵉ classe comme vins d'ordinaire de 2ᵉ, de 3ᵉ et de 4ᵉ qualité, ou comme vins communs.

VINS BLANCS.

L'Hermitage, déjà cité pour ses vins rouges, fournit aussi des vins blancs de 1ʳᵉ classe. Ceux de Condrieu, département du Rhône, de Chanos-Curson, département de la Drôme, et de tous les autres vignobles que je n'ai pas cités, ne peuvent être mis que dans la 2ᵉ ou la 3ᵉ.

Les meilleurs vins blancs de Vienne et de la Côte-Saint-André, département de l'Isère, ceux de Mercurol, la clarette de Die, département des Hautes-Alpes, figurent dans la 4ᵉ classe. Ceux de 2ᵉ qualité de ces différents crus n'entrent que dans la 5ᵉ.

VINS DE LIQUEUR.

Les vins dits de *paille* que l'on fait à l'Hermitage sont dans la 1ʳᵉ classe de ceux de ce genre.

CHAPITRE XX.

Guienne et Gascogne.

C'était autrefois le plus grand gouvernement général militaire de la France. L'étendue de pays qu'il embrassait est placée sous les 43°, 44° et 45° degrés de latitude, et peut avoir 360 kil. dans sa plus grande longueur sur 320 kil. de largeur; il est borné, au nord, par la Saintonge, l'Angoumois, le Limosin et l'Auvergne; au midi, par les Pyrénées, le Béarn et la Navarre ; à l'est, par le Languedoc, et, à l'ouest, par l'Océan. La Guienne se divise en haute et basse : la première comprend le Quercy, le Rouergue, l'Armagnac, le pays de Comminges et le comté de Bigorre. La basse Guienne est formée de la Guienne proprement dite, du Périgord, de l'Agenois, du Condomois, du Bazadois, des Landes, de la Gascogne proprement dite, du pays de Labour et du Bordelais. Ces provinces réunies composent aujourd'hui les départements de la Gironde, de la Dordogne, des Landes, de Lot-et-Garonne, du Gers, du Lot et de l'Aveyron.

Les provinces qui font l'objet de ce chapitre renferment une quantité considérable d'excellents vignobles. Leur étendue est de 491,010 hectares, qui produisent, chaque année, une immense quantité de vins de toutes les qualités.

§ I. *Département de la* GIRONDE, *formé du Bordelais et d'une partie de la Gascogne ; il est divisé en 6 arrondissements : Bordeaux, Bazas, Blaye, Lesparre, Libourne et la Réole.*

En 1788, ce département avait 135,000 hectares de vigne, il en contient aujourd'hui 137,706 hectares sur le territoire de 550 communes. La récolte annuelle est évaluée à 2,316,000 hectolitres de vins rouges, 1,384,000 hectolitres de vins blancs, ensemble 3,700,000 hectolitres, dont 3 à 400,000 suffisent à la consommation des habitants; 220,000 hectolitres ou environ sont convertis en 26,000 hectolitres d'eaux-de-vie : le surplus est livré au commerce et s'exporte dans presque toutes les parties du globe, sous le nom de vins de Bordeaux.

La culture de la vigne dans le Bordelais date des temps anciens. Auson nous apprend que les *Bituriges Vibisci*, qui habitaient cette province, récoltaient, dans le *Médoc*, des vins que l'on estimait à Rome. La réputation des vignobles de cette contrée n'a fait que s'accroître depuis longues années, parce que les propriétaires n'ont pas changé leurs cepages ni prodigué les engrais. On remarquera sur le tableau A, à la fin de cet ouvrage, que les vignes du département de la Gironde, qui, de 1786 à 1788, ont produit 20 hectolitres de vin par hectare, n'en ont pas fourni davantage de 1826 à 1828 inclus, ni même de 1852 à 1860 (selon la statistique agricole) ; tandis que, dans beaucoup d'autres parties de la France, le produit moyen de l'hectare a plus que doublé.

Les cepages le plus généralement cultivés dans les crus qui produisent les meilleurs vins rouges sont le *carmenet*, la *carmenere*, le *malbec*, le petit *verdot*, le gros *verdot*, le *merlot* et le *massoutet*. On plante, en outre, dans les crus inférieurs, le *mancin*, le *teinturier*, le *balouzat*, la *petouille*, le *cioutat*, la *petite chalosse noire*, le *cruchinet rouge* et le *pied-de-perdrix*. Les cepages blancs qui peuplent les bons crus sont le *sauvignon*, le *malvoisie*, la *prunilla*, le *semillon*, le *blanc-verdot*, le *muscadet doux* ou *résinotte*, la *chalosse dorée*, le *cruchinet blanc* et le *blanc-muscat*. On plante dans les bas crus la *blanquette*, la *folle-blanche* ou *enrageat*, que l'on nomme aussi *piquepout*, le *blaguais*, la *grosse chalosse blanche* et le *verdot gris*.

La Hollande, les villes anséatiques et les ports de la mer Baltique sont les pays où l'on exporte en plus grande quantité les vins d'ordinaire nommés *vins de cargaison*. Les achats de vins nouveaux se font depuis le mois d'octobre jusqu'à la fin de novembre pour les spéculations et les expéditions pour la Hollande ou les ports de France ; mais ceux destinés pour les ports de la Baltique ne sont achetés qu'à l'*arrière-saison*, qui commence en avril. On envoie dans les différents ports de France, et surtout dans ceux de la Bretagne, beaucoup de vins communs ; Paris en tire des quantités assez considérables lorsque la récolte a été mauvaise dans l'Orléanais, dans la Touraine et dans les autres vignobles qui, plus voisins de la capitale, fournissent ordinairement à son approvisionnement ; mais, en général, on ne les expédie qu'après le premier soutirage.

Les vins que les négociants de Bordeaux font vieillir dans leurs *chais* (celliers) sont expédiés au plus tard dans la sixième année, savoir, ceux de qualité ordinaire, pour l'Amérique et pour l'intérieur de la France, et ceux de 1ᵉ qualité, pour l'Inde, pour la Russie et surtout pour l'Angleterre. On en expédie beaucoup en bouteilles par caisses de 36, 50 et 72 bouteilles.

Peu de vignobles offrent, dans la qualité et le prix de leurs produits, une différence aussi grande que celle qui existe entre les vins de 1ʳᵉ qualité du Bordelais et les vins communs du même pays. Ceux des quatre premiers crus se vendent ordinairement de 2 à 3,000 fr. le *tonneau*, et quelquefois plus cher, pendant la première année de leur récolte; ils montent ensuite à 5 ou 6,000 fr. et quelquefois beaucoup plus haut lorsqu'ils proviennent d'une année dont la température a été favorable à la vigne. Les vins communs, au contraire, ne se vendent souvent que 100 à 120 fr. le tonneau, la première année, et s'élèvent rarement à plus de 2 ou 300 fr. C'est donc à tort que l'on croit obtenir à Paris les vins des premiers crus de Bordeaux à 3 et 4 fr. la bouteille, puisque dans le vignoble même on les vend rarement moins de 6 fr., et souvent beaucoup plus cher. Les vins du vignoble de *Laffitte*, de la récolte de 1815, ont été vendus 10 fr. la bouteille, pris à Bordeaux en 1820, et ceux de *Rauzan, Durefort, Larose* et des autres seconds crus, 8 fr. 50 c.; ceux des troisième et quatrième crus de la même année se vendaient 5, 6 et 7 fr. Aussi tout ce qui se vend à Paris sous le nom de vins fins de Bordeaux n'est pris que dans les vignobles de 3° et même de 4° classe; on tire rarement ceux de la 2°, et presque jamais ceux de la 1ʳᵉ.

Les vins du Bordelais sont trop connus pour qu'un éloge puisse ajouter à leur réputation. Ils ont des rivaux qui leur sont préférés par quelques personnes, surtout en France; mais ils triomphent en général dans les pays étrangers, et produisent, par leur exportation, des sommes considérables. Un vin de Bordeaux de 1ʳᵉ qualité et parvenu à son degré de maturité doit être pourvu d'une belle couleur, de beaucoup de finesse, d'un bouquet très-suave et d'une séve qui embaume la bouche : il doit avoir de la force sans être fumeux et du corps sans être âcre; il doit ranimer l'estomac en respectant la tête, en laissant l'haleine pure et la bouche fraîche. Ces vins, conservés purs, sont susceptibles d'être bus à haute dose sans incommoder. Le transport par mer, écueil ordinaire de plusieurs des meilleurs vins de France, n'altère pas la qualité des vins fins du Bordelais, et contribue à améliorer ceux qui, dans le principe, sont grossiers et lourds : il n'est pas sans exemple que des vins de la 2° et de la 3° classe, chargés sur des navires et ramenés en France après un voyage de long cours, aient acquis des qualités que l'on ne rencontre ordinairement que dans ceux de la 1ʳᵉ. Je dis que les vins de Bordeaux, *conservés purs*, peuvent être bus à haute dose sans incommoder, parce que l'alcool qu'ils contiennent est fortement combiné avec les autres parties de la liqueur et ne s'en dégage que dans l'estomac, à mesure que la digestion se fait, tandis que, dans beaucoup d'autres vins moins pourvus de spiritueux, il est en partie libre, se dégage bien plus promptement et monte au cerveau ; mais comme dans plusieurs pays, et surtout en Angleterre, on consomme beaucoup de vins de Porto, qui, toujours chargés d'une certaine quantité d'eau-de-vie, ont un degré de force et de chaleur que les vins naturels de Bordeaux n'ont pas ordinairement, les négociants qui font le commerce de ces contrées ont cherché à donner à leurs vins les qualités qui plaisent aux consommateurs. C'est pour atteindre ce but que des maisons anglaises établies à Bordeaux achètent, aussitôt après la récolte, une grande partie des vins de tous les grands crus, pour les préparer et leur faire subir ce que l'on appelle dans le pays *le travail à l'anglaise*. Ce travail consiste à remettre une partie des vins en fermentation pendant l'été qui suit la récolte, ce qui s'opère en mêlant dans chaque barrique 13 à 18 pots (1) de vin d'Espagne des crus d'Alicante ou de Benicarlo, un pot de vin blanc *muet* (2) et une bouteille d'esprit-de-vin. Lorsque la fermentation est apaisée, on laisse reposer le vin traité de cette manière jusqu'au mois de décembre suivant, et, après l'avoir soutiré, on le conserve dans les *chais* comme les autres vins, pour l'expédier au bout de quelques années. Le résultat de cette opération est de donner des vins spiritueux et très-forts ; ils ont un bon goût et une séve aromatique ; mais ils sont capiteux et ne conviennent pas également à tous les estomacs comme les vins naturels. Au surplus, ils sont toujours vendus comme *vins travaillés*, et leur prix est plus élevé que celui des vins qu'on a conservés purs, à cause des frais et des déchets qu'occasionnent les soins particuliers qu'on leur donne pendant plusieurs mois ; mais, depuis quelques années, les vins naturels sont mieux appréciés en Angleterre, et l'on ne fait actuellement subir la préparation dont je viens de parler qu'à une très-faible quantité de ceux destinés pour ce pays. Les vins de l'Hermitage,

(1) Le pot équivaut à 2 litres 11 centilitres.
(2) Vin dont on a arrêté ou suspendu la fermentation par le moyen de la vapeur sulfureuse dont on l'a saturé. J'ai indiqué la manière de faire cette opération dans le *Manuel du sommelier*, 4ᵉ édit., p. 47.

département de la Drôme, ceux de Cahors, département du Lot,
et ceux des meilleurs vignobles du Languedoc, entrent aussi
dans les mélanges qui se font à Bordeaux.

Presque tous les vins rouges de ce pays ont une légère âpreté
qui les caractérise : elle n'est pas désagréable pour les personnes
qui en font un usage journalier ; mais, à la première dégustation, elle déplaît assez généralement à celles qui sont habituées
à boire les vins délicats de la Bourgogne. Quelques œnologues
pensent que cette âpreté est due à la longue fermentation des
vins dans la cuve, et à l'excès de *tanin* (1) dont ils sont pourvus. Il
n'est pas besoin de faire observer que plus les vins sont vieux,
moins elle se fait sentir.

Tous les vins du Bordelais ont entre eux des rapports géné-
raux qui indiquent leur origine commune ; mais ils diffèrent les
uns des autres, tant par les qualités qui se trouvent réunies à
différents degrés dans les bons, que par les défauts plus ou moins
sensibles que l'on rencontre dans ceux qui sont médiocres ou
mauvais. La quantité que l'on en récolte est si considérable, et
les nuances qui distinguent entre eux ceux de chaque espèce
sont si multipliées, que le négociant le plus expérimenté ne
peut pas parvenir à les apprécier toutes, surtout lorsqu'il achète
des vins nouveaux qui doivent subir plusieurs métamorphoses
avant de parvenir à leur plus haut degré de qualité, et qui, suivant le sol, son exposition, l'âge de la vigne, le cepage dont elle
est peuplée, les soins donnés à la culture et à la vinification,
deviendront parfaits ou se détérioreront au bout de plus ou
moins de temps. Dans un vignoble aussi considérable et dont la
qualité des produits varie à l'infini, la connaissance de toutes
ces circonstances ne peut pas être acquise par le même
homme. C'est pourquoi les négociants de Bordeaux font rarement des acquisitions importantes sans avoir recours à leurs
courtiers, et chacun de ceux-ci, bien qu'ils aient une longue
expérience, n'opère que dans la partie des vignobles qu'il vi-
site habituellement, et dont il compare entre eux les vins de
chaque cru, depuis le moment de leur fabrication jusqu'à leur
extrême vieillesse. Ceux qui achètent ordinairement les vins fins
se chargent rarement de visiter les celliers secondaires : chez
eux, les organes de la dégustation se mettent en rapport avec la
saveur des grands vins, et ils deviennent moins propres à juger

---

(1) Cette substance, contenue dans l'écorce de chêne, et qui sert à tanner
les cuirs, existe en plus ou moins grande quantité dans tous les vins.

ceux dont les principes sont différents. De même, les courtiers qui achètent dans les crus inférieurs ne sont pas employés pour choisir les vins fins, et ceux qui achètent les vins blancs s'occupent rarement des vins rouges. Indépendamment des courtiers de Bordeaux qui font les plus grandes affaires, il y en a encore d'autres dans chaque vignoble un peu important; ceux-ci, bornant leurs recherches aux pays qu'ils habitent, sont à portée d'en connaître tous les détails. C'est par la réunion des lumières de tous ces connaisseurs expérimentés que se fait le classement des vins de chaque cru, et que, quand un propriétaire cesse de donner à sa vigne et à son vin les soins nécessaires, sa récolte est rangée dans une classe inférieure à celle qu'elle occupait antérieurement. C'est ainsi que le vin du Château-Haut-Brion n'a été coté, pendant plusieurs années, que parmi ceux des seconds crus, et n'a repris son rang parmi ceux des premiers crus qu'après la récolte de 1825.

Le temps que l'on doit garder les vins en tonneaux varie comme dans tous les vignobles, suivant les cepages dont ils proviennent, la nature du terrain, la température qui a régné et la manière dont on a gouverné la fermentation; mais, en général, ceux de ce département ne parviennent à leur maturité qu'au bout de cinq à six ans et quelquefois plus tard. Ce n'est qu'alors que leurs qualités se développent et que les vins fins se distinguent par leur finesse, leur séve et leur bouquet : en goûtant les vins des premiers crus lorsqu'ils sont jeunes, tout autre qu'un fin gourmet du pays les confondrait avec certains vins de la 3ᵉ classe.

Les vins du Bordelais se divisent en *vins de Médoc, vins des Graves, vins des Palus, vins des côtes, vins de terre forte* et *vins d'entre-deux-mers.*

Médoc. Cette contrée, située entre la Garonne et le golfe de Gascogne, s'étend depuis la petite rivière de Jale, près Blanquefort, à 10 kil. N. O. de Bordeaux, jusqu'à l'embouchure de la Gironde; elle comprend tout l'arrondissement de Lesparre et une partie de celui de Bordeaux. Sa longueur est d'environ 80 kil., et sa plus grande largeur de 44; mais elle n'est peuplée que dans sa partie orientale, qui a 60 kil. de longueur, depuis Blanquefort jusqu'à Saint-Vivien, à 68 kil. N. O. de Bordeaux, et sur 12 à 16 kil. de largeur. Toute sa partie occidentale est couverte de bois ou d'étangs et presque déserte : la langue de terre qui la termine à l'embouchure de la Gironde est inculte. Les vignobles sont plantés sur des coteaux qui coupent ce pays

vers les bords de la Garonne; ils sont estimés produire, année
commune, de 290,000 à 350,000 hectolitres de vins de diverses
qualités. Le Médoc se divise en haut et bas. Le haut Médoc a
32 kil. de longueur; il commence à Blanquefort et finit à
Saint-Seurin-de-Cadourne, à 44 kil. N. O. de Bordeaux. Les
communes dans lesquelles se récoltent les vins de qualité supérieure sont les plus rapprochées de la Garonne, et le négociant
qui veut faire des achats dans ces vignobles les parcourt dans
l'ordre suivant, en partant de Bordeaux : *Blanquefort, Ludon,
Macau, Labarde, Cantenac, Margaux, Soussans, Arcins, Lamarque, Cussac, Saint-Julien-de-Reignae, Saint-Lambert,
Pauilhac, Saint-Estephe* et *Saint-Seurin-de-Cadourne*. Les
communes qui forment la seconde ligne sont dans le voisinage
ou sur la route qui conduit de Bordeaux à Lesparre; elles se
parcourent ainsi : *le Taillant*, à 10 kil. de Bordeaux, *le Pian,
Arsac, Castelnau, Avensan, Moulix, Listrac, Saint-Laurent,
Saint-Sauveur, Cissac* et *Verteuil*, 45 kil. de Bordeaux. Les vignobles du bas Médoc sont sur les communes de *Saint-Germain*, à 50 kil. de Bordeaux, de *Lesparre, Saint-Trelody, Podensac, Blaignan, Uch, Prignac, Saint-Christoly, Civrac,
Bégadan, Gaillan, Queyrac, Valeyrac, Jau*, et *Saint-Vivien*, à
68 kil. N. O. de la même ville. Les vins que l'on achète dans le
Médoc sont chargés, pour venir à Bordeaux, dans les différents
ports qui bordent la rive gauche de la Garonne. Ceux destinés à
l'exportation, pour le nord de la France ou pour l'étranger, se
chargent aussi dans ces ports et, plus particulièrement, dans
celui de *Pauilhac*, dont la rade est très-fréquentée par les bâtiments marchands. Il s'en fait aussi de grands changements à
Bordeaux, où les négociants réunissent dans leurs chais tous les
vins qu'ils achètent avec l'intention de les conserver pendant un
certain temps avant de les expédier.

GRAVES. On nomme ainsi les terrains graveleux qui entourent
de trois côtés la ville de Bordeaux et s'étendent à 10 kil. au N.O.
jusqu'à la petite rivière de Jale; à 8 kil. à l'O. dans les terres
et à 18 kil. au S. E. jusqu'à Castres, près de la rive gauche de
la Garonne. Cette petite contrée fournit des vins rouges qui
sont, en général, plus colorés, plus corsés et plus spiritueux
que ceux du Médoc; mais ils ont moins de bouquet et de
sève. L'âpreté qui caractérise les vins de Bordeaux est plus prononcée, et ils ont besoin de rester de six à huit ans avant d'être
mis en bouteilles, dans lesquelles ils se conservent ensuite
fort longtemps. Les meilleurs se récoltent dans les communes

de *Talence*, de *Mérignac* et de *Pessac*, entre 2 kil. et 6 kil. S. et S. E. de Bordeaux. Ce pays produit aussi beaucoup de vins blancs secs, légers, spiritueux et agréables, dont les meilleurs proviennent des communes de *Blanquefort, Eyzines, Talence, le Taillant* et surtout ceux de *Villenave-d'Ornon*. Au S. E. de cette contrée sont les cantons de *Podensac* et de *Langon*, qui produisent les excellents vins blancs moelleux connus sous le nom de vins de *Barsac*, de *Sauternes*, de *Bommes*, etc.

Il y a aussi, dans le Médoc, des terrains graveleux dont les vins participent du caractère de ceux de la contrée dite des *Graves*, notamment à *Macau* et à *Labarde*, dans le canton de Carbon-Blanc, à 8 kil. N. E. de Bordeaux.

PALUS (1). On nomme ainsi les terrains gras et fertiles qui bordent les rives de la Garonne et de la Dordogne. Ces vignobles, peuplés de cepages communs, qui produisent beaucoup, fournissent des vins très-colorés, spiritueux et francs de goût du terroir, mais un peu mous ; cependant ils supportent très-bien les voyages d'outre-mer, et acquièrent de la qualité en les gardant six ou huit ans en tonneaux. Les meilleurs de cette espèce se font dans la petite contrée nommée *Queyries*, située sur la rive droite de la Garonne, vis-à-vis de Bordeaux.

VINS DE CÔTES. Les côtes de *Saint-Emilion*, de *Canon* et de *Fronsac*, voisines de *Libourne*, à 30 kil. E. N. E. de Bordeaux, produisent des vins de fort bonne qualité, qui sont plus connus sous le nom de *vins de Saint-Emilion*; mais ceux que l'on qualifie généralement de *vins de côtes* se récoltent sur la chaine de coteaux qui s'étend sur la rive droite de la Garonne, depuis Ambarès, à 10 kil. N. E. de Bordeaux, jusques et y compris *Sainte-Croix-du-Mont*, à 25 kil. S. E. de la même ville. Le nord de cette contrée produit, en général, des vins d'une couleur foncée, quelquefois durs et âpres, qui gagnent à vieillir, et dont on expédie beaucoup en Hollande et dans les ports de la mer Baltique sous le nom de *vins de bonnes côtes*. Sa partie méridionale produit peu de vins rouges qui, à quelques exceptions près, sont de médiocre qualité; mais on y fait beaucoup de vins blancs secs comme ceux des Graves, et connus sous le nom de *vins de petites côtes*; ils s'expédient principalement pour le Nord et pour les colonies.

(1).Les palus sont des atterrissements qui se forment à l'un des bords d'une rivière, lorsqu'elle prend son cours d'un autre côté.

Le commerce de Bordeaux qualifie aussi de *vins de côtes* ceux que l'on récolte sur la rive droite de la Dordogne depuis *Bourg*, à 20 kil. N. de Bordeaux, jusqu'à *Fronsac*, à 24 kil. N. E. de la même ville. Ces vins rouges, qui ont eu longtemps la préférence sur ceux du Médoc, sont aujourd'hui bien inférieurs; l'on en fait cependant encore qui ont une jolie couleur, du corps et de la finesse, mais les meilleurs ne sont assimilés qu'aux petits vins du Médoc. Les vins blancs de ce pays sont assez francs de goût, mais sans corps ni agrément. Le canton de *Blaye*, aussi sur la rive droite de la Garonne, à 30 kil. N. E. de Bordeaux, a aussi des côtes qui produisent des vins rouges plus colorés que ceux de Bourg, mais moins spiritueux, plus communs et qui, à quelques exceptions près, ont un goût de terroir désagréable. On y fait aussi des vins blancs de basse qualité.

Les vignobles dits de TERRES FORTES sont ceux des terrains bas du Médoc, où il ne se trouve pas de gravier. Les vins qu'ils produisent ont moins de légèreté, de séve et de bouquet, et ressemblent aux *vins des Palus*.

On nomme pays d'ENTRE-DEUX-MERS celui compris entre la Garonne et la Dordogne; il s'étend depuis Bordeaux jusqu'à 48 kil. à l'E. et à 40 kil. au S. E. de cette ville, sur les cantons de *Branne*, de *Pujos*, de *Pellegrue*, et sur une partie de celui de *Sauveterre*, dans l'arrondissement de la Réole; enfin sur celui de *Créon*, dans l'arrondissement de Bordeaux. Les vignobles de cette contrée sont bordés par les palus des deux rivières et par les côtes qui bordent ces palus; ils ne produisent que peu de vins rouges, qui sont presque tous consommés dans le pays; mais on y fait beaucoup de vins blancs dont les meilleurs s'expédient pour le Nord et pour Paris, avec ceux de la *Benauge*, petite contrée limitrophe au S., et dont *Cadillac* était le chef-lieu avant l'établissement des divisions actuelles.

VINS ROUGES.

Première classe.

Les vins qui composent cette classe se récoltent sur le territoire des communes de *Cantenac*, de *Margaux*, de *Saint-Julien-de-Reignac* et de *Pauilhac*, situées sur la rive gauche de la Garonne, dans le haut Médoc, et sur celui de *Pessac*, dans la contrée dite des *Graves*. Ils se divisent en vins des premiers crus et

en vins des seconds crus : ces derniers se vendent ordinairement
12 à 15 p. 100 moins cher que les premiers ; mais les nuances
de qualité qui les distinguent ne pouvant être appréciées que
par les gourmets les plus expérimentés, ils se présentent tous
avec un avantage presque égal sur les tables les plus somptueuses.
Je vais les indiquer dans l'ordre de leur mérite.

1° *Vins des quatre premiers crus.*

Le CHATEAU-MARGAUX, situé dans la commune de *Margaux*,
à 21 kil. N. p. O. de Bordeaux, fournit des vins très-riches en
séve et en bouquet, d'une finesse extrême, soyeux et très-délicats.
Le produit de ce domaine est évalué à 80 tonneaux (1) de vin de
1re qualité et 20 tonneaux de 2° qualité.

Le CHATEAU-LAFFITTE, sur le territoire de *Pauilhac*, à 16 kil.
S. E. de Lesparre, et 36 kil. N. p. O. de Bordeaux, donne des
vins très-fins, très-soyeux, pleins de séve et de bouquet. La récolte est évaluée à 100 tonneaux de vins de la 1re qualité et
20 tonneaux de la 2°.

Le CHATEAU-LATOUR, sur le territoire de *Saint-Lambert*,
dépendant de la commune de *Pauilhac*, produit de 70 à 90 tonneaux de vins pourvus de séve et de bouquet ; ils ont plus de
corps et d'étoffe que ceux du Château-Laffitte ; mais ils sont
moins soyeux et ont besoin d'être gardés un an de plus en
tonneaux pour acquérir leur maturité.

Le CHATEAU-HAUT-BRION, à 2 kil. S. O. de Bordeaux, sur le
territoire de *Pessac*, dans la contrée dite des *Graves*, fait des
vins qui se distinguent par une couleur vive et brillante, un
charmant bouquet, beaucoup de vivacité et de chaleur, mais
moins de moelleux que les précédents ; ils ont ordinairement
besoin d'être gardés en tonneaux pendant six ou sept ans, tandis que ceux du Château-Margaux et du Château-Laffitte sont
mûrs au bout de cinq ans. Ce cru produit de 80 à 100 tonneaux
de vin ; il a perdu sa réputation pendant quelques années parce
que les vignes recevaient trop d'engrais, mais les soins du nouveau propriétaire l'ont amélioré, et il a repris son rang dans les
premiers crus à la récolte de 1825.

(1) Le tonneau se compose de 4 barriques contenant chacune 228 litres.

2° Vins des seconds crus.

MARGAUX, dont le cru du Château occupe le premier rang dans cette classe, a encore le clos de *Rauzan*, qui produit de 75 à 100 tonneaux de vin ; celui de *Durefort*, qui en produit de 18 à 24, et celui de *Lascombe*, qui en produit de 50 à 70 tonneaux. Les vins de ces trois crus participent de toutes les qualités de ceux du Château-Margaux et n'en diffèrent que par des nuances que les palais peu exercés distinguent difficilement.

SAINT-JULIEN-DE-REIGNAC, canton de Pauilhac, à 32 kil. N. de Bordeaux, fournit beaucoup d'excellents vins qui peuvent être comparés, pour leurs qualités, à ceux de Margaux et de Cantenac. On distingue surtout ceux du cru de *Léoville* ou *Labadie*, qui produit de 150 à 180 tonneaux de vin, et celui de *Larose-Balguerie*, qui en produit de 120 à 150. Ces vins ont une belle couleur, beaucoup de finesse, de corps, de spiritueux et de moelle, avec un bouquet très-prononcé qui leur est particulier et qui diffère de celui des autres vins du Médoc. Celui de Léoville se distingue particulièrement par sa finesse et sa délicatesse.

CANTENAC, à 16 kil. N. de Bordeaux, fournit des vins qui se distinguent particulièrement par leur bouquet et beaucoup de moelleux ; ils ont une belle couleur, du corps et une séve fort agréable. Le cru de *Gorse*, qui en produit, chaque année, de 40 à 50 tonneaux, est le plus estimé.

PAUILHAC fournit encore à cette classe le cru de *Branne-Mouton*, dont la récolte s'élève de 120 à 140 tonneaux de vin, qui participe de toutes les qualités de celui du Château-Laffitte.

SAINT-LAMBERT, déjà cité pour le Château-Latour, présente encore le cru de M. *Pichon Longueville*, dont le vin a beaucoup de rapports avec celui du Château. La récolte s'élève de 100 à 120 tonneaux.

Tous les vins des crus qui composent cette 1re classe sont achetés et réservés pour les maisons les plus opulentes de l'Angleterre. Leur prix est toujours fort élevé, et il s'en consomme très-peu en France.

Deuxième classe.

Les communes que j'ai citées dans la 1re classe fournissent à celle-ci les vins dits des troisièmes crus et les meilleurs de ceux des crus supérieurs et sont de même achetés pour l'Angleterre. La plupart des vignes n'ayant pas de noms particuliers, j'indiquerai ceux des propriétaires sous lesquels on les désigne dans le pays.

CANTENAC. Les vignes de M. *Kirwan* et celles du *Château-d'Issan* donnent des vins qui diffèrent peu de ceux du cru de *Gorse*, cité dans la 1re classe. Celles de MM. *Pouget-Ganet*, *Desmirail* et de *Therme* donnent aussi des vins qui ont un excellent goût, une belle couleur, du corps, de la séve et un bouquet fort agréable.

MARGAUX fournit à cette classe les vins de MM. *Malescot*, *Loyac*, d'*Alème-Bekker*, *Dubuisson-Talbot*, *Ferrière* et *Lacolonie*; ils se distinguent particulièrement par leur finesse et leur bouquet.

SAINT-JULIEN-DE-REIGNAC, dont les crus de *Léoville* et de *Larose-Balguerie* figurent avec honneur dans la 1re classe, présente en première ligne, dans celle-ci, ceux de MM. *Bergeron-Ducru* et *Cabarrus*, en seconde ligne ceux du cru de *Saint-Pierre*, des vignes de MM. *Duluc* et *Dauch*, et enfin celle du *château de Béchevelle*. Les vins de ce vignoble rivalisent, par leur qualité, avec ceux de Margaux et de Cantenac; ils ont un bouquet qui les distingue de ceux des autres communes du Médoc; leur maturité n'est ordinairement parfaite qu'après avoir été conservés cinq ou six ans en tonneaux.

Au couchant de Saint-Julien, le quartier nommé COMMENSAC, dépendant de la commune de *Saint-Laurent*, à 32 kil. N. O. de Bordeaux, comprend les crus de *Carnet*, *Popp* et *Coutanceau*, qui produisent des vins corsés dignes de figurer dans cette classe; ils acquièrent, en vieillissant, beaucoup de qualité.

La paroisse de SAINTE-GEMME, commune de *Cussac*, à 29 kil. N. p. O. de Bordeaux, dans le haut Médoc, fournit à cette classe les crus de MM. *Lachenay*, *Delbos* et *Legalant*, dont les vins sont moelleux et très-agréablement parfumés.

PAUILHAC, déjà cité dans la 1re classe, présente ici les crus de MM. *Pontet-Canet*, *Saint-Guirons-Granpuy*, *Ducasse*, *Linch* et *Croizet*. Les vins de cette commune se distinguent par leur bouquet et leur moelle.

SAINT-ESTEPHE, à 12 kil. S. E. de Lesparre, et 50 kil. N. de Bordeaux, dans le haut Médoc, produit des vins légers, délicats, pleins de séve et de bouquet; ils acquièrent ordinairement leur maturité après trois ans de garde en tonneaux. Ceux des crus

14

de *Calon* et M. *Destournel-Cos* occupent le premier rang. On recherche, comme en approchant de très-près, ceux des vignes de MM. *Tronquoy, Merman, Meney, Lafond-Rochet, Labory, Morin, Lebosc-Delaveau* et plusieurs autres.

PESSAC, à 3 kil. S. O. de Bordeaux, dans la contrée dite *des Graves,* donne à cette classe les crus nommés *la Mission,* le *Pape-Clément, Canteaut, Cholet* et plusieurs autres, qui produisent des vins de la même espèce que ceux du Château-Haut-Brion, mais ils sont un peu inférieurs en qualité.

Beaucoup d'autres crus des communes que j'ai citées dans cette classe produisent des vins de même espèce et qui diffèrent peu, quant à leur qualité, de ceux des vignes que j'ai indiquées : leur prix est quelquefois aussi élevé lorsque les propriétaires ont mis à la culture de leurs vignes et à la fabrication de leurs vins tous les soins nécessaires.

Troisième classe.

MARGAUX, SAINT-JULIEN-DE-REIGNAC, CANTENAC, PAUILHAC, SAINT-LAMBERT, SAINTE-GEMME et SAINT-ESTEPHE, dans le Médoc, et PESSAC, dans les Graves, dont les meilleurs crus sont cités dans la 1re et dans la 2e classe, fournissent encore à celle-ci des vins qui participent du caractère et de toutes les qualités de ceux des premiers crus. A Margaux, ils sont fins et légers; à Saint-Julien, ils se distinguent par leur séve et leur bouquet; à Cantenac, par leur moelle et leur parfum; à Pauilhac et à Saint-Lambert, ils sont riches en séve; à Sainte-Gemme, moelleux et agréablement parfumés ; ceux de Saint-Estephe ont un parfum aromatique qui participe de celui de la violette, et que l'on rencontre même dans les vins communs de cette paroisse; enfin ceux de Pessac sont vifs et chaleureux. Les vins du Médoc qui entrent dans cette classe sont désignés dans le pays sous le nom de vins des quatrième et cinquième crus : ils sont ordinairement achetés pour la fourniture des maisons opulentes de la Hollande, de l'Allemagne et des autres pays du nord de l'Europe. Ces vins ont une belle couleur, du corps, assez de séve et de bouquet, mais moins de finesse et d'agrément que ceux des classes supérieures, et il faut, en général, les attendre plus longtemps.

Les communes que je vais encore citer dans cette classe n'y entrent que pour leurs meilleurs crus, que j'aurai soin d'indiquer, la majeure partie de leurs produits ne devant figurer que dans les 4ᵉ et 5ᵉ classes.

LUDON, LABARDE et MACAU. Ces trois communes du haut Médoc, voisines de la Garonne, sont entre 14 à 17 kil. N. de Bordeaux; elles produisent des vins qui ont une belle couleur, du corps, assez de spiritueux, une séve et un bouquet agréables; ceux de Ludon sont particulièrement recherchés en Hollande, parce qu'ils n'ont presque jamais de verdeur. Le cru du *Château de la Lagune* produit les meilleurs, et après lui les vignes de MM. *Baricou*, *Pommier* et quelques autres. Le premier cru de Labarde est celui de *Giscours;* on cite après lui ceux de MM. *Linch*, *Bourgade* et plusieurs autres. Les vins de *Macau*, dont les deux tiers croissent sur des terrains graveleux, ont plus de couleur, de corps et de fermeté que ceux des autres communes, mais aussi moins de finesse, de moelle, de séve et d'agrément. On les emploie souvent pour donner de la couleur et de la force aux vins faibles. Ceux des crus de *Cantemerle* et des *Trois-Moulins* sont surtout préférés.

CUSSAC, LAMARQUE, SOUSSANS et ARCINS, aussi dans le haut Médoc, près de la Garonne, entre 25 à 29 kil. N. de Bordeaux, fournissent des vins d'une belle couleur, corsés, spiritueux et parfumés. Ceux de Cussac et de Lamarque se distinguent par leur moelle, leur séve et un bouquet agréable; ceux de Soussans, par beaucoup de corps, de spiritueux, de séve et de bouquet; mais ils sont durs et ne mûrissent qu'après six ans de garde en tonneaux; ceux d'Arcins sont moins colorés, moins durs et mûrissent en quatre ans, mais ils ont moins de séve et de bouquet. On distingue à Cussac les crus de MM. *Lachennay* et *Bergeron-Lamotte;* à Lamarque, ceux du *Château* et de MM. *Girard*, *Bergeron*, *Pigneguy* et *Von-Hemert;* à Soussans, ceux de MM. *Lapareil*, *Deyrem*, *Guichon* et *Sécondat;* enfin, à Arcins, ceux de MM. *Gressier*, *Couput-Pressac*, *Subercaseaux*, *Duperiez* et du *Château-de-Budos*. Tous ces vins s'expédient en Hollande et dans le nord de l'Europe.

LISTRAC, MOULIX, POUJEAUX et AVENSAN, dans le haut Médoc, mais plus éloignés de la Garonne, entre 24 à 28 kil. N. p. O. de Bordeaux, font des vins qui ont une belle couleur, du corps, de la chaleur et un peu de bouquet; on préfère à Listrac ceux de MM. *Leblanc*, *Monraisin*, *Petit-Labarthe*, *Von-Hemert*, *Hosten*, *Damas* et *Lestage;* à Poujeaux, ceux du *Château* et de M. *Gressier.*

SAINT-SAUVEUR, CISSAC, VERTEUIL et SAINT-LAURENT, entre

8 et 16 kil. S. E. de Lesparre, et entre 36 et 40 N. p. O. de
Bordeaux, fournissent des vins qui s'expédient pour la Hollande
et le nord de l'Europe. A Saint-Sauveur, ils ont une jolie couleur, de la finesse et du bouquet ; à Cissac, ils sont plus colorés
et plus corsés, mais moins fins ; à Verteuil, ils ont une couleur
foncée, de la force et du moelleux, mais peu de bouquet ; à
Saint-Laurent, ils ont plus de corps, de fermeté et de bouquet
que les précédents, mais il faut les garder plus longtemps. Les
propriétaires des meilleurs crus sont, à Saint-Sauveur, MM. *Li-*
versan, Cavaignac, Ducasse, Linch, Badimore et *Danglade* ; à
Cissac, MM. *Josset de Pommiers, de Paroy, Dumousseau* et
Martiny ; à Verteuil, MM. *Bonfils, de Camiran, Plaignard,*
Lafon et *Skiner* ; enfin, à Saint-Laurent, dont les crus de Canet,
de Popp et de Coutanceau sont cités dans la 2ᵉ classe, MM. *Luet-*
kens, de la Rose, Pick et *Van-Dœhrem.*

SAINT-SEURIN-DE-CADOURNE, à 11 kil. E. p. S. de Lesparre et
49 kil. N. p. O. de Bordeaux. Cette commune, qui termine le
haut Médoc, du côté de la Garonne, a, sur les bords de cette
rivière, des terrains graveleux qui produisent des vins légers,
agréables, assez parfumés et qui mûrissent promptement, tandis
que ceux des terres fortes qui se trouvent dans les autres parties
de son territoire fournissent des vins beaucoup plus communs.
On distingue particulièrement ceux des vignes de MM. *Char-*
maille, Bacon et quelques autres.

Les communes de la contrée dite des *Graves,* qui fournissent
des vins fins de 3ᵉ classe, sont TALENCE, MÉRIGNAC et LÉOGNAN,
situées entre 2 et 12 kil. S. de Bordeaux ; elles font des vins
qui ont, en général, plus de couleur, de force et de fermeté que
ceux des bons crus du Médoc, mais moins de finesse, de moelle
et de bouquet ; il faut aussi les garder plus longtemps en tonneaux. Ceux de la partie nommée le *Haut-Talence* sont les plus
fins et égalent les vins des seconds crus de Pessac. On cite en
première ligne les crus du *Château-de-Thouars* et de *Laffitte-*
Haut-Talence. Ceux de Mérignac sont agréables et assez délicats ; ils remplacent souvent, dans les expéditions, les vins des
quatrièmes et des cinquièmes crus du Médoc, surtout ceux des
vignes de *Luchey, Pique-Cailleau* et quelques autres. A Léognan, ils ont une couleur plus foncée, plus de corps, de fermeté
et moins d'agrément ; ils gagnent beaucoup en vieillissant et en
voyageant. Les meilleures vignes appartiennent à MM. *de Ca-*
nolle, Literic et *Mareilhac.*

Les vins dits des quatrièmes et des cinquièmes crus du Médoc occupent le premier rang dans cette classe : mais il y a, dans chaque commune, des crus non classés dont les produits doivent encore y être compris : ce sont ceux qu'on désigne dans le pays sous le nom de *bons vins bourgeois*, pour les distinguer de ceux récoltés par les paysans propriétaires. Ces vins ont quelques nuances de qualité de moins que ceux des crus classés, et se vendent environ 15 pour 100 moins cher; ils acquièrent souvent, en vieillissant, assez de qualité pour qu'il soit très-difficile de les distinguer de ceux des cinquièmes crus.

Quatrième classe.

Les vins qui composent cette classe, bien que pourvus de qualité, n'ont ni la finesse, ni la séve, ni le bouquet des vins fins proprement dits, et ne peuvent, par ce motif, être considérés que comme *vins d'ordinaire de 1re qualité*. Néanmoins, dans les pays où l'on ne met pas un prix élevé aux vins de Bordeaux et particulièrement à Paris, ils sont trouvés fort bons à l'entremets, surtout lorsqu'ils proviennent d'une année dont la température a été favorable à la vigne. qu'ils ont été bien soignés et conservés assez longtemps pour que toutes leurs qualités soient développées.

MÉDOC. Les communes de cette contrée, que j'ai citées dans les trois premières classes, fournissent ici les vins désignés dans le pays sous le nom de *vins de Médoc ordinaires bourgeois*. Ils participent du caractère et de la plupart des qualités des vins fins que l'on récolte sur les mêmes territoires, mais ils ne les ont pas au même degré. Ceux que l'on désigne sous le nom de *petits vins de Médoc paysans* leur sont inférieurs en qualité et de 25 pour 100 en prix; les meilleurs peuvent cependant entrer encore dans cette classe, mais la plupart ne doivent figurer que dans la 5e.

QUEYRIES. On nomme ainsi les vignobles situés sur la rive droite de la Garonne, vis-à-vis le faubourg de Bordeaux nommé les *Chartrons*. Les vins qu'ils produisent occupent le premier rang parmi ceux dits de *Palus ;* ils ont une couleur très-foncée, beaucoup de corps et de fermeté. En les gardant six ou huit ans en tonneaux, ils acquièrent un bouquet qui participe de celui de la framboise. On les mêle assez souvent avec les vins faibles du Médoc pour augmenter leur force et leur couleur. Le besoin qu'on a pour cet emploi fait que leur prix est ordinairement plus élevé que celui de la plupart des autres vins compris dans cette classe. Les meilleurs crus appartiennent à MM. *Sylvestre, Floguergue, Tropeau, Deboucan, Lachèse, Archebold, Brant, Royé, Gondable*, etc.

MONTFERRAND et BASSENS, à 8 et 12 kil. N. E. de Bordeaux. Ces communes fournissent des vins de *Palus* de 2ᵉ qualité, qui sont de même espèce et qui s'emploient comme les précédents : leur prix est moins élevé de 15 à 20 pour 100.

LIBOURNE, à 35 kil. E. N. E. de Bordeaux. Cette ville est entourée de vignobles qui produisent beaucoup de bons vins ; on les divise en trois principales côtes, savoir : celle de *Saint-Emilion*, à l'est de Libourne ; celle de *Canon* et celle de *Fronsac*, au nord. Les vins de la côte de Saint-Emilion ont une belle couleur, du corps, du spiritueux et une sève agréable ; ceux des premiers crus ont un bouquet qui leur est particulier. On distingue surtout ceux des vignes du *Château-du-Bel-Air* de celles de MM. *Canolle, Berliquet, Meynot* et de plusieurs autres propriétaires. Ceux de la côte de *Canon* sont très-colorés, fermes et capiteux ; mais, en vieillissant, ils acquièrent plus de finesse que ceux de Saint-Emilion. Les meilleurs proviennent des vignes de MM. *Boyer* et *de Saint-Julien*. On recherche particulièrement, sur la côte de *Fronsac*, ceux des vignes de MM. *Bary-Berthomieux, Gombaut* et *Lavalade*. Il se fait de grandes expéditions des vins dits de *Saint-Emilion*, dont Libourne est le principal entrepôt. Les meilleurs sont ceux que l'on récolte sur le territoire des communes de SAINT-EMILION, de SAINT-MARTIN-DE-MAZERAC, de SAINT-CHRISTOPHE et de SAINT-LAURENT, toutes situées entre 6 et 8 kil. de Libourne. On met au second rang ceux de SAINT-SULPICE, de POMEROL, de SAINT-GEORGES, de MONTAGNE et de NÉAC, entre 4 et 8 kil. de la même ville ; enfin, en troisième ligne, ceux de LUSSAC et de PUISSEGUIN, à 9 et 12 kil. de Libourne : ceux-ci ne peuvent entrer que dans la 5ᵉ classe, où je les rappellerai.

Parmi les communes du haut Médoc que je n'ai pas citées dans les précédentes classes, celles de BLANQUEFORT, le PIAN et ARSAC, situées entre 10 et 25 kil. N. O. de Bordeaux, fournissent, dans leurs meilleures vignes, des vins de fort bonne qualité. Ceux de Blanquefort ont une belle couleur, du corps, de la sève et un bouquet qui se développe tard ; mais il est assez prononcé après quelque temps de bouteille. Ils s'expédient pour le nord de l'Europe. Ceux du Pian ont quelque ressemblance avec ceux de Ludon, sous le nom desquels on les envoie presque tous en

Hollande. Ceux d'Arsac participent des qualités de ceux de Cantenac, auxquels ils sont cependant bien inférieurs; ils ont une belle couleur, du corps et un parfum agréable.

Quelques communes du bas Médoc, voisines de Lesparre, à 48 kil. N. O. de Bordeaux, récoltent des vins qui doivent être rangés dans cette classe. On cite comme les meilleurs ceux des crus de *Duperrier-Château-Livron*, à Saint - Germain ; du *Château-de-Langeac*, à Valeyrac ; de *Blagnan*, à Civrac; enfin de *Saint-Bonnet* et de quelques autres crus, à Saint-Christoly. La plupart des autres vins de cette partie du Médoc ne peuvent entrer dans la 5° classe.

Cinquième classe.

Si le département de la Gironde produit une quantité considérable de vins fins, il fournit en bien plus grande abondance encore des vins d'ordinaire et des vins communs dont la qualité varie à l'infini, et fournirait matière à la formation de plusieurs classes distinctes. Pour faciliter au lecteur l'appréciation de ces différents vins, je divise cette classe en deux sections, dont la première contient les vins d'ordinaire de 2° et de 3° qualité, et l'autre ceux d'ordinaire de 4° qualité avec les vins communs de toutes les nuances.

Première section.

Médoc. Les vins de cette contrée, désignés, sur les prix courants, sous le nom de *petits vins de Médoc paysans*, dont quelques-uns entrent dans la 4° classe, figurent pour la plupart dans celle-ci comme vins d'ordinaire de 2° et de 3° qualité. Provenant des vignobles dits de *terres fortes*, ils participent du caractère de ceux des communes sur lesquelles on les récolte; mais ils sont plus lourds et moins pourvus de séve et de bouquet. Leur prix n'est inférieur à celui des vins de Saint-Emilion que de 8 à 10 pour 100.

Lussac, Puisseguin et Parsac, entre 8 et 12 kil. de Libourne, fournissent les vins de 3° qualité parmi ceux qui s'expédient sous le nom de vins de *Saint-Emilion*, dont ils ont une partie des qualités.

Puynormand, à 18 kil. N. E. de Libourne, et quelques communes du canton de Coutras, à 13 kil. N. E. de la même ville, font des vins assez corsés, dont les meilleurs sont des vins d'ordinaire de 2ᵉ qualité.

Vins dits des PALUS. Après ceux des Queyries, de Montferrand et de Bassens, cités dans la 4ᵉ classe, viennent ceux d'AMBÈS, BOULIAC, CAMBLANES, QUINSAC, LES VALENTONS, SAINT-GERVAIS et BACALAN; ils sont très-colorés, fermes, corsés, assez francs de goût de terroir, et supportent très-bien le transport par mer: ces vins forment la 3ᵉ qualité des vins de cette espèce, dont ceux de SAINT-LOUBÈS, LATRESNE, MACAU, BEAUTIRAN et IZON forment la 4ᵉ. Tous ces vignobles sont situés dans le voisinage et jusqu'à 17 kil. N. E. et S. E. de Bordeaux. On désigne aussi leurs produits sous le nom de *vins de cargaison*, parce qu'il s'en expédie beaucoup aux colonies françaises et dans les autres pays d'outre-mer.

Vins de côtes. Ceux que l'on récolte sur la chaîne de coteaux qui s'étend près de la rive droite de la Garonne, depuis Ambarès jusqu'à Sainte-Croix-du-Mont, sont de qualités très-variées : les cepages, les terrains et leur exposition changeant dans presque toutes les communes, il croît des vins de très-médiocre qualité à côté des crus qui en produisent de bons, et, lorsqu'on fait des achats dans ce pays, il est important de mettre beaucoup de soin dans le choix des différents vins : ils sont, en général, colorés et fermes, quelquefois durs et âpres, mais ils acquièrent presque tous de la qualité en vieillissant. Les meilleurs proviennent des communes de BASSENS, SAINTE-EULALIE-D'AMBARÈS, LORMONT, BOULIAC, CAMBLANES, QUINSAC et LATRESNE, entre 4 et 9 kil. de Bordeaux. Ces communes ont été citées plus haut pour leurs vins de Palus.

BOURG-SUR-MER, à 12 kil. de Blaye et à 20 kil. N. de Bordeaux, est entouré de vignobles fort étendus, situés sur le territoire de 12 communes de ce canton, parmi lesquelles celles de SAMONAC, BAYON, SAINT-SEURIN-LE-BOURG, LA LIBARDE, CAMIAC et TAURIAC, entre 1 et 4 kil. de BOURG-SUR-MER, ainsi que le territoire même de cette ville, produisent des vins d'une belle couleur, corsés, spiritueux et assez francs de goût de terroir, que l'on assimile aux petits vins du Médoc. Quand ils n'ont pas voyagé, ils n'acquièrent leur maturité qu'en huit ou dix ans. Les meilleurs, s'ils proviennent d'une bonne année, gagnent, en vieillissant, de la légèreté et un goût d'amande fort agréable. On cite en première ligne ceux des crus du *Château-Rousset*, à Samonac; de *Tajac* et du *Château-de-Fallax*, à Bayon; enfin ceux du *Château-du-Bosquet*, à Bourg. On met en seconde ligne

les vins que produisent les vignes de Mme *de Calvimon* et de
M. *Dupouil*, à Bayon; de Melle *Lagrave* et de Mme *de Bellote*, à
Saint-Seurin-le-Bourg; de Mme *Sou* et de MM. *Berniard* aîné et
jeune, à la Libarde; de MM. *Gellibert* et *Peychaud*, à Camiac;
de MM. *Castagnes*, à Tauriac; enfin de MM. *Peychaud* et *Char-
lus*, à Bourg. Plusieurs autres crus des communes que je viens
de citer et de quelques-unes de celles que je n'indiquerai que
dans la seconde section de cette classe donnent des vins d'ordinaire de 3° qualité.

Deuxième section.

Quelques-uns des vins dits *petits médocs paysans*, un plus
grand nombre de ceux des *Palus*, de Libourne, de Fronsac,
d'Arveyres et de Génissac, sur la rive droite de la Dordogne;
du canton de Guitre-sur-l'Isle, à 12 kil. N. p. E. de Libourne;
enfin des *côtes* des environs de Libourne, entrent dans cette
section, les uns comme vins d'ordinaire de 4° qualité et les autres
comme vins communs.

Le canton de Bourg, dont les meilleurs crus ont été indiqués
dans la première division de cette classe, présente ici, comme
vins d'ordinaire de 4° qualité, le choix de ceux des communes
de Villeneuve, Saint-Ciers-de-Canesse, Gauriac et Comps.
Les mêmes vignobles produisent, en outre, une grande quantité
de vins communs de diverses qualités.

Les communes de Marcamps, Lausac, Pugnac, Monbrier,
Tuilhac et Saint-Trojan, situées dans la partie orientale du
canton de Bourg, ne fournissent, en général, que des vins
communs.

Saint-Gervais, Cubzac, Saint-Romain, Asques et l'Isle-
Saint-Georges, entre 12 et 16 kil. N. E. de Bordeaux, récoltent, sur les palus de leurs territoires, des vins qui ont une
assez bonne couleur et beaucoup de corps; mais ils sont durs,
communs et ont des goûts de terroir plus ou moins forts.

Les communes d'Ambarès, la Grave, Sainte-Eulalie,
Saint-Loubès, Saint-Sulpice-d'Izon et Montussan, situées
entre la Garonne et la Dordogne, dans le canton de Carbon-
Blanc, entre 10 et 13 kil. N. E. de Bordeaux, produisent des
vins qui ne sont ni de palus ni de côtes et sont néanmoins supérieurs à ceux dits *d'entre-deux-mers.* Ceux d'Ambarès et de la
Grave, récoltés dans une plaine graveleuse, ont une belle cou-

leur et assez de corps; à Sainte-Eulalie, ils sont plus colorés et
plus spiritueux. Parmi ceux de Saint-Loubès, de Saint-Sulpice
et de Montussan, on en distingue d'assez bons; mais ils sont,
en général, inférieurs aux précédents.

CAMBÈS, BAURECH, TABANAC, LE TOURNE, LANGOIRAN,
RIOMS, BÉGUEY, CADILLAC, LOUPIAC et SAINTE-CROIX-DU-MONT,
entre 12 et 24 kil. S. E. de Bordeaux. Ces vignobles sont au
nombre de ceux dits de *petites côtes*, qui bordent la rive droite
de la Garonne. Les vins rouges qu'ils produisent sont assez
colorés, mais, en général, de qualité inférieure.

Vins de la contrée nommée l'ENTRE-DEUX-MERS, qui s'étend
depuis Bordeaux jusqu'à 48 kil. à l'E. et 40 kil. au S. E. de cette
ville. Ils se récoltent dans les cantons de BRANNE, de PUJOLS, de
PELLEGRUE, une partie de ceux de SAUVETERRE et de TARGON,
arrondissement de la Réole, et dans le canton de CRÉON, arrondissement de Bordeaux. Ce pays produit beaucoup de vins
blancs, mais peu de rouges; ceux-ci, faits avec soin, deviennent
assez agréables en vieillissant; ils sont presque tous consommés
dans le pays; on n'en expédie qu'une petite quantité pour les
ports de la Bretagne. Le canton de SAINTE-FOI-LA-GRANDE, à
34 kil. E. p. S. de Libourne et 56 kil. E. de Bordeaux, fait des
vins rouges d'assez bonne qualité, que l'on compare à ceux des
côtes de Pujols.

SAINT-MACAIRE, à 14 kil. O. de la Réole, et 37 kil. S. E. de
Bordeaux, est environné de vignobles considérables, dont le
produit annuel est évalué à près de 100,000 hectolitres de vins
communs très-colorés, rudes, dépourvus de spiritueux et ayant
un goût de terroir très-prononcé. Ceux qui méritent quelque
préférence sont 1° ceux de la commune de CAUDROT, à 4 kil. S. E.
de Saint-Macaire; ils ont plus de corps et une couleur assez vive;
2° ceux d'AUBIAC, VERDELAIS, SAINT-MAIXENS et SAINT-ANDRÉ-
DU-BOIS. Tous les vins de ce canton ne sont connus que sous le
nom de *vins de Saint-Macaire*, et le principal commerce s'en
fait dans cette ville.

BLAYE, à 47 kil. N. E. de Bordeaux. Cette ville fait un très-
grand commerce des vins de son territoire et de celui des autres
communes de ce canton, dont la récolte annuelle est évaluée à
environ 600,000 hectolitres. Ces vins communs ont une couleur
foncée, mais terne; la plupart sont mous et ont un goût de
terroir désagréable. On excepte comme préférables aux autres
ceux qui sont récoltés au sommet des côtes dans la banlieue
de BLAYE, ainsi que dans les communes de CARS, de SAINTE-

Luce et de Saint-Paul : tels sont ceux des crus de *Saugeron*, *Charron*, *Cap-de-Haut* et *Labarre Présaugeron*, ainsi que des vignes de MM. *Lelièvre* et *Raymond*, dans celle de Sainte-Luce; enfin de MM. *Debiassan* et *Binaud*, dans celle de Saint-Paul.

L'arrondissement de Bazas, qui fournit d'excellents vins blancs, ne fait que très-peu de vins rouges de faible qualité qui sont consommés par les habitants.

VINS BLANCS.

Les vins blancs de ce département sont de deux genres différents. Ceux que produisent les vignes situées sur la rive gauche de la Garonne, dans la contrée nommée *les Graves*, voisine de Bordeaux, sont *secs*, légers, très-blancs, et ont un bouquet qui participe de l'odeur du girofle et de la pierre à fusil ; tandis que les vignobles situés plus haut, du même côté de la rivière, depuis Castres, à 17 kil. S. E. de Bordeaux, jusqu'à Langon, à 37 kil. S. E. de la même ville, donnent des vins qui sont *très-moelleux* et plus spiritueux. Ces différences proviennent de la nature des terrains, des cepages, de la manière dont les vignes sont soignées, et surtout du degré de maturité qu'on laisse acquérir au raisin. Dans la contrée dite des Graves, on vendange de bonne heure et en une seule fois, tandis que les vins des cantons de Podensac et de Langon sont vendangés à plusieurs reprises. On ne cueille les raisins qu'à mesure qu'ils pourrissent et lorsque leur pellicule, ayant acquis une teinte brune, s'attache aux doigts ; ce qui fait que la vendange dure souvent deux mois, surtout dans les crus qui produisent les vins de qualité supérieure.

Première classe.

Les vignes dans lesquelles on récolte les excellents vins moelleux que je range dans cette classe sont plantées dans les terrains graveleux ou pierreux des parties les plus élevées des communes de Barsac, de Preignac, de Sauternes et de Bommes, dont les territoires sont contigus. Les vins secs dits *des Graves* se récoltent sur le territoire des communes de Martillac, de Léognan, de Villenave-d'Ornon, de Blanquefort, et des autres communes voisines de Bordeaux.

. Barsac, à 2 kil. S. de Cadillac et à 30 kil. S. p. E. de Bordeaux ; les vins de cette commune, et particulièrement ceux de la partie de son territoire nommée le *haut Barsac*, se distinguent par beaucoup de corps, de spiritueux, de finesse, de moelleux, de séve et de bouquet. Les premiers crus de ce vignoble sont ceux nommés *Coutet*, *Clément*, *Doisy* et *Caillau*, qui produisent ensemble 135 à 170 tonneaux de vin par an. On met au second rang les crus nommés *Pernaud*, *Mirat*, et les vignes qui appartiennent à MM. *Dubose*, *Focke*, *Labarde*, *Dudon*, *Hertzog* et quelques autres. Les vins de quelques-uns des seconds crus ne diffèrent de ceux des quatre premiers que par de faibles nuances et ne se vendent ordinairement que 10 fr. de moins par tonneau. Les vins de Barsac prennent, en vieillissant, une teinte ambrée qui ne nuit pas à leur qualité.

PREIGNAC, à 7 kil. de Cadillac et à 33 kil. S. p. E. de Bordeaux, est situé entre Barsac, Bommes et Sauternes ; il produit des vins qui réunissent toutes les qualités de ceux de Barsac et de Sauternes ; ils sont seulement un peu moins spiritueux que ceux de Barsac, mais ils ont plus de finesse, une séve fort agréable et un charmant bouquet. Lorsqu'ils sont bien soignés, leur couleur n'est que très-légèrement ambrée. Les premiers crus de cette commune sont celui du *château de Suduirault*, qui produit de 120 à 130 tonneaux de vin par an, et celui nommé *Pugnau*, qui en produit de 20 à 25.

SAUTERNES, à 9 kil. de Cadillac, et à 35 kil. S. p. E. de Bordeaux. Son territoire est contigu à ceux de Preignac et de Bommes. Les vins qu'on y récolte ont beaucoup de moelleux, de finesse, un bouquet et une séve des plus agréables. Les premiers crus sont *Yquem*, qui fournit de 80 à 90 tonneaux de vin par an, et la vigne de M. *Guiraut*, qui en donne de 50 à 60. Les vins de ces deux crus jouissent d'une égale réputation ; cependant celui d'*Yquem* est ordinairement préféré ; ils se vendent le même prix.

BOMMES, dont le territoire est contigu à ceux de Sauternes et de Preignac, fait des vins de même qualité que ceux de ces deux vignobles et qui se vendent le même prix. Les meilleures vignes appartiennent à M. *Deyne*, qui récolte de 20 à 25 tonneaux de vin, à M. *Lafaurie*, qui en fait de 45 à 50, et à M. *Dert*, qui en fait de 60 à 70 tonneaux.

Les vins des quatre communes que je viens de citer s'expédient pour le nord de l'Europe ; l'Angleterre en tire une certaine quantité dans les bonnes années.

VILLENAVE-D'ORNON, à 6 kil. de Bordeaux, et BLANQUE-

FORT, à 8 kil. N. O. de la même ville, dans la contrée dite *des Graves*, produisent des vins *secs*, légers, délicats et très-blancs; leur séve et leur bouquet participent du girofle et de la pierre à fusil.

Les crus de *Saint-Bris* et de *Carbonnieux*, à Villenave, et celui de *Pontac-Dulamon*, à Blanquefort, donnent ensemble, chaque année, environ 100 tonneaux d'excellents vins blancs, qui se vendaient autrefois au même prix que ceux des crus de Barsac, Preignac, Sauternes et Bommes ; mais, depuis plusieurs années, ils obtiennent rarement la même faveur.

Deuxième classe.

Les vins des seconds et troisièmes crus des communes citées dans la 1ʳᵉ classe occupent le premier rang dans celle-ci ; ils ont moins de finesse, de séve et de bouquet, et se vendent de 12 à 15 pour 100 moins cher que ceux des premiers crus. BARSAC fournit ici les vins de M. *Capdeville*, de Mademoiselle *Neirac*, de MM. *Cave, Tauzin, Lacoste, Barastre* et quelques autres; PREIGNAC, ceux de MM. *Alexandre de Saluces, Montarlier, Guilhon, Mareilhac* et quelques autres; SAUTERNES, le cru *Filhol* et la vigne de M. *Baptiste;* enfin, BOMMES, les vignes de MM. *Focke, Lacoste* et *Emerignon.* A VILLENAVE-D'ORNON et à BLANQUEFORT, les seconds crus appartiennent à MM. *Mareilhac, Tarteyron, Ouvray, de Brias, Hesse,* etc.

CERONS et PODENSAC, à 27 kil. S. E. de Bordeaux, fournissent des vins qui se distinguent parmi les meilleurs de cette classe; ils ont assez de corps, une séve fine et un bouquet agréable. Les meilleures vignes de Cerons appartiennent à MM. *Cousard, de Calvimont, Olivier, Salvanet, Deloustat* et *Champion;* celles de Podensac, à MM. *Bearnes, Ferbos, Jon, Tonnens, Darlaud* et *G. Casades.*

LANGON, à 13 kil. N. de Bazas et à 37 kil. S. E. de Bordeaux. Les vins de cette commune étaient autrefois les meilleurs de la province; mais les gelées qui, en 1788 et 1795, détruisirent une partie de ses vignes déterminèrent les propriétaires à multiplier le plant nommé *chalosse,* qui résiste aux gelées, mais donne des vins dénués de qualité. Ceux que l'on fait maintenant dans ce vignoble ressemblent, en primeur, aux vins de Bommes, mais en vieillissant ils n'acquièrent pas autant de qualité; cependant il y a encore quelques vignes dans lesquelles les bons plants ont été conservés et qui produisent d'excellents vins : telles sont celles de MM. *Château* et *Dupuy.*

TOULENE, SAINT-PEY-LANGON et FARGUES, près de Langon, font des vins qui ont de l'analogie avec ceux de cette ville et qui se vendent à peu près le même prix. Les meilleurs crus de Toulene sont à MM. *Testard* et *Rivière*; ceux de Saint-Pey-Langon, à MM. *de Rayne, de Baritault, Colas et Saint-Blancard*; enfin le meilleur de Fargues est à M. *Lacoste.*

PUJOS, près de Barsac, fait aussi des vins de l'espèce de ceux de Langon, dont les meilleurs proviennent des vignes de MM. *Lacombe* et *Cherché.*

SAINTE-CROIX-DU-MONT et LOUPIAC, 33 kil. et 30 kil. S. E. de Bordeaux, récoltent sur les coteaux de la rive droite de la Garonne les meilleurs vins blancs dits *de côte*, de la petite contrée nommée *Bénauge*; ils sont très-doux et restent longtemps tels dans les bonnes années; ils ont du corps, du spiritueux, une séve agréable et un joli bouquet. On met en première ligne ceux des vignes de MM. *Duperrier, Mazet, Gensonné, Marbotin, Rolland Castels Turman* et *Chaumette*, à Sainte-Croix-du-Mont, et en seconde ligne ceux des vignes de M. *Marcellus*, de madame *de la Chassagne*, de M. *Bidot* et de M. *Courrege*, à Loupiac.

LÉOGNAN et MARTILLAC, à 12 kil. et 14 kil. S. de Bordeaux, dans la contrée dite *des Graves*, fournissent des vins secs, dont les meilleurs doivent encore figurer dans cette classe.

Troisième classe.

VIRELADE et ARBANATS, à 5 kil. de Cadillac et à 22 kil. de Bordeaux, produisent des vins qui égalent en qualité et en prix plusieurs de ceux des crus qui occupent la 2ᵉ classe; mais tous les autres parcourent les différents degrés de celle-ci. On estime particulièrement, à Virelade, les crus de MM. *Dufort* et *Linch*; à Arbanats, ceux de MM. *Ducasse* et *Daguzan.*

BUDOS, PUJOS, LANDIRAS et ILLATS, situés entre 8 et 12 kil. de Cadillac et entre 28 et 34 kil. S. S. E. de Bordeaux. Les meilleurs vins de ces paroisses peuvent seuls entrer dans cette classe; la plupart des autres ont une séve particulière qui n'est pas agréable : elle a quelque chose de sauvage que l'on attribue aux mauvais cepages qui ont été multipliés depuis quelques années.

LANGOIRAN et CADILLAC, à 20 et 28 kil. S. E. de Bordeaux, donnent des vins qui ont un goût agréable, du corps, de la séve, du bouquet et qui finissent bien. Les meilleures vignes de Langoiran appartiennent à MM. *Belso, Palanque* et *Pollet.* Les vins de Cadillac, quand ils sont récemment faits, ont souvent plus de douceur que ceux de Langoiran; mais leur séve est moins prononcée, et ils acquièrent moins de qualité en vieillissant; cependant ils se vendent le même prix. Les meilleurs sont récoltés par MM. *Campan* et *Alard.*

MONPRINBLANC, à 4 kil. de Cadillac et à 31 kil. de Bordeaux, produit des vins qui ressemblent à ceux de Sainte-Croix-du-Mont, mais ils sont inférieurs. Le meilleur cru appartient à M. *Dalon.*

Il convient encore d'ajouter ici les vins de 3ᵉ qualité des communes de la contrée dite *des Graves,* comprises dans les classes supérieures.

Quatrième classe.

Tous les vignobles que j'ai cités produisent des vins qui entrent dans cette classe comme vins d'ordinaire de 1ʳᵉ qualité.

BONNES CÔTES. On donne ce nom aux vignobles des communes de BAURECH, TABANAC, LE TOURNE, PAILLET, LESTIAC, RIOMS, HAUX, BÉGUET, LARROQUE, OMET et GABARNAC, situées dans un rayon depuis 12 kil. jusqu'à 1 kil. de Cadillac, et depuis 15 kil. jusqu'à 31 kil. de Bordeaux. Les crus supérieurs de plusieurs de ces communes fournissent des vins qui approchent en qualité de ceux de Langoiran et de Cadillac; ils se vendent à peu près le même prix et s'expédient sous le même nom : tels sont ceux des vignes de MM. *Larieux* et *Duperieux,* à Baurech; de MM. *Roujole* et *Leblanc,* à Tabanac; de MM. *Bertrand, Maude* et *Lescours,* au Tourne; de MM. *Maudis, de Vassan* et *Bourbon,* à Paillet; de M. *Faux,* à Haux; enfin de MM. *Parouty* et *Simon,* à Béguey.

PORTETS, CASTRES, SAINT-SELVE, SAINT-MORILLON, BEAUTIRAN, SAINT-MÉDARD, AYRANS et LABRÈDE, situés entre 18 et 20 kil. S. E. de Bordeaux, et depuis 10 jusqu'à 16 kil. de Cadillac. Les vins de ces communes paraissent d'abord inférieurs à ceux des *côtes,* mais ils gagnent en vieillissant. Les meilleurs de Portets et de Castres remplacent quelquefois avec avantage ceux de Langoiran. Ces vignobles produisent aussi beaucoup de vins communs qui ne peuvent entrer que dans la 5ᵉ classe.

Côtes. On désigne ainsi les vignobles situés sur les bords de la Garonne, depuis *Bassens*, à 5 kil. de Bordeaux, jusqu'à *Baurech*, à 15 kil. de la même ville; les vins des premiers crus de ce canton, et surtout ceux de Cambes, à 12 kil. S. E. de Bordeaux, font de fort bons vins d'ordinaire bien supérieurs à ceux d'Entre-deux-Mers.

Cinquième classe.

Les vins inférieurs de tous les vignobles cités dans les trois premières classes et la majorité du produit de ceux qui composent la quatrième occupent les différents degrés de celle-ci, soit comme vins d'ordinaire de 2°, de 3° ou de 4° qualité, soit comme vins communs.

Le pays dit d'Entre-deux-Mers fournit une très-grande quantité de vins blancs communs, dont les meilleurs sont désignés dans le pays sous le nom de *bons vins d'Entre-deux-Mers :* nouveaux, ils ont de la force et peu de verdeur; vieux, ils sont brillants et agréables. On les expédie dans le Nord, en Prusse et dans les villes hanséatiques.

Lussac, Sainte-Foi-la-Grande et Castillon, 9 kil., 13 et 16 kil. de Libourne. Les environs de ces communes produisent des vins dont une grande partie se vend comme les bons vins d'Entre-deux-Mers : ils sont très-sujets à fermenter.

Cubsac, Bourg, Fronsac et Blaye, situés entre 16 et 30 kil. N. de Bordeaux, ainsi que les communes qui les environnent, récoltent des *petits vins* qui sont très-souvent verts, sans corps et sans séve, mais ils se clarifient bien, sont francs de goût et agréables.

On évalue à 52 ou 53,000 tonneaux la quantité de vins communs que l'on convertit, chaque année, en eau-de-vie; mais cette quantité varie suivant l'abondance des récoltes, la qualité des vins et les demandes qui en sont faites. Ces eaux-de-vie se vendent ordinairement 2 pour 100 moins cher que celles de l'Armagnac, département du Gers. Les principales distilleries sont, à Bordeaux, dans le quartier des Chartrons; il y en a beaucoup de répandues dans les campagnes environnantes, et surtout dans le pays d'*Entre-deux-Mers*, dans les environs de Cubsac, de Fronsac, etc. Les produits en sont envoyés à Libourne, et plus souvent encore à Bordeaux, qui est l'entrepôt général de celles qui se fabriquent dans l'Armagnac et à Marmande : il en vient aussi beaucoup de Cognac, de la Saintonge et même du Languedoc.

Le commerce des vins se fait dans plusieurs villes de ce département, mais plus particulièrement à Libourne et surtout à Bordeaux. Cette dernière ville est l'entrepôt général, non-seulement des vins du département de la Gironde, mais encore de ceux des départements de la Dordogne, du Lot, du Gers, de Lot-et-Garonne et de plusieurs autres ; elle en fait, en temps de paix, des expéditions considérables pour toutes les contrées du globe.

Les vins du département de la Gironde se vendent au *tonneau*, qui se compose de 4 *pièces* nommées *barriques*; chaque *barrique* doit contenir 108 pots du pays, qui équivalent à 30 veltes ou 228 litres; mais il en est beaucoup, surtout dans les bas crus, qui ne contiennent que 215 à 220 litres.

Les eaux-de-vie se vendent ordinairement en futailles de 48 à 50 veltes, et le prix s'en établit sur cette dernière mesure, qui équivaut à 380^l,89. On les met dans des futailles appropriées aux localités : pour les Etats-Unis et pour l'Angleterre, on emploie des *tierçons* de 63 à 65 veltes; pour la Russie, la Suède et le Danemark, on les met dans des pipes de 80 à 90 veltes; on se sert aussi quelquefois de *barriques* de 30 veltes. Les esprits-de-vin se logent presque toujours dans des *pipes* de 75 à 85 veltes.

Les expéditions se font en partie par chemin de fer pour l'intérieur et en partie par mer. Le prix du transport est réglé par *tonneau* de 4 *barriques*, qui est estimé peser 1,000 kilogrammes; il contient 912 litres et équivaut à 242 gallons, mesure d'Angleterre.

§ II. *Département de la* DORDOGNE, *formé de la presque totalité de l'ancienne province de Périgord, de quelques parties de l'Agenois, du Limosin et de l'Angoumois; il est divisé en 5 arrondissements : Périgueux, Bergerac, Nontron, Ribérac et Sarlat.*

En 1788, ce département contenait 56,000 hectares de vigne; il en a aujourd'hui 96,301 hectares, sur le territoire de 594 communes. La récolte annuelle est évaluée à environ 2,254,000 hectolitres de vins (rouges 1,014,000, blancs 1,240,000), qui font une des principales branches de la richesse du pays. La

15

consommation des habitants est évaluée à 300,000 hectolitres. Les vignobles les plus considérables et ceux qui produisent les meilleurs vins sont dans l'arrondissement de Bergerac, des deux côtés de la Dordogne. Les meilleurs vins rouges se récoltent dans les vignobles de la rive droite; ils sont vifs, légers, fins, spiritueux et parfumés. On les préfère, pour la table, à ceux de la rive gauche, qui ont une couleur plus foncée et beaucoup de corps, mais moins de bouquet et d'agrément. Les vins blancs les plus recherchés, pour l'extrême douceur qu'ils conservent longtemps, se récoltent dans les vignobles de la rive gauche. Ceux de la rive droite sont presque aussi liquoreux quand on les fait, mais ils perdent beaucoup plus tôt cette douceur qui se convertit en spiritueux. Les vins acquièrent de la qualité en vieillissant et sont préférés pour la table.

VINS ROUGES.

Première classe.

BERGERAC, sur la Dordogne, à 49 kil. S. S. O. de Périgueux; CREYSSE, GINESTET, PRIGONRIEUX, LA FORCE, SAINTE-FOY-LES-VIGNES et LEMBRAS, tous dans le canton et entre 5 et 8 kil. de Bergerac, sur la rive droite de la Dordogne, fournissent des vins vifs, légers, spiritueux, et dont les meilleurs ont de la finesse et un bouquet peu prononcé, mais agréable. On met au premier rang ceux du cru de *la Terrasse*, situé sur une colline exposée au midi, près du château de Tiregant, à Creysse. On cite ensuite comme en approchant de très-près ceux des crus nommés la *Briasse*, les *Farcies*, *Pécharment*, *Corbiac*, la *Catte*, le *Terme-du-Roy*, *Labaume*, *Rosette* et *Rouay*, sur le territoire de Bergerac; *Ginet* et *Feyte*, à Ginestet; enfin *Latour* et *Concombre*, à Prigonrieux. Ces vins acquièrent beaucoup de qualité en vieillissant.

MONMARVÈS, à 17 kil. de Bergerac, sur la rive gauche de la Dordogne, récolte, dans les crus nommés la *Roussigue*, *Gautié*, *Monteau* et *Saint-Ongé-de-la-Borde*, des vins plus corsés, plus colorés, mais moins fins que ceux de Bergerac; cependant, en vieillissant, ils acquièrent autant de qualité et durent jusqu'à trente et quarante ans.

Deuxième classe.

Tous les vignobles cités dans la précédente classe fournissent des vins qui ne peuvent entrer que dans celle-ci.

Les cantons de la LINDE, sur la rive droite de la Dordogne, à 18 kil. E. de Bergerac, de BEAUMONT et de CUNÈGES; sur la rive gauche, à 18 kil. E. S. E. et 11 kil. S. O. de la même ville, donnent des vins de bonne qualité, parmi lesquels on distingue ceux de MONSAC, canton de Beaumont, à 17 kil. de Bergerac.

Les meilleurs vins du canton de DOMME, à 9 kil. S. de Sarlat; du canton de SAINT-CYPRIEN, à 12 kil. O. de la même ville, ainsi que ceux de THONAC et de SAINT-LÉON, à 7 et 8 kil. de Martignac, ont une couleur très-foncée, beaucoup de corps, du spiritueux et un bon goût; ils doivent être gardés quatre ans en tonneau pour acquérir leur maturité. On les mélange ordinairement avec les vins clairets, qui coûtent moins cher, et l'on obtient des vins d'ordinaire assez agréables. Ceux de Domme sont généralement préférés pour cet emploi. Ces vins s'expédient ordinairement à Libourne, à Bordeaux et à Paris, pour être employés dans les mélanges.

CHANCELADE, à 6 kil. de Périgueux, produit des vins qui ont une couleur convenable, assez de spiritueux et un bon goût, parmi lesquels on estime particulièrement ceux du cru du château de *Salgourde*. Ils gagnent de la qualité en vieillissant.

BRANTÔME, BOURDEILLES, SAINT-PANTALY et SAINT-ORSE, entre 16 et 24 kil. de Périgueux; VARREINS, VILLETOUREIX, SAINT-VICTOR, BRASSAC, CELLES, DOUZILHAC, GOUTS et VERTEILLAC, entre 5 et 18 kil. de Ribérac, donnent des vins d'une couleur convenable et assez spiritueux : ceux qui proviennent des vignes basses font d'assez bons vins d'ordinaire, mais ceux que l'on tire des ceps élevés sont, pour la plupart, communs, grossiers et acerbes. Les vins de ces vignobles diffèrent de ceux de Chancelade par leur couleur plus foncée.

MAREUIL, à 16 kil. S. O. de Nontron, donne les meilleurs vins d'ordinaire de cet arrondissement; presque tous les autres sont de basse qualité, ainsi qu'une assez forte quantité de ceux des arrondissements de PÉRIGUEUX, de RIBÉRAC et de SARLAT. On en convertit environ 50,000 hectolitres en eaux-de-vie, dont les trois cinquièmes se font dans l'arrondissement de Ribérac. Ceux du canton de TERRASSON, à 25 kil. N. de Sarrelat, sont

de si basse qualité, qu'ils tournent souvent à l'aigre dès le mois
de juin qui suit leur récolte.

VINS BLANCS.

Tous les vins blancs de ce pays sont liquoreux au moment
où on les fait ; mais ceux que l'on tire des raisins vendangés,
aussitôt qu'ils ont acquis leur maturité, perdent cette extrême
douceur et ne sont que des vins *moelleux*, comme ceux de la
Bourgogne et de la plupart des vignobles de France. Les meilleurs de cette espèce se récoltent dans les vignobles de la rive
droite de la Dordogne; ils se vendent toujours moins cher que
les vins liquoreux de la rive gauche de cette rivière, bien qu'ils
leur soient préférables pour la consommation journalière.

BERGERAC, déjà cité pour ses vins rouges, récolte les meilleurs vins blancs non liquoreux de la rive gauche de la Dordogne; ils ont un fort bon goût, du corps, de la séve et un
bouquet agréable. On estime particulièrement ceux des crus
nommés la *Bruneterie*, la *Gatte-Saint-Bris*, *Berbesson*, *Rossette*
et *Rouay*.

SAINTE-FOY-LES-VIGNES, GINESTET, LA FORCE et PRIGON-
RIEUX, situés entre 6 et 8 kil. de Bergerac, font des vins de
même espèce que les précédents, parmi lesquels on estime surtout ceux des crus nommés *Mont-de-Neyra* et *Boisse* à Sainte-
Foy-les-Vignes, des *Fayets* à la Force, et celui de *Concombre* à
Prigonrieux. Ces vins ont, en général, un goût de pierre à fusil
que l'on trouve agréable. On fait des vins de même espèce dans
les autres vignobles de la rive droite de la Dordogne, quoique
inférieurs en qualité à ceux des vignobles que je viens de citer;
ils sont employés avec avantage pour donner du corps et de la
force aux petits vins blancs que l'on vend en détail. Ceux destinés à cet emploi reçoivent ordinairement, avant leur départ,
l'addition d'une velte ($7^l,65$) d'esprit-de-vin.

VINS DE LIQUEUR.

Première classe.

Ces vins sont le produit des cepages nommés *semillon* et
muscat-fou ; les raisins sont très-doux, mais on augmente en-

core cette douceur en les laissant sur le cep jusqu'à ce que la pellicule ait acquis une couleur brune et qu'elle soit presque pourrie ; la vendange se fait à plusieurs reprises, pour ne cueillir chaque fois que les raisins qui sont dans cet état.

MONBAZILLAC et SAINT-LAURENT-DES-VIGNES, à 6 et 8 kil. de Bergerac, sur la rive gauche de la Dordogne, récoltent, sur la côte de Marsallet, des vins *muscats* qui ont un bon goût, beaucoup de corps, de spiritueux, une séve et un bouquet agréables ; ils diffèrent de ceux que l'on fait à Frontignan, département de l'Hérault, en ce qu'ils sont plus corsés, moins fins et moins parfumés. On met au premier rang ceux des crus nommés *les Raulis-Mestre, Marsallet-Viger* et *Conseil-Erignac ;* au second rang, mais comme en approchant de très-près, ceux des vignes de MM. *Maury, Bastic. Alard, Petit, Planteau-du-Fuma, Eyma, Loche, Boissière, Gouzot, Pauly. Poumeau, Boyer-Guillon, Loreilhe Géraud, Dussumier* et *Morton.*

Deuxième classe.

COLOMBIER et POMPORT, sur la rive gauche de la Dordogne, à 6 à 8 kil. de Bergerac, font des vins *muscats* de même espèce et dont les meilleurs sont peu inférieurs à ceux de Monbazillac et de Saint-Laurent-des-Vignes ; on cite particulièrement ceux des crus nommés *Planque, Larayre, Cantemerle* et *Laveau,* à Colombier ; *Pied-de-Petit, Lamoute* et *Peyronnette,* à Pomport.

SAINT-NAIXANT, à 6 kil. de Bergerac, produit des vins qui participent des qualités de ceux cités dans la première classe. Les meilleurs proviennent des vignes de MM. *Dussumier-d'Hollande, Ginet père, Ginet fils* et *Delpech-Lamothe.* Les autres vignobles des deux rives de la Dordogne font une grande quantité de vins blancs de même espèce que les précédents, mais ils en diffèrent plus ou moins par leur qualité.

Les vins rouges et les vins blancs des deux rives de la Dordogne sont connus dans le commerce sous le nom de *vins de Bergerac ;* le principal commerce s'en fait dans cette ville, qui est aussi l'entrepôt principal des eaux-de-vie qui se fabriquent dans le canton d'*Eymet,* à 20 kil. de Bergerac, et de celles de plusieurs cantons du département de Lot-et-Garonne. La Hollande en tirait autrefois la plus grande partie des vins blancs doux ; mais, depuis quelques années, elle en tire beaucoup moins. On en envoie de fortes parties à Bordeaux, où ils sont cotés, sur les prix courants, au même prix que ceux de Langon. On en expédie aussi pour Libourne, pour la Bretagne et pour le nord de la France. Paris en tire une certaine quantité, qui est employée pour donner du corps et de la force aux petits vins blancs que l'on vend en détail : les grandes expéditions de Bergerac se font par la Dordogne. Les vins du canton de Domme, arrondissement de Sarlat, sont achetés aussi pour Bordeaux et chargés sur la Dordogne ; on les entrepose souvent à Bergerac avant de les expédier pour leur destination. Ceux des arrondissements de Périgueux, de Nontron, de Ribérac et d'une partie de celui de Sarlat ne sont expédiés que pour les départements voisins, et surtout pour celui de la Haute-Vienne. Les eaux-de-vie, dont les 3/5 se font dans l'arrondissement de Ribérac, sont expédiées, en majeure partie, pour le département de la Charente. On en envoie aussi à Bordeaux, où elles sont cotées, sur les prix courants, au même taux que celles de Marmande.

Les tonneaux en usage se nomment *barriques* et contiennent environ 30 veltes ou 228 litres. Le vin se vend au *tonneau*, composé de 4 barriques, comme à Bordeaux. Dans les cantons qui ne font pas d'exportations, il se vend à la barrique, dite *grosse jaune*, qui varie de capacité. Les eaux-de-vie se font à 19 degrés ; elles se vendent à la *pièce*, contenant de 48 à 50 veltes, ou de 365 à 380 litres.

§ III. *Département des* LANDES, *formé du pays des Landes, de la Chalosse et du Tursan, qui faisaient partie de la province de Gascogne ; il est divisé en 3 arrondissements : Mont-de-Marsan, Saint-Sever et Dax.*

20,136 hectares de vigne, sur le territoire de 277 communes, produisent, récolte moyenne, environ 469,000 hectolitres de vins (rouges 97,000, blancs 360,000), sur lesquels 170,000 sont consommés par les habitants (1) ; le surplus est livré au commerce d'exportation ou converti en eaux-de-vie, qui se vendent à Mont-de-Marsan sous le nom d'*eaux-de-vie d'Armagnac* (2), avec lesquelles elles sont en concurrence sur ce marché. Les

_____

(1) La consommation annuelle des habitants s'élève à environ 350,000 hectolitres ; mais j'en déduis 80,000 qui sont importés, chaque année, des départements du Gers et de la Gironde.
(2) Voyez le département du Gers, ci-après, p. 235.

vins de ce département se divisent en plusieurs espèces, dési-
gnées sous les dénominations de vins du *Cap-Breton*, du *Tursan*, de la *Haute-Chalosse*, de la *côte de Lénye*, de la *Basse-
Chalosse*, *petits vins de Chalosse* et *Pique-pout-Chalosse*.

VINS ROUGES.

Première classe.

CAPBRETON, MESSANGES, SOUSTONS et VIEUX-BOUCAU, situés
le long du golfe de Gascogne, dans le pays nommé *Morancin*,
près l'embouchure de l'Adour, dans l'arrondissement et entre
20 et 28 kil. de Dax, cultivent environ 200 hectares de vignes,
plantées sur des dunes de sable mobile voisines de la mer, dont
on tire des vins de bonne qualité. Ils ont une couleur convenable, du velouté, de la légèreté et un bouquet agréable qui
participe de la violette. On les met en bouteilles dix-huit mois
après la récolte, et ils peuvent se garder de quatre à six ans. Les
meilleurs se récoltent sur le territoire de Messanges, où l'on distingue particulièremen. celui du cru de M. *Darrican*. La totalité
des bons vins de ces vignobles n'excède pas 200 barriques par an.

Deuxième classe.

LE TURSAN, petite contrée de l'arrondissement de Saint-Sever,
a des vignobles assez étendus qui produisent beaucoup de vins
blancs et quelques vins rouges de bonne qualité, dont les meilleurs se font dans les communes de SAINT-LOUBOUER, CASTEL-
NAU et URGONS, entre 12 et 16 kil. de Saint-Sever. Jeunes, ces
vins ont un goût de terroir désagréable et beaucoup de douceur;
ils sont sujets à fermenter et tournent facilement à l'aigre, mais,
si l'on parvient à les garder en tonneaux pendant trois ou quatre
ans sans qu'ils s'altèrent et qu'on les mette en bouteilles, ils ont
un fort bon goût, assez de spiritueux. du velouté et même un
peu de bouquet; ils sont tous consommés dans le pays et dans
les environs.

La côte de LÉNYE, sur laquelle sont situés les vignobles de la
commune de ce nom et ceux de MOMUY, de CAZALIS, de GAU-
JACQ, de BASSENPOUY, de BOULENNES, de DONJAC et de CASTEL-
NAU, entre 8 et 27 kil. de Saint-Sever, produit des vins qui

ont du corps, de la force et quelque agrément quand ils sont
vieux, mais ils tournent facilement à l'aigre. On distingue comme
supérieurs aux autres ceux de Gaujac et ceux du cru de *Prat*, à
Momuy.

LA CHALOSSE. Cette petite contrée, qui fait partie des arrondissements de Dax et de Saint-Sever, produit encore moins de
vins rouges que le Tursan, et leur qualité est inférieure; ils sont
grossiers et âpres; on les consomme à Bayonne, mêlés avec des
vins rouges de Madiran et des vins blancs qui diminuent leur
âpreté. On préfère ceux des communes de SARRAZIET, BAHUS et
AULES, dans la haute Chalosse. Ceux de la basse Chalosse sont,
en général, de qualité inférieure.

VINS BLANCS.

Première classe.

La contrée nommée LE TURSAN, dans l'arrondissement de
Saint-Sever, déjà cité pour ses vins rouges, produit en bien plus
grande quantité des vins blancs de bonne qualité. Jeunes, ils
ont un goût de terroir très-prononcé, qu'ils perdent en vieillissant; ils deviennent secs, vigoureux et de bon goût. On les récolte dans les communes de SAINT-LOUBOUER, CASTELNAU,
BUANES, CLASSUN, DAMOULENS, BATS et URGONS, entre 12 et
16 kil. de Saint-Sever. Ils sortent peu du pays, à cause de la
cherté des transports par terre.

La haute CHALOSSE, dans les communes d'ARCET, BANOS,
AUDIGNON, AULES, EYRES, SAINT-SEVER, SARRAZIET, BOULIN,
BAHUS et VIELLE, entre 4 et 8 kil. de Saint-Sever et entre 16
et 28 kil. de Mont-de-Marsan, fournit des vins blancs qui ont
de la douceur, beaucoup de spiritueux et de corps; mais ils sont
très-sujets à fermenter et à contracter une teinte jaune, surtout
ceux de Banos, qui sont plus liquoreux que les autres. Ces vins
s'expédient pour la Flandre, où ils sont recherchés. On cite
comme les meilleurs ceux des crus de MM. *Larey, Navailles,
Puchen* et *Gauzere*, à Banos et à Arcet; de M. *Captan*, à Audignon; de M. *d'Ayrens*, à Eyres; de M. *Dussault*, à Boulin; de
M. *Ginet*, à Sarraziet; et de M. *Laborde*, à Bahus.

Deuxième classe.

La côte de LÉNYE, déjà citée pour ses vins rouges, produit, dans les communes de MOMUY, CAZALIS, BRASSEMPOUY, DON-ZACQ, et BASTENNES, entre 15 et 19 kil. de Saint-Sever, des vins blancs qui ont moins de corps que les précédents, mais un peu plus de séve. On distingue ceux des crus de MM. *Prat*, à Momuy ; *de Bintasset*, à Cazalis ; *de Capdeville*, à Brassempouy; *Larey*, à Donzacq ; et *Captan*, à Bastennes.

Les communes de MONTFORT, NOUSSE, LAHOSSE, BAIGTS, CAUPENNE, SAINT-LAURENT et GIBRET, situées entre 10 et 17 kil. de Saint-Sever, dans la basse Chalosse, fournissent beaucoup de petits vins blancs très-doux, peu corsés, mais exempts de goût de terroir; les meilleurs sont assez agréables. On les expédie pour la Flandre, la Belgique et l'Allemagne. Les vins de ce pays font un bon effet dans les mélanges. Cette propriété et la facilité de leur transport par eau sur l'Adour les font vendre à un prix plus élevé que ceux des vignobles plus éloignés de cette rivière.

Les vins nommés dans le pays *pique-pout-chalosse*, du nom du cepage qui les produit, se récoltent dans les vignobles de MUGRON, LAURÈDE, SAINT-GEOURS et POYANNE, entre 20 et 28 kil. S. O. de Mont-de-Marsan ; ils sont, en général, de basse qualité, verts, âpres et amers. On en expédie une petite quantité des meilleurs pour l'Allemagne ; le surplus est converti en eaux-de-vie.

Le principal commerce des vins et des eaux-de-vie se fait à Mugron, à 13 kil. E. de Saint-Sever; ce bourg est le principal entrepôt des vins et des eaux-de-vie : il se fait aussi à Dax, à Saint-Sever, et surtout à Mont-de-Marsan. Cette dernière ville est l'entrepôt d'une partie des denrées destinées pour Bayonne.

Les tonneaux en usage se nomment *barriques* et contiennent 40 veltes ou 504 litres. Le vin se vend au *tonneau*, composé de 4 de ces barriques. Les expéditions par eau se font par l'Adour, qui les conduit jusqu'à Bayonne ; les chargements ont lieu dans les différents ports qui bordent cette rivière, et surtout dans ceux de Saint-Sever, de Mugron et de Saint-Pierre-de-Ginx.

§ IV. *Département de* LOT-ET-GARONNE, *formé d'une partie de la Guienne propre et de l'Agenois ; il est divisé en 4 arrondissements : Agen, Marmande, Nérac et Villeneuve-d'Agen.*

66,792 hectares de vigne, sur le territoire de 410 communes, produisent, récolte moyenne, environ 862,000 hectolitres de vins (rouges 669,000, blancs 193,000), dont 320,000 sont consommés par les habitants ; une partie du surplus est convertie en eaux-de-vie ; le reste est livré au commerce et s'expédie, en presque totalité, pour Bordeaux.

VINS ROUGES.

THÉZAC, PÉRICARD et MONTFLANQUIN, entre 12 à 20 kil. de Villeneuve-d'Agen, récoltent des vins d'une belle couleur et d'un goût fort agréable, comme vins d'ordinaire de 2e qualité. On distingue à Montflanquin les crus nommés *Lafage, Bennit* et *la Bruyère.*

BUZET, canton de Damazan, à 27 kil. S. O. de Marmande, produit des vins plus colorés que les précédents et inférieurs en qualité.

CASTEL-MORON, SOMMENZAC, LA CHAPELLE et quelques autres cantons de l'arrondissement de Marmande fournissent des vins de couleur foncée, épais et capiteux ; ils sont peu savoureux la première année ; mais, en vieillissant, ils acquièrent un bon goût.

LAROCALE, MOIRAX, SAINTE-COLOMBE, CASTELLENTIER, NOTRE-DAME-DE-RECH, MARSAC et plusieurs autres communes de l'arrondissement d'Agen ont des côtes dont les vins sont estimés dans le pays, où l'on n'en récolte que de communs.

VINS BLANCS.

CLAIRAC, à 6 kil. de Tonneins, et BUZET, 27 kil. de Marmande, font des vins blancs estimés sous le nom de *vins pourris,* parce qu'on ne cueille les raisins que lorsqu'ils ont passé la maturité et que la pellicule, ayant pris une teinte brune, se colle aux doigts. Ces vins sont doux et fins ; ils ont une sève agréable et un très-joli bouquet. On en fait du même genre dans les vignobles de Marmande et de Sommenzac; ceux-ci, plus ou moins liquoreux, sont, en général, inférieurs aux vins de Clairac, dont on fait un grand commerce à Bordeaux, où ils prennent rang parmi les vins de 2ᵉ classe, et sont cotés au même prix que ceux de Langon. Quelques crus des mêmes vignobles donnent aussi de petits vins blancs secs et d'un bon goût.

Le principal commerce des vins et des eaux-de-vie se fait à Marmande et à Agen ; cette dernière ville est l'entrepôt du commerce entre Toulouse et Bordeaux : les expéditions se font par la Garonne. Les tonneaux en usage pour le vin se nomment *barriques*, et contiennent environ 228 litres. Ceux pour l'eau-de-vie sont des *pièces* de 47 à 49 veltes, ou de 357 à 373 litres.

§ V. *Département du* Gers, *formé d'une partie de la Gascogne, et divisé en 5 arrondissements : Auch, Condom, Lectoure, Loubez et Mirande.*

94,592 hectares de vigne, sur le territoire de 700 communes, produisent, récolte moyenne, environ 1,532,000 hectolitres de vins (rouges 637,000, blancs 895,000), dont près de 400,000 sont consommés par les habitants ; une forte partie du surplus est convertie en eaux-de-vie, qui sont les meilleures du royaume après celles de Cognac, et connues sous le nom d'*eaux-de-vie d'Armagnac*. Le reste de ces vins est livré au commerce d'exportation.

On cultive principalement des vignes hautes dans toute la partie S. O. de ce département. Les vignerons laissent cuver leurs vins très-longtemps, ce qui les rend âpres et leur donne presque toujours une tendance à l'aigre ; mais ce procédé augmente l'intensité de leur couleur et les fait rechercher par les montagnards des Pyrénées, qui en achètent beaucoup. Quelques grands propriétaires ont des pressoirs, mais les petits sont dans l'usage de verser de l'eau sur le marc après avoir tiré le vin, et font ce qu'ils appellent du demi-vin : lorsqu'ils ont retiré celui-ci, ils mettent encore de l'eau, à plusieurs reprises, pour faire des piquettes qui leur servent de boisson pendant l'hiver.

VINS ROUGES.

VERLUS, à 20 kil. de Nogaro, et MAZÈRES, à 18 kil. de la
même ville, produisent des vins d'une couleur foncée, qui ont
du corps et un bon goût ; ils ressemblent beaucoup à ceux de
Madiran, département des Hautes-Pyrénées.

VIELLA, canton de Riscle, GOUTS, canton de Plaisance, et
LUSSAN, à 14 kil. N. d'Auch, donnent des vins de l'espèce des
précédents, mais un peu inférieurs en qualité.

VILLE-COMTAL, MIÉLAN, BEAUMARCHÉS et PLAISANCE, arrondissement de Mirande, quelques vignobles de VIC-FEZENSAC, à
24 kil. N. O. d'Auch, de Valence, à 8 kil. S. de Condom, et de
MIRADOUX, à 12 kil. N. E. de Lectoure, fournissent d'assez bons
vins d'ordinaire de 3ᵉ qualité. Les vins communs sont, en général, faibles et peu colorés ; ils produisent ordinairement le
huitième de leur volume en eau-de-vie à 21 degrés 3/4, tandis
que ceux du Bordelais donnent le sixième ou au moins le huitième de leur volume de pareille eau-de-vie. Ces petits vins ne
se vendent ordinairement que le quart et même le cinquième
du prix de ceux de Verlus. Presque tous les vins que l'on récolte dans la partie O. du département, et surtout ceux des cantons d'EAUSE, de NOGARO, de MANCIET, du HOUGA et de plusieurs autres, sont employés à la distillation.

Ce pays ne produit que très-peu de vins blancs ; ils sont tous
sans qualité, mais moins âpres que les vins rouges communs ;
on les boit d'un ou de deux ans, et les rouges de trois à cinq :
il en est peu qui durent plus longtemps.

Le principal commerce des vins se fait à Auch, Condom, Lectoure et Mirande ; on les envoie à Bordeaux, à Bayonne et à
Mont-de-Marsan, d'où ils sont expédiés par mer pour le nord
de la France ou pour les pays étrangers. Les tonneaux en usage
se nomment *barriques*, et contiennent 228 à 230 litres. L'acquéreur est tenu de les fournir ou de les payer en sus du prix
convenu pour le vin. Les eaux-de-vie se vendent à la *pièce* de
50 veltes ou 580ˡ,2/3.

§ VI. *Département du* LOT, *formé du Quercy, et divisé en 3 arron-*
dissements : Cahors, Figeac et Gourdon.

46,096 hectares de vigne, sur le territoire de 337 communes, produisent, récolte moyenne, environ 590,000 hectolitres de vins (rouges 536,000, blancs 54,000), dont 200,000 sont consommés par les habitants ; le surplus est livré au commerce ou converti en eaux-de-vie qui sont de bonne qualité.

On fait trois espèces de vins rouges dans ce pays, savoir, ceux que l'on nomme *vins noirs*, à cause de l'intensité de leur couleur, d'autres qu'on appelle *vins rouges dans tout leur corps*, et enfin des *vins rosés*. Les premiers ne sont ordinairement employés que pour faire des mélanges, les seconds sont de bons vins de table, et les troisièmes des vins communs plus ou moins agréables, qui forment la boisson usuelle des habitants.

VINS NOIRS ET VINS ROUGES.

Les *vins noirs* se font avec les raisins provenant du plant nommé, dans le pays, *auxerrois;* ils réunissent à une couleur très-foncée un bon goût et beaucoup de spiritueux. Ils ne conviennent pas pour l'usage ordinaire ; mais ils sont d'une grande utilité pour donner de la couleur, du corps et du spiritueux aux vins faibles, et supportent très-bien le transport. On en expédie une grande quantité à Bordeaux et dans les pays étrangers ; il en vient aussi quelques *barriques* à Paris.

Les vins noirs de CAHORS doivent leur qualité beaucoup plus à la manière dont ils sont faits et aux diverses préparations qu'ils subissent, qu'au plant qui les produit et à la chaleur du climat. Le plant nommé *auxerrois* dans ce département ressemble au *teinturier*, qui fournit à Blois, département de Loir-et-Cher, des vins-très-colorés, fades et dénués de spiritueux ; mais, à Cahors, indépendamment de la qualité que le sol et la température donnent à ce raisin, on a soin d'en faire griller une partie dans le four ou de faire bouillir la totalité de la vendange dans des chaudières, avant de la mettre dans la cuve où doit s'opérer sa fermentation naturelle. Il est évident que cette première préparation dégage le moût d'une assez grande quantité de parties aqueuses et le dispose à une fermentation plus active, dans laquelle les parties colorantes se dissolvent parfaitement. Les négociants propriétaires qui font le commerce de ces vins ne bornent pas leur industrie à ce premier travail ; ils composent, avec du *moût* du même raisin *auxerrois*, et de l'esprit-de-vin dit *trois-cinq* (esprit à 29°,5), une liqueur, dont ils mêlent un cinquième, un quart et même un tiers dans ces vins, suivant le degré de qualité qu'ils veulent leur donner.

Les meilleurs vins noirs se font dans les communes de SAVA-GNAC, de MEL-LA-GARDE, de SAINT-HENRI, de PARNAC, de SAINT-VINCENT, de la PISTOULE, de CAMY, de LUZECH, de LEBAS, canton de Luzech ; de PRAISSAC, canton de Puy-l'Evêque, et de PRÉMIAC, canton de Limogne. Ces divers vignobles sont situés dans l'arrondissement de Cahors.

Plusieurs cantons pourraient faire des vins semblables à ceux dont je viens de parler, si l'on avait soin de laisser cuver séparément les raisins du plant dit *auxerrois;* mais on préfère les mêler avec les raisins blancs et ceux des autres espèces, pour faire ce qu'on appelle, dans le pays, du *vin rouge dans tout son corps;* celui-ci , moins coloré que le précédent, est néanmoins assez corsé, spiritueux et de bon goût.

VINS ROSÉS.

Le vin *rosé* est le produit des raisins blancs et des raisins noirs autres que l'*auxerrois,* que l'on passe sur le marc de ce dernier immédiatement après en avoir retiré le *vin noir;* il est peu corsé, quoique assez spiritueux et agréable : on le consomme en presque totalité dans le département.

VINS BLANCS.

On fait peu de vins blancs dans ce pays, chaque particulier n'en prépare que pour l'usage de sa maison ; on en trouve d'assez agréables, mais ils n'entrent pas dans le commerce.

Les tonneaux en usage se nomment *barriques,* et contiennent 30 veltes ou 228 litres; ils sont ordinairement marqués *Cahors,* au fer chaud, lors de l'exportation.

Le principal commerce des vins se fait à Cahors, d'où ils s'expédient à Bordeaux par le Lot.

§ VII. *Département de l'*AVEYRON*, formé du Rouergue et divisé en 5 arrondissements : Rodez, Espalion, Milhaud, Saint-Affrique et Villefranche.*

Ce département contient 19,387 hectares de vignes cultivées dans 354 communes; ils produisent, récolte moyenne, 422,000 hectolitres de vins communs et, pour la plupart, de basse qualité, qui sont consommés par les habitants : ces vins (rouges 416,000, blancs 6,000) ont presque tous un goût de terroir désagréable pour les personnes qui n'y sont pas habituées. Il faut cependant en excepter ceux de LANCEDAT, d'AGNAC et de plusieurs coteaux des environs de MARCILLAC, tels que ceux de GRADELS, CRUON et quelques autres, dans l'arrondissement de Rodez. Les vins qu'ils produisent sont légers, délicats et assez agréables comme vins d'ordinaire. On tire du département de l'Hérault des vins de bonne qualité pour améliorer ceux du pays et leur donner le spiritueux dont ils manquent. On ne fabrique pas d'eau-de-vie, même dans les années abondantes, parce que les vins en donneraient une trop faible quantité.

Les tonneaux en usage se nomment *barriques*, et varient de capacité dans chaque canton. Celles de Rodez contiennent environ 200 litres. Il y en a de beaucoup plus petites.

CLASSIFICATION.

VINS ROUGES.

Ceux des crus dits du Château, à Margaux, du Château-Laffitte, à Pauilhac, du Château-Latour, à Saint-Lambert, et du Château-Haut-Brion, à Pessac, sont du petit nombre des vins de qualité supérieure qui occupent dans la 1re classe des vins fins du royaume le rang le plus distingué. On met après eux, dans la même classe, les vins du clos Rauzan, des crus de Durfort et de Lascombe, à Margaux; des crus de Léoville et de Larose-Balguerie, à Saint-Julien; de Gorse, à Cantenac; de Branne-Monton, à Pauilhac, et de M. Pichon-Longueville, à Saint-Lambert, tous dans le département de la Gironde.

On range, parmi les meilleurs de la 2ᵉ classe, les vins des troisièmes crus et le choix de ceux des quatrièmes crus des communes de Cantenac, Margaux, Saint-Julien-de-Reignac, Saint-Laurent, Sainte-Gemme, Pauilhac et Saint-Estephe, qui forment la 2ᵉ classe du département de la Gironde.

La 3ᵉ classe se compose 1° des vins des quatrièmes et des cinquièmes crus de Margaux, Saint-Julien-de-Reignac, Cantenac, Pauilhac, Saint-Lambert, Sainte-Gemme et Saint-Estephe, dans le Médoc, et de Pessac, dans les Graves; 2° des meilleurs crus

de Ludon, Labarde, Macau, Cussac, Lamarque, Soussans,
Arcins, Listrac, Moulix, Poujeaux, Avensan, Saint-Sauveur,
Cissac, Verteuil, Saint-Laurent et Saint-Seurin-de-Cadourne,
dans le Médoc; enfin de Talence, de Mérignac et de Léognan,
dans les Graves, tous dans le département de la Gironde; 5° des
meilleurs vins de Bergerac, Creysse, Ginestet, Prigonrieux, la
Force, Sainte-Foy-les-Vignes, Lembras et Monmarvès, département de la Dordogne, enfin du Capbreton, de Messanges et de
Soustons, département des Landes.

On met dans la 4° classe, comme vins d'ordinaire de 1ʳᵉ qualité, 1° ceux nommés vins de Médoc ordinaires, bourgeois, avec
le choix de ceux nommés petits vins de Médoc, paysans; 2° les
meilleurs vins des palus de Queyries, de Montferrand, de Bas-
sans, des côtes de Saint-Emilion, de Canon et de Fronsac; des
communes de Blanquefort, le Pian et Arsac, dans le haut Médoc;
de Saint-Germain, Valeyrac, Civrac, Saint-Bonnet et Saint-Christoly, dans le bas Médoc, département de la Gironde; des cantons
de la Linde, de Beaumont, de Cunèges, de Domme et de Saint-
Cyprien; des communes de Thonac et de Saint-Léon, département de la Dordogne; quelques-uns de ceux du Tursan, département des Landes; enfin le choix des *vins noirs* de Savagnac,
Mel-la-Garde, Saint-Henri, Parnac, Saint-Vincent, la Pistoule,
Camy, Luzech, Lebas, Preyssac et Prémiac, département du
Lot.

La plupart des petits vins du Médoc, qui proviennent des terrains dits *terres fortes*, ceux de Lussac, de Puisseguin, de Parsac, du canton de Coutras et de plusieurs autres communes des
environs de Libourne; ceux d'Ambès et des autres vignobles des
palus de la Garonne, près de Cordeaux; des côtes qui s'étendent
depuis Ambarès jusqu'à Sainte-Croix-du-Mont, et ceux des environs de Bourg-sur-Mer, département de la Gironde; Chancelade
et de plusieurs des vignobles déjà cités, département de la Dordogne. Les meilleurs vins du Tursan, de la côte de Lénye et de
la haute Chalosse, département des Landes; de Thézac, de Péricard et Monflanquin, département de Lot-et-Garonne; de Verlus
et de Mazères, département du Gers. Enfin les meilleurs vins
rouges des départements du Lot et quelques-uns de ses vins
rosés entrent dans la 1ʳᵉ section de la 5° classe comme vins d'ordinaire de 2° ou de 3° qualité.

Plusieurs des petits vins du Médoc, un plus grand nombre de
ceux des palus de la Dordogne, du canton de Guitre-sur-l'Isle,
du canton de Bourg; les vins inférieurs des palus de la Garonne,

voisins de Bordeaux; ceux du canton de Carbon-Blanc, des petites côtes qui bordent la rive droite de la Garonne, du pays dit d'Entre-deux-Mers, de Saint-Macaire et de Blaye, département de la Gironde; de Brantôme, Bourdeilles, Saint-Pantaly, Saint-Orse, Varreins, Villetoureix, Saint-Victor, Brassac, Cellar, Douzillac, Gouts et Verteillac, département de la Dordogne; la majeure partie de ceux des départements des Landes, de Lot-et-Garonne, du Gers, du Lot, et tous ceux du département de l'Aveyron, n'entrent que dans la 2ᵉ division de la 5ᵉ classe, les meilleurs comme vins d'ordinaire de 4ᵉ qualité, et les autres comme vins communs.

VINS BLANCS.

Ceux de Barsac, Preignac, Sauternes et Bommes, comme vins *moelleux*, de Villenave-d'Ornon et de Blanquefort, comme vins *secs*, département de la Gironde, entrent dans la 1ʳᵉ classe des vins de France.

Les vins des seconds et des troisièmes crus des communes que je viens de citer entrent dans la 2ᵉ classe avec les meilleurs de Langon, Toulenne, Saint-Pey-Langon, Fargues, Pujols, Sainte-Croix-du-Mont, Loupiac, Léognan et Martillac, département de la Gironde; enfin de Clairac et de Buzet, département de Lot-et-Garonne.

Virelade, Arbanats, Brudos, Pujols, Illats, Langoiran, Cadillac et Monprinblanc, avec les quatrièmes crus de la contrée dite des Graves, département de la Gironde; Bergerac, Sainte-Foy-les-Vignes, Ginestet, la Force et Prigonrieux, département de la Dordogne; Marmande et Sommenzac, département de Lot-et-Garonne, font, dans leurs meilleurs crus, des vins qui parcourent les différents degrés de la 3ᵉ classe.

Les vignobles dits de bonnes côtes, dans les environs de Cadillac, ceux des côtes situées entre Bassens et Baurech, département de la Gironde; plusieurs de ceux de Marmande et de Sommenzac, département de Lot-et-Garonne; les meilleurs crus du Tursan, de la côte de Lénye et de la haute Chalosse, département des Landes, donnent des vins de 4ᵉ classe.

Le pays d'Entre-deux-Mers, les environs de Libourne, de Bourg et de Blaye, département de la Gironde; la plupart des vignobles des départements de la Dordogne, des Landes, de Lot-et-Garonne, du Gers, et tous ceux du département de l'Aveyron, donnent des vins blancs qui parcourent les différents degrés de la 5ᵉ classe; quelques-uns comme vins d'ordinaire de 2ᵉ, 3ᵉ ou 4ᵉ qualité, et le plus grand nombre comme vins communs.

VINS DE LIQUEUR.

Les vins muscats de Monbazillac et de Saint-Laurent-des-Vignes, département de la Dordogne, entrent dans la 3ᵉ classe; ceux de Colombier, Pomport, Saint-Maixant, et tous les autres vins muscats du même département, ne peuvent entrer que dans la 4ᵉ classe des vins de cette espèce.

CHAPITRE XXI.

Languedoc.

Cette grande province, composée du Gévaudan, du Vivarais, du haut et du bas Languedoc et des Cévennes, est située entre le 18ᵉ degré 39 minutes et le 22ᵉ degré 30 minutes de longitude, et entre le 42ᵉ degré 40 minutes et le 45ᵉ degré 12 minutes de latitude; elle a 260 kil. de long sur environ 160 dans sa plus grande largeur, et forme les départements de l'Ardèche, de la Lozère, du Gard, de Tarn-et-Garonne, du Tarn, de l'Hérault, de la Haute-Garonne et de l'Aude.

Du temps de Pline, la vigne était déjà un objet de grande culture dans le Languedoc; les Romains en tiraient des vins rouges et surtout des vins muscats qu'ils estimaient beaucoup. Les vignobles de cette province occupent aujourd'hui 405,934 hectares de terrains, sur lesquels on récolte, année moyenne, environ 9,000,000 d'hectolitres de vins de diverses qualités. Les rouges ont, en général, beaucoup de corps et de spiritueux; il y en a de très-fins et qui pourraient figurer parmi les grands vins s'ils joignaient à ces qualités le bouquet qui caractérise ceux de la Bourgogne et du Bordelais. Les vins muscats sont, avec ceux de Rivesaltes, département des Pyrénées-Orientales, les meilleurs vins de liqueur de l'empire, et ils supportent la comparaison avec tous ceux de même espèce que nous tirons des pays étrangers.

§ 1. *Département de l'ARDÈCHE, formé d'une partie du Langue-doc, et du Vivarais ; il est divisé en 3 arrondissements : Privas, l'Argentière et Tournon.*

29,645 hectares de vigne, sur le territoire de 249 communes, produisent, récolte moyenne, environ 538,000 hectolitres de vins (rouges 532,000), dont 125,000 suffisent à la consommation des habitants ; le surplus est exporté dans le Nord, et une faible portion dans les départements de la Loire, de la Haute-Loire et de la Corrèze. On ne fabrique pas d'eaux-de-vie dans ce département.

VINS ROUGES.

Première classe.

CORNAS, canton de Saint-Peray, à 10 kil. de Tournon. Ce vignoble produit des vins riches en couleur, ayant beaucoup de corps, de la moelle et du velouté. Ceux des années dont la température a été favorable à la vigne prennent un goût de ratafia fort agréable ; ils n'ont pas la finesse et le parfum des vins de 1re qualité de l'Hermitage, mais ils approchent de ceux de la 2e classe et sont très-solides. On les garde souvent dix-huit à vingt ans, et leur qualité ne fait que s'accroître, mais ils n'ont pas de bouquet : ils font un très-bon effet dans les mélanges avec de bons vins qui manquent de corps ; Bordeaux en tire beaucoup pour cet usage. Comme ils gagnent de la qualité quand on les transporte dans les pays froids, on en expédie de fortes parties pour le nord de l'Europe.

SAINT-JOSEPH, près de Tournon, fournit des vins de l'espèce de ceux de Cornas, mais inférieurs : ils sont bons à boire au bout de deux ou trois ans, et atteignent leur plus haut degré de qualité à la 5e année ; mais ensuite ils déclinent.

Deuxième classe.

MAUVES, à 3 kil. de Tournon, produit des vins très-colorés, de bon goût, mais peu spiritueux ; ils font un très-bon effet dans les mélanges, et sont considérés comme valant ceux de la 2° qualité de Cornas.

LIMONY, canton de Serrières, à 30 kil. de Tournon, récolte, sur des coteaux voisins du Rhône, des vins qui ont de la finesse, beaucoup de spiritueux et un goût agréable ; les meilleurs peuvent être comptés parmi les vins d'ordinaire de 1re qualité. Plusieurs vignobles des environs en produisent de la même espèce et qui se vendent sous le même nom, quoique inférieurs. Les vins de Limony, à raison de leur haut degré de spiritueux, sont considérés comme *vins chauds;* ils entrent dans les mélanges et y produisent un bon effet.

SARA et VION, à 8 et 12 kil. de Tournon, donnent des vins qui sont d'abord liquoreux, très-colorés et grossiers; mais en vieillissant ils perdent leur douceur, deviennent spiritueux et assez agréables comme vins d'ordinaire de 2° qualité.

AUBENAS, à 20 kil. S. O. de Privas, fournit des vins communs assez bons.

L'ARGENTIÈRE. Plusieurs vignobles de cet arrondissement donnent des vins dont il se fait peu d'exportations.

VINS BLANCS.

SAINT-PERAY, à 12 kil. S. de Tournon et 4 kil. O. de Valence, sur la rive droite du Rhône. Son territoire fournit beaucoup de vins blancs, qui font la richesse du pays; ils ont de la délicatesse, du spiritueux, un goût très-agréable qui leur est particulier et une séve qui participe de la violette : mis en bouteilles à l'équinoxe du printemps qui suit la récolte, ils moussent comme le champagne et conservent pendant plusieurs années la fermentation qui caractérise cette espèce de vin. Les meilleurs se récoltent dans le clos de *Gaillard* et sur le coteau de *Hongrie.*

SAINT-JEAN, à 4 kil. de Tournon, fournit, en petite quantité, du vin léger, délicat et d'un goût fort agréable, que l'on nomme, dans le pays, *vin de cotillon;* il mousse comme celui de Saint-Peray, et jouit de la même estime.

GUILHERAND, à 2 kil. de Saint-Peray, produit des vins blancs qui vont de pair avec ceux de la 2° et de la 3° qualité de ce pays.

Les vignobles des environs de Saint-Peray donnent des vins qui participent des qualités de ceux de ce finage; mais aucun d'eux ne jouit d'une haute réputation : ils sont ordinairement consommés dans le pays ou expédiés jeunes à Lyon.

Le principal commerce des vins se fait à Tournon et à Saint-Peray, d'où ils s'expédient par le Rhône. Les tonneaux en usage se nomment *barriques*, et contiennent 27 à 28 veltes, ou 206 à 214 litres. Les vins de Limony se mettent dans des pièces qui contiennent environ 35 veltes ou 256 litres, et se vendent ordinairement au *barral*, équivalant à 50 litres. On emploie dans ce département plusieurs autres mesures, telles que la *saumée*, qui varie de 87 à 100 litres, et la *charge*, qui est de 150 à 167 litres.

§ II. *Département de la* Lozère*, formé de la partie N. O. du bas Languedoc et du Gévaudan ; il est divisé en 3 arrondissements : Mende, Florac et Marvejols.*

Ce département, quoique placé sous une zone tempérée, ne produit que de mauvais vins et en petite quantité. La vigne n'est cultivée que dans les Cévennes, les vallons de Marvejols et de Florac, les communes voisines du Tarn et dans le territoire de Villefort, chef-lieu de canton, à 32 kil. S. E. de Mende : l'âpreté du climat dans le reste du département s'oppose à cette culture.

1,035 hectares de vigne, sur le territoire de 39 communes, produisent, récolte moyenne, environ 18,000 hectolitres de vins rouges de la plus basse qualité, dont très-peu supportent le transport, même d'un canton à l'autre. Les habitants tirent des départements voisins la majeure partie de ceux nécessaires à leur consommation.

§ III. *Département du* Gard*, formé d'une partie du bas Languedoc, et divisé en 4 arrondissements : Nîmes, Alais, Uzès et le Vigan.*

77,794 hectares de vigne, sur le territoire de 355 communes, produisent, récolte moyenne, environ 1,514,000 hectolitres de vins (rouges 1,467,000, blancs 47,000), dont 300,000 servent à la consommation des habitants ; 300,000 sont convertis en eaux-de-vie ; le surplus est exporté tant dans l'intérieur de la France qu'à l'étranger.

On rencontre dans ce pays trente et une espèces de raisins, dont dix de noirs, sept de rouges et quatorze de blancs : les raisins noirs se nomment *alicante, espar, ulliade, piquepoule, ugne, colitor, moulan, spiran, terré* et *maroquin*; les raisins rouges, *muscat rouge, spiran, piquepoule-bourret, terré-bourret, clairette, maroquin-bourret* et *raisin-de-pauvre*; les raisins blancs, *madeleine, ugne, muscat, malvoisie* ou *marnésie, muscat grec* ou *d'Espagne, juby, doucet, colitor, colombeau, galet, servant, clairette, muscat-de-madeleine* et *saoule-bouvier*; on trouve les mêmes espèces dans les autres vignobles de la province, mais souvent sous des noms différents.

La vigne est la principale branche de l'agriculture de ce département; elle fournit en abondance des vins rouges, qui sont les meilleurs de la province, et dont les uns figurent avec honneur à l'entremets comme vins fins, tandis que beaucoup d'autres sont recherchés comme corsés, généreux et très-propres à donner de la qualité aux vins qui en manquent.

VINS ROUGES.

Première classe.

Tous les vignobles qui composent cette 1re classe sont situés dans l'arrondissement d'Uzès.

CHUSCLAN, à 11 kil. du Pont-Saint-Esprit, sur la côte dite *de Tavel*, produit des vins peu colorés, fins, légers, spiritueux et agréables; quoique précoces, ils se conservent longtemps.

TAVEL, à 5 kil. de Roquemaure, fournit des vins un peu plus fermes et moins légers que les précédents, mais très-fins et très-spiritueux : ils gagnent en veillissant.

LIRAC, à 24 kil. de Beaucaire et 32 kil. de Nîmes. Les vins de ce vignoble sont de la même espèce que ceux de Tavel, et n'en diffèrent que par un peu plus de fermeté et de couleur.

SAINT-GENIÈS, à 20 kil. du Pont-Saint-Esprit, donnent des vins qui participent des qualités de ceux de Chusclan; ils ont seulement une couleur plus foncée et sont moins spiritueux.

LÉDENON, à 14 kil. de Nîmes, fournit, en première cuvée, des vins d'une belle couleur, corsés, spiritueux, de fort bon goût, et pourvus d'un bouquet agréable.

SAINT-LAURENT-DES-ARBRES, à 22 kil. du Pont-Saint-Esprit,

fournit des vins plus colorés et un peu moins spiritueux que ceux de Tavel ; ils sont très-bons dans les années chaudes.

Les vins des vignobles que je viens de citer, en général assez francs de goût, égalent en qualité ceux de la 3ᵉ classe de la Côte-d'Or ; ils n'en diffèrent qu'en ce qu'ils sont beaucoup plus spiritueux, ce qui leur donne souvent un mordant qui diminue leur agrément ; ils ont aussi moins de bouquet. Tous supportent le transport par terre et par mer sans s'altérer ; on les confond ordinairement dans le commerce sous le nom de *vins de Languedoc fins*.

Beaucaire, sur le Rhône, à 20 kil. de Nîmes, a sur son territoire les vins dits de *Canteperdrix*, qui sont estimés ; ils ont une couleur peu foncée, de la finesse, de la légèreté, du spiritueux, un goût fort agréable.

Deuxième classe.

Roquemaure, à 11 kil. d'Avignon. Ce vignoble très-étendu produit, en première cuvée, des vins de bonne qualité ; mais les bas crus, dont les produits sont plus considérables, en donnent de bien inférieurs.

Saint-Gilles-les-Boucheries, à 17 kil. de Nîmes. Son vignoble, qui occupe un plateau très-vaste et quelques collines, ne donne que des vins rouges très-colorés, corsés, fermes, assez spiritueux et francs de goût ; ceux de quelques crus privilégiés ont de la finesse et de l'agrément. En général, tous les vins de ce canton sont très-bons pour l'exportation en ce qu'ils ne craignent ni les voyages ni la chaleur. Les meilleurs crus sont ceux dits *l'Aube*, *la Casagne*, *la Petite-Casagne*, *Saint-André* et *Perouse*. Les vins de Saint-Gilles jouissent, dans le commerce, de la même estime que ceux du Roussillon, appelés *vins de la plaine*.

Bagnols, à 11 kil. du Pont-Saint-Esprit, récolte des vins qui ont plus de couleur et de corps que les précédents ; ils sont aussi très-spiritueux et moins précoces.

Troisième classe.

Lacostière, vignoble qui fait suite à celui de Saint-Gilles, sur

la route de Lunel, est moins étendu et moins bien exposé ; ses
vins sont très-colorés, un peu plus mats et plus communs que
ceux de Saint-Gilles, dont néanmoins ils prennent souvent le
nom.

JONQUIÈRES, à 14 kil. de Nîmes, a un beau vignoble dont les
vins, assez francs et d'un bon goût, ont un peu moins de couleur et de fermeté que ceux de Saint-Gilles, auxquels ils ressemblent un peu par la qualité.

PUJAUT, vignoble situé entre Roquemaure et Villeneuve-lès-
Avignon, arrondissement d'Uzès, donne des vins assez francs
de goût, et qui ressemblent à ceux des bas crus de Roquemaure.

LAUDUN, à 14 kil. du Pont-Saint-Esprit, sur la côte de Tavel,
fournit peu de vins rouges, qui sont plus durs et moins spiritueux que ceux de Pujaut : ils ont un goût de terroir peu
agréable.

LANGLADE, à 9 kil. de Nîmes, fait des vins de l'espèce de
ceux de Jonquières, mais moins corsés et inférieurs en qualité :
quand la température de l'année a été favorable, on les trouve
agréables comme vins d'ordinaire. Il s'en expédie beaucoup en
Hollande.

Nota. Les vins de 2ᵉ et de 3ᵉ classe ne sont ordinairement
expédiés qu'après avoir été fortifiés par l'addition d'un vingtième
d'eau-de-vie ; on les emploie plutôt à donner du corps et de la
force aux vins faibles qu'à la consommation journalière ; cependant, lorsqu'ils ont vieilli, il en est que l'on boit avec plaisir
et qui sont très-propres à donner du ton à l'estomac.

VAUVERT, MILHAUD, CALVISSON, AIGUES-VIVES, entre 6 et
16 kil. S. O. de Nîmes, et plusieurs autres communes du même
arrondissement, fournissent des vins qui sont ordinairement
convertis en eaux-de-vie.

L'arrondissement d'ALAIS n'en produit que de faibles en qualité et qui ne se gardent pas plus d'un an. Celui du VIGAN ne
contient aucun vignoble important.

VINS BLANCS.

LAUDUN, déjà cité, produit des vins blancs qui conservent
longtemps leur douceur ; ils sont légers, petillants et d'un très-
bon goût.

CALVISSON, à 14 kil. S. O. de Nîmes, en fournit de légers et
de fort agréables, connus sous le nom de *clarette.*

Le principal commerce des vins et des eaux-de-vie de ce département se fait à Nîmes, à Saint-Gilles et à Roquemaure. Les négociants de Cette, de Montpellier et des autres places de commerce du département de l'Hérault, achètent beaucoup de vins et d'eaux-de-vie dans les arrondissements d'Uzès et de Nîmes, pour les expédier par mer ou par le canal du Languedoc.

Les vins de la côte de Tavel, tant rouges que blancs, se vendent à la *pièce* de 36 veltes, ou au *barral*, qui contient 7 veltes 1/4, ou 57^l,08. Ceux de Saint-Gilles, de Jonquières et des autres vignobles de l'arrondissement de Nîmes, se vendent au *muid* de 90 veltes, ou au *barral*, qui, ici, n'est que 6 veltes ou 45^l,66 (1). Les tonneaux en usage se nomment *demi-muids*, lorsqu'ils contiennent de 340 à 360 litres, et *pipes*, quand ils sont plus grands : l'acquéreur est tenu de les fournir ou de les payer séparement en sus du prix convenu pour le vin.

Les expéditions se font par le Rhône : les chargements ont lieu au Pont-Saint-Esprit, à Roquemaure et à Saint-Gilles-les-Boucheries. Les eaux-de-vie et les esprits-de-vin destinés pour l'intérieur s'expédient souvent par terre directement.

§ IV. *Département de* TARN-ET-GARONNE, *formé d'une partie du haut Languedoc et du Quercy; il est divisé en 3 arrondissements: Montauban, Moissac et Castel-Sarrasin.*

37,967 hectares de vigne produisent, récolte moyenne, environ 400,000 hectol. de vins (rouges 390,000), dont 180,000 suffisent à la consommation des habitants ; le surplus est livré au commerce. On en convertit très-peu en eaux-de-vie.

La vigne occupe, en général, les terrains médiocres et graveleux ; elle donne d'assez bons vins. Ceux des plaines élevées, entre la Garonne et le Tarn, se conservent longtemps et supportent le transport ; mais ceux de la rive gauche de la Garonne sont sujets à tourner pendant les chaleurs et ne peuvent pas voyager par mer. Bordeaux tire une certaine quantité de vin de ce département, quand les récoltes du Médoc sont peu abon-

(1) Le *barral*, ancienne mesure du Languedoc, varie de capacité dans chaque canton, le plus petit contient 43^l,012, et le plus grand 64 litres. Le muid est formé de 12 à 16 *barraux*, suivant la capacité de ceux-ci; mais il est toujours de 90 veltes ou 685^l,145.

dantes. On en expédie aussi pour le Quercy, le Rouergue et la Bretagne.

VINS ROUGES.

FAU, AUSSAC, AUVILLAR, SAINT-LOUP, CAMPSAS, et LA VILLE-DIEU, arrondissement de Castel-Sarrasin, fournissent les meilleurs vins rouges du département; ils ont une belle couleur, du spiritueux et un bon goût. MONTBARTIER, à 16 kil. de Castel-Sarrasin, a dans son territoire le petit coteau nommé *Pech-Languglade*, qui fournit du vin rouge de très-bonne qualité. On fait aussi quelques vins blancs d'une extrême douceur, qui ne sortent pas du pays.

Il ne se fait pas une très-grande quantité d'eaux-de-vie dans ce département; mais la ville de Montauban est le centre du commerce et l'entrepôt d'une partie de celles des départements voisins, destinées pour l'Espagne, l'Italie et pour plusieurs parties de la France.

Les tonneaux en usage pour le vin se nomment *barriques*, et contiennent 30 veltes ou 228 litres.

§ V. *Département du* TARN, *formé de l'Albigeois et d'une faible partie du haut Languedoc; il est divisé en 4 arrondissements : Albi, Castres, Gaillac et Lavaur.*

37,580 hectares de vigne, sur le territoire de 324 communes, produisent, récolte moyenne, environ 447,000 hectolitres de vins (rouges 435,000) dont 190,000 sont consommés par les habitants; le surplus est livré au commerce d'exportation.

Les vignes sont, en général, sur des coteaux. Celles que l'on plante dans les plaines sont espacées de manière à pouvoir y passer la charrue. On rencontre moins de celles-ci que des autres, et leurs produits sont inférieurs en qualité.

VINS ROUGES.

Première classe.

CUNAC, CAISAGUET, SAINT-JUÉRY, SAINT-AMARENS et quel-

ques autres communes de l'arrondissement d'Albi font des vins
légers, délicats, moelleux et parfumés, qui ont quelque ressemblance avec les bons vins d'ordinaire du Mâconnais et de la
Bourgogne. Ils sont peu chargés de tartre, se conservent plusieurs années et peuvent être transportés au nord ; mais il ne
faut pas les séparer de leur lie. On assure cependant que le célèbre la Pérouse, pendant la guerre d'Amérique, embarqua du
vin de Cunac auquel il fit faire le voyage des grandes Indes, et
qu'une partie ayant été rapportée en France, on le trouva très-
bon ; quoi qu'il en soit, ils voyagent peu et sont consommés
dans le pays ou dans les départements voisins. Les meilleurs
peuvent être mis au rang des vins d'ordinaire de première qualité.

GAILLAC, chef-lieu d'arrondissement. Les vins que produit le
territoire de cette ville en font la principale richesse ; ils ont une
couleur très-foncée, beaucoup de corps, du spiritueux et un bon
goût. Le transport par mer ne fait que les améliorer, et ils se
conservent très-longtemps. On en expédie pour les colonies et
pour la Hollande. Paris en tire aussi une certaine quantité,
qui est employée à donner du corps et un bon goût aux vins
faibles.

Deuxième classe.

Les communes de MILHARS, LARROQUE, FLORENTIN, LA
GRAVE, TECOU, RABASTENS et quelques autres de l'arrondissement de GAILLAC récoltent des vins de même espèce et qui approchent de la qualité des précédents.

Les vins de ce département, que l'on n'estime pas en France
pour la table, sont achetés par les négociants de Bordeaux, qui
en font le commerce en gros et les expédient à l'étranger. On en
envoie quelquefois à Paris, où ils entrent dans les vins de détail. Leur goût un peu pâteux et leur couleur les font rechercher pour teindre en rouge les vins blancs et leur donner la
mâche, qui plaît au commun des buveurs. Ils ne sont pas susceptibles d'acquérir une plus grande valeur par l'addition d'une
certaine quantité d'eau-de-vie. Des négociants qui en ont fait
l'essai m'ont assuré que ce mélange altère le bon goût des vins
de Gaillac, et leur donne un piquant désagréable.

Plusieurs autres cantons des arrondissements de GAILLAC et
d'ALBI produisent des vins communs dont il ne se fait aucune

exportation. L'arrondissement de CASTRES n'en fournit que de médiocres en qualité; celui de LAVAUR en donne très-peu.

VINS BLANCS.

Les vignobles de GAILLAC fournissent des vins blancs qui ont de la douceur, un goût fort agréable, du corps et du spiritueux; ils supportent très-bien le transport.

Le principal commerce se fait à Gaillac et à Albi. On ne fabrique pas d'eaux-de-vie dans ce pays, quoique les vins soient susceptibles d'en rendre beaucoup. Les tonneaux en usage se nomment *barriques*, et contiennent de 203 à 215 litres. Les vins de Gaillac s'expédient à Bordeaux par le Tarn.

§ VI. *Département de l'HÉRAULT, formé d'une partie du bas Languedoc, et divisé en 4 arrondissements : Montpellier, Béziers, Lodève et Saint-Pons-de-Tomiers.*

106,485 hectares de vigne, sur le territoire de 327 communes, produisent, récolte moyenne, environ 4,296,000 hectolitres de vins, dont à peu près 200,000 suffisent à la consommation des habitants; le surplus est exporté ou converti en eaux-de-vie, dont ce pays fait un immense commerce.

VINS ROUGES.

Première classe.

SAINT-GEORGES-D'ORQUES, à 7 kil. O. de Montpellier, fournit, dans les meilleures cuvées, des vins d'un goût agréable et franc; ils ont du corps, du spiritueux et font, après deux ou trois ans de garde, des vins d'ordinaire distingués qui peuvent aller de pair avec ceux de la haute Bourgogne dits *passe-tout-grain;* ils sont même plus spiritueux que ces derniers.

VÉRARGUES et SAINT-CHRISTOL, à 19 kil. de Montpellier, produisent des vins plus colorés et plus fermes que ceux de Saint-Georges; ils sont de bon goût et assez spiritueux.

SAINT-DRÉZÉRY, SAINT-GENIEZ et CASTRIES, à 15 kil. de Montpellier. Les vins de ces trois vignobles ont moins de corps et de couleur que ceux de Saint-Christol. Ils sont quelquefois un peu secs; mais leur vivacité les rend agréables.

Les six vignobles que je viens de citer présentent beaucoup d'inégalités dans leurs produits. Les vignes sont situées sur des montagnes entièrement couvertes de cet arbuste; d'où il résulte des différences dans le terrain et dans l'exposition qui influent sur la qualité des vins : l'acquéreur doit mettre un soin particulier à les bien choisir. Ils se boivent quelquefois purs; mais plus ordinairement on les emploie à améliorer les vins faibles des vignobles du nord de la France. Ceux de *Saint-Georges* ont particulièrement l'avantage de donner du corps et du spiritueux aux vins légers et agréables des autres climats sans les dénaturer, c'est-à-dire sans les priver de leur goût naturel.

SAUVIAN, à 6 kil. de Béziers, a dans son territoire le cru nommé *Despagnac*, qui produit des vins d'une couleur foncée, très-corsés et spiritueux; ils ont quelque analogie avec ceux de Collioure, département des Pyrénées-Orientales. On y fait aussi des vins de *Grenache*, qui sont estimés.

Deuxième classe.

GARRIGUES, PRÉOLS, VILLEVEYRAC, BOUZIGUES, FRONTIGNAN, POUSSAN, et quelques autres communes de l'arrondissement, entre 8 et 24 kil. de Montpellier, donnent, en première cuvée, des vins dits de *montagne*, qui ont une belle couleur, du corps et du spiritueux. Ils ont quelque analogie avec les vins de Saint-Georges et de Saint-Christol, et sont assimilés, pour leur mérite, à ceux de 2ᵉ qualité du Roussillon et de Saint-Gilles.

Troisième classe.

LOUPIAN, et MÈZE, à 24 kil. de Montpellier ; PÉZENAS, AGDE, BÉZIERS et plusieurs autres vignobles de l'arrondissement dont cette dernière ville est le chef-lieu, fournissent, en première cuvée, des vins dont la qualité approche de celle des précédents, et qui entrent aussi dans les expéditions, sous le nom de vins de *montagne* ou de *cargaison;* mais la plus grande partie de la récolte de ces pays et de l'arrondissement de LODÈVE ne donne que des vins d'une couleur foncée, mats et grossiers, qui n'entrent pas dans le commerce d'exportation : on les désigne généralement sous le nom de *vins de chaudière*, parce que tout ce que les habitants ne consomment pas est converti en eau-de-vie.

VINS BLANCS ET VINS MUSCATS.

Première classe.

FRONTIGNAN, à 18 kil. S. O. de Montpellier, sur la route de Cette. Après les vins muscats de Rivesaltes, département des Pyrénées-Orientales, ceux de Frontignan sont les meilleurs de la France : ils se distinguent par leur douceur, beaucoup de corps, un goût de fruit très-prononcé et un parfum des plus suaves. Ils gagnent à vieillir, se conservent très-longtemps et supportent, sans s'altérer, le transport par terre et par mer. Le vignoble qui les produit s'étend sur une vaste plaine faiblement inclinée au S. E.

LUNEL, à 20 kil. N. E. de Montpellier, produit aussi des vins muscats excellents, dont les meilleurs jouissent de la même estime que ceux de Frontignan; ils sont plus précoces et plus fins, mais ils ont moins de corps, un goût de fruit moins prononcé, et ne se conservent pas aussi longtemps. Ce genre de vin n'est qu'une faible partie du produit des vignobles de Lunel, qui fournissent une grande quantité de vins rouges communs que l'on convertit en eaux-de-vie.

Deuxième classe.

MARSEILLAN et POMEROLS, à 20 et 24 kil. de Béziers, donnent des vins dits de *Picardan*, nom que porte, dans le pays, le plant qui les produit. Ils sont liquoreux sans être muscats, ont un très-bon goût, beaucoup de sève, de bouquet et surtout de spiritueux. Ils se conservent longtemps, et supportent les plus longs voyages sans s'altérer. On les emploie, avec avantage, à donner de l'agrément, de la douceur et du spiritueux aux vins blancs qui en manquent. Lorsque les exportations sont suspendues par une guerre maritime, on convertit une partie de ces vins en eaux-de-vie et en sirops de raisin. Le vin de *Picardan* perd sa douceur en vieillissant; il devient sec, et participe alors du goût de ceux de même espèce que nous tirons à grands frais de l'Espagne, mais il n'a ni la finesse ni le parfum de ces vins. Quoiqu'il soit naturellement très-spiritueux, on est dans l'usage de mettre 3 ou 4 veltes d'eau-de-vie dans chaque *demi-muid*, lorsqu'on l'expédie, afin d'éviter ou de diminuer la fermentation à laquelle il est sujet.

Maraussan, à 4 kil. de Béziers, fournit des vins muscats rouges et surtout des blancs qui, dans les années chaudes, sont fort bons, et dont quelques-uns valent ceux de 2ᵉ qualité de Frontignan. Ils ont de la finesse, du spiritueux et un goût musqué très-agréable.

Sauvian, à 6 kil. de Béziers, récolte des vins muscats de fort bonne qualité, dans le cru nommé *Despagnac*.

Le moût des raisins muscats, de ceux dits de *Picardan* et de ceux provenant des divers plants que l'on a tirés de l'Espagne est souvent employé à faire des vins *muets* (1), sur lesquels on verse une certaine quantité d'esprit-de-vin trois-six, ce qui produit un vin liquoreux et très-liquoreux, que l'on nomme *vin de Calabre*. Il sert à donner de la force et de la douceur aux vins qui en manquent. On prépare aussi, avec ces raisins, des vins de liqueur qui ont quelque ressemblance avec ceux d'Alicante, de Rota, de Malaga et de plusieurs autres vignobles étrangers. Ils se vendent comme provenant de ces pays, mais à bien meilleur compte que ceux que l'on tire directement, et qui payent 1 fr. 10 centimes par litre à leur entrée en France. Ces vins ne sont pas malsains; mais ils n'ont ni toute la vertu tonique de ceux qu'ils remplacent, ni leur parfum aromatique, que l'on n'est pas encore parvenu à imiter.

Troisième classe.

Cazouls-les-Béziers et Bassan, à 9 kil. de Béziers, et le territoire même de cette ville, fournissent au commerce des vins muscats qui ont assez de corps; mais ils sont moins fins et moins spiritueux que les précédents.

Montbazin, à 8 kil. de Cette, récolte des vins muscats assez agréables, et connus, ainsi que les précédents, sous le nom de *muscatelles*.

Les vins de cette classe ont un bon goût et de l'agrément; bien choisis, ils se présentent quelquefois sous les noms de ceux

---

(1) Jus de raisin dont on a empêché la fermentation à l'aide du soufrage. *Voyez* le *Manuel du sommelier*, pour la manière de faire cette opération.

de la 1ʳᵉ classe. Il faut les boire dans les trois ou quatre premières années ; passé ce temps, ils perdent leur goût musqué,
leur douceur, deviennent secs et peu agréables.

Les fabriques d'eaux-de-vie et d'esprits-de-vin sont très-mul-
tipliées dans ce département ; les plus considérables sont à *Lunel,
Mèze, Béziers, Pézenas.*

Le commerce des vins se fait dans tous les vignobles, mais
plus particulièrement à *Cette*, où les négociants de Béziers, de
Lunel et de Montpellier ont des maisons et des magasins : celui
des eaux-de-vie et des esprits-de-vin se fait à Cette, à Pézenas,
à Béziers, à Montpellier et à Lunel. C'est à Pézenas que se tient
le grand marché des eaux-de-vie et des esprits-de-vin. Il a lieu
le samedi de chaque semaine. Le cours de ce marché donne
l'impulsion à la valeur des liquides dans toute l'Europe. Béziers
a aussi un marché pour ces liqueurs le vendredi de chaque semaine. Les achats et les ventes se font par l'entremise des négociants commissionnaires et des courtiers.

Le vin rouge se vend au muid, qui contient 90 veltes ou
720 pintes, ancienne mesure de Paris, équivalant à 685 litres,
mesure actuelle. Les tonneaux en usage se nomment *muids* ;
l'on emploie de préférence les demi-muids, qui contiennent de
45 à 48 veltes ; le prix en est fixé d'après leur capacité. La valeur des tonneaux n'est pas comprise dans le prix du vin, et
l'acquéreur est tenu de les fournir ou de les payer, à moins de
convention contraire avec le vendeur.

Tous les vins muscats se vendent à la *tiercerole*, ou tiers de
muid. C'est une pièce ou barrique contenant de 29 à 30 veltes,
comme celles de Bordeaux, ou de 221 à 228 litres. On les met
aussi dans de plus petits vases nommés *sixains*, ou sixièmes de
muid, de 15 veltes ou 114 litres.

Les eaux-de-vie et les esprits se vendent au quintal, poids de
table, ou 41 kilogrammes et demi. Les tonneaux pour les eaux-
de-vie et les esprits-de-vin se nomment *pipes*, et contiennent
de 70 à 80 veltes, ou de 533 à 609 litres.

Expéditions. Les expéditions pour le nord de la France et pour
les pays étrangers se font encore en grande partie par mer et
par le canal du Midi, surtout lorsque le fret est à un prix très-
élevé, mais la part des chemins de fer paraît destinée à croître.
Les principaux ports où se font les chargements sont :

1° *Cette*, ville du bas Languedoc, avec un port sur la mer Méditerranée, à l'endroit où commence le canal du Midi. Cette ville
est le principal entrepôt des vins et des eaux-de-vie du Langue-

doc. En temps de paix, son port est rempli de bâtiments de toutes les nations, et principalement de Hollandais, de Danois, de Suédois, de Hanovriens, d'Américains et d'Anglais, qui y chargent les eaux-de-vie et les vins. Lors de la guerre maritime, les chargements s'y sont faits sur le canal et arrivaient par le Rhône, la Saône ; le canal du Centre, la Loire, les canaux de Briare, de Loing, et enfin par la Seine jusqu'à Paris, qui, pendant les guerres de l'empire, était l'entrepôt général de tous les vins et eaux-de-vie destinés pour le Nord. On en expédie aussi pour Bordeaux par le canal et la Garonne.

2° *Béziers.* Cette ville est aussi un entrepôt important des vins et des eaux-de-vie qui se chargent sur le canal pour Bordeaux, et se rendent de là par mer à leur destination ultérieure.

3° *Agde*, située sur la rivière de l'Hérault, à 2 kil. de son embouchure dans la mer Méditerranée, où elle forme un petit port assez commerçant. Le canal du Midi débouche sous les murs de la ville, et unit ainsi les deux mers. Une situation aussi avantageuse fait de ce pays l'entrepôt général de toutes les productions territoriales et industrielles qui sont la base du commerce entre les habitants de l'ouest et ceux du midi de la France.

4° *Montpellier.* La proximité du port de Cette et du canal de Languedoc, avec lequel elle communique par le Lez, lui procure la facilité d'expédier au loin les produits de son territoire.

§ VII. *Département de la* HAUTE-GARONNE, *formé d'une partie du haut Languedoc, du pays de Comminges, etc.; il est divisé en 4 arrondissements : Toulouse, Muret, Saint-Gaudens et Villefranche.*

52,000 hectares de vigne, sur le territoire de 644 communes, produisent, récolte moyenne, environ 760,000 hectolitres vins (rouges 752,000, blancs 8,000), dont environ 220,000 sont consommés par les habitants. Le surplus est livré au commerce. Bordeaux en tire une certaine quantité qui s'expédie par la Garonne.

Les principaux vignobles sont situés dans les arrondissements de Toulouse et de Muret. On en trouve peu dans celui de Saint-Gaudens, et encore moins dans celui de Villefranche, qui, d'ailleurs, ne produit que des vins médiocres. Dans beaucoup de vignobles, on ne se sert pas de pressoirs. Quand le vin ne coule plus, on met dans la cuve une quantité d'eau égale au douzième

17

du volume de vin récolté, et l'on fait du *demi-vin*, plus âpre que le premier. Il a une légère pointe acide, et néanmoins se conserve pendant quelque temps. Après avoir retiré ce demi-vin, on jette encore de l'eau sur le marc et l'on en obtient des boissons appelées *vinades*, qui sont bues les premières, parce qu'elles sont sujettes à tourner au pourri. On ne fait d'eau-de-vie, dans ce département, qu'autant que les récoltes sont très-abondantes; et alors on distille de préférence le vin blanc, qui en donne ordinairement un cinquième de son volume, tandis que le rouge n'en fournit que le sixième.

VINS ROUGES.

VILLAUDRIC, à 25 kil. de Toulouse, donne des vins qui ont de la finesse, de la délicatesse, et un bouquet agréable.

FRONTON, à 24 kil. de Toulouse, produit des vins corsés, spiritueux et de bon goût, qui se conservent fort longtemps et supportent les voyages.

MONTESQUIEU-VOLVESTRE, à 32 kil. S. O. de Muret, et CAPENS, à 14 kil. de la même ville, récoltent des vins de la même espèce, mais inférieurs à ceux de Fronton.

BUZET, bourg situé dans le canton de Montastruc, à 25 kil. de Toulouse, produit des vins délicats, comme vins d'ordinaire et qui ont un peu de bouquet.

CUGNAUX, à 10 kil. de Toulouse, récolte une grande quantité de vins corsés et très-colorés, mais moins spiritueux que ceux de Fronton. Les meilleurs acquièrent de la qualité et deviennent fort agréables.

Les vins communs de ce département sont presque tous épais, grossiers, très-colorés, et se conservent difficilement.

VINS BLANCS.

On en fait très-peu, et seulement autant qu'on y est forcé, pour ne pas altérer la couleur des vins rouges, que l'on aime très-foncée. Ils sont, en général, douceâtres ou sucrés : on les consomme dans le pays.

Les tonneaux en usage se nomment *demi-chars*, et contiennent environ 525 litres : l'acquéreur les fournit.

Le principal commerce des vins se fait à Toulouse; ceux de Fronton et de Villaudric s'expédient presque en totalité pour

Bordeaux par la Garonne. Les montagnards des Pyrénées achètent beaucoup de vins communs ; ils parcourent les vignobles peu de temps après la vendange, et font remplir leurs barriques qu'ils amènent avec eux.

§ VIII. *Département de l'Aude, formé d'une partie du Languedoc et du comté de Comminges ; il est divisé en 4 arrondissements : Carcassonne, Castelnaudary, Limoux et Narbonne.*

65,528 hectares de vigne, sur le territoire de 391 communes, produisent, récolte moyenne, environ 1,462,000 hectolitres de vins (rouges 1,457,000), dont 225,000 servent à la consommation du pays ; 160 à 180,000 sont convertis en eaux-de-vie; le surplus est exporté dans les départements voisins et dans le nord de la France : il en vient une certaine quantité à Paris, où ils sont employés dans les mélanges. La vigne est très-anciennement cultivée dans ce pays, suivant Pline ; les Romains estimaient les vins de Narbonne et en tiraient une assez grande quantité.

VINS ROUGES.

Narbonne, à 820 kil. S. de Paris. Les vignobles de cet arrondissement produisent les vins connus sous le nom de *vins de Narbonne;* ils ont une belle couleur sans être durs, beaucoup de corps, de la moelle, du spiritueux et un fort bon goût. Les meilleurs se récoltent dans les cantons de Sijean, de Narbonne et de Ginestas. On distingue, dans le canton de Sijean, ceux des vignobles de Fiton ou Fitou, Leucate, Treilles et Portel, situés entre 15 à 30 kil. S. de Narbonne, sur la route de Perpignan ; dans le canton de Narbonne, deux de Nevian et de Villedaigne, à 8 et 11 kil. de cette ville, dont le territoire produit aussi de fort bons vins; enfin, dans le canton de Ginestas, ceux de Mirepeisset, Argelliers, Saint-Nazaire, et du territoire même de Ginestas, entre 10 à 15 kil. de Narbonne. Tous les vins de ce pays sont de la même espèce et d'autant meilleurs qu'ils proviennent de vignobles plus voisins du Roussillon. Ceux des bas crus sont grossiers, pâteux, lourds, et ont presque tous un goût de terroir désagréable.

La Grasse, à 24 kil. S. E. de Carcassonne, produit des vins

qui ressemblent assez aux précédents, quoique inférieurs en qualité.

ALET, à 7 kil. de Limoux, fournit des vins agréables, mais qui supportent difficilement le transport.

VINS BLANCS.

LIMOUX et MAGRIE, à 19 kil. S. S. O. de Carcassonne, donnent des vins blancs estimés sous le nom de *blanquette;* ils ont de la douceur, de la légèreté, assez de spiritueux et un joli bouquet.

Le principal commerce des vins, des esprits-de-vin se fait à Narbonne; ils s'expédient par les canaux pour Cette, Bordeaux et autres places. Les eaux-de-vie et les esprits que l'on fabrique à Narbonne et dans ses environs sont fort estimés; on les préfère à beaucoup d'autres pour la franchise de leur goût et le moelleux qui les distingue.

Le vin se vend au *muid*, qui est de 48 veltes ou 365 litres, ou à la *charge*, qui varie de capacité dans les différents cantons: elle est de 94 litres à Narbonne, de 109 à Limoux, de 134 à la Grasse, de 138 à Castelnaudary, et de 145 à Carcassonne.

CLASSIFICATION.

VINS ROUGES.

Chusclan, Tavel, Lirac, Saint-Geniés, Lédenon, Saint-Laurent-des-Arbres et Beaucaire, département du Gard; Cornas et Saint-Joseph, département de l'Ardèche, fournissent des vins qui entrent dans la 3ᵉ classe de ceux de France, les uns comme vins fins, les autres comme vins demi-fins.

Roquemaure, Saint-Gilles-les-Boucheries et Bagnols, département du Gard; Saint-Georges-d'Orques, Vérargues, Saint-Christol, Saint-Drézéry, Saint-Geniez, Castries et Sauvian, département de l'Hérault; Cunac, Caisaguet, Saint-Juéry, Saint-Amarens et Gaillac, département du Tarn; Fitou, Leucate, Treilles, Portel, Narbonne, Nevian, Villedaigne, Mirepeisset, Argelliers, Saint-Nazaire et Ginestas, département de l'Aude, récoltent des vins qui figurent dans la 4ᵉ classe, les uns comme vins d'ordinaire de 1ʳᵉ qualité, les autres comme généreux, de bon goût, et propres à donner du corps et de la qualité aux vins faibles.

Mauves, Limony, Sara, Vion, Aubenas et l'Argentière, département de l'Ardèche ; Marvejols, Florac et Villefort, département de la Lozère ; Lacostière, Jonquières, Pujaut, Laudun, Langlade, Vauvert, Milhaud, Calvisson, Aigues-Vives et Alais, département du Gard ; Fau, Aussac, Auvillar, Saint-Loup, Campsas, la Villedieu et Montbartier, département de Tarn-et-Garonne ; Milhars, Larroque, Florentin, la Grave, Tecou et Rabastens, département du Tarn ; Garrigues, Pérols, Villeveyrac, Bouzigues, Frontignan, Poussan, Loupian, Méze, Pézenas, Agde et Béziers, département de l'Hérault ; Villaudric, Fronton, Montesquieu-Volvestre, Capens, Buzet et Cugnaux, département de la Haute-Garonne ; la Grasse et Alet, département de l'Aude, produisent des vins qui entrent dans la 5ᵉ classe, les uns comme vins d'ordinaire de 2ᵉ qualité, les autres comme susceptibles de donner de la couleur, de la force et un meilleur goût aux petits vins. Les crus inférieurs à ceux que j'ai cités entrent également dans la 5ᵉ classe comme vins d'ordinaire de 3ᵉ et de 4ᵉ qualité, ou comme vins communs que l'on convertit en eaux-de-vie.

VINS BLANCS.

Saint-Peray et Saint-Jean, département de l'Ardèche, fournissent des vins blancs de 2ᵉ classe, tant en mousseux qu'en non mousseux.

Guilhérand, département de l'Ardèche ; Limoux et Magrie, département de l'Aude ; Laudun et Calvisson, département du Gard, et Gaillac, département du Tarn, donnent des vins blancs qui figurent dans la 4ᵉ classe, savoir, ceux des cinq premiers crus, comme vins légers et agréables, et ceux du sixième comme corsés et spiritueux.

VINS DE LIQUEUR.

Ceux qui méritent d'être cités ici se récoltent dans le département de l'Hérault. Les vins muscats des premiers crus de Frontignan et de Lunel entrent dans la 1ʳᵉ classe et ceux des seconds crus occupent un rang distingué dans la 2ᵉ.

Les vins liquoreux et non musqués, dits de *Picardan*, que l'on fait à Marseillan et à Pomerols, ceux dits de Calabre, de Malaga, de Madère, etc., que l'on prépare dans plusieurs vignobles du Languedoc, et les vins muscats de Maraussan et de Sauvian, peuvent être mis dans la 3ᵉ classe avec ceux de 5ᵉ qualité de Frontignan, de Lunel, et ceux des meilleurs crus de Cazouls-les-Béziers, de Bassan, de Béziers et de Montbazin ; mais le plus grand nombre n'entre que dans la 4ᵉ classe, dont il parcourt les différents degrés comme petit vin de liqueur plus ou moins agréable. Quelques *vins doux* des autres vignobles du Languedoc, que je crois inutile de citer, entrent aussi dans cette classe.

CHAPITRE XXII.

Provence, comtat d'Avignon, principauté d'Orange et comté de Nice.

Ces provinces, situées sous les 43ᵉ et 44ᵉ degrés de latitude, forment les cinq départements des Basses-Alpes, du Var, des Alpes-Maritimes, de Vaucluse et des Bouches-du-Rhône. La vigne est un objet de grande culture dans ce pays ; elle occupe plus de 180,000 hectares de terrain et produit une quantité considérable de vins de diverses qualités, dont il se fait de grandes exportations. Les vins muscats, et surtout les vins cuits, sont les plus recherchés ; on en exporte beaucoup dans diverses contrées. On prépare, dans plusieurs vignobles, des raisins secs qui entrent dans le commerce avec les figues, les prunes et les autres fruits secs que fournit la Provence.

Il n'est aucune province de France, dit l'abbé *Rozier*, dans laquelle on puisse compter un aussi grand nombre d'espèces de raisins qu'en Provence. Ce mélange ne laisse aucun goût décidé au vin et lui ôte toutes les qualités sans lui en donner aucune. Voici les noms vulgaires des variétés que ce savant a reconnues dans les vignobles des environs d'Aix.

Raisins noirs : le *morvégué*, que *Rozier* croit être le même que le *pineau* de Bourgogne, et qui produit le meilleur vin, le

catalan, le *bruno*, l'*olivetto*, l'*uni-noir*, l'*espagnen* ou gros noir
d'Espagne, et le *crussen*. Raisins blancs : l'*aragnan blanc*, l'*ara-
gnan-muscat*, le *claretto*, l'*uni-roux*, le *muscat blanc*, et celui
d'*Espagne*, sont les seules variétés qui aient quelque mérite :
mais on cultive encore le *pascau*, l'*aubier*, le *verdeau*, le *ron-
deïa*, le *panseau*, l'*olivetto*, le *junin* ou raisin de la Madeleine,
le *raisinet* ou raisin des demoiselles , le long et gros *guillaumé*
et le *barbaroux*, dont les uns ne sont bons qu'à manger, et les
autres ne produisent que de mauvais vins. Ces mêmes plants
sont cultivés dans les autres vignobles de la Provence, ainsi que
le *plant-de-Saint-Jean*, le *taulier*, le *bouteillan*, l'*uni-négré*, le
rognon-de-coq et quelques autres.

§ I. *Département des* BASSES-ALPES, *formé de la partie septentrionale de la Provence, et divisé en 5 arrondissements : Digne,
Barcelonnette, Castellane, Forcalquier et Sisteron.*

14,320 hectares de vigne, sur le territoire de 171 communes,
produisent, récolte moyenne, environ 130,000 hectolitres de
vins rouges, en général de bonne qualité, qui se consomment
dans le département.

Les meilleurs se récoltent dans le canton des MÉES, à 20 kil.
S. p. O. de Digne : ce sont de très-bons vins d'ordinaire, et,
lorsqu'ils proviennent d'une année dont la température a été
favorable à la vigne, ils acquièrent assez de qualité pour figurer
à l'entremets.

On ne connaît, dans ce département, d'autres tonneaux que
ceux qui restent constamment dans les caves, et dont les dimensions varient suivant la grandeur du local et les besoins du propriétaire. Le vin se vend à la *coupe*, qui contient 14 pots du
pays : ceux-ci varient de capacité, de manière que la coupe vaut
17 litres à Digne et à Forcalquier, 23 à Sisteron et 30 à Barcelonnette.

§ II. *Département du* VAR, *formé de la partie méridionale de la
Provence, et divisé en 3 arrondissements : Draguignan, Brignoles et Toulon.*

73,810 hectares de vigne, sur le territoire de 180 communes,
produisent, récolte moyenne, environ 1,448,000 hectolitres de

vins rouges, dont au moins 300,000 sont consommés par les
habitants ; le surplus est livré au commerce d'exportation ou
converti en eaux-de-vie, dont les principales distilleries sont à
Toulon, le Puget et Carnoules, arrondissement de Toulon, et à
Brignoles, Pignans, Gonfaron et Saint-Maximin, dans celui de
Brignoles.

VINS ROUGES.

Première classe.

La Gaude, à 8 kil. N. O. de Grasse. Son territoire produit
des vins qui sont d'abord très-colorés et fumeux ; mais, après
cinq ou six ans de garde, ils deviennent fort agréables.

Saint-Laurent, Cagnes, Saint-Paul et Villeneuve, à 8 et
12 kil. d'Antibes, récoltent des vins qui diffèrent peu des précédents.

La Malgue, à 2 kil. de Toulon. Les environs de ce fort fournissent de très-bons vins rouges, moins colorés et moins fumeux que ceux de la Gaude, et très-précoces ; néanmoins ils se
conservent bien, acquièrent de la qualité en vieillissant et sont
généralement recherchés.

Deuxième classe.

Bandols, le Castellet, Saint-Cyr et le Beausset, situés
entre 12 et 14 kil. de Toulon, produisent des vins qui ont une
couleur très-foncée et beaucoup de spiritueux ; ils sont droits
en goût, se conservent longtemps et acquièrent de la qualité
en vieillissant ou en voyageant par mer. Les vins de ces quatre
vignobles sont connus dans le commerce sous le nom de vins
de Bandols, et considérés comme formant la 1re qualité de ceux
que l'on expédie ; ils sont choisis de préférence pour les envois
à l'étranger et pour l'intérieur de la France.

Troisième classe.

Lacadière, Saint-Nazaire et Ollioules, entre 6 et 14 kil.

O. de Toulon, fournissent des vins de même espèce que ceux de Bandols, mais ils sont inférieurs en qualité.

PIERREFEU et CUERS, entre 16 et 19 kil. N. E. de Toulon, fournissent des vins assez colorés, mais moins spiritueux et qui se conservent moins bien. Le commerce les nomme *vins de la côte de Toulon*, et les emploie dans les expéditions quand ceux de Bandols sont épuisés. Ceux de SOLLIÉS-FARLEDE et D'HYÈRES, à 9 et 15 kil. E. de Toulon, forment la 2ᵉ qualité des vins de cette côte : on les emploie en grande partie pour les besoins de la marine. Les Génois en achètent lorsque leur prix est peu élevé.

LORGUES, à 9 kil. de Draguignan, et plusieurs autres communes des environs de SAINT-TROPEZ, dans le même arrondissement, produisent des vins assez bons, mais inférieurs aux précédents; ils s'expédient ordinairement pour l'Italie et surtout pour Gênes.

BRIGNOLES, à 30 kil. N. de Toulon; ROQUE, BRAS, SAINT-ZACHARIE, ROUGIÉS, NANS, SAINT-MAXIMIN, TOURVÉS, GAREOULT, NÉOULES, MÉOUNES, SIGNES, CARNOULES, PIGNANS, BESSE et CARIES, situés dans un rayon de 8 à 20 kil. O. de Brignoles, et entre 16 et 36 kil. N. de Toulon, font des vins légers en couleur, durs, d'un goût peu agréable, et qui, seuls, ne supportent ni les voyages ni la chaleur; cependant une partie est achetée par le commerce de Marseille, qui, après les avoir mêlés avec ceux de la 2ᵉ classe, les comprend dans ses expéditions pour les colonies; mais tout ce qui n'est pas enlevé dans l'année de leur récolte est converti en eaux-de-vie ou en esprits.

VINS BLANCS ET VINS MUSCATS.

On ne fait des vins blancs que pour la consommation du pays. Quelques propriétaires font des vins *muscats* rouges et des blancs, mais ils sont tous inférieurs à ceux du département des Bouches-du-Rhône et ne fournissent à aucune exportation.

Le principal commerce des vins et des eaux-de-vie se fait à Toulon, et ils se chargent dans son port; mais cette ville n'est que l'intermédiaire entre les communes vignobles et Marseille, où ces liquides sont expédiés presque en totalité : on y fait très-rarement des chargements directs pour l'étranger, si ce n'est lorsque les Génois viennent les acheter eux-mêmes.

Dans les vignobles de Bandols, Lacadière, le Castellet, Saint-

Cyr, le Beausset et Ollioules, le vin se vend à la millerolle, qui contient de 67 à 68 litres. A Cuers, la Craux, Solliés et Pierrefeu, il se vend à la *boute*, composée de 8 millerolles, contenant chacune depuis 66 jusqu'à 70 litres. A Lorgues, la *boute* se compose aussi de 8 millerolles; mais celles-ci ne sont que de 60 litres.

Les tonneaux en usage pour le vin se nomment *barriques de Bordeaux;* ils doivent contenir 228 litres, mais ils n'en contiennent réellement que 214 ou 220 tout au plus : ceux pour les eaux-de-vie se nomment *boutes* ou *pipes*, et contiennent environ 80 veltes ou 608 litres.

§ III. *Département des* ALPES-MARITIMES, *formé, en 1860, du comté autrefois italien de Nice et de l'arrondissement de Grasse retranché du département du Var, et divisé en 3 arrondissements : Nice, Grasse et Puget-Théniers.*

12,592 hectares de vigne produisent, récolte moyenne, 150,000 hectol. de vin (en grande partie rouge), consommé presque entièrement par les habitants.

Le meilleur vin, dans ce département, est fourni par BELLET, arrondissement de Puget-Théniers; il est rouge, léger, délicat et agréable; il est au nombre des vins d'ordinaire de 1re qualité, mais il ne s'en fait aucune exportation. La plus grande partie des vins de ce département entre dans la catégorie des vins ordinaires.

§ IV. *Département de* VAUCLUSE, *formé du comtat d'Avignon, de la principauté d'Orange et de la partie N. O. de la Provence; il est divisé en 4 arrondissements : Avignon, Apt, Carpentras et Orange.*

28,970 hectares de vigne, sur le territoire de 150 communes, produisent, récolte moyenne, environ 376,000 hectolitres de vin (presque tout rouge), dont 180,000 sont consommés par les habitants; le surplus est exporté en Suisse, en Allemagne et dans l'intérieur de la France. On en convertit une faible portion en eaux-de-vie.

La vigne est tenue haute dans plusieurs parties de ce département; les ceps sont robustes et durent fort longtemps; ils forment des allées dans lesquelles on passe la charrue et où l'on sème du grain, de manière que le sol paraît comme partagé en bandes, dont les unes sont façonnées en terres labourables et les autres en vignes ; mais les meilleurs vins proviennent des vignes basses, qui sont très-nombreuses.

Les plants le plus généralement cultivés sont ceux nommés dans ce pays *pique-poule, grenache, mourrus, bérard, connoise, tinto, vocarize, clairette, picardan* et *bourboulengue*. Les deux premiers produisent les meilleurs vins.

Parmi le grand nombre de vignobles que contient ce département, on en distingue plusieurs qui fournissent de bons vins ; mais on en compterait beaucoup plus si les propriétaires apportaient plus de soin dans le choix des plants, dans la culture de la vigne et dans la manière de faire le vin.

VINS ROUGES.

Première classe.

CHATEAUNEUF-DU-PAPE, à 12 kil. d'Orange et 12 kil. N. d'Avignon. Les vins de ce vignoble, provenant de plants anciens du pays et nouveaux d'Espagne, quoique chauds, sont délicats, fins et pourvus d'un joli bouquet. On cite en première ligne ceux du clos de la *Nerthe*, et en deuxième ligne ceux du clos de *Saint-Patrice* et des crus nommés *Bocoup* et *Coteau-Pierreux* : le moment de les boire dans leur parfaite maturité est lorsqu'ils ont de trois à quatre ans.

SORGUES, à 8 kil. E. N. E. d'Avignon, a, dans son territoire, le cru nommé *Coteau-Brûlé*, situé sur la petite montagne de Sève ; le vin qu'il fournit se distingue par sa finesse et son agrément. On cite aussi le vin du cru de *Fournalet*, comme ayant moins de spiritueux, mais plus de velouté et de bouquet.

La terre de SAINT-SAUVEUR, commune d'Aubignan, à 5 kil. N. p. O. de Carpentras, fournit des vins qui, pour leur finesse et leur goût agréable, sont comparables à celui du *Coteau-Brûlé* ; ils sont seulement moins spiritueux.

Deuxième classe.

CHATEAUNEUF-DE-GADOGNE, à 10 kil. E. d'Avignon, fait des vins délicats et agréables, mais qui ne sont pas comparables à ceux des vignobles déjà cités.

SORGUES, dont le cru du Coteau-Brûlé figure dans la 1re classe, fournit des vins qui ont beaucoup de corps, de feu, de vigueur, et qui se conservent longtemps.

Troisième classe.

MORIÈRES, à 7 kil. E. d'Avignon, produit des vins d'une belle couleur, corsés, spiritueux et d'un bon goût.

AVIGNON, chef-lieu du département, à 684 kil. S. p. E. de Paris. Son territoire produit une grande quantité de vins, parmi lesquels ceux des *garigues* (1), près du Rhône, ont une couleur peu foncée, du spiritueux et un bon goût; ils se conservent assez longtemps. La plupart des autres sont grossiers, peu corsés et s'altèrent promptement.

ORANGE, à 20 kil. N. d'Avignon, et SÉRIGNAN, à 6 kil. N. d'Orange, récoltent aussi, sur les *garigues* de leur territoire, des vins légers, agréables et peu capiteux; mais ceux de vignobles plantés dans les plaines sont lourds, grossiers, sans qualité, et tournent facilement à l'aigre.

VINS DE LIQUEUR.

BEAUME, à 7 kil. N. de Carpentras, produit des vins muscats fort agréables. MAZAN, à 6 kil. O. de la même ville, fournit, sous le nom de *vins de Grenache*, des vins cuits, que l'on prépare en concentrant le moût de raisin en y ajoutant de l'eau-de-vie.

Les meilleurs vins de ce département s'expédient pour l'Angleterre, l'Allemagne, la Suisse et le nord de la France. On en expédie aussi en bouteilles pour les colonies. Le principal commerce s'en fait à Avignon, à Carpentras et à Orange. La mesure en usage est le *barral*, qui, à Avignon, équivaut à 49 litres, tandis qu'il n'en contient que 37 à Carpentras et à Orange. Les tonneaux en usage se nomment *demi-pièces*, et contiennent de 270 à 275 litres. Les expéditions ont lieu par terre, mais plus ordinairement par le Rhône : les chargements se font à Avignon.

---

(1) On nomme *garigues*, dans le pays, des terrains de mauvaise qualité, qui ne sont pas propres à la culture des céréales.

§ V. *Département des* BOUCHES-DU-RHÔNE, *formé de la partie S. O. de la Provence, et divisé en 3 arrondissements : Marseille, Aix et Arles.*

44,764 hectares de vigne, sur le territoire de 117 communes, produisent, récolte moyenne, environ 606,000 hectolitres de vins (rouges 762,000, blancs 41,000), dont au moins 250,000 sont consommés par les habitants ; le surplus est livré au commerce ou converti en eaux-de-vie et en esprits-de-vin, dont les principales fabriques sont à Aix et dans les environs : on en fait aussi à Marseille et dans plusieurs autres cantons. Du temps de Pline, les Romains tiraient de Marseille des vins dont ils faisaient grand cas.

Les cepages le plus généralement cultivés sont le *manosquin*, l'*uni-noir*, l'*olivetto*, le *plant d'Arles*, le *brun-fourcat*, le *petit brun*, le *catalan*, le *mourvebre*, le *bouteillan* et l'*uni-rouge*.

VINS ROUGES.

Première classe.

MARSEILLE, chef-lieu du département, à 80 kil. S. E. d'Avignon, 50 kil. N. E. de Toulon et 833 kil. S. p. E. de Paris. Les environs de cette ville contiennent de nombreux vignobles, dans lesquels on récolte des vins d'une couleur convenable, corsés, spiritueux et de bon goût. En vieillissant, leur couleur s'affaiblit ; ils deviennent légers, délicats et agréables. On peut les conserver pendant six ou sept ans ; mais ensuite ils perdent de leur qualité. Les meilleurs se récoltent dans les territoires de SÉON-SAINT-HENRI, de SÉON-SAINT-ANDRÉ, de SAINT-LOUIS et de SAINTE-MARTHE, situés sur les bords de la mer. On met au second rang ceux de CUQUES, CHATEAU-GOMBERT, SAINT-JÉROME et du quartier des OLIVES. Tous ces vignobles sont dans le canton de Marseille, et entre 4 et 8 kil. de cette ville. La plupart des propriétaires font égrapper leurs raisins, et préparent leurs vins avec le plus grand soin, ce qui contribue beaucoup à augmenter leur qualité : la presque totalité des récoltes de ces bons crus est consommée à Marseille.

Deuxième classe.

ARLES, à 26 kil. S. E. de Nîmes, CHATEAU-RENARD, EGUILLES, ORGON, les SAINTES-MARIES et TARASCON, dans un rayon de 8 à 28 kil. d'Arles, font des vins qui ont quelque ressemblance avec ceux de Saint-Gilles-les-Boucheries, département du Gard, auxquels ils sont inférieurs.

AUBAGNE et GEMENOS, à 52 et 44 kil. E. de Marseille, fournissent, particulièrement dans les quartiers nommés *Solans* et *Saint-Pierre*, des vins égaux en qualité à ceux de Bandols, département du Var; ils sont très-colorés, corsés, spiritueux, solides, et supportent parfaitement le transport, tant par mer que par terre. Les voyages, loin de les altérer, augmentent leur qualité. Il se fait de grandes expéditions de ces vins pour les colonies et pour l'intérieur de la France. Depuis un certain nombre d'années, le commerce de Paris en tire une assez grande quantité : ils font un très-bon effet dans les mélanges.

AURIOL, CUGES et quelques autres communes situées entre 20 et 24 kil. E. et N. E. de Marseille, donnent des vins communs qui, mêlés avec les précédents, entrent dans les expéditions que l'on fait aux colonies; mais, comme ils se conservent difficilement, on en convertit beaucoup en eaux-de-vie.

L'île de LA CAMARGUE, formée par les deux bras du Rhône qui se séparent au nord d'Arles, produit des vins communs, qui ont une couleur foncée, assez de spiritueux et un bon goût.

MARIGNANE, EGUILLES, LES MILLES, LA FARE, SAINT-CANNAT, GARDANNE, et plusieurs autres communes de l'arrondissement d'Aix, dans un rayon de 20 kil. autour de cette ville, récoltent des vins communs qui ne se conservent pas plus d'un an. Lorsqu'on les transporte, ils contractent une couleur noire et se détériorent complétement. Les Génois achètent une partie de ces vins; le surplus est converti en eaux-de-vie et en esprits, qui sont une branche importante du commerce de ce pays.

VINS BLANCS.

CASSIS, à 14 kil. S. E. de Marseille, produit les meilleurs; ils sont liquoreux, d'un goût fort agréable, corsés et spiritueux. Une barrique de ces vins se paye ordinairement aussi cher que trois barriques de vins rouges.

Les territoires de Marseille, de Gemenos, d'Aubagne, d'Allauch, de la Treille, de Saint-Julien, de la Valentine, de Saint-Marcel et du Plant-de-Cugnes, fournissent des vins blancs de la même espèce que les précédents, mais ils sont bien moins liquoreux et inférieurs en qualité; on les vend ordinairement au même prix que les vins rouges.

Marignane, à 20 kil. S. E. d'Aix, et Gardanne, à 8 kil. S. de la même ville, récoltent aussi des vins blancs, mais ils sont encore moins estimés que les précédents.

Les vins blancs de ce département s'expédiaient autrefois en grande partie pour la Hollande, le nord de l'Allemagne, et pour Odessa; mais, depuis quelques années, il s'en expédie peu : on les consomme à Marseille.

VINS DE LIQUEUR.

Roquevaire, à 16 kil. N. de Marseille, fournit les meilleurs vins *muscats* rouges et blancs; ils ont du corps, du velouté, de la finesse, un goût fort agréable et un joli parfum.

Cassis et la Ciotat, à 14 et 20 kil. S. E. de Marseille, produisent en petite quantité des vins *muscats* de la même espèce que les précédents; mais ils sont moins estimés.

Barbantanne et Saint-Laurent, dans l'arrondissement d'Arles, à 14 kil. N. de Tarascon, font aussi quelques vins de la même espèce, qui se consomment en grande partie dans le pays.

Plusieurs propriétaires de Roquevaire font du vin dit de *Malvoisie*, qui est liquoreux et fort agréable : il est préparé avec des raisins muscats rouges, que l'on fait sécher en partie avant de les presser.

VINS CUITS.

On en prépare dans tous les vignobles de ce département, où ils tiennent lieu de liqueur aux habitants des campagnes. Les meilleurs se font à Cassis, à Roquevaire et à Aubagne. On en expédie une certaine quantité pour la Hollande et très-peu pour l'intérieur de la France. Ces vins, nouvellement faits, sont liquoreux, pâteux, et prennent à la gorge; mais, en vieillissant, ils deviennent fins et agréables, tout en conservant leur douceur. Grimod-de-la-Reynière en a fait un très-grand éloge dans son *Almanach des gourmands*.

Le commerce des vins et des eaux-de-vie se fait principalement à Marseille, qui est l'entrepôt général et le port de chargement non-seulement de ceux de ce département, mais encore de ceux du département du Var et de beaucoup d'autres que l'on y fait pour l'étranger ou pour le nord de la France.

Les vins se vendent à la *millerolle*, qui contient 64 litres à Marseille et 60 dans ses environs; 72 à Allauch, 75 à Gardanne; 68 à Aubagne, Gemenos et à Roquevaire; 70 à la Ciotat, et 50 dans l'arrondissement d'Aix. Les capacités que je viens d'indiquer sont les plus usitées ; mais elles ne sont pas les seules employées dans ce département, où chaque village a sa mesure, qui porte le même nom, et diffère en plus ou en moins de celle du village voisin. Les eaux-de-vie et les esprits-de-vin se vendent au quintal de Marseille, qui équivaut à 40 kilogrammes 8 hectogrammes. Le tonneau, qui est fourni par le vendeur, est pesé avec le liquide.

Les tonneaux en usage pour le vin se nomment *barriques*, et contiennent de 28 à 29 veltes, ou de 214 à 222 litres. Ceux pour l'eau-de-vie et l'esprit-de-vin se nomment *pipes*, et contiennent ordinairement 80 veltes ou 600 litres.

RAISINS SECS.

ROQUEVAIRE, déjà cité pour ses vins muscats, fait un grand commerce de raisins secs provenant de son territoire. On n'y fait sécher que des raisins blancs. L'espèce la plus propre à cette opération est celle que l'on nomme *panse* : c'est un raisin dont les grains sont très-gros et clair-semés sur la grappe. Après la *panse* viennent le *verdal*, l'*aragnan* et le *gros-sicilien-blanc*. On sèche aussi la *panse-muscate*, qui conserve un parfum très-agréable ; mais ce dernier entre rarement dans le commerce. Les habitants de plusieurs autres cantons font aussi sécher des raisins, mais en moindre quantité qu'à Roquevaire ; ceux de ce vignoble ont une saveur acidule et une sorte de parfum qui les rendent fort agréables et les font préférer aux raisins de Calabre, qui sont beaucoup plus doux.

CLASSIFICATION.

VINS ROUGES.

Ceux du clos de la Nerthe, à Châteauneuf-du-Pape, département de Vaucluse, sont au nombre des vins fins de 2ᵉ classe; ceux du clos de Saint-Patrice, des crus nommés *Bocoup* et *Coteau-Pierreux*, à Châteauneuf-du-Pape; *Coteau-Brûlé*, à Sorgues et ceux de la terre de *Saint-Sauveur*, à Aubagne, dans le même département. Les meilleurs vins de la Gaude, Saint-Laurent, Cagnes, Saint-Paul, Villeneuve et Lamalgue, département du Var, se rangent dans la 3ᵉ classe. Ceux de Mées, des Basses-Alpes; de Bandols, le Castellet, Saint-Cyr et le Beausset, département du Var; de Châteauneuf-de-Gadogne et de Sorgues, département de Vaucluse. Les meilleurs de Séon-Saint-Henri, Séon-Saint-André, Saint-Louis, Sainte-Marthe, Cuques, Château-Gombert, Saint-Jérôme, et du quartier des Olives, département des Bouches-du-Rhône, occupent les différents degrés de la 4ᵉ classe.

Morières, Avignon et Orange, département de Vaucluse; Lacadière, Saint-Nazaire, Ollioules et les autres vignobles qui forment la 5ᵉ classe du département du Var; Arles, Château-Renard, Eguilles, Orgon, les Saintes-Maries, Tarascon, Aubagne, Gemenos, Auriol, Cuges et les autres vignobles de la 2ᵉ classe du département des Bouches-du-Rhône, fournissent des vins qui parcourent les différents degrés de la 5ᵉ classe, les uns comme vins d'ordinaire de diverses qualités, et les autres comme vins communs.

VINS BLANCS.

Ceux de Cassis, département des Bouches-du-Rhône, entrent dans la 4ᵉ classe; ceux de Marseille, Gemenos, Aubagne, Allauch, la Treille, Saint-Julien, la Valentine, Saint-Marcel et du Plant-de-Cuges, même département, n'entrent que dans la 5ᵉ.

VINS DE LIQUEUR.

Les vins muscats de Roquevaire, de Cassis et de la Ciotat,

ainsi que la malvoisie de Roquevaire, département des Bouches-du-Rhône ; les vins muscats de Beaume et les vins de grenache de Mazan, département de Vaucluse, entrent dans la 3° classe de ceux de cette espèce avec les meilleurs vins cuits. Tous les autres ne peuvent figurer que dans la 4° classe des vins de cette espèce.

CHAPITRE XXIII.

Savoie.

La Savoie, située entre les 45° et 47° degrés de latitude N., a été annexée à la France en 1860 et forme les deux départements de Savoie et de Haute-Savoie, renfermant, le premier, 11,027 hectares de vigne produisant 250,000 hectolitres de vin, et le deuxième, 9,430 hectares, fournissant environ 200,000 hectolitres. La presque totalité de cette production est consommée dans le pays; cependant l'arrondissement de CHAMBÉRY, qui est le plus riche en vignes, fait quelques envois à Genève, dans quelques parties de l'Italie et même en Angleterre.

Ce pays, hérissé de montagnes et de rochers escarpés, présente, dans presque toutes ses parties, des terrains convenables pour la culture de la vigne : l'on en rencontre jusque dans les montagnes voisines des Alpes et même à quelques lieues du mont Cénis ; mais la variété des expositions, les différentes espèces de cépages que l'on réunit sans discernement dans la même vigne, et surtout les ceps hautains que l'on rencontre dans beaucoup de cantons, occasionnent de grandes dissemblances dans la qualité des produits, et, tandis que quelques vignobles donnent de fort bons vins, beaucoup d'autres n'en produisent que de très-basse qualité.

VINS ROUGES.

Première classe.

MONTMÉLIAN, à 8 kil. E. de Chambéry, a de très-beaux

vignobles situés au pied des montagnes calcaires de son voisinage et dans une exposition très-favorable. Les vins que l'on en
tire ont une belle couleur, du corps, du spiritueux et un fort
bon goût; on les garde ordinairement pendant cinq ans en tonneaux pour leur faire acquérir leur maturité : ils ont alors un bouquet agréable et se conservent bons pendant vingt-cinq ans. Les
meilleurs sont comparés à nos vins de Côte-Rôtie, département
du Rhône. Parmi les dépendances de ce vignoble, on cite les
coteaux de *Cruet* et d'*Arbin*, comme fournissant d'excellents
vins d'ordinaire.

SAINT-JEAN-DE-LA-PORTE, à 16 kil. E. de Chambéry, sur la
rive droite de l'Isère, fournit des vins légers, agréables et ayant
un joli bouquet après trois ou quatre ans de garde. Quoique
pourvus de spiritueux, ils ne portent pas à la tête.

MONT-TERMINO, vignoble situé dans le vallon de Bassin, entre
Chambéry et Saint-Jeoire, sur la route de Turin, donne aussi
des vins de fort bonne qualité, mais moins légers que ceux de
Saint-Jean-de-la-Porte. On fait, dans plusieurs de ces vignobles,
deux espèces de vins dont la qualité et la couleur dépendent du
temps qu'on les laisse fermenter dans la cuve. Les uns dits *clairets*, qui n'y restent que deux ou trois jours, ont une couleur
peu foncée, sont légers, fins, délicats et fort agréables ; les autres,
qu'on ne tire qu'après huit ou dix jours de fermentation, sont
plus colorés, plus fermes, et doivent être attendus plus longtemps
avant de les boire ; mais ils portent mieux l'eau et se conservent
davantage.

Deuxième classe.

Les principaux vignobles de l'arrondissement de Saint-Jean-
de-Maurienne sont ceux de BONNE-NOUVELLE, AITON, SAINT-
JEAN, SAINT-JULIEN, SAINT-MARTIN-DE-LA-PORTE, et surtout
PRINSCENS et ECHAILLON, dont les vins légers et agréables
passent pour ressembler à ceux de 4ᵉ classe de la haute Bourgogne. Ceux de la vallée de l'Isère jusqu'à Conflans jouissent
aussi de quelque réputation.

La petite contrée nommée CHANTAGNE, qui s'étend sur les
bords du Rhône, depuis le lac de Bourget jusqu'à l'embouchure
du Fier, présente un vignoble de 8 kil. de longueur, dont quelques coteaux seulement sont exposés au midi et produisent des
vins de fort bonne qualité, peu inférieurs à ceux de Saint-Jean-

de-la-Porte et de Mont-Termino. On cite particulièrement ceux des deux petits vignobles de BRISSON et de SARGOIN, situés sur la pente de la montagne de Saint-Germain, du côté du lac ; ils donnent des vins clairets, légers et fort agréables. Plusieurs autres parties du grand vignoble de Chantagne donnent de bons vins d'ordinaire, dont les uns sont peu colorés et légers, d'autres colorés et corsés, suivant qu'ils ont fermenté plus ou moins longtemps dans la cuve. Quelques autres crus avaient autrefois de la réputation, tels que ceux nommés l'*Ecrivain* et *Cantemerle* ; mais, soit qu'on ait changé les cepages ou multiplié les engrais, les vins qu'ils produisent ne se distinguent plus de ceux des autres crus. On en expédie cependant encore une certaine quantité pour la Hollande et beaucoup pour Genève.

TOUVIÈRE et CANTEFORT, près de Montmélian, donnent des vins d'ordinaire peu inférieurs à ceux de première qualité de la côte de Chantagne.

THONON, à 24 kil. E. N. E. de Bonne, sur la rive méridionale du lac Léman, dans la contrée nommée le Chablais, a, dans son voisinage, de beaux vignobles qui produisent beaucoup de vins rouges peu spiritueux, mais assez agréables après deux ans de garde, et parmi lesquels on distingue ceux du cru de *Monargue*, situé près du château de Ripaille, à 2 kil. de Thonon. Ils sont en grande partie transportés à Genève.

AIX, près du lac du Bourget, à 16 kil. N. de Chambéry, fait aussi des vins rouges de bonne qualité ; quelques autres vignobles situés près des bords du Rhône et de la vallée de Rochette sont assez bons, mais ceux que l'on récolte dans les communes qui longent la montagne de GRENIER, entre Chambéry et l'Isère, sont de la plus basse qualité. On les appelle *vins des abîmes*, du nom des ABIMES DE MYANS, où l'on cultive beaucoup de vignes, dont les produits sont consommés par le peuple de Chambéry.

L'arrondissement d'ANNECY contient aussi des vignobles assez étendus ; il y en a de fort beaux et de bien entretenus sur les bords du lac de ce nom ; leurs vins sont de bonne qualité. Les plus estimés se récoltent à DESIGNY, canton de Rumilly.

LA TARANTAISE, comprise dans l'arrondissement de Moustier, a quelques vignobles qui, ne fournissant pas aux besoins du pays, sont suppléés par ceux de la vallée de l'Isère. On cite cependant avec éloge, dans cet arrondissement, ceux d'AIGUE-BLANCHE, à 3 kil. de Moustier.

VINS BLANCS.

Le coteau dit d'ALTESSE, situé à la gauche du Bourget, près du couvent de Haute-Combre, produit du vin fin, assez spiritueux, doux, fort agréable, et qui devient *mousseux* quand on le met en bouteilles en temps convenable. Ce vin est produit par des cepages qu'un prince de la maison de Savoie a fait apporter de l'île de Chypre. On cite après lui ceux du cotèau de MARÉTEL et de plusieurs crus de la commune de SAINT-INNOCENT, à 13 kil. de Chambéry.

A LASSERAZ, près de Chambéry, on cultive quelques ceps hautains, du plant dit *de Malvoisie ;* il produit des vins blancs délicats et qui *moussent* comme le champagne lorsqu'ils sont mis en bouteilles au mois de mars. On les estime beaucoup dans le pays.

CRÉPY, à 12 kil. O. de Thonon, produit des vins secs, légers, peu spiritueux et de bon goût.

RUMILLY, à 12 kil. O. S. d'Annecy, et DESIGNY, à 20 kil. d'Annecy, sont cités comme produisant les meilleurs vins de ce canton, qui en fournit une grande quantité, dont la plupart sont fort médiocres.

Le principal commerce des vins se fait à Chambéry, d'où ils sont expédiés par terre à Genève. On fait aussi quelques expéditions par le lac du Bourget et par le Rhône, qui communiquent ensemble au moyen du canal de Savières. Les chargements ont lieu sur le canal, dans ses deux ports, l'un appelé le port *Puer*, près d'Aix, l'autre *le Bourget*.

Les tonneaux en usage pour la vente des vins se nomment *pièces*, et contiennent environ 228 litres. Les mesures en usage à Thonon, et dans tous les vignobles dont les vins s'expédient à Genève, sont le *quarteron*, qui contient 2 litres ; le *setier*, 46 litres ; et le *char*, 452 litres. A Chambéry, le vin se vend au baril de 53 litres, et au tonneau de 424 litres.

CHAPITRE XXIV.

Béarn, Bigorre, Navarre, Conserans, comté de Foix et Roussillon.

Ces provinces, situées sous les 43° et 44° degrés de latitude,
et sous les 16°, 17°, 18° et 20° degrés de longitude, forment
les quatre départements des Basses-Pyrénées, des Hautes-Pyrénées, de l'Ariége et des Pyrénées-Orientales, qui contiennent
ensemble 100,069 hectares de vigne. C'est dans ces contrées
méridionales de la France que l'exposition des vignobles et la
nature du sol paraissent influer plus sensiblement sur la qualité
des vins, qui, récoltés sous la même zone, sont, les uns pourvus d'un très-haut degré de spiritueux, et les autres tout à fait
privés de cette qualité. Dans le même département, celui des
Pyrénées-Orientales, les arrondissements de Céret et de Perpignan produisent d'excellents vins, tandis que celui de Prades
n'en fournit que de médiocres et que, dans une partie de cet
arrondissement, l'âpreté du climat ne permet pas d'y cultiver
la vigne.

§ I. *Département des* BASSES-PYRÉNÉES, *formé du Béarn, de la
Navarre, des pays basques, de Soule, de Labour, d'une partie
de la Chalosse et de l'élection des Landes; il est divisé en 5 arrondissements : Pau, Bayonne, Mauléon, Oloron et Orthez.*

25,004 hectares de vigne, sur le territoire de 552 communes,
produisent, récolte moyenne, environ 365,000 hectolitres de
vins (rouges 192,000, blancs 173,000), dont à peu près 100,000
sont consommés par les habitants, et parmi lesquels plusieurs se
distinguent par leur qualité.

VINS ROUGES.

Première classe.

JURANÇON, à 6 kil. de Pau, récolte, en petite quantité, des

vins rouges et des vins paillets qui jouissent d'une grande réputation. Les premiers ont une belle couleur, du corps, du spiritueux, de la séve et un joli bouquet. Les autres, qui proviennent du mélange des raisins rouges et des blancs, sont très-légers, fins, délicats et d'un goût fort agréable.

Le vignoble de GAN, à 6 kil. O. de Pau, touche à celui de Jurançon et produit des vins de la même espèce, mais beaucoup plus corsés et plus moelleux. Ils se gardent fort longtemps.

Deuxième classe.

MONEIN et AUBERTIN, à 13 et 15 kil. d'Oloron, donnent des vins de même espèce, mais un peu inférieurs à ceux de Jurançon.

Les vignobles de CONCHEZ, PORTET, AYDIE, AUBONS, DIUSSE, JADOUSSE, CADILLON, USSEAU, SAINT-JEAN-POUDGE, PONTS et BUROSSE, situés entre 24 et 32 kil. de Pau, fournissent, en petite quantité, de fort bons vins rouges, parmi lesquels on distingue ceux du cru de M. *Diesse*, à Diusse. Les vins de cette couleur, formant à peine le vingtième du produit des vignobles, sont tous consommés dans le pays ou dans ses environs.

Troisième classe.

Les vignobles de LASSEUBE, la HOURCADE, SAULT-DE-NAVAILLES, CUQUERON, LUC, et quelques autres des environs d'Oloron; ceux des cantons de LAGOS, de NAVARRENX et de SAUVETERRE, à 12 et 14 kil. d'Orthez, récoltent plus de vins blancs que de rouges; parmi ces derniers, il y en a qui sont estimés comme vins d'ordinaire.

VINS BLANCS.

JURANÇON, GAN, LARRONIN, SAINT-FAUST, GELOS, ROUSTIGNON et MAZÈRES, entre 1 et 7 kil. O. de Pau, récoltent beaucoup de vins blancs, qui se distinguent par un goût et un parfum approchant de ceux de la truffe; ils sont de bonne garde et gagnent à vieillir; mais, dans chaque commune, ils se distinguent par des nuances de qualité qui leur sont particulières. Ceux de Gan sont moins délicats, mais plus corsés et plus moel-

leux que ceux de Jurançon ; ceux de Saint-Faust ont moins de
spiritueux et de séve. On cite le petit cru nommé *gaye*, à Gan,
comme produisant le meilleur vin, et, après lui, les crus de
l'*Anguille couronnée*, à Jurançon, du *Fer à cheval*, à Saint-
Faut, et celui de *Tout y croît*, à Gelos.

Les communes de CONCHEZ, PORTET, AYDIE, AUBOUS, DIUSSE,
JADOUSSE, CADILLON, USSEAU, SAINT-JEAN-POUDGE, PONTS et
BUROSSE, toutes dans le canton de Garlin, entre 25 et 35 kil.
de Pau, produisent des vins dits de *Viquebille*, très-recherchés
en Flandre et en Belgique ; ils sont doux sans être pâteux, ont
plus de corps, de spiritueux, de moelle et de séve que ceux de
Jurançon : mis en bouteilles après quatre ans de garde en tonneaux, ils deviennent excellents et sont souvents préférés au
Jurançon. On distingue particulièrement ceux des crus de
MM. *Hitin*, à Conchez ; *Diesse*, à Diusse ; *Dangosse*, à Portet, et
Blandin, à Cadillon. Il faut choisir avec beaucoup de soin dans
ces vignobles, attendu que les vins sont de qualités très-variées
dans chacun d'eux.

ANGLET, à 4 kil. de Bayonne, fournit des vins blancs légers,
qui ont un goût sucré et assez agréable ; il faut les boire la première année. On les récolte sur le bord de la mer, à 4 kil. de
l'embouchure de l'Adour.

Le principal commerce de ce département se fait à Pau, pour
les vins de Jurançon et autres ; mais les grandes opérations se
font à Bayonne, ville commerçante située sur la rive gauche de
l'Adour et sur la Nive, à l'endroit de leur confluent, à 2 kil. de
l'Océan, à 100 kil. O. N. O. de Pau, et à 789 kil. S. S. O. de
Paris. Tous les négociants de Bayonne spéculent sur les liquides,
et cette ville est l'entrepôt général des vins et des eaux-de-vie
des départements voisins. Les vins de Jurançon et des autres
vignobles voisins de Pau sont conduits par terre jusqu'à Peyre-
horade, à 17 kil. S. de Dax, département des Landes, où on les
embarque sur le Gave-de-Pau, qui les conduit à l'Adour et de
là à Bayonne. Les vins dits de *Viquebille* des communes de
Conchez, Portet, etc., sont transportés par terre à Saint-Sever,
où on les embarque sur l'Adour, qui les conduit de même à
Bayonne, où ils sont chargés sur les navires.

Les tonneaux en usage se nomment *barriques*, et contiennent
environ 40 veltes ou de 300 à 310 litres. Le vin se vend à l'*hé-*
ralde ou *cruche*, qui, à Pau, se compose de 25 litres, et varie
de capacité dans les différents cantons.

§ II. *Département des* HAUTES-PYRÉNÉES, *formé des parties de la Gascogne nommées Bigorre, et du pays des Quatre-Vallées; il est divisé en 3 arrondissements : Tarbes, Argelès et Bagnères.*

15,419 hectares de vigne, sur le territoire de 501 communes, produisent, récolte moyenne, environ 294,000 hectolitres de vins (rouges 93,000, blancs 201,000 hectol.), dont à peu près 170,000 se consomment dans le pays ; le surplus est exporté.

VINS ROUGES.

Première classe.

MADIRAN, 25 kil. de Tarbes. Son territoire produit des vins riches en couleur, âpres et pâteux ; ils se conservent de huit à dix ans en tonneaux sans s'altérer ; mais on peut les mettre en bouteilles au bout de cinq ans ; ils ont alors une couleur moins foncée, du corps, du spiritueux et un goût agréable. Lorsqu'ils proviennent d'une bonne année et ont vieilli en bouteilles, ils se présentent avec avantage à l'entremets sur les meilleures tables du pays, et soutiennent la comparaison avec des vins qui jouissent d'une plus haute réputation. On estime particulièrement ceux des crus dits d'*Anguis* et de *Lastechenères.*

Les vins de Madiran sont très-employés à Bayonne pour donner du corps et de la couleur aux vins faibles ; on tempère leur âpreté en y mêlant des vins blancs, dont ils supportent le mélange à un tiers de leur volume, et conservent encore une couleur convenable.

CASTELNAU-RIVIÈRE-BASSE, à 56 kil. de Tarbes, fournit des vins qui ressemblent beaucoup à ceux de Madiran et passent pour les égaler en qualité : on cite particulièrement les crus dits *Latire, Cammas* et *Rangouer.*

SAINT-LAUNE, SOUBLECAUSE et LASCAZÈRES, voisins de Castelnau, produisent des vins qui jouissent de la même réputation : le premier, dans les crus dits *Menjarres, Rican* et *Marmondons;* le second, dans celui de *Lagrasse.* Tous ces vins sont connus et se vendent sous le nom de *vins de Madiran.*

Deuxième classe.

Les crus que je pourrais citer ici ne fournissent que des vins bien inférieurs aux précédents ; ils sont âpres et colorés, se conservent difficilement et sont sujets à tourner à l'aigre. Ceux des arrondissements de BAGNÈRES et d'ARGELÈS sont au-dessous du médiocre et consommés dans chacune des communes qui les produisent : ils proviennent de ceps hautains.

VINS BLANCS.

Les communes de BOUILH, PEREUILH, CASTELVIEILH et PEYRIGUÈRE, situées à l'E. de l'arrondissement de Tarbes, et entre 8 et 12 kil. de cette ville, récoltent des vins blancs agréables, qui se gardent très-longtemps en bouteilles et acquièrent une qualité qu'ils ne paraissent pas susceptibles d'obtenir quand ils sont jeunes ; on les consomme presque en totalité dans le pays, où ils sont estimés à cause du goût de pierre à fusil qui les caractérise : ce goût est surtout très-prononcé dans ceux de Peyriguère.

Le canton de VIC-EN-BIGORRE, à 16 kil. N. de Tarbes, et les environs de cette dernière ville produisent des vins blancs audessous du médiocre, qui sont consommés dans les cabarets. Autrefois ils furent convertis en eaux-de-vie ; mais ces établissements ont cessé d'être en activité, sans doute à cause du peu de spiritueux dont ces petits vins sont pourvus.

Les tonneaux en usage se nomment *barriques*, et varient de capacité depuis 340 jusqu'à 480 litres. L'ancienne mesure du pays, pour la vente du vin, est la *comporte*, qui contient depuis 43 jusqu'à 60 litres ; celle de Tarbes est de 52^l,836.

Le principal commerce des vins se fait à Tarbes, d'où les vins rouges de Madiran sont expédiés par terre pour Bayonne et pour Dax. Paris a tiré une certaine quantité de ceux de 1825 ; mais cette spéculation n'a pas été avantageuse. On en envoie quelquefois à Bordeaux, où ils sont employés dans les mélanges.

§ III. *Département de l'ARIÉGE, formé du Conserans, du comté de Foix et d'une partie du Languedoc; il est divisé en 3 arrondissements : Foix, Pamiers et Saint-Girons.*

12,755 hectares de vigne, sur le territoire de 225 communes, produisent, récolte moyenne, environ 120,000 hectolitres de vins rouges, qui se consomment tous dans le pays et ne suffisent même pas aux besoins des habitants.

Il y a peu de vignes basses dans les arrondissements de Foix et de SAINT-GIRONS, excepté dans la partie la plus éloignée des Pyrénées ; mais, en revanche, on voit beaucoup de ceps hautains, que l'on plante près d'un érable ou d'un cerisier, et dont les tiges s'entrelacent dans les branches de ces arbres. Les raisins des hautains, cachés sous les feuilles, sont ordinairement verts et d'un goût peu agréable, parce qu'ils ne reçoivent pas assez de chaleur pour parvenir à maturité. On vendange presque toujours trop tôt dans ces vignobles, et le vin qu'on y fait est acerbe et sans chaleur. Les vignerons font souvent un second vin en jetant de l'eau sur le marc : comme le premier n'est pas potable, le second est encore plus mauvais. L'un et l'autre ne sont pas salubres et donnent des coliques très-vives aux personnes qui n'y sont pas habituées ou qui en font un usage habituel. Pour éviter cet inconvénient, les propriétaires aisés mêlent à leurs vins une partie égale de ceux du bas Languedoc ou de Toulouse, et obtiennent alors une boisson convenablement spiritueuse et assez agréable.

Il y a des vignes basses dans tout l'arrondissement de PA-MIERS. Le vin qu'elles produisent, quoique très-supérieur à celui des hautains, est néanmoins de médiocre qualité. On distingue comme les meilleurs ceux des communes des BORDES et de CAMPAGNE, dans le canton du Mas-d'Azil, et ceux de TEILLET et d'ENGRAVIÉS dans celui de Mirepoix; ils ont une couleur convenable et un bon goût.

La mesure en usage pour la vente du vin est la *juste*, qui, suivant les cantons, contient de 2 à 4 litres.

§ IV. *Département des* PYRÉNÉES-ORIENTALES, *formé du Roussillon et d'une partie du Languedoc ; il est divisé en 3 arrondissements : Perpignan, Céret et Prades.*

46,895 hectares de vigne, sur le territoire de 185 communes, produisent, récolte moyenne, environ 628,000 hectolitres de vins (rouges 606,000, blancs 22,000), dont 180,000 sont consommés par les habitants ; le surplus est livré au commerce ou converti en eaux-de-vie qui sont fort estimées. Les meilleurs vignobles sont situés au pied des Pyrénées, dans des terrains pierreux et à peu de distance de la mer ; ils produisent des vins généreux, et particulièrement recherchés pour leurs vertus toniques. Dans ce pays, l'on voit ordinairement des raisins mûrs en juillet ; néanmoins les vendanges ne commencent que vers le 15 octobre. Cette heureuse habitude donne à toutes les grappes le temps d'acquérir leur parfaite maturité, et contribue beaucoup à la qualité des vins.

Les cepages le plus généralement cultivés sont le *grenache*, le *mataro* et la *crignagne*, qui fournissent les vins les plus recherchés pour l'exportation. Le *pique-poule noir*, le *pique-poule gris*, le *terret* et la *blanquette*, qui font des vins moins colorés. On trouve aussi dans quelques cantons le *saint-antoine*, la *malvoisie* et le *maccabeo*.

VINS ROUGES.

Première classe.

BAGNOLS OU BANYULS-SUR-MER, à 8 kil. S. S. E. de Port-Vendre et à 28 kil. S. E. de Perpignan, produit des vins d'une couleur très-foncée, pleins de corps et de spiritueux, avec de la moelle, du velouté et un fort bon goût. En vieillissant, ils acquièrent de la finesse et du bouquet : après dix ans de garde, leur couleur est celle de l'or, et ils ont un goût de vieux qui les fait nommer vins *rancio*, parce qu'ils ont alors de la ressemblance avec ceux que l'on qualifie ainsi en Espagne. Leur qualité augmente jusqu'à l'âge de trente ans, et ils se conservent jusqu'à cinquante ans sans dégénérer. Lorsqu'ils proviennent d'une année dont la température a été favorable à la vigne, ils ont quelque ressemblance avec le célèbre vin d'Alicante, dont ils possèdent une partie des vertus toniques et des qualités agréables. On en expédie pour Paris, pour le nord de la France et pour l'Allemagne.

COSPERON, PORT-VENDRE et COLLIOURE, dont les territoires font suite à celui de Banyuls et occupent un rayon d'environ 8 kil. du S. S. O. au N. N. O. de ce dernier pays, fournissent des vins de même espèce, de même qualité, et qui s'expédient concurremment avec ceux de Banyuls; cependant il y a entre eux des nuances de perfection qui ont déterminé l'ordre dans lequel je les ai nommés.

Deuxième classe.

ESPIRA-DE-L'AGLY, RIVESALTES, SALSES, BAIXAS, CORNEILLA-DE-LA-RIVIÈRE, PEZILLA et VILLENEUVE-DE-LA-RIVIÈRE, situés entre 7 et 14 kil. de Perpignan, dans un rayon qui s'étend depuis Pezilla, à l'O., jusqu'à Salses, au N. de ce chef-lieu du département, livrent au commerce de France et à l'exportation des vins d'une très-belle couleur, corsés, spiritueux et de bon goût, qui sont généralement connus sous le nom de *vins de la plaine*. Il s'en expédie une forte quantité pour les diverses parties de la France, et surtout pour Paris; la Suisse, l'Allemagne et le nord de l'Europe en tirent beaucoup. Leur ressemblance avec les vins de Porto et ceux des autres vignobles de la péninsule les fait expédier aussi pour l'Amérique méridionale, et surtout pour le Brésil.

Troisième et quatrième classes.

TORREMILA, dans le territoire N. de Perpignan; TERRATS, à 12 kil. de la même ville, et ESPARRON, près Canet, à 8 kil. E. de Perpignan, sur le bord de la mer, récoltent d'excellents vins de table : ils ont de la finesse et un arome fort agréable; conservés pendant quelques années, ils font des vins *rancio* de bonne qualité.

VERNET, à 2 kil. de Perpignan, fournit des vins d'ordinaire légers et agréables. Toutes les autres communes de la plaine produisent des vins d'ordinaire et des vins communs qui conviennent mieux pour la consommation des habitants que pour l'exportation.

L'arrondissement de PRADES contient peu de vignobles. Les

vins y sont, en général, de qualité médiocre, et suffisent à peine aux besoins des habitants. La mauvaise exposition du territoire de plusieurs communes, particulièrement depuis Olette jusqu'à l'extrême frontière du département, ne permet pas d'y cultiver la vigne.

Les vins communs du Roussillon, lorsqu'ils sont jeunes, ne conviennent pas pour la boisson ordinaire, surtout aux habitants du Nord; ils sont très-colorés et lourds; plusieurs ont une douceur fade et un goût pâteux désagréable : mais, lorsque ceux des premières classes de ce pays sont épuisés ou à des prix trop élevés, on en expédie beaucoup dans les diverses parties de la France, et surtout à Paris, où ils sont employés pour donner aux vins qui se vendent en détail la couleur, le corps et le goût qui plaisent au consommateur.

Les vins du Roussillon supportent parfaitement le transport, même pendant les temps chauds, et ils gagnent de la qualité en voyageant. Cependant, quoiqu'ils soient assez spiritueux pour donner à la distillation un quart de leur volume d'eau-de-vie à 22 degrés, ou un septième d'esprit à 33 degrés, on est dans l'usage de ne les expédier qu'après y avoir introduit un douzième, un quinzième ou un vingtième d'eau-de-vie à 22 degrés, qui, en augmentant encore leur force, aide à leur conservation, et les rend plus susceptibles de produire un bon effet dans les mélanges.

Les vins de 1re qualité, que l'on conserve longtemps en tonneaux, deviennent paillets de très-colorés qu'ils étaient. Lorsqu'on les garde en bouteilles, la couleur ainsi que les particules de lie et de tartre qui s'en séparent s'attachent en majeure partie aux parois de ce vase, de manière à l'obscurcir entièrement; la portion du dépôt qui se précipite et reste mobile est moins considérable que dans la plupart des autres vins de France. Cependant il est toujours convenable de les transvaser avant de les boire, afin que leur limpidité soit parfaite.

VINS BLANCS ET VINS DE LIQUEUR.

Le Roussillon fournit une assez grande quantité de vins blancs, parmi lesquels ceux qui sont liquoreux s'exportent en Allemagne et dans le nord de la France. Ceux qui sont secs, spiritueux et francs de goût s'expédient à Cette, où ils sont employés avec succès à la préparation des vins dits de *Madère*, dont cette ville fait un très-grand commerce.

RIVESALTES, à 8 kil. N. de Perpignan. Le vin *muscat* que l'on récolte dans ce vignoble est, sans contredit, le meilleur vin de liqueur du royaume ; plein de finesse, de feu et de parfum, il embaume la bouche et la laisse toujours fraîche : lorsqu'il a dix à douze ans, c'est une liqueur douce, parfumée et agréable, qui peut être comparée aux vins de *Malvoisie* les plus estimés. *Grimod de la Reynière* considère le muscat de Rivesaltes comme le meilleur vin de liqueur de l'Europe ; et l'*Epicurien français* le compare aux fameux vin du cap de Bonne-Espérance. Ces éloges ne sont pas exagérés, et il est bien constant que ce vin est l'un des meilleurs de l'univers lorsqu'il provient d'une bonne année et qu'il a vieilli ; cependant il est beaucoup moins recherché en France que certains vins étrangers qui ne le valent pas. Le raisin nommé *saint-antoine* fournit aussi, mais en petite quantité, un vin rouge que l'on compare à celui de Rota.

Les vignobles de BANYULS, de COSPERON et de COLLIOURE, déjà cités pour leurs excellents vins rouges, produisent encore des vins de liqueur dits de *Grenache*, du nom du plant qui les fournit ; ils sont rouges, mais leur couleur, moins foncée que celle des autres vins de ce pays, se dissipe à mesure qu'ils vieillissent : ils deviennent légers et fins ; leur goût, très-agréable, approche de celui des vins de Rota, et plus encore de celui des vins de l'île de Chypre. Il est probable que, si l'on faisait subir aux vins des meilleurs crus du Roussillon les préparations qui sont en usage dans les grands vignobles de l'Espagne, ils auraient beaucoup de ressemblance avec ceux que l'on tire de ce royaume.

RODÈS, à 11 kil. de Prades, fournit, mais en petite quantité, du vin de *Grenache*, qui est fort estimé lorsqu'il est vieux.

SALSES, à 14 kil. N. de Perpignan, fournit un vin blanc nommé *maccabeo*, du nom du raisin qui le produit, et qui a été apporté d'Espagne. Il est moins liquoreux que le muscat de Rivesaltes. On lui trouve quelque ressemblance avec le vin de *Tokay*.

SAINT-ANDRÉ et PRÉPOULLE-DE-SALSES, à 18 kil. de Ceret, font des vins blancs secs estimés dans le pays. Ceux d'ordinaire sont, en général, très-doux et d'un goût agréable ; cependant on exporte peu.

Le principal commerce des vins se fait à Perpignan, à Rivesaltes et à Collioure. Ils se vendent à la *charge*, qui contient

15 veltes 1/2 ou 118 litres. L'acquéreur est tenu de fournir les tonneaux nécessaires pour loger les vins rouges qu'il achète ; ceux en usage se nomment *demi-muids*, et contiennent de 58 à 62 veltes ou environ 4 charges. On emploie aussi des *tierceroles* de 28 à 32 veltes, et des *sixains* de 15 veltes ou une charge. Les *vins muscats* se vendent à la *tiercerole*, qui contient 30 veltes ou 228 litres : le prix du fût est compris dans celui convenu pour la liqueur.

Les vins de Banyuls, de Cosperon et de Collioure, destinés pour Paris, s'expédient généralement par mer et se chargent à Port-Vendre ; ceux de la plaine, qui sont achetés pour la même destination, sont transportés par terre soit à la plage Saint-Laurent, et de là, par mer, à Port-Vendre, ou par terre directement à ce dernier port, suivant la position du vignoble dont on les tire. Ils sont de là conduits au Havre ou à Rouen, pour être chargés sur la Seine. Lorsque le fret est à un prix très-élevé et en temps de guerre, les bâtiments rangent la côte jusqu'à Cette, où les vins sont chargés sur le canal du Midi, et arrivent à leur destination dans l'intérieur de la France par le Rhône, la Saône, le canal du Centre, la Loire, les canaux d'Orléans et de Loing et par la Seine. Les vins destinés pour Bordeaux s'expédient par terre à Narbonne, ou par mer à la Nouvelle, et sont chargés sur le canal du Midi pour Toulouse, et de là sur la Garonne pour Bordeaux. Du reste, le chemin de fer tend à s'emparer de plus en plus de ces transports.

CLASSIFICATION.

VINS ROUGES.

Ceux de Jurançon et de Gan, département des Basses-Pyrénées, occupent un rang distingué parmi les vins fins de 2ᵉ classe. Ceux de Banyuls, de Cosperon, de Port-Vendre et de Collioure, département des Pyrénées-Orientales, sont peut-être moins recherchés comme vins de table ; mais ils ont au moins autant de mérite, tant pour l'excellence de leur goût que pour leurs vertus toniques.

Monein, Aubertin, Conchez, Portet, Aydie, Aubons, Diusse, Jadousse, Cadillon, Usseau, Saint-Jean-Poudge, Ponts et Burosse, département des Basses-Pyrénées ; `Madiran, Castelnau-Rivière-Basse, Saint-Laune, Soublecause et Lascazères, département des Hautes-Pyrénées ; Espira-de-l'Agly, Rivesaltes, Salses, Baixas, Corneilla-de-la-Rivière, Pezilla et Villeneuve-de-la-Rivière, département des Pyrénées-Orientales, fournissent des vins de différentes espèces, qui méritent de figurer dans la 4ᵉ classe parmi ceux d'ordinaire de 1ʳᵉ qualité, les uns comme vins de table, et les autres comme susceptibles d'améliorer les vins ·faibles.

Lasseube, la Hourcade, Sault-de-Navailles, Cuqueron, Luc, Lagos, Navarrenx et Sauveterre, département des Basses-Pyrénées ; Bagnères et Argelès, département des Hautes-Pyrénées ; Bordes, Campagne, Treillet et Engraviés, département de l'Ariége ; Torremila, Terrats, Esparron, Vernet, etc., département des Pyrénées-Orientales, font des vins qui parcourent les différents degrés de la 5ᵉ classe.

VINS BLANCS.

Ceux de Jurançon, Gan, Larronin, Saint-Faust, Gelos, Roustignon et Mazères, département des Basses-Pyrénées, entrent comme vins fins dans la 2ᵉ classe ; les meilleurs de Conchez, Portet, Aydie, Aubons, Diusse, Jadousse, Cadillon, Usseau, Saint-Jean-Poudge, Ponts et Burosse, même département, n'entrent que dans les 3ᵉ et 4ᵉ classes ; Saint-André et Prépouille-de-Salses, département des Pyrénées-Orientales ; Bouilh, Pereuilh, Castelvieilh, Peyriguère, département des Hautes-Pyrénées, donnent aussi des vins de 4ᵉ classe ; les autres ne peuvent figurer que dans la 5ᵉ.

VINS DE LIQUEUR.

Rivesaltes, département des Pyrénées-Orientales, produit le premier vin de France dans ce genre ; les vins dits *de Grenache*, que l'on fait à Banyuls, à Cosperon, à Collioure et à Rodès, et celui dit *maccabeo*, à Salses dans le même département, ne figurent que parmi ceux de la 2ᵉ classe. Les autres vins doux ne sont comptés que parmi ceux de 4ᵉ classe.

CHAPITRE XXV.

Ile de Corse.

Cette île, située dans la mer Méditerranée, entre les 41° et 43° degrés de latitude nord, et les 26° et 27° degrés de longitude, forme un seul département, divisé en 5 arrondissements : *Ajaccio, Bastia, Calvi, Corte* et *Sartene.*

13,648 hectares de vigne produisent, récolte moyenne, environ 453,000 hectolitres de vins (rouge 221,000, blanc 232,000), et une assez grande quantité de raisins que l'on fait sécher. La consommation des habitants est évaluée à 160,000 hectolitres; une petite portion du surplus est convertie en eaux-de-vie, le reste est livré au commerce.

Les plants le plus généralement cultivés en raisin noir ressemblent à l'*aleatico* de Florence. On cultive aussi plusieurs autres variétés dont les noms italiens sont l'*angiola,* ou *pisana,* l'espèce dite *di Trebanio,* la *paradisa,* l'*ambrostina forte e dolce,* la *nera romana,* le *moscadello,* le *pinzutello,* la *malvasia,* etc.

Les vignes de ce pays sont remarquables autant par la qualité que par l'abondance de leurs fruits. Il y a très-peu de terrains où l'on ne puisse obtenir de fort bons vins, si on les fabriquait avec plus de soin, et si l'on ne mettait dans la cuve que les raisins qui ont acquis leur maturité; mais, comme les vignerons tiennent à leur routine, ils font, pour la plupart, des vins à la fois liquoreux et acerbes, qui se conservent difficilement plus de deux ans, et ne supportent pas le transport par mer à de grandes distances. Cependant on cite des vignobles dont les produits se distinguent par leur qualité, tels que ceux d'Ajaccio, de Sari, de Peri et de Vico, dans le premier arrondissement; de Bastia, de Pietra-Negra, du Cap-Corse, de Bassanese et de Maccaticcia, dans le second; de Calvi, d'Algajola, de Calenzana et de Montemaggiore, dans le troisième; des environs de Corte, dans le quatrième; et enfin ceux de Tallano, de Bonifacio et de Porto-Vecchio, dans l'arrondissement de Sartene. Les vins rouges et les vins blancs qu'ils fournissent ont de la délicatesse, du corps et un goût agréable; ils sont moins chargés de tartre et moins fumeux que nos vins de Languedoc.

On fait, dans quelques cantons, des vins de liqueur estimés, qui se consomment dans le pays : j'ai eu occasion d'en goûter provenant du *Cap-Corse*; ce vin avait une liqueur douce, du spiritueux, un goût et un parfum fort agréables.

Le principal commerce des vins pour l'exportation se fait au Cap-Corse, d'où ils s'expédient principalement pour Hambourg et pour les autres villes hanséatiques; ils se vendent au *barillo*, qui contient 150 litres.

CLASSIFICATION.

Quelques-uns des vins rouges et des vins blancs que l'on récolte dans les meilleurs crus entrent dans la 4ᵉ classe, comme vins d'ordinaire de 1ʳᵉ qualité; les autres parcourent les différents degrés de la 5ᵉ classe. Le vin de liqueur du Cap-Corse peut être rangé dans la 3ᵉ classe de ceux de cette espèce.

CHAPITRE XXVI.

Classification générale des vins de France.

Après avoir décrit le genre, l'espèce et la qualité des différents vins et assigné le rang que ceux de chaque province doivent occuper entre eux, j'ai pensé que le lecteur verrait avec plaisir réunis, dans un même article, les noms de tous les crus dont les produits, se rangeant dans la même classe, paraissent avoir un droit égal à ses suffrages, quoiqu'ils diffèrent par des nuances que leur rapprochement peut seul le mettre à portée d'apprécier. Ce travail est un résumé des classifications qui terminent les chapitres; il formera trois paragraphes : le premier comprendra les vins rouges moelleux, le second les vins blancs de même genre, et le troisième les vins de liqueur tant rouges que blancs. Quant aux vins secs, le sol de la France en produisant peu, je les classerai avec les vins moelleux, en indiquant le genre auquel ils appartiennent.

Je suivrai dans ce chapitre la marche que j'ai adoptée (1) de
la division des vins en cinq classes, dont les trois premières com-
prendront les vins fins et demi-fins, la quatrième les vins d'ordinaire de 1re qualité, et la cinquième ceux de 2e, de 3e et de
4e qualité, et les vins communs. Les différents crus seront nommés suivant l'ordre des chapitres ; et, à la fin de chaque classe,
j'indiquerai les vins qui se distinguent par leur supériorité, ou
qui sont le plus généralement recherchés.

§ I. VINS ROUGES.

Première classe.

Les vins qui composent cette classe se récoltent dans un petit
nombre de crus privilégiés, et dont la plupart ont une trop faible
étendue pour que leurs produits puissent suffire aux demandes
des amateurs : c'est pourquoi le prix en est toujours très-élevé,
surtout lorsqu'ils proviennent d'une année dont la température
a été favorable à la vigne. Trois provinces se partagent ces vignobles célèbres, la Bourgogne, le Bordelais et le Dauphiné. Les
vins qu'ils produisent réunissent dans de justes proportions toutes
les qualités qui constituent les vins parfaits de leur espèce, et
diffèrent entre eux par un caractère qui leur est particulier.
Les vins de Bourgogne se distinguent par la suavité de leur
goût, leur finesse et leur arome spiritueux; ceux du Bordelais
par un bouquet très-prononcé, beaucoup de séve, de la force
sans être fumeux, et une légère âpreté qui les caractérise; les
vins du Dauphiné ont quelque chose de la nature de ceux du
Bordelais, beaucoup de corps et une partie du moelleux des vins
de Bourgogne, ils sont aussi très-spiritueux.
Les premiers crus de la *Bourgogne* sont la Romanée-Conti,
le Chambertin, le Richebourg, le clos Vougeot, la Romanée-de-
Saint-Vivant, la Tâche, le clos Saint-Georges et le Corton, département de la Côte-d'Or. On cite après eux, comme fournissant
des vins supérieurs à ceux de la 2e classe, le clos de Prémeaux,
le Musigny, le clos du Tart, les Bonnes-Mares, le clos à la Roche,
les Véroilles, le clos Morjot, le clos Saint-Jean et la Perrière,
même département.
Le *Bordelais* fournit à cette classe, 1° les vins de ses quatre

(1) *Voy.* les Préliminaires pour l'explication de la classification.

premiers crus, qui sont le Château-Margaux, à Margaux ; le
Château-Laffitte, à Pauilhac ; le Château-Latour, à Saint-Lambert ; et le Château-Haut-Brion, à Pessac ; 2° les vins des seconds
crus, qui diffèrent très-peu des premiers, tels que ceux de Rauzan et de Lascombe, à Margaux ; de Léoville et de Larose-Balguerie, à Saint-Julien-de-Reignac ; de Gorce, là Cantenac ; de
Branne-Mouton, à Pauilhac ; et de M. Pichon-Longueville, à
Saint-Lambert, département de la Gironde.

Les vins de 1re qualité des crus nommés Méal, Gréfleux,
Beaume, Raucoule, Muret, Guoignière ; les Bessas, les Burges
et les Lauds, sur le territoire de l'Hermitage, département de la
Drôme, sont les plus estimés de tous ceux du *Dauphiné*.

Les vins des crus que je viens de nommer se partagent les
suffrages des amateurs ; ceux du Bordelais sont les plus recherchés en Angleterre et dans tous les pays où l'on ne peut transporter les vins de France que par mer, parce qu'ils supportent
bien le transport, qu'ils sont peu sujets à s'altérer et qu'ils se
conservent bien partout. Ceux de Bourgogne sont préférés dans
la partie septentrionale de la France et dans presque toute l'Allemagne. Les vins de l'Hermitage plaisent à tous les connaisseurs ; mais on n'en récolte pas en assez grande quantité pour
qu'ils puissent être généralement connus.

Vins rouges. — Deuxième classe.

La plupart des vins dont je vais parler diffèrent peu de ceux
de la 1re classe, et les remplacent ordinairement dans le commerce : on les récolte sur le territoire de huit provinces. J'ai
indiqué plus haut le caractère des vins de Bourgogne, du Bordelais et du Dauphiné : ceux de la Champagne ont beaucoup de
délicatesse, de soyeux et de finesse ; ils portent assez promptement à la tête, mais leur fumée se dissipe presque aussitôt, et
ils sont, en général, très-salubres. Les vins du Lyonnais diffèrent
de ceux du Dauphiné par un peu moins de corps, plus de légèreté et de vivacité ; ceux du comtat d'Avignon ont beaucoup
de feu, de finesse et d'agrément ; ceux du Béarn sont corsés,
spiritueux et moelleux. Les vins de Roussillon ont plus de couleur, de force et de spiritueux, mais moins de finesse et de
bouquet. Voici les crus qui produisent ces différents vins.

En *Champagne*, Verzy, Verzenay, Mailly, Saint-Basle, Rouzy,
et le clos de Saint-Thierry, département de la Marne.

En *Bourgogne* et en *Beaujolais,* Vosnes, Nuits, Prémeaux, Chambolle, Volnay, Pomard, Beaune, Morey, Savigny. Meursault et la ferme de Blagny, département de la Côte-d'Or. La côte des Olivotes, à Dannemoine ; les côtes de Pitoy, des Perrières et des Préaux, à Tonnerre ; les clos de la Chaînette et de Migrenne, à Auxerre, département de l'Yonne ; enfin le Moulin-à-Vent, les Torins et Chénas, dans le Beaujolais et le Mâconnais, départements de Saône-et-Loire et du Rhône.

Dans le *Dauphiné,* les vins de 2ᵉ qualité des crus de l'Hermitage, cités dans la 1ʳᵉ classe, département de la Drôme.

Dans le *Lyonnais,* la Côte-Rôtie, département du Rhône.

Dans le *Bordelais,* les troisièmes et le choix des quatrièmes crus de Cantenac, Margaux, Saint-Julien-de-Reignac, Saint-Laurent, Sainte-Gemme, Pauilhac et Saint-Estephe, département de la Gironde.

Le *comtat d'Avignon* ne présente dans cette classe que le clos de la Nerthe, à Châteauneuf-du-Pape.

Le *Béarn,* les vins de Jurançon et de Gan, département des Basses-Pyrénées.

Le *Roussillon,* Banyuls, Cosperon, Port-Vendre et Collioure, département des Pyrénées-Orientales.

Les vins de Champagne, de Bourgogne et de Bordeaux sont le plus généralement goûtés, tant pour leurs qualités aimables que parce que la quantité qu'on en récolte est plus considérable. Ceux du Dauphiné, du Lyonnais, du comtat d'Avignon et du Béarn approchent beaucoup des meilleurs de cette classe, mais ils sont moins connus ; et ceux de Roussillon, plus estimés encore pour leur *générosité* que pour l'agrément de leur goût, sont employés comme toniques plutôt que comme vins de table.

Vins rouges. — Troisième classe.

Les crus que les provinces ci-dessus nommées fournissent à la 3ᵉ classe donnent des vins qui ne diffèrent des précédents qu'en ce qu'ils sont moins parfaits. J'indiquerai dans cet article les qualités qui distinguent ceux des provinces que je n'ai pas encore citées.

La *Champagne* fournit ici les vins rouges de Hautvillers, Mareuil, Dizy, Pierry, Epernay, Taissy, Ludes, Chiguy, Rilly, Villers-Allerand et Cumières, département de la Marne ; avec les meilleurs des Riceys, de Balnot-sur-la-Laigne, d'Avirey et de Bagneux-la-Fosse, département de l'Aube.

La *Bourgogne* et le *Beaujolais*, Gevrey, Chassagne, Aloxe, Savigny-sous-Beaune, Santenay et Chenôve, département de la Côte-d'Or ; plusieurs crus de Tonnerre, de Dannemoine et d'E-pineuil; les vignes nommées Clairion et Boivin, à Auxerre, département de l'Yonne ; enfin Fleury, la Chapelle-de-Guinchay et Romanèche, dans le Mâconnais et le Beaujolais, département de Saône-et-Loire.

L'*Auvergne*, que les amateurs seront étonnés de voir citée ici, possède le petit coteau de Chanturgue, près Clermont-Ferrand, département du Puy-de-Dôme, dont les vins ont une partie du caractère et de la qualité de ceux du Bordelais qui entrent dans cette classe.

Le *Dauphiné*, Croses, Mercurol et Gervant, département de la Drôme.

Le *Lyonnais*, Vérinay, département du Rhône.

Le *Bordelais*, 1° les quatrièmes et les cinquièmes crus dépendants des communes de Margaux, Saint-Julien-de-Reignac, Cantenac, Pauilhac, Saint-Lambert, Sainte-Gemme et Saint-Estephe, dans le Médoc; enfin de Talence, de Mérignac et de Léognan, dans la contrée dite *des Graves*. 2° Les meilleurs crus de Ludon, Labarde, Macau, Cussac, Lamarque, Soussans, Arcins, Listrac, Moulix, Poujeaux, Avensan, Saint-Sauveur, Cissac, Verteuil, Saint-Laurent, Saint-Seurin-de-Cadourne, dans le Médoc, département de la Gironde.

Le *Périgord* fournit, dans les meilleurs crus de Bergerac, Creysse, Ginestet, Prigonrieux, la Force, Sainte-Foy-les-Vignes, Lembras et Monmarvès, département de la Dordogne, des vins secs, fins, légers et spiritueux.

Le *Languedoc*, Chusclan, Tavel, Saint-Geniés, Lirac, Lénedon, Saint-Laurent-des-Arbres et les vins dits de *Cante-Perdrix*, à Beaucaire, département du Gard ; Cornas et Saint-Joseph, département de l'Ardèche : les premiers comme vins fins et légers, ceux de Cornas comme vins corsés, et ceux de Saint-Joseph comme vins délicats ; tous sont très-spiritueux, mais ont peu de bouquet.

Le *comtat d'Avignon*, le clos de Saint-Patrice, avec les crus nommés Bocoup et Coteau-Pierreux, à Châteauneuf-du-Pape; Coteau-Brûlé, à Sorgues; et la terre de Saint-Sauveur, à Aubagne, département de Vaucluse, dont les vins ont du velouté et sont fort agréables.

La *Provence*, la Gaude, Saint-Laurent, Cagnes, Saint-Paul, Villeneuve et la Malgue, département du Var.

Béarn, les seconds crus de Jurançon et de Gan, département des Basses-Pyrénées.

Roussillon, les seconds crus de Banyuls, *Cosperon*, *Port-Vendre* et *Collioure*, département des Pyrénées-Orientales, comme fournissant des vins très-généreux et propres à donner du corps, de la force et un bon goût aux vins faibles.

Parmi les vignobles compris dans cette classe, ceux dont les produits ont la priorité se trouvent encore dans la Bourgogne, le Bordelais et la Champagne ; ceux du Dauphiné et du Lyonnais leur cèdent peu en qualité, mais on n'en fait pas une grande quantité. Les vins fins du Languedoc, qui, au bouquet près, ressemblent un peu à ceux de la haute Bourgogne, se vendent quelquefois sous leur nom ; on en récolte beaucoup, et leur prix peu élevé les fait rechercher. Ceux du comtat d'Avignon et de la Provence viennent en très-petite quantité à Paris. Ceux du Roussillon y viennent en grande quantité pour améliorer les vins faibles. Ceux du Béarn, du Périgord et de la Gascogne sont, pour la plupart, expédiés, les uns à Bordeaux, où ils se confondent dans le commerce avec ceux de ce pays, et les autres à l'étranger ou dans les départements voisins. Ceux du petit coteau de Chanturgue, en Auvergne, ne supportent pas le transport, et suffisent à peine aux amateurs du pays.

Vins rouges. — Quatrième classe.

La supériorité que le consommateur exige dans les vins qu'il offre à l'entremets et le prix qu'il met à leur acquisition sont proportionnés à la qualité de ceux dont il fait un usage journalier : d'où il résulte que les vins d'ordinaire de 1ʳᵉ qualité, qui composent cette classe, sont souvent accueillis comme vins fins par les personnes qui en boivent habituellement de bien inférieurs. Il en est plusieurs qui, bien soignés, acquièrent beaucoup d'agrément en vieillissant, et qui finissent par devenir comparables à quelques-uns de ceux de la 5ᵉ classe.

Les vignobles cités dans les précédentes classes ont des crus dont les vins moins parfaits ne peuvent être compris que dans celle-ci. Ils ont, en général, plus de fermeté et de grain, ce qui les rend susceptibles d'être mêlés avec une certaine quantité d'eau, et de conserver assez de goût pour former une boisson agréable.

En *Champagne*, Ville-Dommange, Ecueil, Chamery, et la terre de Saint-Thierry, département de la Marne; Aubigny et Montsaugeon, dans celui de la Haute-Marne.

En *Lorraine*, Bar-le-Duc, Bussy-la-Côte, Longeville, Savonnières, Ligny, Naives, Rosières, Behonne, Chardogne, Varnay et Creue, département de la Meuse; Scy, Jussy, Sainte-Ruffine et Dale, département de la Moselle, fournissent de fort bons vins.

En *Alsace*, Riquewihr, Ribeauvillé, Ammerschwihr, Kientzheim, Kaysersberg, le château d'Olwiller et Walbach, département du Haut-Rin.

En *Anjou*, Champigné-le-Sec, département de Maine-et-Loire.

En *Touraine*, les vins de Joué et ceux du clos de Saint-Nicolas-de-Bourgueil, département d'Indre-et-Loire.

L'*Orléanais* et le *Blaisois* ont les vins de quelques crus de Guignes, Saint-Jean-de-Bray, Saint-Jean-le-Blanc, Saint-Denis-en-Val, la Chapelle, Saint-Ay, Fourneaux, Meung, Baule, Baulette et Sandillon, département du Loiret; enfin de la côte des Grouets, département de Loir-et-Cher.

La *Bourgogne* et le *Beaujolais*, ceux de Mercurey, Givry, Dijon, Monthelie, Meursault, Fixin, Fixey, Brochon, Saint-Martin, Rully et Monbogre, dans le département de la Côte-d'Or et l'arrondissement de Châlons–sur-Saône; les vignes dites Judas, Pied-de-Rat, Rozoir et Quétard, etc., à Auxerre; plusieurs crus de Tonnerre, Dannemoine, Epineuil, Irancy, Coulange-la-Vineuse, Avallon, Vézelay, Givry, Joigny, Pontigny et quelques autres du département de l'Yonne, Lancié, Brouilly, Odenas, Saint-Lager, Julliénas, Cherouble, Morgon, Saint-Etienne-la-Varenne, Jullié, Emeringes et Davayé, dans le département de Saône-et-Loire et l'arrondissement de Villefranche, département du Rhône.

La *Franche-Comté*, les Arsures, Salins, Marnoz, Aiglepierre et Arbois, département du Jura.

La *Bresse* et le *Bugey*, Seyssel, département de l'Ain.

L'*Auvergne*, Châteldon et Ris, département du Puy-de-Dôme.

Le *Forez*, Lupé, Chuynes, Chavenay, Saint-Michel, Saint-Pierre-de-Bœuf et Boen, département de la Loire.

Le *Dauphiné*, Saillans, Vercheny, Die, Donzère, Roussas, Châteauneuf-du-Rhône, Allan, la Garde-Adhémar, Montségur et Montélimar, département de la Drôme; la Porte-du-Lyon, Reventin et Seyssuel, département de l'Isère.

Le *Lyonnais*, Sainte-Foy, les Barolles, Millery et la Galée, département du Rhône.

Le *Bordelais*, 1° les vins du Médoc, dits *ordinaires bourgeois*, avec le choix de ceux nommés *petits vins*; 2° ceux des premiers crus des palus des Queyries, Montferrand, et Bassens; des côtes de Saint-Emilion, de Canon, et de Fronsac; des communes de Blanquefort, le Pian et Arsac, dans le haut Médoc; de Saint-Germain, Valeyrac, Civrac, Saint-Bonnet, et Saint-Christoly, dans le bas Médoc, département de la Gironde.

Le *Périgord*, les cantons de la Linde, Beaumont, Cunèges, Domme, et Saint-Cyprien, département de la Dordogne.

La *Gascogne*, les meilleurs crus du Tursan, département des Landes.

Le *Quercy*, les premiers vignobles de l'arrondissement de Cahors, département du Lot.

Le *Languedoc*, Roquemaure, Saint-Gilles-les-Boucheries et Bagnols, département du Gard; Saint-Georges-d'Orques, Vérargues, Saint-Christol, Saint-Drézéry, Saint-Geniez et Castries, département de l'Hérault; Cunac, Caisaguel, Saint-Juéry, Saint-Amarens et Gaillac, département du Tarn; Deucates, Treilles, Portel, Narbonne, Nevian, Villedaigne, Mirepeisset, Argelliers, Saint-Nazaire et Ginestas, département de l'Aude.

Le *comtat d'Avignon*, Châteauneuf-de-Gadogne, et Sorgues, département de Vaucluse.

La *Provence*, Mées, département des Basses-Alpes; Bandols, le Castellet, Saint-Cyr et le Beausset, département du Var; Séon-Saint-Henri, Séon-Saint-André, Saint-Louis, Sainte-Marthe, Cuques, Château-Gombert, Saint-Gérôme et le quartier des Olives, département des Bouches-du-Rhône.

Le *Béarn* et la *Navarre*, Monein, Aubertin, Conchez, Portet, Aydie, Aubons, Diusse, Jadousse, Usseau, Saint-Jean-Poudge, Ponts et Burosse, département des Basses-Pyrénées.

Le *Bigorre*, Madiran, Castelnau-Rivière-Basse, Saint-Lanne, Soublecause et Lascazères, département des Hautes-Pyrénées.

Le *Roussillon*, Espira-de-l'Agly, Rivesaltes, Salses, Baixas, Corneilla-de-la-Rivière, Pezilla et Villeneuve-de-la-Rivière, département des Pyrénées-Orientales.

L'*île de Corse*, les premiers crus d'Ajaccio, Sari, Peri, Vico, Bastia, Pietra-Negra, Cap-Corse, Bassanese, Maocaticcia, Calvi,

Algajola, Calenzana, Montemaggiore, Corte, Talone, Bonifacio et Porto-Vecchio.

Les vins des trois départements dont se composent la Bourgogne et le Beaujolais sont les plus recherchés pour la consommation journalière, et parmi eux on préfère ceux du département de la Côte-d'Or et des environs de Châlons. Ceux du Bordelais ne le cèdent point aux précédents; ils sont moins généralement estimés en France pour l'usage habituel; mais le nombre de leurs partisans augmente chaque année; ils sont très-recherchés dans les pays étrangers, et gagnent beaucoup en voyageant par mer. Les vins de Champagne, quoique moins connus que ceux de Bourgogne, parce que la quantité qu'on en récolte n'est pas assez considérable, ne sont cependant pas inférieurs en mérite. Ceux de la Touraine, de l'Orléanais et du Blaisois sont assez estimés, quoiqu'ils n'acquièrent jamais autant de qualité en vieillissant. Les vins du Languedoc et du Roussillon, compris dans cette classe, ne sont ordinairement employés que pour donner du corps, de la couleur et du bon goût aux vins faibles des autres pays. Ceux de l'Auvergne et du Forez viennent assez souvent à Paris, où ils entrent dans les mélanges et y font un très-bon effet. La plupart de ceux du Périgord, de la Guienne proprement dite et du Quercy s'expédient pour Bordeaux, d'où on les envoie à l'étranger, soit naturels ou mêlés avec les vins ordinaires de ce pays. Ceux des autres provinces sont peu connus dans le reste de la France.

Vins rouges. — Cinquième classe.

Tous les vins inférieurs à ceux des crus que j'ai mentionnés dans les précédentes classes entrent dans celle-ci; mais ils sont en si grand nombre et de qualités si variées, que, pour mieux reconnaître ceux qui méritent quelque préférence, je crois devoir en former deux sections, dont la première comprendra les vins d'ordinaire de 2ᵉ et de 3ᵉ qualité, la seconde ceux de 4ᵉ qualité et les vins communs.

Première section.

Les vins d'ordinaire de 2° et de 3° qualité sont ceux que le plus grand nombre des consommateurs aisés emploient pour leur boisson journalière. Bien choisis et conservés avec soin, ils n'acquièrent ni la finesse ni le bouquet des précédents ; mais ils ont un goût agréable, et servent encore quelquefois de vins d'entremets chez les personnes qui en boivent de communs à leur ordinaire : la plupart portent bien l'eau.

La *Picardie* fournit ici les crus de Pargnan, Craonne, Craonelle, Jumigny, Vassogne, Bellevue, Cussy, Roucy et Laon, département de l'Aisne.

L'*Ile-de-France*, la côte des Célestins, à Mantes-sur-Seine, et le clos d'Athis, département de Seine-et-Oise ; la côte des Vallées, à Chartrettes, département de Seine-et-Marne.

La *Champagne*, Vertus, Avenay, Champillon, Damery, Monthelon, Mardeuil, Moussy, Vinay, Claveau, Mancy, Chamery, Pargny, Vanteuil, Reuil et Fleury-la-Rivière, département de la Marne ; Vaux, Rivière-les-Fosses et Prauthoy, département de la Haute-Marne ; Bouilly, Laines-aux-Bois, Javernant, Souligny, Bar-sur-Seine et Bar-sur-Aube, département de l'Aube.

La *Lorraine*, les vignobles d'Apremont, Loupmont, Woinville, Varnéville, Liouville, Vigneules, Saint-Julien, Champougny, Vaucouleurs, Vignot, Sampigny, Saint-Mihiel, Dompcevrin, Buxières, Buxerulles, Monsec et Hattonchâtel, département de la Meuse ; Thiaucourt, Pagny, Arnaville, Bayonville, Charrey, Essey, Villers-sous-Preny et Vandelainville, département de la Meurthe ; Charmes, Xaronval et Ubexy, département des Vosges.

Alsace, quelques crus du département du Haut-Rhin.

L'*Anjou* et le *Maine*, Dampierre, Varrains, Chacé, Saint-Cyr, Brezé, Saumur et Feuillé, département de Maine-et-Loire ; et le clos des Jasnières, département de la Sarthe.

La *Touraine*, Chisseaux, Civray, la Croix-de-Bléré, Bléré, Athée, Azay-sur-Cher, Chenonceaux, Dierre, Epeigné, Francueil, Véretz, Saint-Cyr-sur-Loire, Saint-Avertin et Ballan, département d'Indre-et-Loire.

L'*Orléanais*, Jargeau, Saint-Denis-de-Jargeau, Saint-Marc, Saint-Gy et Saint-Privé, département du Loiret.

Le *Blaisois*, Thésée, Monthou-sur-Cher, Bourré, Montrichard,

Chissey, Mareuil, Pouillé, Angé, Faverolles, Saint-Georges, Lusillé, Meusnes et Chambon, département de Loir-et-Cher.

La *Bourgogne* et le *Beaujolais*, Montagny, Chenove, Buxy,
Saint-Vallerin et Saules, dans l'arrondissement de Châlons-sur-
Saône; plusieurs crus du département de la Côte-d'Or, Cheney,
Vaulichères, Tronchoy, Molesme, Cravant, Jussy, Vermanton,
Joigny, Saint-Bris, Arcis-sur-Cure et Pourly, département de
l'Yonne; la Chassagne, Villié, Regnié, Lantigné, Quincié, Mar-
chand, Durette, les Etoux, Cercié, Saint-Jean-d'Ardières, Pizay,
Jasseron, Vadoux, Belleville, Montmelas-Saint-Sorlin, Charen-
tay, Charnay, Prissé, Vauxrenard, Saint-Amour, Chevagny,
Chanes, Laisnes et Saint-Verand, dans le département de Saône-
et-Loire et l'arrondissement de Villefranche, département du
Rhône.

La *Franche-Comté*, le clos du Château, à Ray, département
de la Haute-Saône, Voiteur, Menetru, Blandans, Vadans, Saint-
Lothain, Poligny, Geraise et Saint-Laurent, département du
Jura; Besançon, Byans, Mouthier, Lombard, Liesse et Lavans,
département du Doubs.

La *Bresse*, le *Bugey* et le *pays de Gex*, Seyssel, Champagne,
Machurat, Tallissieux, Culoz, Anglefort, Groslée, Saint-Benoît,
Virieux et Cerveyrieux, département de l'Ain.

Le *Poitou*, Champigny, Saint-George-les-Baillargeaux, Couture, Jaulnay et Dissay, département de la Vienne.

Le *Berry*, le *Nivernais* et le *Bourbonnais*, Chavignol et Sancerre, département du Cher, la Garenne-du-Sel, département
de l'Allier, et Pouilly, département de la Nièvre.

L'*Aunis*, l'*Angoumois* et la *Saintonge*, Saintes, Chepniers,
Foncouverte, Bussac, la Chapelle, Saint-Romain, Saujon, le
Gua, Saint-Julien-de-Lescap, Noulliers et Beauvais-sur-Matha,
département de la Charente-Inférieure; Saint-Saturnin, Asnières, Saint-Genis, Linars, Moulidars, et les meilleurs crus des
autres vignobles du département de la Charente.

Le *Limosin*, les côtes d'Allassac, Saillac, Donzenac, Varets et
Syneix, département de la Corrèze.

L'*Auvergne*, le *Velay* et le *Forez*, Mariol, le Lachau, Calville,
la Chaux, les Martres, Authezat, Mouton, Vic-le-Comte, Montpeyroux et Coudes, département du Puy-de-Dôme; Renaison,
département de la Loire.

Le *Lyonnais*, Irigny, Charly, Curis, Poleymieux et Couzon,
département du Rhône.

Le *Dauphiné*, Saint-Chef, Saint-Savin, Jallieu, Ruy, les Roches et Vienne, département de l'Isère; Saillans et les autres vignobles du département de la Drôme, que j'ai cités dans la 4ᵉ classe, doivent entrer dans celle-ci pour la plus grande partie de leurs produits.

Le *Bordelais*, la plupart des petits vins du Médoc, ceux de Lussac, de Puisseguin, de Parsac, du canton de Coutras et de plusieurs autres communes des environs de Libourne ; d'Ambès et des autres vignobles des palus de la Garonne, près de Bordeaux ; des côtes qui s'étendent depuis Ambarès jusqu'à Sainte-Croix-du-Mont, et des environs de Bourg-sur-Mer, département de la Gironde.

Le *Périgord*, Chancelade et plusieurs des communes du département de la Dordogne citées dans la 4ᵉ classe.

La *Gascogne*, le Tursan, la côte de Lénye et la haute Chalosse, département des Landes ; Verlus et Mazères, département du Gers.

L'*Agenois*, Thézac, Péricard et Monflanquin, département de Lot-et-Garonne.

Le *Quercy*, les vins rouges de 2ᵉ qualité du département du Lot, et quelques-uns de ses vins rosés.

Le *Languedoc*, Mauve, Limony, Sara, Vion, Aubenas et l'Argentière, département de l'Ardèche ; Lacostière, Jonquières et Pujaut, département du Gard ; Fau, Aussac, Auvillar, Saint-Loup, Campsas, la Villedieu et Monbartier, département de Tarn-et-Garonne ; Milhars, Larro ue, la Grave, Tecou et Rabastens, département du Tarn ; Garrigues, Pérols, Villeveyrac, Bouzigues, Frontignan et Poussan, département de l'Hérault ; Villaudric et Fronton, département de la Haute-Garonne ; Fitou, Leucate, Treilles, Portel et Farbonne, département de l'Aude.

Le *comtat d'Avignon*, Morières, Avignon et Orange, département de Vaucluse.

La *Provence*, Lacadière, Saint-Nazaire, Ollioules, Pierrefeu et Cuers, département du Var.

Le *Béarn* et la *Navarre*, Lasseube, la Hourcade, Soult-de-Navailles, Cuqueron, Luc, Lagor, Navarrenx et Sauveterre, département des Basses-Pyrénées.

Bigorre, les vins de 2ᵉ qualité des crus cités dans la 4ᵉ classe, département des Hautes-Pyrénées.

Le *Roussillon*, Torremila, Terrats, Esparron, Vernet et plusieurs autres vignobles du département des Pyrénées-Orientales.

L'*île de Corse* a des crus dont les vins entrent dans cette classe.

Deuxième section.

Tous les crus qui fournissent des vins inférieurs à ceux d'ordinaire de 3ᵉ qualité doivent trouver place dans cette section : les meilleurs sont ceux que je qualifie de vins d'ordinaire de 4ᵉ qualité; les autres sont les vins communs, dont le nombre et la variété fourniraient encore la matière de plusieurs sous-divisions. J'indiquerai sommairement, dans chaque article, la qualité de ceux qui en feront partie.

Picardie. Crépy, Bièvre, Orgeval, Montchâlons, Vourcienne, Ployard, Arancy, Château-Thierry, Tréloup, Vailly et Soupir, département de l'Aisne, font des vins d'ordinaire de 4ᵉ qualité; les autres crus ne donnent que des vins communs.

Normandie. Château-d'Illiers, Nonancourt, Bueil, Menilles et Port-Mort, département de l'Eure, n'en fournissent que de qualité inférieure.

Ile-de-France, Brie et une partie du *Gatinais.* Mons, Andresy, Mantes-sur-Seine, Septeuil et Boissy-sans-Avoir, département de Seine-et-Oise, produisent d'assez bons vins d'ordinaire; Clermont, Beauvais, Compiègne et Senlis, département de l'Oise; Deuil, Montmorency, Argenteuil et Sannois, département de Seine-et-Oise; la Grande-Paroisse, Fontainebleau, Saint-Girex, Orly, Courpalais, Meaux et Lagny, département de Seine-et-Marne, ne donnent que des vins communs, dont ceux de Meaux, de Lagny et des environs de Paris sont les plus mauvais.

Champagne. Les vignobles de Châtillon, Romery, Vincelles, Cormoyeux, Villers, OEuilly, Vandières, Verneuil, Troissy, des environs de Sezanne, de Châlons et de Vitry-sur-Marne, département de la Marne; tous ceux du département des Ardennes; Saint-Dizier, département de la Haute-Marne; Gyé, Neuville, Landreville et Villenoxe, département de l'Aube, donnent quelques vins d'ordinaire et beaucoup de vins communs.

Lorraine. Les environs de Sarreguemines, département de la Moselle; Belleville, les Rochelles, les Allouveaux, Rambucourt, Loisey, Ancerville, etc., département de la Meuse; Toul, Bruley, Domgermain, Pannes, Euvezin, Jaulny, Rambercourt, Ecrouves, Lucey, Boudonville, Côte-Rôtie, Pixérécourt, Roville, Neuviller, Vic, Tincry et Acham, département de la Meurthe, et les environs de Neufchâteau; Epinal et Saint-Dié, département des Vosges, font des vins qui parcourent les différents degrés de cette section, et dont la plupart ne supportent pas le transport.

Alsace. La plupart des vins rouges sont communs et de qualité inférieure.

Bretagne. On fait très-peu de vins rouges dans cette province, et ils sont tous mauvais.

Anjou et *Maine.* Bazouges, Brouassin, Arthezé, la Chapelle-d'Aligné, Saint-Verand, Cromières, la Flèche et Gazonfière, département de la Sarthe, donnent quelques vins d'ordinaire. Les autres vignobles de ces provinces ne fournissent que des vins communs.

Touraine. Chinon, Luynes, Fondettes, Langeais, Saint-Marc, Amboise, Pocé, Saint-Ouen, Saint-Denis, Chargey, Limerai, Mosnes, Souvigny et Chargé, département d'Indre-et-Loire, fournissent quelques vins d'ordinaire; les autres crus ne produisent que des vins communs.

Orléanais. Bou, Mardié, Olivet, Saint-Mesmin, Saint-Marceau, Saint-André, Cléry, Saint-Paterne, Saran, Gedy, Ingré, Fleury et Senoy, département du Loiret, produisent des vins d'ordinaire et des vins communs de diverses qualité.

Gatinais. Les arrondissements de Montargis et de Pithiviers, département du Loiret, donnent, en petite quantité, des vins d'ordinaire et beaucoup de vins communs.

Blaisois. Onzain, Mer et Chaumont, donnent des vins d'ordinaire. Les environs de Romorantin et de Vendôme, département de Loir-et-Cher, ne produisent que des vins communs.

Bourgogne et *Beaujolais.* Jambles, Saint-Jean-de-Vaux, Saint-Marc et plusieurs autres vignobles de l'arrondissement de Châlons-sur-Saône, et de ceux de Semur et de Châtillon, département de la Côte-d'Or; Pontigny, Vezinnes, Junay, Saint-Martin, Commissey, Neuvy-Sautour, Villeneuve-sur-Yonne, Saint-Julien-du-Sault, Paron, Veron et beaucoup d'autres crus du département de l'Yonne; Loché, Vinzelles, Hurigny, Sancé, Sennecé, Saint-Jean-le-Priche, Saint-Gengoux-le-Royal, Blacé, Saint-Julien, Sâle, Denicé, Lacénas, Bussières, Domange, Saint-Sorlin, Azé, Pierreclos, Verzé, Igé, Saint-Gengoux-de-Scissé, Clessé, Viré, Laizé, Peronne, Cogny, Liergues, Tournus, Lacrot, Grattay, Boyer, Plottes, Ozenay, le Villars, Lugny, Cruzilles, etc., dans le département de Saône-et Loire et l'arrondissement de Villefranche, département du Rhône, fournissent en abondance des vins d'ordinaire assez bons, et beaucoup de vins communs de diverses qualités.

Franche-Comté. Ray, Chariez, Navenne, Quincey, Gy et Champlitte-le-Château, département de la Haute-Saône; Jallerange, Pouilley-les-Vignes, Beurre, Châtillon-le-Duc, Chouzelot et Poinvillers, département du Doubs, et quelques crus du département du Jura, font des vins d'ordinaire et des vins communs.

Bresse, Bugey et *pays de Gex.* Saint-Rambert, Torcieux, Ambérieux, Vaux, Lagnieux, Saint-Sorlin, Villebois, l'Huis, Montmerle, Thoissey, Montagnieux, etc., département de l'Ain, donnent des vins d'ordinaire et des vins communs assez bons.

Poitou et *Saintonge.* Chauvigny, Saint-Martin-la-Rivière, Villemort, Saint-Romain et Vaux, département de la Vienne; Mont-en-Saint-Martin-de-Sanzay, Bouillé-Loret, la Rochenard, la Foy-Monjault et Airvault, département des Deux-Sèvres; Luçon, Faymoreau, Loge-Fougereuse et Talmont, département de la Vendée, font quelques vins d'ordinaire et des vins communs de qualité inférieure.

Berry, Nivernais et *Bourbonnais.* Vasselay, Fussy et Saint-Amand, département du Cher; Valançay, Vic-la-Moustière, Venil, Latour-du-Breuil, Concremiers et Saint-Hilaire, département de l'Indre, donnent des vins d'ordinaire et des vins communs assez bons.

Aunis, Angoumois et une partie de la *Saintonge.* Saint-Jean-d'Angély, Marennes, Saint-Just, la Rochelle, l'île d'Oléron et l'île de Ré, département de la Charente-Inférieure; Fouquebrune, Gardes, Blanzac, Vars, Montignac, Saint-Sernin, Vouthon, Marthon, Mornac, la Couronne-la-Palud, Roulet, Nersac, Chassors, Julienne, et les vignobles des arrondissements de Confolens et de Barbezieux, département de la Charente, produisent d'assez bons vins d'ordinaire et beaucoup de vins communs de qualité inférieure.

Limousin. Meissac, Saint-Bazile, Queyssac, Nonards, Puy-d'Arnac, Beaulieu, Argentat, département de la Corrèze, et tous les vignobles du département de la Haute-Vienne, donnent plus de vins communs que de vins d'ordinaire.

Auvergne, Velay et *Forez.* Une grande partie des crus cités dans la première section de cette classe, avec Nechers, Issoire, Cournon, Landes, Orcet, Lezandre, Mézel, Dallet, Pont-du-Château, Beaumont, Aubière, etc., département du Puy-de-Dôme; Saint-André-d'Apchon, Saint-Haon-le-Châtel et Charlieu, département de la Loire, font une grande quantité de vins communs de diverses qualités.

Dauphiné et *Lyonnais*. Lambin, Crolles, la Terrasse, Grignon, Saint-Maximin, Murinais, Bessins, Pont-en-Royans et Saint-André, département de l'Isère; Étoile, Livron et Saint-Paul, département de la Drôme, et tous les crus du département des Hautes-Alpes; les vignobles que j'ai nommés dans la première section de cette classe donnent aussi des vins qui ne doivent entrer que dans celle-ci.

Le *Bordelais*. Plusieurs des petits vins du Médoc, un plus grand nombre de ceux des palus de la Dordogne, du canton de Guitre-sur-l'Isle, du canton de Bourg; les vins inférieurs des palus de la Garonne, voisins de Bordeaux, du canton de Carbon-Blanc, des petites côtes qui bordent la rive droite de la Garonne; du pays dit l'Entre-deux-Mers, de Saint-Macaire et de Blaye, département de la Gironde, fournissent des vins d'ordinaire assez bons, et une prodigieuse quantité de vins communs de différentes qualités.

Le *Périgord*, Brantôme, Bourdeilles, Saint-Pantaly, Saint-Orse, Varreins et plusieurs autres vignobles du département de la Dordogne.

La *Gascogne*, la plupart des vignobles du département des Landes, Viella, Gouts, Lussan, Ville-Comtal, Miélan, Beaumarchais, Plaisance, Vic-Fezenzac, Valence et Miradoux, département du Gers.

Agenois. Buzet, Cassel-Moron, Sommenzac, la Chapelle, Notre-Dame-de-Pech, Marsac, etc., département de Lot-et-Garonne.

Quercy, les vins rosés qu'on fait dans plusieurs cantons du département du Lot.

Rouergue. Lancedac, Agnac, Marcillac, Gradels, Cruou et beaucoup d'autres crus du département de l'Aveyron, fournissent quelques vins d'ordinaire et des vins communs qui sont presque tous de médiocre qualité.

Languedoc. Les crus du département de l'Ardèche compris dans la 1re section de cette classe : Marvejols, Florac et Villefort, département de la Lozère; Laudun, Langlade, Vauvert, Milhaud, Calvisson, Aigues-Vives et Alais, département du Gard; la plupart des crus du département de Tarn-et-Garonne; les environs de Gaillac et d'Albi, département du Tarn; Loupian, Mèze, Agde, Pézenas, Béziers, Lodève et Montpellier, département de l'Hérault; Montesquieu-Volvestre, Capens, Buzet et Cugnaux, département de la Haute-Garonne; Lagrasse et Alet, département de l'Aude, produisent des vins d'ordinaire et des vins communs.

Le *comtat d'Avignon*, département de Vaucluse, a beaucoup de crus qui ne donnent que des vins communs.

Provence. Pierrefeu, Cuers, Sollfés-Farlede, Hyères, Lorgues, Saint-Tropez, Brignoles, etc., département du Var ; Aubagne, Gemenos, Auriol, Cuges, et beaucoup d'autres vignobles du département des Bouches-du-Rhône, ainsi que presque tous ceux du département des Basses-Alpes.

Béarn et *Navarre ;* les crus du département des Basses-Pyrénées cités dans la première section de cette classe.

Bigorre. Bagnères, Argelès, etc., département des Hautes-Pyrénées.

Conserans et *comté de Foix*. Les Bordes, Campagne, Teillet et Engraviés, département de l'Ariége.

Rouss.llon. Prades et ses environs, département des Pyrénées-Orientales.

Ile de Corse ; la plupart des vins rouges ne peuvent entrer que dans cette section.

Les meilleurs vins de cette classe, comme de toutes les autres, sont ceux de la Bourgogne, du Beaujolais, du Bordelais et de la Champagne ; viennent ensuite ceux de la Franche-Comté, du Lyonnais, du Dauphiné, du Languedoc, du Périgord, de la Guienne proprement dite, de l'Agenois, de l'Armagnac et de quelques autres provinces méridionales, qui s'expédient plutôt pour l'étranger que pour l'intérieur de la France : ceux de l'Orléanais, du Blaisois, de la Touraine, du Berry, du Bourbonnais, de l'Auvergne et de la Bresse, qui viennent en plus ou moins grande quantité à Paris. Les vins du Poitou, de la Saintonge, de l'Aunis et de l'Angoumois, etc., sont, pour la plupart, convertis en eaux-de-vie ou consommés dans les pays qui les produisent.

§ II. VINS BLANCS.

Première classe.

Cinq provinces de France fournissent des vins blancs de qualité supérieure, savoir :

La *Champagne*, Les vins *secs* dits de Sillery, que l'on récolte à Ludes, Mailly, Verzenay et Verzy ; les vins moelleux d'Ay, de Mareuil, de Dizy, d'Hautvillers, de Pierry, et des vignes dites *le Clozet*, à Epernay, département de la Marne; ils se distinguent par leur légèreté, leur délicatesse et leur agrément.

La *Bourgogne*. Les célèbres vins du Mont-Rachet, département de la Côte-d'Or, réunissent le corps et le spiritueux à beaucoup de finesse et de bouquet.

Le *Bordelais* offre les vins *moelleux*, pleins de séve et de parfum, des premiers crus de Barsac, Preignac, Sauternes et Bommes, avec les vins *secs* de Villenave-d'Ornon, département de la Gironde.

Le *Forez*. Les excellents vins de Château-Grillet, département de la Loire.

Le *Dauphiné*. Ceux de l'Hermitage qui brillent par beaucoup de corps, de spiritueux et de parfum.

Les vins de Champagne sont les plus généralement connus et goûtés, tant en France que dans les pays étrangers; cependant ceux de la Bourgogne et du Bordelais sont préférés par quelques gourmets et mis au même niveau par le plus grand nombre : la petite quantité des vins de l'Hermitage et de ceux de Château-Grillet fait qu'ils ne se rencontrent que dans les caves les mieux approvisionnées.

Vins blancs. — Deuxième classe.

La *Champagne* fournit ici les crus de Cramant, le Ménil, Avize, Epernay et Saint-Martin-d'Ablois, département de la Marne.

L'*Alsace*, les vins *secs* de Guebwiller, Turckeim, Riquewihr, Ribeauvillé, Thann, Bergholtzell, Ruffach, Pfaffenheim, Enguisheim, Ingersheim, Mittelweyer, Hunneveyr, Katzenthal, Ammerschwihr, Kayersberg, Kientzheim, Sigolsheim et Babelheim, département du Haut-Rhin, Molsheim et Wolxheim, département du Bas-Rhin, qui produisent des vins *secs* fort estimés.

La *Bourgogne*, les vignes dites la *Perrière*, la *Combotte*, la *Goutte-d'Or*, la *Genevrière* et les *Charmes*, à Meursault, département de la Côte-d'Or.

La *Franche-Comté*, Château-Chalon, Arbois et Pupillin, département du Jura, tant pour leurs vins mousseux que pour les non mousseux.

Le *Lyonnais* fournit ici les vins de Condrieu, département du Rhône.

Le *Bordelais*, les deuxièmes et les troisièmes crus de Barsac,

Preignac, Sauternes, Bommes, Villenave-d'Ornon et Blanquefort, avec les premiers crus de Langon, Toulene, Saint-Pey-Langon, Fargues, Pujols, Sainte-Croix-du-Mont, Loupiac, Léognan et Martillac, département de la Gironde.

L'*Agenois*, Clairac et Buzet, département de Lot-et-Garonne.

Le *Languedoc*, Saint-Peray et Saint-Jean, département de l'Ardèche, tant comme vins mousseux que comme non mousseux.

Le *Béarn*, Jurançon, Gan, Larronin, Saint-Faust, Gelos, Roustignon et Mazères, département des Basses-Pyrénées.

Les vins de la Champagne, du Bordelais et de la Bourgogne sont généralement préférés à tous les autres de cette classe ; ceux de la Franche-Comté et du Languedoc soutiendraient la comparaison avec les vins de Champagne, s'ils étaient clarifiés et mis en bouteilles avec plus de soin. Les vins d'Alsace sont peu recherchés en France ; ceux du Lyonnais, du Périgord, de l'Agenois et du Béarn sont estimés partout ; mais il en vient peu à Paris, surtout à cause de la cherté des transports.

Vins blancs. — Troisième classe.

La *Champagne*, les vins de 3° qualité des crus déjà cités, avec ceux d'Oger et de Grauve, département de la Marne.

L'*Alsace*, les vins *secs* de 2° qualité des vignobles indiqués dans la 2° classe.

L'*Anjou* et le *Maine*, les crus des coteaux de Saumur, nommés les *Rôtissants*, la *Perrière*, les clos *Morin* et des *Pailleux*. Les vins mousseux de 1" qualité entrent aussi dans cette classe.

La *Bourgogne* et le *Beaujolais* fournissent beaucoup de vins à cette classe, savoir : la ferme de Blagny, la vigne dite le *Rougeot*, à Meursault, et toutes celles de ce vignoble qui produisent les vins dits *de première cuvée*, département de la Côte-d'Or ; les côtes de Vaumorillon, à Junay ; le cru des Grisées, à Epineuil : les côtes des Préaux et de Pitoy, à Tonnerre ; des Olivotes, à Dannemoine ; les vignes dites le *Clos*, *Valmure*, *Grenouille*, *Vaudésir*, *Bouguereau* et *Mont-de-Milieu*, à Chablis, et les meilleurs vins mousseux du Tonnerrois, département de l'Yonne ; enfin Pouilly et Fuissé, département de Saône-et-Loire.

La *Franche-Comté*, l'Étoile et Quintigny, département du Jura.

Le *Bordelais*, Virelade, Arbanats, Budos, Pujols, Illats, Langoiran, Cadillac et Monprinblanc, avec les quatrièmes crus de la contrée dite des *Graves*. département de la Gironde.

Le *Périgord*, Bergerac, Sainte-Foy-les-Vignes, Ginestet, la Force, et Prigonrieux, département de la Dordogne.

Le *Forez*, Saint-Michel-sous-Condrieu, la Chapelle et Chuynes, département de la Loire.

Le *Béarn*, les premiers crus de Conchez, Portet, Aydie, Aubons, Diusse, Jadousse, Cadillon, Usseau, Saint-Jean-Poudge, Pons et Burosse, département des Basses-Pyrénées.

Parmi les vignobles que je viens de citer, ceux de la Bourgogne fournissent à de grandes exportations dans plusieurs parties de la France, et même à l'étranger. Les vins qu'ils produisent, bien choisis et d'une année dont la température a été favorable à la vigne, empruntent souvent le nom des crus du même pays qui occupent les deux premières classes. Les vins du Bordelais font aussi partie des expéditions pour le nord de l'Europe, les autres sont moins connus hors des provinces dans lesquelles ils sont récoltés.

Vins blancs. — *Quatrième classe.*

La *Champagne*. Une bonne partie des crus cités dans la précédente classe, département de la Marne, et ceux des Riceys, département de l'Aube.

L'*Alsace*, les vins *secs* de Mutzig, de Neuwiller, d'Ernolsheim, d'Imbsheim et de Saverne, département du Bas-Rhin; de Rixheim et d'Habsheim, département du Haut-Rhin.

L'*Anjou* et le *Maine*, les vins des coteaux de Saumur, Parnay, Dampierre, Souzay, Turquant, Martigné-Briant, Foy, Bablay, Beaulieu, Saint-Luygne, Savennières, Saint-Aubin-de-Luigné et Rochefort, département de Maine-et-Loire.

La *Touraine*, Vouvray, département d'Indre-et-Loire.

La *Bourgogne*, la cuvée dite de la *Barre*, à Meursault, et toutes celles de ce vignoble qui fournissent les vins blancs dits *de seconde cuvée*, département de la Côte-d'Or; la côte Delchet, à Milly; la Fourchaume, à Maligny; une partie des côtes de Troène, à Poinchy; de Vaucompin, à Chiché; de Blanchot, à Fley et de celle de Fontenay; les coteaux nommés les Charloups, les Voutois, la Maison-Rouge et les Beauvais, à Tonnerre; les Bridennes, à Epinal; les vignes dites le Chapelot, Vauvillien, la Preusse, Vaulovent, Lépinote, Montmain, Vossegros, les bas du Clos et plusieurs autres, à Chablis; celles de la Poire, de

Blamoy, de la Voie-Blanche et des Chaussants, à Saint-Bris et à Champ; enfin de la Gravière, à Viviers, département de l'Yonne; Chaintré, Solutré et Davayé, département de Saône-et-Loire.

La *Franche-Comté*, Montigny, département du Jura, et Millery, département du Doubs.

Le *Berry* et le *Nivernais*, Chavignol et Saint-Satur, département du Cher; Pouilly, département de la Nièvre.

L'*Auvergne*, Corent, département du Puy-de-Dôme.

Le *Dauphiné*, les vins de Mercurol et ceux nommés *clarette*, à Die, département de la Drôme; les meilleurs vins blancs de Vienne et de la côte Saint-André, département de l'Isère; enfin la clarette de la Saulce, département des Hautes-Alpes.

Le *Bordelais*, les bonnes côtes de Cadillac, celles situées entre Bassens et Baurech, département de la Gironde.

L'*Agenois*, Marmande et Sommensac, département de Lot-et-Garonne.

La *Gascogne*, les meilleurs crus du Tursan, de la côte de Lénye et de la haute Chalosse, département des Landes.

Le *Périgord*, les vins de 2e qualité des vignobles cités dans la 5e classe du département de la Dordogne.

Le *Languedoc*, Guilhérand, département de l'Ardèche; Limoue et Magrie, département de l'Aude; Laudun et Calvisson, département du Gard; et Gaillac, département du Tarn.

La *Provence* fournit ici les vins de Cassis, département des Bouches-du-Rhône.

Le *Béarn*, les seconds crus de Conchez, de Portet, Aydie et des autres vignobles du département des Hautes-Pyrénées, cités dans la 5e classe.

Le *Roussillon*, Saint-André et Prépouille de Salses, département des Pyrénées-Orientales.

Le *Bigorre*, Bouilh, Pereuilh, Castelvieilh et Peyriguère, département des Hautes-Pyrénées.

L'*île de Corse*. On y fait quelques vins blancs qui peuvent être rangés dans cette classe.

Ce sont les crus de la Bourgogne qui fournissent à une grande partie de la France, et surtout à Paris, les bons vins blancs d'ordinaire; quoique d'une qualité inférieure à ceux des classes qui précèdent, on les préfère souvent pour la consommation journalière, parce qu'ils sont moins fumeux. Ce que l'Anjou et la Touraine produisent de meilleur est envoyé en Hollande et dans les Pays-Bas. Les vins des autres provinces comprises dans cet article fournissent à quelques exportations, mais la plupart s'éloignent peu des pays où on les récolte.

Vins blancs. — Cinquième classe.

Le grand nombre de crus qui entrent dans cette classe et la variété de leurs produits me forcent, comme je l'ai déjà fait dans le paragraphe précédent, à la partager en deux sections, dont la première comprendra les vins d'ordinaire de 2ᵉ et de 3ᵉ qualité, et la dernière ceux de 4ᵉ qualité, avec les vins communs.

Première section.

Champagne. Chouilly, Monthelon, Grauve, Mancy, Molins, Vinay, Montgrimault, Beaumont et Villers-aux-Nœuds, département de la Marne.

Lorraine, Bruley et Salival, département de la Meurthe, et Creue, département de la Meuse.

Alsace, les vignobles de l'arrondissement de Wissembourg et de celui de Schelestadt, département du Bas-Rhin.

Bretagne, Varades, Montrelais, Valet, la Chapelle-Hullin, la Haye, le Loroux, le Palet, Maisdon, Saint-Fiacre, Saint-Gereon, Saint-Herblon et Raillé, département de la Loire-Inférieure.

Anjou et *Maine,* le clos des Jasnières, département de la Sarthe; Chaintré, Varrains, Chassé, Saint-Cyr-en-Bourg, Brezé, Courchamps, le Mihervé et Soumousset, département de Maine-et-Loire.

Touraine, Rochecorbon, Vernon, Montlouis et Saint-Georges, département d'Indre-et-Loire.

Blaisois, la contrée nommée Sologne, Muides, Saint-Dié, Meusne, Vimeuil, Saint-Claude, Moret et Montelivaut, département de Loir-et-Cher.

Bourgogne, les troisièmes cuvées de Meursault, département de la Côte-d'Or; Montagny, Chenove, Buxy, Saint-Vallerin, Saules, Bouzeron et Givry, dans l'arroudissement de Châlons-sur-Saône, Viviers, Béru et Fley, département de l'Yonne; Vergisson, Vinzelles, Loché et Charnay, département de Saône-et-Loire.

Franche-Comté, Poligny et Lons-le-Saunier, département du Jura.

Bresse, Bugey et *pays de Gex*, Seyssel, département de l'Ain.

Nivernais, Pouilly-sur-Loire, département de la Nièvre.

Aunis, Saintonge et Angoumois, Chérac et Surgères, département de la Charente-Inférieure, et la Champagne, département de la Charente.

Limosin, Argentat, département de la Corrèze.

Dauphiné et Lyonnais, Chanos-Curson, département de la Drôme, et les crus inférieurs des autres vignobles.

Bordelais, les meilleurs vins du pays dit *d'Entre-deux-Mers*, de Lussac, de Sainte-Foi-la-Grande et de Castillon, département de la Gironde.

Périgord, plusieurs crus du département de la Dordogne.

Gascogne, Montfort, Nousse, Lahosse, Baigts, Caupenne et Gibret, département des Landes.

Provence, Marseille, Gemenos, Aubagne, Allauch, la Treille, Saint-Julien, la Valentine, Saint-Marcel et le plant-de-Cugnes, département des Bouches-du-Rhône.

Béarn, Bigorre et *Roussillon*, les crus inférieurs des différents vignobles cités dans les précédentes classes.

Deuxième section.

Picardie et *Ile-de-France*, Pargnan, Cussy, Château-Thierry, Charly, Essonne et Azay, département de l'Aisne; Mouchy-Saint-Eloy, département de l'Oise; Migneaux, Auteuil et Andresy, département de Seine-et-Oise; la côte des Vallées, à Chartrettes, département de Seine-et-Marne.

Champagne, les environs d'Ancerville, de Vitry-sur-Marne et de Sezanne, département de la Marne; Bar-sur-Aube et Rigny-le-Ferron, département de l'Aube.

Lorraine, quelques crus du département de la Moselle et des autres départements qui forment cette province.

Alsace, les vins de Treille, des environs de Strasbourg, département du Bas-Rhin, et les vignes moins bien exposées du département du Haut-Rhin.

Bretagne, la plus forte partie du produit des vignobles du département de la Loire-Inférieure, cités dans la première section de cette classe.

Anjou, Trélazé, Saint-Barthélemy, Brain-sur-l'Authion, Distré, Antoigné, le Bas-Nueil, Brion et tous les crus des arrondissements de Segré et de Baugé, département de Maine-et-Loire; la Flotte, la Châtre, Sainte-Cécile, Marcon, Château-du-Loir, Montreuil, Saint-Benoist, Saint-Georges et Champagne, département de la Sarthe.

Touraine, Nazelle, Noizay, Lussault, Saint-Martin-le-Beau, Rougny, Chancay et Langeais, département d'Indre-et-Loire.

Orléanais, Marigny, Rebréchien, Saint-Mesmin, Loury et quelques autres crus du département du Loiret.

Blaisois, Mer-la-Ville, Troo, Artuis et Montoire, département de Loir-et-Cher.

Bourgogne, Givry et quelques autres crus de l'arrondissement de Châlons-sur-Saône, Reffey, Sériguy, Tissey, Vezannes, Bernouil, Dié, Tanlay, Milly, Maligny, Poinchy, Villy, Chichée, Ligny-le-Châtel, Poilly, Chemilly, Courgy et plusieurs autres du département de l'Yonne; les Certaux, Saint-Verand, Pierreclos, Bussières, Saint-Martin et quelques autres du département de Saône-et-Loire.

Franche-Comté, plusieurs crus des départements de la Haute-Saône, du Doubs et du Jura.

Bresse, *Bugey* et *pays de Gex*, Pont-de-Veyle et Bourg, département de l'Ain.

Poitou, Loudun, Trois-Moutiers et Châtellerault, département de la Vienne.

Berry et *Nivernais*, Saint-Amand et Bourges, département du Cher; plusieurs crus du département de la Nièvre; Saint-Pourçain, la Chaise et les Creuziers, département de l'Allier; Chabris et Reuilly, département de l'Indre.

Aunis, *Saintonge* et *Angoumois*, Saint-Jean-d'Angély, département de la Charente-Inférieure, Cognac, etc., département de la Charente, produisent des vins propres à la fabrication des eaux-de-vie.

Limosin, Argentat, département de la Corrèze.

Auvergne, Chauriat, département du Puy-de-Dôme.

Bordelais, le pays d'Entre-deux-Mers, les environs de Libourne, de Bourg et de Blaye, département de la Gironde.

Périgord, la plupart des vignobles de la rive gauche de la Dordogne.

Gascogne, Mugron, Laurède, Saint-Geours et Poyanne, département des Landes.

Provence, Marseille, Gemenos, Aubagne, Allauch, la Treille;

Saint-Julien, la Valentine, Saint-Marcel et le Plant-de-Cugnes, département des Bouches-du-Rhône.

Languedoc. Les vins blancs qui pourraient figurer ici sont tous employés à la fabrication des eaux-de-vie.

Béarn, Bigorre, Conserans, comté de Foix et Roussillon. Les crus inférieurs de cette province.

Parmi les vignobles cités dans cette classe, ceux de la Bourgogne, du Bordelais, du Nivernais et de la Champagne fournissent les vins que l'on préfère pour la consommation journalière; une partie de ceux de la Touraine, de l'Anjou, du Blaisois et de la Bretagne est employée dans les mélanges avec les vins rouges communs, auxquels ils donnent de la légèreté et de l'agrément en diminuant l'intensité de leur couleur; la plupart des autres sont convertis en eaux-de-vie ou consommés dans les pays qui les produisent.

§ III. VINS DE LIQUEUR.

La France, quoique généralement peu productive en vins de ce genre, en fournit cependant une assez grande quantité de fort bons, qui soutiennent la comparaison avec la plupart de ceux que nous tirons des pays étrangers. Il s'en fait de rouges et de blancs ; je les classerai tous ensemble, en ayant soin d'indiquer le petit nombre de ceux qui sont rouges.

Première classe.

Roussillon. Le vin muscat de Rivesaltes, département des Pyrénées-Orientales.

Alsace. Les meilleurs vins dits de *paille*, que l'on fait à Colmar, à Kaisersberg, à Ammerschwihr, à Olwillers, à Kientzheim et dans quelques autres vignobles du département du Haut-Rhin.

Dauphiné. Le vin de *paille* que l'on fait dans les vignobles de l'Hermitage, département de la Drôme.

Le *Languedoc.* Les meilleurs vins muscats de Frontignan et de Lunel, département de l'Hérault.

Vins de liqueur. — Deuxième classe.

Le *Languedoc* produit beaucoup de vins muscats, parmi lesquels ceux de 2ᵉ qualité de Frontignan et de Lunel, département de l'Hérault, occupent un rang distingué dans cette classe.

Le *Roussillon*, les vins rouges dits de *Grenache*, que l'on fait à Banyuls, à Cosperon, à Collioure et à Rodez, avec ceux dits *maccabeo*, à Salses, département des Pyrénées-Orientales.

Les vins muscats de Frontignan et de Lunel sont les plus généralement estimés; ceux du Roussillon sont moins connus, parce que la quantité qu'on en récolte est peu considérable.

Vins de liqueur. — Troisième classe.

Alsace, les vins muscats de Wolxheim et de Heiligenstein, département du Bas-Rhin.

Limosin, le vin de *paille* d'Argentat, département de la Corrèze.

Périgord, les vins muscats de Monbazillac et de Saint-Laurent-des-Vignes, département de la Dordogne.

Le *Languedoc*, les vins muscats des troisièmes crus de Frontignan et de Lunel et ceux de Maraussan; les vins dits de *Picardan*, que l'on récolte à Marseillan et à Pomerols; enfin ceux dits *de Calabre, de Malaga, de Madère*, etc., que l'on prépare dans plusieurs vignobles du département de l'Hérault.

Le *comtat d'Avignon*, les vins muscats de Beaume et ceux dits *de Grenache*, que l'on fait à Mazan, département de Vaucluse.

La *Provence*, les vins muscats rouges et les blancs de Roquevaire, de Cassis et de la Ciotat, la malvoisie de Roquevaire et les meilleurs vins cuits du département des Bouches-du-Rhône. Les vins muscats de Beaume et les vins de Grenache, de Mazan, département de Vaucluse.

L'*île de Corse*, les vins de liqueur du Cap-Corse.

Les vins muscats du Languedoc, ceux dits de Calabre, de Malaga, de Madère et le vin de Picardan sont les plus généralement connus et ceux dont il se fait le plus d'exportations. Les vins muscats de Provence, justement estimés, entrent aussi dans les envois à l'étranger; les rouges sont meilleurs que les blancs.

Vins de liqueur. — Quatrième classe.

Alsace, la plupart des vins muscats et des autres vins doux.

Périgord, Colombier, Pomport, Saint-Maixant, et plusieurs autres vignobles du département de la Dordogne, font des vins muscats.

Languedoc, Cazouls-les-Béziers, Bassan, Béziers et Montbazin, département de l'Hérault, fournissent beaucoup de vins muscats, dont quelques-uns sont rouges.

Provence, Barbantanne et Saint-Laurent, département des Bouches-du-Rhône, et plusieurs crus des départements des Basses-Alpes et du Var, font des vins du genre des précédents.

L'*île de Corse* produit aussi quelques vins de liqueur qui me paraissent ne devoir entrer que dans cette classe.

Les vins muscats du Languedoc, cités dans cette classe, se vendent en France à des prix peu élevés, sous le nom de ceux de Frontignan et de Lunel, ce qui fait que ces derniers ne jouissent pas de toute l'estime qu'ils méritent.

Les vignobles que j'ai cités dans cette classification ont des crus qui fournissent beaucoup de vins liquoreux et d'un goût agréable, on pourrait en former une 5ᵉ classe ; mais, comme ils sont tous consommés dans le pays qui les produit, je crois inutile de les nommer.

FIN DE LA PREMIÈRE PARTIE.

Deuxième partie.

PAYS ÉTRANGERS.

INTRODUCTION.

La France est sans contredit le pays où l'on récolte, en proportion de son étendue, la plus grande quantité de bons vins qui méritent, à tous égards, la préférence pour la consommation journalière ; mais beaucoup d'autres contrées du globe ont des vignobles intéressants dont les produits, justement célèbres, viennent faire les délices de nos tables somptueuses et s'emparer, au dessert, de la place que les vins fins français ont occupée pendant le reste du repas.

Parmi les crus que je citerai dans cette seconde partie, il n'en est aucun dont les produits puissent être rangés dans la 1re classe des vins moelleux, à côté de ceux des meilleurs cantons de la Bourgogne, du Bordelais et de la Champagne ; mais plusieurs vignobles du Nord fournissent des vins secs dont le mérite ne peut pas être contesté par les gourmets impartiaux, et presque tous ceux du Midi donnent des vins de liqueur à la qualité desquels nous ne pouvons pas nous empêcher de rendre hommage, et dont beaucoup figurent dans la 1re classe de ceux de ce genre.

J'ai suivi, autant que possible, dans la division des chapitres, la marche adoptée par les géographes ; mais j'ai cru devoir m'en éloigner quelquefois, soit pour éviter de multiplier les divisions, soit pour ne pas comprendre dans un même article les vignobles de plusieurs contrées très-éloignées les unes des autres, soit enfin faute de renseignements suffisants sur les limites positives de quelques Etats. C'est par ces motifs que je n'ai pas compris dans le même chapitre les possessions d'outre-mer des divers Etats de l'Europe, et que, dans la description de plusieurs contrées de l'Allemagne, de l'Italie, etc., j'ai considéré les possessions peu étendues de quelques princes souverains comme faisant partie des grands Etats dans lesquels elles sont enclavées, ou dont les territoires sont contigus.

CHAPITRE PREMIER.

Suède, Norwége et Danemark.

La Suède, située entre les 58e et 71e degrés de latitude N., et le Danemark, entre les 54e et 58e degrés, ont un climat glacé qui ne peut convenir à la végétation de la vigne, dont ils sont entièrement privés. On en rencontre quelques ceps dans les serres chaudes et dans un petit nombre de jardins de la partie méridionale du Danemark; mais le raisin n'y mûrit jamais bien en plein air. Les ruches offrent aux Danois de quoi fabriquer de l'excellent hydromel, qui est leur boisson favorite; celui de Fionie est surtout renommé. C'est par cette boisson nationale que leurs ancêtres remplaçaient le nectar des Grecs. Les Suédois et les Danois tirent beaucoup de vins de France et principalement du Bordelais; l'Allemagne leur fournit les vins du Rhin et des eaux-de-vie. Leurs navires, qui font de fréquents voyages sur la mer Méditerranée, en rapportent des cargaisons considérables de vins précieux et de raisins secs de l'Espagne, de l'Italie et de la Grèce.

Les monnaies en usage en Danemark sont : Le rigsdaler species valant 5 fr. 66 c., il se divise en 2 rigsdalers de 6 marcs ou skillings chaque. — Le ducat courant vaut 9 fr. 47 c. — Le ducat fin = 11 fr. 86 c. — Le christian d'or = 20 fr. 95 c. — Le frédéric d'or = 20 fr. 82 c.

Les mesures pour le vin sont : Pott (cruche) = 0^{m},966. — 40 potts (souvent 39) = 1 anker. — Kanne = 2 potts. —

Fuder = 6 ohms ou 24 ankers. — Pæll ou pegel = 1/4 pott.
— Pipe = 2 oxhovds ou 3 tierçons, ou 12 ankers. — La bière
se vend à la tonne qui contient 131^l,39.

Les monnaies suédoises sont les suivantes : Le Riksdaler
Riksmynt (abréviation habituelle, Rdr. Rmt.) divisé en 100 ores
ou 32 schillings forme le quart du riksdaler species et vaut 1 fr.
42 c. — Le riksdaler species (5 fr. 78 c.) est divisé en
48 schillings species.

Les mesures usitées sont : Kubikfot = 10 kannors = 1,000 ku-
biktums = 26^l,17. — Tunnd = 6,5 kubikfots = 164^l,88. —
L'anker a 62^l,52 et la tunna 12^l,56.

En Norwége les monnaies sont le Riksdaler *species* valant
5 fr. 61 c. et qui se divise en 55 orts ou marks de 24 schillings.
Quant aux poids et mesures, ce sont les mêmes qu'en Danemark.

Les mesures en usage à Copenhague, capitale du Danemark,
sont le *viertel*, de 7 litres 62 centilitres ; l'*anker*, de 36 litres
71 centilitres ; et l'*ahm*, qui contient 146 litres 87 centilitres.

En Suède, les mesures usitées sont la kanne, qui contient 2 litres 62 centilitres ; l'*anker*, de 67 litres 32 centilitres ; et la
tunna, qui contient 125 litres 60 centilitres.

Les droits de *douane* de la SUÈDE en vigueur en 1865 sont
établis conformément au tableau qui suit :

VINS DE TOUTES SORTES.

En cercles 7 öres la livre, ou 23 fr. l'hectolitre.
En bouteilles, 5 öres la kanne ou 29 fr. l'hectolitre.

(Le vin ne doit pas contenir plus de 21° d'alcool).

Voici maintenant les droits sur les vins, en vigueur en Norwége :

Vins en futailles, 0 fr. 23 le kilogramme.
— en bouteilles, 0 » 29 le litre.

Enfin, selon le tarif des douanes du Danemark (1866), les
droits d'entrée sont :

Vins en bouteilles..... le litre....... 48 centimes.
Autres............... le kilogramme 19 —

L'impôt de guerre (50 0/0) en sus.

CHAPITRE II.

Royaume-Uni de la Grande-Bretagne et de l'Irlande.

La vigne a longtemps été cultivée en Angleterre, quoiqu'elle y ait prospéré moins bien que dans les climats plus tempérés; la grande vallée du Glocester, placée sous le 51° degré 55 minutes de latitude, formait, il y a plusieurs siècles, un vignoble considérable qui produisait beaucoup de vins; mais ceux du continent étant abondants et bien supérieurs en qualité, on a sagement abandonné cette culture et on l'a remplacée par celle du pommier et du poirier, qui fournissent une grande quantité de très-bon cidre. Aujourd'hui l'on ne rencontre la vigne que dans les jardins et uniquement pour en manger le fruit.

Si l'Angleterre ne produit pas de *vins naturels*, il s'y fabrique une grande quantité de vins artificiels, ou du moins des liqueurs de ménage, composées de fruits qui ont subi la fermentation : tels sont les vins de groseillets, de cerises, de fraises, de framboises, d'oranges, de citrons, de raisins secs, de coings, de prunelles, de baies de sureau, de ronces, de prunes de Damas, de cassis, etc. Ces boissons, préparées avec soin par les maîtresses des maisons, tiennent lieu de vins étrangers aux personnes qui ne sont pas assez riches pour s'en procurer. Le docteur Willich (1) donne à ces préparations le nom de *vins anglais*, pour les distinguer de ceux que l'Angleterre tire à grands frais de tous les bons vignobles. Il se fabrique aussi, dans le commerce, une assez grande quantité de ces vins. Macculloch a publié, dans le *Répertoire des arts, des manufactures et de l'agriculture* (2), un mémoire fort intéressant sur la manière de les préparer : il entre dans de grands détails sur les parties constituantes des fruits qu'on y emploie, et indique les substances que l'on doit ajouter pour celles dont ils sont dépourvus. La

---

(1) *Domestic Encyclopædia*, vol. 4, p. 335.
(2) *Repertory of arts, manufactures and agriculture*, n°⁺ 181, 182 et 183 publiés en juin, juillet et août 1817.

théorie de la fermentation, les moyens de l'exciter, de la diriger et de l'arrêter à propos sont développés, avec beaucoup de sagacité, dans ce mémoire; on y trouve aussi des procédés pour corriger les défauts de ces boissons, pour les rendre plus salubres et plus susceptibles de conservation ; mais le docteur convient que toutes ces préparations sont loin de pouvoir supporter la comparaison avec les vins que l'on tire des raisins.

L'importation des vins et des eaux-de-vie est très-considérable en Angleterre; ils entrent pour une forte portion dans la balance du commerce des pays méridionaux de l'Europe avec cette puissance. Les négociants anglais achètent, en presque totalité, les vins de Portugal, connus sous le nom de *vins de Porto*; ils font aussi de très-grandes acquisitions en France, et surtout dans le Bordelais. Les vins de Bourgogne sont moins estimés des Anglais que ceux de Bordeaux ; cependant il s'en expédie tous les ans une certaine quantité, destinés pour les maisons les plus opulentes. La Champagne envoie aussi beaucoup de ses vins en Angleterre ; les qualités les plus recherchées dans ce pays sont le *sillery sec* et les meilleurs vins d'Ay, mousseux et non mousseux.

Les vins de Porto étant très-spiritueux, parce qu'on y introduit une certaine quantité d'eau-de-vie en les tirant de la cuve, les Anglais, habitués à l'usage de ces vins, trouvèrent longtemps ceux de Bordeaux trop faibles en esprit, ce qui détermina les négociants à chercher les moyens d'en augmenter la force, et l'on y parvint en leur faisant subir le travail dit *à l'anglaise*, dont j'ai parlé, page 201 ; mais, depuis un certain nombre d'années, la plupart des consommateurs opulents, qui ont voyagé en France, ont pris l'habitude de boire dans leur nature les grands vins de ce vignoble célèbre, et ils les préfèrent aujourd'hui aux vins travaillés, et il est probable que cette tendance se trouvera grandement favorisée par le traité de commerce de 1860.

L'importation des vins de tous les pays, qui, depuis 1697 jusqu'à 1803, ne s'est élevée, année moyenne, qu'à 17,660 tonneaux, s'est élevée à 36,000 depuis 1798 jusqu'en 1812 ; mais elle n'a été que de 27,000 depuis 1814 jusqu'en 1822. Sur cette dernière quantité, la France n'en a fourni qu'environ 1,800 tonneaux par an; mais les droits étaient alors excessifs. Comme ils ont été considérablement diminués depuis cette époque, j'ai lieu de croire que nous en fournissons beaucoup plus aujourd'hui.

Par suite du traité de commerce de 1860, les droits à l'importation en Angleterre ont, en effet, été établis au taux suivant :

Vin en futailles contenant de l'esprit de preuve (50° d'alcool d'après l'hydromètre de Sykes).

	GALLON. Droits en shil.	HECTOLITRE. Droits en francs.
Moins de 18 0/0.............	1 sh.	27.51
— 26 0/0..............	1.9 d.	48.15
— 40 0/0.............	2.5	66.49
— 45 0/0.............	3	80.25
Vins en bouteilles contenant moins de 40 0/0	2.25	66.49

Les vins contenant plus de 45° sont considérés comme spiritueux édulcorés.

(A Londres il y a encore le droit des orphelins, qui, pour les vins français, s'élève à 1 sh. le hogshead ou 0 fr. 52 1/3 l'hectolitre.)

Il ne sera pas sans utilité de rapprocher l'hydromètre de Sykes de celui de Gay-Lussac et d'indiquer leur correspondance.

Sykes.		Gay-Lussac.
1	....	0.5
2	....	1
3	....	2
4	....	3
4.5	....	3.5
5	....	4
6.5	....	5
8	....	6
9.5	....	6.5
11	....	7
13	....	8
15	....	9
16.5	....	9.75
18	....	10.5
19	....	11.5
20	....	12
21.5	....	13
23	....	14
24	....	15
25	....	16
26.5	....	17
28	....	18
30	....	19
32	....	20

Ceci posé, voici quelle est la force alcoolique, d'après Sykes, des vins ci-après :

VINS DE	ANNÉE DE la récolte.	FORCE alcoolique.	VINS DE	ANNÉE DE la récolte.	FORCE alcoolique.
Montrachet......	1858	23.3	Rouge d'Aramon..	1861	17 9
Clos de Bèze.....	1858	23.3	Muscat..........	1859	23.3
Clos des Chênes..	1859	22.7	Piquepoul.......	1857	23.3
Chambertin	1859	20.8	Picardan........	1848	20.2
Clos Vougeot....	1859	20.8	Narbonne	1861	22.7
Richebourg......	1859	23.3	»	1861	23.3
Corton..........	1858	24.6	Médoc..........	1858	17.7
Volnay..........	1859	23.9	Graves..........	1858	17.1
Auxey..........	1859	19.6	Bassac..........	1858	20.2
Beaune	1858	19 6	Saint-Emilion...	1857	16
Pouilly blanc....	1859	22	Roussillon......	1853	27.9
Clos de Sautenot.	1858	22.7	Cahors..........	1858	17.1
Chenas..........	1858	21.4	Lapoujade......	1858	17.1
»	1859	22.7	Gaillac.........	1858	17.1
Juliénas........	1858	20.8	Château-Laffite ..	1858	16.5
»	1859	18.3	»	1859	17.7
Clos de Vigne-			»	1860	14.8
Franche....	1858	20.8	» Langon .	1858	17.7
Clos des Cloux...	1859	21.4	»	1859	17.7
Crépi...........	1859	15.4	»	1860	16
»	1861	17.1	Palmer..........	1858	17.1
Château de Ferney	1859	18.3	»	1859	17.7
Croze (Drôme)...	1856	20.8	»	1860	16
»	1861	19.6	Saint-Estèphe....	1858	17.7
Mauves (Ardèche)	1859	20.8	»	1859	18.3
Cornas St.-Péray.	1859	23.9	»	1860	14.8
Saint-Joseph.....	1859	22	Médoc paysan....	1858	17.7
Hermitage rouge.	1850	25.2	»	1859	18.3
Saint-Gilles (Gard), diverses			»	1860	13.7
années..............	....	27.2	Graves..........	1858	17.7
»	1861	22	»	1859	18.3
Courbessac......	1859	22.7	»	1860	14.2
Vevier	1861	16.5	Saint-Emilion su-		
Buzreins	1859	23.9	périeur	1858	18.9
»	1861	20.2	»	1859	18.9
Assas	1859	22	»	1860	16
»	1861	20.2	St.-Emilion com-		
Grammont rouge.	1855	20.8	mun...........	1858	16.5
» »	1861	19.6	» ,.........	1859	15.4
» blanc..	1847	27.2	»	1860	16
» »	1861	22	Blaye bourgeois..	1858	18.3
Mont-Plaisir.....	»	17.7	»	1859	17.1
Saint-George.....	1861	18.3	»	1860	14.8
» »	1859	17.1	Blaye paysan....	1858	17.1
» »	1861	22	»	1859	17.1
» »	1861	19.6	»	1860	14.8
» »	1858	21.4	Latour blanc.....	1858	23.9
Cers...........	1861	18.9	»	1859	26.5
Rouge de Montagne	1861	18.9	»	1860	20.8

Il paraît utile de reproduire ici une note sur le commerce

des vins de France insérée aux *Annales du commerce extérieur*, n° 1578 (ANGLETERRE, *Faits comm.*, n° 45), publication officielle du ministère de l'agriculture et du commerce.

« A la veille et dès la conclusion du traité de commerce avec la Grande-Bretagne, un certain nombre de nos négociants en vins, confiants dans les résultats que devait entraîner cette grande mesure économique, et ne se rendant peut-être pas suffisamment compte des habitudes du peuple anglais, jetèrent sur le marché de Londres une quantité très-forte de leurs produits. Les tableaux du commerce britannique constatent, en effet, que les importations de vins de France, qui ne s'élevaient qu'à 623,000 gallons (1) en 1858, montèrent à 1,011,000 gallons en 1859, et à 2,445,000 en 1860, pour redescendre à 2,188,000 gallons en 1861 et à 2,245,000 en 1862 (2). Certaines maisons n'expédièrent que des vins tout à fait supérieurs, dont le prix était fort élevé, et que les Anglais, dont le goût particulier n'apprécie pas toujours bien nos crus, n'estimèrent pas à leur juste valeur; d'autres maisons, au contraire, n'envoyèrent que des qualités médiocres d'une vinosité trop faible. Pour élargir l'important débouché offert par le Royaume-Uni à nos produits vinicoles, et qui a déjà plus que doublé depuis le traité, il importe d'étudier attentivement et de satisfaire loyalement les besoins de ce pays. Les vins qui y conviennent le mieux sont ceux de qualité intermédiaire, purs, très-colorés et très-corsés. Convenablement préparés, nos crus du Midi sont certainement appelés à réussir dans la Grande-Bretagne; ils auraient généralement besoin d'être légèrement alcoolisés et devraient être expédiés, autant que possible, par la voie de mer, afin d'éviter la pernicieuse influence qu'exerce sur eux la trépidation des chemins de fer. — En outre, il serait préférable de faire les envois en paniers ou en caisses contenant moitié grandes bouteilles, moitié demi-bouteilles. Ces dernières sont, en effet, fort recherchées, surtout pour le champagne et les vins fins. Les envois en barriques ne répondent pas aux habitudes prises : nos expéditeurs ne doivent pas perdre de vue que les maisons anglaises sont dépourvues de caves et qu'on n'y met pas le vin en bouteilles. Il conviendrait aussi de ne pas se borner à diriger les envois sur Londres ; ils pourraient avoir lieu sur d'autres points de l'Angleterre : à Sunderland, par exemple, et dans tout le comté de Durham, ainsi qu'à Newcastle, on fait une grande consommation de vins français. Il

(1) Le gallon = 4¹,54.
(2) Voici, d'après nos propres Tableaux de douane, quelle a été, tant en quantités qu'en valeurs, la marche de nos exportations directes de vin pour le Royaume-Uni depuis 1858 (commerce spécial) :

	Quantités.	Valeurs.
	litres.	fr.
1858............	4,400,000	14,708,000
18.9...	6,649,000	19,620,000
1860............	13,239,000	30,703,000
1861............	11,828,000	27,722,000
1862............	12,402,000	28,750,000
1863............	13,368,000	33,073,000
1864............	15,749,000	36,078,000

n'y a pas un hôtel, pas une taverne, pas un établissement public où il ne s'en vende, et tous ces vins y arrivent par la voie intermédiaire de Londres. Ils payent donc un double fret et un droit d'entrepôt et de transit qu'ils auraient évités, s'ils avaient été expédiés directement par ceux de nos bâtiments qui fréquentent ces ports, où ils arrivent sur lest, et qui les prendraient probablement à fret réduit. L'économie qui en résulterait rendrait l'accès de cette boisson, aujourd'hui de luxe, encore plus facile à la classe moyenne, l'usage tendant à s'établir d'offrir et de faire boire du vin aux visiteurs que l'on reçoit. Quant à la classe ouvrière, il est encore trop cher pour elle malgré l'abaissement des droits, et aurait d'ailleurs de la peine à remplacer les liqueurs fortes et les boissons fermentées qu'elle consomme en grande quantité.

« Nos négociants en vins, qui ont fait quelques envois de bourgogne, que le succès obtenu devrait les engager à renouveler, pourraient aussi tenter d'approvisionner le marché anglais de nos vins blancs légers, dont les meilleurs rivaliseraient avec ceux du Rhin, qui sont plus connus et presque seuls servis avec les huîtres, dont il se fait une large consommation. On est porté à croire qu'il y a là pour nous une veine nouvelle à exploiter, l'usage des soupers d'huîtres tendant à se répandre. Au reste, il est nécessaire de rappeler aux expéditeurs que, soit en vins rouges, soit en vins blancs, les Anglais n'aiment pas ceux d'une saveur douce (1).

« Après Londres, Liverpool est le port du Royaume-Uni qui reçoit le plus de vins étrangers. Les arrivages sont loin d'égaler ceux de la métropole ; mais ils forment pourtant le huitième des importations totales. Le commerce des vins a pris en 1863 dans toute l'étendue du Royaume-Uni un grand développement : le chiffre total des importations s'est élevé à 14,186,189 gallons, chiffre qui n'avait pas encore été atteint, même pendant l'année où les droits furent abaissés et où le dégrèvement donna lieu à des expéditions considérables. Les importations en 1860 avaient été de 12,475,001 gallons ; en 1861, de 11,052,436 ; et, en 1862, de 11,960,664. Mais tous les vins n'ont pas participé à l'accroissement signalé pour 1863.

« Les provenances principales sont, comme on sait, le Portugal, l'Espagne, la France, Madère, l'Allemagne et les Deux-Siciles. Parmi ces différents vins il importe encore de distinguer les espèces, c'est-à-dire les vins blancs ou rouges. A la classe de ceux-ci appartiennent quelques vins de l'Allemagne, les vins de Bordeaux, de Bourgogne, du Rhône, du Roussillon et du Languedoc, les vins de Porto et quelques autres de la Catalogne. Parmi les vins blancs se rangent les vins d'Espagne, ceux de Champagne et la majeure partie de ceux du Rhin.

(1) « Les renseignements qui précèdent sont en partie le résumé d'une communication de M. Niboyet, vice-consul de France à Sunderland : ils datent de juin 1864. Voir, plus loin, les observations présentées au sujet de nos vins blancs par un autre de nos agents officiels en Angleterre, M. Langlet, consul de France à Liverpool. »

PROVENANCES.	1857.	1858.	1859.	1860.	1861.	1862.	1863.
	gallons.	gallons.	gallons.	gallons.	gallons.	gallons.	gallons.
Espagne............	4,628,790	2,460,410	3,629,325	5,325,947	4,835,100	5,365,647	6,616,560
Portugal...........	2,964,033	1,326,500	1,797,854	2,535,760	2,681,453	3,048,491	3,594,885
France.............	796,760	625,041	1,010,888	2,445,151	2,187,521	2,244,727	2,186,701
Naples et Sicile......	360,683	184,060	251,607	253,444	232,210	211,480	377,131
Allemagne..........	121,357	113,091	194,203	373,242	381,620	314,238	353,857
Madère............	69,456	57,266	47,757	60,868	78,982	47,102	39,600

« Le bénéfice de l'abaissement des droits étant une mesure générale, tous les vins en ont naturellement profité, et leur écoulement a progressé ; d'ailleurs, la comparaison avec les autres pays ne nous est point défavorable. Si l'on prend les deux années extrêmes, 1857 et 1863, on trouve les résultats suivants : France, 2,186,701 au lieu de 796,769, le triple ; Allemagne, 353,857 au lieu de 121,359, aussi le triple ; Espagne, 6,616,560 au lieu de 4,628,790, environ le tiers ; le Portugal, 3,594,885 au lieu de 2,964,033, à peu près le cinquième.

« Les expéditions de vins français ayant été multipliées outre mesure après la réforme du tarif, l'excès d'approvisionnement n'a certainement pas été sans réagir sur les années subséquentes. Depuis, le niveau s'est rétabli, et, si l'on n'a pas à constater des accroissements considérables, l'on n'a pas non plus à signaler des décroissances bien sensibles. Il est curieux de s'arrêter sur les différentes espèces de vins français importées en Angleterre et de marquer la part qu'elles ont prise dans l'importation ; tandis que la diminution est assez sensible sur les vins rouges, les vins blancs, au contraire, sont en voie de prospérité (1).

« On n'a pas encore pour 1863 les moyens d'établir cette distinction, mais elle est assez significative pendant les trois années qui précèdent pour que l'on puisse en tirer de sûres inductions. Le relevé suivant indique les quantités des deux sortes de vins importées de France en Angleterre pendant les années 1860, 1861 et 1862 :

	Vins rouges.	Vins blancs.	TOTAL.
	gallons.	gallons.	gallons.
1860................	1,807,202	637,949	2,445,151
1861................	1,590,987	596,534	2,187,521
1862................	1,543,621	301,106	2,244,727

« Parmi les vins blancs de France figurent les imitations de Madère, de Porto et de Sherry, de Cette et de Marseille, lesquelles constituent une branche de commerce analogue à celle de ces vins de Champagne, du Rhin, qui sont vendus pour vins français, mais classés parmi les vins de provenance allemande.

« Il est d'ailleurs une base plus exacte encore pour constater les pro-

(1) Voir l'observation présentée plus haut.

grès de notre industrie viticole sur le marché anglais, c'est le mouvement de la consommation. Le tableau ci-après présente, réunies d'après
leur provenance, les différentes quantités de vins consommées en Angleterre pendant la même période septennale. Il permet d'observer les
différences entre les quantités importées et les quantités consommées, et
donnera une idée plus juste de l'importance réelle des ventes à l'entrepôt. Le commerce des vins en Angleterre se fait, en effet, sur une large
échelle, et, comme jusqu'à présent il est resté entre les mains de riches
négociants, le mouvement des importations peut dépendre beaucoup de
la nature des récoltes, tandis que la consommation suit une marche
plus régulière. Ainsi, il a été importé en 1863 14,186,189 gallons de
toute provenance, mais il n'en a été consommé que 10,478,401.

QUANTITÉS DE VINS CONSOMMÉES EN ANGLETERRE DE 1857 A 1863.

PROVENANCES.	1857.	1858.	1859.	1860.	1861.	1862.	1863.
	gallons.	gallons.	gallons.	gallons.	gallons.	gallons.	gallons.
Espagne	2,276,964	2,857,181	2,876,554	2,975,006	4,031,796	3,955,424	4,331,424
Portugal..........	2,304,886	1,921,677	2,020,561	1,776,172	2,702,707	2,550,437	2,618,680
France..........	622,443	571,993	695,913	1,125,916	2,229,029	1,901,200	1,939,555
Allemagne..........	92,116	89,315	125,409	222,726	345,682	316,173	321,485
Naples et Sicile...	250,574	220,240	224,406	204,969	227,265	215,503	276,280
Madère	35,505	33,145	29,566	28,941	28,814	28,550	29,671
Autres pays..........	240,756	202,841	217,887	309,936	447,648	464,982	542,052

« Il n'y a souvent aucune analogie entre le chiffre des importations et
celui des mises en consommation. Pour ne choisir qu'un exemple, la
quantité des vins français importés en 1860 est de 2,445,151 gallons ;
les mises en consommation pour la même année ne s'élèvent qu'à
1,125,916. L'année suivante présente un résultat diamétralement contraire : les importations sont de 2,187,521 gallons, tandis que la consommation est de 2,229,029. Depuis cette époque, elle se maintient au
même niveau, car, en 1862, elle est de 1,901,200 gallons, et, en 1863,
de 1,939,555. Dans la somme totale des consommations, le contingent
de la France, qui était, en 1861, de 20 5/8 p. 0/0, n'est plus que de 19 3/4
en 1862, et même de 18 1/2 en 1863 ; mais la quantité consommée n'a
pas diminué, elle présente même une augmentation par rapport à l'année précédente. Le chiffre de 18 1/2 p. 100, qui serait plus élevé si l'on
établissait la moyenne des quatre dernières années, offre une augmentation du double par rapport à 1857, 1858 et 1859, exercices durant lesquels la part des vins français n'était que de 8 et 9 p. 100 dans la consommation générale. Ce qu'il importe surtout de faire remarquer, c'est
que, sous l'empire du dégrèvement qui a été étendu à tous les vins, ce
sont nos vins et les vins allemands qui ont le plus profité de cette faveur. Le prorata des vins allemands dans la consommation totale s'est
élevé de 1 3/8 à 3 1/16 ; celui des vins français, de 9 à 18 1/2 ; celui des
vins espagnols, de 39 1/2 à 43 1/4. Les vins de Madère, de Sicile et de
Portugal ont baissé, surtout ces derniers, qui, de 33 p. 0/0 de la consommation totale en 1857, sont arrivés à 25 p. 0/0 en 1863.

« Il n'est donc pas exact de prétendre, comme on l'a fait, que le traité de commerce n'a pas répondu aux promesses qui avaient été faites, et que nos vins en particulier n'ont pas profité des abaissements de tarif obtenus de l'Angleterre. Les calculs qui précèdent ont suffisamment prouvé le contraire.

« L'expérience faite pendant les quatre dernières années révèle d'ailleurs pourquoi l'usage de nos vins n'a pas fait en Angleterre des progrès plus rapides. Malgré le dégrèvement opéré par le gouvernement anglais, le vin est, on le répète, resté une boisson de luxe. Le droit qui le frappe, bien que modéré, constitue avec les frais de transport une charge assez forte. L'élévation des prix du vin ne permet guère, même à ceux de qualité ordinaire, de remplacer la bière qui non-seulement est la boisson des classes peu aisées, mais de presque tout le monde dans le Royaume-Uni. Les bières anglaises sont généralement fortes, nourrissantes, toniques, substantielles, et elles sont préférées par le plus grand nombre, à cause de l'infériorité relative du prix, en raison d'habitudes séculaires, et aussi quelquefois de leur richesse alcoolique. Jusqu'ici enfin le commerce des vins n'a pas été fait en Angleterre par les maisons françaises et de manière à provoquer l'extension de la consommation. Il ne faut pas oublier enfin que la grande masse du public anglais est tellement habituée aux vins capiteux du Portugal et de l'Espagne, qu'il n'y a que le temps qui puisse modifier ses vieilles habitudes.

«Une des causes secondaires qui semblent nuire, en Angleterre et aussi en d'autres pays, à l'exclusion du débit de nos vins, est le défaut de contenance des bouteilles dans lesquelles s'expédient les vins en caisses. On croit devoir, à ce sujet, reproduire ici la copie d'une circulaire adressée, le 10 juin 1864, par S. Exc. M. Béhic, ministre du commerce, aux Chambres de commerce de Paris, Bordeaux, Dijon, Châlon-sur-Saône, Montpellier et Perpignan :

« Messieurs, des avis transmis d'Angleterre signalent le tort que causent au placement de nos vins en ce pays les expéditions faites dans des bouteilles qui n'ont pas la contenance voulue. Certaines maisons, parait-il, au lieu d'employer pour le bordeaux ou le bourgogne les modèles de bouteilles ordinaires, en font fabriquer, pour l'exportation, de plus petits ou de plus épais, dont les fonds, rentrés à l'intérieur, diminuent la capacité dans la proportion de 10 à 20 p. 0/0. Cette pratique déloyale n'a d'autre résultat que de mettre les consommateurs en défiance contre nos envois, d'en restreindre le débouché, de donner un mauvais renom à notre commerce, et de nuire, en définitive, à ceux-là mêmes qui ont cru mal à propos servir ainsi leurs intérêts.

« En appelant sur ces faits, Messieurs, l'attention de votre Chambre, je n'ai garde de confondre les expéditeurs honorables, qui sont en majorité, avec ceux dont le commerce anglais peut avoir eu à se plaindre. Mais, en vue de prévenir le retour des fraudes, exceptionnelles, j'aime à le croire, dont il s'agit, je vous prie de porter à la connaissance de votre circonscription l'effet fâcheux qu'elles ont produit en Angleterre. Ces fraudes nous seraient d'autant plus nuisibles, si elles venaient à se répéter, que les soins qu'entraîne la manipulation des vins de France étant généralement peu familiers aux acheteurs du Royaume-Uni, ceux-ci se procurant de préférence nos principaux crus en bouteilles. Il importe donc à notre industrie vinicole de s'interdire dans ses envois tout conditionnement vicieux, et de n'être pas moins scrupuleuse sur la quantité que sur la qualité des livraisons opérées sous cette forme. »

Pour compléter les renseignements qui précèdent, il convient de reproduire, en l'abrégeant, un avis que la Commission impériale de l'Exposition universelle de Londres, en 1862, a fait insérer dans le *Moniteur* du 5 novembre de cette année.

AVIS AUX EXPOSANTS.

Par une note précédente insérée au *Moniteur universel*, la Commission impériale avait suggéré aux exposants de vins l'idée de procéder à une vente publique de ceux de leurs produits qui avaient été déposés dans les caves de la douane à Londres.

Les exposants ayant adhéré à cette proposition, la Commission impériale a procédé à la réalisation de cette vente ; en l'annonçant au public anglais, elle avait préalablement déclaré qu'elle laissait le payement des droits de douane à la charge de l'acheteur, et qu'elle n'entendait point garantir l'état de conservation des vins. Nonobstant ces restrictions, les prix de vente de la douzaine de bouteilles prises en douane ont été les suivants :

Vins du Beaujolais	36 shillings.	Vins du Loiret	23 shillings.
— Bordelais	36 —	— Corse	22 —
— Haut-Rhin	34 —	— Drôme	22 —
— Haute-Garonne	31 —	— Gers	22 —
— Midi	de 26 à 30 —	Eaux-de-vie de diverses	
— Bas-Rhin	27 —	provenances	50 —
— Gard	26 —		

Ces résultats indiquent aux producteurs français l'avenir réservé en Angleterre à la vente de leurs vins et les prix satisfaisants qu'ils pourront en obtenir lorsque le consentement anglais sera certain d'acheter des produits dignes de confiance.

(La livre *sterling* se divise en 20 *shillings* (12 deniers ou pence) et vaut, au pair, 25 fr. 20 c.)

Le gallon équivaut à 4ˡ,54.

CHAPITRE III.

Pays-Bas et Belgique.

La Hollande et la Belgique ne jouissent pas d'une température favorable à la vigne, et on ne la cultive avec quelque extension que dans les provinces les plus méridionales. Dans toutes les autres, cet arbuste n'est cultivé que dans les jardins, et les raisins ne mûrissent jamais bien en plein air; mais on en obtient de fort bons et de très-mûrs dès la fin de juillet, en introduisant la grappe, aussitôt qu'elle est formée, dans une bouteille dont on ferme l'orifice avec de l'étoupe et du mastic sans gêner la tige; le fruit mûr se conserve sain pendant très-longtemps.

La principauté de LIÉGE et de BOUILLON, le duché de LIMBOURG, le grand-duché de LUXEMBOURG, situés sous les 49ᵉ et 50ᵉ degrés de latitude, ont appartenu à la France. L'étendue de leurs vignobles était alors évaluée à 1,400 hectares, qui produisaient, récolte moyenne, 51,000 hectolitres de vins, presque tous de médiocre qualité.

Le grand-duché de LUXEMBOURG, qui occupe la partie la plus méridionale de ces Etats, produit des vins de meilleure qualité que les autres provinces. On cite comme fort bons les vins blancs de WITTINGEN, dans le canton de Grewemachern. On fait, en outre, dans ce grand-duché environ 20,000 hectolitres de cidre qui sont consommés par les habitants.

La principauté de LIÉGE et le duché de LIMBOURG récoltent, sur les deux rives de la Meuse, des vins assez délicats; mais ils ont un goût de terroir très-prononcé et désagréable, qui participe de celui de la pierre à fusil.

La bière est la boisson habituelle des Hollandais et des Belges; mais ils font, en outre, une grande consommation des vins de France et des différents vignobles de l'Allemagne. Nos excellents vins de la haute Bourgogne sont très-recherchés en Belgique.

Le principal commerce des vins étrangers se fait à Amsterdam, ville qui compte encore comme capitale des Pays-Bas, bien que la Haye soit le siége du gouvernement; à Bruxelles, capitale de la Belgique, à Liége et à Anvers. Les vins du pays se vendent dans chaque vignoble, et sortent très-rarement de la contrée.

Amsterdam était autrefois l'un des grands entrepôts des vins de liqueur de tous les pays; ceux du cap de Bonne-Espérance, jadis la plus importante des colonies hollandaises, y attiraient les amateurs : à ce commerce se joignait celui des vins de Chypre et de toute la Grèce, de l'Italie et de la Hongrie, ainsi que des meilleurs vignobles du Rhin et du Necker; mais, par suite de diverses circonstances, ce commerce est beaucoup moins important aujourd'hui.

Tous les vins des vignobles que j'ai cités dans ce chapitre entrent dans la 5ᵉ classe; les meilleurs ne sont que des vins d'ordinaire de 2ᵉ ou de 3ᵉ qualité.

Voici le tableau des droits à payer :

BELGIQUE. — A. Droits de douane .

Vins en cercles.................... 0.50 l'hectol.
  — en bouteilles................ 1.50   —

B. Droits d'accise :

Vins d'origine française........... 22.50

(Les vins français ne doivent pas renfermer plus de 21° d'alcool.)

PAYS-BAS.

Droits de douane................. *Néant.*
  — d'accise.... 20 fl. le baril (42 fr. l'hectol.).

(Loi du 15 mai 1859, art. 6. Les taxes locales ne peuvent pas dépasser, pour le vin, 12 fl. le baril ou 25 fr. 44 l'hectol.)

La Belgique a adopté les monnaies et mesures françaises. Quant aux Pays-Bas, sa monnaie courante est le florin de 100 cents valant 2 fr. 12 c. et le Rijksdaler = 2 fl. 1/2.

Les poids et mesures néerlandais sont les mêmes que les français, sous les noms suivants : mijl = kilomètre. — Elle = mètre. — Bunder = hectare. — Wisse = stère. — Mud ou zak = hectogramme (30 mudden = 1 last). — Vat = hectolitre. — Kan = litre. — Pond = kilogramme.

CHAPITRE IV.

Allemagne.

Cette vaste contrée, située au milieu de l'Europe, est bornée, à l'est, par la Hongrie et la Pologne; au nord, par la mer Baltique et le Danemark; à l'ouest, par les Pays-Bas et la France; au sud, par les Alpes, l'Italie et la Suisse. Elle comprend l'empire d'Autriche, les royaumes de Prusse, de Bavière, de Saxe, de Hanovre et de Wurtemberg; le duché de Nassau, les grands-duchés de Bade, de Hesse et plusieurs autres petits Etats, enfin les villes libres de Lubeck, Hambourg, Brême et Francfort-sur-le-Mein. Actuellement les Etats allemands autres que l'Autriche, le Mecklembourg, Hambourg, Lubeck et en quelque sorte Brême, font partie de l'association douanière dite Zollverein. Voici les droits de douanes du Zollverein :

Vins en cercles et en bouteilles 4 thalers ou 7 florins les 50 kilogr., soit 30 fr. les 100 kilogr.

On assigne différentes époques à l'introduction de la vigne en Allemagne ; il est certain qu'elle n'y était pas cultivée du temps de Tacite, car il dit que le sol de cette contrée ne convient à aucune espèce d'arbres fruitiers. Il n'y a pas de doute que les premiers ceps y ont été apportés par les Romains ; mais l'opinion assez généralement répandue que les vignobles de la Moselle et ceux du Rhin doivent leur établissement à l'empereur Probus n'est pas bien constatée ; car Vopiscus, Aurelius Victor et Eutrope ne comprennent pas les Germains dans la liste des peuples auxquels cet empereur accorda la permission de planter la vigne, après qu'il eut licencié son armée à Cologne. Cependant Ausonius nous assure que, cent ans plus tard, les bords de la Moselle avaient de très-beaux vignobles, dont les produits se distinguaient par la délicatesse de leur parfum, qui ressemblait à celui des vins de l'Italie, d'où les cepages avaient été apportés. A cette époque, les bords du Rhin étaient encore environnés de forêts, et il est probable que ce ne fut que sous le règne de Charlemagne qu'elles furent abattues et que l'on commença à y planter la vigne. La culture de cet arbuste a fait de si grands progrès, que l'on trouve des vignobles jusque sous le 52e degré de latitude septentrionale ; et si, dans beaucoup de parties de ces climats froids, l'on ne fait que de mauvais vins, il y a cependant quelques districts qui en produisent de fort bons. Il est à remarquer que les meilleurs vins de l'Allemagne se récoltent sous une zone plus septentrionale que celle des pays que nous reconnaissons, en France, comme propres à l'établissement des vignobles.

Depuis Bâle jusqu'à Mayence (Mainz), le Rhin parcourt une grande plaine dans laquelle on rencontre peu d'emplacements convenables pour la vigne ; mais, entre Mayence et Coblentz, ses bords sont escarpés et environnés de collines qui, surtout sur la rive droite, présentent les expositions les plus favorables pour sa culture. Aussi les deux rives du fleuve sont couvertes de vignobles dont on tire une grande quantité d'excellents vins qui font la richesse du pays. Les plus célèbres sont situés dans une petite portion de la contrée nommée le RHINGAU, dont la partie qui s'étend sur la rive droite du Rhin, depuis Wallauf, situé un peu au-dessous de Mayence, jusqu'à Rudesheim, occupe un espace d'environ 15 kil. de longueur sur 8 de largeur. Il y a cependant au-dessus de Mayence quelques vignobles fort estimés, particulièrement à Hochheim, sur les bords du Mein.

Les vins de l'Allemagne peuvent être considérés comme formant un genre particulier de vins secs qui diffèrent presque autant par leur goût et leur consistance de la majeure partie de nos vins *moelleux* de France, que ceux-ci des vins de liqueur de l'Espagne, de l'Italie et de la Grèce; mais c'est à tort que, dans les deux premières éditions de cet ouvrage, je les ai signalés comme contenant tous un acide désagréable pour les personnes qui n'en font pas un usage habituel. Ce défaut ne se rencontre que dans ceux des mauvais vignobles, et il n'est général que quand la température de l'année a été contraire à la maturité des raisins. La plupart des vins rouges sont inférieurs aux blancs; cependant plusieurs crus bien exposés en fournissent qui soutiennent la comparaison avec nos bons vins de cette espèce, et parmi les vins blancs, dont la récolte est beaucoup plus considérable, ceux d'un grand nombre de crus égalent en qualité ceux de nos meilleurs vignobles. Les vins du Rhin sont, en général, susceptibles de se conserver très-longtemps sans se décomposer; on assure même que les vins de Madère et quelques vins d'Espagne sont les seuls qui possèdent cette qualité à un aussi haut degré. Cependant les meilleurs vins blancs du Rhin et de la Moselle, qui, trois ou quatre ans après leur récolte, ont un parfum délicieux et un goût fort agréable, perdent une partie de ces qualités quand on les garde plus de dix ans; ils acquièrent du spiritueux et de la force, mais ils sont beaucoup plus secs et moins agréables. Ce changement a été très-sensible sur les vins de 1811 et de 1815, qui étaient d'une qualité supérieure, comme ceux de 1825.

Les cepages les plus généralement cultivés dans les bons vignobles sont le *riesling*, qui paraît être le même que celui que nous nommons *gris* et *blanc*, et le *klingerberger*, qui ressemble à notre meslier. Le *riesling*, planté sur le revers des montagnes rocailleuses et rapides, donne de petites grappes blanches qui ne mûrissent que dans les années chaudes; mais alors il donne des vins qui se conservent longtemps et acquièrent, en vieillissant, un bouquet aromatique prononcé et agréable. Le *klingenberger*, cultivé dans les terrains bas, mûrit plus facilement et donne une plus grande quantité de vin, qui est plus doux et plus précoce

que le précédent, mais qui a moins de qualité, de bouquet, et
ne se conserve pas aussi bien. On cultive aussi le *pineau*, le
gros-blanc et quelques autres cepages.

Ce chapitre est divisé en sept paragraphes : le premier est
formé du royaume de Hanovre; le deuxième, du royaume de
Prusse ; le troisième, du royaume de Saxe ; le quatrième comprend la Hesse, le Nassau et plusieurs autres Etats enclavés ou
limitrophes ; le cinquième se compose du royaume de Bavière;
le sixième, du royaume de Wurtemberg ; le septième, du grand-
duché de Bade. L'empire d'Autriche, qui a de vastes possessions
hors de l'Allemagne, et qui ne fait pas partie du Zollverein, fera
la matière d'un chapitre particulier.

§ I. *Royaume de* HANOVRE, *situé entre la mer du Nord, le Hol-*
stein, la Prusse, la Hesse, le duché du Bas-Rhin et la Hollande,
et entourant de tous côtés le grand-duché d'Oldenbourg et la ville
libre de BRÊME.

La vigne ne peut pas prospérer dans ce pays, placé entre les
51° et 54° degrés de latitude. La bière est la boisson ordinaire
de ses habitants, qui cependant font une assez grande consommation des vins de France et des autres pays méridionaux.
Le principal commerce s'en fait à HANOVRE, capitale de ce
royaume. Les mesures en usage sont le fuder = 4 oxhofts, ou
6 ohms, ou 24 ankers, ou 240 stübchens. — Stübchen (cannes
ou 16 nœsels) = 3¹,89. —Monnaies : le thaler vaut 3 fr. 75 c.

BRÊME, ou BREMEN, ville libre, sur le Weser, à 60 kil. de
son embouchure, et enclavée dans le royaume de Hanovre, fait
un très-grand commerce de vins de tous les pays, et surtout des
vins de Bordeaux, dont elle est l'entrepôt pour toute la partie de
l'Allemagne arrosée par le Weser. Les mesures en usage sont :
(Vin du Rhin.) Fuder = 6 ohms de 4 ankers ou de 45 stübchens,
soit 540 stübchens. — (Vin de Bordeaux et eau-de-vie.) Oxhoft
= 1 1/2 ohm ou 66 stübchens. — Stübchen = 3¹,221. —
(Bière.) Tonne = 45 stübchens (le stübchen de bière = 3¹,77,
la tonne = 169¹,7). — Monnaies : Thalers (3 fr. 75 c.) divisés
en 72 gros de 5 schwarens.

§ II. *Royaume de* Prusse, *situé entre la mer Baltique, la Pologne, l'empire d'Autriche, la Saxe, la Hesse, la France, les Pays-Bas, la Belgique et le royaume de Hanovre.*

La partie orientale de ce royaume, située sous les 52°, 53° et 54° degrés de latitude, ne contient aucun vignoble important. Les pays qui formaient autrefois la Marche électorale ont environ 2,500 acres de vigne, dont la plupart sont dans le voisinage de Zullichau et de Gruneberg, en Silésie, et de Crossen, dans la Marche de Brandebourg. On en rencontre aussi aux environs de Cotbus, dans la Lusace. Presque tous les vins de ces vignobles sont aigrelets, sans force, et ne sortent pas du canton qui les produit. Cependant, depuis quelques années, on fait à Gruneberg des vins blancs *mousseux* qui, traités suivant les procédés employés en Champagne, ne sont pas sans agrément; il s'en fait d'assez fortes expéditions pour la Pologne, où ils sont recherchés, parce qu'ils coûtent beaucoup moins cher que ceux que l'on tire de France.

Naumbourg, dans la province de Saxe, est entouré de grands vignobles qui fournissent à la consommation des habitants de petits vins aigrelets, auxquels les Allemands trouvent quelque ressemblance avec nos vins de Bourgogne; mais les meilleurs sont tout au plus comparables aux vins d'ordinaire de 3° qualité.

Dans la province rhénane, plusieurs contiennent des vignobles étendus qui produisent de fort bons vins. La partie septentrionale de cette province contient peu de vignobles; mais sa partie méridionale en a de considérables, dont les principaux sont situés sur la rive gauche du Rhin, dans les cantons arrosés par la Moselle, la Sarre, l'Aar et la Nahe. Cette partie de la province, qui, avant 1814, formait les départements français de la Roër, de Rhin-et-Moselle, de la Sarre et une partie de celui de l'Ourthe, contenait alors près de 10,000 hectares de vigne qui produisaient, chaque année, environ 200,000 hectolitres de vins, parmi lesquels ceux récoltés dans les cantons baignés par le Rhin et par la Moselle jouissent d'une réputation méritée. Les vignobles dont on tire les meilleurs vins sont peuplés du cepage nommé *riesling*, et ceux qui produisent les vins communs sont peuplés de celui nommé *gros-blanc*. Actuellement cette province renferme environ 49,000 morgens (25 ares 4), produisant ensemble près de 400,000 eimers (68¹,7) ou 274,800 hectolitres de vin, savoir :

Sur le Rhin......	12,000 morgens	50,000 eimers.	
— la Moselle	23,000 —	250,000	—
Ailleurs..........	14,000 —	100,000	—

L'ensemble de la superficie consacrée au vin, en Prusse, est de 62,000 morgens, produisant de 425,000 à 450,000 eimers.

VINS ROUGES.

NEUWIED, sur la rive droite du Rhin, à 15 kil. de Coblenz, et LINTZ, à 25 kil. N. O. de la même ville, sont entourés de vignobles qui fournissent des vins rouges légers et fort agréables, que l'on nomme *bleichert* (vin pâle ou rosé) dans le pays : ils ont quelque analogie avec celui d'Asmanshausen, dans le duché de Nassau, dont ils diffèrent en ce qu'ils sont moins spiritueux et moins corsés. On recherche particulièrement ceux de Neuwied. Bacharach a également du bon vin rouge, mais en faible quantité.

ALTENAHR, DERNAU, MAYSCHOF, RECH, AHRVEILER, BRUCK, KREUTZBERG, HOENNINGEN et KESSELING, dans l'arrondissement de Bonn, produisent de fort bons vins rouges dont il s'exporte une certaine quantité; ils sont cependant moins estimés que les vins blancs.

POMMERN, à 5 kil. de Cochem, sur la Moselle, donne aussi des vins rouges de bonne qualité.

VINS BLANCS.

Première classe.

BACHARACH, au-dessous de Bingen, sur la rive gauche du Rhin, à 16 kil. E. de Simmern, est environné de très-beaux vignobles, dans lesquels on récolte des vins dits *du Rhin*, qui ont un fort bon goût particulier et un parfum agréable; mais ils ont moins de force et se conservent moins longtemps que ceux des vignobles situés plus haut sur le même fleuve.

PISPORT, ZELTINGEN, OLISBERG, BRAUNENBERG, DUSEMOND et SCHARTSBERG, entre 20 et 40 kil. de Trèves, produisent les meilleurs vins dits de Moselle; ils sont clairs et secs, ont un bouquet agréable et une sève aromatique, qui approche de celle de nos vins de 2ᵉ classe des Graves de Bordeaux : ils sont, en général, plus froids que les vins du Rhin. Ceux de Schartsberg sont plus corsés que les autres. Tous ces vins mûrissent en cinq ou six ans et se conservent ensuite pendant dix ou douze ans quand ils proviennent d'une bonne année.

Deuxième classe.

TRÈVES, WEHLEN, GRAACH, BECHERBACH, LITZERHECKEN et RUTZ, sur la Moselle, fournissent des vins qui participent de toutes les qualités de ceux que je viens de citer; mais ils ont quelquefois un léger goût d'ardoise provenant du terrain qui les produit.

STEEG, STEEGERBERG, le lieu dit *l'Engehelle*, à OBER-WESEL, MONTZINGEN, MAAS, HUHN et DIEBACH donnent les meilleurs vins dits *de la Nahe*.

Troisième classe.

AHRVEILER, WALPORZHEIM, sur l'Aar, et BODENDORF, près de la même rivière, à 3 kil. de Remagen, font des vins secs, pleins de corps et de spiritueux, qui sont estimés sous le nom de vins *de l'Aar*. On distingue surtout, à Ahrveiler, le vin nommé *kirchwein*, comme étant le meilleur de cette espèce.

Les lieux dits *Affenbourg* et *Hamen*, près COBLENZ; *Strang, Elzenberg, Alsenberg*, commune de NIEDER-BREISIG et LUTZ, près Treis, à 35 kil. S. O. de Coblenz; RIOL, NEUMAGEN, WINTRICH, à l'Olisberg; LIESER et CRAEF, au Niederberg; BERNCASTEL, à l'Olke et au Leye; URZIG, au Krankenleye; TRABEN, dans le Trabenberg, tous sur la Moselle ou voisins de cette rivière, entre 10 et 30 kil. de Trèves, ont de beaux vignobles, dont les meilleurs vins entrent dans cette classe; les autres parcourent les différents degrés de la suivante.

LEINENBORN près de Sobernheim, BUNGERT à Creutznach, et ROSENHECK à Wenzenheim, produisent des vins estimés parmi ceux de la Nahe.

Quatrième classe.

Tous les pays cités dans les précédentes classes produisent des vins qui ne peuvent entrer que dans celle-ci, les uns comme vins d'ordinaire de 2ᵉ, de 3ᵉ ou de 4ᵉ qualité, et les autres comme vins communs.

Les vignobles d'UNSBERG, du HAHBERG et du RENSBERG, à Trarbach; de *Wurzgarten*, près de Traben; ceux d'*Unger-berg*, du *Zaalfond*, du *Munchroth*, et du *Landfuhrberg*, près de Trarbach; du *Hinterberg* et du *Stephansberg*, près d'Enkirch, tous sur les rives de la Moselle, entre 50 et 60 kil. S. O. de Coblenz, et entre 35 et 40 kil. de Trèves, donnent des vins d'ordinaire de différentes qualités et des vins communs. Les vignobles de BOURG, au delà d'Enkirch, 50 kil. de Coblenz, et tous ceux de la Moselle, depuis cet endroit jusques et y compris ceux de WINNINGEN, COBERN et LEY, sur le Roethen, entre 4 et 12 kil. de Coblenz, fournissent beaucoup de vins blancs communs.

WAVERN, CAUZEM et BIBELHAUSEN sur la Sarre, entre 8 et 12 kil. de Trèves, sont les principaux vignobles dits *de la Sarre;* les vins qu'ils produisent, presque tous blancs, sont légers et agréables; ils ressemblent à nos vins des environs de Metz, département de la Moselle.

Les vignobles de la MONTAGNE-VERTE, canton de Pfalzel, à 4 kil. N. E. de Trèves, produisent des vins qui sont recherchés dans les bonnes années; ceux de CUSEL et de VALDRACH, dans le même canton, passent pour être un spécifique contre la gravelle.

CREUTZNACH, OBERSTEIN, sur la Nahe, et plusieurs autres vignobles situés près de la même rivière, fournissent des vins agréables; on peut les boire après deux ou trois ans de garde, et ils se conservent jusqu'à dix et douze ans; mais ceux de la *Glan*, quoique assez agréables, sont inférieurs à ceux de la *Nahe* et moins solides; ils doivent être bus dans le cours des deux premières années.

Il y a aussi quelques vignes dans les environs de COLOGNE; mais elles ne produisent que des vins de basse qualité, parmi lesquels on distingue cependant comme assez agréables ceux de HERSEL, à 12 kil. S. E. de Bruhl, sur le Rhin.

Le principal commerce des vins de la province rhénane se fait à Cologne, Trèves, Clèves, Coblenz, Bonn, Simmern, Bacharach et Trarbach : les mesures en usage sont le *viertel*, qui contient 6 litres; l'*ohm*, de 156 litres; la *tonne*, de 958 litres. A Aix-la-Chapelle, l'*ohm* ne contient que 153 litres.

STETTIN, chef-lieu de la Poméranie, sur l'Oder, à 120 kil. N.

E. de Berlin, fait un grand commerce de vins de différents pays,
dont elle est l'entrepôt. Les mesures en usage sont l'*anker*, de
34 litres 1/2, et l'*eimer*, qui vaut deux *ankers*. A Berlin, l'*anker*
est de 37 litres 1/2 ; à Danzig, dans la Prusse, les mesures en
usage sont le *viertel*, de 9 litres 1/2 ; l'*anker*, de 47 litres ;
l'*ohm*, de 188 litres ; l'*oxhofft*, de 282 litres. A Kœnigsberg et
Mémel, l'*ohm* est de 172 litres ; il est de 147 à Brunswick et de
144 à Erfurth. Brieg et Breslau, dans la Silésie, ont de grands
entrepôts des vins de la Hongrie et des autres vignobles de
l'Allemagne. La mesure en usage est l'*eimer*, de 55 litres 1/2 ;
à Rostock, dans le duché de Mecklembourg-Schwerin, on emploie l'*anker* de 36 litres 20 centilitres.

§ III. *Royaume de* SAXE, *situé entre la Prusse, l'Autriche (la
    Bohême), la Bavière et la Thuringe.*

Placé entre les 50° et 52° degrés de latitude N., ce pays contient quelques vignobles assez importants plutôt pour la quantité que pour la qualité de leurs produits.

MEISSEN, à 25 kil. N. O. de Dresde, récolte d'assez bons vins.

La *basse Lusace* a des vignobles beaucoup plus importants
que l'on ne s'attend à en trouver dans un pays situé sous le 52° degré de latitude ; ils fournissent des vins rouges et des vins blancs
assez bons, parmi lesquels on distingue particulièrement ceux
des environs de GUBEN, comme supérieurs en qualité à tous
ceux de la Saxe.

Quelques autres cantons contiennent des vignobles peu étendus et dont les produits sont au-dessous du médiocre ; il ne s'en
fait aucune exportation.

La mesure en usage à Dresde est l'*eimer*, qui contient 68ˡ,7 ;
à Leipzig, l'*eimer* est de 76 litres ; le *fass*, de 379, et le *fuder*,
de 912.

§ IV. HESSE, NASSAU *et autres* ÉTATS, *compris entre le Hanovre,
    la Bavière, le Wurtemberg, le grand-duché de Bade.*

Ces Etats sont placés entre les 49° et 51° degrés de latitude ;
ils se composent de la Hesse électorale, du landgraviat de Hesse-
Hombourg, du grand-duché de Hesse-Darmstadt (superficie des
vignobles : 39,191 arpents ; production : 232,000 eimers de
68ˡ,14), du duché de Nassau (vignobles, 15,541 arpents ; pro-

duction : 62,450 eimers) et de plusieurs territoires voisins ou enclavés dans ces Etats.

La culture de la vigne est très-étendue dans plusieurs cantons, et fournit des vins estimés, surtout dans les pays voisins de la rive droite du Rhin. On en récolte aussi une grande quantité et de fort bons sur la rive gauche, dans les évêchés de Mayence et de Worms ; il s'en fait de grandes exportations pour l'Angleterre, la Hollande, le Danemark, la Suède, la Russie et pour tous les Etats de l'Allemagne. En temps de paix, on en envoie jusque dans l'Inde, parce que ceux de bonne qualité supportent les plus longs voyages sans s'altérer. Le prix des vins nouveaux des bons crus varie, suivant les années, de 1 fr. 50 c. à 5 fr. 50 c. le *maas* (1¹,3) ; tandis que ceux des bas crus se donnent quelquefois à 3 fr. l'hectolitre. Mais, comme les vins de premier choix se gardent trente, quarante, cinquante et jusqu'à cent ans, leur prix augmente en raison de leur âge et de la qualité qu'ils ont acquise ; l'on en vend quelquefois jusqu'à 12 et même 24 fr. la bouteille. Ils ne sont pas sujets à tourner à la graisse, et conservent toujours leur limpidité.

Les vins de la rive gauche du Rhin ont moins de corps que ceux de la rive droite ; cependant ils sont plus fins, et joignent à beaucoup de spiritueux un bouquet aromatique très-prononcé et des plus suaves, qui égale, s'il ne surpasse pas, ceux de nos meilleurs vins. Ils sont fort recherchés en Allemagne ; mais le goût sec et piquant qui les caractérise déplaît généralement aux Français, du moins au premier abord ; ce n'est qu'après en avoir bu pendant quelque temps que nous apprécions toutes leurs qualités. Le piquant de ces vins, loin d'être un acide grossier et corrosif, est fin et délié ; il constitue une partie de leur mérite, car il sert à neutraliser le soufre, qui, sans cela, se porterait avec trop de violence dans le sang. Les vins du Rhin sont très-sains et diurétiques ; ils n'attaquent pas les nerfs et ne troublent la raison que quand on en boit avec excès.

VINS ROUGES.

ASMANSHAUSEN, situé un peu au-dessous de Rudesheim, dans le duché de Nassau, récolte les meilleurs vins rouges de cette contrée. On assure que, dans les bonnes années, ceux des premiers crus sont peu inférieurs à nos grands vins de la haute Bourgogne, avec lesquels ils ont beaucoup d'analogie quand ils

sont à leur point de maturité ; mais on en fait peu de cette excellente qualité, et il est très-difficile de s'en procurer.

INGELHEIM, à 16 kil. S. O. de Mayence, dans le grand-duché de
Hesse-Darmstadt, fournit des vins qui jouissent d'une réputation égale à celle des précédents. Plusieurs autres crus donnent
des vins rouges de diverses qualités.

VINS BLANCS.

Première classe.

L'ancien château de JOHANNISBERG, situé sur la montagne
du même nom, un peu au-dessous de Mayence, dans la partie du
duché de Nassau nommée le *Rhingau*, est entouré de vignobles
considérables, dont la partie exposée au midi produit les meilleurs vins dits *du Rhin*. Les premières vignes y furent plantées,
vers la fin du XI° siècle, par les religieux d'une abbaye. Ce cru
célèbre appartenait autrefois à l'évèque de Fulde ; mais, lors de
la sécularisation des Etats ecclésiastiques, le prince d'Orange
acquit ce domaine, qui, plus tard, fut cédé au prince de Met-
ternich, qui le possède aujourd'hui. Les meilleures vignes, plantées sur les souterrains du château, faillirent être détruites pendant les guerres de la révolution. On assure que le général
Hoche voulut les faire sauter, et que ce ne fut qu'à la sollicitation
des habitants et à l'intervention du maréchal Lefebvre que l'on
dut la conservation de ce précieux vignoble, qui produit, chaque
année, 25 tonneaux contenant chacun 1,300 bouteilles de vin,
dont le prix, en 1809, a été de 4 florins ou 8 fr. 60 c. la bouteille. Ceux de 1779, 1788, 1805 et 1811 ont été vendus jusqu'à
12 florins ou 25 fr. 80 c. la bouteille. Ceux de 1815, de 1819,
de 1822 et de quelques années postérieures se sont aussi distingués par leur haute qualité et ont été vendus à de très-hauts
prix. Le cepage qui peuple cette vigne est le *riesling ;* l'on vendange quinze jours plus tard que dans les autres vignobles, et
l'on ne soutire le vin de dessus sa grosse lie qu'au bout d'un an,
tandis que les vins des autres crus sont soutirés, une première
fois, trois mois après la récolte, et une seconde fois après six
mois. Le vin du château de Johannisberg est surtout estimé
pour son bouquet prononcé et agréable, pour sa séve et aussi
pour l'absence presque totale du piquant qui caractérise les

autres vins du Rhin. On se procure très-difficilement le vin de ce cru ; mais celui que l'on tire des vignes qui sont au pied de la montagne est encore supérieur à la plupart des autres vins du Rhin et se vend assez cher. C'est celui que l'on trouve le plus ordinairement dans le commerce, au prix de 2 ou 3 florins ou de 4 fr. 30 c. à 6 fr. 45 c. la bouteille.

RUDESHEIM, aussi dans le Rhingau, à 30 kil. O. de Mayence, sur une colline de la rive droite du Rhin, vis-à-vis de Bingen. Les beaux vignobles qui entourent ce village ont été plantés sous le règne de Charlemagne, et garnis de cepages tirés de la Bourgogne et de l'Orléanais. Le raisin à pellicules dures que l'on y rencontre se nomme encore *orléaner* ; mais un ancien titre, trouvé dans les archives de l'archevêché de Mayence, prouve que les coteaux du voisinage ne furent plantés en vignes qu'en 1074. Les vins de Rudesheim ont du corps, assez de force, un parfum très-agréable et moins de piquant que la plupart des autres vins du Rhin. Celui nommé *hinterhaüser*, parce qu'il croît immédiatement contre les maisons du village, et celui dit *rüdesheimerberg* ou *vin de montagne*, diffèrent peu en qualité du meilleur vin de Johannisberg.

STEINBERG. Ce vignoble, qui dépendait autrefois du riche monastère d'Eberbach, appartient maintenant au duc de Nassau. Le vin qu'il produit est le plus fort de tous ceux dits *du Rhin*; il joint à beaucoup de finesse un parfum délicat et agréable ; on le range, comme celui de Rüdesheim, immédiatement après celui de Johannisberg.

Le GRAFENBERG, à Kidrich, aussi dans le duché de Nassau, était encore un domaine du monastère d'Eberbach, mais moins considérable que celui de Steinberg. Il produit des vins qui diffèrent peu de ceux de ce vignoble.

HOCHHEIM, situé sur la rive droite du Mein, à 4 kil. E. de Mayence, produit des vins qui se distinguent surtout par leur parfum aromatique très-prononcé et agréable. Les deux premiers crus de ce vignoble appartenaient autrefois au doyen de Mentz, et n'avaient pas plus de 36 acres d'étendue ; mais d'autres plantations, faites dans le voisinage de ces crus, fournissent beaucoup de vins de bonne qualité, dont les meilleurs se vendent ordinairement, au sortir du pressoir, 1,500 florins ou 3,225 fr. le tonneau de 1,300 bouteilles, et quelquefois encore plus cher. On en envoie beaucoup en Angleterre, où ils sont très-recherchés.

KIDRICH, près de Hochheim, récolte, dans le cru nommé

Markbrunn, des vins de même espèce et qui jouissent de la même réputation que ceux de Hochheim.

WORMS, à 32 kil. N. de Spire, près de la rive gauche du Rhin, dans le grand-duché de Hesse-Darmstadt, présente dans cette classe le vin nommé *liebfrauenmilch* (lait de Notre-Dame), qui se distingue par beaucoup de corps, de séve et de bouquet.

Deuxième classe.

Les vins de 2ᵉ et de 3ᵉ qualité de JOHANNISBERG, de RUDESHEIM, de STEINBERG, du GRAFENBERG, et la plus grande partie de ceux de HOCHHEIM, ne peuvent entrer que dans cette classe.

BINGEN, à 25 kil. O. S. O. de Mayence, sur la rive gauche du Rhin, au confluent de la Nahe, dans le grand-duché de Hesse-Darmstadt, a de très-grands vignobles. Ceux du mont *Scharlachberg*, situé près de la ville, donnent des vins qui ont beaucoup de spiritueux, avec un bouquet et une séve des plus agréables. Le prix du *scharlachberger* est toujours très-élevé.

WIKERT et KOSTHEIM, près de Hochheim, et GEISENHEIM, dans le duché de Nassau, font des vins de même espèce et peu inférieurs à ceux de Hochheim.

WIESBADEN, capitale du Nassau, à 8 kil. N. de Mayence, donne des vins d'une qualité supérieure, parmi lesquels on distingue ceux du village de *Schierten*, de la métairie de *Narden*, et ceux du territoire même de *Wiesbaden*; ils ont toutes les qualités qui caractérisent les bons vins du Rhin.

Troisième classe.

Les vins du *Hamptberg*, à RAUENTHAL, ont du corps, du spiritueux et un parfum agréable. BINGEN et GEISENHEIM, déjà cités, produisent aussi beaucoup de vins qui n'entrent que dans cette classe et les suivantes.

NIERSTEIN, OPPENHEIM et LAUBENHEIM, à environ 25 ou 30 kil. de Mayence, dans le grand-duché de Hesse-Darmstadt, produisent les meilleurs vins de la rive gauche du Rhin.

WORMS, cité dans la 1ʳᵉ classe pour son vin nommé *liebfrauenmilch*, fait un grand commerce des vins de son territoire, qui sont, en général, de fort bonne qualité.

Quatrième classe.

Tous les vignobles cités dans les précédentes classes produisent beaucoup de vins qui ne peuvent entrer que dans celle-ci et la suivante, les uns comme vins d'ordinaire de 1re, 2e, 3e et 4e qualité, et les autres comme vins communs.

MAYENCE, BODENHEIM, GAUBISCHEIM et NACKENHEIM, entre 4 et 12 kil. de Mayence, font des vins estimés et qui donnent lieu à des exportations considérables. On recherche surtout celui nommé *kœstrich*, qui se récolte sur le territoire de Mayence. Ces vins n'ont pas beaucoup de corps, mais ils sont parfumés, délicats et d'un goût fort agréable.

BISCHOFSHEIM, dans l'électorat de Hesse, fournit les vins les plus estimés de l'ancien comté de Hanau, dont les vignobles sont considérables et de bonne qualité.

ROTHENBERG, sur la Fulde, dans la Hesse électorale, fait des vins estimés pour leur douceur et leur parfum agréable.

Cinquième classe.

PHILIPPSECK, château situé sur une montagne, dans le bailliage de Butzbach, à 12 kil. S. de Wetzlar, REICHENBERG et WILDENSTEIN, dans le comté d'Erbach, grand-duché de Hesse-Darmstadt, sont entourés de vignobles considérables qui fournissent des vins parmi lesquels plusieurs sont recherchés comme d'ordinaire.

Le CATZENELLENBOGEN, contrée coupée par le Mein, qui appartient en partie au grand-duché de Hesse-Darmstadt, et en partie au duché de Nassau, produit beaucoup de vins d'ordinaire assez bons et dont le plus grand nombre est consommé par les habitants. Le district de FULDE, dans la Hesse électorale, et plusieurs autres cantons des différents pays compris dans ce paragraphe, produisent des vins d'ordinaire de diverses qualités, avec beaucoup de vins communs sans force ni qualité, qui ne se conservent pas et dont il ne se fait aucune exportation.

Le principal commerce des vins du grand-duché de Hesse-Darmstadt se fait à Mayence, à Worms et à Bingen ; cette dernière ville en expédie beaucoup en Hollande et à Francfort-sur-le-Mein. Les mesures en usage sont l'*ohm*, qui contient environ

140 litres; l'*eimer*, qui, à Mayence, est de 155 litres, et le *fuder* ou *stückfass*, grand tonneau qui contient 7 *ohms* 1/2 ou 1,050 litres.

FRANCFORT-SUR-LE-MEIN, ville libre, à 32 kil. N. E. de Mayence, dont le rapproche l'un des premiers railways construits en Allemagne, est l'entrepôt de tous les vins de France et du Rhin qui sont destinés pour l'Allemagne; elle en fait un commerce très-considérable. HANAU, à 24 kil. E. de Francfort, fait le principal commerce des vins qu'on récolte dans son voisinage. Les mesures en usage sont le *viertel*, qui représente 7 litres 38 centilitres, et l'*ohm*, qui est de 147^l,49. À Cassel, capitale de la Hesse électorale, et à Marburg, dans le duché de Hesse-Darmstadt, le *viertel* est de 8^l,16, et l'*ohm* de 163^l,45.

NIEDER-SELTERS, plus connu en France sous le nom de SELTZ, dans le duché de Nassau, est célèbre par ses eaux minérales gazeuses, qui s'expédient dans les pays les plus lointains et jusqu'aux Indes orientales. Ces eaux ont un goût acide vineux, et font sauter le bouchon comme le vin de Champagne. Le débit annuel en est évalué à un million de bouteilles, qui produisent un revenu net de plus de 60,000 florins, environ 130,000 fr. argent de France; l'on sait que d'incalculables quantités d'eau de Seltz sont produites artificiellement jusque dans les ménages les plus modestes.

§ V. *Royaume de* BAVIÈRE, *situé entre la Hesse, la Saxe, la Bohême, l'archiduché d'Autriche, le Tyrol et le Wurtemberg, entre les 47° et 51° degrés de latitude.*

Avant 1814, les possessions de ce royaume, quoique placées sous un climat plus tempéré que la Saxe, n'offraient presque nulle part à la vigne le sol et les expositions convenables à sa végétation. Le peu de vin qu'elle fournissait se consommait dans le pays, où la bière est d'ailleurs la boisson ordinaire des habitants; mais le grand-duché de Wurtzbourg, sur la rive droite du Rhin, qui y a été réuni à cette époque, comprend une grande partie de l'ancien cercle de Franconie et contient beaucoup de vignobles qui produisent des vins d'excellente qualité, connus sous le nom de *vins de Franconie*. Les acquisitions que la Bavière a encore faites des quatre cercles de Deux-Ponts, de Spire, de Landau et de Kaiserslautern (le Palatinat), sur la rive gauche du Rhin, ont aussi des vignobles importants. Depuis

Landau jusqu'à Neustadt, les collines en sont couvertes. Lorsque
ces cercles appartenaient à la France, ils étaient compris dans
le département du Mont-Tonnerre, qui, avec la partie de l'évêché de Mayence située sur la rive gauche du Rhin, contenait
14,000 hectares de vigne, produisant, récolte moyenne,
396,000 hectolitres de vins. Actuellement la Bavière proprement dite en possède 64,894 journaux (*Tagewerk*) produisant,
année ordinaire 864,350 eimers de vin. Le Palatinat, ou la
Bavière rhénane, province détachée, située sur la rive gauche
du Rhin, et que Bade et Wurtemberg séparent du territoire
principal, a 31,395 journaux produisant 585,595.

Les monnaies en usage dans la Bavière sont : (Or.) Ducat
valant 5 florins 24 kreutzers, ou 2 thalers 25 gr. — (Argent).
Florin (Gulden) de 60 kreutzers valant 2 fr. 14 2/7 c. (On
compte habituellement 2 fr. 10 c.) — 105 kreutzers (1 3/4 fl.)
font 1 thaler. (Ne pas confondre ce florin, dit *du Rhin*, avec
celui de l'Autriche qui vaut 50 centimes de plus.)

Les mesures de superficie sont le journal ou l'arpent (Tagewerk,
Morgen, Juchert), 400 perches carrées, soit 34ᵃʳᵉˢ,07.

Mesures de capacité. Pour les liquides en général, maass
1ˡ,07. — Pour la bière, l'eimer (Visir-Eimer) divisé en 24 maass
tient 68ˡ,42. — L'eimer (ou Schenk-Eimer) de vin n'a que
60 maass (64ˡ,14) de 4 quartels.

VINS ROUGES.

On en récolte peu, parce que les raisins de cette couleur
prospèrent moins bien que les blancs, et donnent des vins d'une
qualité inférieure; cependant on en fait de fort bons dans les
vignobles de KOENISBACH, à 5 kil. de Neustadt, dans ceux de
WANGEN, à 30 kil. N. de Landau et dans quelques autres endroits; ils sont recherchés dans le pays, mais leur réputation est
bien au-dessous de celle des vins blancs, et il ne s'en fait aucune
exportation.

VINS BLANCS.

Première classe.

WURTZBOURG, sur la rive droite du Mein, dans la Franconie,
à 70 kil. S. O. de Bamberg, sous le 49ᵉ degré de latitude. Le

territoire de cette ville, l'un des plus fertiles de l'Allemagne, fournit au commerce une grande quantité de bons vins dont les meilleurs se récoltent dans les vignes nommées *Leist, Stein, Harfen* et *Gressen*. La première, située sur la rive gauche du Mein, vis-à-vis de la ville, appartient à l'hôpital du Saint-Esprit; elle donne un vin sec, spiritueux, parfumé et fort agréable. La seconde, située au pied de la citadelle, produit un vin de même espèce que le précédent, mais plus spiritueux et plus échauffant; on l'accuse même d'occasionner de violents maux de tête lorsqu'on en use trop librement. Ces deux vins sont rangés parmi les plus estimés de l'Allemagne. La meilleure et la plus forte partie du vignoble de Stein appartient au roi de Bavière; le surplus dépend du domaine de l'hôpital du Saint-Esprit, qui le vend en bouteilles, à un très-haut prix. En 1811, la récolte de cet excellent vin fut assez considérable, et il s'est vendu jusqu'à 12 fr. 50 c. la bouteille. L'hôpital de Wurtzbourg vend à haut prix non-seulement les vins qu'il réeolte dans les crus de Leist et de Stein, mais encore beaucoup d'autres d'une moindre qualité, que ses administrateurs font conserver avec soin et qu'ils ne livrent à la consommation que quand ils ont acquis leur plus haut degré de perfection.

Deuxième classe.

La vigne nommée *Harfen* (harpe), parce qu'elle présente la forme de cet instrument, est à la suite de celle de Leist, sur la rive gauche du Mein, et celle nommée *Gressen*, parce que, dit-on, le terrain est disposé en terrasses, est près de la ville de *Wurtzbourg*. Ces deux crus donnent des vins secs qui participent de toutes les qualités de ceux de Leist et de Stein; ils forment la seconde classe de cette espèce.

SALECKER, petit village, à 8 kil. de Wurtzbourg, fournit des vins dont les meilleurs sont de même espèce et aussi estimés que les précédents.

ROTH, à 7 kil. N. p. O. de Landau, DEIDESHEIM, à 8 kil. N. p. E. de Neustadt, DURKEIM, à 12 kil. N. de la même ville, et HARXHEIM, à 7 kil. de Goelheim, fournissent les vins les plus corsés et les plus généreux du Palatinat; ils sont aussi les plus recherchés et se vendent, au bout de quelques années, jusqu'à 3,500 fr. le foudre ou *stükfass*, qui contient 1,050 litres. On distingue surtout à Roth l'excellent vin du cru de *Tramine*. Les négociants de Francfort ont des comptoirs à Deidesheim, et, dans les bonnes années, ils achètent tous les bons vins au sortir de la cuve.

Troisième classe.

ESCHERNDORG, VOLKACH, SOMMERACH, SCHALKSBERG et SCHWEINFURT-SUR-LE-MEIN, dans la Franconie, produisent des vins secs de fort bonne qualité.

KOENIGSBACH, NEUSTADT, FORST, UNGSTEIN, GRUENSTADT et WERTHEIM, dans la Bavière rhénane, fournissent beaucoup de vins, dont quelques-uns seulement peuvent figurer dans cette classe ; mais le plus grand nombre ne peut entrer que dans les 4e et 5e classes.

Quatrième et cinquième classes.

Tous les vignobles de la Franconie et de la Bavière rhénane produisent des vins qui n'entrent que dans ces deux classes, les uns comme vins d'ordinaire de 1re, 2e, 3e ou 4e qualité, et les autres comme vins communs.

BERG-ZABERN, à 8 kil. de Wissembourg, dans la Bavière rhénane, et plusieurs autres vignobles du duché de Deux-Ponts, donnent des vins d'ordinaire de fort bonne qualité.

BERINGFELD et ZEIL, dans l'évêché de Bamberg, sont entourés de vignobles qui produisent des vins d'ordinaire assez bons. On en récolte aussi beaucoup dans les vignobles de SCHWEINFURT, sur le Mein, à 36 kil. O. de Bamberg ; dans ceux des environs de LINDAU sur le lac de Constance dans la Souabe ; et de RAVENSBURG, dans l'Algau.

VINS DE LIQUEUR.

On prépare, dans plusieurs vignobles de la Franconie, des vins de paille semblables à ceux de l'Alsace, mais plus aromatiques. Ce pays produit encore beaucoup d'autres vins de moindre qualité, qui s'y consomment, ainsi que dans les contrées voisines.

ASCHAFFENBOURG, sur la rive droite du Mein, à 40 kil. S. E.

de Francfort, a dans son voisinage le rocher de *Trieffenstein*, sur lequel on récolte un vin de liqueur nommé *almus* (jonc odorifère), dont il a le goût, et qui est recherché dans le pays ; il a quelque ressemblance avec les vins doux de la Hongrie. On fait aussi des vins de même espèce à Schweinfurt et à Louisbourg.

La ville de Wurtzbourg fait un grand commerce des vins de son territoire ; ils s'y vendent à l'*eimer*, qui est de 61 litres, et au *fuder*, qui en contient 751. A Ochsenfurt, l'*eimer* est de 69^l,57 ; à Sommerhausen, il est de 67^l,38 ; à Kitzingen, d'où l'on exporte, chaque année, plusieurs mille *fuders* de vin, d'eau-de-vie et de vinaigre, l'*eimer* vaut 76^l,59 ; à Anspach, il est de 84^l,18 ; à Sommerach, de 71^l,47 ; à Schwabach, de 69^l,63, et à Heidingsfeld, de 72^l,76. Le *fuder* se compose de 12 *eimers*. Le bon état des routes, la proximité du Mein et le chemin de fer font qu'une grande partie des denrées de la Franconie passe par les mains des négociants de Wurtzbourg et de Kitzingen.

Les vins de la Franconie sont presque tous expédiés pour la Saxe royale, les duchés saxons et le nord de l'Allemagne, où ils sont préférés, parce qu'ils coûtent moins cher que les vins du Rhin, même d'une qualité inférieure.

§ VI. *Royaume de* Wurtemberg, *situé entre la Bavière, la Suisse et le grand-duché de Bade, par les 47°, 48° et 49° degrés de latitude septentrionale.*

Les vignes sont l'une des principales branches de la richesse territoriale de ce pays ; les plants ont été tirés des meilleurs vignobles de France, de la Valteline et de la Hongrie ; on en a même vu de Chypre et de Perse réussir parfaitement dans plusieurs cantons.

Les vallées de Rems, du bas Necker, de Sulm et de Zabert, les environs de Heilbronn, ceux de Weinberg, d'Eslingen, sur le Necker ; de Ravensbourg, à 16 kil. de Buchorn, et, en général, les districts septentrionaux, ont le sol et la température convenables à la vigne. Les vins sont généralement bons et estimés dans le pays ; on en fait quelques expéditions pour l'Angleterre, où on les connaît sous le nom de *vins du Necker*. Les meilleurs se récoltent dans les vignobles de Bessigheim, près de Laufen, à 8 kil. d'Heilbronn ; ils ont une couleur rouge peu foncée, du spiritueux, un fort bon goût, de la séve et un bou-

quet très-suave. On cite aussi avec éloge ceux des vignobles de
BODWAR, à 16 kil. N. de Stuttgard, et ceux de CANSTADT, à 4 kil.
N. E. de la même ville.

Le principal commerce des vins se fait à Stuttgard, capitale
du royaume, et à Heilbronn, qui en est éloignée de 40 kil. au
N. Cette dernière ville fait non-seulement le commerce des bons
vins de son territoire, mais elle est encore l'un des entrepôts
de transit pour différentes parties de l'Allemagne.

La production totale de Wurtemberg s'élève à 652,832 eimers
de 68^l,14 et la superficie de ses vignobles de 104,633 arpents
(*morgens*) de 31^m,51.

Même monnaie qu'en Bavière.

§ VII. *Grand-duché de* BADE, *situé sur le Rhin, entre le duché du
Bas-Rhin, la Hesse, le royaume de Wurtemberg, la Suisse et la
France, sous les 47°, 48° et 49° degrés de latitude.*

La vigne occupe le premier rang parmi les productions de ce
pays, et donne, en général, des vins de bonne qualité, même
dans les parties septentrionales : ceux de quelques cantons méridionaux sont fort estimés. Superficie des vignobles : 59,152 arpents (*morgens*) de 36 ares; production : 742,753 eimers de
68^l,14.

VINS ROUGES.

Les bords du NECKER ont des vignobles assez étendus qui produisent des vins de diverses qualités, parmi lesquels on en rencontre des rouges que quelques personnes comparent à ceux des
bons crus du Bordelais.

VINS BLANCS.

La seigneurie de BADENWEILER, à 16 kil. S. E. de Fribourg,
produit les vins les plus renommés; ceux surtout de FÉNERBACH
et de LAUFEN ont toutes les qualités des bons vins du Rhin.

EBERBACH, à 12 kil. O. de Mosbach, a dans son territoire des
vignobles qui produisent de fort bons vins; ils sont estimés pour
leur douceur et leur parfum agréable.

HEIDELBERG, sur le Necker, à 72 kil. S. de Francfort. La route
qui mène à Darmstadt et qu'on nomme *Bergstrasse* (route des

montagnes)ʺtraverse de beaux vignobles : on cite parmi les curiosités de cette ville un tonneau immense, entouré de cercles de cuivre, contenant environ 240 *fuders* ou 2,192 hectolitres de vin, que le gardien ne manquait pas de faire goûter aux étrangers, avec beaucoup de cérémonie, dans une belle coupe nommée *wiederkom*, en leur annonçant qu'il a cent vingt ans.

Les environs de BADE sont remplis de vignobles qui fournissent beaucoup de bons vins, parmi lesquels on cite ceux de CRETZINGEN, de BERGHAUSEN et de SELLINGEN, dans le bailliage de Dourlach, à 8 kil. E. de Carlsruhe.

Les vignes voisines du lac de Constance, principalement celles de MERSEBOURG, et d'UBERLINGEN, donnent des vins estimés : l'île de REICHENAU, située au milieu du lac, en produit d'assez bons.

Les mesures en usage sont le *viertel*, de 9ˡ,20; l'*ohm*, de 110ˡ,50, et le *fuder*, qui contient 10 *ohms*.

CLASSIFICATION.

(Vins pâles ou rose clair).

VINS ROUGES.

Les meilleurs, d'Asmanshausen, dans le duché de Nassau, sont des vins fins de 2ᵉ classe. Ceux des autres crus n'entrent que dans la 3ᵉ, avec les vins nommés *bleicherts*, que l'on fait à Neuwied, Lintz, Altenahr, Dernau, Mayschof, Rech, Ahrveiler, Bruck, Creutzberg, Hœnningen et Kesseling, dans le duché du Bas-Rhin ; les meilleurs de Bessigheim, et de quelques autres vignobles du Necker, dans le royaume du Wurtemberg, et enfin de Kœnisbach et de Wange, royaume de Bavière. La plupart des vins rouges du *Necker*, que l'on récolte dans le royaume de Wurtemberg et dans le grand-duché de Bade, sont des vins d'ordinaire de 1ʳᵉ, 2ᵉ, 3ᵉ et 4ᵉ qualité, dans les 4ᵉ et 5ᵉ classes. Tous les autres vins rouges de l'Allemagne sont communs et de qualité inférieure.

VINS BLANCS.

Ceux du château de Johannisberg, les meilleurs de Rüdesheim, de Steinberg, de Gräfenberg, de Hochheim, le *markbrunn* de Kidrich, dans le duché de Nassau, et celui nommé *liebfrauenmilch*, à Worms, dans le grand-duché de Hesse-Darmstadt, forment la première classe des vins secs de l'Allemagne avec ceux des vignes de Leist et de Stein, à Wurtzbourg, dans le royaume de Bavière, les sept premiers comme vins *du Rhin*, et les deux autres comme vins *de Franconie*.

Les vins de 2° qualité des crus que je viens de citer, les meilleurs de ceux de Vikert, Kostheim et Geisenheim, dans le duché de Nassau ; de Bingen, grand-duché de Hesse-Darmstadt ; de Bacharach, Prusse rhénane, entrent dans la 2° classe comme vins *du Rhin*, avec ceux des vignes nommées *Harfen* et *Gressen*, à Wurtzbourg, et de plusieurs crus de Salecker comme vins *de Franconie* ; ceux de Roth, Deidesheim, Durkheim, et Harxheim, comme vins *du Palatinat*, de Bavière ; enfin ceux de Pisport, Zeltingen, Olisberg, Braunenberg, Schartsberg et Dusemond, dans la Prusse rhénane, comme vins *de Moselle*.

La 3° classe se compose 1° des *vins du Rhin*, que l'on fait à Rauenthal, Geisenheim, Nierstein, Oppenheim et Laubenheim, dans le duché de Hesse-Darmstadt ; de Badenweiler, Feuerbach, Laufen, Eberbach, Kingenberg et Heidelberg, dans le duché de Bade ; enfin des meilleurs crus de Kœnigsbach, Neustadt, Forst, Ungstein, Grundstadt et Wertheim, dans la province bavaroise de la rive gauche du Rhin ; 2° des *vins de Franconie*, que l'on récolte à Escherndorf, Volkach, Sommerach, Schalksberg et Schweinfurt, royaume de Bavière ; 3° des *vins de Moselle*, faits à Trèves, Wehlen, Graach, Becherbach ; Litzerhecken et Rutz, dans la Prusse rhénane ; 4° enfin des *vins de la Nahe*, récoltés à Steeg, Liegerberg, Ober-Wesel, Montzingen, Maas, Huhn et Diebach, dans le même duché.

Les vins dits de l'*Aar*, des vignobles d'Ahrveiler, de Walporzheim et de Bodendorf ; ceux dits *de Moselle*, que l'on récolte à Affenbourg, Hamen, Strang, Elzenberg, Lutz, Riol, Neumagen, Wintrich, Lieser, Craef, Berncastel, Urzig et Traben-sous-Rissbach, tous dans la Prusse rhénane. Les vins *du Rhin* des territoires de Mayence, Bodenheim, Gaubischeim et Nackenheim, dans le grand-duché de Hesse-Darmstadt ; de Bischoffsheim, et de Rothenberg, dans la Hesse électorale ; ceux de Berg-Zabern et de plusieurs autres vignobles du duché des Deux-Ponts, dans la province bavaroise de la rive gauche du Rhin ; enfin ceux des environs de Bade, de Cretzingen, de Berghausen et de Sellingen, dans le grand-duché de Bade, entrent dans la 4ᵉ classe comme vins d'ordinaire de 1ʳᵉ qualité.

Les vignobles des environs de Trarbach, d'Enkirch, et tous ceux de la *Moselle*, depuis Bourg jusqu'à Coblenz ; ceux de Wavern, Caùzem et Bibelhausem, sur la *Sarre* ; de la Montagne-Verte, de Cassel et de Valdrach ; ceux de Creutznach, Ober-Stein, et des autres vignobles dits de *la Nahe*, dans l'arrondissement de Birkenfeld, tous dans le duché du Bas-Rhin. Les vignobles de Philippseck, de Reichenberg, de Wildenstein et du Catzen ellenbogen supérieur, dans le grand-duché de Hesse-Darmstadt du Catzenellenbogen inférieur, dans le duché de Nassau ; de Beringfeld et de Zeil, dans le royaume de Bavière ; enfin de Mersebourg, d'Uberlingen et de l'île Reichenau, dans le grand-duché de Bade, produisent des vins d'ordinaire qui occupent les différents degrés de la 5ᵉ classe, les uns comme vins d'ordinaire de 2ᵉ. de 3ᵉ ou de 4ᵉ qualité, et les autres comme vins communs. Tous ceux des environs de Cologne, dans la Prusse rhénane ; du district de Fulde, dans la Hesse électorale ; de Naumbourg ; Grüneberg et Cotbus, dans le royaume de Prusse ; de Meissen et de la basse Lusace, dans le royaume de Saxe ; et des environs de Lindau, dans la Bavière, ne sont que des vins communs.

Les vins dits *de paille*, que l'on fait dans la Franconie, et celui nommé *calmus*, à Aschaffenbourg, sont des vins de liqueur de 3ᵉ classe.

CHAPITRE V.

Empire d'Autriche.

Les possessions de cet empire s'étendent entre les 42ᵉ et 51°degrés de latitude nord, et les 7° et 24° de longitude orientale. Elles sont bornées, au nord, par la Saxe, la Prusse, la Pologne et la Russie ; à l'ouest, par la Bavière, la Suisse et l'Italie ; au sud, par l'Italie, la mer Adriatique et la Turquie ; enfin, à l'est, par la Turquie. Ce chapitre est divisé en huit paragraphes, dont le premier comprend la Silésie autrichienne, la Bohême. et la Moravie ; le deuxième, la Gallicie ; le troisième, l'archiduché d'Autriche et le duché de Saltzbourg ; le quatrième, la Hongrie, y compris la Croatie ; le cinquième, la Transylvanie ; le sixième, la Styrie et l'Esclavonie ; le septième, l'Illyrie, la Carinthie et le Carniole ; et enfin le huitième, le Tyrol.

Quoique la bière soit la boisson la plus généralement adoptée par les habitants de cet empire, la vigne est un objet important de culture dans plusieurs provinces, et fournit des vins dont quelques-uns ont beaucoup de qualité ; mais la plupart sont verts, secs et peu généreux. Cependant les producteurs, habitués à les boire tels, les préfèrent à tous autres, et considèrent leur piquant, qui approche beaucoup de l'acidité, comme le signe caractéristique de leur qualité. Il s'en fait des expéditions dans quelques pays, surtout en Russie. On évalue à plus de 40,000,000 d'*eimers* (de 58 litres), ou environ 23,300,000 hectolitres, le produit annuel des vignobles de l'Autriche. Leur superficie totale est de 1,275,736 *jochs* de 58 ares 56.

§ I. SILÉSIE AUTRICHIENNE, BOHÊME *et* MORAVIE, *situées sous les* 49° *et* 50° *degrés de latitude, entre la Saxe, la Prusse, la Hongrie, l'archiduché d'Autriche et la Bavière.*

La SILÉSIE AUTRICHIENNE ne contient pas de vignoble.

La BOHÊME contient, d'après les états officiels dressés en 1786, 4,408 *jochs* ou 2,534 hectares, en 1857, 4,439 *jochs* de vignes, qui produisent, année commune, 50,000 *eimers*, ou 29,000 hectolitres de vin. Les principaux vignobles sont dans le cercle de LEITMERITZ, qui fournit seul 30,000 *eimers*, et dans celui de BUNSLAU, qui en produit 10,000. On distingue particulièrement 1° les vins rouges dits *podskalski*, que l'on récolte dans le territoire d'AUSSIG, à 16 kil. de Leitmeritz ; ils sont doux, agréables et très-spiritueux, mais ils deviennent rarement bien limpides, et doivent être bus dans la première année ; 2° ceux de MELNICK, dans le cercle de Bunslau, sur une colline près du confluent de l'Elbe et de la Mulda ; ils sont également rouges. de fort bon goût, et se conservent assez bien. Ils proviennent de plants que Charles IV y fit transporter de la Bourgogne.

La partie méridionale de la MORAVIE contient 41,652 hectares de vigne, qui produisent environ 555,000 *eimers* ou 290,000 hectolitres de vins, parmi lesquels on distingue ceux de POLESCHOWITZ et de quelques cantons des environs de BRUNN, capitale de cette province. Ils sont généreux, de fort bon goût, et se conservent longtemps; les meilleurs sont comparables aux bons vins de Hongrie; mais les produits de ces vignobles ne suffisant pas à la consommation des habitants, il ne s'en fait aucune exportation.

Les mesures en usage à Prague et dans toute la Bohême sont l'*eimer*, qui contient environ 64 litres, et le *fass*, qui est de 244 litres. L'*eimer* de Vienne n'est que de 58^l,56. Dans la Moravie, le vin se vend au *mass* de 1^l,07.

§ II. GALLICIE, *située entre la Pologne, la Russie, la Moldavie, la Transylvanie, la Hongrie, la Moravie et la Silésie prussienne, sous les* 47°, 48°, 49° *et* 50° *degrés de latitude.*

Cette province, la plus septentrionale de l'empire d'Autriche, a quelques cantons qui seraient susceptibles de produire des vins pour la consommation des habitants, si la culture de la vigne n'y était pas très négligée; l'exposition boréale et la nature froide de la plupart des terrains l'empêchent de parvenir à un état florissant : on ne voit des plantations un peu considérables de cet arbuste qu'à RENSENY, dans le district de Suczawa, et à PETRONITZ, dans la Bukovine : les vins qu'on en tire sont de médiocre qualité.

CRACOVIE, ville dont le territoire est enclavé dans la partie occidentale de la Gallicie, fait un très-grand commerce des vins de tous les pays, et surtout de ceux de la Hongrie. La mesure en usage est le *garnieck*, de 3^l,18, et le *moyo*, qui en contient 162.

§ III. *Archiduché d'*AUTRICHE *et duché de* SALTZBOURG, *situés entre la Bohême, la Moravie, la Hongrie, la Styrie, le Tyrol et le royaume de Bavière, sous les* 47° *et* 48° *degrés de latitude.*

La vigne est très-peu cultivée dans la haute AUTRICHE et dans le SALTZBOURG; mais elle est une des principales ressources de la basse AUTRICHE. Le terrain consacré à cette culture est de 18,814 *jochs*, dont on tire, chaque année, environ 1,500,000 *eimers* de vin. Les meilleurs vignobles sont sur le mont *Calenberg*, dont la chaîne s'étend jusqu'en Styrie. Dans le quartier nommé STEINFELD, au-dessus de la forêt de Vienne, les vins les

plus estimés se récoltent sur les territoires de HOEFLEIN, UNTER-
KUTZENDORF, KLOSTER-NEUBOURG, KAHLENBERG, NUSSDORF,
HEILIGENSTADT, SALMERSDORF, HERNALS, DORNBACH, BREI-
TENSÉE, BERCHTOLSDORF, LIESING, MAUERKALKSBURG, BRUNN,
DOEBLING, GRINZING, OBER-ET-UNTER-SIFRING, WAEHRING,
OTTARCING, WEINHAUS, POETZLEINDORF, NEUSTIFT, ENZERS-
DORF, et dans les environs de LICHTENSTEIN, MOEDLING,
NEUDORF, GUNDERMANSDORF, GUMPOLTSKIRCHEN et PSAFFSTAE-
TEN. Ces vins, en général plus forts que ceux du Rhin, ont
une couleur verdâtre et deviennent potables en peu de temps.
Ceux qui proviennent des montagnes au sud de Vienne, et que
l'on nomme *gebirgwein* (vins de montagne), se conservent de
vingt à trente ans et acquièrent de la qualité en vieillissant;
mais ceux des cantons septentrionaux, que l'on nomme *vins du
Danube*, ne se soutiennent que quelques années. On récolte
fort peu de vins rouges dans ces vignobles; l'on cite comme les
meilleurs de cette espèce ceux de PFAFFSTAETEN, ils proviennent
de plants tirés de la Bourgogne. On rencontre aussi des
vignobles étendus près du château de SPITZ, au-dessus des
rochers connus sous le nom de *Mur-du-Diable*. La haute Autriche (ou au-dessus de l'*Enns*) n'a que très-peu de vignes, qui
sont dans les cercles de l'HAUSRUCK et de la TRAUN; on n'y
récolte que de mauvais vins, qui sont loin de suffire aux besoins des habitants. Le pays ne contient pas de vignobles importants; ceux d'ASCHACH et de ROTTENBERG ne méritent pas d'être
comptés; le cidre et la bière sont les boissons les plus ordinaires
des habitants.

Les mesures en usage à Vienne sont l'*eimer*, qui se compose
de 40 *mass* et contient 58 litres; le *dreiling*, de 1,696, et le
fuder, de 1,777 litres.

§ IV. HONGRIE, *située entre la Moravie, la Gallicie, la Transylvanie, la Turquie, la Carinthie, la Styrie et l'archiduché d'Autriche.*

Cette contrée, placée entre les 44° et 49° degrés de latitude,
est, de tous les États de l'empire d'Autriche, la plus vaste et la
plus fertile; elle contient, y compris le banat de Temeswar,
584,776 *jochs* de vignobles, la Croatie et l'Esclavonie en a
57,124, les confins militaires 49,850 *jochs*, qui produisent
annuellement 27,000,000 d'*eimers*, mesure de Vienne, de vins

de différentes qualités, qui fournissent à la consommation des habitants, et à des exportations dont la valeur annuelle est évaluée à plus de 4,000,000 fr. La plus grande quantité est expédiée en Pologne et en Russie. Les vignobles étant en grande partie entre les mains des paysans qui ne choisissent pas les cepages et ne séparent pas les raisins mûrs de ceux qui sont verts ou pourris, on ne fait de bons vins que dans quelques districts.

On compte en Hongrie plus de soixante variétés de raisin qui ont été tirées de la Grèce, de l'Italie et de l'Asie. Zirmay de Zirma (1) en cite trente-cinq dans le seul comté de ZEMPLIN, parmi lesquelles celles nommées *formint* et *hars-levilii* fournissent l'excellent vin de liqueur connu sous le nom d'*essence de Tokay* que l'on récolte sur les montagnes qui terminent de ce côté l'immense chaîne des Carpathes, que l'on nomme *Hegy-Allia* (pays de montagnes). Chacune d'elles a un nom particulier, qu'elle donne au bourg ou au village dont elle dépend. On en compte trente-quatre dans le comté de Zemplin, qui toutes sont couvertes de vignobles plus ou moins étendus. Zirmay les classe dans l'ordre suivant pour leur fertilité : il met au premier rang celles nommées *Tallya, Ond, Ratka, Mada, Zombor, Tarczall, Tokay, Bodrog-Kerestur, Kis-Falud, Szegi, Liszka, Erdo-Benye, Tolcsva, Zadany, Petraho, Patak, Vamos-Ujfalu, Sator-Ujhely, Olaszi* et *Kis-Toronya*; au second rang, celles de *Monok, Szerencs, Bekecs, Kovesd, Szentes, Kiraly-Helmecz, Zemplen, Szolloske, Nagy-Toronya, Bari* et *Lagmocz*; enfin au troisième rang, celles nommées *Gal-Szech, Kryvostyan* et *Barko*. Les vignes occupent ordinairement la partie inférieure de ces montagnes, et les couvrent jusqu'à moitié de leur hauteur. Celles qui sont exposées au midi se trouvent abritées des vents du nord par la partie supérieure, qui est presque toujours escarpée et composée de rochers inaccessibles ; elles produisent d'excellents vins, tandis que celles qui sont aux autres expositions en fournissent de bien inférieurs. Le sol de ces vignobles est d'une finesse et d'une légèreté extraordinaires : c'est positivement de la poussière brune qui produit, avec les acides, une très-forte effervescence, qui n'a rien de la nature du sable et qui n'est mélangée ni de grève ni de cailloux. Robert Townson pense que ce sol n'est autre chose que du basalte décomposé.

(1) *Notitia topographica politica inclyti comitatus zempliniensis.* BUDE, 1803.

TOKAY, bourg considérable de la haute Hongrie, au confluent de la Theiss et du Bodrog, dans le comté de Zemplin, à 150 kil. N. E. de Bude, et 60 kil. S. de Cracovie, sous le 43° degré 20 minutes de latitude nord. C'est dans ce canton, sur le mont Tokay, situé entre ce bourg et le village de Tarczal, dont il prend aussi le nom, que croît le plus estimé des vins dits *de Tokay*, regardé, avec raison, comme le premier vin de liqueur du monde. La côte qui le produit a environ neuf mille pas de longueur; mais la partie exposée au midi, que l'on nomme *Mèzes-Malé* (rayon de miel), d'où l'on tire le meilleur, n'a guère que six cents pas. L'empereur Probus fit planter les premiers ceps de cette vigne en l'an 280 de l'ère chrétienne : il les avait fait venir de la Grèce; mais ce n'est que dans le xvii° siècle que le vin de Tokay a acquis sa haute réputation par suite des perfectionnements apportés dans sa fabrication. Ce vin a toutes les qualités qu'Horace désire rencontrer dans cette liqueur (1). Doux, et en même temps très-généreux, délicat et parfumé, il rafraîchit la bouche, enlève le goût de tous les mets qui l'ont précédé, et ne laisse que sa saveur délectable. Le cru de *Mèzes-Malé* dépend du village de TARCZAL; il fournit les vins les plus estimés pour leur douceur; ceux de TOKAY et de MADA sont de même espèce, et diffèrent peu en qualité. Ceux de TALLYA ont plus de corps, tandis que ceux de ZOMBOR ont plus de force : les vins de SZEGHY et de SZADANY ont un parfum aromatique plus prononcé; enfin ceux de TOLESVA et d'ERDO-BENYE se conservent mieux et supportent plus facilement le transport par mer. Ceux de toutes les autres montagnes, quoique fort bons, leur sont inférieurs. On cite ceux de GAL-SZECH, de KRYVOSTYAN et de BARKO, comme étant plus clairs et plus capiteux que les autres.

Dans les montagnes du comté de Zemplin, les vendanges se font beaucoup plus tard que partout ailleurs; elles n'ont ordinairement lieu qu'à la fin d'octobre ou au commencement de novembre. A cette époque, le froid se fait sentir et les gelées de la nuit suspendent la végétation. La tige de la vigne, ne recevant plus de séve, se dessèche bientôt; les feuilles tombent, et les raisins restent exposés à la chaleur du soleil, qui complète

(1) . . . . *Generosum et lene requiro;*
Quod curas abigat, quod cum spe divite manet
In venas animumque meum, quod verba ministret,
Quod me Lucanæ juvenem commendet amicæ.
                HORATIUS. Lib. I, epist. XV.

l'élaboration de leurs sucs, tandis que la fraîcheur des nuits amollit la peau. Peu à peu l'humidité surabondante s'échappe, les grains se dessèchent et acquièrent une couleur brune qui indique le moment favorable pour leur récolte. On choisit alors les meilleurs raisins, et, après avoir ôté tous les grains verts ou pourris, on les place sur des tables à rebords et creuses au milieu, avec un orifice par lequel le jus que l'on obtient, après une légère pression, est reçu dans des vases de terre et forme ce que l'on nomme l'*essence*. On mouille ensuite la marc avec du moût provenant des raisins non desséchés, que l'on a pressés séparément, et on en exprime le jus par différents moyens dont le plus usité est de les mettre dans des sacs et de les fouler avec les pieds. On répète cette opération, et l'on obtient ce que l'on appelle *maszlas*, ou *second vin* de raisin cuit au soleil. Quelques propriétaires séparent l'*essence* et la conservent dans de petits vases ; mais la plupart la mêlent avec le vin pressé et avec celui qui provient des raisins non desséchés. Ces mélanges se font à diverses proportions. Le vin qui se vend sous le nom d'*ausbruch* se compose de 61 parties d'*essence* et de 84 parties de vin, tandis que celui qu'on nomme *maszlas* contient 169 parties de vin contre 61 parties d'*essence*. On n'a jamais recours au collage pour clarifier le vin de Tokay, parce que cette opération nuirait à sa qualité ; il se clarifie par le repos, mais il ne devient jamais limpide, et forme toujours dans les bouteilles un dépôt visqueux qui se mêle rarement dans la liqueur lorsqu'on la transvase.

Le vin de la côte nommée *Mèzes-Malé*, sur le territoire de Tarczal, n'entre pas dans le commerce ; il est destiné en totalité pour les caves de l'empereur et de quelques magnats qui y possèdent des vignes ; mais ceux de même espèce que l'on fait à Tokay, Mada, Tallya, Zombor, Szeghi, Szadani, Toleswa et Erdo-Benye diffèrent peu en qualité ; ils se conservent très-longtemps à toute température et acquièrent en vieillissant le plus haut degré de perfection. Ces vins sont très-recherchés en Pologne et dans plusieurs contrées du Nord. Il s'en fait un grand commerce à Cracovie, sur la Vistule, dans la Gallicie occidentale. On en trouve qui ont jusqu'à cent ans ; ils se vendent 4, 6 et quelquefois 8 ducats (92 fr. 80 c.) la bouteille. Le vin que l'on débite le plus ordinairement sous le nom de *Tokay*, même en Hongrie, n'est que ce qu'on appelle *ausbruch* et *maszlas ;* il s'en prépare dans presque tous les vignobles du comté de Zemplin, et dans plusieurs de ceux des deux autres parties de la Hongrie. On cite avec éloge les vins de cette espèce que l'on fait à Saint-

GEORGES, à ŒDENBOURG et à RATCHDORF. On fait un très-grand cas de l'*ausbruch rouge* de MENES, dans le comté d'Arad. Quelques personnes préfèrent même ce vin à celui de Tokay. On fait aussi du vin de même espèce et très-spiritueux dans les environs de GLODOVA, de GYOROK et de PAULIS.

SIRMIEN, près de Mohatz, dans la basse Hongrie, à 40 kil. S. de Colocza, a des vignobles considérables qui avaient été détruits lors de la bataille de Mohatz, en 1687. On y fait un vin de liqueur rouge qui a beaucoup de corps, de spiritueux, de parfum et un goût fort agréable.

Le vin de Tokay a de nombreux rivaux : *Grimod de la Reynière* lui compare les vins cuits de Provence (1) ; les Italiens, le *vino santo* (2) ; les Moldaves, leur vin de *Cotnar*; les Zantiotes, leur *jenorodi*; les Valaques, le vin de *Piatra* (3). Rien ne prouve mieux la précieuse qualité du vin de *Tokay* que cette louable ambition ; mais je suis fondé à croire que la comparaison n'a été faite qu'avec ceux qui se vendent sous son nom et qui ne peuvent pas même lui être comparés.

BUDE, ville capitale de la basse Hongrie, est entourée de beaux vignobles qui produisent les meilleurs vins de table de la Hongrie. Plusieurs soutiennent la comparaison avec nos vins fins de 2° et de 3° classe.

Les vins d'ERLAU, dans le comté de Hevesch, sont également très-recherchés en Hongrie et en Autriche ; on en fait de blancs et de rouges. Ils ont un goût agréable et beaucoup de feu. On y fait aussi de l'*ausbruch*; mais il est inférieur à celui de *Menes*. GYOENGYOESCH, au pied du mont *Matra*, récolte des vins rouges et des vins blancs fort estimés.

ŒDENBOURG, capitale du comté de ce nom, dans la basse Hongrie, à 50 kil. de Vienne. Le territoire de cette ville et des environs contient d'excellents vignobles ; on distingue particulièrement ceux de RUST, qui produisent des vins d'un très-bon goût et qui ont beaucoup de spiritueux. Les plus fins du comté sont ceux de DOUDELS-KIRCHEN, de CSCHEPREG, d'HIDGSCHIG, de BOSSI, de RYECK et de KREUTZ.

Le vin blanc nommé *schiracker*, que l'on fait dans le comté de NAGYONTER, passe pour avoir quelque analogie avec nos vins de Champagne.

(1) *Voyez* Provence, première partie, page 271.
(2) *Voyez* ci-après, royaume lombardo-vénitien, Italie.
(3) *Voyez* ci-après, Moldavie, Valachie et Zante.

PRESBOURG, à 40 kil. E. de Vienne, est entouré de beaux vignobles. Parmi la grande quantité de vins qu'ils fournissent, on cite ceux de SAINT-GEORGES, comme participant du goût et de la qualité de nos vins de Bourgogne. MODERN, KATSCADORF, GRUNAU et OBER-NUSDORF, dans le comté de Presbourg, récoltent aussi des vins recherchés pour leur délicatesse comme pour leurs qualités agréables et bienfaisantes.

NEUSTAED et NEYTRA, à 4 kil. E. de Presbourg, dans le comté de Neytra; ZSCHELHOE et SSOETOESCH, dans le comté de Barsch; KOS-RAD, ETSEY et JOBBAGY, dans celui de Néogard; DEVETSCHER, au pied du mont *Somlyo*, dans le comté de Wesprin, et plusieurs autres cantons, produisent des vins rouges et des vins blancs qui ont quelque ressemblance soit avec nos bons vins de Bourgogne, soit avec ceux du Bordelais, et qui participent de leurs qualités.

Les comtés de ZIPS, d'ARVA, de LIPTAU, et plusieurs autres, ont des vignobles considérables.

AGRIA, ville épiscopale de la haute Hongrie, à 60 kil. N. E. de Bude, a dans son territoire des vignobles qui produisent des vins rouges et des vins blancs de bonne qualité.

Le BANAT DE TEMESWAR contient environ 2,440 hectares de vignes qui produisent annuellement près de 50,000 hectolitres de vins rouges et de vins blancs, dont beaucoup ont de l'analogie avec nos bons vins de France. On cite particulièrement ceux de WERSITZ et les vins rouges de WEISSKIRCHEN, dans le district du régiment valaque-italien.

La CROATIE contient, comme nous l'avons vu avec les confins militaires, 106,982 jochs ou environ 62,600 hectares de vignes, qui produisent environ 4,300,000 *eimers* ou 2,400,000 hectolitres de vins, presque tous blancs, spiritueux et d'un goût agréable, mais peu conservables. Les plus estimés se récoltent dans les vignobles de BUKOWETZ, de VINITZA et de TOEPLITZ. Les confins militaires, dont la récolte s'élève à 560,000 hectolitres, donnent aussi des vins de bonne qualité; tels sont ceux de MOSYVINA, dans le comté de Kreutz; ils sont rouges et ont quelque ressemblance avec ceux de la Bourgogne. On cite aussi comme très-recherchés ceux de WEISSKIRCHEN, de WARASDIN et de SAINT-GEORGES. La presque totalité de la récolte est consommée par les habitants. La Croatie produit aussi, en grande abondance, des prunes avec lesquelles on fait de bonne eau-de-vie nommée dans le pays *sliwonitza*.

Les environs de KARLOWITZ, de PETERWARADIN, SEMLIN et

plusieurs autres districts des frontières militaires·fournissent beaucoup de vins, parmi lesquels on estime particulièrement ceux de KARLOWITZ; ils sont rouges, ont beaucoup de corps et de spiritueux.

Le principal commerce des vins de la Hongrie se fait à Presbourg, à Bude, Œdenbourg, à Tokay et à Eperies; l'exportation qui a lieu chaque année est considérable.

Les mesures en usage sont l'*eimer*, qui, dans la haute Hongrie, contient depuis 73 jusqu'à 76 litres; mais, dans la basse, il n'en contient que 57. Les vins de Tokay se vendent à l'*antal*, qui est de 50 litres 1/2, et au *baril*, de 2 *antals*.

§ V. TRANSYLVANIE *(Siebenbürgen), située entre la Hongrie, la Gallicie, la Moldavie et la Valachie, sous les* 45°, 46° *et* 47° *degrés de latitude.*

Cette province a de nombreux coteaux couverts de vignes. Les vins, quoique moins sucrés que ceux de Hongrie, ont cependant un goût fort agréable. Les meilleurs se récoltent dans le district de MEDWISCH, sur les vignobles des environs de BIRTHALMEN. Dans quelques villages, on fabrique une espèce d'*ausbruch* qui ressemble à celui de Tokay. MEGESWARD, à 60 kil. N. O. d'Albe-Julie, est entouré de grands vignobles : on en trouve aussi dans les districts frontières; mais ils ne suffisent pas à la consommation des habitants, qui en tirent de la Valachie et de la Moldavie.

§ VI. STYRIE *et* ESCLAVONIE, *situées entre l'archiduché d'Autriche, la Hongrie, l'empire ottoman et l'Illyrie, sous les* 45°, 46° *et* 47° *degrés de latitude.*

Dans la STYRIE, les vignobles occupent environ 54,655 *jochs*, et la récolte annuelle des vins est évaluée à 1,366,000 *eimers* : quelques·uns sont du genre et participent de la qualité de ceux du Rhin; ils ont une couleur verdâtre, du spiritueux, et deviennent potables en peu de temps; d'autres ont quelque rapport avec les vins d'Italie; les principaux vignobles sont dans la basse Styrie. Les vins de LUTTERNBERG, à 50 kil. de Gratz, prennent rang parmi les meilleurs de l'Allemagne. On cite ensuite ceux de RADKERSBOURG, d'ARNFELS, de WINDISCH-FEISTRITZ, de Go-

NOWITZ et de KIRCHENBERG. Les vins de SANSAL, de LEITSCHACH, de PICKERNE, de STADLBERG, de PULSGAU, de SAURITSCH, de RAEN, de RAST, de PEITTERSLURG et de WIESEL sont aussi très-agréables.

L'ESCLAVONIE contient environ 10,000 hectares de vignes, dont le produit est évalué à 266,000 *eimers* ou 160,000 hecto-litres de vin. On est redevable de ces vignobles à l'empereur Probus, qui fit, le premier. planter des vignes sur les monta-gnes, dans l'année 276. Les principaux vignobles sont dans le comté de SYRMIE et dans celui de POSEGA : le comté de VEROETZ n'en a que très-peu. On en fait de rouges et de blancs. Les meilleurs se récoltent dans le comté de Posega : ils ont un goût agréable et beaucoup de feu : mais ils ne se conservent pas plus de cinq à six ans.

§ VII. *Royaumes d'*ILLYRIE *et de* DALMATIE, *la* CARINTHIE, *le* CARNIOLE, *situés entre l'Autriche, la Styrie, la Croatie, la Ca-rinthie et le Carniole, la Turquie, la mer Adriatique, la Lom-bardie et le Tyrol; il s'étend depuis le 42° jusqu'au 47° degré de latitude.*

Nous réunissons ici les provinces de Carinthie, de Carniole, du Frioul, de l'Istrie et de la Dalmatie. La vigne est très-an-cienne dans ce pays; quelques auteurs indiquent sérieusement Noé comme y ayant planté les premiers ceps après le déluge.

La CARINTHIE produit 825,000 *eimers* sur 17,000 *jochs.* C'est du vin de basse qualité, qui conserve toujours une acidité très-prononcée. La bière est la boisson ordinaire des habitants.

Le CARNIOLE a plusieurs cantons fertiles en vignes, qui don-nent sur 16,000 *jochs*, 780,000 *eimers*, en partie de fort bons vins, surtout dans les environs de MOETTLING, de FREYENTHURN, de WEINITZ, de TSCHERNEMBLE, de MARZAMIN, de WIPACH et de quelques autres. Les vins rouges et les vins blancs de ces vi-gnobles ressemblent aux bons vins d'Italie et s'expédient comme tels dans plusieurs contrées de l'Allemagne, où ils sont très-estimés. LAYBACH, chef-lieu de cette province, fait un assez grand commerce des vins de son territoire et des pays environ-nants. La mesure est l'*orne*, qui contient 55 litres.

L'ISTRIE produit beaucoup de bons vins, surtout dans les en-virons de PROSECCO, d'ANTIGNANA, de SAINT-SERF et de TRIESTE; on.en fait de rouges et de blancs; ils petillent de feu, ont un goût fort agréable et sont très-salubres. Le territoire de BERF-CHETZ, sur un rocher assez élevé au bord de la mer Adriatique, donne des vins d'une couleur rouge très-foncée, épais et liquoreux.

On fait ici, comme dans les différents vignobles d'Italie, des vins de liqueur assez estimés. Les meilleurs sont ceux nommés *Santo-Patronio, Ricoli, Petit-Tokay, Saint-Thomas*, etc., que l'on prépare à CAPO-D'ISTRIA, à PIRANO, à CITTA-NOVA et dans plusieurs autres cantons. Le vin blanc de POLA, à 8 kil. de Capod'Istria, fort estimé par son goût agréable, est très-capiteux. Le principal commerce de vin se fait à *Castua* et à *Trieste*. Cette dernière ville a des fabriques considérables de *rosolio*, liqueur fort recherchée, dont on évalue l'exportation annuelle à 600,000 *bocali* (bouteilles).

La mesure en usage à Trieste, pour la vente des vins, est l'*orne*, qui contient 56 litres 1/2.

La DALMATIE, au S. E. de l'Istrie, est formée des îles de la portion de terrain qui est entre la Bosnie et la mer Adriatique, sous les 44° et 45° degrés de latitude ; elle contient plusieurs vignobles intéressants. Ses vins sont bons, sans être d'une qualité qui les fasse rechercher dans l'étranger. On cite avec éloge celui nommé *maraschina*, qui se fait à SEBENICO, port de mer à 42 kil. S. E. de Zara, ville considérable où l'on fabrique l'excellente liqueur nommée *marasquino*, qui s'exporte dans toutes les parties du monde.

Le RAGUSAN, qui fait partie de la Dalmatie, formait autrefois une république sous la protection de l'empire turc. La plupart des coteaux sont couverts de vignobles qui produisent de bons vins, parmi lesquels on distingue ceux des environs de GRAVOSA ou port Sainte-Croix, à 8 kil. N. de Raguse ; il s'en fait une exportation assez considérable, ainsi que de ceux de l'île MELEDA, située dans le golfe de Venise, à 44 kil. N. E. de Raguse.

Les îles d'AGOSTA, GINPANA, LOPUD, CALAMOTA, LISSA et plusieurs autres ont des vignobles assez étendus. Parmi les vins qu'elles produisent, on distingue les vins blancs dits de *Malvoisie*, que l'on fait à Calomota. La mesure en usage est le *barillo*, qui contient 77 litres.

Plusieurs îles des côtes de la Dalmatie contiennent des vignobles ; on cite surtout celles de CHERSO, de VEGLIA et de LESINA comme produisant beaucoup de vins dont elles font commerce.

§ VIII. TYROL, *situé entre la Bavière, l'archiduché d'Autriche, l'Italie et la Suisse, sous les 46ᵉ et 47ᵉ degrés de latitude.*

Ce pays, que l'on compare à la Suisse pour ses beautés pittoresques et ses glaces éternelles, a aussi des cantons bien exposés et dans lesquels on cultive la vigne avec succès sur 45,118 *jochs*, produisant 1,700,000 *eimers*. Les vins qu'on y récolte ont du feu, du bon goût et de l'agrément; quelques vins rouges égalent en qualité les meilleurs de l'Italie, mais ils se conservent difficilement, et la quantité qu'on en fait n'excède pas les besoins des habitants; ils sont consommés en totalité dans le pays.

BOLZANO, qui est l'entrepôt du commerce entre l'Allemagne et l'Italie, fait de grandes expéditions des vins de son territoire, qui sont fort estimés. On cite aussi avec éloge ceux de BRIXEN, à 50 kil. N. E. de Bolzano.

Les environs de TRENTE, à 110 kil. N. O. de Venise, contiennent des vignobles assez abondants, dont on tire quelques vins rouges et beaucoup de vins blancs de bonne qualité; mais il s'en exporte fort peu.

La mesure en usage dans le Tyrol est le *maass*, qui contient 81 centilitres.

CLASSIFICATION.

VINS ROUGES ET VINS BLANCS.

Les meilleurs vins rouges et quelques-uns des vins blancs de Sirmien, de Bude, d'Erlau, de Gyœngyœsch, d'Œdenbourg, de Rutz, de Dondels-Kirchen, de Cschepreg, d'Hidegschig, de Bossi, de Rieck et de Kreutz, ainsi que les vins blancs nommés *schirackers*, du comté de Nagyhonter, tous dans la Hongrie; quelques-uns de ceux des vignobles du mont Calemberg, dans la basse Autriche, et de Luttemberg, en Styrie, sont des vins fins de 2ᵉ classe. Les autres vins des mêmes vignobles ne peuvent entrer que dans la 3ᵉ ou la 4ᵉ classe, avec ceux des meilleurs crus des comtés de Presbourg, de Neytra, de Barsch, de Néogard et de Wesprin, ainsi que de ceux de Wersits, dans le Banat, en Hongrie; ceux de Poleschowitz et de Brunn, en Moravie; de Bolzano et de Brixen, dans le Tyrol; enfin le choix de quelques vignobles de la Carniole, de l'Esclavonie, de l'Istrie et de la Dalmatie.

La 4ᵉ classe se compose d'une grande partie des vins des vignobles que je viens de citer; de ceux de Podskalski et de Melnick, en Bohême; des meilleurs vins des comtés de Zips, d'Arva, de Liptau et du banat de Temeswar, en Hongrie; de Warasdin et de Saint-Georges, dans la Croatie; de Medwisch, Birthalmen et Megesward, dans la Transylvanie. Tous les autres vins des mêmes pays parcourent les différents degrés de la 5ᵉ classe avec ceux de la contrée nommée Bukowine, dans la Gallicie, tous ceux de la haute Autriche et de la Carinthie.

Tarczal, Tokay, Mada, Zombor, Szeghi, Zadany, Tolesva et Erdo-Benye, dans le comté de Zemplin, fournissent les vins de liqueur célèbres sous le nom de *vins de Tokay* : ils sont au premier rang parmi ceux de ce genre.

Les différents vins nommés *ausbruchs*, que l'on fait dans les autres vignobles du comté de Zemplin, et qui approchent de la qualité de ceux des crus que je viens de citer; l'*ausbruch* de Saint-Georges, d'OEdenbourg, de Ratchdorf et d'Erlau; l'*ausbruch* rouge de Ménes, de Glodova, de Gyorok, de Paulis et de Sirmien, en Hongrie; le vin dit de *Malvoisie*, de l'île de Calamota, en Dalmatie; enfin le *vino santo* de Castiglione et de Lonato, dans le royaume lombardo-vénitien, sont des vins de liqueur distingués dans la 2ᵉ classe.

L'*ausbruch*, que l'on fait dans la Transylvanie; les différents vins de liqueur de l'Istrie et de la Dalmatie; les vins muscats du Véronèse, du Vicentin et du Padouan, dans le royaume lombardo-vénitien, sont rangés dans la 3ᵉ classe. On fait dans les mêmes vignobles beaucoup d'autres vins de liqueur de moindre qualité, qui entrent dans la 4ᵉ classe des vins de cette espèce : ils ne sortent pas du pays.

CHAPITRE VI.

Suisse.

Ce pays est situé entre le 45ᵉ degré 50 minutes et le 47ᵉ degré 48 minutes de latitude septentrionale ; il est borné, au nord et à l'est, par l'Allemagne ; à l'ouest, par la France; et, au sud, par l'Italie. La vigne est un objet important de culture dans la plupart des vingt-deux cantons qui composent cet Etat fédératif, et elle produit, dans plusieurs, des vins de fort bonne qualité, dont il se fait quelques exportations dans les pays voisins. Frans- cini évalue, en 1847, l'étendue des cultures à 37,700 hectares, et la production à 900,000 hectolitres, chiffre qui ne représente qu'environ les 3/4 de la consommation. C'est l'étranger qui comble le déficit de la production. Un document de 1860 évalue la superficie des vignes à 44,800 hectares, mais maintient la production à 900,000 hectol. et l'importation à 230,000 hectol.

Voici, sur la production du vin, en Suisse, quelques ren- seignements dus à la légation de France à Berne et insérés dans les *Annales du commerce extérieur* :

Les cantons de la Suisse qui produisent des vins capables de faire concurrence à ceux de France sont : le Valais (vins rouges et blancs); Vaud (vins blancs : la côte Yvonne) ; Neufchâtel (vin rouge : notamment le cortaillod), et les Grisons (vin rouge épais). D'autres cantons produisent encore du vin ; mais la quantité en est très-minime.

Les vins de Zurich se consomment sur place, et le canton doit encore en importer, sa production ne suffisant pas à sa con- sommation.

Le canton de Schaffhouse exporte quelques vins dans le can- ton de Zurich, mais son exportation ne va guère au delà.

Les cantons de Bâle et d'Argovie ne produisent que très-peu de vins, qui se consomment sur place. Il en est de même du canton de Thurgovie.

Les produits viticoles de ces cinq derniers cantons ne sont pas recherchés dans les autres cantons, parce qu'ils ne sont pas assez alcoolisés et que leur prix de revient est cependant aussi élevé que celui des vins français de Tavel et de Roquemaure (Gard), qui contiennent infiniment plus d'alcool et qui sont les vins préférés dans les contrées agricoles de la Suisse.

. Le canton du Valais est, on le répète, un de ceux qui ré- coltent le plus de vin propre à faire concurrence à nos produits français. On a transplanté dans ce canton une grande quantité de vignes tirées des principaux crus étrangers, et fournissant aujourd'hui des produits qui portent les mêmes noms que ceux de ces crus : tels que le johannisberg, le blanc du Rhin, le tokay, et, pour ce qui nous concerne spécialement, le petit bourgogne, le blanc d'Arbois, le dôle, le bordeaux, etc., cela indépendamment des nombreuses variétés portant des noms soit de fantaisie, soit des localités productives du Valais, soit des crus d'autres cantons de la Suisse. Parmi ces différentes variétés figure notamment le vin du Glacier, très-estimé en Suisse, et ainsi nommé parce qu'on le conserve, pendant sa fermentation, dans des caves situées près des glaciers. Nous allons passer en revue les 22 cantons.

I. Le canton de Schaffhouse est borné, E., N. et O., par le grand-duché de Bade; au S., par les cantons de Thurgovie et de Zurich. Il a de nombreux vignobles dont les vins rouges sont comptés parmi les meilleurs de la Suisse allemande et font la richesse de ses habitants. On distingue comme supérieurs aux autres ceux du bourg de Thayengen, dans le district de Reyath.

II. Thurgovie, situé sur le lac de Constance, entre les cantons de Schaffhouse, de Zurich et de Saint-Gall. La vigne croît sur la plupart des collines de ce canton et fournit beaucoup de vin, surtout dans le voisinage du bourg de Weinfeld, qui est habité par beaucoup d'agriculteurs et de vignerons.

III. Saint-Gall, entre les cantons de Thurgovie, de Zurich, de Schwitz, de Glaris, des Grisons, le lac de Constance et la Bavière. On trouve des vignobles dans la plupart des districts de ce canton, mais surtout dans celui du Rhintal, vallée fertile de 35 kil. de longueur sur 12 kil. de largeur. Ce pays, qui, du temps de Strabon, était couvert de marais, au milieu desquels le Rhin se frayait un passage, est maintenant occupé par des villages opulents : on a commencé à y planter la vigne dans le x⁰ siècle, et aujourd'hui il y en a partout. Les vins sont bons, mais d'une conservation difficile : le vin rouge que l'on récolte sur le mont Buchberg passe pour être le meilleur de la Suisse allemande. On estime beaucoup aussi celui de Bernang, dans le même district. Il y a un grand nombre de vignobles dans le district de Sargans, et l'on y fait des vins rouges assez bons. Ce canton produit, en outre, beaucoup de fruits, surtout dans le district de Rorschach, sur le lac de Constance. Les habitants en font du cidre, qui est leur boisson ordinaire.

IV. Appenzel. Ce canton, qui est enclavé dans la partie orientale de celui de Saint-Gall, n'a des vignobles importants que dans les paroisses de Luzemberg, Wolfhalden, Ruthi, Walsenhaus et Heiden, situées sur la frontière du Rhintal. Les vins blancs ont peu de qualité, mais les rouges sont assez bons.

V. Zurich, situé entre les cantons de Saint-Gall, de Thurgovie, de Schaffhouse, d'Argovie, de Zug et de Schwitz. La culture de la vigne est généralement répandue dans ce canton (production moyenne, 140,000 hectol.); il y en avait beaucoup à ZOLLICON, dès l'année 1145. Les meilleurs vins se récoltent dans les environs de WINTHERTHUR et sur la rive droite du lac de Zurich. MEILEN, sur la côte orientale, a d'excellentes vignes. On récolte aussi beaucoup de vins assez bons dans les environs d'EGLISAU et dans la vallée de FLAACH.

VI. ARGOVIE. Ce canton, situé entre le grand-duché de Bade et les cantons de Bâle, de Soleure, de Lucerne, de Zug et de Zurich, a beaucoup de vignes, surtout au pied méridional de la chaîne du Jura et dans les environs de la Reuss, de la Limat, de l'Aar et du Rhin, et produit 72,000 hectol. de vin. Les meilleurs vins rouges se récoltent dans les communes de BADE, à 16 kil. de Zurich; de KAISERSTHUL, à 8 kil. N. E. d'Eglisau; de LENTZBOURG, à 8 kil. E. d'Aarau, et dans quelques vignobles des environs du lac de HALLVIL. Les meilleurs vins blancs proviennent des vignobles de CASTALEN, d'OBERFLAACH et de SCHI-NANACH.

ARBOURG, situé au pied du mont Schlosberg, fait un commerce de vin assez considérable.

VII. BALE, canton situé entre le grand-duché de Bade, la France, et les cantons de Berne, d'Argovie et de Soleure. La vigne n'est pas un objet de grande culture; il y a cependant quelques vignobles qui donnent de bons vins rouges, parmi lesquels on distingue ceux des lieux dits *l'Hôpital* et le *cimetière Saint-Jacques*, où se livra une bataille mémorable, entre les Suisses et les Français, en 1444. Le vin qui en provient est nommé, dans le pays, *Sang suisse*.

VIII. Le canton de SOLEURE, situé entre ceux d'Argovie, de Bâle et de Berne, a des vignes dans quelques parties de son territoire, mais leurs produits sont peu considérables. Les plus étendues sont dans les bailliages de GOESGEN et de DOMECH : les vins y sont assez bons. Il y a beaucoup d'arbres fruitiers, et l'on fait une grande quantité d'eau de cerises (kirsch) qui s'exporte à l'étranger.

IX. LUCERNE, canton situé entre ceux de Schwitz, d'Argovie, de Berne et d'Underwald, n'a que peu de vignes, qui produisent des vins de qualité inférieure (1,120 hectol.) ; mais on prépare, avec les fruits, qui sont très-abondants, une liqueur fermentée, dont il se fait des exportations sous le nom de *vin de fruits*.

X. Zug, le plus petit des vingt-deux cantons, situé entre ceux de Schwitz, de Zurich, d'Argovie et de Lucerne, fait une petite quantité de mauvais vins de raisin, mais beaucoup de vins de fruits, dont on exporte une assez forte partie.

XI. Schwitz, situé entre les cantons de Glaris, Saint-Gall, Zurich, Zug, Lucerne, Underwald et Uri. Ce pays, rempli de montagnes, n'a pas de vignobles; mais il abonde en fruits, et l'on y fait du cidre, qui est la boisson ordinaire des habitants.

XII. Glaris. Ce canton est situé entre ceux de Saint-Gall, de Schwitz, d'Uri et des Grisons; il est couvert de montagnes qui ont de 1,700 à 3,700 mètres d'élévation au-dessus de la mer. Les fruits y sont fort abondants, mais la vigne est très-peu cultivée : le vin qui se consomme dans ce pays est tiré des cantons voisins et de l'étranger.

XIII. Grisons, entre la Valteline, qui faisait autrefois partie de ce canton, le Tyrol, la Bavière et les cantons de Saint-Gall, de Glaris, d'Uri et de Tessin. Ce pays, dont plus de la moitié est occupée par des déserts, des glaciers et des rochers, a quelques vignobles, particulièrement dans les environs de Meyenfeld, à 16 kil. N. O. de Coire : tout le vin se consomme dans le pays; mais on fait des vins de fruits et du kirschwasser, dont l'exportation est assez considérable.

XIV. Uri, entre les cantons des Grisons, de Glaris, de Schwitz, d'Underwald, de Berne, du Valais et de Tessin. Quelques parties de ce canton sont fertiles, mais leur produit est loin de suffire aux besoins des habitants; il n'y a pas de vignobles.

XV. Underwald. Ce canton, situé entre ceux d'Uri, de Schwitz, de Lucerne et de Berne, n'a pas de vignobles; mais on y fait du vin de fruits.

XVI. Berne. Ce canton, le plus grand de la Suisse, est entre la France, qui le borne au N. O., et les cantons de Bâle, de Soleure, de Lucerne, d'Underwald, d'Uri, du Valais, de Fribourg et de Neufchâtel. Il a peu de vignobles, ne produit que 1,400 hectol, et le vin nécessaire à la consommation des habitants est l'objet d'une importation très-coûteuse. Erlac, pr s du lac de Brienne, au pied du Jolimont, à 8 kil. N. E. de Neuchâtel et 16 de Brienne, a les meilleures vignes de ce pays, et les vins sont assez bons.

XVII. Neuchatel. Ce canton est borné au N. E. par la France, et des autres côtés par les cantons de Berne, de Fri-

bourg et de Vaud. Il contient 4,600 *poses* de vignes (la pose de
32,768 pieds carrés) ou 1,590 hectares, dont le produit annuel
est de 43,000 hectolitres de vins, qui sont, en général, de bonne
qualité, et dont environ 25,000 sont exportés dans les cantons
de Berne, de Fribourg, de Soleure, de Lucerne et d'Argovie.
Les meilleurs vins rouges se récoltent sur les territoires de FA-
VERGE et de CORTAILLOD, près Boudry; ils ont une belle couleur, de la finesse, du bouquet et un goût agréable. On assure
qu'ils soutiennent la comparaison avec ceux des bons crus de la
haute Bourgogne. Ceux de BOUDRY et de SAINT-AUBIN sont de
même espèce, mais un peu inférieurs. Les vins blancs, sans
avoir autant de qualité que les rouges, ont un bon goût et de
l'agrément.

XVIII. VAUD, borné à l'O. par la France et des autres côtés
par les cantons de Neuchâtel, de Fribourg, de Berne, du Valais,
le lac et le canton de Genève. Ce pays, fertile et bien cultivé
dans toutes ses parties, a de nombreux vignobles, dont la récolte
annuelle est évaluée à 300,000 hectolitres de vins, presque
généralement blancs, la plupart de fort bonne qualité. La
contrée nommée LA VAUX, entre Lausanne et Vevay, sur la rive
orientale du lac de Genève, ne forme, pour ainsi dire, qu'un
seul vignoble. Elle fournit aussi les meilleurs vins, parmi
lesquels on distingue ceux du territoire de CULLY et de la côte
des DESSALÉS; ils ont un bon goût, du spiritueux, du corps, un
parfum agréable, et se conservent bien. On met au second rang
ceux de la contrée nommée LA CÔTE, qui s'étend depuis Lausanne jusqu'à Coppet, sur la rive occidentale du lac. Les meilleurs croissent dans les environs de ROLLE, à 20 kil. O. de
Lausanne; ils sont secs, comme les vins du Rhin, ont assez de
spiritueux et de corps; ils se gardent très-longtemps et acquièrent beaucoup de qualité en vieillissant. Le pays de ROMAN, qui
borde le lac de Genève depuis le Valais jusqu'au mont Jura,
produit beaucoup de bons vins blancs : on en récolte aussi dans
les environs de MORGES, à 12 kil. O. de Lausanne. YVORNE,
dans le district d'Aigle, fait des vins de bonne qualité sur
l'éboulement qui couvrit autrefois ce village. YVERDUN, sur le
lac de Neuchâtel, à 30 kil. S. O de Lausanne, fait un assez
grand commerce des vins de la Vaux, de la Côte et du canton de
Neuchâtel. Il s'en exporte une certaine quantité dans les cantons
voisins, mais jamais à l'étranger.

XIX. FRIBOURG. Ce canton, situé entre ceux de Neuchâtel,
de Berne et de Vaud, n'a que 600 arpents ou 205 hectares de

vignes, qui ne produisent que des vins de qualité inférieure ; mais il récolte beaucoup de fruits.

XX. GENÈVE, situé entre le canton de Vaud, la France et la Sardaigne. Ce canton, qui a appartenu à la France sous le nom de département du Léman, contient 4,565 poses de vignes (la pose de 25,600 pieds carrés) ou 1,415 hectares 1/2. Leur produit annuel est évalué à 42,000 hectolitres de vins, dont les 7/8 sont blancs et ne suffisent pas pour la consommation des habitants. Les meilleurs se récoltent dans les vignobles de PRESSINGE, COLOGNY et BOSSEY, situés entre 4 et 7 kil. de Genève.

MONNETIER, à 7 kil. de Carouge, et ANNEMASSE, à 10 kil. E. p. N. du même bourg, font, en assez grande quantité, des vins rouges et des vins blancs fort bons.

FRANGY, village limitrophe de la France et du canton de Genève, produit des vins blancs qui ont du spiritueux, un goût agréable et qui se conservent longtemps. On distingue particulièrement ceux du cru nommé les *Allicots*. SOROL, à 2 kil. de Viry, fait aussi des vins blancs de bonne qualité.

BONNEVILLE, sur l'Arve, à 14 kil. N. O. de Cluse, fournit des vins rouges et des vins blancs de bonne qualité; on distingue parmi les derniers ceux du vignoble d'Aise. On fait, près de cet endroit, un vin blanc nommé *gringet*, du nom du plant qui le produit. Ce vin a la singulière propriété de ne pas enivrer tant qu'on ne quitte pas la table ; mais, aussitôt que l'on prend l'air, on perd l'usage de ses jambes, et l'on est forcé de s'asseoir. Plusieurs autres vignobles produisent une assez grande quantité de vins communs.

XXI. VALAIS. Ce canton, situé entre ceux de Vaud, de Berne, d'Uri et de Tessin, est borné au S. par l'Italie et le lac de Genève : il formait autrefois une république, qui a été réunie à la France, en 1810, sous le nom de département du Simplon ; il a été donné à la Suisse en 1815. Ce pays, très-fertile, contient environ 4,000 hectares de vignes qui produisent des vins de bonne qualité, parmi lesquels on distingue particulièrement les vins rouges des crus de *la Marque* et de *Coquempin*, territoire de MARTIGNY, à 25 kil. de Sion. Ils ont une couleur foncée, du spiritueux et même un peu de bouquet. On estime aussi ceux de LION et de SIERRE, quoiqu'ils soient épais et d'une couleur très-intense : ils se conservent fort longtemps. BRIG, situé à la descente du Simplon, à 1 kil. du Rhône, a beaucoup de vignes dont les vins sont assez bons. Ces vignobles donnent aussi des vins blancs de bonne qualité, mais moins estimés que les rouges.

On fait, à MARTIGNY et à SIERRE, des vins blancs *muscats* et des vins dits de *Malvoisie*, liquoreux et d'un goût agréable.

XXII. TESSIN. Entre l'Italie et les cantons du Valais, d'Uri et des Grisons. Dans ce pays très-fertile, la vigne, les mûriers et les grenadiers croissent sur les coteaux et dans les plaines. Le vin est l'un des principaux produits des districts de BELLEN-ZONE, de LOCARNO, de LUGANO et de MENDRISIO. On en fait aussi, mais en moindre quantité et de qualité inférieure, dans les districts de la LEVANTINE, de BLEGNO, de RIVIERA et de VAL-MAGGIA. Les raisins de Palestine, dont les grappes ont jusqu'à 2 pieds de longueur, mûrissent parfaitement dans le district de Mendrisio.

On fabrique, dans presque tous les cantons, du kirschwasser de très-bonne qualité et dont la Suisse fait des expéditions considérables pour toutes les parties du monde.

Bien qu'on fasse usage, en Suisse, dans une certaine extension, des mesures françaises, le nom et la capacité des mesures usitées pour la vente des vins diffèrent dans chaque canton et souvent dans chaque ville du même canton ; je me contenterai d'indiquer ici celles qui sont le plus généralement employées. Dans le canton de Schaffhouse, le vin se vend au *maas*, qui contient 1^l,40 ; dans ceux de Saint-Gall et d'Appenzel, on emploie l'*eimer*, de 54^l,80 ; à Bâle, l'*ohm* de 50 lit., et le *saum*, de 150^l,08 ; à Lucerne, le *pot*, de 1^l,85. Dans le canton des Grisons, le *pot* est de 1^l,42, et le *char* de 90 pots ou 127^l,80. À Berne et à Vaud, le *pot* est de 1^l,43 ; l'*eimer* ou *brente*, de 41^l,24 ; la *saum*, de 146^l,97 ; le *fas*, de 659^l,89 ; et le *landfas*, de 989^l,83. À Neuchâtel, le *pot* contient 1^l,86 ; la *gerle* de 52 pots, 96^l,72 ; et le *muid*, 358 litres. À Fribourg, le *pot* contient 1^l, 49 ; à Genève, il ne contient que 95 centilitres ; le setier est de 45 litres et le char de 548.

Les droits d'importation sont (en sus des droits de consommation) 1 fr. 50 par quintal (50 kil. ou litres) de vin en tonneaux et 3 fr. 50 par quintal de vin en bouteilles. — Eau-de-vie en bouteilles, liqueur, 8 fr. le quintal ; alcool en tonneaux, 3 fr. 50 le quintal. Droit de sortie, 30 centimes le collier de 750 kil.

CLASSIFICATION.

Les vins rouges de Faverge et de Cortaillod, dans le canton de Neuchâtel, peuvent seuls prendre place parmi les vins fins de la 3° classe. Ceux de Boudry et de Saint-Aubin, dans le même canton ; de Thayengen, canton de Fribourg ; les meilleurs du Rhintal, du Bouchberg et de Bernang, dans le canton de Saint-Gall ; de Wintherthur, canton de Zurich ; de Bade, Kaisersthul, Eglisau, Lentzbourg et Aarau, canton d'Argovie ; d'Erlach, canton de Berne ; de Frangy et de Monnetier, canton de Genève ; de Martigny, dans le Valais ; enfin de Bellenzone, Locarno, Lugano et Mendrisio, dans le canton de Tessin, parcourent les différents degrés de la 4° classe. Tous les autres ne peuvent être rangés que dans la 5°, soit comme vins d'ordinaire de 2°, de 3° ou de 4° qualité, soit comme vins communs.

Les vins blancs de Cully et de la côte de Dessalés, dans le canton de Vaud, sont des vins fins de 3° classe ; ceux de la Côte et de Rolle, dans le même canton ; de Castalen, Oberflachs et Schinanach, dans le canton d'Argovie, entrent dans la 4° classe ; tous les autres parcourent les différents degrés de la 5°.

CHAPITRE VII.

Italie.

L'Italie, située entre le 36° degré 50 minutes et le 46° degré 40 minutes de latitude boréale, est bornée, au nord et à l'ouest, par les Alpes, qui la séparent de la France, de la Suisse et de l'Allemagne ; la mer Méditerranée et le golfe Adriatique l'entourent de toute autre part. Avant 1859 elle était divisée en plusieurs Etats, que je vais parcourir dans l'ordre suivant :

1° Les Etats du roi de Sardaigne, qui se composaient de la Savoie, du Piémont, de l'Etat de Gênes et de l'île de Sardaigne.

On sait que la Savoie a été annexée à la France en 1860. *Voy.* p. 274.

2° Le duché de Parme et de Plaisance.

3° Le duché de Modène.

4° Le grand-duché de Toscane.

5° L'Etat de l'Eglise (pontificat souverain).

6° Le royaume des Deux-Siciles.

7° Le royaume lombardo-vénitien.

Tous ces anciens Etats et province, à l'exception d'une partie du territoire soumis au pontificat souverain de Rome, ont été réunis et forment actuellement le royaume d'Italie.

Le sol de l'Italie est renommé pour sa fertilité en toute espèce de productions. Son climat et la longue chaîne de montagnes qui s'étend depuis les Alpes jusqu'à l'extrémité de la Calabre, présentant dans son cours toutes les variétés de sol et d'exposition les plus favorables à la vigne, semblent justifier l'origine du nom d'*OEnotria* que lui donnaient les anciens, et l'on pourrait croire que cette contrée produit les meilleurs vins de l'Europe; mais, tandis que les habitants des pays moins favorisés emploient toute leur industrie à choisir les meilleurs cepages et à les garantir de l'intempérie des saisons, les Italiens, habitués à voir la vigne croître presque spontanément et donner partout des fruits qui acquièrent leur parfaite maturité, ne cherchent pas à augmenter les avantages de leur situation, et, certains d'une récolte suffisante, ils négligent de soigner cet arbuste, même dans les cantons où la qualité de ses produits invite à y donner quelque attention. Les vignes sont en grand nombre et fournissent beaucoup de vins parmi lesquels on distingue des vins de liqueur de fort bonne qualité; mais ceux propres à la consommation journalière, que je qualifie de vins moelleux, ne peuvent pas entrer en concurrence avec ceux de France. La plupart sont en même temps doux et âpres, souvent grossiers, et, quoiqu'ils paraissent d'abord réunir beaucoup de corps et de force, ils supportent difficilement le transport et s'altèrent en peu de temps, même sans avoir voyagé. Leur mauvaise qualité provient non-seulement de la négligence avec laquelle les vignes sont cultivées, mais encore des mauvais procédés employés pour la vinification.

La presque totalité des vignes de l'Italie est peuplée de ceps hautains, dont les rameaux s'entrelacent dans les branches d'arbres plantés à égale distance, et qui forment des allées au milieu desquelles on cultive des plantes céréales ou légumineuses.

Il résulte de cette disposition que, quelle que soit la fertilité du sol, les ceps hautains donnant une quantité prodigieuse de fruits, qui n'est pas en rapport avec la force du pied qui les produit, les sucs nourriciers ne peuvent pas être assez abondants ni avoir la qualité nécessaire pour fournir de bons raisins. Il est, de plus, reconnu que les ceps hautains ne donnent, dans nos contrées, que des vins acerbes et dénués de spiritueux, et que ceux d'Italie ne diffèrent des nôtres que par une douceur fade qui provient de la nature du sol plus fertile, de la plus grande chaleur du climat, et peut-être aussi de l'espèce des plants cultivés. La quantité des bons vins de ce pays n'est pas en proportion avec celle des mauvais; cette branche de commerce est insignifiante en comparaison de ce qu'elle pourrait être si les vins avaient la qualité et la solidité qu'on doit attendre des produits d'un sol et d'une exposition aussi favorables.

La vigne étant cultivée dans des terrains consacrés à d'autres cultures, l'*Annuario statistico italiano* ne donne que la production qui est, pour tout le royaume, 20,275,000 hectolitres.

Les droits d'entrées sont établis ainsi :

VIN EN OUTRES ET EN FUT.

Sous pavillon italien............... 8 fr. l'hectolitre.
Sous pavillon étranger (1)........ 12 —

VIN EN BOUTEILLES.

Sous pavillon italien et par terre... 0,20 c. la bouteille.
Sous pavillon étranger (1).......... 0,30 —
Par application des *traités*......... 0,10 —

§ I. PIÉMONT, MONTFERRAT, GÊNES, ILE DE SARDAIGNE.

Dans ces anciennes provinces on récolte, année moyenne, dans les provinces continentales, 3,800,000 hectolitres, et, dans l'île de Sardaigne, 508,000 hectolitres de vins, dont la majeure partie est consommée par les habitants. Ces vins ne

(1) Presque tous les Etats ont été mis, par des traités spéciaux, sur le même pied que le pavillon national.

supportent pas le transport à de grandes distances et se conservent difficilement plus d'un an ; le peu d'exportation qu'on en fait n'a lieu que pour les contrées voisines. Lorsque les récoltes sont très-abondantes, on fabrique quelque eau-de-vie ; mais, dans les années ordinaires, on ne distille que les vins gâtés : les marcs de raisin sont habituellement employés à faire des demi-vins ou piquettes, boisson ordinaire des vignerons.

La plupart des vins du Piémont sont en même temps âpres et doux, d'une couleur très-foncée, ce qu'on attribue aux procédés défectueux employés pour leur fabrication. Dans quelques cantons où des propriétaires intelligents mettent plus de soins à la préparation de leurs vins, on en trouve de fort agréables et qui se conservent assez bien. Les meilleurs, tant rouges que blancs, se récoltent dans l'arrondissement d'Asti, et dans les vignobles de Chaumont, à 4 kil. O. de Suze. On cite aussi comme bons, quoique peu spiritueux, ceux des environs d'Albe, à 32 kil. E. de Turin ; cependant aucun d'eux ne peut être comparé aux vins d'entremets de France.

Gatinara, Masserano et Biella, situés entre 20 et 32 kil. de Verceil, produisent des vins rouges qui ont une belle couleur, du corps, beaucoup de spiritueux et un bon goût. Ils se conservent longtemps et sont estimés dans le pays comme vins d'ordinaire.

Le duché de Montferrat produit de fort bons vins, parmi lesquels les blancs sont surtout estimés. Les rouges sont colorés, lourds et très-capiteux. Le commerce s'en fait à Casal, à 60 kil. N. E. de Turin.

VINS DE LIQUEUR.

Dans plusieurs vignobles du Piémont, on recueille des raisins qui fournissent d'excellents vins de liqueur, tels que ceux des plants nommés *passerata, malvasia* et *nebiolo,* dans l'arrondissement d'Asti ; et ceux dits *barbara* et *bonarde,* dans celui de Casal. Il n'y a pas de côtes consacrées spécialement à la culture de ces plants ; ils sont confondus avec les autres espèces et dans toutes sortes de terrains : ce n'est qu'à la récolte qu'on en sépare les fruits, pour fabriquer les vins qui portent ces différents noms. Le nebiolo est délicat ; il a un parfum qui tient de celui de la framboise, et sa saveur sucrée est accompagnée d'un piquant agréable.

Les vignobles de CANELLI, à 16 kil. S. E. d'Asti, donnent des vins *muscats* et de *Malvoisie*, estimés pour leur bon goût, leur délicatesse, et surtout pour leur parfum ; cependant on en exporte peu, parce que les longs voyages altèrent leur qualité.

CHAMBAVE, à 16 kil. E. d'Aoste, récolte sur son territoire des vins *muscats* qui ne le cèdent pas aux précédents pour leur goût agréable, et qui ont sur eux l'avantage de mieux supporter le transport ; ils sont très-spiritueux et portent promptement à la tête.

Le système métrique est en vigueur en Italie ; toutefois les anciennes mesures encore en usage à Turin sont le *rubo*, qui contient 8¹,20 ; la *brenta*, de 6 rubo ou 49¹,20, et le *carro*, de 10 *brenta*.

Le duché de GÊNES s'étend le long de la Méditerranée, entre la France (comté de Nice) et les duchés de Parme et de Modène. Il formait, avant 1814, les départements de *Montenotte*, de *Gênes* et des *Apennins*, et contient environ 72,000 hectares de vignes, qui produisent, récolte moyenne, 854,000 hectolitres de vins, dont à peu près 650,000 sont consommés par les habitants ; le surplus est livré au commerce, et s'exporte dans différents cantons de l'Italie, voisins de ce pays. Les meilleurs vins se font dans les arrondissements de TORTOSE, de NOVI et de VOGHERA ; on récolte, dans presque tous les cantons, de bons vins d'ordinaire et des vins *muscats* agréables, mais qui ne se conservent pas longtemps ; ils ne supportent pas le transport. Les vins de l'arrondissement de GÊNES sont, en général, de basse qualité et s'altèrent promptement ; il y a très-peu de vignes dans celui de BOBBIO.

La plaine de NOVI, dont le sol est peu profond, et dont la terre végétale est mêlée de sable et de cailloux, contient beaucoup de vignes, dont on tire des vins rouges qui ont une belle couleur, du corps, beaucoup de spiritueux et un fort bon goût ; les meilleurs ont même du bouquet. On est dans l'usage d'enterrer les vignes pendant l'hiver, pour les garantir de la gelée.

Les vins les plus estimés de l'arrondissement d'Acqui proviennent de RONAGREMALDA ; on estime aussi ceux de ROSACIO, CLAVZEANA et CASTELLENO, arrondissement de Ceva ; de SAN-REMO, d'ALBISOLE et de QUIGLIANO, arrondissement de Savone.

Les mesures en usage sont le *barillo*, qui contient 74¹,22, et la *mezzarolla*, qui est de deux *barilli*.

L'*île de* SARDAIGNE, placée au milieu de la mer Méditerranée, au sud de l'île de Corse, entre les 39° et 41° degrés de latitude boréale, est si fertile en toutes sortes de productions naturelles, dans les parties cultivées, qu'on trouve rarement ailleurs des fruits aussi bons et en aussi grande quantité. La vigne y fournit quelquefois des récoltes tellement abondantes, qu'on laisse le raisin sur le cep, faute de cuves et de tonneaux pour les contenir.

Les principaux vignobles, situés sur le territoire de Bosa, d'Alghieri, de Sassari et de l'Ogliastra, donnent beaucoup de vins d'ordinaire, la plupart d'une couleur rouge un peu foncée, et grossiers, et des vins de liqueur qui ressemblent à ceux qu'on fait en Espagne. Parmi ces derniers, on vante surtout le *nasco*, dont la couleur est ambrée; il est tout à la fois généreux et suave, a un parfum délicieux et laisse un arrière-goût très-agréable. On met au second rang le vin rouge dit *giro*, qui a beaucoup de douceur et de parfum, mais moins de spiritueux que le précédent ; il conserve toujours son goût de fruit et participe des qualités du *tinto* d'Alicante. Après ces vins de première qualité, viennent ceux dits de *Malvoisie*, que l'on fait à Sorso, à Bosa et à Alghieri ; ils ont la douceur, le parfum et l'agrément des vins de cette espèce. Ceux dits de *Caunonao*, de *Monaca* et de *Garnaccia* jouissent aussi d'une réputation méritée, et s'exportent en Hollande, en Danemark, en Suède et en Russie.

Ces vins s'expédient dans des dames-jeannes qui contiennent de 20 à 30 litres, tandis que les vins d'ordinaire se mettent dans des tonneaux de diverses capacités. Les chargements ont lieu dans les différents ports de l'île, surtout à Cagliari, ville capitale située sur la côte méridionale.

La Sardaigne fournit aussi beaucoup de raisins secs, dont on fait quelques expéditions à l'étranger : ils se préparent principalement dans les vignobles de Bosa, de Sassari, de Sorso et de Sennori.

§ II. LOMBARDIE ET VÉNÉTIE.

Ce territoire est composé du Frioul, de l'ancien Etat de Venise, du Mantouan, du Milanais, de la Valteline, du comté de Bornio et du comté de Chiavenne.

Le Frioul a beaucoup de vignes hautes, qui fournissent une grande quantité de vins très-colorés et, en général, de bon goût,

mais peu spiritueux. Quelques cantons ont des vignes basses
dont on tire des vins délicats et agréables, que l'on compare à
nos vins de Bourgogne, dont ils ont une partie des qualités. Celui de CONEGLIANO, à 16 kil. de Trévise, s'expédie à Venise, où
il est recherché. On prépare dans ce pays différents vins de liqueur que l'on dit fort bons, et parmi lesquels on cite le *picoli*,
qui se fait avec des raisins en partie desséchés, comme celui que
l'on nomme *vino santo* en Italie; il a une couleur ambrée, du
parfum et un goût fort agréable.

UDINE, ville capitale de cette province, a des vignobles dans
son territoire et fait un grand commerce de vins.

La province de VENISE a beaucoup de vignes dans plusieurs
des districts qui la composent; leur produit suffit aux besoins
des habitants et fournit à quelques exportations.

Le BRESCIAN contient de grands vignobles, dans lesquels on
ne cultive, en général, que des raisins rouges. On cite
avec éloge ceux situés à l'est de Brescia, dans la contrée
nommée LA RIVIÈRE, sur le bord occidental du lac *Garda*, qui
sépare le Brescian du Véronèse. Cette contrée se divise en deux
parties nommées, l'une *Rivière haute*, et l'autre *Rivière basse* :
la première est défendue par de hautes montagnes, et jouit d'un
climat plus chaud ; la vigne y croît, dans le même terrain, avec
les oliviers, sur lesquels elle étend ses rameaux, et fournit des
vins d'une belle couleur, corsés, spiritueux et susceptibles d'une
longue conservation. Il faut les garder un an avant de les boire;
mais alors ils sont légers, assez délicats, et excitent la gaieté sans
incommoder. On estime surtout ceux de TOSCOLANO, que l'on
garde pendant vingt-cinq ans et plus, dans les montagnes voisines; ils passent pour être un excellent remède contre les fiè-
vres endémiques dont on est attaqué dans ce pays. La partie
nommée *Rivière basse* contient plus de vignes que la *haute* : ici
elles ne montent pas sur les arbres, et sont soutenues par de forts
échalas, qui ont 6 pieds de hauteur, auxquels on fixe oblique-
ment, à la partie supérieure, quatre autres morceaux de bois,
auxquels on attache les rameaux de manière à former une espèce de parasol. Le vin, que l'on récolte en grande quantité, est
d'une couleur très-foncée; il a du corps et un goût agréable.
On commence à le boire un mois après la récolte, et il est sujet
à tourner à la graisse à la fin de l'année. Cependant il est préféré dans le pays à celui de la rivière haute, et se vend ordinairement un tiers plus cher. Le meilleur se récolte sur le territoire
de RAFFA, à 4 kil. N. E. de Salo. On met au second rang ceux

de San-Felice, de Polpenasse, de Padenghe et de Manerba. Ces vins sont, en grande partie, consommés à Brescia.

Dans la plaine de Salo, à 28 kil. N. E. de Brescia, sur le territoire même de cette dernière ville, et à Salatica, dans le district nommé *la Francia-Corta*, on récolte des vins d'ordinaire assez bons, parmi lesquels on cite avec éloge ceux des collines nommées : *Ronchi*, et la *Santissima*, près de Brescia. Mais les vins communs de ce pays sont très-sujets à tourner à la graisse ou à l'aigre.

A Castiglione et à Lonato, à 20 kil. E. de Brescia, on prépare un vin de liqueur célèbre en Italie sous le nom de *vino santo* ; il a la couleur de l'or, de la douceur sans être âcre ni fade, beaucoup de finesse et un parfum très-suave. C'est un vin parfait après trois ou quatre ans de garde : on l'expédie ordinairement en bouteilles. Il est fait avec des raisins choisis, que l'on étend sur des planches, et qu'on laisse se dessécher en partie jusqu'à la fin de décembre. Ce vin que l'on compare au *tokay*, et que l'on dit être supérieur au vin de Chypre, fait la richesse des vignobles de la Rivière basse. Dans quelques cantons, on cultive des raisins muscats, dont on fait du vin doux et agréable; mais il ne se conserve pas plus de quatre à cinq mois. Dans les vignobles du Brescian, on ne met pas le vin de pressurage avec celui qu'on a tiré de la cuve, mais on verse de l'eau sur le marc, pour faire des petits vins et des *buvandas* (piquettes), que l'on boit, dans les campagnes, depuis la récolte jusqu'au mois d'août.

Bergame, à 40 kil. N. E. de Milan et 44 kil. N. O. de Brescia, récolte, dans son territoire, de fort bons vins, dont elle fait un assez grand commerce.

Véronèse. La partie orientale du lac *Garda*, comprise dans cette province, contient des vignes hautes dont on tire du vin qui est plutôt noir que rouge et si faible en qualité, que les Italiens le nomment *vino morto*, pour indiquer qu'il manque de spiritueux. Il se vend à très-bas prix, et se conserve rarement pendant une année. Cependant on cite comme fort bons celui de Valpulezella et ceux que l'on fait sur quelques collines voisines du lac, à Garda, à Bardolino et à San-Vigilio. On fait aussi, dans ces vignobles, du *vino santo* et du vin *muscat*.

Les collines de Soave, situées entre Vérone et Vicence, fournissent des vins rouges assez bons et du *vino santo* qui est estimé.

Dans les environs de Vicence et de Padoue, les vignes mon-

tent sur les noyers, ce qui donne un goût désagréable au vin,
qui est très-coloré et peu spiritueux ; il faut le boire avant l'été.
On fait cependant dans le Vicentin quelques vins délicats et
agréables, qui passent pour convenir aux personnes sujettes à
la goutte.

Les mesures en usage sont, à Venise, le *quarto*, de 39¹,50,
le *bigoncia*, de 4 *quarto*, et l'*anfora*, de 16 *quarto* ou 632¹ ;
à Vicence, le *mastello*, de 178¹,50, et la *botta*, composée de
8 *mastello* ou 1,428¹ ; à Vérone, la *brenta*, de 72¹,50.

Le MANTOUAN fournit peu de bons vins d'ordinaire et beaucoup de vins communs, dont une portion est convertie en eau-
de-vie, que l'on exporte dans plusieurs contrées de l'Italie. On
cite comme assez agréable le vin blanc nommé *labrusca*, du
nom du plant qui le produit. Cette vigne est abandonnée à elle-
même, et monte sur les saules ou sur les autres arbres; elle
fournit beaucoup de raisin, et l'on assure que des ceps qu'on
avait essayé de tailler n'ont plus donné de fruit.

Le MILANAIS a plusieurs cantons fertiles en bons vins d'ordinaire. Les collines nommées *Monte-di-Brianza* sont couvertes
de vignes dont on tire des vins peu colorés, *vifs*, parfumés et
d'un fort bon goût. Les environs du lac de COMO en produisent
aussi d'assez bons, parmi lesquels on distingue ceux de BELLAG-
GIO, comme ayant une belle couleur et beaucoup de spiritueux.
Les environs de PAVIE en produisent aussi beaucoup ; mais aucun
ne mérite de fixer l'attention des amateurs ; ils sont grossiers,
lourds et se digèrent difficilement. On cite cependant avec éloge
un vin blanc sec et *mousseux*, qui a quelque analogie avec le
champagne. Les récoltes ne pouvant pas suffire aux besoins des
habitants, ils tirent une assez grande quantité de vins des contrées voisines, et même de la France. Les vins des collines en
deçà du PÔ, près de LODI, sont assez estimés.

Les environs du lac LUGANO, à 24 kil. N. O. de Como, et de
VARÈSE, à 20 kil. O. de la même ville, donnent des vins de
bonne qualité. Le comte Dandolo, qui habitait ce pays, a contribué, par ses expériences et ses écrits, à améliorer les procédés
de vinification.

Les mesures en usage à Milan sont le *quartaro*, qui contient
5¹,93; la *mina*, de 2 *quartaro* ; le *staro*, qui en vaut quatre ; et
la *brenta*, composée de 12 *quartaro* ou de 71¹,16.

La VALTELINE, le comté de BORMIO et celui de CHIAVENNA,
qui faisaient partie de la Suisse, ont été réunis à l'empire d'Autriche en 1815; ils sont situés sous le 46° degré de latitude.

Ces pays ont de beaux vignobles, dont les plus considérables
sont dans la VALTELINE et dans le comté de CHIAVENNE. Les vins
qu'ils produisent ont une couleur rouge très-foncée; ils sont
riches en qualité, et, quoique doux, leur goût a quelque chose
d'austère qui les caractérise; ils s'améliorent en vieillissant, et
l'on assure qu'ils se conservent plus d'un siècle sans s'altérer.
Ceux du comté de BORMIO sont inférieurs. On fait dans les environs de CHIAVENNE un vin dit *aromatique*, qui est fort estimé
dans le pays : comme il ne fermente pas dans la cuve, il est
blanc, quoique provenant de raisins rouges. Au sortir du pressoir, il a le goût de nos *vins bourrus;* mais, au bout d'un an
de séjour dans les tonneaux, il acquiert du corps, du spiritueux,
de la délicatesse et du parfum. Ce vin ne peut pas être conservé
en bouteilles, parce qu'il se trouble et fermente tous les ans
à l'équinoxe du printemps : ce travail dure ordinairement un
mois, après lequel il s'éclaircit de nouveau et reprend toute sa
qualité.

§ III. PARME.

Situé au S. de la Lombardie, par le 45ᵉ degré de latitude N.,
il se compose des trois anciens duchés de Parme, de Plaisance
et de Guastalla. Les deux premiers formaient, avant 1814, le
département du Taro.

On évalue à 111,100 hectares les terrains cultivés en vignobles ; mais la vigne étant plantée en allées, entre lesquelles on
sème du blé et d'autres graines céréales, elle n'en occupe réellement que la plus petite partie. La récolte s'élevait, il y a quarante ans, année commune, à 445,000 hectolitres et actuellement
à 600,000 hectolitres de vins, qui sont, en presque totalité, consommés dans le pays ; le surplus s'exporte dans les États voisins.
Les vins rouges ont une couleur très-foncée. On cite comme
ceux de PANOCCHIA, VIGATTO, TRAVERSETOLO, CASOLA, AVOLA
et AZANO, dans l'arrondissement de Parme ; de la VALLÉE-
TIDONE, de BETTOLA, PONTE-D'ALLOLIO, VERDETTO, la SALA-
DEL-CRISTO et la CRETA, dans celui de Plaisance ; de SANTO-
PRETASO, FRESCALE, CASELLE, LASSURASCO, RUGARLO, CASTEL-
LINA, SALSO-MAGGIORE, VILLA-CHIARA, CLARETTO, PAZOLA,
ARDOLA, et COLLINA-DI-BAUDASCO, arrondissement de Borgo-
San-Domino. Dans plusieurs de ces vignobles, on fait aussi des
vins de liqueur très-doux, qui ne plaisent cependant pas aux

étrangers, à cause de leur goût mielleux. La vigne est peu cultivée dans le duché de GUASTALLA.

§ IV. DUCHÉS DE MODÈNE, DE MASSA ET PRINCIPAUTÉ DE LUCQUES.

Le DUCHÉ DE MODÈNE, situé à l'E. de celui de Parme, sous le
45° degré de latitude, récolte assez de vins pour en fournir aux
pays limitrophes; ils sont, en général, d'une couleur très-foncée,
ont du corps, peu de spiritueux et un goût agréable. Les meilleurs se récoltent à BIBIERA et à SAPOLO. Le principal commerce
s'en fait à Modène et à Reggio.

Le DUCHÉ DE MASSA et la PRINCIPAUTÉ de LUCQUES, situés par
le 44° degré de latitude à l'O. du duché de Modène, ne produisent, à quelques exceptions près, que des vins d'ordinaire. On
cite cependant celui nommé *aleatico*, à PONTE-A-MARIANO, près
de Lucques, comme approchant beaucoup, en qualité, de celui
de Monte-Fiascone, dans l'Etat romain.

§ V. TOSCANE.

Ce pays, placé entre les 42° et 44° degrés de latitude, est
borné, au nord, par le duché de Modène et la principauté de
Lucques; à l'est, par les Apennins; à l'ouest, par la Méditerranée, et, au sud, par les Etats de l'Eglise. Lors de sa réunion à
la France, en 1808, il forma les trois départements de l'Arno,
de la Méditerranée et de l'Ombrone.

Environ 72,000 hectares de vigne produisent, récolte moyenne,
1,257,000 hectolitres de vin. Il y a très-peu de terrains uniquement consacrés à la culture de la vigne. Cet arbuste est presque
toujours planté en allées, entre lesquelles on sème du grain. Les
chemins sont bordés et les collines couvertes d'oliviers dont les
rameaux se marient aux pampres chargés de raisins, et forment
des berceaux sous lesquels le voyageur se garantit de l'ardeur
du soleil. La plupart des vins rouges sont un peu lourds, colorés
et pâteux; ils ont quelque analogie avec les gros vins du Bordelais; mais la liberté dont jouit le commerce et les soins que le
gouvernement a pris pour améliorer cette branche d'agriculture ont fait adopter de meilleurs procédés de vinification, et,

dans plusieurs vignobles on en fait qui, sans avoir toutes les qualités de nos premiers crus, méritent cependant de fixer l'attention des gourmets. Une partie des raisins blancs étant mêlée avec les rouges, on fait peu de vin de cette couleur, mais on prépare beaucoup de vins de liqueur d'une excellente qualité.

Le FLORENTIN fournit beaucoup de bons vins, parmi lesquels on distingue ceux des vignobles de CARMIGNANO, ARTIMINIO, TIZZANA, MONTALE, LAMPORECHIO, MONTE-SPERTOLI, PONCINO, GIOGOLI, AREZZO, ANTELLA et les ROSES. On fait aussi à ARCE-TRI, près de Florence, un vin blanc nommé *verdea*, qui a beaucoup de finesse, de parfum et d'agrément; mais le plus célèbre est celui que l'on nomme *aleatico*. C'est un vin de liqueur qui ressemble au *tinto* d'Alicante, dont il a la couleur et le parfum : on le prépare dans plusieurs vignobles que je viens de citer. Le principal commerce s'en fait à Florence, d'où on expédie ordinairement dans des bouteilles contenant 1/2 litre. On fait, à l'île d'Elbe et dans l'État romain, des vins qui portent le même nom, et ne diffèrent entre eux que par les procédés employés pour la fabrication.

Le PISAN, situé au sud du Florentin, contient des vignobles considérables qui ne produisent, en général, que des vins de basse qualité ; ceux de la vallée de BUTI passent pour être les meilleurs de ce pays. Ceux qui proviennent des vignes situées près de la mer ont un goût saumâtre désagréable.

Le SIENNOIS, au sud de Pisan, produit des vins d'ordinaire assez bons, parmi lesquels on cite avec éloge ceux des environs de Sienne. La récolte n'en fournissant pas assez pour les besoins des habitants, on en tire du Florentin. Plusieurs cantons fournissent des vins de liqueur excellents, parmi lesquels l'*aleatico* ou *muscat rouge* que l'on fait à MONTE-PULCINO occupe le premier rang. A une brillante couleur purpurine il joint un parfum aromatique des plus agréables et une douceur tempérée par un peu de fermeté, et qui n'empâte pas la bouche. On met au second rang le vin de même espèce que l'on fait à MONTE-CATINI, dans le val de Nivole. Les collines rocailleuses de CHIANTI, près de Sienne, et les vignobles de MONTALCINO, de RIMINESE, de PONT-ECOLE et de SANTO-STEFANO, produisent aussi des vins de liqueur estimés. Le principal commerce s'en fait à Livourne, ville maritime. Les vins de liqueur s'expédient dans des bouteilles empaillées contenant environ 1 litre. Les vins sont conservés dans de petits barils, mais plus ordinairement dans des flacons revêtus de paille. On les tient debout et, au lieu de les boucher avec du liége, on verse sur le vin une certaine quantité d'huile, que l'on retire avec un petit rouleau d'étoupe quand on veut le boire. Les mesures en usage pour la vente sont le *baril*, qui, pour les vins du pays, est de 41^l,64, et, pour les vins étrangers, de 37^l,58. A Florence, le *baril* contient 45^l,58.

La principauté de PIOMBINO ne produit que des vins d'ordinaire dont il s'exporte fort peu.

L'ILE D'ELBE, située dans la Méditerranée, sous le 42° degré 49 minutes de latitude nord, et le 27° degré de longitude, n'est séparée de la Toscane que par un canal de 12 kil. de large; avant 1814, elle faisait partie du département de la Méditerranée. Porto-Ferrajo, sa ville capitale, est aussi son port le plus fréquenté.

Environ 5,400 arpents de vigne rendent, récolte moyenne, 85,000 hectolitres de vin : comme cette quantité excède les besoins des habitants, on en exporte une partie. Il y a peu de vin rouge, mais il est fort bon ; le blanc, au contraire, est abondant et inférieur en qualité : il pourrait être meilleur si la fabrication en était plus soignée. L'usage du pressoir est étranger à ce pays; lorsque le vin est retiré de la cuve, on y verse de l'eau pour faire des demi-vins ou *piquettes* d'un goût assez agréable, et qui sont la boisson ordinaire des vignerons.

PORTO-LONGONE, sur la côte orientale de l'île, à 8 kil. S. E. de Porto-Ferrajo, est entouré de vignobles très-étendus et produisant des vins estimés, parmi lesquels on distingue ceux du petit ermitage dit de *Monte-Serrato*.

Les environs de RIO produisent des vins *muscats* très-doux et ayant un parfum agréable.

L'île d'Elbe fournit deux espèces de vins d'extraordinaire, le *vermut* et l'*aleatico*. Le premier se prépare avec le meilleur vin blanc, dans lequel on fait infuser de l'absinthe et d'autres herbes aromatiques; il a du corps, de l'amertume et un parfum agréable. Ce vin, que l'on peut mettre au rang des liqueurs artificielles, ne se boit ordinairement en France qu'au milieu du repas. Grimod de la Reynière, dans son *Almanach des gourmands*, le cite comme partageant l'honneur *du coup du milieu* avec le rhum de la Jamaïque, le *vin d'absinthe* et le *madère sec;* il ajoute que l'effet du coup du milieu est presque magique; que, après l'avoir bu, chaque convive se sent dans les mêmes dispositions qu'en se mettant à table, et qu'il est prêt à faire honneur à un second dîner. Dans le nord de l'Europe, et surtout en Suède et en Russie, le *vermut*, le rhum, l'absinthe, et même l'eau-de-

vie, se boivent avant le repas et au moment de se mettre à table.
Le vin *aleatico* s'exprime d'un excellent raisin muscat rouge,
très-fleuri, à grain de grosseur moyenne, légèrement ovale,
pointu par les bouts et très-espacé dans la grappe; sa feuille,
d'un vert noirâtre, est profondément découpée et presque palmée. Chaque propriétaire suit, pour la manipulation de ce vin
de liqueur, un procédé dont il garde le secret, et qui consiste
à faire évaporer la partie aqueuse du raisin avant d'en exprimer
le jus, à le laisser fermenter plus ou moins longtemps, et à y
ajouter quelques spiritueux, tels que le rhum. Cette liqueur,
très-estimée dans le pays, a un fort bon goût, de la chaleur et
un parfum agréable; on la compare aux vins de Monte-Cateni
et de Monte-Pulcino lorsqu'ils ont perdu leur odeur enivrante.
J'ai dit plus haut qu'on fait, en Toscane et dans l'Etat romain,
des vins qui portent le même nom et proviennent du même
raisin, mais on emploie des procédés différents.

§ VI. ÉTAT ROMAIN.

L'Etat romain, ou *Etat de l'Eglise*, est situé au centre de
l'Italie. Lors de sa réunion à la France, il forma les deux départements de Rome et du Trasimène; avant 1860, il comprenait le Ferrarais, le Bolonais, la Romagne, le duché d'Urbin,
les Marches d'Ancône, de Macérata et de Fermo, le Pérousin,
l'Orviétan, le duché de Spolette, le patrimoine de Saint-Pierre,
la Sabine et la campagne de Rome. Toutes ont des vignobles
plus ou moins étendus et produisent d'assez bons vins d'ordinaire, beaucoup de vins communs, avec quelques vins fins et
de liqueur, qui jouissent d'une grande réputation en Italie,
mais dont il ne se fait qu'une faible exportation à l'étranger,
parce qu'ils supportent difficilement le transport à de grandes
distances. On sait qu'actuellement le Bolonais, la Romagne,
les Marches, etc., font partie du royaume d'Italie, mais on n'a
pas cru devoir les séparer géographiquement des provinces res-
tées à l'Etat de l'Eglise.

La plupart des vignes de l'Etat romain et de l'Italie méridionale sont encore cultivées selon le mode décrit par Virgile dans
ses *Géorgiques*. Elles sont tenues très-hautes et montent aux
arbres : en Toscane, ce sont les oliviers qui soutiennent la vigne;
ici l'on emploie plus généralement de jeunes ormeaux; dans
quelques cantons on la dresse en treilles; mais on ne connaît

nulle part la culture à l'échalas. Malgré la chaleur du climat, il
est des endroits où le raisin ne parvient que très-rarement à une
maturité parfaite ; et dans plusieurs on est obligé de cuire le
moût pour obtenir un vin qui puisse se conserver. La fabrication mal dirigée n'en donne souvent que de médiocres, qui manquent de consistance et se corrompent ou perdent leur qualité
au bout de quelques mois. Cependant on assure que, si l'on suivait de meilleurs procédés, ces vins pourraient être aussi bons
que ceux de Toscane : quelques expériences faites par des propriétaires éclairés confirment cette assertion.

On cultive confusément les plants qui produisent le vin d'ordinaire et celui de qualité supérieure. Les vins de liqueur nommés *moscatello, aleatico, vernaccia, greco* et *vino santo* sont
préparés avec des raisins choisis dans les vignes qui fournissent
les vins communs ; chaque propriétaire a des procédés différents
pour les faire, de manière que l'on en rencontre souvent qui,
quoique portant le même nom, se ressemblent très-peu.

Première classe.

ALBANO, dans la campagne de Rome et à 16 kil. S. E. de
cette ville, produit les meilleurs vins du pays : on en récolte de
blancs et de rouges, ceux-ci ont une belle couleur ; les blancs
prennent une teinte ambrée ; ils ont, l'un et l'autre, un goût
agréable, du spiritueux sans être trop fumeux, de la séve et un
bouquet très-suave. Ces vins, les plus estimés de l'Italie après
le fameux vin du Vésuve, connu sous le nom de *lacryma-christi*,
sont très-salubres, facilitent la respiration et se digèrent bien.

MONTE-FIASCONE, sur une montagne près du lac Bolsena, à
20 kil. S. O. d'Orvieto, et 75 kil. N. O. de Rome, fournit des
vins *muscats* très-liquoreux, que l'on compare à ceux d'Albano
pour l'excellence de leur goût ; ils ont un parfum aromatique
prononcé et passent pour être très-capiteux (1).

(1) La légende d'un voyageur allemand, nommé *Jean de Fugger*, n'a
pas peu contribué à la réputation du vin de *Monte-Fiascone*. Ce digne
amateur du jus de la treille avait soin de se faire précéder par un do-
mestique chargé de goûter le vin des hôtelleries et qui écrivait le mot *est*
sur la porte de celle où il trouvait le meilleur. Arrivé à Monte-Fiascone,
le vin lui parut si bon, qu'il écrivit trois fois ce mot. Le maître fut du
goût du valet, et fit un tel excès de cette liqueur qu'il en mourut. On
l'enterra dans l'église de Saint-Flavinio, et, chaque année, après la Pen-

ORVIETO, ville capitale de l'Orviétan, à 8 kil. N. O. de Rome, est entouré de vignobles importants, qui produisent des vins rouges fort estimés ; ils ont sur presque tous les autres vins de ce pays l'avantage de se conserver plusieurs années et d'acquérir de la qualité. Ce vignoble fournit aussi des vins blancs *muscats* recherchés tant pour leur goût agréable que pour leur parfum, qui a quelque chose d'embaumé ; on leur reproche d'être huileux et de ne pas se conserver longtemps : ils sont ordinairement expédiés dans des bouteilles empaillées qui contiennent environ 1 litre. La majeure partie des vins de ce vignoble est transportée à Rome.

FARNÈSE, à 8 kil. N. E. de Castro, recueille aussi des vins *muscats* qui diffèrent peu des précédents.

TERNI, à 25 kil. S. O. de Spoleto, fait un grand commerce des vins de son territoire, parmi lesquels il y en a de fort bons.

Deuxième classe.

Les vins d'ordinaire sont, en général, légers, d'une saveur douceâtre, fades et faibles en qualité : comme on ne peut pas les exporter sans qu'ils se détériorent, on proportionne aux besoins des habitants la quantité de vignes que l'on cultive.

VITERBE, à 55 kil. N. O. de Rome, est entourée de vignobles qui produisent les meilleurs vins d'ordinaire du pays.

LA RICCIA, à 16 kil. S. E. de la même ville, fournit d'excellent vin, mais en petite quantité. Les vignobles des environs de Rome, si estimés par les anciens, ont beaucoup perdu de leur réputation.

SAINT-MARIN, petite république enclavée dans le duché et à 20 kil. N. O. d'Urbin, sur une montagne escarpée, récolte des vins très-délicats, et qui se conservent longtemps, lorsqu'ils sont gardés dans des caves fraîches. SINIGAGLIA, à 4 kil. E. d'Urbin, a de beaux vignobles dont on tire d'assez bons vins.

---

tecôte, on faisait des libations sur sa tombe ; mais on a réformé cet usage, et le prix du vin qu'on y employait sert à acheter du pain qui est distribué aux pauvres. Voici l'épitaphe que son courrier composa, et qui fut mise sur sa tombe :

Est, est, est,
Et propter nimium est,
Dominus meus mortuus est.

Dans les environs de Bologne, et particulièrement sur la montagne *della Guardia*, à 12 kil. de cette ville, on trouve des vignobles fort étendus, et dont les vins sont estimés ; les rouges ont une couleur très-foncée et peu de spiritueux : les blancs, dont la récolte est fort abondante, ont une teinte ambrée, de la douceur et un bon goût ; on fait aussi d'excellents raisins secs connus sous les noms d'*uva-paradisa* et d'*uva-angola*.

Imola, à 32 kil. S. E. de Bologne, dans la Romagne, et plusieurs autres cantons de cette province, produisent beaucoup de vins blancs que l'on fait cuire pour les conserver. Celui qui n'a pas subi cette opération est agréable et *mousse* comme le champagne quand on le met en bouteilles. Tarare, Forli, Cezena, Rimini, Pezaro et quelques autres cantons en font d'assez bons ; mais, en général, on suit de mauvais procédés pour leur fabrication.

Genzano, près d'Albano, fournit des vins d'ordinaire assez bons, quoique doux, fades et peu corsés ; ils sont recherchés à Rome.

Le Ferrarais produit beaucoup de vins d'ordinaire et des vins communs ; on y prépare aussi, comme dans les vignobles que je viens de citer, des vins de liqueur assez bons, mais qu'on n'exporte point.

Les environs de Spoleto, à 90 kil. N. de Rome, et surtout Amelia, à 32 kil. S. O. de Spoleto, cultivent les meilleurs raisins d'Italie, particulièrement celui nommé *pizotello*. On tire de ce pays de bons vins d'ordinaire.

Entre Narni et Terni, où se termine la chaîne des *Apennins*, à 25-30 kil. de Spoleto, on récolte des raisins sans pepins, nommés *uva-passa* et *uva-passerina*, dont les grains, très-petits, ressemblent à ceux du raisin de Corinthe tant par leur forme que par leur goût : ces vignobles fournissent aussi de fort bons vins.

Le principal commerce des vins et des raisins secs se fait à Orvieto, à Viterbe, à Spoleto, à Bologne, à Terni et dans quelques autres endroits.

Les mesures en usage sont, à Rome, le *barillo*, qui contient 45¹,50 ; la *brenta*, de 144 litres, et la *botta*, composée de 16 *barilli* ou de 728 litres ; à Bologne, la *corba*, qui est d'environ 74 litres ; à Ancône, la *soma* de 86 litres ; à Ferrare, la *secchia*, de 10¹,23, et le *mastello*, contenant 8 *secchia*.

Dans les États romains les droits d'importation sont fixés ainsi qu'il suit :

Vins ordinaires en fûts : introduction et sortie *prohibées*.

Vins en toute sorte (d'autres) contenants : entrée, 2 fr. les 100 livres; sortie, 0,01, soit 31 fr. 56 c. les 100 kil. à l'entrée et 16 centimes à la sortie.

§ VII. NAPLES, SICILE ET LES ILES LIPARI.

Le royaume de NAPLES, c'est-à-dire la partie continentale de l'ancien royaume des Deux-Siciles, occupe toute la partie méridionale de l'Italie, entre les 38° et 43° degrés de latitude ; son territoire est d'une étonnante fertilité en toute espèce de productions : des vignobles très-étendus y donnent des vins de liqueur justement estimés, et des vins d'ordinaire qui ont une couleur très-foncée et beaucoup de corps ; mais ils sont moins doux et plus agréables que ceux de la Toscane. On fait aussi beaucoup d'eaux-de-vie, qui s'exportent en différents pays.

Le VÉSUVE, célèbre par ses éruptions volcaniques, ne mérite pas moins d'être cité pour l'excellence des vins qu'il produit. La vigne occupe tous les terrains où il est possible de la cultiver. La partie de cette montagne voisine de la mer en est couverte ; on y récolte trois espèces de vins précieux, celui nommé *lacryma-christi* est le meilleur, mais il s'en fait très-peu. Ce vin, liquoreux et fin, réunit à une belle couleur rouge un goût exquis et un parfum des plus suaves. La seconde sorte est le *vin muscat*, dont la couleur est ambrée, le goût fin, délicat et très-parfumé ; il occupe l'une des premières places parmi ceux de cette espèce. La troisième sorte est le *vin grec*, ainsi nommé parce que le plant qui le produit a été tiré de la Grèce ; il est de l'espèce des *malvoisies* et en a toutes les qualités.

Les collines des environs du lac Averne, entre Pouzzol et Baïa, et les montagnes qui entourent le village nommé *Sainte-Marie-de-Capoue*, bâti sur l'emplacement de l'ancienne Capoue, à 4 kil. de la ville qui porte aujourd'hui ce nom, sont couvertes de vignobles, dont on tire d'excellents vins de liqueur blancs et rouges, qui participent de la qualité des précédents et se présentent souvent sous leurs noms; il en est même quelques-uns qui approchent tellement de leur goût et de leur saveur, que les palais les plus exercés ont de la peine à les distinguer.

Après ces vins de première qualité, on cite ceux de la Calabre citérieure, et particulièrement les vins *muscats*, que l'on récolte sur le territoire de Carigliano, à 16 kil. de Rossano, et aux environs du golfe de Tarente ; ils ont toutes les qualités que l'on recherche dans les vins de cette espèce, et se distinguent par un goût de fenouil très-agréable.

Bari, capitale de la province de ce nom, Tarente, Francavilla et plusieurs autres cantons de la terre d'Otrante, sont entourés de vignobles qui produisent d'excellents vins muscats, et des vins d'ordinaire de bonne qualité. Ces derniers se trouvent aussi dans la province nommée Basilicate et dans la Pouille ; mais ils ont, en général, un goût saumâtre désagréable.

Les environs de Reggio, dans la Calabre ultérieure, produisent beaucoup de vins, dont la qualité varie suivant les procédés employés pour la fabrication. Le voyageur Spallanzani assure qu'il a vu faire, avec la même espèce de raisin, des vins qui ressemblaient à ceux de Bourgogne, et des vins de liqueur rouges et blancs. ·

L'endroit nommé les Champs-Elysées, près de Baïa, où l'on voit encore les urnes et les tombeaux des Romains, est couvert de vignes et d'arbres fruitiers, plantés en amphithéâtre, sur le penchant d'une colline, à l'abri des vents ; les ceps y sont soutenus par des échalas de 6 pieds de hauteur. On y récolte des vins rouges et des vins blancs d'excellente qualité ; les premiers ont une couleur foncée ; tous ont du corps, du spiritueux, de la finesse et un parfum agréable. On les conserve dans les grands tombeaux qui ont été convertis en caves.

Gierace, à 45 kil. N. de Reggio, fournit des vins d'une couleur jaune et qui se distinguent de tous ceux de la province par un caractère particulier ; ils joignent la maturité des vins cuits à la légèreté des vins de France, qualités qui se rencontrent très-rarement dans ceux d'Italie.

Les vignobles de Fundi produisent des vins d'ordinaire fort agréables.

La Campanie, dont les Romains tiraient leurs célèbres vins de Falerne et de Massique, contient beaucoup de vignes hautes, qui n'ont plus la même réputation. On cite cependant avec éloge le vin blanc que l'on fait dans quelques endroits ; il mousse comme le champagne, quand on le met en bouteilles en temps convenable ; il est d'un goût agréable et moins lourd que ne le sont les autres vins ; une légère âpreté qui le caractérise l'a fait nommer asprino dans le pays.

Les raisins secs forment une branche importante du com-

merce de la Calabre ultérieure : elle en expédie beaucoup pour
les autres contrées d'Italie, pour la France et surtout pour l'Allemagne. Le raisin dont on se sert pour la dessiccation se nomme
zibillo ou *zibibbo*; il ressemble au gros muscat; ses grappes
sont volumineuses, et ses grains, de forme ovale, ont environ
$0^m,0275$ de longueur sur $0^m,0025$ de diamètre; leur peau est
dure et leur goût très-sucré. Le blanc est meilleur que le rouge,
c'est pourquoi on cultive peu ce dernier.

Les îles de CAPRÉE, d'ISCHIA et de PROCIDA, situées dans le
golfe de Naples, sont fertiles en vins de diverses qualités. Les
deux premières surtout sont couvertes de vignes qui font leur
richesse. Quelques propriétaires de l'île d'Ischia ont tiré des
plants de la haute Bourgogne, et, en les traitant d'après nos
meilleurs procédés, ils obtiennent des vins rouges très-spiritueux
qui ont un parfum des plus agréables. Ceux de l'île de Caprée
ont une couleur très-foncée et se conservent difficilement, mais
les vins blancs sont fort bons et comparables à ceux de Meursault, département de la Côte-d'Or. L'île de Procida, dont le
terrain est plat et contient moins de cendres volcaniques, donne
des vins inférieurs à ceux des deux autres îles; cependant ils ont
une couleur foncée, du corps et du spiritueux.

Le principal commerce des vins du Vésuve et de la Terre de
Labour se fait à Naples; ceux de la Calabre citérieure se vendent
à Rossano; ceux de la Calabre ultérieure, à Reggio; ceux de la
terre d'Otrante s'expédient par Tarente : les raisins secs de la
Calabre ultérieure se chargent au Pizzo pour Trieste, Livourne,
Gênes, Marseille, etc., d'où on les transporte, par terre ou par
mer, à leur destination.

Les mesures en usage dans le royaume de Naples sont le *barillo*, qui contient $42^l,00$; la *botta*, de $508^l,00$, et le *carro*,
composé de 2 *botta*. On prétend que le bénitier de Saint-Janvier
a été pris pour modèle de la mesure des liquides. Celle en usage
dans la Calabre est la *salma*, qui représente $504^l,60$; dans la
Pouille, on se sert de la *staja*, qui vaut $15^l,39$; et de la *salina*,
qui est de $154^l,00$.

L'île de SICILE, située dans la Méditerranée, au S. O. du
royaume de Naples, dont elle est séparée par le détroit de Messine, entre les 36° et 38° degrés de latitude N., est la plus grande
des îles de la Méditerranée. La Sicile est très-fertile, quoiqu'elle
paraisse couverte de rochers. Ses vignobles, nombreux et étendus, fournissent en abondance des vins d'ordinaire de bonne
qualité et d'excellents vins de liqueur, dont il se fait des expor-

tations évaluées à 25,000 *somma*, d'une valeur de 75,000 onces
ou environ 1 million de francs; on exporte, en outre, des eaux-
de-vie, des vinaigres et des raisins secs. Les vignes sont, en général, tenues basses ; on cultive peu de ceps hautains.

L'*Etna*, volcan fameux et la plus haute montagne de la Sicile,
dans le Val-di-Mona, est divisé en trois régions distinctes. La
première entoure le pied de la montagne et forme le pays le plus
fertile du monde, jusqu'à la région dès bois. Elle est composée
presque entièrement de laves, qui, après des siècles, se sont
converties en un sol très-riche. La plaine la plus basse est couverte de champs immenses de lin et de chanvre arrosés par des
ruisseaux. Les collines, que le volcan a lui-même créées, sont
tapissées de vignes et couronnées d'oliviers et d'orangers, au-
dessus desquels le palmier-dattier élève sa tête majestueuse.

Les ÎLES LIPARI forment un groupe très-étendu, situé au N.
de la Sicile, près des côtes de la Calabre, sous le 38e degré de
latitude boréale. On en compte dix, dont les plus fertiles sont
celles de Lipari, de Didymia ou Île des Salines, de Panaria, de
Stromboli, de Felicuda, d'Alicuda et d'Ustica.

LIPARI, la plus étendue, est à environ 36 kil. N. O. de Melazzo; elle contient beaucoup de vignobles, dont les produits
font toute la richesse. Les vignes sont ordinairement tenues à
la hauteur de 2 à 3 pieds; on forme, avec des pieux et des ro-
seaux, de petites treilles, où elles sont entrelacées et couvrent
un espace de terrain qui reste inculte. Quelques propriétaires
les cultivent en espaliers parallèles et sèment du blé dans les intervalles, ce qui leur procure deux récoltes au lieu d'une; la
terre est tellement fertile et le climat si favorable, que cette
double culture ne nuit ni à la quantité ni à la qualité du raisin.
Chaque année, elle fait de nouveaux progrès, qui augmentent la
fortune des cultivateurs.

On récolte, dans cette île, des vins de différentes qualités :
la *malvoisie*, qui provient de plants tirés de la Morée, est le plus
estimé; elle a une couleur ambrée, est généreuse, suave, et
laisse dans la bouche un parfum délicieux, avec un arrière-goût
de douceur non moins agréable. Ce vin est préparé avec beaucoup de soin : on choisit les grappes, et, après en avoir ôté tous
les mauvais grains, on les expose, pendant huit ou dix jours,
au soleil, avant d'en exprimer le jus, que l'on met ensuite fermenter dans les tonneaux. La récolte s'élève à peine à 2,000 barriques, que les Liparotes envoient à l'étranger; ils en réservent
très-peu pour leur usage, et les voyageurs ont souvent de la

peine à s'en procurer quelques flacons, lorsqu'ils veulent en boire pendant leur séjour dans l'île.

Les vins communs, dont les habitants font leur boisson ordinaire, ont du spiritueux, un goût agréable, et se conservent. Les vignerons sont dans l'usage de presser le raisin dans la vigne même, à mesure qu'ils le cueillent, et d'en renfermer le jus dans des outres goudronnées, pour le porter chez les propriétaires; ce qui communique au vin un goût de goudron, qui se dissipe promptement lorsqu'on a soin de le verser de suite dans les tonneaux. La récolte de ces vins est si abondante, qu'on en exporte, chaque année, de 2 à 3,000 barriques, et que l'on fabrique encore une assez grande quantité d'eau-de-vie, qui fait une branche importante du commerce de l'île.

Les vignobles fournissent aussi des raisins que l'on fait sécher; il en est de deux espèces : l'une appelée *passola*, et l'autre *passolina*; celle-ci, dont les grains sont plus petits, prend aussi le nom de *raisin de Corinthe*. On prépare annuellement 11 à 12,000 barils de la première espèce et 10,000 de la seconde : les barils pèsent environ 100 kilogrammes.

Le principal commerce des vins, des eaux-de-vie et des raisins secs se fait dans la ville de Lipari, située au bord de la mer, à l'E. de l'île; c'est aussi l'entrepôt des productions des autres îles de cet archipel.

DIDYMIA OU L'ILE DES SALINES, à 8 kil. N. O. de Lipari, ne produit pas de blé; mais ses champs sont couverts de vignobles qui ne le cèdent pas, en qualité, à ceux de l'île Lipari. On y prépare beaucoup de raisins secs, qui sont le principal article de son commerce.

PANARIA, à environ 8 kil. N. E. de Lipari, produit du vin et des raisins de Corinthe qu'on transporte à Lipari.

STROMBOLI, à 10 kil. N. E. de la précédente, produit les mêmes végétaux que Lipari et dans la même proportion. Les habitants tirent leur principale richesse de la vente de leur *malvoisie*, qu'ils portent dans cette île capitale, où ils trouvent aisément à s'en défaire. Les vignes qui produisent la malvoisie et les raisins nommés *passola* et *passolina* sont plantées au bord de la mer ; celles qui donnent le vin d'ordinaire tapissent les flancs de montagne, et forment une zone qui s'étend du nord à l'est. Elles sont toutes plantées dans les sables volcaniques et dans les sites les plus élevés ; on les entoure de fortes palissades pour les défendre contre les vents.

Les îles de FELICUDA, d'ALICUDA et d'USTICA contiennent des

vignobles dont on tire d'assez bons vins pour la consommation des habitants ; mais on n'y rencontre pas les raisins nommés *passola* et *passolina*, ni ceux dont les Liparotes font leur excellente malvoisie.

L'île de PANTELLARIA, située entre la côte de la régence de Tunis et la Sicile, à 80 kil. S. O. de MAZARA, a de grands vignobles qui donnent de fort bons vins.

VINS ROUGES.

Première classe.

MASCOLI, dans la région inférieure de l'Etna, à 30 kil. de Catane, est situé au milieu de beaux vignobles, qui fournissent les meilleurs vins de la province : ils sont rouges, ce qui est rare en Sicile, et leur goût est agréable. Il s'en fait des expéditions considérables à l'étranger, et principalement pour l'île de Malte et pour l'Amérique méridionale. On cite aussi comme fort bons ceux des vignobles de la SCIARRA, de la MACCHIA et de SAN-GIOVANI, dont le territoire est de la plus grande richesse.

Les environs de TAORMINA, sur la côte orientale du Val-di-Mona, entre Catane et Messine, et les vignobles du FARO, entre cette dernière ville et MELAZZO, produisent de fort bons vins rouges de la même espèce et presque de la même qualité que ceux de Mascoli. Le district de MESSINE en récolte aussi en assez grande abondance pour fournir à des exportations.

Deuxième classe.

CATANE, à 55 kil. de Syracuse, sur un golfe au pied du mont Etna, a beaucoup de vignes dans son territoire. On y recueille les meilleurs vins d'ordinaire de la Sicile : ils sont très-forts, portent bien l'eau, et ont un léger goût de goudron qui ne diminue en rien leur qualité, surtout pour les personnes qui en font un usage habituel. Le côté de la montagne, entre Catane et Nicopoli, est aussi très-fertile en vins ; mais ils sont acerbes et conservent un goût sauvage déplaisant.

AGOSTA, à 16 kil. N, de Syracuse, est environnée de vignobles dont les vins s'expédient par son port. SCOGLITTI et VITTORIA, aussi dans le Val-di-Mona, récoltent une grande quantité de vins d'une assez bonne qualité pour donner lieu à des exportations pour Malte, Naples et Gênes.

Les environs de CASTELLAMARE et d'ALCAMO, à 40 kil. S. O.
de Palerme, et les environs de cette dernière ville, produisent
des vins de bonne qualité, dont une partie est livrée à l'exportation. Parmi les vignobles des environs de Palerme, ceux de
BAGARIA, TERMINI et PARTIMINIO produisent les meilleurs vins;
beaucoup d'autres cantons de la Sicile produisent des vins d'ordinaire pour la consommation des habitants, et une grande
quantité de vins communs, que l'on convertit en eaux-de-vie ou
en vinaigres. On prépare aussi, dans plusieurs cantons, des raisins secs qui sont exportés.

VINS BLANCS.

MARSALLA et CASTEL-VETRANO, à 85 kil. S. O. de Palerme,
sont entourés de collines couvertes de vignobles, dans lesquels
on récolte des vins secs, qui ont, par leur goût, leur nerf, leur
parfum et leur séve agréables, beaucoup de ressemblance avec
ceux de Madère; leur couleur jaune est seulement plus foncée.
Plusieurs négociants anglais ont formé, à Marsalla, des établissements considérables, dans lesquels ils réunissent une immense
quantité des meilleurs vins des environs, pour les soigner et les
expédier ensuite en Angleterre, aux Etats-Unis d'Amérique et
dans toutes les parties du monde où l'on consomme des vins de
cette espèce. La couleur foncée des vins de Marsalla est réduite,
en peu de jours, à celle des meilleurs vins de Madère, quand on
les colle avec ma poudre n° 6 ; ce collage ne précipite que les
parties colorantes, surabondantes, et les matières qui épaissis-
sent ces vins : devenus limpides, on les trouve plus fins qu'avant
le collage; leur degré de spiritueux est plus sensible et leur parfum se dilate mieux. On fait, dans toutes les parties de l'île, des
vins blancs de diverses qualités, mais inférieurs à ceux de Marsalla : ils se consomment dans le pays.

VINS DE LIQUEUR.

SYRACUSE, ville ancienne et fameuse, avec un beau port, sur
la côte orientale du Val-di-Noto, à 175 kil. E. de Palerme et
120 kil. S. O. de Messine, est encore célèbre par les excellents
vins de liqueur qu'on récolte sur son territoire et dont on fait

un grand commerce. Les vignobles sont en plaine, et les ceps, plantés près les uns des autres, ne s'élèvent pas au-dessus de 4 palmes ; ce qui, vu la fertilité du sol et la chaleur du climat, ne nuit ni à la végétation ni à la maturité du raisin. La partie de l'ancienne Syracuse, nommée *Nicopolis* et qui était la plus belle et la mieux bâtie, est aujourd'hui plantée en vignes et en oliviers. On y récolte une quantité prodigieuse de vins *muscats*, qui occupent le premier rang parmi tous ceux de cette espèce ; il y en a de rouges et de blancs : la couleur des premiers est peu foncée et celle des seconds est ambrée ; ils sont doux sans être fades, pleins de finesse, de séve et de parfum. On récolte, dans beaucoup d'autres parties de l'île, des vins *muscats* de bonne qualité, mais inférieurs à ceux de Syracuse.

Le principal commerce des vins se fait à Catane, à Messine, à Mascali et à Melazzo, dans le Val-di-Mona ; à Syracuse et à Scoglitti, dans le Val-di-Noto ; à Palerme, à Marsalla et à Castellamare, dans le Val-di-Mazara. Les expéditions ont lieu dans les différents ports.

La mesure en usage se nomme *somma* ou *salma;* elle contient 88 litres à Messine et 78 à Syracuse : 12 *salmas* font une *tonne*, qui se partage en tonneaux d'une moindre capacité.

CLASSIFICATION.

VINS ROUGES.

Les vins rouges de Carmignano et de plusieurs autres vignobles du Florentin, de l'ermitage de Monte-Serrato, dans l'île d'Elbe ; d'Albano, Orvieto et Terni, dans la partie centrale de l'Italie ; de Bari et de Reggio, dans le royaume de Naples ; des îles de Caprée et d'Ischia ; de Mascoli, de Taormina et du Faro, en Sicile, sont des vins fins de 3ᵉ classe.

Les meilleurs crus d'Asti, Chaumont et Albe, dans le Piémont ; de la plaine de Novi et des arrondissements de Ceva et de Savone, dans le duché de Gênes, de Bosa, d'Alghieri, de Sassari et de l'Ogliastra, dans l'île de Sardaigne ; quelques crus des duchés de Parme, de Modène, de Massa et de la principauté de Lucques ; plusieurs de ceux du Florentin, du Pisan et du Siennois ; de Porto-Longone et de quelques autres crus de l'île d'Elbe ; de Viterbe, de la Riccia et de Saint-Marin, dans l'Etat romain; de Fundi et de la Campanie, dans le royaume de Naples; de Messine, Catane, Agosta, Castellamare, Alcano et Palerme, dans l'île de Sicile, et de quelques crus des îles Lipari font des vins d'ordinaire, dont les uns entrent dans la 4ᵉ classe, les autres parcourent les différents degrés de la 5ᵉ.

VINS BLANCS.

Les vins secs de Marsalla et de Castel-Vetrano, dans l'île de Sicile, entrent dans la 2ᵉ classe de ceux de cette espèce.

Les vins d'Arcetri, dans le Florentin, et de quelques autres crus de la Toscane, de l'île d'Elbe et de l'Etat romain ; de Geriace et de plusieurs autres cantons de la Campanie, dans le royaume de Naples ; des îles de Caprée, d'Ischia, de Lipari et de plusieurs vignobles de la Sicile entrent dans la 3ᵉ classe.

Plusieurs vins parmi ceux du duché de Montferrat, de la Toscane, de l'île d'Elbe, de l'Etat romain, des environs de Baïa et de la Campanie, dans le royaume de Naples; quelques-uns de ceux des îles Lipari et de la Sicile entrent dans la 4ᵉ classe. Les vins qui forment la 5ᵉ classe se font dans presque tous les vignobles de l'Italie. Comme ils sont peu susceptibles de se garder longtemps, et encore moins d'acquérir de la qualité en vieillissant, on les consomme dans le pays.

VINS DE LIQUEUR.

Le vin rouge, nommé *lacryma-christi*, dans l'ex-royaume de Naples; le muscat de Syracuse, dans l'île de Sicile; et le vin muscat rouge nommé *aleatico*, à Monte-Pulcino, en Toscane, me paraissent devoir être rangés dans la 1ʳᵉ classe.

Les vins muscats de Canelli et de Chambave, dans le Piémont; ceux nommés *nasco*, *giro*, *tinto*, *malvasia* et autres de l'île de Sardaigne; l'*aleatico* de Ponte-à-Mariano, dans la principauté de Lucques; le vin du même nom, que l'on fait dans le Florentin ; celui de Monte-Catini, Chianti, Montalcino, Riminese, Pontecole et Santo-Stephano, dans le Siennois ; le *vermut* et l'*aleatico* de l'île d'Elbe; les vins rouges et les vins blancs d'Albano, les vins muscats de Monte-Fiascone, d'Orvieto et de Farnese, dans l'Italie centrale ; ceux du Vésuve, de Sainte-Marie-de-Capoue, de Carigliano et de Bari, dans le royaume de

Naples ; enfin la malvoisie des îles Lipari parcourent les différents degrés de la 2ᵉ et de la 3ᵉ classe. Tous les autres n'entrent
que dans la 4ᵉ.

CHAPITRE VIII.

Espagne.

L'Espagne est bornée, au nord, par le golfe de Biscaye et les
Pyrénées, qui la séparent de la France; au midi, par l'océan
Atlantique et le détroit de Gibraltar ; à l'orient, par la mer Méditerranée; et, à l'occident, par le Portugal et l'Océan. Elle est
divisée en quatorze provinces (1), dont plusieurs prennent le titre
de royaume. Je les parcourrai du nord au midi, dans l'ordre
suivant : la Galice, les Asturies, la Biscaye, la Navarre, l'Aragon,
la Catalogne, le royaume de Léon, la Vieille-Castille, la Nouvelle-Castille, Valence, l'Estramadure, l'Andalousie, la Murcie,
la Grenade, et enfin les îles Baléares, c'est-à-dire Majorque,
Minorque et Iviça. Quant aux possessions espagnoles situées
dans les autres parties du globe et où la vigne est également
cultivée, elles seront comprises dans les chapitres consacrés à
chacune de ces contrées.

Ce pays, qui, du temps de Pline, fournissait des vins que l'on
estimait beaucoup à Rome, a longtemps occupé le premier rang
parmi les contrées vinifères de l'Europe, et il conserve encore
cette suprématie pour une partie de ses produits. La chaîne de
montagnes qui commande ses côtes étendues et qui borde ses
principales rivières offre les expositions les plus heureuses et les
meilleurs terrains pour cultiver la vigne; enfin la chaleur du
climat assure la maturité prompte et parfaite du fruit. Il en résulte, que dans tous les cantons où les vins sont bien traités, ils
se distinguent par leur séve, leur bouquet, leur force et leur
durée; mais ces avantages sont perdus dans beaucoup de vignobles par les mauvais procédés que la routine fait employer.

_____

(1) Il ne s'agit pas ici des divisions administratives, car ces provinces
se subdivisent en départements comme les provinces françaises.

Les vins d'ordinaire rouges de bonne qualité ne se récoltent que dans quelques cantons, et les meilleurs vins fins de cette couleur sont inférieurs à ceux de nos grands vignobles ; mais l'Espagne fournit d'excellents vins blancs secs et une grande quantité de vins de liqueur de la meilleure qualité. Ceux-ci diffèrent des nôtres non-seulement par l'espèce de cepage qui les produit et la chaleur du climat, mais encore par la manière dont on les prépare. Les raisins qui les fournissent sont très-sucrés et donnent un moût d'autant plus doux qu'ils parviennent presque toujours à leur parfaite maturité ; une partie de ce moût est encore concentrée par l'ébullition : on le met dans des chaudières dont la capacité varie suivant la quantité de vin fin que fait ordinairement chaque propriétaire ; les plus grandes sont dans les environs de Séville, en Andalousie ; elles contiennent jusqu'à 500 arrobes, ou environ 7,800 litres ; leur forme est celle d'un cône tronqué renversé, et beaucoup plus large que haut. On fait bouillir le moût pendant quarante-huit heures, en ayant soin d'enlever l'écume qui se forme à la surface, et on le réduit au quart de son volume primitif. Le sirop que l'on obtient par cette opération sert à colorer le vin et à lui donner la force nécessaire pour qu'il se conserve.

Le moût qui n'a pas été concentré par l'ébullition est passé dans un tamis qui en sépare les pepins et les pellicules ; on y ajoute la quantité nécessaire du sirop dont je viens de parler et on le laisse fermenter dans les tonneaux, ou il acquiert le degré de spiritueux nécessaire ; mais, ayant été dépouillé, par le feu, d'une portion de son flegme, la fermentation cesse avant l'entière dissolution des parties sucrées. Ces vins restent doux, et sont même pâteux pendant les premières années ; ce n'est qu'en vieillissant qu'ils acquièrent de la finesse, de l'agrément et du parfum : il est dangereux d'en user avec excès ; mais, bus avec modération et seulement pour remédier à quelques indispositions de l'estomac, ce sont d'excellents toniques.

Pour faire les vins blancs secs de Xérès, on prend indifféremment des raisins rouges et des blancs, que l'on étend sur des nattes, pendant deux ou trois jours, pour les sécher un peu, après quoi on les égrappe, on ôte les grains qui sont verts ou pourris ; la vendange est ensuite mise dans les cuves et l'on répand, sur la surface, du plâtre calciné. Le tout est foulé par des hommes chaussés de sabots ; le jus qui coule est mis dans des tonneaux, que l'on remplit et que l'on range ensuite dans le cellier, où le vin subit sa fermentation, qui dure ordinairement depuis le mois d'octobre jusqu'au commencement ou au milieu de décembre. Lorsque lo fermentation a cessé, le vin est séparé de sa lie ; celui qui est destiné à l'exportation reçoit l'addition d'eau-de-vie que l'on juge convenable, et qui excède rarement 12 ou 15 litres par *botte* ou tonneau de 450 litres. Le vin ainsi préparé est vert et âpre pendant assez longtemps ; il s'adoucit après quatre ou cinq ans de séjour dans les tonneaux ; mais ce n'est qu'après quinze ou vingt ans de garde qu'il a acquis tout son parfum et son plus haut degré de qualité. On fait quelquefois infuser des amandes amères dans ce vin, pour lui donner le goût qu'on aime à y rencontrer.

Les vins communs sont presque tous colorés, lourds, grossiers et spiritueux ; on en convertit beaucoup en eaux-de-vie, dont le commerce se fait principalement dans les ports de la Catalogne et du royaume de Valence : elles s'expédient pour la France, l'Italie, l'Amérique, la Hollande, l'Angleterre, la Russie et les autres pays du Nord. Leur qualité est, en général, inférieure à celle des bonnes eaux-de-vie de France, dont l'Espagne tire tous les ans une certaine quantité.

Les vignobles de ce royaume fournissent aussi au commerce des raisins secs de très-bonne qualité ; on les préfère à ceux de la Calabre et même aux raisins de Provence : ils participent de la douceur des premiers et du goût agréable des seconds ; mais on les prépare avec négligence ; ils sont souvent mêlés de petits grains, et arrivent, assez mal conditionnés, dans des *cabas* ou sacs de jonc. On expédie aussi, particulièrement de Malaga, des raisins frais qui parviennent bien conservés, même avec leur fleur, dans les pays du Nord. Cueillis avant leur entière maturité, ils sont emballés, la tête en bas, avec du son bien sec, dans des pots de terre ou de grès ; le couvercle est soigneusement luté avec du plâtre, ce qui les garantit de l'humidité et du contact de l'air.

Le nombre des variétés de vignes cultivées en Espagne est très-considérable. *D. Simon-Rowas-Clemente*, dans un ouvrage dont M. *Caumels* nous a donné une traduction (1), en compte plus de cinq cents ; il en décrit cent vingt espèces, qu'il a reconnues dans les royaumes d'Andalousie et de Grenade. Je ne citerai ici que celles qui paraissent être généralement cultivées, et qui sont les meilleures, soit pour la préparation des vins, soit pour celle des eaux-de-vie et des raisins secs.

(1) *Essai sur les variétés de la vigne qui végètent en Andalousie.*

RAISINS ROUGES.

La *tintilla*. Cette variété, très-estimée, occupe la plus grande partie des vignes de Rota, et donne le fameux vin qui porte son nom. A Malaga, on la nomme *tinto*; ses raisins entrent pour 1/6 dans les vins rouges de ce vignoble. On cultive aussi ce cepage à Trebugena, à Chipiona, à Arcos, à Espera, à San-Lucar, à Xérès [Jeres(1)], à Paxarète, et dans plusieurs autres vignobles.

Le *tempranillo*. Les grains de ce raisin sont très-noirs; il est des plus estimés à Logroño et à Peralta, tant pour sa saveur que pour les bons vins rouges qu'il produit.

L'*albillo-castillan*, de couleur rouge grisâtre, est très-précoce : la saveur et le poids de son moût démontrent qu'il est précieux pour faire des vins.

Le *mollar noir* occupe, à Xérès (Jeres), un tiers des vignes qui sont plantées dans les sables : on en voit aussi beaucoup dans les vignobles d'Arcos, d'Espera et de Paxarète : il est très-recherché pour la table.

Le *perruno noir*, assez répandu dans les différents vignobles, est de bonne qualité.

Le *tinto* et le *morastel* sont très-noirs : comme on cultive, en général, plus de raisins blancs que de rouges, ces variétés sont employées, dans la plupart des vignobles, à colorer les vins blancs.

RAISINS BLANCS ET GRIS.

Ximenez (Jimenez). Cette variété est la meilleure de toutes celles cultivées en Espagne. *D. Simon-Roxas-Clemente*, d'après *Volcar*, la dit originaire des îles Canaries et de Madère, d'où elle fut d'abord transplantée aux bords du Rhin et de la Moselle, et apportée ensuite à Malaga par le cardinal *Dom Pedro Ximenez*, qui lui donna son nom; mais tous les auteurs s'accordent à dire que les plants de Madère et des îles Canaries ont été tirés des vignobles de Malvoisie, ville de la Morée, d'où je conclus que le *ximenez* est originaire de ce dernier pays. Le moût de ce raisin est regardé, avec raison, comme le meilleur pour faire les vins secs et les vins doux : c'est lui qui produit, à Ma-

(1) Orthographe nouvelle.

laga, le vin précieux connu sous le nom de *pero-ximen*; il entre
pour les 5/6 dans les bons vins rouges du même pays, en pareille proportion dans les muscats, et on le mêle avec d'autres
qualités dans le *pero-ximen mixte*; on le met aussi en plus ou
moins grande quantité dans les vins de Paxarète, de Xérès, de
San-Lucar et de beaucoup d'autres vignobles. Le *ximenez* porte
différents noms dans chaque pays; on le désigne sous celui de
pero-ximen à Malaga, et de *pedro-ximenez* dans plusieurs cantons.

Le *ximenez-zumbron* ne diffère du précédent qu'en ce que
ses grains sont plus gros et son suc moins doux.

Le *listan commun*, très-productif, occupe la majeure partie
des vignes de San-Lucar, et forme la base des bons vins de ce
vignoble; il est aussi le seul que l'on emploie pour faire les
passerillas-del-lexia (1), et celui qu'on préfère pour manger
frais. Sa culture est très-étendue à Xérès, au Port-Sainte-Marie,
à Rota et à Malaga.

Moscatels ou raisins muscats. On en cultive plusieurs variétés :
les plus estimées sont le *moscatel-menudo-blanco*, qui fournit
d'excellents vins muscats, et le *moscatel-gordo-blanco*, dont on
fait les meilleurs *passerillas-del-sol* (2).

Perruno commun. Ce raisin, d'un gris rougeâtre foncé, est
le meilleur après le *ximenez*, le *listan commun* et les *moscatels*.
On le cultive à Xérès et surtout à Trebugena : il se trouve en
plus ou moins grande quantité dans presque tous les autres vignobles.

Le *calgadera* a une saveur très-délicate, se conserve bien, et
contribue à la qualité généreuse des vins de Peralta.

Le *jaen blanc* est cultivé dans presque tous les vignobles
d'Espagne; mais on ne désigne pas partout la même variété
sous ce nom. Il en est qui donnent beaucoup et d'excellente
eau-de-vie, comme le raisin que l'on cultive à Grenade, et plusieurs autres espèces qui, par l'âpreté de leur fruit, devraient
être exclues des cantons où l'on en tire du vin.

Le *doradillo* est un raisin gris, planté dans les vignobles de
Malaga et de Grenade; on le mêle avec le *ximenez* pour faire les
vins nommés *ximenez mixtes*.

L'*almunecar* est aussi mêlé avec le *ximenez* pour faire des

_____

(1) On nomme ainsi les raisins secs qu'on a plongés dans une lessive
de cendres de sarments avant de les faire sécher.
(2) Raisins que l'on laisse sécher sur le cep, après en avoir coupé la
queue à moitié.

vins mixtes : on le nomme *uva passa* dans plusieurs vignobles où il est employé à faire des raisins secs.

Le *mantuo-perruno* est, après le ximenez, la variété la plus commune dans la plaine de Grenade.

Le *perruno-duro*, le *mantuo-de-pilas* et le *vigiriega commun* sont également employés pour faire du vin et des raisins secs.

Parmi les variétés que je n'ai pas citées, il en est peu dont la culture soit de quelque importance.

Douanes, octroi. — Droits d'entrée sur les vins mousseux, champagne, etc., la bouteille de 7 décilitres 3 réaux, et 3,60 si sous pavil. étr. (81 et 97 centimes). En bouteilles de moins de 7 décilitres 1 r. 75 et 2 r. 10 (47 et 57 centimes).

Autres. — En cercles, le litre 1 r. 55 et 1 r. 85 (ou 42 et 50 cent.). En bouteilles de 7 décilitres 1 r. 50 et 1,80 (40 et 49 cent.). En bout. de moins de 7 décil. 0,75 et 0,90 (20 et 24 cent.) selon le pavillon.

Le système métrique a été introduit en Espagne.

§ I. *Royaume de* GALICE, *situé sous les 42e et 43e degrés de latitude, entre l'Océan, le Portugal et les Asturies.*

Il produit peu de vins, et ceux que l'on récolte sont, pour la plupart, consommés dans le pays. Les meilleurs proviennent des vignobles des environs de RIBADAVIA, à 25 kil. S. O. d'Orense ; on en fait aussi d'assez bons dans le territoire de TUY, sur les frontières du Portugal, à 100 kil. S. de Compostelle.

La mesure en usage se nomme *cantaro*, et contient 16l,79.

§ II. *Principauté des* ASTURIES, *placée sous le 43e degré de latitude, entre la Biscaye, la Vieille-Castille, le royaume de Léon, la Galice et l'Océan.*

Ce pays contient peu de vignobles ; mais ils produisent de bons vins, qui sont consommés en totalité par les habitants. On y prépare aussi une assez grande quantité de cidre. Le *cantaro*, mesure usitée pour les boissons, contient, à Oviédo, 19l,25.

§ III. Biscaye, *située sous les 42° et 43° degrés de latitude, sur le golfe de Gascogne, entre les Asturies, la Vieille-Castille et la Navarre.*

Cette province fournit des vins qui sont presque tous verts, âpres, dépourvus de corps et de spiritueux ; leur mauvaise qualité est due, en grande partie, au vice de leur fabrication. On vendange souvent trop tôt, on mêle indifféremment dans la cuve les raisins mûrs, verts, sains et pourris ; le vin fermente peu ou fermente mal, il en résulte une liqueur désagréable qui ne se conserve pas. Les propriétaires, certains de vendre toute leur récolte, quelle qu'en soit la qualité, ne cherchent qu'à la rendre abondante. Plusieurs particuliers, qui préparent avec plus de soins les vins destinés à leur usage, obtiennent des boissons agréables et assez spiritueuses ; on fait même, dans les environs de Vittoria, des vins nommés *pedro-ximenez* qui sont fort estimés ; mais il s'en exporte peu. Dans les années abondantes, on distille beaucoup d'eau-de-vie, qui s'expédie par le port de Bilbao. Cette province produit aussi une grande quantité de bon cidre, qui dédommage les habitants de la mauvaise qualité de leurs vins.

§ IV. *Royaume de* Navarre, *situé sous les 42° et 43° degrés de latitude, entre la Biscaye, l'Aragon, les Pyrénées et la Vieille-Castille.*

Le produit de ses vignobles est d'environ 500,000 hectolitres, mais on paraît tendre à diminuer l'étendue des vignobles : on récolte d'assez bons vins d'ordinaire dans les environs de Tudela, à 65 kil. S. de Pampelune ; ils ressemblent à nos petits vins de Bourgogne. Logrono, à 25 kil. S. O. de Pampelune, a des vignobles considérables dans son territoire.

Peralta, petite ville à 40 kil. S. O. de Pampelune, est renommée pour ses vins délicieux ; on en cite surtout deux espèces très-recherchées, dont l'une est connue sous le nom de *rancio :* ce vin ressemble, pour son goût et sa couleur, au *paxarète sec ;* il est spiritueux et de bon goût : l'autre est un vin de liqueur agréable, délicieux et très-spiritueux, qui a beaucoup d'analogie avec le paxarète doux.

Le principal commerce des vins se fait à Pampelune : il y a

aussi quelques fabriques d'eau-de-vie : mais la presque totalité du produit des vignobles se consomme dans la province, et l'exportation, surtout à l'étranger, est à peu près nulle.

§ V. *Royaume d'*ARAGON, *situé sous les 40*ᵉ *, 41*ᵉ *et 42*ᵉ *degrés de latitude, entre la Navarre, les Pyrénées, le royaume de Valence, la Catalogne et les deux Castilles.*

Ce pays produit beaucoup de vins, parmi lesquels on distingue ceux dits de *grenache*, du nom du raisin dont on les tire ; ils ont une couleur œil de perdrix, une saveur douce et agréable, assez de spiritueux et beaucoup de délicatesse. On les récolte principalement dans les vignobles de SABAYES et de CARINENA. Ils sont considérés comme tenant le milieu entre les vins secs et les vins doux de Paxarète, tant par leur goût que par leur consistance.

Le territoire de BORJA, à 20 kil. S. E. de Tarragone, fournit un petit vin blanc liquoreux et fort agréable.

Les vins rouges de l'Aragon ont beaucoup de corps, une couleur foncée et un bon goût ; ils seraient meilleurs s'ils étaient faits avec plus de soin, et surtout si, au lieu de planter la vigne dans les terres grasses, on choisissait de préférence les terrains pierreux, très-communs dans cette province. L'excédant des récoltes alimente plusieurs distilleries, dont les plus importantes sont à TORRÈS.

Le principal commerce des vins et des eaux-de-vie se fait à Sarragosse ; mais il s'en expédie peu à l'étranger. Les mesures en usage sont le *cantaro*, de 10ˡ,33, et le *nietro* ou *carga*, de 152 litres.

§ VI. *Principauté de* CATALOGNE, *située entre les Pyrénées, la Méditerranée, le royaume d'Aragon et celui de Valence.*

Elle est riche en vignobles, dont les plus considérables se trouvent dans la partie orientale. On évalue à 4,160,000 hectolitres la quantité de vin qu'on récolte dans les années ordinaires (1); la plupart sont colorés, spiritueux et d'un goût peu

(1) Savoir : district de Tarragone..... 1,640,000 hectol.
Barcelone..... 1,200,000 »
Girone.......... 780,000 »
Lérida........ . 540,000 »

agréable ; on en convertit beaucoup en eaux-de-vie, dont on
fabrique de 30 à 35,000 pipes (de 125 litres) chaque année. Il y
a cependant quelques crus qui produisent de bons vins d'ordinaire, qu'on consomme dans le pays, et des vins de liqueur
estimés. On cite avec éloge ceux dits de *Malvoisie*, que l'on fait
à SITGES ; ils ont une couleur ambrée, un bon goût et un parfum agréable. On y ajoute ordinairement une certaine quantité
d'eau-de-vie pour les empêcher de fermenter et les rendre
susceptibles d'une longue conservation. Quoique fort bons, ils
sont bien inférieurs au vin de même espèce qu'on fait à Xérès.
Les vignobles des environs de CARDONA, bourg situé à 60 kil.
N. O. de Barcelone, et ceux de MATARO, à 36 kil. N. E. de la
même ville, sont cités comme produisant de fort bons vins
d'ordinaire.

Les mesures en usage pour la vente du vin et de l'eau-de-vie
sont le *cantaro*, qui, à Barcelone, est de 9¹,10, et la *carga*, qui
en contient 124. Le principal commerce d'exportation de cette
province se fait à Barcelone et à Mataro ; on expédie aussi des
vins du port de Salon, ainsi que des rades de Tortose et de
Tarragone.

§ VII. *Royaume de* LÉON, *situé sous les* 40°, 41° *et* 42° *degrés de*
latitude, entre les Asturies, la Galice, le Portugal, l'Estrama-
dure et la Castille.

Les vins de cette province, comme presque tous ceux de
l'Espagne, sont colorés, spiritueux et un peu grossiers ; ils
suffisent à peine à la consommation des habitants. Les meilleurs
se récoltent dans les vignobles de MEDINA-DEL-CAMPO, à 40 kil.
S. O. de Valladolid.

§ VIII. VIEILLE-CASTILLE, *placée sous les* 40°, 41° *et* 42° *degrés*
de latitude, entre les Asturies, la Biscaye, la Nouvelle-Castille,
la Murcie et l'Aragon.

Ce pays renferme des vignobles assez considérables, surtout
aux environs de TIERRA-DEL-CAMPO, dans la petite province de
RIOXA, et sur le territoire de MIRANDA-DE-EBRO, dont les vins
sont fort estimés. On cite aussi avec éloge ceux que l'on fait à
CABEZON, près de Valladolid, et à LOGRONO, à 90 kil. E. de Burgos : ils ont une belle couleur, du corps, du spiritueux, un bon

goût, et sont au rang des vins d'ordinaire de 1re. On n'en fait aucune exportation à l'étranger. Burgos, ville capitale de cette province, est la principale place de commerce.

§ IX. Nouvelle-Castille, *située au centre de l'Espagne, sous les 38e, 39e et 40e degrés de latitude.*

Elle est divisée en cinq provinces, dont les villes capitales sont Madrid, Tolède, Guadalaxara, Cuença et la Manche. Les principaux vignobles se trouvent dans les provinces de la Manche et de Tolède, qui occupent la partie méridionale de la Nouvelle-Castille. Leurs produits sont très-considérables et, en général, de bonne qualité ; mais les vins que l'on récolte dans la partie du nord sont presque tous durs, secs, dénués de corps et de spiritueux.

Une grande partie des vins de la Manche est expédiée à Madrid, où les habitants aisés les boivent comme vins d'ordinaire ; ils sont moins colorés, moins forts et, par conséquent, plus délicats que la plupart des autres vins d'Espagne. Les meilleurs se récoltent dans les environs de Valdepenas; ils ont de l'analogie avec nos bons vins de Bourgogne, dont ils réunissent presque toutes les qualités : finesse, spiritueux, goût agréable et joli bouquet. On met au second rang les vins de Manzanarès et ceux d'Albacete. Les environs de Ciudal-Réal et de Calatrava en fournissent aussi une grande quantité, parmi lesquels il y en a de très-bons. Tous ces vins sont ordinairement transportés, à dos de mulets, dans des outres qui leur donnent un mauvais goût. Les personnes très-riches les font venir dans de petits tonneaux, où ils conservent beaucoup mieux leur qualité. Les vignobles de Valdepenas fournissent aussi des vins blancs secs assez estimés, quoiqu'ils soient bien inférieurs à ceux de Xérès ; il s'en exporte une certaine quantité en Angleterre et en Amérique.

Les nombreux vignobles de la province de Tolède produisent quelques vins assez agréables ; cependant il s'en consomme moins à Madrid que de ceux de la Manche. On évalue la quantité qu'ils livrent annuellement au commerce à 1,700,000 *arrobes* de vin, 21,000 *arrobes* d'eau-de-vie, 29,000 *arrobes* de vinaigre et 2,000 *arrobes* de raisins secs. L'*arroba-mayor* ou *cantaro* contient 15l,75.

Le seul vin de liqueur qui ait de la réputation provient de

Fuencaral, près de Madrid ; c'est un vin *muscat* très-doux, fin, délicat et parfumé : on le met au nombre des meilleurs vins de ce genre.

Les eaux-de-vie que l'on fait à Chinchon, près de Madrid, sont les meilleures du royaume ; elles sont claires comme de l'eau distillée, et ont un goût anisé des plus agréables. Le principal commerce des vins et des eaux-de-vie se fait à Madrid et dans les différents vignobles.

§ X. *Royaume de* Valence, *situé sur les bords de la Méditerranée, entre la Murcie, la Castille, l'Aragon et la Catalogne, sous les 38°, 39° et 40° degrés de latitude.*

Ce royaume est d'une étonnante fertilité, et réunit presque toutes les productions de l'Espagne. La culture de la vigne y est très-importante ; elle fournit, chaque année, environ 1,756,000 hectol. (1) de vin, non compris 60,000 quintaux de raisins secs que l'on prépare dans divers cantons. Les vignobles sont en plaine ou sur les coteaux, ce qui produit de grandes différences dans la qualité des vins : ceux des coteaux sont généralement bons, et il y en a de très-estimés, tandis que ceux que l'on récolte dans les plaines sont médiocres, et employés, en grande partie, à la fabrication des eaux-de-vie, dont ce pays fournit 5 à 600,000 *cantaros* par an.

C'est aux environs d'Alicante, à 60 kil. N. E. de Murcie et à 120 kil. S. de Valence, que l'on récolte le fameux vin rouge dit *tinto*, si recherché pour ses vertus toniques. Il conserve, pendant plusieurs années, une couleur très-foncée, qui, en se séparant de la liqueur, s'attache aux parois des bouteilles et les obscurcit entièrement. Ce vin se garde très-longtemps et acquiert constamment plus de qualité ; il est liquoreux, corsé et généreux ; son goût, quoique fort bon, est un peu médicinal, et son bouquet aromatique très-prononcé. En vieillissant, il contracte un goût piquant qui le caractérise : on le nomme alors *fundellol*, pour le distinguer des vins jeunes. Ce vin est rarement servi sur les tables, étant considéré plutôt comme remède que comme une boisson agréable ; il ne doit être bu qu'à petites doses, pour corriger les faiblesses d'estomac. Le même

(1) Savoir : district de Valence...... 770,000 hectol.
　　　　　　　　　　d'Alicante....... 794,000　»
　　　　　　　　　　de Castellon.... 192,000　»

canton produit de très-bons vins blancs, liquoreux, parfumés et d'un goût agréable, quoique leur mérite n'approche pas de celui du *tinto*. On y fait aussi des vins d'ordinaire estimés dans le pays ; mais ils ont un goût piquant, qui déplaît quand on n'y est pas habitué.

Ce royaume fournit beaucoup d'autres vins d'ordinaire rouges qui sont fort estimés, tels que ceux de LA TORRE, dépendance de la Chartreuse de PORTA-COELI, près de Murviedro, du *mas* (domaine) de *San-Domingo*, de celui du marquis de *Perales*, dans le territoire de QUARTA, et des vignobles de SEGORDE, à 44 kil. N. O. de Valence. Ces vins ont, en général, du corps et et donnent de bonne eau-de-vie. Ceux des environs de MUR-VIEDRO, à 25 kil. N. de Valence, sont les plus épais et les plus colorés.

Le territoire de BENICARLO, sur le bord de la mer, à 80 kil. N. E. de Valence, et celui de VINAROZ, ont d'excellents vignobles ; on y fait des vins rouges très-colorés, corsés et spiritueux, qui sont préférés aux vins d'ordinaire d'Alicante ; ils deviennent secs en vieillissant, et contractent souvent un goût piquant, qui, pour les palais habitués à nos vins de Bourgogne, approche de l'acidité et les rend peu agréables. Ces vins ne sont cependant pas sans mérite : on les emploie avec succès pour donner du corps, de la force et de la couleur aux vins faibles ; on en fait de bonne eau-de-vie. Ce vignoble produit aussi des vins blancs de fort bonne qualité.

Le principal commerce des vins et des eaux-de-vie a lieu à Alicante, à Valence, Benicarlo et dans les différents vignobles. Le vin et l'eau-de-vie se vendent au *cantaro*, qui contient 11^l,50 à Alicante et 11^l,75 à Valence. Les tonneaux en usage se nomment *botta* et jaugent depuis 434 jusqu'à 470^l,00. A Valence, on vend le vin au *cantaro* de 11^l,39, et à la *carga* de 170^l,49. Les expéditions se font par le port d'Alicante, par la rade de Cullera et les plages de Denia, de Vinaroz, de Gandia et du Grado, près de Valence.

§ XI. ESTRAMADURE, *située sous les 38e et 39e degrés de latitude, entre le royaume de Léon, les deux Castilles, l'Andalousie et le Portugal.*

Cette province a quelques cantons fertiles en vins, surtout la plaine nommée Vera, aux environs de Placencia ; mais leurs produits suffisent à peine aux besoins des habitants.

On récolte en petite quantité, à Olivença, à 25 kil. S. S. E. d'Elvas, du vin nommé *tinto*, qui n'est pas liquoreux et n'a aucun rapport de goût avec ceux de même nom que l'on fait à Alicante et Rota : c'est un vin rouge du genre moelleux, d'une couleur convenable, corsé, spiritueux, fin, très-délicat et pourvu d'un bouquet très-suave ; c'est le seul vin d'Espagne qui puisse être comparé à nos bons vins de 2ᵉ classe.

§ XII. Andalousie, *située sur l'Océan, sous les 36°, 37° et 38° degrés de latitude, entre le Portugal, la Nouvelle-Castille, le royaume de Murcie et celui de Grenade.*

Cette province, la plus fertile, la plus riche et la plus commerçante de l'Espagne, fournit une grande quantité de vins d'excellente qualité. Plusieurs des principaux vignobles de cette province sont gouvernés par des Français et des Anglais, aux soins desquels on attribue l'accroissement de qualité que l'on remarque, depuis quelques années, dans les vins de différents crus. La production moyenne est de 570,000 hectol., dont 200,000 à Xérès, 60,000 à Port-Sainte-Marie, 10,500 à Rota, 60,000 à San-Lucar, etc.

Rota, bourg à 20 kil. N. de Cadix, produit le meilleur et le plus célèbre des vins rouges de l'Andalousie. Sa couleur est très-foncée pendant les premières années ; mais elle s'affaiblit ensuite à mesure qu'il vieillit. Les Espagnols lui donnent le nom de *tintilla*, qui est celui du plant dont il provient ; on l'appelle aussi *tinto de Rosa*. Il est liquoreux sans être fade, a beaucoup de chaleur, et joint à un bon goût un bouquet aromatique très-prononcé ; il ressemble un peu à celui d'Alicante, et a, comme lui, des vertus toniques, mais sa couleur est plus foncée ; il dépose moins, il est plus doux et ne contracte pas de goût piquant en vieillissant ; on ne le sert pas ordinairement sur table.

Xérès (Jeres) de la Frontera, à 30 kil. N. de Cadix, est entouré de vignobles qui produisent plusieurs espèces de vins blancs très-estimés. L'un, dit *paxarète*, est liquoreux, agréable et parfumé ; le second, dit *vino seco*, est sec et amer ; son goût est néanmoins fort bon et son bouquet très-suave. Le troisième, nommé *abocado*, tient le milieu entre les deux premiers, quant à sa consistance ; il est moins doux que le *paxarète* et n'a pas l'amertume du *vino seco*; c'est un excellent vin d'entremets. On fait aussi dans ce vignoble, mais en très-petite quantité, un vin de liqueur nommé *moscatel-de-paja*; il provient des raisins muscats qu'on fait sécher en partie sur de la paille avant de les presser; ce vin, d'une couleur peu ambrée, a du parfum, une couleur et un goût fort agréables; il est surtout très-fin, très-délicat, et n'a que le degré de spiritueux qui lui est naturel, attendu qu'on n'y met pas d'eau-de-vie. Les autres vins muscats de Xérès sont de fort bonne qualité, mais inférieurs à celui dont je viens de parler. On distingue encore, parmi les vins de liqueur, celui nommé *malvasia*; il est fait avec le raisin du cepage dit *pedro-ximenes*, il a beaucoup de délicatesse, de finesse et de parfum, avec un goût des plus suaves; ce vin conserve sa blancheur en vieillissant; il ne reçoit aucune addition d'eau-de-vie et peut être comparé, pour sa finesse et son agrément, à l'excellente malvoisie de Madère, il a seulement moins de corps que ce dernier vin. Les mêmes vignobles fournissent d'excellents vins rouges, dont le plus estimé se nomme *tintilla*; il ressemble au vin de même nom que l'on fait à Rota, mais il est inférieur en qualité. Le produit annuel des vignobles de Xérès n'était évalué, en 1789, qu'à 12,000 bottes ou 52,000 hectol. Jacob, dans son voyage, fait en 1809, en porte la récolte annuelle à 40,000 bottes ou 180,000 hectol.; actuellement la production a atteint, comme nous avons vu, 200,000 hectol., mais il s'exporte actuellement environ 250,000 hectol. sous ce nom (en 1810, 60 à 70,000; en 1845, 150,000 hectol.).

Les meilleurs vins de Xérès se récoltent dans les vignobles dits de *terres blanches*, pour les distinguer de ceux plantés sur les terrains rouges et sablonneux. Ces vins éprouvent, en vieillissant, plusieurs métamorphoses : pendant les trois premières années, ils diffèrent peu de celui nommé *mansanilla*, qu'on fait dans les terrains rouges ; de trois à six ans, ils prennent le nom d'*amontillado* ; en vieillissant encore, ils acquièrent les qualités que l'on recherche dans les excellents vins de Xérès ; leur couleur devient plus ambrée, et ils sont plus spiritueux; enfin, si on les garde jusqu'à trente et quarante ans, ils deviennent liquoreux et ne doivent être bus qu'avec beaucoup de réserve. Les vins fins de cette espèce ne reçoivent aucune addition d'eau-de-vie et ne subissent aucune préparation particulière. On les soutire deux fois de dessus leur lie, dans la première année ; mais les lies qui se forment dans les années suivantes restent dans les tonneaux, qui, lorsque le vin a acquis un haut degré de qualité, forment ce que l'on appelle des *mères*, dont on retire, chaque année, le vingtième ou le trentième de leur contenu, que l'on remplace par du vin moins vieux. Cet usage est aussi adopté dans la plupart des bons vignobles de l'Espagne. Lorsque les vins d'ordinaire de Xérès valent 300 fr. la pipe de 30 arrobes ou 472^l,00, les vins fins vieux se vendent jusqu'à 2 et 3,000 fr. Les excellents vins secs de Xérès s'expédient principalement pour l'Angleterre, où ils sont très-estimés sous le nom de *sherry*.

PAXARÈTE, ancien monastère situé à 6 kil. de Xérès, a, dans ses dépendances, des vignobles qui produisent des vins blancs de même espèce que ceux du territoire de cette ville, et que l'on nomme aussi *paxarète*, *vino seco* et *abocado*. Les vins secs de ce vignoble, bien que d'excellente qualité, sont, en général, moins estimés que ceux de Xérès; mais les vins de liqueur sont plus fins et plus délicats. Celui nommé *paxarète* est le produit du cepage nommé *pedro-ximenes*, et des autres cepages d'excellente qualité qui croissent sur les terrains crayeux de son voisinage. Il réunit toutes les qualités que l'on estime dans les vins dits de *Malvoisie*.

MOGUER, dans le comté de Niebla, produit des vins de plusieurs espèces, parmi lesquels on estime surtout ceux nommés *moger*; leur couleur est œil de perdrix; ils sont légers, spiritueux et fort agréables. Ce pays fournit aussi beaucoup de vins communs, qui s'expédient dans les colonies.

SAN-LUCAR-DE-BARAMEDA, situé à l'embouchure du Guadalquivir, à 80 kil. S. O. de Séville. Les vignobles des environs de cette ville fournissent beaucoup de bons vins d'ordinaire, dont la plupart sont blancs : ils ont un goût agréable et acquièrent beaucoup de qualité en vieillissant. Ce pays produit aussi des vins *muscats* d'une qualité supérieure, et du vin rouge, dit *tintilla*, qui imite celui de Rota; on estime aussi ceux nommés *zalogne* et *carlon*. Les négociants de Xérès tirent une grande quantité de vins de San-Lucar, qu'ils mêlent avec ceux de leurs vignobles pour les expédier à l'étranger.

CORDOUE, à 115 kil. N. E. de Séville, a des vignobles très-étendus, qui fournissent de bons vins d'ordinaire et quelques vins blancs recherchés. On cite surtout celui de *Montilla*, peu connu hors du pays; il est sec, d'un goût agréable, spiritueux et pourvu d'un joli bouquet.

Des vignobles plantés dans les terrains sablonneux et rouges des environs de XÉRÈS, de SAN-LUCAR et de PORT-SAINTE-MARIE produisent des vins blancs secs, nommés *manzanilla*, qui ont quelque analogie avec ceux de Malaga, mais ils sont inférieurs en qualité; ils sont légers, peu spiritueux, mais parfumés et d'un goût agréable; comme vins d'ordinaire, ils ont l'avantage de pouvoir être bus à haute dose sans incommoder. Il s'en fait une très-grande consommation dans cette partie de l'Andalousie, où on le garde rarement plus de trois ans, parce qu'alors il a acquis toute sa qualité et qu'il n'a pas, comme ceux des vignobles dits de *terres blanches*, la propriété de s'améliorer encore en le gardant plus longtemps.

ALCALA-LA-REAL, ANDUXAR, LEBRIXA, LUCENA et plusieurs autres villes de l'Andalousie sont entourés de beaux vignobles qui produisent des vins de différentes qualités.

On fait, à Rota, à Xérès et dans plusieurs autres vignobles, du vin nommé *negro-rancio*, à cause de sa couleur foncée; il est plutôt sec que liquoreux; son goût pâteux et piquant en même temps le rend peu agréable à boire, mais il est recherché pour les mélanges.

Les vins d'ordinaire et ceux de qualité inférieure servent à la consommation des habitants et à la fabrication d'une prodigieuse quantité d'eaux-de-vie. Le principal commerce de ces liqueurs se fait à Cadix, d'où elles s'expédient, par mer, pour tous les pays. On en exporte aussi par les ports de Rota, de Port-Sainte-Marie, etc.

Les environs de SÉVILLE, capitale de l'Andalousie, fournissent une grande quantité de vins, dans lesquels on met beaucoup de moût cuit, comme je l'ai indiqué page 403. Ils ont une couleur très-foncée et un goût désagréable : on les consomme dans le pays. (Production, 43 à 45,000 hectol.)

Les vins et les eaux-de-vie se vendent à l'*arrobe*, qui contient 15¹,74. On les met dans des tonneaux nommés *botta*, de 28 arrobes ou 440 litres; il y en a de moindre capacité pour l'expédition des vins de liqueur.

§ XIII. *Royaume de* MURCIE, *situé sur les bords de la Méditerranée, entre la Nouvelle-Castille, le royaume de Valence et celui de Grenade, sous les 37° et 38° degrés de latitude.*

Il y a peu de vignobles dans ce pays, et ils ne produisent, à quelques exceptions près, que des vins liquoreux, épais et durs; les meilleurs se récoltent aux environs de CARTHAGÈNE, à 44 kil. S. E. de Murcie; ils sont peu connus et mériteraient de l'être

27

davantage par leur qualité, qui approche de celle des vins d'ordinaire d'Alicante. On fait peu d'eau-de-vie dans cette province ; les seules fabriques connues sont à Villena et à Sar. Le principal commerce des vins se fait à Carthagène.

§ XIV. *Royaume de* GRENADE, *placé sous les* 36° *et* 37° *degrés de latitude, entre la Nouvelle-Castille, la Murcie, l'Andalousie et la mer Méditerranée.*

Le territoire de cette province, presque partout montueux, offre un grand nombre d'expositions favorables à la végétation de la vigne. Elle a des vignobles assez étendus et dans plusieurs desquels ou récolte beaucoup d'excellents vins.

MALAGA, ville remarquable par son opulence et l'étendue de son commerce, est située près de la mer, à 100 kil. S. O. de Grenade et 408 S. de Madrid. C'est sur les montagnes qui environnent cette ville que croissent les vins connus en France sous le nom de *vins de Malaga,* et en Angleterre sous celui de *vins de montagne* : le climat de ce pays est si favorable à la végétation de la vigne, que ses fruits mûrissent sur les montagnes à plusieurs milliers de pieds au-dessus du niveau de la mer. On y vendange ordinairement à trois reprises différentes : la première fois en juin, pour faire les raisins secs ; la seconde fois en septembre, pour faire le vin sec ; la troisième fois en octobre et en novembre, pour faire les vins de liqueur. La récolte annuelle des vins, non compris les raisins que l'on fait sécher, est évaluée à 35,000 pipes ou bottes contenant chacune 472 litres, dont le tiers est ordinairement exporté à l'étranger. Les différents vins que fournit le district de Malaga sont :

1° Celui nommé *pedro-ximenes* ou *pedro-jimenes,* du nom du raisin qui le produit ; il est liquoreux, fin, délicat et très-parfumé ; c'est le plus estimé de tous ceux de ce vignoble.

2° Les vins doux, dits *de couleur,* dont on récolte une bien plus grande quantité que du précédent, auquel ils sont inférieurs en qualité. Jeunes, ils ont une couleur d'ambre assez foncée et sont très-liquoreux ; mais, en vieillissant, ils perdent de leur liqueur et acquièrent de la finesse, du corps, du spiritueux et un parfum aromatique très-prononcé, qui est fort agréable. Ce sont ces vins que l'on rencontre le plus généralement dans le commerce sous le nom de *vins de Malaga.* Ils se conservent pendant plus d'un siècle et ne sont pas sujets à s'altérer, lors même que les tonneaux ou les bouteilles ne sont pas entretenus pleins : aussi convient-il mieux de tenir les bouteilles debout, dans un endroit chaud, que de les ranger à la cave. Leur prix varie suivant leur âge; quand ceux récemment faits se vendent 150 fr. la botte de 472^l,00, les plus vieux valent souvent 5,000 fr. et plus.

3° Les vins *muscats*. On en fait de deux espèces, savoir : le muscat dit *de Malaga*, et celui nommé *lagrima*, parce qu'il se compose du jus qui s'écoule du raisin avant de le soumettre à l'action du pressoir; ces vins ont une couleur légèrement ambrée et qui devient plus foncée à mesure qu'ils vieillissent, leur goût et leur parfum sont des plus agréables. Le dernier, plus fin et plus délicat que le premier, est particulièrement estimé.

4° Le vin dit *de cerise*, qui n'est qu'un *vin de couleur* ordinaire, dans lequel on met infuser des guignes, dont il prend le goût.

5° Le vin *blanc sec*, qui a beaucoup d'analogie avec celui de Xérès (Jeres), et se vend sous le même nom, quoiqu'il soit inférieur en qualité.

6° Le vin de *Malvoisie*, qui ressemble à celui de même espèce que l'on fait à Sitges; il est liquoreux, parfumé et d'un goût fort agréable.

7° Le vin rouge nommé *tinto*, qui est très-coloré, doux et piquant en même temps; il ne s'en récolte qu'une petite quantité, qui est presque entièrement consommée dans le pays.

VELEZ-MALAGA, situé dans une grande plaine, près de la mer, à 20 kil. E. de Malaga, est entouré de vignobles très-considérables; on y fait une assez grande quantité de vins, dont plusieurs sont fort bons et se vendent comme étant de Malaga; mais le plus grand revenu du pays est le commerce des raisins secs que l'on y prépare, et qui sont connus sous le nom de *raisins de Malaga*, parce que c'est dans cette ville qu'on en fait le principal commerce et qu'on les expédie.

Les montagnes qui entourent Grenade sont peuplées de vignes si mal cultivées, que l'on n'y fait que de très-mauvais vins; cependant plusieurs étrangers qui habitent ce pays en font de très-bon pour leur usage. MOTRIL, à 60 kil. S. E. de Grenade, a aussi de grands vignobles dont on tire de bons vins.

Les vins se vendent à l'*arrobe*, qui contient environ 15^l,75; ils s'expédient dans des tonneaux de différentes capacités; les plus grands se nomment *pipas*, et contiennent 30 arrobes ou 472^l,00. Ils se divisent en petits vases nommés *quarteroles*, de

7 arrobes 1/2 ou 117¹,00; en barils de 4 arrobes 1/2 et même de 1 arrobe. Les expéditions à l'étranger se font par le port de Malaga, qui est la principale ville commerçante du royaume de Grenade.

§ XV. *Iles Baléares, situées dans la Méditerranée.*

MAJORQUE, sous le 39ᵉ degré de latitude, à 140 kil. de Barcelone et à 160 de Valence, abonde en bons vins, parmi lesquels on distingue les vins rouges qui se récoltent dans le district de BENESALEM, à 12 kil. de Palma ; ils ont une belle couleur, du corps, du spiritueux et un fort bon goût. Parmi les vins blancs, on cite avec éloge celui nommé *alba-flor*, que l'on fait à BANALBUSA ; on lui trouve de l'analogie avec notre vin de Sauternes, dont néanmoins il n'a pas tout le parfum. Le territoire de PALMA produit des vins blancs de fort bonne qualité, mais moins secs que ceux de Xérès (Jeres). Parmi les vins de liqueur, on cite avec éloge celui dit *de Malvoisie,* que l'on fait dans le territoire de POLLENZIA, et qui a toutes les qualités agréables que l'on recherche dans les vins de cette espèce. On fabrique aussi beaucoup d'eau-de-vie, dont le principal commerce, ainsi que celui des vins, se fait à Palma, capitale de l'île, qui a un bon port pour les vaisseaux marchands.

Les mesures en usage pour le vin et l'eau-de-vie sont le *quartino*, qui contient 27¹,13, et la *carga*, qui est de 101¹,18.

MINORQUE, la seconde de ces îles en étendue et en importance, est située à 56 kil. E. N. E. de la précédente. La culture de la vigne y est dans un état florissant, et fournit en partie des vins excellents, et d'autres que l'on convertit en eau-de-vie : le rapport annuel des vignobles est estimé à environ 650,000 fr. argent de France.

ALEYOR, vignoble situé au pied du mont Taure, fournit des vins rouges très-estimés dans le pays ; ils ont une couleur foncée, beaucoup de corps et un excellent goût, mais ils ne supportent pas le transport de l'île. Beaucoup de navigateurs ayant essayé d'en transporter soit en bouteilles, soit en dames-jeannes, il a perdu sa qualité en très-peu de jours.

Les mesures en usage sont la *gerra*, de 12 litres, la *caga*, de 126, et la *botta*, qui en contient 504. Les expéditions ont lieu principalement par le port de Mahon, situé sur la côte méridionale de l'île.

Iviça, à 50 kil. des côtes de Valence et à 68 de Majorque, sous le 39° degré de latitude, est un peu moins grande que Minorque. Elle récolte aussi beaucoup de vin, dont le commerce et les expéditions se font à Iviça, capitale de l'île.

CLASSIFICATION.

VINS ROUGES MOELLEUX.

L'Espagne ne fournit aucun vin de ce genre qui puisse être comparé à nos vins de 1re classe. Ceux d'Olivenza, dans l'Estramadure, sont les seuls qui puissent entrer dans la 2°. Les vins de Valdepenas, dans la Nouvelle-Castille, ne figurent que dans la 3° classe.

Les vignobles de Cardona, dans la Catalogne ; de Tierra-del-Campo, Rioxa, Miranda-de-Ebro et Cabezon, dans la Vieille-Castille ; de Manzanarès, d'Albacete, de Ciudad-Real et de Calatrava, dans la Nouvelle-Castille ; les meilleurs de Benicarlo et de Vinaroz, dans le royaume de Valence ; ceux de Moguer, de Cordoue avec le *negro-rancio* de Xérès et de Rota, dans l'Andalousie; et enfin ceux d'Aleyor, dans l'île de Minorque, fournissent des vins qui entrent dans la 4° classe, les uns comme vins d'ordinaire de 1re qualité, et les autres comme vins généreux propres à donner du corps et de la force à ceux qui en manquent.

Ribadavia et Tuy, dans la Galice ; Tudela et ses environs, dans la Navarre ; plusieurs vignobles de l'Aragon ; Medina-del-Campo, dans le royaume de Léon ; la plupart de ceux des provinces de la Manche et de Tolède, dans la Nouvelle-Castille ; Alicante, la Torre, les domaines de San-Domingo et de Pérales, Ségorbe, Benicarlo et Vinaroz, dans le royaume de Valence : la plaine de Vera, dans l'Estramadure; San-Lucar, Alcala-la-Réal, Anduxar, Lebrixa, Lucena et autres vignobles de l'Andalousie ; les environs de Carthagène, dans la Murcie ; Motril et quelques autres crus du royaume de Grenade ; le district de Benesalem, dans l'île de Majorque ; plusieurs crus des îles de Minorque et d'Iviça, produisent des vins d'ordinaire de 2°, de 3° et de 4° qualité qui se rangent parmi ceux de la 5° classe. Les environs de Séville, dans l'Andalousie; les Asturies, la Biscaye, le royaume de Léon, et un grand nombre de vignobles des autres royaumes, ne fournissent que des vins communs.

VINS BLANCS.

Les vins fins secs de Xérès et surtout celui nommé *amontillado* sont au premier rang parmi les vins de cette espèce; ils entrent dans la 1re classe avec ceux des meilleurs crus de *Paxarète*. Ceux dits *roncia*, à Peralta, dans la Navarre; le vin sec de 2e qualité, à Xérès, et ceux de 1re qualité, à Montilla, dans l'Andalousie; enfin celui de Malaga, dans le royaume de Grenade, entrent dans la 2e classe. Les vins blancs de Valdepenas, dans la Nouvelle-Castille; les meilleurs de Mansanilla, en Andalousie, et ceux nommés *alba-flor*, dans les îles de Majorque et de Minorque, sont dans la 3e classe. Ceux de Palma, dans l'île de Majorque, ceux de l'île d'Iviça et de beaucoup d'autres vignobles du continent espagnol ne sont que des vins d'ordinaire qui parcourent les différents degrés des 4e et 5e classes.

VINS DE LIQUEUR ROUGES.

Ceux nommés *tinto*, à Alicante, dans le royaume de Valence, et *tintilla*, à Rota, dans l'Estramadure, entrent dans la 1re classe, comme étant d'excellents toniques plutôt que comme vins de table. Le *tintilla* de Xérès, celui de San-Lucar, le *tinto* de Malaga et quelques-uns des vins de même espèce que l'on fait dans plusieurs autres vignobles forment la 2e classe de cette espèce. Les autres vins de liqueur rouges que l'on fait dans plusieurs vignobles de l'Espagne parcourent les différents degrés des 3e et 4e classes.

VINS DE LIQUEUR BLANCS.

Les vins dits *malvasia* et *pedro-ximenes*, à Xérès, à Paxarète et à Malaga entrent dans la 1re classe des vins de cette espèce immédiatement après la *malvoisie* de Madère. Les autres vins liquoreux de Xérès et de Paxarète; les bons vins dits de *couleur*, de *cerise*, *muscats*, *lagrima* et *malvasia* que l'on fait à Malaga; le pedro-ximenes (pedro-jimenès) de Vittoria, dans la Biscaye; ceux dits *grenache*, à Sabayes et à Carinena, dans l'Aragon; le *muscat* de San-Lucar en Andalousie, et la *malvasia* de Pollenzia, dans l'île de Majorque, entrent dans la 2e classe. Les différents vins de liqueur de Velez-Malaga, royaume de Grenade ; les vins *muscats* de Fuencaral, dans la Nouvelle-Castille ; les vins blancs liquoreux de Peralta, dans la Navarre ; de Borja, dans l'Aragon ; d'Alicante, dans le royaume de Valence ; enfin la *malvasia* de Sitges, dans la Catalogne, sont des vins de 3° classe. Tous les autres ne peuvent entrer que dans la 4°.

CHAPITRE IX.

Portugal.

Ce royaume, situé entre les 8° et 12° degrés de longitude à l'est de l'île de Fer, et les 37° et 42° de latitude septentrionale, est borné, au nord et à l'est, par l'Espagne, au midi et à l'ouest par l'océan Atlantique. Il est divisé en six provinces, qui contiennent toutes des vignobles plus ou moins étendus, dont les produits fournissent à la consommation des habitants et donnent lieu, dans plusieurs, à des exportations assez considérables.

Le système métrique est en vigueur en Portugal, mais les mesures en usage pour la vente des vins sont, à Lisbonne, le *quartilho*, qui contient 347 millièmes de litre, la *canada*, de 4 quartilhos, le *cantaro*, de 6 canadas, l'*almude*, de 2 cantaros, la *pipa*, de 30 almudes, et le tonel ou tonelada, de 2 pipas, ou 999¹,36. A Porto, la pipe est de 21 almudes ou 534¹,24. Ces mesures varient dans toutes les communes.

Les principaux vignobles sont situés dans la contrée nommée ALTO-DOURO (haut Douro), qui s'étend sur les deux rives de ce fleuve, de l'est à l'ouest, depuis Saint-Jean-de-Pasqueira, à 28 kil. E. de Villa-Réal, jusqu'à Barqueiros, à 20 kil. O. de la même ville, où le Teixeira se jette dans le Douro. Sa plus grande largeur est de 16 kil. du nord au sud depuis Villa-Réal, dans la province de Traz-os-Montes, jusqu'à Lamégo, dans celle de Beira.

Les droits d'entrée sur les vins sont de 1000 reïs ou 6 fr. 25 le décalitre (62 fr. 50 l'hectolitre).

Les droits d'exportation et de réexportation de Porto, les 10 décalitres (l'hectol.) 580 reïs ou 3 fr. 62.

Autres. Id. 10 r. ou 0ʳ,44.

§ I. *Province de* MINHO, *bornée au nord par l'Espagne, à l'est par la province de* TRAZ-OS-MONTES, *au sud par celle de Beira, et à l'ouest par l'Océan.*

Quoique la culture de la vigne ne fasse pas la principale richesse de cette province, on y récolte beaucoup de vins, qui fournissent à la consommation des habitants et à la fabrication d'une assez grande quantité d'eau-de-vie. La plupart des vignes étant tenues hautes et plantées au pied des arbres, qu'elles couvrent de leurs rameaux, ne produisent que des vins verts, âpres et dénués de qualité ; mais, dans quelques cantons où l'on cultive des vignes basses, il se récolte des vins d'une belle couleur, assez spiritueux et de bon goût, qui donnent lieu, chaque année, à des exportations pour le Brésil. Les meilleurs se font à MONÇAO, à 24 kil. de Tuy ; ils sont légers, délicats et fort agréables.

§ II. *Province de* TRAZ-OS-MONTES, *située entre l'Espagne, la province de Beira et celle de Minho.*

Cette province est séparée de celle de Minho par une chaîne de montagnes, et de celle de Beira par le Douro, dans le voisinage duquel sont situés les vignobles dont les produits, estimés en Angleterre sous le nom de *vins de Porto*, font la richesse du pays. Cette contrée est coupée par des rivières qui se jettent dans le Douro. Si l'on y entre par la province de Minho, on la parcourt de l'ouest à l'est dans l'ordre suivant :

Les vignobles situés entre le *Teixeira* et le *Sermanha* occupent 6 kil. de terrain de l'est à l'ouest et autant du nord au sud ; ils produisent des vins rouges et des vins blancs, dont les meilleurs sont expédiés pour le Brésil.

Entre le *Sarmanha* et le *Corgo*, les paroisses de FONTELLAS, CUMIEIRA, CEVER, PEZO-DA-REGOA et GODIM, éloignées de 4 à 12 kil. de Villa-Réal, occupent un terrain de 6 kil. de l'est à l'ouest et 8 kil. du nord au sud, sur lequel on récolte des vins de fort bonne qualité, dont les meilleurs se font dans les vignobles de *Pezo-da-Regoa* ; ils ont une belle couleur, de la force, de la moelle et du parfum.

Entre le *Corgo* et le *Ceira*, sur un terrain de 8 kil. de l'est à l'ouest et autant du nord au sud, les paroisses de FOLHADELLA, HERMIDA, GUIAES, GALAFURA, COVELINHAS, POYARES, VILLA-RINHO-DOS-FREIRES et ALVAÇÕES-DO-GORGO, situées entre 1 et 12 kil. de Villa-Réal, récoltent des vins fins, légers, très-spiritueux, d'un goût agréable, avec de la séve et un bouquet très-suave. On estime ceux de la colline des *Gaivosas* et ceux des *Mouriscas*, à Hermida; des crus de *Paradeita*, de *Val-d'Amieiro* et de *Castello*, à Guiâes; de celui de *Siderma*, à Galafura; des côtes de *Poyares*, de *Covelinhas* et du cru de *Perzegueda*, à Villarinho-dos-Freires.

Entre le *Ceira* et le *Pinhâo*, les paroisses de PARADELLA-DE-GUIAES, GOUVINHAS, COVAS-DO-DOURO, GOUVAES, SAO-CHRISTO-VAO, PROVOZENDE et CELLEIROS, éloignées de 12 à 14 kil. de Villa-Réal, occupent une contrée de 6 kil. de l'est à l'ouest, et de 8 kil. du nord au sud. Les vins de ce canton participent des qualités des précédents. On distingue, comme plus colorés, plus corsés et plus spiritueux, ceux des clos de *Sâo-Cosme* et du *Barreiro*, à Paradella-de-Guiâes; des clos de *Câxuxa, Ujo, Val-de-Figuieras, Quinta Nova, Oliveirinha* et des vignes de la *Costa-de-Donello*, à Covas-do-Douro; enfin ceux des vignobles situés sur les deux rives du *Pinhâo*, à Celleiros, et surtout ceux de la rive gauche de cette rivière.

Entre le *Pinhâo* et le *Tua*, sur un terrain de 8 kil. de l'est à l'ouest et autant du nord au sud, les paroisses de VILLAR-DE-MAÇADA, du VAL-DE-MENDIZ, de CAZAL-DE-LOIVOS, de COTAS, de CASTEDO et de SAO-MAMEDE-DE-RIBA-TUA, situées entre 12 et 20 kil. de Villa-Réal, récoltent des vins d'excellente qualité, parmi lesquels ceux des crus de *Rancâo* et de *Romeneiras*, à Cotas, ainsi que ceux de *Barca*, à Castedo, également les meilleurs de la province; enfin l'on recherche, pour leur couleur foncée et leur force, ceux du village de *Cabeda*, paroisse de Villar-de-Maçada.

Vins blancs. On en fait beaucoup moins que de rouges. Les meilleurs se récoltent à CELLEIROS et dans les autres paroisses situées sur les deux rives du *Pinhâo*, depuis SABROSA jusqu'au Douro. On estime aussi ceux de LAMALONGA, à 8 kil. de Fradizella; ils ont de l'analogie avec les vins secs de Xérès, en Espagne.

§ III. *Province de* BEIRA, *bornée au nord par le Douro, à l'est par l'Espagne, au sud par l'Estramadure, et à l'ouest par l'Océan.*

La contrée du haut DOURO, qui, de ce côté du fleuve, a moins de largeur que dans la province de Traz-os-Montes, produit les meilleurs vins. On recherche surtout, pour les expédier en Angleterre, ceux des paroisses de CAZAES, VALENÇA, ERVEDOSA et SOUTELLO, situées à 16, 20 et 22 kil. E. de Lamégo ; parmi lesquels on estime particulièrement, à Valença, les vins de la côte de *Bom-Retiro* ; à Ervedosa, ceux des vignes de mesdames *Conceicôes,* de M. *Coppes,* du clos des *orphelins,* et de celui de M. *Saavedra,* tous sur la côte de *Roriz,* ainsi que ceux de la côte de *Ventozello,* qui dépend de la même paroisse ; à Cazâes, ceux du clos de *Carvalhas* ; à Soutello, ceux du clos des *Aciprestes ;* enfin les meilleurs de la plaine de *Touraez,* à 3 kil. de Lamégo.

REGOA ou PEZO-DA-REGOA, à 4 kil. N. de Lamégo et 12 kil. S. O. de Villa-Réal, est le principal entrepôt des vins du haut Douro, pour le commerce intérieur. Il s'y tient tous les ans, en mars ou en avril, un marché qui dure trois jours pour la vente des vins nouveaux. Autrefois les négociants ne pouvaient les acheter qu'après que la *compagnie générale pour l'agriculture des vignobles du haut Douro* avait fait choix de tous ceux qui lui conviennent, et qu'elle payait au prix fixé par quatre gourmets, dont deux étaient choisis par elle et les deux autres par les municipalités de Villa-Réal et de Lamégo. Son influence sur ces dégustateurs était des plus onéreuses pour les propriétaires, qui étaient forcés de lui livrer leurs récoltes à des prix bien inférieurs à ceux qu'ils auraient obtenus en les vendant librement.

Suscitant de nombreuses plaintes, ce régime, qu'on doit qualifier d'*absurde,* parce que les termes de *tyrannique* ou *spoliateur* ne sont pas assez énergiques, fut supprimé par le décret royal du 11 octobre 1852 (1).

Cependant, comme ce régime avait eu pour prétexte un inté-

(1) En novembre 1865 (voy. le *Moniteur universel* du 30 novembre), le gouvernement a présenté un projet de loi destiné à supprimer la limitation de la quantité exportée, limitation que le régime de 1852 semblait maintenir. Nous ne savons pas encore quelle suite a été donnée à ce projet.

rêt général, celui de maintenir la réputation du vin, on a conservé, même après 1852, quelques débris gênants de l'ancienne organisation. Il existe toujours, dans le district privilégié qui a Regoa pour centre ou pour port (sur le Douro), une sorte de contrôle exercé par une commission siégeant à Porto, composée, par moitiés, de membres nommés par les producteurs et de membres nommés par les commerçants en vin de cette ville. Cette commission est présidée par le directeur des douanes de Porto, et ses fonctions consistent : 1° à goûter tous les vins produits dans les limites du territoire privilégié ; 2° à choisir les bons vins pour l'exportation ; 3° à marquer le vin restant pour la consommation du royaume ; 4° enfin à délivrer les passavants pour conduire le vin, soit à Porto, soit à Villa-Nova de Gaïa (entrepôt de Porto). L'exportation ne saurait légalement avoir lieu par un autre point du territoire.

Les propriétaires du district privilégié obtiennent sans frais, à Regoa, le passavant nécessaire pour conduire le vin à Porto. Il faut un passavant pour chaque pipe de vin transportée, et l'on comprend qu'il s'est établi un trafic de passavants qui permet à tout producteur de vin de s'en procurer. Or il suffit d'acheter un passavant d'un des propriétaires privilégié pour qu'on puisse se défaire de son vin comme provenant du haut Douro. De cette façon l'intention du règlement ou du contrôle est éludée dans une certaine mesure, mais sans dommage réel pour le consommateur, et d'autant moins que le district privilégié par le règlement n'est pas le seul favorisé par la nature.

Ce district commence à 60 kil. de Porto, s'étend sur les deux rives du Douro dans les provinces de Traz-os-Montes et de Beires, entre Barqueiros et San-João-de-Pesqueira d'une part, et de Lamégo et Villa-Réal de l'autre. C'est un espace de 32 kil. de long sur 16 de large, contenant environ 53,000 hectares de vignobles.

PORTO, ville (port de mer) située à 4 kil. de l'embouchure du Douro et à 48 kil. S. de Braga, est l'entrepôt général des vins du haut Douro.

Les vins destinés à l'exportation subissent des mélanges et une addition d'eau-de-vie pour en assurer la conservation dans les entrepôts étrangers, et surtout dans les caves humides de l'Angleterre.

§ IV. ESTRAMADURE PORTUGAISE, *située entre la province de Beira, l'Alemtejo et l'Océan.*

Le sol de cette province est très-fertile, et l'on y trouve réunies toutes les productions du royaume. La vigne est un objet de grande culture dans plusieurs endroits.

VINS ROUGES.

Deux de TORRES-VEDRAS, à 36 kil. N. de Lisbonne, sont plus légers que ceux de Porto, mais cependant d'une couleur assez foncée; ils ont un fort bon goût, un parfum agréable, et ressemblent un peu à nos vins de l'Hermitage, auxquels ils sont bien inférieurs.

BARRA-A-BARRA, près de Lavadrio, produit des vins de fort bonne qualité et très-spiritueux, qui approchent beaucoup de ceux de Torres-Vedras. On fait aussi de fort bons vins rouges et des blancs à CADAFAÈS.

COLARES, bourg situé près de la mer, à 28 kil. de Lisbonne, fournit les meilleurs vins d'ordinaire du pays; ils ont du corps, un bon goût et assez de spiritueux.

SANTAREM, sur une montagne près du Tage, à 600 kil. N. E. de Lisbonne, recueille beaucoup de vins d'ordinaire; qu'on transporte en grande partie à Lisbonne. Beaucoup d'autres vignobles produisent de bons vins d'ordinaire et une grande quantité de vins communs.

VINS BLANCS.

SÉTUVAL, bourg situé à l'embouchure du Sadâo, à 36 kil. S. E. de Lisbonne, recueille, sur son territoire, des vins recherchés, parmi lesquels on distingue surtout les blancs. Il en est de deux espèces : l'un, *sec,* un peu amer, très-spiritueux et pourvu d'un bouquet agréable; l'autre, *muscat,* très-doux, spiritueux, plein de séve et de parfum. On récolte de fort bons vins secs dans les environs de CHAMUSCA, à 16 kil. de Santarem.

BUCCELLAS, à environ 24 kil. de Lisbonne, fournit des vins blancs qui, purs, ont quelque ressemblance avec ceux de Barsac; ils sont seulement plus forts. On les préfère au sétuval sec pour les expédier, et l'on y met une certaine quantité d'eau-de-vie.

Entre Œiras et Carcavellos on récolte des vins de liqueur fort agréables, spiritueux et parfumés ; il y en a de rouges et de blancs : ces derniers, les plus recherchés, sont connus, en Angleterre, sous le nom de *vins de Lisbonne*, en Allemagne sous celui de *vins portugais*, et, dans le pays, sous celui de *vins de* Carcavellos. Les vignes qui les produisent sont plantées dans des *quintas* (clos) situés sur des pentes douces, à peu de distance de la mer : aussitôt que le vin est fait, on l'envoie à Lisbonne pour être emmagasiné et soigné jusqu'à l'époque de la vente ou de l'expédition.

Le principal commerce des vins de cette province se fait à Santarem, à Lisbonne et à Sétuval.

§ V. Alemtejo, *situé entre l'Estramadure, les Algarves et l'Espagne.*

Les vins de cette province sont d'assez bonne qualité ; jusqu'en 1850, ils suffisaient à peine aux besoins des habitants, mais depuis lors on a planté beaucoup de vignes, de sorte que la province fournit un fort contingent à la consommation de Lisbonne. On cite comme les meilleurs ceux des environs de Vidiguiera, de Beja et d'Elvas.

§ VI. Algarves, *situées entre l'Alemtejo, l'Espagne et l'Océan.*

Cette province, la plus méridionale du Portugal, est très-fertile ; elle produit beaucoup de vins que l'on dit très-bons, et parmi lesquels on cite particulièrement ceux de Faro, à 160 kil. S. E. de Lisbonne, et ceux de Sines. Les environs de Tavira, à 192 kil. S. E. de Lisbonne, produisent aussi de jolis vins blancs qui s'exportent en majeure partie dans l'Alemtejo.

CLASSIFICATION.

Les meilleurs vins rouges du haut Douro, dans les provinces de Traz-os-Montes et de Beira, quand on les conserve purs, sont dignes de figurer dans la 1ʳᵉ classe, mais le plus grand nombre ne peut entrer que dans la 2ᵉ et dans la 3ᵉ avec ceux de Moncâo, dans la province de Minho et de Torres-Vedras, dans l'Estramadure. Une assez forte partie des vins du haut Douro, les meilleurs de Barra-a-Barra, de Cadafaès, de Colares et de Santarem, dans l'Estramadure; de Tidiguiera, Sines, Beja et Elvas, dans l'Alemtejo, ainsi que de Faro, dans les Algarves, sont des vins de 4ᵉ classe. Tous les autres parcourent les différents degrés de la 5ᵉ.

Les vins blancs secs de Celleiros et de Lamalonga, dans la province de Traz-os-Montes, d'Œiras, Carcavellos, Sétuval et Bucellas, en Estramadure, se rangent dans la 2ᵉ classe de ceux de ce genre. Ceux de Tavira, dans les Algarves, entrent dans la 3ᵉ classe. Ceux de plusieurs crus des provinces de Minho, de Traz-os-Montes et de Beira; de Torres-Vedras, Barra-a-Barra, Cadafaès et Colares dans l'Estramadure. se rangent dans la 4ᵉ. Les autres ne peuvent entrer que dans la 5ᵉ.

Les vins muscats de Sétuval et de Carcavellos figurent avec honneur parmi les vins de liqueur de 2ᵉ classe. Beaucoup d'autres vins de liqueur des différents vignobles se rangent dans les 3ᵉ et 4ᵉ classes.

CHAPITRE X.

Empire de Russie et royaume de Pologne.

Les possessions de cet empire, tant en Europe qu'en Asie, s'étendent depuis le 40ᵉ jusqu'au 75ᵉ degré de latitude nord, et depuis le 20ᵉ de longitude est jusqu'au 172ᵉ ouest. Elles couvrent une surface de 370,042 milles géographiques carrés ou de 20,278,301 kilomètres carrés. Cette puissance a encore des possessions dans l'Amérique septentrionale. Ni la monarchie d'Alexandre, ni l'empire romain sous les Césars n'eurent une étendue aussi prodigieuse. La Russie d'Europe et d'Asie comprend onze grandes régions, savoir : les provinces de la Baltique, la grande Russie, la petite Russie, la Russie méridionale, la Russie occidentale, le royaume de Pologne, le royaume de Kazan, le steppe des Kirghis, le royaume d'Astracan, les provinces caucasiques et la Sibérie. Chacune de ces régions se divise en plusieurs gouvernements. Les régions septentrionales ne jouissent pas d'une température favorable à la vigne, et l'on n'en rencontre pas dans les provinces de la Baltique ni dans la grande Russie; mais cet arbuste croît naturellement et prospère dans presque toutes les parties des contrées méridionales, auxquelles il fournit une très-grande quantité de vins, dont quelques-uns sont de fort bonne qualité. La production totale de la Russie est de 1 million à 1,100,000 hectol., chiffre qui ne suffit pas à la consommation. Aussi importe-t-on de notables quantités de vin, surtout du champagne.

Voici le tarif des droits d'entrée.

Vins de toute espèce, en futailles :

Dans l'empire et dans la Pologne, 2 roubles 10 copeks le poud ou 51 fr. 28 c. les 100 kilogr.

Dans les ports de la mer Noire et les provinces transcaucasiennes, 2 r. 10 c. le poud ou 51 fr. 28 c. les 100 kil.

Id. de Champagne, de Saint-Péray, de Bourgogne, et autres vins mousseux, la bouteille :

Dans l'empire et dans la Pologne, 90 cop. ou 3 fr. 60 c. la bouteille.

Dans les ports, etc., etc., 70 cop. ou 2 fr. 80 c. la bouteille.

Id. autres que mousseux emportés en bouteilles, 30 copeks ou 1 fr. 20 c. par bouteille.

§ I. PETITE RUSSIE, *formée des gouvernements de Kiew, Tchernigow, Poltava et Krakhof, sous les 49° et 50° degrés de latitude.*

Cette contrée ne jouit pas d'une température favorable à la vigne; cependant on en rencontre des plantations assez étendues dans le pays que l'on nommait autrefois UKRAINE. Les raisins y parviennent rarement à une maturité parfaite, néanmoins on y fait beaucoup de vins dont la plupart sont acerbes et dénués de qualité. Il y a aussi des vignobles dans les environs de KIEW, sur le Dnieper, à 550 kil. de Saint-Pétersbourg et 820 de Moscou. On y fait un très-grand commerce d'eau-de-vie.

§ II. **Russie méridionale**, *composée des gouvernements d'Eka-*
terinoslav, de Kherson, de la Tauride (Crimée), des Cosaques du
Don et de la Bessarabie.

Le gouvernement d'Ekaterinoslav, dont la ville capitale du
même nom, sur le Dnieper, est à 370 kil. S. E. de Kiew et
840 kil. de Moscou, a quelques vignobles et des terrains où
l'on pourrait introduire avec succès la culture de la vigne, surtout sur les rives du *Bog*, de l'*Ingoul*, de l'*Ingouletz* et du
Dnieper; des Cosaques s'en occupent dans plusieurs endroits.
Les raisins sont assez bons; mais on prépare mal le moût, auquel on mêle de l'eau, ce qui fait que le vin ne peut ni se conserver ni supporter le transport. Dans la plaine qui environne
Otchacov, à 260 kil. S. O. d'Ekaterinoslav, il y a sept espèces
de vignes que l'on cultive depuis longtemps et dont on fait sécher les raisins, ce qui forme pour ce pays une petite branche
de commerce assez importante.

Le gouvernement de Kherson, situé entre ceux de la Crimée,
d'Ekaterinoslav, de Kiew, de Podolie, la Moldavie et la Bessarabie, est très-fertile, mais peu cultivé; il y a quelques vignes
dans les environs de Kherson, sa ville capitale sur le Dnieper et
à 16 kil. de son embouchure, à 200 kil. S. E. d'Ekaterinoslav;
mais leur produit est peu considérable. Il y en avait de plus
étendues à Kilia, dans une des îles que le Danube forme à son
embouchure, mais plusieurs ont été détruites par la débâcle des
glaces, en mars 1828, et nous ne savons si elles ont été réta-
blies ou remplacées. Le principal commerce de ce pays se fait à
Bender, sur le Dniestr, à 180 kil. S. E. de Bracklaw.

Odessa, port sur la mer Noire, à 1,920 kil. S. de Saint-Pétersbourg. On a planté considérablement de vignes dans les
environs de cette ville depuis 1814, et surtout à Akerman, dont
le terrain sablonneux convient parfaitement à ce genre de culture. On y récolte de fort bons vins et la production totale en
est évaluée à 15,000 hectol.

La Tauride, ou la Crimée, est une presqu'île située entre la
mer Noire et celle d'Azof; l'isthme de Perekop la joint au continent. Elle s'étend, du midi au nord, depuis le 44° degré 30 minutes jusqu'au 46° degré de latitude. C'est le pays de la Russie
d'Europe qui a le climat le plus tempéré, et dont le terrain est
le plus fertile. La vigne y est depuis longtemps indigène. On la
connaissait du temps de *Strabon*, et l'on y voit encore des ceps

qui datent de plusieurs siècles. Les montagnes de la partie méridionale de la Tauride forment un demi-cercle qui la préserve des vents froids, et non-seulement la vigne, mais encore toutes les productions du midi de l'Europe et de l'Asie Mineure y réussissent.

De beaux vignobles sont cultivés sur plusieurs montagnes de ce pays; partout les vignes sauvages ou domestiques s'élèvent à l'envi jusqu'à la cime des plus hauts arbres, et forment des guirlandes ou des berceaux. Les plants y sont variés; *Pallas* en décrit vingt-quatre espèces et en nomme douze autres qui lui ont été signalées, indépendamment des vignes sauvages. Dans ce nombre, il en est plusieurs qui peuvent être comparés aux meilleurs cepages connus : par exemple, au *sapillier*, au *riesling* du Rhingau; au *muscat*, au *chardenet* de la Champagne; au *lagler* blanc de Hongrie; au *chasselas rouge*, etc., etc.; mais la culture en est beaucoup moins étendue qu'elle ne pourrait l'être, et l'art de faire le vin est encore dans l'enfance. Les vignes sauvages qui croissent dans la partie méridionale de la presqu'île fourniraient les meilleurs vins, si on voulait y donner quelques soins et employer de bons procédés pour la préparation du moût. Jusqu'à présent les vignobles sont peu soignés : on plante rarement la vigne sur les hauteurs, et on l'abandonne ordinairement à la nature; cependant les vins que l'on recueille dans plusieurs cantons sont assez bons, d'où l'on peut conclure qu'ils pourraient être meilleurs.

Les environs de THÉODOSIE (Kaffa), sur une baie de la mer Noire, à 100 kil. N. E. de Simféropol, et ceux d'ARFINEY, produisent de bons vins que les Russes comparent au champagne, et qui, sans en avoir toutes les qualités, ont cependant avec lui quelque analogie, que des Français, peut-être par suite d'une longue privation, ont prise pour une ressemblance parfaite.

SUDAGH, à 50 kil. O. de Théodosie, est environné d'une chaîne de montagnes presque toutes plantées de vignes. Ce genre de culture s'accroît d'autant plus que le vin de ce canton est recherché en Russie; il a, de même que la plupart de ceux de Crimée, un goût assez doux, qui tient de celui des vins de Hongrie; il est peu chaleureux et passe pour très-salubre. Parmi les vins rouges il y en a quelques-uns qui ont de l'analogie avec nos vins de Roquemaure, département du Gard; mais ils ne se conservent pas, et tournent promptement à l'aigre. Les vins blancs leur sont préférés. Mis en bouteilles en temps convenable, ils *moussent* comme le champagne. Ils se gardent assez longtemps;

28

mais, en général, ils ont plus de qualité et d'agrément pendant les deux premières années. Il en est de même de tous les vins de la Crimée, quoiqu'on soit dans l'usage d'y mettre de l'esprit-de-vin pour les soutenir.

Le beau vallon de Koos, qui commence au delà du village de ce nom entre les montagnes Tokluk-Syrt et Porssukkaja, s'étend jusqu'à la mer, sur une longueur de 5 à 6 kil.; il est couvert de vignobles dans lesquels on récolte une grande quantité de vins qui sont pourvus de plus de spiritueux et de corps que tous ceux des autres crus de la Crimée. Les raisins mûrissent plus tôt et donnent un moût plus fort et plus doux que ceux de Sudagh ; cependant les vins sont moins fins, ont un goût moins agréable, et ne se conservent pas aussi longtemps, ce qui provient de la nature du sol, qui donne une grande abondance de fruits. Le vignoble le plus estimé de ce canton, nommé BOSTANDSCHI-OGLU, est situé près de la mer. Les Tatars passent pour les plus habiles vignerons de la Crimée. Les vallons de Sudagh et de Koos sont peuplés des meilleurs cepages ; leur produit est évalué à environ 20,000 hectolitres par an, dont un tiers au moins est transporté à Kherson et dans les gouvernements les plus éloignés jusqu'à Kursk.

Le principal commerce des vins se fait à Théodosie et à Sudagh. Les chargements par mer ont lieu dans un beau port, voisin de cette dernière ville.

Le gouvernement du DON est situé sous les 47e et 48e degrés de latitude entre les gouvernements de Saratof, de Voronege, d'Astracan, du Caucase, d'Ekaterinoslav et la mer d'Azof.

Les Cosaques qui habitent ce pays se sont beaucoup adonnés à la culture de la vigne ; ils l'ont non-seulement augmentée depuis cinquante ans, mais encore perfectionnée. Cet arbuste prospère sur les côtes bien exposées de la rive droite du Don, depuis TCHERKASK, capitale de ce gouvernement, à 880 kil. S. de Moscou, jusque vers PATISBANSKAJA-STANIZA, et, par conséquent, à peu près jusqu'à la latitude de Zarizyn. Dans une situation plus méridionale, près de Taganrog, à 50 kil. N. O. d'Azof, les vents froids de mer empêchent les raisins de parvenir à leur parfaite maturité, ce qui fait qu'ils donnent rarement de bon moût ; mais, en revanche, le vin blanc de RASDOROF et le vin rouge de ZYMSLANSK, semblable à celui d'Italie, se payent l'un et l'autre très-cher à Moscou. Il n'y a pas jusqu'aux raisins noirs ordinaires qui croissent près du Don, et que l'on transporte en quantité par bateaux des *Stanizes* supérieures, qui ne donnent

un vin plein de feu, que les négociants grecs établis à Tcherkask préparent en abondance et qui surpasse en qualité tous les
vins d'Astracan et du Terek. Il est vrai que cet avantage est dû
en grande partie à un supplément de raisins secs, de sirop de
mûres sauvages et de miel qu'on introduit dans le moût lors de
la fermentation. Sir Robert Ker-Porter (1) dit avoir bu à Tcherkask, chez le comte Platof, des vins provenant des domaines de
ce général, et qui étaient de fort bonne qualité. Il trouva le vin
blanc peu inférieur à nos vins de Champagne, et le vin rouge
lui parut aussi bon que les meilleurs du Bordelais. Ces vignobles
étaient dirigés par une famille allemande que le gouverneur
avait fait venir des bords du Rhin, et le résultat de ses expériences prouve que, si l'on suivait les mêmes procédés de culture
et de fabrication dans tous les vignobles de ce pays, on en tirerait des vins de fort bonne qualité. La production totale est évaluée de 10 à 15,000 hectolitres.

TAGANROG, port très-commerçant de la mer d'Azof, vis-à-vis
l'embouchure du Don, à 50 kil. N. O. d'Azof, fait de grandes
exportations des vins de ses environs ; ils ont beaucoup de spiritueux, et fournissent le quart de leur volume en eau-de-vie ; mais
la plupart sont désagréables comme vins de table.

La BESSARABIE, située entre la Moldavie, le Danube et le
Dnieper, a été réunie à la Russie en 1812 par le traité de Bu-
charest, mais une partie en a été détachée en 1857 lors du
traité de Paris. Elle est très-fertile ; il y a des vignes dans plusieurs parties de ce gouvernement, et l'on en tire 100 à
150,000 hectolitres de vins de médiocre qualité qui se consomment dans le pays.

§ III. *Royaume d'*ASTRACAN, *divisé en 3 gouvernements, Astracan, Saratof et Orenbourg.*

ASTRACAN, ville capitale, est située dans l'île du Volga nommée SIETZA, sous le 46° degré 41 minutes de latitude et le 65°
de longitude, à 80 kil. N. O. de la mer Caspienne, 500 kil. E.
d'Azof, 1,150 kil. S. E. de Moscou et 1,700 kil. S. E. de Saint-
Pétersbourg. La partie fertile de cette contrée, assez bornée, ne
comprend guère que les terrains bas qui se trouvent le long du
Volga. Les premiers vignobles furent plantés près d'Astracan, en

(1) *Travels in Georgia, Persia*, etc., de 1817 à 1820.

1615, avec des cepages tirés de la Perse ; depuis ce temps, la culture de la vigne a pris beaucoup d'accroissement. On a fait venir des vignobles les plus renommés de l'Europe des plants qui ont très-bien réussi : on en compte actuellement vingt variétés différentes, parmi lesquelles on en distingue principalement quatre, dont deux fournissent de gros raisins ; la troisième, des raisins à petits grains de forme ovale, et la quatrième, de petits raisins ronds et sans pepins. Cette dernière, originaire du golfe Persique, se nomme *kischmisch*, et se rencontre dans presque toutes les parties de ce gouvernement. A Astracan, la vigne est ordinairement plantée en espaliers. La vendange dure depuis la fin du mois d'août jusqu'à la fin de septembre ; lorsqu'elle est terminée, on taille la vigne jusqu'au bourgeon. En octobre, on couche les ceps et on les couvre de foin et de terre ; au printemps, on les relève pour les attacher aux espaliers. Lorsque les raisins sont parvenus à une certaine grosseur, on les garantit, autant que possible, des rayons du soleil, pour éviter qu'ils ne se tachent, et l'on hâte leur maturité par de fréquents arrosements. Ces soins donnent aux grappes une superbe apparence ; mais il faudrait leur en prodiguer de tout à fait contraires pour obtenir de bons vins.

Les beaux vignobles qui appartiennent à l'empereur sont cités comme fournissant des raisins d'un excellent goût ; il y en a de rouges et de blancs, ces derniers surtout parviennent à une grosseur extraordinaire ; on en expédie tous les ans une grande quantité à Saint-Pétersbourg, dans toute la Russie et même à l'étranger ; ils arrivent à leur destination frais et en bon état, parce qu'on les coupe avant leur entière maturité et qu'ils sont emballés avec beaucoup de soin dans des pots. Le commerce des raisins est si profitable pour les propriétaires, et le débit en est tellement assuré, qu'ils ne regardent le vin que comme un objet accessoire et n'envoient au pressoir que les grappes qu'ils ne peuvent pas vendre. La mauvaise coutume d'arroser excessivement les vignes est cause que le jus des raisins, trop aqueux, contient peu de parties muqueuses et sucrées, et que les vins, dont la plupart sont blancs et dénués de qualité, ne se conservent pas : le peu que l'on fait est consommé par la classe du peuple. On assure cependant que quelques particuliers en obtiennent de fort bons. Le général *Bekelof* a fait planter, dans les environs d'Astracan, un vignoble qui est très-bien soigné et dont le vin, fait d'après les bons principes, se garde longtemps et peut être comparé aux bons vins de la Moselle. *Pallas* cite un certain *Jacob Oftscharkin*, qui est parvenu à en faire du rouge imitant le *lacryma-christi* du Vésuve, et le négociant *Popof*, qui prépare des vins *mousseux* comparables au champagne. D'autres font des vins blancs secs assez bons, dans lesquels ils mettent de l'esprit-de-vin lors de la fermentation, ce qui les rend susceptibles de se conserver plusieurs années.

À ASTRACAN et sur le TEREK, on fait sécher les gros raisins rouges et les deux autres espèces plus petites; on choisit les plus doux et les plus mûrs pour en extraire un sirop très-agréable, que l'on emploie à différents usages domestiques, en remplacement du sucre.

Le principal commerce des vins, des raisins et des autres produits de ce gouvernement se fait à Astracan, où ils se chargent sur le Volga, qu'ils descendent pour gagner la mer Caspienne, ou qu'ils remontent pour aller dans l'intérieur de l'empire.

Le gouvernement de SARATOF, situé entre ceux d'Astracan et du Don, a pour capitale Saratof, à 720 kil. S. E. de Moscou. La vigne prospère sur les rives du Volga. *Pallas* a trouvé dans la colonie de GALKA un vigneron allemand qui avait planté plus de trois mille ceps dont il retira 20 *pouds* (le poud 16 k. 38) de raisin en une année. Cet homme n'arrosait pas ses vignes, quoiqu'elles fussent sur un sol assez sec; les raisins n'approchaient pas de ceux d'Astracan pour la beauté, le goût et la grosseur, mais le vin était infiniment supérieur; en le conservant pendant quelque temps, il ressemblait au vin ordinaire de France, et c'était du nectar comparé à celui d'Astracan.

SAREPTA, situé à 300 kil. O. d'Astracan, entre le Don et le Volga, a quelques vignobles dont on tire des vins rouges et des vins blancs de bonne qualité. *Pallas* cite comme le meilleur celui de la vigne de M. *Nitschmann*, et assure qu'il approche beaucoup du vin de Champagne. Plusieurs espèces de plants tirés de la Hongrie réussissent très-bien dans ce pays; mais la culture de la vigne n'y est pas encore fort étendue.

Le gouvernement d'ORENBOURG, situé sous les 53e et 54e degrés de latitude, a peu de vignes; mais OUFA, sa ville capitale, est le centre du commerce des Tatars et des autres peuples de l'Asie avec la Russie.

§ IV. PROVINCES CAUCASIENNES. *Elles se composent des gouvernements du Caucase, de la Grusinie ou Géorgie russe, de l'Immiretie, de la Mingrelie, du Daghestan et du Dirvan.*

Le gouvernement du Caucase, situé sous les 45° et 44° degrés de latitude, entre ceux d'Astracan, des Cosaques du Don et la mer Caspienne, est le plus méridional de la Russie d'Europe. Il a pour ville capitale *Georgievsk*, sur le Podhoumoh, à environ 360 kil. O. de Kislar, et 500 kil. S. O. d'Astracan. La CIRCASSIE septentrionale, qui fait partie de ce gouvernement, contient beaucoup de vignobles, dont les plus importants sont dans les environs de KISLAR, sur le Terek, dans la plus grande des îles formées par les branches de ce fleuve, près de son embouchure dans la mer Caspienne; à 230 kil. N. de Derbent, et 400 kil. S. d'Astracan. Le gouvernement et plusieurs particuliers possèdent des vignes dont les vins ont de la réputation et s'expédient pour Moscou. La vigne croît naturellement dans ce pays et dans tout celui qu'arrose le Terek, ainsi que dans les environs du mont Caucase; les plants sauvages et ceux cultivés donnent des raisins rouges. Le sol est moins imprégné de parties salines qu'à Astracan, et la température favorise mieux la maturité du raisin : il y pleut souvent, ce qui évite les frais qu'exigent les arrosements. Les habitants des rives du Terek emploient presque tous leurs raisins à faire du vin : il est fâcheux qu'ils entendent si peu l'art de le préparer et de cultiver la vigne; car la majeure partie de celui qu'ils font est encore plus mauvaise qu'à Astracan.

Le vin blanc approche de la limpidité de l'eau, et le rouge est très-pâle, mais ordinairement plus spiritueux que celui d'Astracan, parce qu'on y met de l'esprit-de-vin. Quand on soigne bien ces vins, ils sont agréables; néanmoins ils perdent leur agrément au bout de deux ans et deviennent amers : on s'en sert alors pour faire de l'eau-de-vie, dont les Arméniens expédient de fortes quantités en Russie, surtout à l'époque de la foire de Makariew, dans le gouvernement et à 140 kil. N. de Novogorod. Les vins de ce pays sont, en général, peu spiritueux, et il en faut 9 à 10 pièces pour en faire 1 d'eau-de-vie; mais les Arméniens, qui ne négligent aucun moyen d'étendre leur commerce, ont déterminé quelques peuplades du Caucase, et particulièrement les Tatars du Daghestan, à planter de la vigne dans leurs montagnes : ils leur achètent leurs vins, qui ont beaucoup plus de force que ceux des environs de Kislar, et les convertissent aussi en eaux-de-vie. Indépendamment des vins et des eaux-de-vie, les négociants de Kislar partagent avec ceux d'Astracan le commerce des raisins frais destinés pour Moscou et Saint-Pétersbourg : ces raisins sont emballés dans de la graine de lin, et arrivent en bon état, quoiqu'ils aient fait un voyage de 2,000 kil. TAROUMOFF ou TAROUMOVKA, sur la rive droite d'un bras du Terek, à 25 kil. N. de Kislar, a aussi beaucoup de vignobles, qui occupent un grand nombre de bras.

La vigne est cultivée sur les bords du Kuma, qui sépare le gouvernement du Caucase de celui d'Astracan et se jette dans la mer Caspienne, à environ 100 kil. S. de Kislar. On trouve des vignobles à KAWKASKOI-USWAT, à POKOINOI, etc.; on y voit des plants bas et d'autres qui grimpent sur les arbres ; plusieurs particuliers y ont déjà d'assez bons vins.

Les *Tavlintses* ou *Tatars des montagnes*, qui habitent la partie la plus élevée du Caucase, apportent à Kislar des vins de meilleur goût et plus forts que ceux du Terek ; on les garde aussi plus facilement, et les gens aisés en font leur boisson ordinaire. Ces Tatars, quoique mahométans, les préparent eux-mêmes, et en augmentent la force enivrante en y mettant des têtes de pavots pendant la fermentation ; ils en boivent publiquement et sans réserve.

Les tonneaux sont en usage dans ce pays ; les vins se logent dans des barriques qui pèsent 250 kilogrammes et contiennent environ 30 veltes ou 228 litres, mesure de France. Les eaux-de-vie sont mises dans des pipes de 70 veltes ou 456 litres. Le principal commerce des vins se fait à Kislar. Les transports par terre ont lieu, pendant les six mois d'été, par les Tatars, sur des petites voitures traînées par un cheval ou par deux bœufs. Chacune d'elles porte deux barriques de vin ou une pipe d'eau-de-vie ; elles font 40 kil. par jour, et arrivent à Astracan en dix jours ; on en expédie aussi par le Terek.

La GRUSINIE ou GÉORGIE *russe*, ville capitale Tiflis. Ce pays, qui a été réuni à la Russie en 1801, est situé entre les 40° et 42° degrés de latitude nord, et entre les 41° et 43° degrés de longitude du méridien de Paris : elle se compose de trois provinces, la *Kartalinie*, la *Kakétie* et la *Sumkétie*. La vigne croît naturellement dans cette contrée ; mais elle est surtout abondante dans la KAKÉTIE, qui est la plus riche et la plus fertile des trois provinces : presque tous les arbres des forêts sont entourés de ceps très-forts, qui montent jusqu'à leur cime, produisent beaucoup de raisins, dont la moitié au moins pourrit sur pied, parce qu'on ne peut pas les vendanger. A côté de ces vignes sauvages, les habitants de la Kakétie ont planté un grand nombre de vignobles que l'on arrose, comme on le fait à Astracan, et qui donnent des récoltes très-abondantes. Les vins, parmi lesquels il y en a de fort bons, se consomment dans toute la Géorgie. La Kakétie fait à elle seule les quatre cinquièmes de l'approvisionnement de Tiflis, qui est considérable ; car on évalue la ration ordinaire de chaque habitant, depuis l'artisan jusqu'au prince, à une touque (environ 4¹,50) par jour. Le meilleur vin se vend à Tiflis de 1 à 1/2 *abase* (20 sous) la *touque*, et celui de médiocre qualité coûte à peine 1 sou la bouteille. L'usage des tonneaux et des bouteilles est presque inconnu dans ce pays, les vins se logent dans des jarres en terre, et on les transporte dans des outres faites avec des peaux de buffle, de bœuf, de cochon, de bouc ou de chèvre, dont le poil est mis en dedans et qui sont entièrement enduites de *naphte*, espèce de bitume qui donne un mauvais goût au vin ; mais on prétend qu'elle contribue à sa conservation.

Sinac ou Signac, capitale de la Kakétie, à 128 kil. E. de Tiflis, a, dans son voisinage, des vignobles très-considérables, dont les ceps sont d'une grosseur remarquable. Vachery, à 8 kil. de Sinac, produit beaucoup de vin. Les environs de Mokozange fournissent des vins rouges auxquels on trouve quelque ressemblance avec ceux du Médoc. Il s'en fait aussi de fort bons à Tcheniedaly, surtout dans les domaines du prince de *Tchift-chivadze*, qui surveille avec soin la culture de ses vignes et la fabrication de ses vins, dont la récolte s'élève, dans les bonnes années, jusqu'à 50,000 *touques* ou 1,350 hectolitres : ils sont encore meilleurs que ceux de Mokozange, se conservent longtemps et n'ont pas, comme beaucoup de vins de Géorgie, le défaut de tourner à l'aigre. Dans les environs de Tiflis et près de la ville, beaucoup de maisons de campagne ont des jardins et des vergers garnis de belles treilles ; on cite celles du nouveau cimetière des catholiques, qui ont été plantées en 1817, et dont les cepages, tirés des vignobles de Schiraz, en Perse, ont parfaitement réussi et produisent de très-bons raisins. Ce cimetière est devenu un lieu de promenade.

Ghend'jé ou Elisabeth-Pol, à 175 kil. S. E. de Tiflis, a, dans son canton, des vignes dont les raisins sont très-gros et donnent beaucoup de vins de bonne qualité qui se vendent à très-bas prix.

La Somkétie, située au sud de la Kartalinie, est moins fertile et contient peu de vignobles.

La Kartalinie, province la plus orientale de la Géorgie, entre la Kakétie et l'Immiretie, produit beaucoup moins de vin que la Kakétie ; cependant elle a quelques vignobles assez étendus. On en rencontre à Gharthis-Kari, à Moukhran et à Douchett, à 28, 40 et 60 kil. N. et N. O. de Tiflis, et dans plusieurs autres cantons de cette province. Beaucoup de vignes sont tenues basses et sans échalas, d'autres forment des treilles et des berceaux. Ces deux espèces de culture couvrent une assez grande partie des terres de Douchett. A Molita, sur la rivière du même nom, des noyers, des cognassiers et beaucoup d'autres arbres sont entourés de vignes dont on tire une assez grande quantité de vin de bonne qualité, qui se vend à très-bas prix.

La province de Lepsguine, ou pays occupé par les Lesghis, située entre le Daghestan et le Noucha, n'est séparée de la Kakétie que par la rivière d'Alazan. Ce pays, qui s'étend vers le nord dans les hautes montagnes du Caucase, produit une grande quantité de raisins, dont on ne fait pas du vin proprement dit, parce que cette boisson est défendue ; mais on en fait une espèce de vin cuit nommé *buza* dans le pays ; on le fait fermenter et il est extrêmement fort : les habitants ne font usage que de cette liqueur, dont ils se servent aussi pour faire du vinaigre, qui est excellent.

L'Immiretie ou Immirete, située entre le Caucase, la Géorgie et la Mingrelie, sous le 42° degré de latitude, contient beaucoup de vignes qui croissent naturellement dans les forêts et dans les vergers ; elles enlacent presque tous les arbres de cette contrée, et produisent une quantité considérable de vin dont les habitants sont grands consommateurs. Le chevalier Gamba, lors de son voyage dans cette contrée en 1822, a trouvé des vignes cultivées à Optcha, village situé à 80 kil. de Kotaïs. Elles sont tenues à à 3ᵐ,30 de hauteur et soutenues par des échalas. Partout ailleurs elles montent sur les arbres et souvent à une telle hauteur qu'on est forcé d'abandonner une partie des raisins.

La vallée de Vartsike, à 14 kil. S. de Kotaïs, entre la Qui rila, le Ghenishale et une autre petite rivière qui se jette dans le Phase, contient beaucoup de vignes qui entourent des noyers, des mûriers et plusieurs autres arbres qu'on a conservés lors des défrichements ; le vin qu'on en tire est de bonne qualité. Bagdad, à 15 kil. S. E. de Vartsike et à 30 kil. de Kotaïs, récolte en abondance des vins très-spiritueux et qui alimentent plusieurs distilleries, dont l'une est habitée par un Grec, qui est associé dans la ferme des eaux-de-vie pour la fourniture des troupes. A

DIMI ou DIMMI, à 4 kil. de Bagdad, le prince Rostan-Schwets, seigneur de cet endroit, récolte du vin rouge auquel les voyageurs ont trouvé quelque ressemblance avec ceux de la Champagne.

SIMONETTI, à 56 kil. de Bagdad, fait des vins qui ont été trouvés très-bons. Les vignes sont aussi multipliées dans le district de SCHORAPANA; il y en a beaucoup moins dans ceux de VACCA et de RADSCHA.

La MINGRELIE, située entre l'Immiretie et la mer Noire, est divisée en trois provinces. Celle d'ODESCHI, qui est contiguë à l'Immeritie; celle de LESGUNE, qui s'étend jusqu'au sommet du Caucase, et celle nommée TMOURAKANE ou ABKASIE, qui s'étend au nord du cap Cadore. La première est d'une fertilité à laquelle il est peu de contrées comparables, elle contient beaucoup de vignes. La seconde est un pays montagneux et moins fertile, où l'on en rencontre bien moins; l'Abkasie est une espèce de désert dans lequel on trouve peu de terres cultivées et qui tient lieu de barrière entre les Abazes et les Mingreliens.

Les vignes de ce pays croissent au pied des arbres, et montent à la cime des plus élevés. Il y a des ceps d'une grosseur si prodigieuse, qu'un homme peut à peine les embrasser. On les taille tous les quatre ans, et on leur donne rarement d'autres soins. Ces vignobles sont très-productifs; on y récolte des vins qui ont de la force, beaucoup de corps et un goût très-agréable, quoique faits sans aucune précaution. Les Mingreliens et leurs voisins boivent toujours leur vin pur, et ils en font une consommation plus considérable qu'aucun autre peuple. La ville la plus commerçante de ce pays est REDOUTÉ-KALÉ, sur la Khopi, qui a son embouchure dans la mer Noire, sous le 42° degré de latitude. Quelques habitants riches de ce pays tirent des vins mousseux de la Champagne.

Le DAGHESTAN, situé entre la mer Caspienne, le Caucase, la Circassie et le Chirvan, sous les 40°, 41°, 42° et 43° degrés de latitude, est très-fertile et surtout en vin. Il y a des vignobles considérables dans les environs de Derbent, port de la mer Caspienne, sous le 42° degré de latitude. Le principal commerce des vins et de toutes les autres marchandises se fait dans cette ville.

La province de SCHIRVAN ou CHIRVAN est sous les 59° et 40° degrés de latitude nord, entre la mer Caspienne, le Daghestan et la Géorgie; il a des vignobles assez étendus: ceux de CHAMAKHI ou SCHAMAKHA, sa ville capitale, à environ 128 kil. de Bakou, fournissent aux Arméniens des vins très-estimés; ils sont du genre de nos bons vins de Bordeaux, et l'on assure qu'ils en ont toutes les qualités et le parfum.

A MONTGATCHAOUR, sur le Kour ou Cyrus, à 25 kil. d'Elisabeth-Pol, et dans beaucoup d'autres cantons, la vigne, qui croît naturellement, entoure la plupart des arbres, et l'on en tire des vins de différentes qualités. BAKOU, près de la mer Caspienne, fait un commerce considérable de cette denrée et des autres productions de la province.

Les autres parties de l'empire russe ne contiennent aucun vignoble intéressant.

Les mesures en usage dans les anciennes provinces de la Russie sont le *tschetwert*, qui équivaut à $2^l,17$; le *wedro*, qui en contient $12^l,63$; l'*anker*, formé de 3 *wedros* ou $38^l,00$; à Revel, l'*anker* est de $42^l,33$; à Riga, de $59^l,10$, et, à Pernov, de $38^l,75$. On emploie aussi l'*oxhoft* ou *barrique de Bordeaux*, de $228^l,00$, et le *saroko-waja-botska*, ou *pipe*, qui se compose de 12 *ankers* ou $456^l,00$.

A Tiflis, où l'usage des tonneaux n'existe pas encore et où le vin et tous les liquides se transportent dans des outres ou *bourdoux*, le vin se vend à la *touque*, qui contient $4^l,50$ et à la *chappe*, qui vaut 3 *touques*. Les mêmes mesures sont en usage dans l'Immiretie et la Mingrelie.

On fabrique en Russie, comme partout ailleurs, des boissons fermentées, telles que la bière, etc. L'une de celles qui appartiennent au pays et qui est la plus généralement employée dans les campagnes se nomme *kvasse* ou *kisly-chtchy*. Elle se fait avec de la farine et des herbes aromatiques sur lesquelles on verse de l'eau chaude et qu'on laisse fermenter. Cette liqueur a un goût agréable et mousse comme de la bière quand on la met en bouteilles. On prépare aussi une espèce de vin avec des cerises sauvages et quelques autres fruits; on prépare encore une boisson nommée *buza*, avec du millet et du miel. Dans le gouvernement de *Wilna* et dans plusieurs autres provinces, on recueille une grande quantité de miel dont on fait des boissons agréables, telles que l'*hydromel* et le *leppitz-malilnietzk*. Les habitants du Kamtschatka s'enivrent avec le suc d'un champignon. Les Mongols et les autres peuples nomades de la Russie asiatique font, avec le lait de leurs juments, une boisson nommée *kaumiss;* ils préparent aussi de l'*hydromel :* les femmes sont chargées de ce travail; elles distillent ces liqueurs et en obtiennent une eau-de-vie assez forte.

§ V. *Royaume de* POLOGNE, *situé entre les 50ᵉ et 55ᵉ degrés de latitude, entre la mer Baltique, la Russie, les possessions de l'empire d'Autriche et la Prusse.*

La Pologne ne jouit pas d'une température favorable à la vigne : cet arbuste est cultivé dans quelques cantons de sa partie méridionale ; mais l'on n'y récolte que des vins acerbes et dénués de qualité. Avant les désastres qui ont accablé ce pays, les maisons riches tiraient de la France et de l'Allemagne beaucoup de bons vins, dont il se faisait une grande consommation, surtout à VARSOVIE, capitale du royaume, qui était le centre du commerce de tout le pays et où l'on trouvait des vins de presque tous les pays. On fait, avec la séve du bouleau, une boisson assez agréable et qui est susceptible de mousser quand on la conserve en bouteilles ; on en tire de l'eau-de-vie qui se consomme dans le pays.

La mesure en usage pour la vente des boissons se nomme *garnieck* et contient 1ˡ,59 à Varsovie, et 3ˡ,18 à Cracovie. (Cette dernière ville a été incorporée à l'Autriche.)

CLASSIFICATION.

Les vins rouges de Koos dans la Crimée, ceux de Zymlansk dans le pays des Cosaques du Don, des domaines du prince de Tchifchivadre à Tcheniedaly, et les meilleurs de Mokozange dans la Kakétie, ainsi que ceux du nouveau cimetière des catholiques à Tiflis, et de Chamakhi dans le Schirvan, me paraissent devoir être mis au rang des vins fins de 3ᵉ classe. Les meilleurs de Sudagh, en Crimée, des gouvernements d'Astracan et de Saratof ; de Kislar, dans la Circassie septentrionale ; de Vachery, de Ghend'jé et de plusieurs autres vignobles de la Kakétie, de Ghartis-Kari, Moukhran et Douchett, en Kartalinie ; de Vartsike, Bagdad, Dimi et Simonetti, dans l'Immiretie ; d'Odeschi, en Mingrelie ; de Derbent, dans le Daghestan, et de Montgatchaour, dans le Schirvan, ne peuvent entrer que dans la 4ᵉ classe ; tous les autres se rangent dans la 5ᵉ, dont ils fournissent toutes les nuances, depuis les vins d'ordinaire de 2ᵉ qualité jusqu'aux vins les plus communs.

Les vins blancs mousseux et non mousseux de Sudagh, Théodosie et Affiney, dans la Crimée ; de Rasdorof, dans le pays des

Cosaques du Don ; les meilleurs du gouvernement d'Astracan ;
de Sarepta, dans celui de Saratof ; de Tcheniedaly, de Mokozange, dans la Kakétie, et de quelques crus des autres vignobles, se rangent parmi ceux de la 3° classe. Ceux de 2° qualité
des vignobles que je viens de citer et les meilleurs des autres
cantons entrent dans la 4° classe ; mais la plus grande quantité
ne peut être rangée que dans la 5°.

Les vins de liqueur de Sudagh et de Koos en Crimée, et les
vins cuits nommés *buza*, dans le pays des Lesghis, me paraissent
devoir être rangés dans la 3° classe des vins de cette espèce.

CHAPITRE XI.

Turquie.

Cet empire s'étend en Europe, en Asie et en Afrique. Presque
tous les pays qu'il embrasse jouissent d'un climat et d'un sol
convenables à la vigne, et plusieurs sont renommés pour l'excellence de leurs vins ; mais les révolutions fréquentes qu'ils ont
éprouvées et plus encore la religion mahométane ont contribué
à diminuer cette culture. Ce n'est pas que tous les musulmans
soient stricts observateurs de la loi qui leur défend l'usage du
vin ; car, si l'on peut ajouter foi aux assertions de milady Mon-
tagu dans ses *Lettres sur la Turquie*, les gens riches n'y font
pas usage du vin en public, pour éviter le scandale ; mais ils
s'en dédommagent dans l'intérieur et en boivent aussi librement que les chrétiens.

Les Turcs ne cultivent ordinairement la vigne que dans leurs
jardins et pour en manger le fruit, ils ne se permettent jamais
d'en faire du vin ; et, lorsqu'ils récoltent plus de raisins qu'ils
ne peuvent en consommer, ils les vendent ; mais les Grecs, les
Arméniens et les Juifs, qui forment une partie considérable de
la population de l'empire, font des vins de liqueur très-estimés,
et qui méritent de l'être.

TARIF DES DOUANES.

Vins en bouteilles.	Bordeaux....	0.64	la bout.
— —	Champagne..	1.07	»
— en barriques.	l'ocque	0.25	

Les parties de la Turquie que je comprends dans ce chapitre sont 1° les provinces continentales de la Turquie d'Europe; 2° les îles de l'Archipel; 3° l'île de Chypre; 4° les provinces continentales de la Turquie asiatique. Je parlerai des possessions de la Porte Ottomane en Afrique dans le chapitre qui traite de cette partie du monde.

§ 1. *Provinces continentales de la* TURQUIE D'EUROPE, *bornées, au nord, par la Russie et l'empire d'Autriche; à l'est, par la mer Noire, le canal de Constantinople et la mer de Marmara; au sud, par la mer de l'Archipel et la Grèce; enfin, à l'ouest, par la mer Adriatique et la Dalmatie autrichienne.*

Ces provinces sont la principauté-unie de Moldavie et Valachie (1), la Bulgarie, la Serbie, la Bosnie, l'Herzegovine ou Dalmatie turque, l'Albanie, la Macédoine, la Roumanie et la Thessalie.

La MOLDAVIE est située sous les 46° et 47° degrés de latitude, entre la Transylvanie, la Pologne, l'Ukraine, la Bessarabie et la Valachie; la plaine est très-fertile, quoiqu'en partie inculte. Les principaux vignobles se trouvent entre Cotnar et le Danube; ils sont si productifs qu'un seul *pagon* (24 toises carrées) de vigne rapporte souvent de 4 à 500 pintes de vin. Le plus renommé, qui se récolte dans les environs de COTNAR, petite ville du district de Harlew, est d'une couleur verte qui devient plus belle et plus foncée à mesure qu'il vieillit; quand il a été conservé trois ans dans une cave profonde et bien voûtée, il est presque aussi fort que la bonne eau-de-vie sans être cependant très-capiteux; il peut figurer parmi les meilleurs vins du globe, et quelques voyageurs le préfèrent même au tokay. Il doit être séparé de sa lie, dont la présence contribue à lui faire perdre de sa force; il faut le soutirer avec soin et le mettre dans un tonneau très-propre lorsqu'on veut le transporter : le défaut de cette précaution fait qu'il s'altère souvent et que, malgré sa qualité, il n'est pas très-recherché hors du pays. La Moldavie fournit beaucoup de vins à la Russie; elle en envoie surtout en Ukraine, où ils ont un grand débit.

La VALACHIE, située sous les 44° et 45° degrés de latitude,

(1) Comme nous ne faisons pas ici de la géographie politique, mais de la topographie viticole, nous ne distinguons pas entre les provinces proprement dites et les pays tributaires.

est séparée de la Moldavie par de hautes montagnes et par le
Siret. La vigne y est un objet de grande culture ; elle croît partout, quoiqu'elle soit cultivée plus particulièrement et avec
plus de succès au pied des montagnes ; les vins y sont légers et
aqueux, mais d'un goût assez agréable et d'une qualité bienfai-
sante. Ceux de PIATRA passent pour être les meilleurs : on assure même qu'ils rivalisent avec le vin de Tokay ; mais il en est
peu de cette espèce, et c'est la faute des habitants, qui ne savent
ni le faire ni le conserver ; ils se contentent de remuer un peu
la terre une fois l'an autour du cep et laissent croître l'herbe de
tous côtés. Les vins de Valachie s'exportent principalement en
Pologne et en Ukraine, on en expédie même jusqu'à Moscou.

La BULGARIE, placée au bord de la mer Noire, entre la Valachie, la Serbie et la Roumanie, est couverte de marécages, et
par conséquent peu propre à la culture de la vigne ; on y récolte
des vins d'assez médiocre qualité, dont aucun ne mérite d'être
distingué, si ce n'est celui que l'on tire de quelques vignes
plantées au milieu des rochers des environs de PRAWARDI.

La SERBIE, située entre la Save, l'Albanie, la Macédoine, la
Bulgarie et la Bosnie, n'a que peu de vignes, dont les produits
ne sortent pas du territoire. Les principaux vignobles sont dans
les environs de BELGRADE ; on en trouve aussi de fort étendus
dans les environs de PRISTINA, à 95 kil. S. O. de Nissa.

La Bosnie, sous le 44° degré de latitude boréale, entre la
Croatie, l'Esclavonie, la Serbie et le district de Hersek, produit
des vins très-spiritueux qui se consomment en totalité dans le
pays.

L'HERZEGOVINE ou DALMATIE turque, qui confine au sud à la
Bosnie, a quelques vignobles, dont les plus intéressants sont
dans le petit pays de POPOCO ; ils fournissent aux besoins des
habitants, mais il s'en exporte peu.

L'ALBANIE, située sur la mer Adriatique, entre la Bosnie, la
Serbie, la Macédoine et la Thessalie, a des vignobles dans plusieurs de ses parties. Les environs de VALONE, port du promontoire de la Chimère, à 88 kil. S. E. de Durazzo, produisent de
fort bons vins ; mais les vignobles les plus étendus sont dans
l'Epire, qui forme la partie méridionale de cette contrée. On en
rencontre de très-beaux à LOUCOVO et à DZIDDA, près de Port-
Palerme dans la Chaonie ; les religieux du monastère du *prophète Elie*, près Dzidda, font beaucoup de bons vins.

Les coteaux qui bordent la vallée de JANNINA sont couverts
de vignes : on fait à LIASCOVO et particulièrement à STALOVO, à

MANUSSI et à CALOTA, des vins de bonne qualité et qui se conservent sans être imprégnés de résine, comme on se croit obligé
de le faire dans d'autres vignobles de cette contrée, où les
meilleurs celliers ne les garantissent pas d'une détérioration
qui paraît dépendre plus de leur nature que de la chaleur du
climat. Les cantons de ZAGORI, dans la partie septentrionale de
l'Epire; de CONITZA, des environs de THARCHOF, dans la vallée
du Caramouratadez; d'ARGYRO-CASTRON, dans le canton de
Drynopolis; de DELVINAKI, dans celui de Palœo-Pogoni, enfin
plusieurs autres cantons de la vallée de JANNINA ont beaucoup
de vignes et font de bons vins. La vallée de LELOVO, l'AMPHI-
LOQUIE et l'ATHAMANIE récoltent beaucoup de vins parmi lesquels on distingue ceux que les Valaques, qui habitent le village
de GRIBOVO, tirent des vignes plantées dans les escarpements
du mont Djounerca, à 4 kil. de Tchéritsana. La partie orientale
de l'Epire n'a pas de vignobles dans le canton de CARITES, à
cause du voisinage du Pinde, où l'hiver dure neuf mois;
mais on trouve des vins d'une qualité agréable dans le canton
de Malacassis; à CALARITES et à CHALIKI, dans la Dolapie; à
MILIAS et à MOUSSARA, dans la vallée du Petitarus; dans la
seconde vallée de l'ACHÉLOUS, à VOUTZA, et enfin à PERRHÉ-
BIE, qui est un des greniers d'abondance de Jannina. Les
vignes sauvages couvrent de leurs longues draperies les flancs
du mont MUCRINOROS et les rives de l'ARÉTHON; elles forment
dans les forêts, en se mariant aux arbres, des nefs de verdure
impénétrables aux rayons du soleil.

La MACÉDOINE, sous les 40°, 41° et 42° degrés de latitude,
est bornée, au nord, par le Nestus; au sud, par la Livadie; à
l'est, par la Roumanie et l'Archipel, et, à l'ouest, par l'Albanie.
Elle forme un superbe bassin entouré de montagnes, et dont la
fertilité surpasse celle des riches plaines de la Sicile : les côtes
produisent du vin et tous les objets nécessaires à la vie. Les
moines qui habitent le mont ATHOS y cultivent beaucoup d'oliviers et de vignes; les raisins de cette contrée sont très-doux et
d'un goût agréable. Des habitants de ce pays qui ont séjourné
en Allemagne en ont apporté de meilleurs procédés pour préparer les vins et fait adopter l'usage de les loger dans des caves.
On trouve aujourd'hui de bons vins dans beaucoup de cantons.

En entrant dans cette province par le canton de Greveno,
voisin de l'Epire et du Pinde, on trouve des vignobles étendus
sur la rive gauche de l'HALIACMON, à KIPRIO, à PILIORI, à CRO-
TOVA et dans les environs de FLORINA. Dans le canton d'Anase-

litzas, TOURI et COUTOURACHI sont entourés de vignes qui produisent de bons vins. La vallée d'ORNANI, dans le canton de
Bichestas, est couverte de vignobles; le village de GALISTAS, sur
une des branches de l'Haliacmon, prépare une grande quantité
de vins cuits, dont les mahométans les plus scrupuleux font
usage, persuadés que, si le prophète avait connu cette liqueur,
il en aurait prescrit l'usage, le Créateur n'ayant pas pu donner
une boisson aussi agréable pour les chrétiens seuls. Dans la
Dassarétie, le canton de RESNÉ, composé de vingt-six villages,
occupe un vallon dont les habitants sont presque exclusivement
occupés de la culture des vignes. Le territoire de CHATISTA,
dans la moyenne région du mont Bernius, et ses environs, produisent les meilleurs vins de la Macédoine.

Dans ce pays, comme dans toute la Grèce, on mêle de la
résine au vin, afin de le conserver, et c'est pourquoi, sans
doute, la pomme de pin était autrefois consacrée à Bacchus. Le
vin, ainsi préparé, est stomachique, mais amer et désagréable
pour ceux qui n'y sont pas accoutumés.

La ROUMANIE (1), située entre la Bulgarie, la Macédoine,
l'Archipel, la mer de Marmara et la mer Noire, par les 41° et
42° degrés de latitude, n'est pas également fertile dans toutes
ses parties : les cantons entourés de montagnes sont froids et
peu productifs; mais, en descendant vers la mer, on trouve un
pays agréable, qui fournit en abondance le blé, le vin, le riz et
toutes les denrées de l'Europe et de l'Asie. Entre PHILIPPOPOLIS
et ANDRINOPLE, les coteaux sont couverts de vignes qui produisent en grande abondance des vins de bonne qualité; il en
est de même de ceux qui bordent le Bosphore, où la vigne,
l'olivier, l'oranger et le myrte croissent avec une égale vigueur.
PRINKIPOS, la plus considérable des îles des Princes, située dans
la mer de Marmara, à l'embouchure du Bosphore, a quelques
vignobles qui donnent plusieurs sortes de raisins d'excellente
qualité; mais on en fait rarement du vin, les vignerons préférant
les porter au marché de Constantinople.

La THESSALIE est située sous le 39° degré de latitude, entre
la Macédoine, l'Epire, la Grèce et le golfe de Salonique. Elle
contient beaucoup de vignobles, particulièrement entre LARISSE
et TEMPÉ; on trouve aussi des coteaux couverts de vignes dans
le canton de CACHIA sur la rive gauche du Pénée, dans les envi-

(1) Maintenant on donne volontiers le nom de Roumanie à la Principauté-
Unie; les Moldo-Walaques se donnent le nom de Roumains.

29

-rons d'ARTA et dans plusieurs autres parties de cette province;
on y fait quelques vins assez bons ; on y prépare aussi des raisins
secs.

§ II. *Iles de l'Archipel.*

Celles qui appartiennent à la Turquie sont les plus voisines
des côtes de la Romélie et de l'Asie Mineure, telles que les îles
Tasso, Imbro, Lemnos, Ténédos, Métélin, Scio, Samos, Stanco et
Rhodes, enfin l'île de Candie, dans la Méditerranée, au sud de
l'Archipel. Toutes contiennent des vignobles dont on tire des
vins de diverses qualités et des raisins secs.

CANDIE, la plus grande de ces îles, est placée sous le 35° degré
de latitude. Quand cette île était sous la domination de la république
de Venise, elle produisait une si grande quantité de vins de liqueur, qu'elle expédiait chaque année 200,000 barils de malvoisie pour les côtes de la mer Adriatique ; mais, depuis qu'elle
appartient à la Turquie, la population grecque a diminué gra-
duellement, et la fabrication des vins a été confinée dans un petit nombre de cantons. Cependant, si la guerre qui a désolé ce
pays n'a pas achevé de détruire les vignobles, on y fait encore
des vins rouges et des vins blancs qui ont conservé leur ancienne
réputation ; les derniers surtout ont un goût agréable, de la finesse, du parfum et assez de corps pour se conserver longtemps.
Les *caloyers* (moines grecs) d'un petit couvent situé à 2 kil. de
la CANÉE récoltent, sur des collines adjacentes au mont Ida,
un vin de liqueur de l'espèce de la *malvoisie*, qui ne le cède pas
en délicatesse et en parfum aux meilleurs vins connus. Les environs de KISSAMOS, sur la côte N. O. de l'île, à 40 kil. de
CANÉE, donnent des vins rouges légers et fort agréables ; il s'en
exporte peu, parce que le transport à la Canée, seul lieu d'embarquement, serait trop dispendieux. Les Grecs et les musulmans en font une grande consommation. Les premiers en emploient une partie à faire des eaux-de-vie pour l'arrière-saison,
cette liqueur se conservant mieux et occupant moins de place
que le vin. Ils sont aussi dans l'usage de mettre du sel, du plâtre
et même de la chaux dans les vins qu'ils destinent aux Turcs,
pour leur donner un piquant que ces derniers aiment et recherchent.

La province de RETIMO, à 64 kil. de Candie, fournit une

assez grande quantité de vin. Les coteaux et les collines qui bordent la plage d'ARMINIO sont presque tous couverts de vignes. Les Juifs de RETIMO font un excellent vin blanc qu'ils nomment *vin de loi;* il a un goût fin, délicat, parfumé, et se conserve longtemps. Les premiers chaînons des montagnes voisines de SPACHIA, bourg de la côte sud de Candie, sont couverts de vignobles, dans lesquels les habitants récoltent en abondance les vins nécessaires pour leur usage. Les différents crus de l'île de Candie fournissent une grande quantité de raisins que l'on fait sécher au soleil sans autre préparation. On les égrappe ensuite avant de les emballer : ils sont expédiés pour la Syrie, l'Egypte et le Levant, où on les emploie à faire de l'eau-de-vie (1) et des sorbets. Les raisins secs de ce pays, ayant de gros pepins, étant malpropres et souvent imprégnés de terre, ne conviendraient pas aux consommateurs de l'Europe.

Le principal commerce des vins a lieu dans les villes de Candie, de la Canée et de Retimo ; les expéditions se font par leurs ports. Les mesures en usage sont le *mistato,* qui contient 11^1,17, et la *bota,* qui vaut 89^1,34.

L'île de RHODES, située au nord-est de Candie, sur la côte méridionale de l'Anatolie, fournit des vins qui sont encore dignes de leur ancienne réputation ; ils ont un bon goût, de la délicatesse et un bouquet fort agréable.

SAMOS, sur la même côte, au nord du golfe de ce nom, est très-fertile. Les anciens y trouvaient tout excellent, excepté le vin ; tandis que, à présent, cette liqueur forme, à juste titre, un des meilleurs revenus de l'île ; ses vins *muscats,* faits avec plus de précautions et s'ils étaient gardés, auraient la qualité de ceux de Chypre, si estimés parmi nous. Il s'en exporte beaucoup dans le nord de l'Europe, et surtout pour la Suède.

SCIO, placée dans l'Archipel, près des côtes occidentales de l'Anatolie, produisait des vins dont les anciens faisaient grand cas ; les historiens et les poëtes les ont vantés comme les meilleurs de la Grèce, surtout ceux du canton d'ARINSE, où l'on en faisait de trois sortes. *Virgile* les nomme le vrai *nectar* des dieux. Ils étaient recommandés à Rome dans les maladies de l'estomac ; César en régalait ses amis dans les fêtes qu'il donnait à

---

(1) Pour obtenir cette liqueur, on met le raisin dans une certaine quantité d'eau, et on l'y laisse fermenter jusqu'à ce que toutes les parties sucrées soient converties en alcool : distillant ensuite le tout, on retire à peu près la même quantité d'eau-de-vie que celle qu'aurait produite le vin fait avec les raisins frais.

l'occasion de ses triomphes, et dans les festins en l'honneur de
Jupiter et des autres dieux. Ces vins sont encore fort bons aujourd'hui; les Sciotes modernes en ont de deux sortes : pour
faire le meilleur, ils mêlent parmi le raisin noir une espèce de
raisin blanc qui a des grains gros comme des noyaux de pêches;
mais, pour le *nectar*, on emploie un autre raisin dont le grain
a quelque chose de styptique, et qui le rend difficile à avaler. Il
est vrai que la plupart de nos voyageurs n'aiment pas ce mo-
derne *nectar*, ils le trouvent âpre; mais peut-être le goût des
hommes a-t-il changé, ou ce vin a-t-il besoin de passer la mer
et d'être gardé longtemps pour perdre son âpreté. Les vignes
les plus estimées sont celles de MESTA, dont les anciens tiraient
le *nectar*.

TÉNÉDOS est placée de même sur les côtes de l'Anatolie, mais
plus enfoncée dans l'Archipel. La vigne est la seule richesse de
cette île, et sa culture la principale occupation des habitants.
Ses raisins sont si doux et si sucrés, qu'on est dans l'usage d'a-
jouter au moût une certaine quantité d'eau pour en accélérer la
fermentation. La dose est communément d'un sixième, et quelquefois d'un quart ; cependant, malgré cette méthode vicieuse,
on fait de fort bons vins d'ordinaire rouges, qui, gardés quelque temps en bouteilles, ressemblent à nos vins du Bordelais.
Les vins *muscats* rouges et les blancs ne le cèdent pas aux meilleurs de cette espèce ; ils sont faits sans mélange d'eau, et acquièrent, en vieillissant, beaucoup de spiritueux et d'agrément.
Il sort annuellement de Ténédos 100,000 barils de vin : ils sont
expédiés pour Constantinople, Smyrne et pour la Russie. On fait
aussi une petite quantité d'eau-de-vie.

Les habitants de l'Archipel ont de tout temps concentré le
moût d'une partie de leurs raisins pour en faire du raisiné.
M. Boudet, pharmacien en chef de l'armée d'Orient sous le général Bonaparte, a trouvé, dans les magasins d'Alexandrie, des
bouteilles de terre qui en étaient remplies. Ce raisiné, qui a la
consistance de la mélasse, est employé en Egypte à faire une
espèce de sorbet.

Le commerce et les chargements des vins de l'Archipel se font
dans chacune des îles où on les récolte.

§ III. *Ile de* CHYPRE, *placée sous les 34°, 35° et 36° degrés de latitude, dans le golfe qui forme la partie orientale de la Méditerranée.*

Dans le commencement du XVII° siècle, le produit des vignobles de l'île de Chypre était évalué à 72,000 hectolitres de vin, dont 33,000 étaient livrés à l'exportation ; mais, depuis que ses habitants sont gouvernés par le capitan-pacha (amiral turc), les exportations sont réduites à moins de 6,000 hectolitres, et la récolte totale ne s'élève pas à plus de 12,000. Cependant la vigne est encore une des branches importantes de sa culture; elle fournit à la consommation des habitants et au commerce des vins qui sont presque tous d'excellente qualité, et dont les bâtiments qui vont à la côte de Syrie ne manquent pas de s'approvisionner en passant.

Les collines sur lesquelles on a établi des vignobles sont généralement pierreuses, d'une terre noirâtre dans laquelle on rencontre quelques veines couleur de rouille et, dans certains endroits, des particules brillantes qui sont du talc. Les ceps ont rarement plus d'une coudée (46 centimètres) d'élévation; les Cypriotes pensent que le raisin mûrit mieux incliné vers la terre qu'exposé au soleil, et ils n'y mettent pas d'échalas. Chaque cep ne donne qu'un petit nombre de grappes qui ont de longues queues et dont les grains, très-écartés, ont une peau de couleur purpurine; leur chair participe du vert et du rouge : ceux de la contrée nommée COMMANDERIE ont une peau mince et une chair compacte qui résiste un peu à la dent, tandis que, dans les autres vignobles, ils ont une peau épaisse, et leur chair fond naturellement dans la bouche, sans la presser. La vendange des raisins destinés à faire les vins d'ordinaire commence dans les premiers jours d'août, et dure six semaines; mais ceux qu'on réserve pour faire les excellents vins de liqueur ne sont récoltés qu'à la fin d'octobre. On les dépose sur des terrasses couvertes, où les grappes, légèrement placées les unes sur les autres, restent dans cette position jusqu'à ce que les grains s'en soient détachés d'eux-mêmes par suite de leur excessive maturité. On les ramasse alors avec des pelles pour les porter dans le *linos* (cellier), où ils sont écrasés et mis ensuite sur le pressoir. Le moût qui en sort est doux et visqueux, on le met aussitôt dans de grands vases de grès, dont la forme est celle d'un cône renversé, et qui contiennent depuis 12 jusqu'à 20 barils de 25 litres; ils sont enfoncés en terre jusqu'à moitié de leur hauteur. Le vin y subit sa fermentation pendant environ quarante jours ; lorsqu'elle est terminée, on ferme les vases avec des couvercles de terre cuite, et l'on conserve le vin dans cet état, sans le soutirer de dessus sa lie, jusqu'au moment où on le met dans des outres pour le transporter dans les villes où l'on en fait le commerce. Ces vases sont préparés de différentes manières pour recevoir le vin : dans quelques endroits, on se contente de les faire chauffer pour les enduire de poix; dans d'autres, on emploie un liquide bouillant composé de térébenthine et de poix, auquel on ajoute de la cendre de sarment, du sable très-fin et du poil de chèvre. Ce liquide s'insinue dans les pores du vase échauffé et ne s'en détache jamais. Il y a deux fabriques de ces vases, l'une à CORNIOS, dans la partie méridionale de l'île, et l'autre à LAPITE, sur la côte septentrionale.

Si l'on boit du moût pendant son effervescence, on éprouve aussitôt un gonflement de ventre et des coliques très-fortes, mais dont les suites ne sont pas dangereuses. On évite cet accident en faisant filtrer la liqueur à travers de la cendre de sarment. Le moût a une couleur rouge foncé qui devient plus légère après la fermentation, et qui s'affaiblit encore à mesure que le vin vieillit, de manière que, au bout de cinq ou six ans, le vin de Chypre n'est pas plus coloré que nos vins muscats : en se clarifiant, ce vin dépose une lie grasse et visqueuse, que les Cypriotes nomment *manna* et qui, loin de le détériorer quand on l'y laisse séjourner, contribue à sa perfection. On ne soutire le vin que pour le livrer, et le vendeur a droit d'en retenir douze flacons par tonneau pour conserver la lie, que l'on emploie ensuite à garnir les fûts destinés à recevoir les vins qui arrivent des campagnes; elle les améliore, et, en se combinant avec les parties grasses qu'ils contiennent, elle aide à leur clarification. Ces vins ne sont point altérés par le contact de l'air, et l'on est dans l'usage de ne pas remplir tout à fait les tonneaux : on pourrait même, sans inconvénient, les laisser à moitié vides pendant fort longtemps. Les vins de ce pays ne déposent point de tartre contre les parois des tonneaux; la lie qu'ils forment a une couleur qui participe du rouge, du noir et du jaune : en séchant, elle acquiert la consistance d'une pâte qui a la couleur du tabac d'Espagne.

VINS DE LIQUEUR.

Le canton nommé la COMMANDERIE, qui appartenait autrefois aux templiers et ensuite aux chevaliers de Malte, est situé dans la partie de l'île que les Grecs appellent *Orni*, entre le mont Olympe, la ville de Limassol et celle de Paphos ; il produit les meilleurs vins de l'île : vieux, ils sont doux sans être pâteux, ont beaucoup de spiritueux et un parfum des plus agréables. On distingue surtout ceux des hameaux de ZOOPI et d'ÓZUNGUN. La récolte des vins de 1re qualité est évaluée à 40,000 *cruches*, ou environ 2,600 hectolitres. L'achat s'en fait au temps de la récolte sous la clause obligatoire, pour le vendeur, de les garder, soigner et entretenir pendant un an. Si au bout de ce temps ils n'ont pas la qualité qu'ils doivent avoir, ils restent pour son compte.

Après le vin de la Commanderie, on cite le *muscat,* qui est supérieur à celui de même espèce que l'on fait en Italie, quoique provenant de raisins qui paraissent être semblables : jeune, il est très-doux et blanc, mais il devient rouge et s'épaissit en vieillissant ; on assure même qu'après 60 ou 70 ans de garde il acquiert la consistance du jalep : le plus renommé se récolte dans le village d'ARGOS, situé dans la partie méridionale de l'île. La récolte de ce vin n'excède pas 5,000 *cruches* ou 305 hectolitres par an ; il se vend ordinairement, quand il est nouveau, 1 piastre la *cruche* ou *vase,* au bout d'un an 2 piastres, et monte ensuite jusqu'à 3 piastres.

On récolte beaucoup d'autres vins, dont la plupart, quoique inférieurs à ceux que je viens de citer, sont fort bons et paraissent quelquefois dans le commerce sous leur nom ; ils servent à la consommation des habitants et l'on en exporte aussi une partie. Les meilleurs proviennent du village d'AMODOS, situé dans la partie méridionale de l'île. Leur prix n'excède pas 1/4 de piastre la cruche d'environ 6¹,50, et l'on en trouve à moitié moins. Au sortir du pressoir, leur couleur est d'un rouge foncé et se maintient telle pendant cinq ou six ans ; elle s'affaiblit ensuite et finit par être d'un jaune pâle. Ils déposent aussi avec l'âge le fumet violent qu'ils ont dans leur nouveauté. Ces vins fermentent moins fort et moins longtemps que ceux de la Commanderie, ils sont en état d'être transportés au bout d'un an. Les vins d'ordinaire, dont on récolte une assez grande quantité, sont mis dans des tonneaux, et l'on y ajoute de la poix, qui leur donne un goût désagréable ; ils sont assez fumeux pour causer de violents maux de tête, et l'on ne peut les boire qu'avec beaucoup d'eau. Les Cypriotes ont l'habitude, lorsqu'il leur naît un enfant, d'enfouir de grands vases remplis de vin et bouchés exactement, pour ne les retirer que lors du mariage de cet enfant. Ce vin, que l'on pourrait appeler *vin de famille*, conservé à l'abri des impressions de l'air, devient exquis et un vrai trésor pour des palais délicats. La quantité qu'on enterre se consomme rarement dans les banquets de noces, et le surplus se vend aux Européens, qui n'en trouvent presque jamais d'aussi bons chez les négociants de l'île.

Le vin de Chypre se conserve bien partout, mais le froid lui fait perdre de sa délicatesse et de son parfum; il est bon de le tenir dans un endroit chaud. Quand il est très-vieux, il laisse attachées au verre des parties huileuses, ce que ne font pas les vins jeunes et ceux clarifiés par le collage pour les vieillir. Lorsqu'on reçoit ce vin en Europe, il faut le laisser reposer pendant un ou deux mois avant de le mettre en bouteilles. S'il est jeune et qu'on ne veuille pas l'attendre pendant plusieurs années, on accélère sa maturité en le collant avec ma poudre n° 3, à la dose de 1 gramme pour 8 litres. Ce collage le vieillit sans altérer sa couleur ni sa qualité, tandis que la colle de poisson et mes poudres n°° 1 et 2 l'altèrent sensiblement.

Les Cypriotes considèrent leurs vins vieux comme un excellent remède contre la fièvre; l'abbé Mariti assure que, ayant depuis dix-huit mois une fièvre tierce dégénérée en fièvre quarte, et dont il désespérait de se guérir, un verre de vin, bu dans le redoublement, lui procura un sommeil calme; il se réveilla avec la santé et ne ressentit pas un accès de fièvre depuis. On assure aussi que ce vin est employé avec un égal succès pour panser les blessures; il suffit de mettre sur la partie offensée une compresse imbibée de cette liqueur et de la renouveler quand cela est nécessaire.

La ville de LARNICA, sur la côte orientale de l'île, à 36 kil. S.O. de Famagouste, est l'entrepôt général où l'on rassemble tous les vins jusqu'à leur embarquement : ils y sont transportés dans des outres goudronnées, ce qui leur donne une odeur de poix très-désagréable pendant les premières années ; mais elle se perd à la longue, et, après douze ou quinze ans, elle disparaît entièrement.

NICOSIE, ville capitale située à une journée de la mer, fait aussi un assez grand commerce des vins de son territoire et des autres parties de l'île.

Les vins se vendent au *vase* ou à la *cruche*, qui contient environ 6^l,47, au *baril* de 4 vases et à la *charge*, qui est de 16 vases ou 103^l,52. Les tonneaux en usage contiennent ordinairement 70 vases ou 453^l,00. On transporte les vins dans des tonneaux ou barils de différentes grandeurs ou dans de grandes bouteilles recouvertes de jonc, nommées *dames-jeannes*, qui contiennent 2 cruches 1/2 ou 16^l,17. Lorsque, ayant acheté du vin de 1re qualité, on veut l'expédier en tonneau, il faut que ce vase soit récemment vidé, et l'on doit y laisser une certaine quantité de lie, qui a la propriété de conserver et même d'améliorer le vin ; les fûts ainsi garnis de bonne lie se vendent quatre fois plus cher que ceux qui en sont dépourvus. Les expéditions se font par le port des *Salines*, voisin de Larnica.

§ IV. *Provinces continentales de la* TURQUIE D'ASIE, *bornée, au nord, par la mer Noire et la Gourie ; à l'est, par la Perse ; au sud, par l'Arabie et la mer du Levant ; à l'ouest, par l'Archipel et la mer de Marmara.*

Cette contrée se divise en trois grandes régions, qui sont : 1° l'Asie Mineure ou Anatolie ; 2° la Syrie ou Souristan, avec la Palestine ; 3° les provinces au delà de l'Euphrate, savoir : l'Arménie, le Diarbekir ou Mésopotamie et l'Irac-Arabi.

L'ASIE MINEURE ou ANATOLIE est située sous les 37°, 38° et 39° degrés de latitude boréale, entre la mer Noire, l'Archipel, la mer du Levant et l'Euphrate. Ce pays était autrefois très-peuplé ; son sol est fertile partout où on le cultive ; mais le Turc n'a pas plus soin de la terre que de lui-même, et entrevoit à peine des terrains à exploiter au delà des jardins et des lieux qui entourent les villes les plus florissantes. Il y a des vignobles qui pourraient devenir de la plus haute importance sous un autre gouvernement. On en rencontre de fort étendus dans les environs d'ANGORA, à 540 kil. E. S. E. de Constantinople. Ceux de TÉRACLI donnent des raisins blancs d'un goût exquis et dont les grappes sont quelquefois fort grosses. TOKAT, grande ville située sur le Djekil-Jrmak, à 80 kil. N. O. de Sivas, dans le district de Roum, fait un commerce de vin assez considérable.

ISNIC, à 120 kil. S. E. de Constantinople, a beaucoup de vignes, que ses habitants, la plupart Israélites, cultivent avec soin, et dont ils tirent des vins de fort bonne qualité.

SCALA-NOVA, dans le fond du golfe de même nom, près des ruines d'Ephèse, à 60 kil. S. de Smyrne, et TCHESNÉ, bâtie sur les ruines de Cyssus, à 28 kil. S. de Scio, fournissent une grande quantité de raisins secs qu'on exporte à Constantinople, en Égypte et dans plusieurs autres contrées.

SMYRNE, chef-lieu de l'Anatolie, à 4 kil. de la mer et à 360 kil. S. E. de Constantinople : ses environs fournissaient autrefois les célèbres vins rouges et austères, dits de *Prammian;* ils produisent aujourd'hui des vins *muscats* que l'on assure être aussi bons que les meilleurs de la Hongrie. On y fait aussi beaucoup de raisins secs qui sont exportés.

LAMPSAQUE, près de l'embouchure septentrionale du détroit des Dardanelles, était renommée pour la bonté de ses vins. Cette ville, jadis considérable, n'est plus qu'un mauvais village. On voit encore quelques vignes sur les coteaux voisins; mais leur produit est insignifiant.

MAÏTA et les DARDANELLES envoient encore un peu de vin à la capitale, et en vendent aux navires qui viennent mouiller dans leurs ports et aux environs.

La TROADE offre peu de vignes, quoique les coteaux et les collines soient très-propres à cette culture; on n'est pas dans l'usage d'y faire du vin. Les raisins sont employés à la préparation du raisiné, nommé *petmés* en turc, dont les Orientaux font une grande consommation pendant toute l'année; ils s'en servent en remplacement de sucre et de miel dans la plupart de leurs friandises, et en font, avec le sésame réduit en pâte, une sorte de *nougat* qu'on ne dédaignerait pas en Europe. On en vend beaucoup à Constantinople, aux Dardanelles et dans la plupart des villes de la Turquie. Le procédé consiste à mêler ces deux substances dans des chaudières exposées à un feu modéré et à remuer, sans interruption, avec une grande spatule de bois, jusqu'à ce que le mélange soit assez épaissi. On le verse ensuite sur de grandes plaques de marbre ou de cuivre, et on obtient, par le refroidissement, des espèces de gâteaux de 1 pouce 1/2 d'épaisseur.

TRÉBISONDE, chef-lieu de pachalik, à 140 kil. N. O. d'Erzerum, avec un port sur la mer Noire. Les principaux articles d'exportation sont le vin et les raisins secs, dont la majeure partie passe en Russie. RIZA, port très-fréquenté, à 120 kil. E. de Trébisonde, fait aussi le commerce de vins, de raisins secs et d'une confiture nommée *nardenk,* qui est une espèce de raisiné.

La SYRIE ou SOURISTAN s'étend du mont Taurus à l'Arabie,

et de la Méditerranée à l'Euphrate. La vigne y prospère partout où elle est cultivée; elle donne des vins rouges et des vins blancs qui ont quelque analogie avec ceux du Bordelais, et des raisins secs fort estimés. Cette contrée comprend : Alep, Tripoli, Acre, Damas et la Palestine.

Dans le pachalik d'Alep, la vigne est cultivée sur les montagnes; on en rencontre aussi beaucoup dans les jardins, où elle se mêle avec les orangers, les figuiers et les pistachiers.

LADIKIEH ou LATAKIEH, dans le pachalik de Tripoli et à environ 100 kil. de cette ville. C'est dans le canton nommé le KERSOAN et sur le mont LIBAN que l'on récolte les meilleurs vins de la Syrie; il y en a des rouges et des blancs. L'usage est de faire bouillir le moût pour en augmenter la consistance. Cependant on ne fait pas bouillir le plus estimé de ceux du mont Liban, que l'on nomme *vin d'or*; mais il faut qu'il soit très-vieux pour avoir atteint son plus haut degré de qualité; sa couleur est, comme l'indique son nom, brillante et dorée; il se vend fort cher; on le conserve dans des dames-jeannes en verre. Les vins du mont Liban sont de fort bonne qualité; on en transporte beaucoup à BEYROUTH, ville commerçante à 40 kil. N. de Saïde, où il se vend environ 100 fr. le *cantar*, mesure dont le contenu pèse 100 livres, qui représentent 51 litres.

Les rivages du fleuve ADONIS, célébré par Milton, sont couverts de vignobles. On en trouve aussi dans les vallées et sur quelques montagnes voisines du couvent des Maronites de MUCH-MUCHÉ, à 50 kil. de Saïde. Les vins blancs et les vins rouges sont de bonne qualité.

Le pachalik d'ACRE, répondant à peu près à l'ancienne Phénicie, est au sud du précédent. Le pays des Druses, qui en fait partie, abonde en vins. SAÏDE, autrefois Sidon, port très-commerçant, à 60 kil. S. O. de Damas, exporte des raisins secs, qui se vendent sous le nom de *raisins de Damas*.

Le pachalik de DAMAS comprend presque toute la partie orientale de la Syrie et une grande portion de la partie méridionale. Les plaines de *Hauran* et des bords de l'*Oronte* sont les plus fertiles; les oliviers, les mûriers et la vigne garnissent les montagnes et les collines. DAMAS, à 1,000 kilom. S. E. de Constantinople, est située sur le territoire le plus fertile de cette contrée. Elle fournit au commerce une grande quantité de raisins secs d'excellente qualité; on en fait soit avec les grappes, soit égrappés; ils ont une belle couleur dorée, un très-bon goût, et presque pas de pepins. On les expédie dans des *burtes* ou boîtes pesant depuis 5 jusqu'à 50 kilog. Ils se conservent deux saisons, et se vendent à un prix plus élevé que les nôtres. Il vient aussi de Damas une espèce particulière de raisins secs dont le grain est petit et sans pepins, la couleur dorée et le goût exquis. Ces derniers sont rares, et ne s'expédient qu'en très-petite quantité : on n'en trouve jamais dans le commerce.

La PALESTINE était autrefois renommée pour ses bons vins, on y voit encore quelques vignobles; mais ils sont mal entretenus, et leurs produits n'entrent pas dans le commerce. Les environs de JÉRUSALEM fournissent cependant des vins blancs qui ont beaucoup de force; mais ils conservent un goût de soufre qui n'est pas agréable.

L'exportation des raisins secs de la Syrie se fait tant par mer que par les caravanes, qui en portent beaucoup en Egypte.

Parmi les provinces situées au delà de l'Euphrate, la MÉSOPO-TAMIE a seule quelques vignobles intéressants. Ceux des environs de BAJAZET, dernière ville turque du côté de la Perse, sont très-étendus, et produisent une grande abondance de bons vins. Ceux que l'on récolte dans le pachalik d'ERZERUM, à peu de distance des sources de l'Euphrate, passent pour être de mauvaise qualité.

CLASSIFICATION.

Les meilleurs vins rouges d'Arinse et de Mesta, dans l'île de Scio, me paraissent devoir être mis dans la 2ᵉ classe. Ceux des environs de Cotnar, en Moldavie; de Valone, Loucouvo et Dzidza, dans l'Albanie; de Chastita, en Macédoine; de Kissamos, île de Candie; d'Amodos, île de Chypre; enfin du Kesroanet du Liban, en Syrie, entrent dans la 3ᵉ. Ceux de plusieurs crus de la Moldavie et de la Valachie; de Prawadi, dans la Bulgarie; de Belgrade et de Pristina, en Serbie; de Hersek, en Bosnie; de Popoco, dans l'Herzegovine; les meilleurs de Liascovo, Stalovo, Manussi, Calota, Zagory, Conitza, Tharchof, Argyro-Castron, Delvinaki, Gribovo, Calarites, Chaliki, Milias, Moussara, Voûtza et Perrhébie, dans l'Albanie; de Kiprio, Piliori, Crotova, Florina, Touri, Coutourachi, Galistas et Resné, en Macédoine; des coteaux situés entre Philippopolis et Andrinople, en Roumanie; de Larisse, Tempé, Cachia et Arta, en Thessalie; de plusieurs crus des îles de Candie, Rhodes, Samos, Ténédos et Chypre; d'Angora, Isnic, Maïta, Lampsaque et Smyrne, dans l'Asie Minéure; enfin du Kesroan, de Much-Muché et de plusieurs autres crus de la Syrie sont au nombre des vins de 4ᵉ classe. Tous les autres parcourent les différents degrés de la 5ᵉ.

Les meilleurs vins blancs des différents vignobles de l'île de Candie et surtout celui nommé *vin de loi*, que font les Juifs de Retimo ; le *nectar* de Mesta, île de Samos, et le *vin d'or* du mont Liban, en Syrie, entrent dans la 2ᵉ classe. Ceux de plusieurs crus de la Moldavie, de l'Albanie, de la Macédoine, de l'île de Candie, ceux du Kesroan et de quelques autres vignobles de la Syrie, se rangent dans la 3ᵉ classe. Les différents pays que j'ai cités donnent aussi des vins blancs qui ne peuvent être rangés que dans les 4ᵉ et 5ᵉ classes.

Le *vin vert* de Cotnar, en Moldavie, la *malvoisie* de la Canée, dans l'île de Candie, et surtout le vin du canton de la Commanderie, dans l'île de Chypre, entrent dans la 1ʳᵉ classe des vins de liqueur. Ceux de Piatra, en Valachie ; le vin cuit de Galistas, en Macédoine ; les vins *muscats* rouges et blancs des îles de Samos, de Ténédos et de Chypre, ainsi que celui de Smyrne, dans l'Asie Mineure, se rangent dans la 2ᵉ classe. Les vins de 2ᵉ qualité des crus que je viens de citer et plusieurs de ceux des autres vignobles entrent dans la 3ᵉ classe. Enfin beaucoup d'autres vins de liqueur des vignobles compris dans ce chapitre occupent les différents degrés de la 4ᵉ classe.

CHAPITRE XII.

Royaume de Grèce et îles Ioniennes.

La vigne est pour les Grecs un objet de grande culture, et forme une branche très-importante des produits du continent de ce royaume et de la plupart des îles de l'Archipel ; ils la plantent sur les coteaux et dans les plaines ; elle produit une grande abondance de vins de différentes espèces, parmi lesquels il y en a de fort bons et qui pourraient être meilleurs s'ils étaient convenablement faits et soignés. Aujourd'hui comme autrefois, les vins de liqueur sont les meilleurs de ce pays ; avant de les faire, les Grecs laissent sécher au soleil, pendant huit jours, les raisins qu'ils coupent au mois d'août. Pour faire de meilleurs vins, ils mêlent au raisin rouge une espèce de raisin blanc qui a l'odeur du noyau de pêche; mais, en général, ceux destinés à la consommation journalière sont très-mal faits, se conservent difficilement jusqu'à l'été suivant et tournent à l'aigre, malgré l'addition d'une grande quantité de résine. La méthode proposée par *Caton* (*De re rusticâ*), pour garantir les vignes des ravages des insectes, est encore celle que l'on emploie dans toute la Grèce; elle consiste à entourer les ceps d'un mélange de bitume, de soufre et d'huile.

Les monnaies en usage sont la drachme = 100 lepta (0,8954 franc = 89 1/2 centimes). — Poids de la drachme = 4,447 : argent pur 4,029, cuivre 0,448.

Poids et mesures : Drachme = 1/10000000 du pique-cube = 0,3125 dragme (gramme). — Kilodrachme = 315,50 dragmes = kilogramme. — Ocque = 1,280 kilogrammes.

Et les mesures officielles sont le kilo (quilo) = 100 litres, soit 1/10 du pique-cube = hectolitre. — Litre = 1/1000 du pique-cube, soit un millimètre cube.

DROITS DE DOUANES.

Vins d'Europe, communs, en futailles, 60 lepta l'ocque ou 42 fr. 19 c. les 100 kilogr.

Autres, de toute qualité, en futailles ou bouteilles, 80 lepta l'ocque ou 56 fr. 25 c. les 100 kilogr.

§ I. *Partie méridionale de la* THESSALIE, *située entre la Turquie, la mer de l'Archipel, la Livadie et la mer Ionienne, sous le 38ᵉ degré de latitude.*

L'ACARNANIE, qui forme la partie S. E. de cette province, a des coteaux couverts de vignes; on en rencontre beaucoup dans les environs d'ARTA, de LIMNI et de COMBOTI. Il y en a aussi dans les autres parties de la THESSALIE cédées à la Grèce, mais ils sont moins étendus.

§ II. LIVADIE, *ou ancienne Grèce propre, située entre la Thessalie, la mer de l'Archipel et le golfe de Lépante, sous le 38ᵉ degré de latitude.*

Quoique montueuse, cette province est très-fertile; elle produit des olives, du vin, des oranges et beaucoup d'autres fruits. Les principaux vignobles sont dans les environs des villes de Lépante, de Chéronée, de Mégare et sur le penchant de la montagne Polioguna : on en trouve aussi d'assez étendus à Coskina et dans une vallée des gorges de l'Hélicon, qui a 8 kil. de longueur; elle contient quatre villages et le monastère des *Saints-Apôtres*. Quoique très-encaissée, elle est couverte de vignes et de mûriers : on fait partout des vins de liqueur fort bons, et l'on prépare une grande quantité de raisins secs.

Les environs d'Athènes, quoique peu fertiles, ont des vignes qui produisent des vins faibles auxquels on mêle de la résine pour les conserver; ils font alors une espèce de piquette amère qui déplaît au premier abord, mais à laquelle on s'accoutume et qui aide à la digestion. Condura, ville et port de commerce près de Mégare, et qui forme la limite entre la Livadie et la Morée, fait d'assez grandes exportations de vins et de raisins secs récoltés sur son territoire.

§ III. Morée, *ou ancien Péloponèse, presqu'île située au sud de la Livadie, à laquelle elle communique par l'isthme de Corinthe, sous les 36ᵉ et 37ᵉ degrés de latitude.*

Cette contrée est couverte de vignobles. L'Achaïe, qui occupe sa partie septentrionale sur le golfe de Patras, en a de fort étendus, surtout dans les environs de Patras, de Vlattero, de Vostitza et de Calavryta ; on y prépare une immense quantité de raisins secs dits de *Corinthe*, dont la vente est évaluée, pour le canton de Patras, à 1,680,000 fr., et, pour ceux de Vostitza et de Calavryta, à 572,000 fr.; ces derniers cantons vendent aussi pour 30,000 fr. d'eau-de-vie.

Le monastère de Méga-Spileon, à 16 kil. N. de Calavryta, possède beaucoup de vignes. Les caves sont garnies d'une quantité considérable de grands tonneaux nommés *foudres,* dont les plus petits contiennent 5,700 litres, et les plus grands jusqu'à 15,000. Les religieux les remplissent, chaque année, avec le seul produit de leurs récoltes, en vins de diverses qualités et parmi lesquels il y en a de fort bons. Ils vendent, en outre, environ 700 milliers de raisins de Corinthe, provenant des vignobles d'Acrathis, qui donnent l'*uva-passa* de 1ʳᵉ qualité.

L'Elide, ou canton de Gastouni, au sud de l'Achaïe, sur la mer Ionienne, a d'immenses vignobles; la rive de l'Alphée est

brisée de monticules qui en sont couverts; les environs de Pyrgos, à 20 kil. de Gastouni, fournissent 100,000 barils de vins
d'excellente qualité, qui passent pour les meilleurs de la Morée.
Ceux de Barbacena, sur la rive gauche de l'Alphée, à 4 kil. de
Volentza et 12 kil. de Pyrgos, ainsi que ceux de Boutchica
dans le même canton, ont des vignobles très-considérables dont
on tire des vins de bonne qualité.

Schiron, sur la rive droite du Pénée, à 2 kil. de Palœopolis,
a beaucoup de vignes qui fournissent la plus grande partie des
raisins de Corinthe que l'on tire du canton de Gastouni, dont la
récolte est évaluée à 560,000 fr. pour le vin, et à 42,000 fr.
pour les raisins de Corinthe.

L'Argolide, à l'est de l'Achaïe, sur le golfe de Lépante et la
mer de l'Archipel, a quelques vignobles dans les environs d'Argos, pays peu fertile; mais les plus importants sont dans la vallée de Saint-Georges, à 16 kil. d'Argos : ils donnent d'excellents vins.

Corinthe, sur l'isthme du même nom, récolte sur son
territoire et sur celui de six villages voisins une grande quantité
de raisins, que l'on fait sécher et qui sont estimés produire un
revenu de 200,000 fr. par an.

Mégare, sur l'isthme de Corinthe, à 18 kil. O. d'Athènes, récolte des vins assez bons, qui se consomment dans le
pays.

La vigne corinthienne est un arbrisseau de la hauteur de 4 à
5 pieds; le tronc est plus gros et plus ligneux que celui de nos
vignes; elle fournit plus de raisins et pousse plus de jets; ses
feuilles sont plus grandes, plus obtuses, moins découpées, d'un
vert plus tendre en dessus et plus blanchâtre en dessous; son
fruit est de la grosseur de la groseille ou de la baie de sureau. On
rencontre cette vigne dans les provinces de la Turquie méridionale, et partout on prépare des raisins secs; mais nulle part
cette branche de commerce n'est aussi importante que dans la
Morée. Les vins que l'on fait avec cette espèce de raisin sont de
médiocre qualité.

L'Arcadie, située au centre de la Morée, fournit, année commune, 15,000 barils de vins de bonne qualité, dont le produit
est évalué à 300,000 fr.; et 2,000 barils d'eau-de-vie, estimés 160,000 fr. Les vignobles les plus étendus sont dans la
vallée de Phonia, à 24 kil. N. de Tripolitza. Les vendanges sont
tardives dans cette contrée, et les habitants les célèbrent avec
une sorte d'enthousiasme bachique. Les vins sont transportés

dans des outres, qui leur donnent un goût désagréable, comme dans d'autres parties de la Grèce.

Le canton de TRIPOLITZA, au sud de l'Arcadie, a de nombreux vignobles, qui fournissent, année commune, 15,000 barils de vins, parmi lesquels il y en a de fort bons.

La MESSÉNIE occupe la partie S. O. de la Morée sur la mer Ionienne. Ses principaux vignobles sont dans les environs d'AN-DROUSSA et de NISI; ils produisent annuellement 15,000 barils de vins et 600 barils d'eau-de-vie, estimés valoir 255,000 fr. Les environs de MODON, sur le promontoire, à 18 kil. O. de Coron, fournissent 2,000 barils de vins estimés 40,000 fr. Les autres parties de cette contrée ont aussi des vignobles.

La LACONIE, qui occupe la partie S. E. de la Morée sur la mer de l'Archipel et la mer Ionienne, a des vignobles dont on tire l'excellent vin de liqueur nommé *malvoisie*; on fait du vin de cette espèce dans tous les vignobles de la Grèce; mais les meilleurs proviennent de MISITRA, à 40 kil. S. O. d'Athènes, et de MALVASIA, presqu'île de la côte orientale, à 80 kil. S. E. de Misitra; ils ont la douceur, la finesse, le spiritueux et le parfum suave que l'on recherche dans ce vin.

§ IV. *Iles de l'ARCHIPEL grec, à l'est de la Grèce, sous les 36°, 37°, 38° et 39° degrés de latitude.*

Celles de ces îles dans lesquelles la culture de la vigne est un objet important sont, en les parcourant du nord au sud, les îles Scopolo, Sciati, Skyro, Négrepont, Andros, Tine, Zia, Miconi, Thermina, Naxos, Amorgo et Santorin. Elles produisent des vins de différentes qualités et parmi lesquels il s'en trouve de fort bons; on y prépare aussi des raisins qui s'exportent dans différents pays. On distingue, comme produisant les meilleurs vins, l'île SANTORIN, située au nord de Candie, au milieu de l'Archipel; ils font le principal article de son commerce : elle en vend environ 160,000 barils chaque année. Jeunes, ils sont sulfureux, très-doux et peu agréables; mais, en vieillissant, ils acquièrent beaucoup de qualité. On estime surtout celui qui porte le nom de *vino santo*; il est fait avec des raisins blancs bien mûrs, et que l'on expose pendant huit jours au soleil avant d'en exprimer le jus. Ce vin, dont presque toute la récolte est envoyée en Russie, égale les meilleurs de Chypre quand il a été bien fait et conservé quelques années. Les vins d'ordi-

naire sont doux et tournent facilement à l'aigre ; ce qui provient
sans doute des mauvais procédés employés pour leur fabrication, et de l'eau que l'on introduit dans le moût avant sa fermentation, comme on est habitué de le faire dans la plupart des
îles de cet archipel. Lorsque le vin est retiré de la cuve, on
verse de l'eau sur le marc et on obtient ainsi un demi-vin, qui
est la boisson ordinaire des habitants.

Les vins de l'île Miconi, située entre celles de Naxos et de
Tine, ont joui d'une grande réputation, et forment encore le
principal article de son commerce ; mais on accuse les habitants
d'y mêler une forte quantité d'eau pour en augmenter le volume, ce qui fait qu'ils sont peu recherchés.

Le principal commerce des vins de la Grèce se fait à Athènes
et à Condura, dans la Livadie ; à Patras, à Corinthe, à Malvasia,
et dans plusieurs autres ports de la Morée, et dans chacune des
îles. Ils se vendent au *baril*, qui contient environ 48 litres, et
au *bocal*, de 2 litres.

§ V. Iles Ioniennes.

Ces îles formaient autrefois un État indépendant, sous la protection de l'Angleterre, qui a été annexé à la Grèce en 1856. Il
se composait des îles de Corfou, Paxos, Sainte-Maure, Ithaque,
Céphalonie, Zante et Cérigo. Ces îles s'étendent sur la côte occidentale de la Grèce, depuis l'entrée du golfe de Venise jusqu'à
celle de l'Archipel. Plusieurs contiennent des vignobles très-
étendus qui fournissent de bons vins et une grande quantité de
raisins secs dont il se fait des exportations considérables.

Corfou, la plus septentrionale des îles Ioniennes, est située
sous le 39ᵉ degré de latitude, près de l'Epire ; ses vignobles fournissent des vins très-spiritueux, parmi lesquels il en est qui se
distinguent par leur légèreté et leur délicatesse. On fait aussi
des raisins secs et une excellente liqueur nommée *rosolio*, dont
il s'expédie, chaque année, deux à trois cents caisses, de 12 *bozza*
ou bouteilles, du poids d'environ 5 livres. La mesure en usage
est le *baril*, de 68ˡ,00.

Paxos, à 12 kil. S. E. de Corfou, est la moins étendue des
sept îles. Elle contient peu de vignes.

Sainte-Maure, autrefois Leucade, à 52 kil. S. E. de Corfou,
n'est séparée de l'Acarnanie que par un canal de cinq cents pas ;
elle est fertile en bons vins, dont elle exporte annuellement 7 à

800 barils, pesant chacun 136 livres : elle fournit aussi des raisins secs.

ITHAQUE, située dans le golfe de Patras, entre l'Acarnanie et l'île de Céphalonie, dont elle est séparée par un canal d'une médiocre largeur, produit des vins rouges de très-bonne qualité, que l'on compare à nos excellents vins de la côte de l'Hermitage; ils ont beaucoup de corps, du spiritueux et un parfum très-agréable. Ceux de 2ᵉ qualité ont quelque ressemblance avec nos vins d'ordinaire de la côte du Rhône. Ces vignes, de la même espèce que celles de Corinthe, fournissent à une exportation annuelle de 350 milliers de raisins secs.

CÉPHALONIE, à l'entrée du golfe de Patras, entre Ithaque et Zante, sous le 37ᵉ degré de latitude, produit beaucoup de vins rouges, dont les meilleurs sont en tout semblables à ceux d'Ithaque ; on y fait aussi de bons vins d'ordinaire qui ont quelque ressemblance avec ceux de la côte du Rhône. Le vin blanc *muscat* est abondant et de bonne qualité ; il s'en expédie, chaque année, environ 15,000 barils. On fait, en outre, un grand commerce de raisins secs dits de *Corinthe*, dont l'exportation annuelle est évaluée à 4,200,000 livres pesant. Cette île possède encore deux fabriques de *rosolio*, liqueur composée d'herbes plus odoriférantes que partout ailleurs, qui croissent sur ses montagnes et principalement sur l'*Enos ;* on en vend à peu près tous les ans 1,400 caisses, de 12 *fiasqui*, chacun du poids de 2 livres 1/2.

ZANTE, près de la côte occidentale de la Morée, à 30 kil. S. E. de Céphalonie, est, sans contredit, une des plus riches de la Méditerranée, eu égard à son peu d'étendue. Elle fournit une grande quantité de raisins de Corinthe, qui sont réputés supérieurs en qualité à ceux de Céphalonie et même à ceux de la Morée. Ces raisins, ordinairement égrappés, sont très-petits et rouges; ils ont beaucoup de douceur et un parfum fort agréable, qui tient du muscat et de la violette. Lorsqu'ils sont bien emballés, on peut les garder deux ou trois ans sans qu'ils perdent de leur qualité. La quantité que cette île en fournit, chaque année, est évaluée à 8,000,000 de livres. L'exportation du vin est d'environ 4,000 barils; il est fait avec les raisins communs, celui de Corinthe n'en donnant que très-peu. Les Zantiotes ont coutume d'y mettre du plâtre, persuadés que, sans ce mélange, il ne se conserverait pas.

On fabrique à Zante, avec le raisin, une liqueur nommée *jénorodi*, qui passe pour ressembler au vin de Tokay ; on la dit préférable à toutes les autres liqueurs du Levant, et même au muscat de Syracuse : elle est peu connue en France. Le principal commerce des denrées de cette île se fait dans la ville de Zante. La mesure en usage est le *baril,* de 66^l,60.

CÉRIGO, autrefois Cythère, située à l'entrée de l'Archipel, au sud de la Morée, sous le 36e degré de latitude, contient peu de vignes, qui produisent un excellent vin rouge, plein de chaleur, sec et très-spiritueux.

CLASSIFICATION.

Une petite quantité des meilleurs vins rouges et des vins blancs non liquoreux de Méga-Spileon, Pyrgos, Saint-Georges, Phocia, Tripolitza, Androusa, Nisi, et Modon, dans la Morée, ainsi que des îles Scopolo et Tine, se rangent dans la 2e classe. Ceux de Lépante, Chéronée, Mégare et Polioguna, dans la Livadie, entrent dans la 3e classe. Les vins des premiers crus d'Arta, de Limni et de Comboti, en Acarnanie ; de Volentza, Boutchica et du vallon de Phocia, dans la Morée ; enfin ceux de l'île Miconi, sont de 4e classe. Tous les autres ne peuvent être mis que dans la 5e.

Parmi les vins de liqueur, ceux dits de *Malvoisie,* que l'on fait à Misitra et à Malvasia, dans la Morée, ainsi que le *vino santo* de l'île Santorin, occupent un rang distingué dans la 2e classe. Ceux de Coskina et de la vallée de l'Hélicon, dans la Livadie, sont au nombre des vins de 3e classe. Tous ceux du même genre, qui se font en assez grande quantité dans les différents vignobles de ce pays, ne peuvent entrer que dans la 4e classe.

Les meilleurs vins rouges d'Ithaque, de Zante et de Céphalonie entrent dans la 2e classe. Ceux de Corfou et de Cérigo sont dans la 3e. Quelques-uns des autres sont mis dans la 4e ; mais le plus grand nombre n'est que de la 5e classe.

Les meilleurs vins blancs ne peuvent être comparés qu'à ceux de 4e classe. Le vin muscat de Céphalonie et le *jénorodi* de Zante peuvent être considérés comme étant des vins de liqueur de 2e classe.

CHAPITRE XIII.

Asie.

Cette partie du monde, la plus vaste des trois qui forment l'ancien continent, s'étend à l'est de l'Europe et au nord de l'Afrique jusqu'aux confins de l'Amérique septentrionale, depuis le 23° jusqu'au 187° degré de longitude à l'est de Paris, et depuis le 1er jusqu'au 78° degré de latitude boréale. La vigne prospère dans beaucoup de ses Etats, mais elle n'est un objet important de culture que dans quelques-uns. La religion mahométane, qui est dominante dans plusieurs, défendant l'usage du vin, les raisins n'y sont cultivés que pour la table, et le peu de vin que l'on fait n'est préparé que par le petit nombre d'habitants qui suivent un autre culte.

Les contrées de l'Asie qui font la matière de ce chapitre sont l'Arabie, la Perse, l'empire des Afghans, l'Indostan, les royaumes de Tonquin, de Cochinchine, de Laos, de Cambodja, l'empire de la Chine, la Tartarie indépendante, les pays caucasiens, la Sibérie, le Japon et les îles de la mer du Sud. Les provinces asiatiques de la Russie et de la Turquie ont été comprises dans les chapitres consacrés à ces empires.

§ I. ARABIE.

Cette péninsule, qui a environ 525 lieues de longueur sur 470 de largeur, est située entre les 30° et 57° degrés de longitude est, et les 12° et 34° degrés de latitude boréale. On la divise en trois parties, savoir : l'Arabie Pétrée, l'Arabie Déserte et l'Arabie Heureuse.

Quoique l'usage du vin soit interdit aux mahométans, ils cultivent la vigne avec beaucoup de soin, et l'on en rencontre dans presque tous les cantons où le sol et la température sont convenables à cet arbuste. La plupart se contentent d'en manger le fruit ; mais quelques-uns d'entre eux aiment passionnément les liqueurs fortes et satisfont en secret leur goût. Les voyageurs trouvent de l'eau-de-vie et du vin chez les chrétiens et chez les Juifs qui habitent la plupart des villes frontières.

L'ARABIE PÉTRÉE est bornée, au sud-est, par l'Arabie Déserte; au nord, par la Syrie et l'Egypte; et, au sud-ouest, par la mer Rouge. La vigne est plantée dans plusieurs cantons, entre autres sur les montagnes que les Arabes appellent *Dsœjebbel-Mona*, près du mont Sinaï, sous le 28ᵉ degré de latitude boréale; mais elle n'est pas un objet important de l'agriculture de ce pays; on n'y fait pas de vin, et les raisins sont, en partie, transportés au Caire, où ils se vendent fort cher.

L'ARABIE DÉSERTE s'étend depuis les déserts de Palmyre et de l'Euphrate, au nord, jusqu'à l'Arabie Heureuse, au sud. Il y a quelques ceps de vigne dans les jardins d'ANA, capitale de cette contrée; mais leur produit est peu important : on n'en voit pas dans les autres cantons.

L'ARABIE HEUREUSE a pour limites le golfe Persique, à l'est; l'Arabie Déserte, au nord; le golfe Arabique, à l'ouest; et l'Océan au sud. Plusieurs des provinces qui la composent ont des vignobles assez étendus, dont on tire quelques vins et une très-grande quantité de raisins secs.

TAIEF, dans le Hedsjas, à 80 kil. S. E. de la Mecque, sous le 15ᵉ degré de latitude boréale, est situé sur une haute montagne environnée de vignobles, dont les raisins frais sont envoyés à la Mecque.

Le canton de SAHAN, dans l'Yemen, a beaucoup de vignes; on en rencontre plus de vingt espèces différentes aux environs de SANA, capitale du pays, à 800 kil. S. de la Mecque : comme ils ne mûrissent pas tous en même temps, on peut en manger pendant plusieurs mois. Les Juifs de cette ville font de bon vin, qu'ils conservent dans des cruches de grès; ils distillent de l'eau-de-vie en assez grande quantité pour en vendre. On fait, dans l'Yemen, beaucoup de *vin de palmier* que l'on nomme *toddy*; il passe pour être violent et malsain. Les Juifs de MOKA, sur la mer Rouge, à 52 kil. du détroit de Bab-el-Mandel, en font un très-grand commerce. On prépare aussi dans ce pays une décoction de la pulpe du café, dont il se fait une grande consommation.

Parmi les diverses variétés de vignes cultivées dans l'YEMEN, on rencontre fréquemment celle dont les raisins n'ont, au lieu de pepins, qu'une semence fort tendre, que l'on ne sent pas quand on les mange, mais qui paraît lorsqu'on les partage avec

un couteau. Les raisins sont petits et très-doux : on en exporte
de secs, en grande quantité, sous le nom de *zedig*. Dans les
lieux où il en croît beaucoup, on en fait un sirop nommé
doubs.

§ II. Perse.

Le climat de la Perse est très-favorable à la vigne ; elle y
prospère dans presque tous les cantons, et produit, en général,
de bons vins, parmi lesquels il y en a de qualité supérieure. Les
meilleurs vignobles sont situés au pied des montagnes qui
s'étendent depuis le golfe Persique jusqu'à la mer Caspienne.
On y rencontre quatorze espèces de raisins, dont la culture est
abandonnée aux Guèbres ou adorateurs du feu, aux Arméniens
et aux Juifs. Quoique la religion mahométane proscrive l'usage
du vin, nombre de Persans en boivent sans scrupule, persuadés
que ce péché leur sera pardonné, pourvu qu'ils ne préparent
pas eux-mêmes cette liqueur. Les Juifs et les Arméniens mettent
de la chaux, des sommités de chanvre et d'autres ingrédients
dans les vins qu'ils préparent pour les mahométans, afin de
satisfaire leur goût, qui est de s'enivrer promptement. On fait,
dans tous les vignobles, une grande quantité de raisiné ou sirop,
nommé *dibs*, que les Persans mangent avec du pain, ou qu'ils
mêlent avec du vinaigre et de l'eau, ce qui leur procure une
boisson agréable et rafraîchissante. Les raisins secs forment une
branche de commerce importante, et l'on en envoie beaucoup
aux Indes. Les Arméniens et les Juifs, qui craindraient de s'ex-
poser à des insultes de la part des particuliers, et à des persé-
cutions de la part du gouvernement, s'ils avaient une certaine
quantité de vin chez eux, préfèrent conserver des raisins secs
avec lesquels ils font du vin et de l'eau-de-vie pour leur consommation, après les avoir fait fermenter dans de l'eau.

L'Erivan ou haute Arménie, situé entre les 39° et 41° degrés de latitude, est fertile en vins d'excellente qualité : la culture de la vigne y est très-ancienne, car l'on dit que ce fut Noé
qui planta les premiers ceps. L'hiver étant rigoureux et long
dans ce pays, on est dans l'usage d'enterrer la vigne quand les
froids commencent, et de la découvrir au printemps.

L'Aderbijan, situé entre les 37° et 40° degrés de latitude,
contient beaucoup de vignes, dans lesquelles on cultive, à ce
que l'on assure, soixante-cinq variétés différentes de raisins.

dont on fait beaucoup de vin et une grande quantité de raisins secs. Les principaux vignobles sont dans les environs de TAURIS, ville principale.

Dans le GHILAN, situé sous la même latitude, la vigne est très-commune; ses rameaux s'attachent aux arbres, et elle croît naturellement sur les montagnes; mais, faute de culture, le raisin n'est pas d'une bonne qualité, et ne procure du vin potable qu'autant qu'il est mêlé avec celui que l'on tire des provinces méridionales de l'empire.

L'IRAK-ADGÉNY, situé entre les 32° et 37° degrés de latitude, a de nombreux vignobles qui sont une branche intéressante de la fortune du pays; on cite les environs de TÉHÉRAN, capitale de la Perse, comme fournissant beaucoup de vins de bonne qualité.

Le territoire de KASBIN, à 400 kil. d'Ispahan, dans l'Irak-Adgény, produit des raisins d'une grosseur et d'une beauté extraordinaires; ils sont aussi agréables au goût qu'à la vue. On en tire de fort bons vins et une grande quantité de raisins secs. Les environs d'YESED, dans la même province, fournissent des vins délicats, dont on expédie une certaine quantité à Laar et à Ormuz. ISPAHAN, autrefois la capitale de la Perse, située sur la rive gauche du Zenderout, sous le 32° degré 24 minutes de latitude boréale, a, dans son voisinage, des vignobles étendus qui produisent beaucoup de bons vins de la même espèce que ceux de Schiras, auxquels ils sont peau inférieurs. On cite particulièrement le vin blanc que font les Arméniens habitant le faubourg de JULFA, et l'on assure qu'il leur procure de fréquentes visites de la part des Persans. Il est cultivé dans ce canton une espèce de raisin nommé *kichmick*, dont le grain est blanc, ovale et de médiocre grosseur; la peau en est très-fine, et les pepins sont si petits et si tendres, qu'on ne les aperçoit pas. On prétend que les meilleurs de la Grèce, de la Syrie, de l'Italie et de la Provence ne lui sont pas comparables.

Le FARSISTAN, situé entre les 27° et 30° degrés de latitude, est surtout célèbre par l'excellence des vins que l'on tire de ses beaux vignobles et parmi lesquels on cite particulièrement ceux des environs de SCHIRAS, sa capitale. Les plus estimés sont plantés au pied des montagnes situées au nord-ouest de la ville, sur un sol rocailleux et à l'exposition la plus favorable. Toutes les vignes sont tenues basses et supportées par des échalas, comme en France. On ne peut imaginer une vallée plus délicieuse que celle où est située cette ville : elle produit beaucoup de fruits de l'Europe, mais ils sont plus gros, plus savoureux et plus parfumés. Le raisin y est surtout délicieux. On en cultive plusieurs espèces, toutes très-bonnes, et parmi lesquelles on distingue d'abord celle nommée *kichmich*, dont j'ai parlé ci-dessus ; le gros raisin blanc et le gros raisin rouge, que l'on appelle *damas*, dont les grappes pèsent jusqu'à 12 ou 13 livres. C'est avec cette dernière espèce seulement que l'on fait le célèbre *vin de Schiras*, qui est le meilleur de la Perse et de tout l'Orient. Il a une couleur rouge peu foncée, un bon goût, du corps, beaucoup de spiritueux, de la sève et un parfum aromatique très-prononcé ; il n'a de douceur que ce qu'il en faut pour caractériser un vin de liqueur plein de finesse, qui n'est ni pâteux ni fade et qui laisse la bouche fraîche après l'avoir dégagée du goût des mets qui l'ont précédé ; il produit même, à peu près comme le fait la pastille de menthe, une sensation de fraîcheur lorsqu'on respire après l'avoir bu. Son spiritueux lui est naturel sans aucune addition d'eau-de-vie ; la chaleur qu'il produit dans l'estomac est plus douce que celle des vins les plus recommandés pour leurs vertus toniques, et, quoique très-chaud, il ne porte pas à la tête. J'ai dit, dans la seconde édition de cet ouvrage, qu'il supportait bien le transport, mais qu'il ne se conservait pas plus de trois ans. J'ai reçu, en 1822, 30 bouteilles de ce vin, contenant chacune de 2 à 3 litres, j'en ai transvasé une partie dans des bouteilles ordinaires et même dans de petits carafons ; il n'a subi aucune altération, sa couleur s'est seulement affaiblie ; elle s'est attachée à la paroi des bouteilles, et il s'est formé un dépôt peu volumineux, qui se compose principalement de tartre cristallisé naturellement, comme celui qui se forme ordinairement dans les meilleurs vins de Champagne, et que l'on nomme *dépôt-pierre*. Le seul défaut que quelques personnes ont trouvé à ce vin, c'est que son arome participe de celui des gommes et des résines odorantes que l'on tire de la Perse. Après ce vin de 1re qualité, on cite des vins rouges d'une couleur très-foncée, qui ont beaucoup de corps, de nerf et de parfum.

Les vignobles de Schiras produisent aussi du vin blanc d'une couleur ambrée et brillante ; il joint à une douceur agréable le parfum du vin sec de Madère, auquel il n'est point inférieur quand on l'a gardé plusieurs années. D'autres vins blancs, de moindre qualité, sentent le safran, que les Arméniens y introduisent pour leur donner la couleur et le goût qui plaisent aux consommateurs du pays.

On prépare, avec des raisins que l'on fait sécher en partie au soleil, un vin de liqueur d'excellente qualité, et qui est comparé

à celui nommé *malvoisie*, à Madère. La récolte annuelle des vignobles de Schiras est évaluée à 40,000 hectolitres de vin, dont une forte partie est expédiée aux Indes orientales.

Toutes les autres provinces de la Perse ont des vignobles, plus ou moins considérables, qui produisent des vins de diverses qualités ; mais ils ne sont pas connus hors du pays qui les produit.

L'usage du vin étant défendu par la religion, tous les habitants ne sont pas autorisés à en faire. Ce privilége est accordé, par le roi, à quelques seigneurs et à des compagnies de négociants européens, qui sont encore obligés d'obtenir la permission du gouverneur et de l'intendant, chargés de fixer la quantité que chacun pourra en faire, après que celui destiné à la provision du roi sera récolté. Ces permissions ne sont obtenues qu'avec des présents, et l'on outre-passe la quantité fixée par le même moyen.

La manière de faire le vin dans ce pays est très-simple : on jette les raisins dans une cuve dont le fond est percé d'une infinité de trous. On le foule avec les pieds ; le jus, qui tombe dans une autre cuve placée sous la première, est aussitôt versé dans des urnes de terre, hautes de 4 pieds, où on le laisse fermenter. Elles ont la forme d'un œuf, et contiennent depuis 250 jusqu'à 300 litres. Ces vases sont vernissés intérieurement ou enduits d'une composition faite avec de la graisse de mouton purifiée. On les place dans des caves fraîches et on les y enterre. Lorsqu'on veut transporter le vin, on le met dans des bouteilles de verre couvertes de nattes, que l'on bouche avec un morceau de bois rond entouré de coton et laine ; on trempe ensuite le col de la bouteille dans du goudron, sur lequel on applique aussitôt un morceau de toile de coton, que l'on assure avec un cordon et que l'on trempe de nouveau dans le goudron. Ces bouteilles contiennent depuis 2 jusqu'à 5 litres de liqueur ; elles sont parfaitement sphériques, comme les matras employés en chimie, et ont ordinairement un long col. On les transporte dans tout le royaume, aux Indes et jusqu'à la Chine et au Japon, par caisses de dix bouteilles.

L'eau et le café sont la boisson ordinaire des Persans qui suivent la loi de Mahomet. Ils boivent aussi beaucoup de sorbets qu'ils font avec des fruits et des fleurs. Le vin n'étant de leur goût que lorsqu'il est assez fort pour les enivrer promptement, on met des noix vomiques, de la chaux et du chènevis dans celui que l'on destine à leur usage. On assure que le souverain et tous les gens riches font un grand usage de cette liqueur. Chardin et Tavernier disent que le schah Abbas II s'enivrait avec ses courtisans ; que ses caves étaient abondamment pourvues des meilleurs vins de la Géorgie, de la Karamanie et de Schiras, conservés dans des bouteilles de cristal de Venise. Il tirait aussi des vins de l'Espagne, de l'Allemagne et de la France ; mais il préférait ceux de Perse, et en buvait rarement d'autres. Maintenant les gens riches de ce pays consomment beaucoup de vin, mais en secret. Ceux qui s'en abstiennent pour obéir à leur religion s'enivrent avec des pilules d'opium, des infusions de pavot, et avec le suc de la tige et de la graine du chanvre, qu'ils font piler dans des mortiers.

§ III. AFGHANISTAN, *ou* CABOUL.

La vigne est cultivée avec succès dans plusieurs provinces, principalement dans la vallée de CACHEMIRE, dont les vins, qui ressemblent à ceux de Madère, acquièrent une qualité supérieure quand on les conserve avec soin. On retire aussi du raisin, par la distillation, une liqueur spiritueuse, que les naturels de toutes les classes boivent librement, ainsi que le vin.

Le KOUTTORE abonde en fruits et en raisins ; les habitants en font du vin et passent pour aimer passionnément cette liqueur.

Le CABOULISTAN et le SERKAR, ou district de *Candahar*, ont aussi beaucoup de vignes qui portent des raisins d'espèces variées ; ceux de Serkar surtout sont de bonne qualité et très-parfumés.

§ IV. INDOSTAN, *ou* INDES ORIENTALES.

La vigne est peu cultivée dans cette contrée. On en trouve néanmoins dans différents cantons, et particulièrement dans la province de LAHOR, où l'on fait du vin qui est fort estimé. Plusieurs productions de ce climat fertile suppléent à la vigne. Le vin de *palmier* est très-abondant ; il s'en fait une grande consommation à Agra et dans plusieurs autres cantons. On tire des noix de coco une liqueur fermentée appelée *todi*, dont les habitants font une grande consommation. Au BENGALE, on prépare du vin et des eaux-de-vie avec du sucre et d'autres ingrédients. Les Coucis, habitants des montagnes de TIPRA, fabriquent beaucoup de liqueurs spiritueuses. On prépare dans plusieurs endroits une liqueur agréable et rafraîchissante avec des bananes que l'on fait fermenter dans de l'eau.

Les principales villes de cette contrée tirent beaucoup de vins des autres parties du monde ; le vicomte Georges Valentia en a bu de fort bons dans le Bengale, chez le nabab-vizir d'Aoude : à Lacknau, ville très-commerçante, qui est devenue l'entrepôt du commerce du Bengale et du Cachemire, les musulmans qui se trouvaient avec lui dans un banquet en buvaient très-librement. A Calcutta, on consomme principalement des vins de Madère et de Bordeaux, les premiers pendant le repas, et les seconds après. Il s'en consomme aussi beaucoup à Bombay.

Droit d'importation dans l'Inde anglaise : 5 fr. 04 c. l'hectolitre.

§ V. *Royaumes de* TONQUIN, *de* COCHINCHINE, *de* LAOS *et de* CAMBODJA.

Le vin est inconnu dans ces pays, et la vigne n'y est pas cultivée, quoiqu'elle croisse spontanément sur les montagnes de la Cochinchine. La liqueur favorite des habitants est une eau-de-vie qu'ils tirent, par la distillation, des noix d'*arec*, et qui a de l'analogie avec celle de grain que l'on fait en Irlande. Les Cochinchinois en sont très-amateurs et en consomment une grande quantité.

§ VI. CHINE.

Cet empire, dont la superficie (non compris celle des pays tributaires) est évaluée à 3,500,000 kil., a, dans presque toutes ses provinces, des terrains et une température convenables à la vigne. L'histoire nous apprend qu'elle a été connue et cultivée dans les provinces de *Chan-si*, de *Chen-si*, de *Pe-tche-ly*, de *Chan-tong*, de *Ho-nan* et de *Hou-quang* longtemps avant l'ère chrétienne, et que, à une époque reculée, on y faisait une grande quantité de vin, qui se conservait plusieurs années dans des urnes qu'on avait l'habitude d'enfouir. Cette liqueur était devenue assez commune pour qu'elle causât de grands désordres. Les poëtes l'ont célébrée ; et les chansons de toutes les dynasties, depuis *Yven* jusqu'à *Han*, attestent qu'elle a toujours été fort goûtée des Chinois. Elle était offerte comme vin d'honneur aux

gouverneurs, aux vice-rois, et même aux empereurs. La ville de
TAI-YUEN, dans la province de Chen-si, la présenta, pour la
dernière fois, en 1375, à l'empereur *Tai-tsou.*

Il paraît que la vigne a essuyé bien des révolutions en Chine.
Elle n'a jamais été exceptée toutes les fois qu'il y a eu ordre
d'arracher les arbres qui embarrassaient les champs susceptibles
de produire du grain. Cette mesure a même été portée si loin,
dans la plupart des provinces, sous certains empereurs, qu'on
en perdit le souvenir ; mais il est certain que, sans parler des
temps reculés, les annales chinoises font mention de la vigne,
du raisin, et nommément du vin de raisin, sous le règne de
l'empereur *Vou-ty*, qui parvint au trône l'an 140 avant J. C.,
et que depuis ce prince on peut en constater l'usage et l'emploi
de dynastie en dynastie, et, pour ainsi dire, de règne en règne
jusqu'au xve siècle.

Quant à l'état actuel de la vigne, ce que les voyageurs disent
de plus positif à ce sujet, c'est que les empereurs *Kang-hi*,
Yong-tching, et *Kien-long* qui régnait en 1787, ont beaucoup
favorisé cette culture et qu'ils ont tiré des pays étrangers un
grand nombre de nouveaux cepages ; mais une longue habitude
des liqueurs imaginées pour remplacer le vin lors de l'extirpa-
tion des vignes a fait perdre aux Chinois le goût de cette boisson,
dont il ne se fabrique plus qu'une très-faible quantité. Malgré
la bonne qualité des raisins et leur abondance, la plupart des
propriétaires les font sécher ; les voyageurs regrettent que l'usage
de préparer le vin ne soit pas plus répandu, puisque le peu qu'ils
en trouvent est d'excellente qualité.

Les trois provinces de HO-NAN, de CHAN-TONG et de CHAN-SI
paraissent avoir réparé leurs anciennes pertes ; les deux villes de
TAI-YUEN et de PING-YANG, dans le Chan-si, sont fameuses par
la grande quantité et la qualité supérieure des raisins secs
qu'elles fournissent aux autres provinces, soit pour la pharmacie,
soit pour la table. La province de PE-TCHE-LY, célèbre de toute
antiquité pour ses vignobles, en a encore beaucoup aujourd'hui,
et l'on y compte quatorze districts fournissant du raisin qu'on
conserve longtemps frais, et qui se vend à Pékin à un prix
modique.

Les boissons les plus communes, en Chine, sont l'infusion du
thé et des liqueurs fermentées extraites du riz, auxquelles on
donne le nom de *vins*. Ceux-ci n'ont aucun rapport avec les
nôtres ; on les tire d'une espèce particulière de riz peu connue en
Europe, et on les prépare de différentes manières. La méthode

la plus ordinaire consiste à faire tremper le riz dans l'eau pendant vingt-cinq ou trente jours : on y jette successivement divers ingrédients et on le fait cuire ensuite. Lorsqu'il a été liquéfié au feu, il fermente et se couvre d'une écume qui ressemble à celle de nos vins nouveaux. La fermentation étant apaisée et la liqueur parfaitement éclaircie, on la soutire et on la met dans des vases vernissés, où elle se conserve assez longtemps. Les Chinois, malgré la chaleur du climat, font chauffer toutes leurs boissons, ce qui peut contribuer à leur faire préférer ces liqueurs factices au vin naturel, qui, pour avoir toute sa qualité, doit être conservé frais. Ils tirent de la lie des vins de riz, par la distillation, une liqueur très-spiritueuse nommée *rak* ou *arak*, et qui, pour la force, égale et surpasse souvent nos eaux-de-vie de vin.

Le vin de riz est, pour plusieurs villes de la Chine, la base d'un commerce considérable : celui que l'on prépare à Vou-sie, dans la province de Kiang-nan, est fort estimé; sa supériorité sur celui des autres pays est attribuée à la bonté des eaux de ce canton : on fait encore plus de cas de celui de Chao-king, dans la province de Tche-kiang, parce qu'on le regarde comme plus salubre. Ces deux villes envoient dans toute la Chine les vins de leurs fabriques; ils sont accueillis dans la capitale, et l'on n'en boit guère d'autres sur les tables des mandarins.

Les Chinois usent encore d'un autre vin dont on ne peut avoir nulle idée en Europe, et qu'ils nomment *vin d'agneau*. L'auteur qui m'a fourni ces détails n'indique pas de quelle manière on le prépare, et se contente de dire qu'il a beaucoup de force, mais que son odeur est désagréable. Il en est de même d'une espèce d'eau-de-vie que l'on tire de la chair de mouton fermentée, et qui, malgré son mauvais goût, figure quelquefois sur la table de l'empereur. Ils font aussi une liqueur spiritueuse avec le coing; elle passe pour être fort agréable.

La Tatarie chinoise a quelques vignes. On en rencontre dans le pays des Kalmouks; mais sa culture est très-négligée. La religion de ces peuples prescrivant l'abstinence du vin, ils s'en dédommagent par des boissons spiritueuses qu'ils obtiennent de diverses substances. Celle dont se servent communément les Tatars est une infusion de thé dans de l'eau chaude, à laquelle ils ajoutent du beurre, de la crème et du lait. Ils tirent aussi, par la distillation, une liqueur spiritueuse du lait de jument, après l'avoir fait aigrir et y avoir mêlé de la chair de mouton fermentée. Cette liqueur, qu'ils nomment *araka*, est forte et très-nourrissante; elle fait les délices de leurs plus somptueux repas. Ceux qui s'enivrent avec cette boisson sont presque fous pendant deux jours.

La PETITE BUCHARIE, ou royaume de Cashgard, a des vignobles qui produisent du vin, mais pas en assez grande quantité pour la consommation des habitants, qui y suppléent par l'infusion du thé, dont ils font leur boisson habituelle.

Le pays de HA-MI, situé au N. O. de la Chine, sous le 42ᵉ degré 55 minutes de latitude, à 360 kil. de la pointe la plus occidentale de la province de Chen-si, fournit beaucoup de raisins secs, qui sont la plus utile et la plus estimée des productions de ce pays. Il en est de deux espèces : la première, qui paraît ressembler à celle que nous nommons *raisin de Corinthe*, est généralement employée de préférence en médecine; la seconde espèce, qui est très-recherchée pour la table, a des grains plus petits que ceux de nos raisins de Provence, et elle passe pour être plus délicate. Ces raisins, lorsqu'ils sont frais, ont un parfum et une douceur admirables. Leur dessiccation se fait d'une manière plus simple à Ha-mi que dans les provinces de la Chine. Dans le Chan-si, on les expose à la vapeur du vin bouillant, ou même on leur fait jeter deux ou trois bouillons dans du vin mêlé d'un peu de miel blanc purifié, tandis qu'à Ha-mi on attend qu'ils soient bien mûrs pour les faire sécher au soleil. On les égrène ensuite et l'on achève leur dessiccation. Quelque secs qu'ils soient, ils se rident sans s'aplatir, et sont presque aussi croquants que du sucre candi.

Le THIBET, ou BOUDISTAN, n'a pas de vignes; l'arbuste nommé *cacalia-saracenica* sert à la fabrication du *chonq*, liqueur spiritueuse un peu acide, que les habitants de ce pays aiment beaucoup.

La CORÉE, presqu'île située entre la Chine et le Japon, ne fournit pas de raisins; on y fabrique, avec le *paniz*, qui est abondant, une liqueur fermentée très-en usage.

§ VII. TATARIE INDÉPENDANTE, *située entre les 35ᵉ et 51ᵉ degrés de latitude nord et les 51ᵉ et 73ᵉ degrés de longitude est.*

Plusieurs parties de cette vaste contrée sont très-fertiles, surtout dans le voisinage des rivières. La riche vallée du SOGD, près de Samarcande, dans la grande Boukharie, contient beaucoup de vignobles qui produisent des raisins sans pepins, de l'espèce la plus grosse et la meilleure, que l'on fait sécher et dont il se fait des expéditions considérables dans le nord de l'Europe, en Perse et jusque dans l'Inde; on en fait aussi du vin, qui fut trouvé fort bon par les ambassadeurs que Henri III, roi de Castille, envoya à Tamerlan, en 1393 et en 1403. Il s'en fait des expéditions dans plusieurs parties de la Russie asiatique. Les Boukhariens en boivent librement; le moût de raisin non fermenté est une de leurs boissons favorites. Ils s'enivrent aussi avec une boisson spiritueuse nommée *koumis,* qu'ils préparent en laissant fermenter du lait de cavale. Ils s'enivrent d'opium et boivent beaucoup de thé aromatisé d'anis.

§ VIII. Japon.

Il s'étend du 30° au 41° degré de latitude nord, et du 129° au 140° degré de longitude à l'est du méridien de Paris. La vigne y croît non-seulement sauvage, mais elle est cultivée dans plusieurs provinces; cependant les vins et les autres liqueurs sont inconnus. La boisson générale est le *sacki,* espèce de bière que l'on fait avec le riz. On boit aussi beaucoup de thé.

§ IX. Iles du grand Océan, *comprenant les Philippines,* les Iles de la Sonde *et autres.*

La vigne n'est pas un objet de culture dans cette partie du globe; on ne la rencontre qu'en petite quantité et dans très-peu d'endroits. On en voit à Mindanao, l'une des Philippines; mais elle n'y vient qu'en treille, et n'y souffre aucune autre espèce de culture. L'île de Java a quelques vignes dont les raisins ne sont pas très-bons. Le vin que l'on boit dans ces différentes îles est importé d'Europe; et, comme il coûte fort cher, les naturels du pays le remplacent par des liqueurs spiritueuses qu'ils fabriquent avec les divers produits de leur sol, tels que l'*ava* ou *kava,* liqueur enivrante que l'on prépare avec la racine du *piper methisticum,* très-commun dans les îles du grand Océan; le vin de *coco,* que l'on fait dans les Philippines, et dont on tire aussi de l'eau-de-vie. Dans l'île Samar, on fait de la bonne eau-de-vie avec la séve de l'arbuste *nipe,* avec celle du *cocotier* et celle d'un arbre appelé *tabonegros.* À Sumatra, le *palmier anon* fournit une espèce de vin ou liqueur spiritueuse : à Java, la mélasse sert à faire du *rhum,* en y ajoutant un peu de vin de coco. Dans les Moluques, on retire, par l'incision des jeunes pousses de l'arbre qui donne le sagou, une liqueur plus douce que le miel, à laquelle on ajoute le suc de quelques herbes, qui lui donne de l'amertume. Elle est assez saine quand on en use sobrement. On la nomme *sagouar*.

CLASSIFICATION.

De tous les vins de l'Asie, ceux de la Perse sont les plus estimés : les vins rouges et les vins blancs secs de Schiras, dans le Farsistan, et les meilleurs vins blancs d'Ispahan, dans l'Irak-Adgény, entrent dans la 2ᵉ classe, avec le choix de ceux de la vallée de Cachemire, dans l'empire des Afghans. Ceux de Kasbin et d'Yesed, aussi dans l'Irak-Adgény, se rangent dans la 3ᵉ. Ceux de l'Aderbidjan en Perse, de Lahor dans l'Indostan, et les meilleurs vins rouges et blancs de l'Arabie Heureuse, peuvent être mis dans la 4ᵉ classe. Tous les autres me paraissent être de la 5ᵉ.

Parmi les vins de liqueur, ceux de 1ʳᵉ qualité de Schiras entrent dans la 1ʳᵉ classe. Ceux de l'espèce des malvoisies ne seraient mis que dans la 2ᵉ, avec le vin de même espèce que l'on fait à Ispahan.

CHAPITRE XIV.

Afrique.

Cette grande presqu'île, la plus méridionale des trois parties de l'ancien continent et la moins connue, est bornée, au nord, par la Méditerranée ; à l'ouest, par l'océan Atlantique, au sud et au sud-est, par la mer du Sud et le détroit de Madagascar ; enfin, à l'est, par la mer Rouge et l'océan Indien ou Pacifique ; elle tient à l'Asie par l'isthme de Suez, qu'en ce moment on s'occupe à percer.

§ I. Égypte.

Cette contrée célèbre, qui occupe la partie nord-est de l'Afrique, s'étend, en latitude, du 24° au 51° degré 30 minutes, et, en longitude, du 25° au 32° degré, à l'est du méridien de Paris.

La vigne formait autrefois une branche intéressante de la culture et du commerce de ce pays. Antoine et Cléopâtre exaltaient leur imagination voluptueuse en buvant le vin provenant des raisins narcotiques. Du temps de Pline, Sebennitus alimentait de vins de liqueur les tables de Rome, et l'on en récoltait de très-renommés dans les environs d'Alexandrie; mais aujourd'hui la vigne n'y est cultivée que pour donner de l'ombrage et des raisins. Quoiqu'on ne fasse presque plus de vin en Egypte, les ceps de vigne ne laissent pas que d'y être fort multipliés; on les plante, pour l'ordinaire, dans le sable, où ils prennent un prompt accroissement et acquièrent souvent des dimensions colossales. Le nom arabe des raisins est *aneb*; la plupart sont de l'espèce dont le grain ne renferme qu'un pepin : ils ont un goût et un parfum délicieux. Les feuilles en sont fréquemment employées dans les cuisines de l'Egypte.

Il y a beaucoup de vignes dans le FAYOUM et surtout aux environs du lac MOERIS et de MÉDINEH. Les chrétiens y font du vin, mais il ne vaut pas celui que les anciens Egyptiens fabriquaient dans le nome *Arisonoïte*; il a surtout le défaut de ne pas se garder. Cette contrée envoie au Caire une certaine quantité de raisins secs par la caravane qui part tous les huit jours de Tamieh. Les caravanes de la Syrie apportent aussi de leurs raisins dans diverses parties de l'Egypte.

DGEDDIÉ, sur la rive occidentale du Nil, à peu de distance d'Abou-Mandour, est entouré de beaucoup de vignes : c'est de là que se tire la provision de raisins pour Rosette et Alexandrie.

On récolte à DENDERAH, près des ruines de Tentyris, à KOUS, à FARSCHOUT et dans plusieurs autres cantons de la haute Egypte, des raisins excellents; mais on n'y fait pas de vin. La vigne prospère aussi dans le sandjiakat de MARACH, à 72 kil. N. d'Alexandrie, particulièrement à AIN-TAB, situé entre les deux branches des monts Taurus. On y prépare, avec le moût du raisin et des amandes, une confiture nommée *dips*.

Le dattier fournit aux Egyptiens une liqueur fermentée nommée *vin de dattier* : ils y ajoutent quelquefois des raisins de Corinthe qui sont apportés de l'Archipel. On distille aussi cette liqueur pour obtenir une eau-de-vie nommée *araki*. On fait avec le millet, le maïs, l'orge et le riz une espèce de bière douce, qui ressemble beaucoup à celle d'Angleterre nommée *ale :* elle est d'un goût agréable et d'une couleur brillante; mais, dans les temps chauds, on ne peut pas la conserver plus d'un jour : il s'en boit beaucoup au Caire et à Saïd.

§ II. Nubie, Abyssinie, Barbarie, Maroc, Sénégal *et* Guinée.

La vigne est peu connue en Nubie ; elle est cultivée dans plusieurs cantons de l'Abyssinie, l'on y fait même du vin, mais en petite quantité, cette liqueur étant peu goûtée des habitants, qui préfèrent une espèce d'hydromel nommé *maize,* qui est très-enivrant : cette liqueur est faite avec de l'orge et du miel que l'on fait fermenter, et l'on y ajoute une racine amère nommée *taddo,* pour en relever le goût. On prépare aussi une autre liqueur nommée *bousa ;* elle se fait avec de la mie de pain que l'on met fermenter dans de l'eau. Les Abyssiniens font encore usage d'une boisson enivrante préparée avec l'opium, et d'une liqueur distillée, nommée *arak.* La mesure en usage pour la vente des boissons se nomme *cuba ,* et contient un peu plus de 1 litre.

On rencontre des vignobles importants dans plusieurs *oasis* (1). On cite surtout, comme très-fertile, le canton de Syouah, dans l'oasis d'Ammon, situé vers le 29ᵉ degré de latitude septentrionale, à quatorze journées de marche d'Alexandrie. Les environs de cette ville, qui forment une étendue de 6 à 8 lieues, produisent toutes les espèces de fruits d'Europe, et des raisins qui passent pour très-savoureux.

La vigne est l'une des productions ordinaires de quelques parties du mont Atlas et de la côte de Barbarie. *Strabon* et *Pline* ont célébré la fertilité de la région atlantique. Les vignes, dit *Strabon,* ont souvent le tronc assez gros pour que deux hommes puissent à peine l'embrasser; les grappes sont longues d'une coudée. Le même auteur remarque que les vins avaient une certaine âpreté, qu'on corrigeait en y mêlant du plâtre. Un gouvernement despotique et le défaut de civilisation n'ont pu

(1) Cantons fertiles entièrement environnés de grands déserts; ils ressemblent à des îles au milieu d'une mer de sable.

anéantir tous les dons de la nature, et, malgré les défenses de la religion de Mahomet, les Maures cultivent encore plusieurs variétés de vignes.

On trouve de beaux vignobles aux environs de TANGER, ville du royaume de Maroc, sur la côte méridionale du détroit de Gibraltar. MOGADOR, ville commerçante du même royaume, exporte une assez grande quantité de raisins secs, qu'elle récolte sur son territoire. TARRODANT et OUADNOUM, qui en est éloigné de trois journées de marche, ont, dans leur voisinage, beaucoup de vignes cultivées en berceaux élevés d'environ 3 pieds ; ils produisent des raisins très-beaux et d'un excellent goût.

Le SÉNÉGAL et la GUINÉE n'ont pas de vignes ; mais les habitants de ces contrées, très-passionnés pour les liqueurs enivrantes, font du *vin de palmier* et de la bière, qu'on dit ressembler beaucoup au *porter* des Anglais. Celle que l'on fait à Médina et dans le royaume de Wouli est préparée avec du millet au lieu d'orge, et une racine en remplacement du houblon. Les Européens fournissent aux nègres des contrées maritimes ces funestes eaux-de-vie qui les ont fait passer si souvent de l'ivresse à l'esclavage. Le royaume de BOURNOU, situé dans la partie orientale de la Nigritie, produit des raisins et d'autres fruits. Les habitants du DARFOUR font une grande consommation de l'espèce de bière nommée *bouza*. Ils s'enivrent avec cette boisson et commettent beaucoup d'excès. Le royaume de LONAGO, dans la basse Guinée, celui d'ANDRACH sur la côte, et les îles BISAGOS, voisines de ce continent, ont une grande quantité de *palmiers*, qui fournissent aux habitants de quoi satisfaire leur goût pour les liqueurs fermentées.

§ III. AFRIQUE MÉRIDIONALE.

On ne trouve des vignobles, dans cette partie de l'Afrique, qu'au cap de Bonne-Espérance, placé sous le 35e degré de latitude méridionale, et le 16e degré 3 minutes de longitude orientale. Cette colonie est divisée en quatre districts, savoir : le Cap, Stellenbosch, Graff-Raynet et Zwellendam. La ville du Cap en est la capitale et le centre de toutes les opérations commerciales ; elle est située sur la côte occidentale de la baie de la Table, dans une plaine fertile, qui s'élève en pente douce jusqu'aux trois montagnes du Diable, de la Table et de la Tête-de-Lion.

Lorsque les Hollandais s'établirent au Cap, en 1650, ils n'y trouvèrent que d'immenses bruyères, quelques arbustes et l'espèce de racine que l'on nomme *pain des Hottentots*. Le climat étant très-favorable à la végétation, les vignes ont prospéré partout où on en a planté ; mais la plupart des terrains voisins du Cap n'étant composés que d'alluvions vaseuses et sablonneuses, les vins qu'on y récolte ont des goûts de terroir désagréables, qui sont encore augmentés par le fumier que l'on emploie pour obtenir des produits plus considérables. Il n'en est pas de même des vignobles plantés dans les terrains pierreux que l'on rencontre au pied des montagnes de l'intérieur de la colonie. Ils fournissent des vins d'excellente qualité.

Les cepages le plus généralement cultivés sont le *groene-druyf*, qui produit beaucoup et donne les vins que l'on nomme madère du Cap ; le *steen druyf*, qui produit moins et donne des vins qui ressemblent à ceux du Rhin ; le *lacryma-christi*, le *pontac*, le *frontaignan* et le *muscatel*, qui produisent de bons vins ; enfin celui nommé *haenapop*, qui a été apporté de Schiras en Perse, et qui produit un vin de liqueur excellent.

En 1821, le nombre des ceps de vignes en rapport était évalué à 22,400,000, et la totalité du vin récolté dans toute cette colonie, à 21,500 pipes, contenant chacune environ 415 litres. Quoique cette quantité ne suffise pas pour la consommation des habitants, il s'exporte une partie des meilleurs vins. La colonie reçoit, chaque année, des îles Canaries et des vignobles de l'Europe les eaux-de-vie et les vins qui lui manquent. Cette importation a été, de 1804 à 1814, d'environ 5,000 *leggers* ou 9,500 hectolitres de vin, et de 400 leggers ou 760 hectolitres d'eau-de-vie par an ; mais, depuis 1815 jusqu'en 1821, elle s'est élevée à 10,000 leggers de vin et 525 leggers d'eau-de-vie, année moyenne (voy. aussi p. 487).

Les vendanges commencent en février ou dans les premiers jours de mars ; les vignes qui produisent les vins d'ordinaire sont mal tenues, on n'y met pas d'échalas, les raisins touchent à terre, et, lorsqu'on vendange, on coupe la branche entière pour la mettre dans la cuve avec le fruit. Les vins sont, en général, mal préparés et mal soignés, ce qui fait qu'ils tournent souvent à l'aigre. Ceux que l'on destine à l'exportation reçoivent ordinairement l'addition d'une certaine quantité d'eau-de-vie ou de rhum, qui aide à leur conservation.

Le petit vignoble de CONSTANCE, planté sur la partie basse de la montagne de la Table, exposée à l'est, à 8 kil. du Cap, produit des vins très-renommés. On les recueille dans deux clos contigus, l'un appelé le haut et l'autre le bas Constance ; ils sont peuplés du cepage que l'on nomme *haenapop*. Chacun des propriétaires de ces clos prétend à la supériorité sur l'autre ; mais c'est leur rendre justice à tous deux que de mettre les vins qu'ils fournissent au nombre des meilleurs vins de liqueur du globe, immédiatement après celui de *Tokay* : ils ont, comme ce dernier, une douceur agréable, beaucoup de finesse, du spiritueux et un bouquet des plus suaves ; le blanc, quoiqu'un peu moins corsé et moins liquoreux que le rouge, se vend à peu près le même prix. La récolte du vin de Constance n'est évaluée qu'à 900 hectolitres dans les années abondantes, et son produit est toujours retenu d'avance : d'où il résulte que, même au Cap, on s'en procure difficilement de véritable ; le commerce en était autrefois réservé à la compagnie hollandaise, et, dans le pays même, on le payait 1 piastre (5 fr. 25 c.) la bouteille, tandis que les vins ordinaires se donnaient à 3 et 4 sous. Le prix de ce vin a augmenté depuis 1814, et il s'est vendu jusqu'à 200 rixdales (1,006 fr.) le *demi-ohm*, équivalant à 74 litres ; mais il est tombé depuis à 150 rixdales le demi-ohm, et l'on présume qu'il pourra baisser encore par suite des plantations faites dans la ferme de WITTEBOOM, qui est établie sur le même terrain et dans laquelle on espère récolter des vins de la même qualité.

Après les vins de Constance, on estime au Cap les *muscats*, dont il se fait une grande quantité, quoique les abeilles et beaucoup d'autres insectes attaquent et détruisent une partie des raisins. La plupart se récoltent sur les terrains situés entre la baie Falso et celle de la Table ; ils sont fort bons, et l'on en expédie considérablement pour plusieurs contrées de l'Europe, où ils prennent le nom de *vins de Constance*, quoiqu'ils lui soient bien inférieurs en qualité. Les plus estimés sont ceux des crus dits de *Becker* et de *Hendrick ;* on assure que, au moyen d'une préparation, les marchands du Cap parviennent à les vendre, même aux habitants du pays, comme provenant des clos de Constance.

La troisième espèce de vin que l'on récolte dans le district du Cap se nomme *vin du Rhin du Cap* : il est sec et de bon goût ; il provient des cantons dits LA PERLE, DRAGESTEIN et STELLENBOSCH. On y fait aussi des vins rouges d'une couleur un peu plus foncée que ceux de Constance, pleins de corps, de spiritueux et de parfum, qu'on désigne sous le nom de *vins de Rota*, parce qu'ils ont quelque ressemblance avec celui de même nom que l'on fait en Espagne.

À 4 kil. de la baie de la Table, se trouve l'île de Roben, lieu d'exil des malfaiteurs. Le terrain, tout sablonneux qu'il est, a cédé aux efforts de ses habitants. Chacun des relégués a un jardin et une vigne à cultiver : le vin et les autres produits se vendent aux vaisseaux qui relâchent dans ce mouillage et contribuent à adoucir le sort des cultivateurs.

Le district de Graff-Reynet est stérile et peu habité. Quoique celui de Zwellendam soit très-fertile, la vigne y est peu cultivée :

Les Hottentots, voisins de la colonie, et les Gonaquois, dont les habitations sont plus enfoncées dans les terres, composent, avec du miel et une racine qu'ils laissent fermenter dans l'eau, une sorte de boisson enivrante qu'ils aiment beaucoup : c'est une espèce d'*hydromel*.

Le vin commun du pays paraît rarement sur les bonnes tables, où l'on boit plus ordinairement ceux de Bordeaux, dont le prix varie de 1 à 3 florins la bouteille, et quelquefois des vins du Rhin, de la Moselle, et de l'eau de Seltz. On y fait aussi une grande consommation de rack, de genièvre et d'eau-de-vie de France : cette dernière liqueur est surtout très-estimée au Cap.

L'exportation totale des vins ordinaires du Cap, durant la période 1806-34, s'éleva à 25,429,076 gallons impériaux (de 4^l,54), soit en moyenne annuelle à 876,855 g. ou 39,897 hectol. Elle atteignit son maximum, ou 1,502,452 g., en 1828, mais elle retomba en 1834 à 861,672 g. ; l'année suivante, elle remonta à 1,159,291 g., pour retomber ensuite de nouveau. Réduite à 543,882 g. en 1845 et à 247,421 en 1852, elle a été de 271,763 g. en 1853 et de 361,254 g. (16,400 hectol.) en 1854.

Malgré la diminution des exportations, la culture des vignes semble s'étendre, quoique lentement, ce qui fait penser que la consommation intérieure s'accroît. On évalue actuellement la production moyenne à 107,000 litres contre 60,000 environ en 1840.

Le commerce des vins et des autres denrées se fait dans la ville du Cap. Le vin de Constance n'entre que pour une faible portion dans les expéditions : il se loge dans de petits barils nommés *alvrames*, contenant environ 80 litres. Les vins d'ordinaire sont mis dans des *pipes* de 415 litres et dans les différents tonneaux provenant des vins étrangers que l'on apporte. Les mesures en usage sont le *demi-ohm*, qui contient 74 litres, et le *legger*, qui contient 50 *gallons*, mesure d'Angleterre, ou 188^l,75.

La vigne prospère dans quelques *îles de l'océan Indien*. On en rencontre dans les jardins de l'ILE MAURICE; à l'ILE DE LA

Réunion on a essayé quelques plantations où l'on a récolté une très-petite quantité de bons vins, dont quelques bouteilles ont été envoyées, en 1820, à M. Bosc, qui eut la bonté de m'en faire goûter des deux espèces. L'un provenait de la plantation de M. *Christien*, située dans le quartier Saint-Paul, et de sa récolte faite en juillet 1819. Il était blanc, d'un bon goût, peu spiritueux, légèrement parfumé, et sec comme le vin du Rhin, dont cependant il n'avait pas le piquant. L'autre, de même couleur, avait été récolté dans les plantations de M. *Yorn*, au cap Saint-Bernard. L'âge de ce vin n'était pas indiqué ; je l'ai jugé plus vieux, plus spiritueux, plus corsé, plus agréable et moins sec que le premier. Il avait un goût *rancio* très-prononcé, un joli parfum. M. Christien fils vient d'avoir la bonté de m'adresser une bouteille de son vin de 1823, je l'ai trouvé être de même qualité que celui de M. Yorn ; mais il m'annonce en même temps que les difficultés que présente, dans ce pays, la culture de la vigne, et surtout lorsqu'on veut faire du vin, ont déterminé les colons à ne pas continuer leurs expériences.

L'île Madagascar, sur la côte orientale de l'Afrique, a aussi quelques vignes ; mais on n'y fait qu'une petite quantité de vin.

CLASSIFICATION.

Quelques-uns des meilleurs vins rouges non liquoreux du cap de Bonne-Espérance peuvent entrer dans la 3e classe ; d'autres sont rangés dans la 4e, ainsi que les meilleurs du Fayoum, en Egypte ; mais la plus grande quantité ne peut figurer que dans la 5e avec ceux de l'île Roben et ceux de l'Abyssinie.

Les meilleurs vins blancs secs des districts de la Perle, de Dragestein et de Stellenbosch, au cap de Bonne-Espérance, et ceux de l'île Bourbon sont de la 3e classe ; tous les autres sont dans les 4e et 5e.

Les vins de Constance rouges et blancs sont au nombre des vins de liqueur de 1re classe. Les muscats du Cap et les vins rouges dits *rota*, du district de Stellenbosch, entrent dans la 2e ; d'autres vins de liqueur, que l'on fait dans les différents vignobles, ne peuvent être rangés que dans les 3e et 4e classes.

CHAPITRE XV.

Iles de l'océan Atlantique.

Ces îles sont Sainte-Hélène, l'Ascension, les îles du golfe de Guinée, celles du cap Vert, les Canaries, Madère, Porto-Santo et les Açores. Il n'y a pas de vignobles à Sainte-Hélène, à l'Ascension et dans les îles du golfe de Guinée, leur position près ou sous l'équateur ne permettent pas à la vigne d'y prospérer; cependant on en cultive quelques ceps dans les vergers de l'île Sainte-Hélène, uniquement pour en manger le fruit; mais la plupart des autres îles étant placées sous un climat plus tempéré, elles fournissent au commerce une assez grande quantité de vins, parmi lesquels il y en a qui jouissent d'une réputation méritée.

§ I. ILES DU CAP VERT, *situées à la hauteur du cap du même nom, entre les 14° et 28° degrés de latitude septentrionale et les 18° et 25° degrés de longitude à l'ouest du méridien de Paris.*

Ces îles ont des vignobles qui fournissent des raisins de bonne qualité, mais pas assez abondamment pour former une branche de commerce importante. Les vins sont en petite quantité et consommés par les habitants. On cite cependant avec éloge celui que l'on fait dans l'île BRAVA; il est de la même espèce et égale en qualité celui de l'île Canarie. Santiago, dans l'île du même nom, est la ville capitale de cet archipel; elle a un bon port.

§ II. ILES CANARIES, *situées près de l'Afrique, entre le 27° degré 89 minutes et le 29° degré 26 minutes de latitude septentrionale.*

On en compte sept, savoir : *Lancerotte, Fortaventura, Canarie, Ténériffe, Gomère, Palme* et *Fer.* Les anciens leur avaient donné le nom d'*îles Fortunées,* à cause de leur fertilité. La vigne est cultivée partout ; elle produit des vins secs et des vins de liqueur de même espèce que ceux de Madère, mais ils sont, en général, moins corsés et inférieurs en qualité.

LANCEROTTE, la plus septentrionale de ces îles, a des coteaux riants et quelques vallons fertiles; mais, en général, le terrain est sec et sablonneux, et plusieurs de ses parties sont stériles. La vigne n'est pas un objet intéressant de son agriculture; l'on n'y fait que des petits vins secs, piquants et dénués de qualité, dont la majeure partie est convertie en eau-de-vie. Les habitants tirent, chaque année, environ 1,000 pipes de vin de l'île Ténériffe pour leur consommation.

FORTAVENTURA, au S. O. de la précédente, dont elle n'est séparée que par un canal d'environ 8 kil. de large, jouit du même climat ; le sol y est aussi de même nature; cependant on y récolte environ 200 pipes de vin, qui est moins mauvais que celui de Lancerotte, quoique bien inférieur à celui des autres îles.

CANARIE, située au S. O. de Fortaventura. Son extrême fertilité lui a mérité, plus qu'à aucune autre, le nom d'*île Fortunée*. La vigne y prospère et fournit de bons vins de liqueur du genre des malvoisies, dont ils ont le goût et les qualités. Ils sont fins, délicats et parfumés, mais moins corsés que ceux de Ténériffe et moins susceptibles de supporter les voyages; cependant on en expédie tous les ans pour les possessions espagnoles des Indes occidentales. Les vins secs ont de la légèreté, de la délicatesse et un parfum agréable, mais ils sont faibles et peu spiritueux; néanmoins ils supportent bien les voyages et se conservent longtemps. On en exporte, chaque année, environ 900 pipes. Les eaux-de-vie que l'on fait avec les vins inférieurs entrent aussi dans les exportations ; le principal commerce s'en fait à Ciudad-de-las-Palmas, ville capitale, placée sur la côte N. E. de l'île : elle a un bon port nommé *la Luz*, où se font les chargements.

TÉNÉRIFFE, située au N. O. de la précédente et au centre de cet archipel, est la plus grande et la plus peuplée de ces îles. On rencontre, dans presque toutes ses parties, de beaux vignobles, qui sont la principale branche de son agriculture. La récolte annuelle des vins est évaluée à 22,000 pipes, dont environ 12,000 sont exportées. On fait aussi des eaux-de-vie que l'on préfère à celles d'Espagne, particulièrement à la Havane, où elles ont le plus grand débit. On en expédie aussi des cargaisons considérables pour la Providence, Venezuela et pour la

Terre-Ferme. Les raisins secs font encore partie des exportations. Les vins de Ténériffe sont le produit des mêmes cepages que ceux de l'île Madère, auxquels ils ressemblent beaucoup, et sous le nom desquels ils sont souvent présentés sur les marchés.

Les principaux vignobles sont dans le district de Laguna, chef-lieu, situé vers le milieu de la pointe N. E. de l'île, à 4 kil. du port de Sainte-Croix; dans celui d'Orotava, situé au milieu d'une plaine fertile, à 20 kil. S. O. de Laguna et 4 kil. de la mer qui baigne cette île au N. O. Chacun de ces districts fournit annuellement 8,000 pipes de vins blancs secs, dont les meilleurs se récoltent dans les environs d'Orotava. Les autres vignobles intéressants, moins considérables que ceux dont je viens de parler, sont dans les environs de Tacaronte et de Matanza, à 7 kil. O. de Laguna. La vallée d'Icod est entièrement peuplée de cepages de malvoisie, ainsi que les environs de Dante et de Silos. Ces trois vignobles sont situés entre la montagne du Pic et la pointe de Teno, à l'extrémité occidentale de l'île; ils produisent beaucoup de vins. Le territoire de Guimar, situé près de la côte S. E. de l'île, à environ 32 kil. S. O. de Laguna, produit d'excellents vins. Il y a aussi des vignobles assez étendus à Tagamana, sur la côte la plus septentrionale, à 16 kil. N. E. de Laguna, et à Téguina, à 12 kil. N. O. de la même ville. On ne récolte dans cette île que des vins blancs, dont plus des trois quarts sont de l'espèce nommée *vidogne;* ils sont secs et ressemblent beaucoup aux vins de même espèce que l'on fait à Madère; ils ont seulement un peu moins de corps et de parfum, mais ils sont assez forts pour supporter les plus longs voyages et gagnent à être transportés dans les climats chauds. Le surplus de la récolte est un vin de liqueur nommé *malvoisie :* il est liquoreux, fin, parfumé, d'un goût fort agréable et se conserve longtemps. Cependant il est inférieur au vin de même espèce que l'on tire de l'île de Madère.

Sainte-Croix, *Santa-Cruz*, ville et port, avec une bonne rade sur la côte de l'est, à 4 kil. E. de Laguna, est le principal entrepôt et le centre du commerce de cet archipel. C'est dans ce port que relâchent le plus ordinairement les navires européens. La plupart des autres îles apportent à cet entrepôt les vins et toutes les denrées destinés à l'exportation. Orotava, située au milieu de la côte du nord, fait aussi un très-grand commerce des vins de ses environs, ainsi que de ceux qui y sont apportés des vignobles situés à l'ouest de l'île : elle en reçoit encore beaucoup des îles de Fer, de Gomère et de Palme. Les chargements s'en font dans le port de la Paz, à 6 kil. d'Orotava.

GOMÈRE, à environ 24 kil. E. de Ténériffe, est très-favorisée de la nature sous le rapport de ses productions : on en tirerait le plus grand parti, si la culture n'y était pas extrêmement négligée. La récolte des vins est d'environ 1,100 pipes par an, dont une partie est convertie en eau-de-vie; ils sont, en général, faibles, peu spiritueux, piquants, blancs et limpides comme de l'eau : cependant on en trouve qui, après deux ans de garde, ont un goût et une saveur fort agréables. La vallée de HERMINGA est la plus délicieuse de l'île par l'abondance des vignes et des arbres fruitiers de toute espèce que l'on y cultive.

PALME, à 68 kil. N. O. de Ténériffe, contient beaucoup de vignes qui y réussissent très-bien, et donnent de bons vins, surtout dans la partie orientale; ils diffèrent de ceux de Ténériffe par le goût et la saveur. Les vins secs sont jaunes et ont peu de corps : la malvoisie n'a pas autant de douceur et de force que celle de Ténériffe; mais, quand elle a été gardée trois ou quatre ans, elle acquiert un bouquet prononcé qui ressemble à l'odeur que donne une pomme de pin bien mûre. Ces vins se conservent difficilement lorsqu'ils ont voyagé, surtout si on les transporte dans des climats froids; ils sont alors sujets à tourner à l'aigre. Cependant il s'en fait une assez forte exportation, ainsi que des eaux-de-vie que l'on tire des vins de qualité inférieure.

FER, la plus orientale des Canaries, au sud de Palme, doit sa célébrité bien plus à sa position sous le premier méridien, dit de *l'île de Fer*, qu'à ses avantages comme terre habitable, car à peine produit-elle de quoi nourrir ses habitants. Il y croît principalement des vignes, dont la majeure partie est plantée dans la vallée de JOLFO; les vins sont de fort bonne qualité, mais il ne s'en fait aucune exportation. Les figuiers sont très-abondants, et l'on tire de leur fruit une eaux-de-vie assez bonne, qu'on mêle avec celle de vin.

La mesure en usage dans les îles Canaries se nomme *acroba*, et contient un peu plus de 16¹,7. Les tonneaux se nomment *pipes*, et contiennent environ 483 litres.

§ III. MADÈRE.

Cette île, située à 240 kil. N. des Canaries, sous le 32° degré 37 minutes de latitude septentrionale, et sous le 19° degré 16 minutes de longitude, à l'ouest du méridien de Paris, a environ 32 kil. de long sur 16 de large, et se trouve sur la route des vaisseaux qui font des voyages de long cours.

Toutes les plantes des quatre parties du monde que l'on a apportées dans cette île ont prospéré et se sont améliorées ; les vignobles y sont nombreux et très-étendus ; ils fournissent une grande quantité de vins de différentes espèces et de qualités très-variées, qui font sa richesse. On assure que les premiers plants de vigne ont été apportés de l'île de Chypre par ordre du prince Henri, sous les auspices duquel la première colonie portugaise s'établit en 1421. Le nord de l'île est exposé aux vents froids et aux brouillards de la mer ; il convient moins à la vigne que la partie méridionale, où sont situés les meilleurs vignobles. Le sol que l'on rencontre le plus ordinairement se compose de pierre ponce mêlée avec de l'argile, du sable et de la marne. Sur plusieurs des collines les moins élevées, on ne voit que des cendres volcaniques noires ou grises, et les hautes terres sont couvertes de laves tendres sur un lit de cendres noires. Les coteaux étant souvent très-escarpés, on forme des terrasses pour que les eaux n'entraînent pas les terres, et l'on établit des conduits d'eau sur le côté des montagnes pour arroser les vignes quand cela est jugé nécessaire.

On cultive neuf espèces de cepages, dont six de raisins blancs et trois de raisins noirs. Les cepages blancs sont 1° la *malvoisie*, provenant de l'île de Candie, et qui fournit le fameux vin de liqueur connu sous le nom de *malvoisie de Madère* (1) ; 2° le *vidogne*, qui a beaucoup de ressemblance avec notre *chasselas* ; c'est le cepage le plus généralement cultivé, et qui produit le meilleur vin sec ; 3° le *bagoual*, qui fournit plus que le vidogne, et dont le vin est plus doux, mais moins spiritueux ; 4° le *sercial*, qu'on nomme aussi *esganacao* ; ce plant est très-rare, bien qu'il produise d'excellent vin ; 5° le *muscatel*, dont on fait rarement du vin muscat ; 6° l'*alicante*, que l'on n'emploie que pour la

(1) On l'appelle ainsi, à cause de sa ressemblance avec le vin de même nom que fournissent les vignobles de Malvasia, en Morée, et dont on a tiré originairement tous les plants qui donnent les vins de cette espèce.

table. Les cepages noirs sont 1° le *bâtard*, avec lequel cepen- dant on ne fait que des vins blancs; la *tinta* ou *négramol*, ainsi nommé parce que la grume est molle au toucher : 2° on en fait du vin rouge qui fermente avec la grappe et qui sert à colorer les autres vins ; 3° le *ferral*, dont les grappes sont très-grandes et les grumes grosses comme des œufs de pigeon : il n'est employé que pour la table.

Dans la partie méridionale de l'île, où sont situés les prin- cipaux vignobles, on choisit les terrains sablonneux, et surtout ceux qui sont pierreux; on fouille dans le sable ou dans les cailloux jusqu'à ce que l'on trouve de la terre, dans laquelle on plante le cep, qui, en grandissant, couvre un grand espace de terrain et prend un tel accroissement que l'on rencontre des pieds de vigne que trois hommes peuvent à peine embrasser. Pour soutenir les tiges, on plante des pieux, et on forme des berceaux plats, élevés d'environ 3 pieds au-dessus du sol : par cette dispo- sition, le raisin reçoit non-seulement les rayons du soleil, mais encore la chaleur que réfléchissent les cailloux, et mûrit parfai- tement; la vendange a lieu du 15 au 30 août; on cueille les raisins à plusieurs reprises, en choisissant toujours les plus mûrs.

VINS DE LIQUEUR.

Le vin dit de *Malvoisie*, du nom du plant qui le produit, oc- cupe le premier rang parmi ceux de cette espèce, ou du moins il est le plus estimé. Doux et en même temps très-fin, son arome spiritueux embaume la bouche sans y laisser la moindre âpreté; il se conserve longtemps et n'en devient que plus agréable. Son prix est ordinairement, dans le pays, au moment de la récolte, de 1,000 francs la pipe, qui contient environ 415 litres ; il faut l'attendre plusieurs années pour le boire avec toutes ses qualités. Pendant les guerres de la révolution et de l'empire, la France ayant cessé de demander de ce vin, plusieurs propriétaires ont arraché le plant qui le produisait, et l'on en prépare aujourd'hui beaucoup moins qu'autrefois.

Pour faire l'excellent vin de *Malvoisie*, on choisit les raisins les plus mûrs du cepage de ce nom, et on les porte sur le pres- soir pour en exprimer le jus. Après la première pression, on en- lève toutes les grappes, et l'on met les grumes et les pellicules en monceau, pour les presser de nouveau à plusieurs reprises.

On mêle ordinairement ensemble les produits de toutes ces pressions ; mais quelques propriétaires les séparent et obtiennent des vins de différentes qualités. Le produit de la première pression se nomme *pingo*, ou vin de première goutte ; il est parfaitement limpide, très-fin et très-délicat. Celui que l'on obtient ensuite, et qui se nomme *mosto*, est plus corsé. Le vin des dernières pressions a du corps, du spiritueux et une âpreté qui le rend peu agréable pendant plusieurs années, quand on le conserve pur.

Le vin *muscat*, que l'on tire du plant nommé *muscatel*, est d'excellente qualité ; mais l'on n'en rencontre point dans le commerce, attendu que les propriétaires n'en font que pour leur consommation.

VINS BLANCS SECS.

On met au premier rang celui qui est fait avec les raisins du cepage nommé *sercial*, sans mélange d'autre espèce. Jeune, il est vert et âpre ; mais, après plusieurs années de garde, il a un goût de noisette fort agréable, un peu d'amertume et beaucoup de corps. Riche en spiritueux, en parfum et en séve, il réunit toutes les qualités qui caractérisent un vin parfait de cette espèce. Il est beaucoup plus sec que nos vins blancs de Bourgogne, mais il n'a pas le piquant des vins du Rhin. Sa couleur est ambrée, mais beaucoup moins que celle des vins de même espèce que l'on fait à Marsalla en Sicile. La récolte de ce vin de 1re qualité n'excède pas 40 ou 50 pipes chaque année. On fait beaucoup d'autres vins secs, qui sont le produit des différents cepages réunis, mais plus particulièrement de celui nommé *vidogne*, qui, après le sercial, produit les meilleurs vins. Leur couleur est ambrée ; ils ont un fort bon goût, du corps, du spiritueux et un parfum agréable. Les vins secs se préparent comme celui de Malvoisie, excepté qu'on n'égrappe pas le raisin pour le presser.

VINS ROUGES.

Celui que l'on tire du plant nommé *tinta* ou *négramol* est très-généreux, parfumé et agréable ; mais son usage, à haute dose, est dangereux ; c'est un astringent très-fort, que l'on emploie comme remède contre la dyssenterie. Les petits propriétaires ne font pas ce vin séparément, et mêlent le raisin de *tinta* avec ceux de tous les autres cepages.

Le canton nommé la FAGO-DE-PEREIRA est celui dont on tire les meilleurs vins de Malvoisie, les vins secs provenant des plants nommés *vidogne* et *sercial*, ainsi que le vin rouge de *tinta*. Les autres vignobles en réputation sont la CALHETA, ARCO-DA-CAL-HETA, PONTA-DO-SOL, RIBEIRA-BRAVA, CAMA-DE-LOBOS, ES-TRETO-DE-CAMA-DE-LOBOS, SANTO-MARTINHO et SANTO-ANTONIO.

Les vignobles du nord de l'île sont, pour la plupart, peuplés de ceps hautains, plantés au pied des orangers, des citronniers, des grenadiers, des châtaigniers, et surtout des noyers, dont il y a une grande quantité. Ces arbres sont très-élevés, et quoi-qu'on ne plante que les cepages nommés *vidogne* et *sercial*, qu'on ne vendange qu'en novembre, les raisins, presque tous ombragés par les feuillages, souvent privés du soleil par les brouillards, et frappés des vents du nord, mûrissent très-mal ; ils sont quelquefois si durs, qu'on est obligé de les broyer pour en exprimer le suc. Le vin qu'on en retire est blanc comme de l'eau et de la plus mauvaise qualité. On le consomme dans l'an-née, parce qu'il n'est pas susceptible d'être gardé ni transporté; cependant il produit beaucoup d'eau-de-vie assez forte, mais qui, par le vice de sa fabrication, a toujours un goût empyreu-matique très-désagréable. Les vignobles qui fournissent la plus grande quantité de ces vins sont ceux de PORTO-DA-CRUZ, SAINTE-ANNE, SAINT-GEORGE, PONTE-DEL-GADE, PORTOMONIX, SAINT-VINCENT et SEYCAL-DO-NORTE.

Dans les parties voisines de la mer où il n'y a pas d'arbres et où le terrain est pierreux, les vignes, plantées comme celles de la partie méridionale, fournissent des raisins qui mûrissent très-bien, et dont on tire des vins bien supérieurs à ceux que produi-sent les ceps hautains. Les meilleurs crus se trouvent dans le territoire de PORTO-DA-CRUZ, PONTE-DEL-GADE et PORTOMONIX.

Les vins blancs de Madère sont, avec ceux du Rhin, les plus susceptibles de se garder longtemps ; ils conservent leurs qua-lités sous les climats les plus opposés et ne cessent pas d'en ac-quérir en vieillissant. Ils doivent être gardés huit ou dix ans en tonneaux, et ils n'acquièrent leur plus haut degré de qualité qu'après vingt-cinq ou trente ans de séjour dans les bouteilles. Quoiqu'ils soient naturellement très-spiritueux, ils reçoivent une addition d'eau-de-vie au sortir de la cuve et une autre portion au moment de leur exportation, surtout lorsqu'ils sont destinés pour les pays où on les aime très-forts.

Depuis le commencement de ce siècle, on a construit d'immenses étuves dans lesquelles la température est maintenue à un très-haut degré à l'aide de poêles et de tuyaux de chaleur. Elles sont disposées pour recevoir un certain nombre de tonneaux de vin sec, qui, en y séjournant quelques mois, acquiert l'apparence de vétusté, la couleur et le parfum qu'il n'obtient ordinairement qu'après cinq ou six ans de garde, ou à son retour d'un voyage aux grandes Indes. Mais ce vin n'a jamais autant de qualité que celui qui a voyagé, et que l'on nomme *vino de roda*. Lorsque celui-ci a été conservé pendant trente ou quarante ans, il forme une croûte très-épaisse contre la paroi des bouteilles : il est blanc et limpide comme de l'eau; son parfum se dilate avec tant de force quand on débouche les bouteilles, que les personnes qui ont les nerfs délicats en sont quelquefois incommodées. On en rencontre difficilement d'aussi vieux, et il se vend jusqu'à 24 fr. la bouteille, pris à Madère.

On emploie encore un autre moyen pour vieillir le vin sec. Après l'avoir mis dans des bouteilles dont le bouchon est parfaitement assuré, et qu'on enveloppe avec des vessies, on l'enfouit dans un trou assez profond et rempli de fumier de cheval. Lorsqu'il a séjourné six mois ou un an dans cette espèce d'étuve, il a acquis la maturité et une partie des qualités que l'on estime dans ceux qui ont voyagé.

Le vin de Madère sec se vend ordinairement, celui que l'on envoie aux Indes, de 8 à 900 fr. la pipe de 415 litres ; celui destiné pour l'Angleterre, 1,000 fr.; et celui qui provient du plant nommé *sercial*, de 1,100 à 1,200 fr., comme celui de Malvoisie. Les gourmets font un grand cas du vin sec, et plusieurs le préfèrent. Il peut être considéré comme le meilleur de ce genre. Le vin de Malvoisie ne se présente qu'au dessert, tandis que le madère sec se boit dès le commencement du repas (après le potage).

Le produit total des vignobles est évalué à 50,500 pipes, ou 202,000 hectolitres par an, dont il est ordinairement exporté 5,500 pipes aux Indes orientales, 4,500 en Angleterre, 3,000 aux Indes occidentales et 2,000 en Amérique. Le surplus est exporté dans les autres parties du globe ou consommé par les habitants. Le vin se vend à l'*almude,* qui contient 16^l,62, et à la *pipe,* qui se compose de 25 *almudes* ou 415^l,00; elle équivaut à 110 gallons d'Angleterre.

Le principal commerce des vins et des autres productions se fait à Funchal, chef-lieu de l'île, située au fond d'une baie, sur la côte méridionale.

32

L'île de Porto-Santo, à 60 kil. N. E. de Madère, a quelques vignobles qui produisent des vins de la même espèce ; ils sont consommés par les habitants.

§ IV. Iles Açores.

Les Açores paraissent être les îles les plus reculées qui ont appartenu aux terres de l'ancien continent, dont elles sont éloignées d'environ 900 kil. On en compte neuf, placées entre le 36° degré 56 minutes et le 39° degré 43 minutes de latitude septentrionale, et entre le 27° degré 42 minutes et le 33° degré 27 minutes de longitude, à l'ouest du méridien de Paris. Elles sont disposées en trois groupes : le premier, en commençant au sud-est, comprend *Sainte-Marie* et *Saint-Michel;* le second, au nord-ouest, *Tercère, Gracieuse, Saint-Georges, l'île du Pic* et *Fayal;* le troisième, au nord, n'est formé que des deux petites îles de *Corvo* et de *Flores.* La vigne est l'un des principaux produits du territoire de ces îles ; et, comme elles n'ont pas ou presque pas de manufactures, les vins, les blés et les fruits, qu'elles fournissent en abondance, sont échangés contre les objets de consommation dont elles manquent.

Saint-Michel, dont les vignes sont plantées, en grande partie, dans la lave décomposée, produit annuellement 5,000 pipes de vin. Sainte-Marie en produit beaucoup moins.

Tercère, la plus étendue de ces îles, fournit beaucoup de vins de bonne qualité, dont le commerce et l'expédition se font à Angra, chef-lieu de toutes les Açores, placée sur la côte orientale et ayant un bon port.

L'île du Pic ou Pico, à 50 kil. S. O. de Tercère, est très-fertile, surtout en vins, qui font sa principale richesse, et dont, suivant les années, elle produit depuis 15,000 jusqu'à 30,000 pipes. On en distingue deux espèces principales, dont l'une, nommée *vino passado,* est de l'espèce des malvoisies, et ressemble beaucoup au vin de même nature que l'on fait à Madère; mais on n'en récolte qu'une petite quantité. L'autre est le *vino seco,* dont la qualité varie dans les différents crus. Le commerce s'en fait dans l'île de Fayal, où ils sont transportés.

Fayal, au nord-ouest de la précédente, dont elle n'est séparée que par un canal de 10 kil., est l'une des plus grandes de cet archipel. Les vins qu'elle produit ont la réputation d'être fort bons; elle en fait un commerce considérable, ainsi que ceux de

l'île de Pic. Les chargements ont lieu dans son port, nommé
VILLA-DAS-HORTAS.

GRACIEUSE. Les vins de cette île sont de basse qualité ; on en
convertit une grande partie en eau-de-vie.

SAINT-GEORGES. Il y a, dans le sud, des vignobles dont les vins
sont préférés à ceux des autres îles ; mais on n'en fait pas une
grande quantité.

FLORES et CORVO ont quelques vignobles dont le produit est
peu important. Les vins sont inférieurs à ceux des autres îles.

Le vin se vend à la pipe, qui contient environ 415 litres. Les
principales expéditions ont lieu pour le Brésil, les Etats-Unis et
l'Angleterre. On en envoie aussi en Hollande, dans le nord de
l'Europe et à Angola.

CLASSIFICATION.

Les meilleurs vins rouges nommés *tinta*, dans l'île de Madère,
peuvent être rangés dans la 1ʳᵉ classe. Les vins blancs secs nommés *sercial*, dans la même île, sont aussi de 1ʳᵉ classe. Une
partie des autres entre dans la 2ᵉ, avec les meilleurs de l'île Ténériffe ; le surplus des vins secs de ces îles, ainsi que ceux de
Brava, Canarie, Gomère, Palme, Fer et des îles Açores, parcourent les différents degrés des 3ᵉ et 4ᵉ classes. Ceux de Lancerotte et de Fortaventura ne sont mis que dans la 5ᵉ.

Les meilleurs vins dits de *Malvoisie,* à Madère, entrent dans
la 1ʳᵉ classe des vins de liqueur. Ceux de 2ᵉ qualité entrent dans
la 2ᵉ classe avec les vins muscats de la même île et les vins dits
de *Malvoisie* que l'on fait à l'île Ténériffe et dans les Açores. Les
vins de même espèce, récoltés dans les îles Canaries, Gomère et
Palme, ne peuvent entrer que dans la 3ᵉ et la 4ᵉ classe.

CHAPITRE XVI.

Amérique.

Cette vaste partie du monde est bornée, au nord, par la mer
Glaciale ; au nord-est, par la baie de Baffin ; à l'est, par l'océan

Atlantique; au sud, par le détroit de Magellan ; à l'ouest, par le
grand océan Pacifique; et enfin, au nord-ouest, par la mer du
Nord et le détroit de Behring, qui la sépare de l'Asie. On la divise
en septentrionale et en méridionale, qui communiquent ensemble
par l'isthme de Darien.

La vigne prospère dans quelques parties de l'Amérique septentrionale. Les naturalistes en ont reconnu neuf variétés, qui
sont la *vigne du renard,* qui vient dans les bons terrains; la
vigne palmée, celle des *rivages,* qui croît sur les bords du Mississipi ; la *vigne sinueuse,* celle à *feuilles en cœur,* celle à *feuilles
rondes* et celle à *feuilles de persil.* Dès l'époque de la conquête
de ce pays, on y a porté des cepages de l'Europe; mais la culture
de cet arbuste est très-négligée dans beaucoup d'endroits; les essais que l'on a faits dans plusieurs n'ont pas donné des résultats
satisfaisants, et l'on ne rencontre des vignobles intéressants que
dans quelques parties de la Confédération mexicaine. L'Amérique
méridionale, au contraire, en contient de fort étendus, dont les
produits fournissent à de grandes exportations et à la fabrication d'une quantité considérable d'eau-de-vie.

AMÉRIQUE SEPTENTRIONALE.

Elle comprend les possessions russes, les possessions anglaises,
les Etats-Unis, le Mexique, les 5 petites républiques de l'Amérique centrale, les Antilles.

§ I. Possessions russes.

Ces possessions, composées des îles Aléoutiennes ou des Re-
nards et des terres situées sur le détroit de Behring, sont sous
un climat glacé, qui rend la végétation presque nulle. Les habitants, à demi sauvages, vivent de leur pêche et de leur chasse;
ils font un grand commerce de fourrures, mais ils ne se livrent
point à l'agriculture.

§ II. Possessions anglaises.

Le CANADA, qui en fait partie, est situé entre les 43° et 49° degrés de latitude boréale, entre les 65° et 99° degrés de longitude,

à l'ouest du méridien de Paris. Le bas Canada est fertile, et tous les fruits d'Europe y sont excellents. Une espèce de vigne indigène, à petits grains acerbes, de l'espèce du raisin de Corinthe, y vient spontanément. Les ceps sont très-gros, et portent leurs fruits jusqu'au sommet des plus grands arbres. On en trouve beaucoup dans les environs du lac ÉRIÉ et dans l'île des CHEVREUILS; mais on ne fait pas de vin; celui que l'on boit est apporté d'Europe et des îles de l'océan Atlantique. Les vins de Bordeaux sont particulièrement recherchés dans ce pays et se vendent à très-haut prix. Dans l'île de MONT-RÉAL, les vignes sauvages et celles que l'on a plantées donnent de petits raisins d'un goût aigrelet, mais assez agréable. Quelques particuliers en font du vin, mais il est de très-médiocre qualité.

§ III. ÉTATS-UNIS.

Quoique placée entre les 30ᵉ et 50ᵉ degrés de latitude septentrionale, la culture de la vigne peut être considérée comme très-peu importante dans ces Etats; on voit beaucoup de vignes sauvages dans les forêts, et quelques cepages tirés de l'Europe sont cultivés pour en manger le fruit plutôt que pour en faire du vin.

Voici ce que nous lisons dans *les Etats-Unis en* 1860 de M. Bigelow : « La quantité de vins indigènes, qui n'était, pour les Etats et territoires, que de 221,249 gallons en 1850, s'est élevée, en 1860, à 1,860,000 gallons pour 22 Etats seulement, ce qui fait ressortir une augmentation de 740 0/0. Ce chiffre ne comprend pas la fabrication qui n'est pas entrée dans le commerce et qui s'élève, pour l'Ohio, à 652,640 gallons contre 48,207 en 1850, la Californie à 494,516 gallons contre 58,056, et le Kentucky à 503,120 contre 179,949 gallons. »

Voici maintenant le tarif des douanes des Etats-Unis (1864) :

Vins de toutes sortes, valant le gallon,

Pas plus de 50 cent. (71 fr. l'hectol.), 20 cent., soit 28 fr. l'hectol. ou 25 0/0 de la valeur.

Plus de 50 cent. et pas plus d'un dollar (de 71 à 142 l'hectol.), 50 cent., soit 71 fr. l'hectol. ou 25 0/0 de la valeur.

Plus de 1 dollar (142 fr. l'hectol.), 1 dollar, soit 142 fr. l'hect. ou 25 0/0 de la valeur.

Il est entendu que les vins de Champagne ou mousseux, en bouteilles, n'acquitteront pas de droit inférieur à 6 dollars

(32 fr. 26 c.) les 12 bouteilles contenant chacune pas plus de 1 *quart* (1^l,36), et plus de 1 *pint* (0^l,57) ou les 24 bouteilles ne contenant, chacune, pas plus de 1 pint.

La PENSYLVANIE, dans les Etats du centre, est couverte de nombreuses et vastes forêts, où l'on trouve quantité de vignes sauvages de trois ou quatre espèces, qui diffèrent de toutes celles d'Europe, et n'ont encore produit aucun vin qui mérite d'être cité ; cependant on a fait à PHILADELPHIE des essais qui ont réussi. Des plants tirés du Médoc fournissent une faible quantité de vin assez bon, qui, malgré un goût particulier de terroir, ressemble plus au vin de Bordeaux qu'à tout autre. La boisson la plus ordinaire de ce pays est l'eau-de-vie de grain que l'on mêle avec de l'eau (grog). On fait du cidre dans quelques cantons, et une liqueur analogue avec les résidus du suc d'érable, dont on a extrait le sucre et la mélasse. Une autre liqueur, nommée *cherry-rhum*, se prépare avec du jus de cerises sauvages et un peu de rhum ; elle est fort agréable. Le cidre que l'on fait à NEW-JERSEY passe pour être excellent.

La VIRGINIE est située entre le 36° et le 40° degré de latitude nord, et entre le 0 et le 8° degré longitude ouest de Philadelphie. La vigne croît naturellement et en grande quantité dans ce pays. On y voit de gros arbres couverts par un seul cep, et cachés sous ses grappes. Quelques vignes croissent entre les bancs de sable, sur les extrémités des terres basses et dans les îles voisines de la grande baie de CHESAPEAC : les grappes sont petites et rares sur la souche, qui, d'ailleurs, est fort basse ; mais le raisin est exquis, quoiqu'il croisse sans culture. Il y en a de blancs et de bleus qui ont à peu près le même goût. Une troisième espèce croît dans les marais et sur les coteaux ; les grappes sont petites comme le cep qui les porte, mais le grain est de la grosseur de nos prunes sauvages. Dans sa maturité même, il a beaucoup d'âcreté, ce qui l'a fait nommer *raisin de renard ;* cependant il est très-bon cuit. De deux autres espèces, qui sont très-communes dans tout le pays et qui produisent beaucoup de fruit, l'une porte des raisins noirs, et l'autre des raisins bleus en dehors. Des Français établis à MONACAN ont fait du vin rouge avec la première de ces deux espèces : on lui a trouvé du corps et de la vigueur, quoiqu'il ne fût fait qu'avec des grappes cueillies dans les bois. Une sixième espèce de raisin, plus agréable que les autres et de la grosseur du muscat blanc, ne se trouve que sur les frontières de la Virginie, vers les sources des rivières. Le cep est fort petit et ne monte pas plus haut que la plante ou le buisson qui lui sert d'appui. L'avidité des oiseaux et des bêtes sauvages pour le raisin de cette espèce est si grande, qu'il s'en trouve rarement de mûr.

On fait beaucoup de cidre dans la Virginie, et l'on tire de l'eau-de-vie des pêches, qui croissent en abondance sur les bords des nombreuses rivières de la Chesapeac.

Dans le territoire nord-ouest de l'Ohio, la vigne croît partout sans culture. Les colons font pour leur consommation un vin rouge qui a de la force, et que les habitants de Vincennes, dans l'État d'Indiana, disent être susceptible d'acquérir par l'âge une qualité supérieure à celle de plusieurs vins d'Europe.

On trouve dans les îles de l'Ohio une espèce de vigne que l'on dit originaire des plantations que les Français avaient faites au fort Duquesne ; mais les colons n'en ont tiré qu'un vin peu différent de celui des vignes indigènes, qui croissent dans les bois jusqu'à la hauteur de 100 pieds, et ne produisent qu'un raisin noir, dur et sec. Les habitants de Gallipolis, dans le N. O. de l'Ohio, à 400 kil. S. O. de Pittsbourg, ont cherché à cultiver la vigne d'Europe ; des cepages tirés de France, de Madère et de plusieurs autres pays ont été plantés, mais les résultats ont été peu satisfaisants. La vigne gèle souvent et le sol est si riche qu'il ne donne que des vins dépourvus de spiritueux. On ne parvient à les rendre conservables qu'en ajoutant au moût 2 ou 3 livres de sucre par *gallon* (3¹,775). On y met aussi de l'eau-de-vie de grain nommée *wiskey*.

Vevey, près de Cincinnati, sur l'Ohio, dans l'État d'Indiana, est habité par une colonie de Suisses qui sont venus s'y établir, ayant pour unique but la culture de la vigne ; ils se sont procuré des plants des meilleurs vignobles de la France, de l'Espagne, de Madère et de plusieurs autres contrées. Ils ont fait leurs plantations sur le penchant des collines ; néanmoins ils obtiennent des vins qui ont tous les défauts de ceux de Gallipolis, et ils sont de même obligés d'y ajouter du sucre et de l'eau-de-vie pour les rendre conservables. Le vignoble de Vevey était évalué contenir 40 arpents en 1825. Le commerce des vins se fait à Gallipolis. Comme la totalité ne serait pas consommée dans le pays, on en envoie à la Nouvelle-Orléans par l'Ohio et le Mississipi. Mais arrivés là, ils soutiennent difficilement la concurrence avec les vins de Bordeaux qui y abondent. Les habitants de French-Grant, aussi sur le bord de l'Ohio, ont planté quelques vignes dont les produits ne sont pas meilleurs. On pense que la vigne réussirait beaucoup mieux dans les *Barrens* du Kentucky, où le sol, moins fertile, moins profond, sablonneux et sur un fond de pierre calcaire, convient beaucoup plus à cet arbuste, qui y croît naturellement et n'acquiert pas les dimensions colossales des ceps qu'on rencontre sur les bords de l'Ohio. Quelques personnes ont essayé cette culture, mais les résultats n'en sont pas encore connus. Il a été fait aussi quelques essais dans les environs de LOUISVILLE avec des plants de Madère et de Bordeaux.

Sur le bord occidental du MISSISSIPI, on voit des vignes sauvages qui grimpent au haut des plus grands arbres. On en rencontre aussi dans l'État du KENTUCKY et dans plusieurs autres contrées ; mais elles ne donnent pas de meilleurs produits, et les vignes d'Europe qu'on a transplantées n'ont pas encore eu un grand succès. Le pays des ILLINOIS a des vignes dont les habitants tirent des vins assez bons et dont il se fait quelques exportations pour la Nouvelle-Orléans.

Près du NOUVEAU-MADRID, dans la haute Louisiane, les arbres s'élèvent à une hauteur prodigieuse ; les vignes, qui s'y entrelacent et montent jusqu'à leur sommet, fournissent des raisins dont on fait des vins rouges assez bons, particulièrement dans les terres plus élevées et moins humides des districts d'ATACAPAS et d'OPÉLOUSAS. Les raisins sont bons et très-abondants dans les pays qu'arrose le Missouri. Les environs de CHICASSAW-BLUFF, dans la Nouvelle-Orléans, près du Mississipi, offrent une terre jaune qui paraît convenir à la vigne ; un Espagnol qui avait apporté des cepages d'Espagne les a plantés dans son habitation, et il récolte d'assez bon vin. On fait aussi, dans ce pays, du vin de pêches, que l'on convertit en eau-de-vie.

Les bords de presque toutes les rivières sont couverts de ceps indigènes qui produisent une grande quantité de raisin. On en trouve aussi dans plusieurs cantons de la Floride.

En Californie la culture de la vigne prend beaucoup d'importance. Les premiers colons y trouvèrent, en 1769, des ceps sauvages qui donnaient des raisins d'une très-belle apparence, mais très-aigres ; les missionnaires y ont porté des plants d'Europe qui ont bien réussi, et dont on retire aujourd'hui une assez grande abondance de bon vin, qui a quelque ressemblance avec celui de Madère. Les principaux vignobles sont situés le long de la côte, au sud et au nord de MONTEREY, jusqu'au delà du 37° degré de latitude. On estime particulièrement les vins des villages de SAN-DIEGO, SAN-JUAN, CAPRIS-TRANO, SAN-GABRIEL, SAN-BUONAVENTURA, SANTA-BARBA, SAN-LUIS-OBISPO, SANTA-CLARA et SAN José

Voici ce que nous lisons dans le *Californien*, journal publié dans cette contrée. (Nous citons d'après le *Moniteur*.)

« Un comité s'est formé pour recueillir sur l'état de la viticulture californienne tous les renseignements possibles, afin de les consigner et, en groupant les chiffres obtenus, de donner une statistique à laquelle on peut se reporter pour juger efficacement la valeur et le succès de cette production. Déjà un travail de cette nature avait été tenté par des agents officiels ; mais ceux-ci l'avaient fait dans de mauvaises conditions qui avaient stérilisé leur effort. Aujourd'hui, les viticulteurs, répondant à l'appel de leur comité, se sont empressés de le renseigner minutieusement, et l'on n'en est plus seulement à se contenter de vagues approximations.

« Il a été reconnu par le comité que, durant ces années dernières, un grand nombre de vignes avaient été plantées sur divers points de la Californie et jusque dans les districts des mines, mais le produit de ces vignes est encore nul, attendu leur extrême jeunesse.

« C'est toujours le comté de Los Angeles qui est le district viticole par excellence, quoique menacé de se voir enlever bientôt le sceptre de la production œnicole. Le comté de Los Angeles est, quant à présent, celui qui donne le plus de grappes et fabrique le plus de vin, parce que ses vignes sont plus vieilles et plus productives en conséquence ; l'éloignement des marchés, où se consomme le raisin en grappe, le force de mettre sous le pressoir sa récolte tout entière. Ce seul comté de Los Angeles a produit, l'année dernière, un total d'environ 500,000 gallons de vin, dont 150,000 dans un seul vignoble. Malheureusement, le vin de Californie est mal fabriqué. Les gens qui le font n'y entendent pas grand'chose, et leur outillage est médiocre ou insuffisant. Si quelques vins sont bien faits, la médiocrité des autres leur fait un tort immense. Il est vrai que déjà les connaisseurs ont établi des distinctions avantageuses pour les bons producteurs et ruineuses pour les mauvais.

« Les comtés qui cultivent le mieux la vigne après celui de Los Angeles sont les comtés avoisinant la baie de San-Francisco. A mesure qu'on s'éloigne de la baie on trouve moins de vigne, et elle est de plus en plus mal cultivée. Cela tient à ce que partout où le raisin est consommé en nature, il offre au producteur plus de profit et moins de peines que lorsqu'il faut le convertir en vin. Mais on le comprend ; le raisin en nature ne peut être écoulé que pendant un temps très-court, au début de la production, et dans les centres peuplés : il faut toujours en arriver à cette fabrication du vin qui est si pénible pour l'inhabile Californien. Mais avec le temps s'introduiront des perfectionnements nombreux, et l'on sourira en songeant aux soins des viticulteurs d'aujourd'hui.

« Voici les chiffres relevés par la statistique du comité. Los Angeles et la vallée de Sonora figurent sur le tableau pour un nombre de pieds de vigne bien supérieur à celui relevé dans les autres districts : Los Angeles, 1,200,000 pieds de vigne ; vallée de Sonora, 1,100,000 pieds ; Annaheim, 150,000 pieds ; San-Gabriel, 150,000 pieds ; Cocomongo, 160,000 pieds ; Green Valley, 135,000 pieds ; vallée de Napa, 320,000 pieds ; vallée de Putah, 150,000 pieds ; vallée de Cache-Creet, 80,000 pieds ; vallée de Santa-Clara, 800,000 pieds ; Sonora, 150,000 pieds ; Oroville, 75,000 pieds.

« Dans le bassin du Sacramento sont plantés des millions de pieds, mais il n'a pas été possible d'en faire le relevé exact. La vigne des vallées de Sonora et de Santa-Clara est presque tout entière d'importation étrangère. A Los Angeles c'est le contraire, aussi tout le vin qu'on y fait a-t-il un goût et une qualité à peu près uniformes. »

La bière est la boisson la plus habituelle de l'Amérique septentrionale. Dans la Nouvelle-Angleterre, on fait, avec les sommités des branches d'une espèce de sapin nommé *spruce*, une bière qui porte le même nom ; elle a du montant et un goût fort agréable. On en prépare aussi avec du millet que l'on fait bouillir et auquel on ajoute du maïs concassé. Ce pays produit beaucoup de pommes, dont on fait du cidre en assez grande quantité pour en exporter dans les cantons qui en sont privés.

On fabrique à la Nouvelle-Orléans, dans la basse Louisiane, une liqueur d'un rouge pourpré et d'un goût agréable, avec le fruit du merisier sauvage, que l'on fait infuser dans de l'eau-de-vie. Les colons aiment cette liqueur, parce que c'est un produit de leur pays; ils y ajoutent du sucre ou du sirop à l'instant de la boire.

Les mesures en usage dans les Etats-Unis sont le *pint* d'Angleterre, qui équivaut à 47 centilitres, le *hogshead*, qui contient 182 litres, et le *tun*, composé de 4 *hogsheads*.

§ IV. Mexique.

Malgré les entraves que le commerce de Cadix n'a cessé de mettre à la culture de la vigne, quand ce pays était sous la domination de l'Espagne, cet arbuste prospère dans plusieurs cantons. Les environs de Passo-del-Norte, sur la rive droite du Rio-del-Norte, dans le Nouveau-Mexique, pays délicieux, qui ressemble aux plus belles campagnes de l'Andalousie, renferment de beaux vignobles, qui produisent des vins liquoreux et de bon goût : ils sont considérés comme les meilleurs de cette partie du nouveau monde, et les voyageurs qui vont à Santa-Fé ne manquent pas de s'en approvisionner. Les vignobles de Parras, dans la Nouvelle-Biscaye, donnent des vins de même espèce et dont on fait un grand éloge. Les cantons de Saint-Louis-de-la-Paz et de Zelaya, dans la province de Méchoacan, sous les 22° et 25° degrés de latitude boréale, produisent aussi des vins estimés.

En Amérique, comme dans tous les pays où le vin n'est pas abondant, on fabrique des liqueurs artificielles qui le remplacent. Dans les îles où l'on cultive le café, la pulpe charnue qui enveloppe cette fève fournit, par la distillation, une liqueur spiritueuse nommée *ratafia de café;* elle a un goût et un parfum agréables. Plusieurs parties du Mexique, et particulièrement le district de ZEMPOALLA, dans la province de Tlascala, produisent en abondance une plante nommée *maguey de pulque* (1), s'élevant à peine à la hauteur de 1 mètre 1/2, et qui, au moyen d'une incision pratiquée de manière à former un réservoir dans sa partie supérieure, fournit, chaque jour, lorsqu'elle est en plein rapport, environ 7^l,50 d'un suc que l'on désigne sous le nom de *miel,* à cause du principe sucré qu'il renferme. Ce sucre est d'un aigre-doux assez agréable ; il fermente assez facilement, et se convertit, au bout de trois ou quatre jours, en une boisson vineuse nommée *pulque,* ressemblant au cidre, mais qui a une odeur de viande pourrie très-désagréable. Les naturels en sont grands amateurs, et l'on assure que, lorsque les Européens parviennent à vaincre le dégoût qu'inspire l'odeur fétide de cette liqueur, ils la préfèrent à toute autre. Le pulque est considéré dans le pays comme stomachique, fortifiant et surtout comme très-nourrissant ; celui du village d'HOCOTITLAN, situé au nord de la ville de Toluca, passe pour être le meilleur. Cette boisson est la base d'un commerce considérable. La quantité qui s'en consomme, chaque jour, dans la ville de Mexico, où elle tient lieu de vin, est évaluée à 5,000 pintes. On tire du pulque, par la distillation, une eau-de-vie très-enivrante, nommée *mexical* ou *aguardiente de maguey.*

Les habitants de quelques provinces de l'Amérique font du *vin de palmier.* Pour se procurer le suc de cet arbre, ils pratiquent, dans la partie ventrue du tronc, une ouverture de 0^m,111 à 0^m,139 de diamètre, et ils enlèvent assez de moelle pour former, dans l'intérieur, une espèce de réservoir de 0^m,139 à 0^m,167 cubes : celui-ci s'emplit de suc, que l'on retire avec des calebasses pour le mettre dans le vase destiné à le transporter. Cette liqueur, lorsqu'elle est fraîche, ressemble un peu, pour le goût, au lait de coco ; on obtient, par la fermentation, une liqueur assez spiritueuse pour enivrer.

(1) L'une des nombreuses variétés de l'*agave americana.*

Vin blanc.
En bouteilles... 5 piastres le quintal *net* ou 54 fr. 34 les 100 kil. *net.*
En cercles...... 3 piastres 50   —   —   38,04   »
    Vin rouge.
En bouteilles... 3 piastres   —   —   32,61   »
En cercles...... 2 piastres   —   —   21,74   »

§ V. AMÉRIQUE CENTRALE.

Cette contrée, renfermant les républiques de Guatemala, Salvador, Costa-Rica, Hondural et Nicaragua, était autrefois une province dépendante du Mexique. On y trouve des vignes sauvages ; mais cet arbuste n'est cultivé que dans les jardins et uniquement pour en manger le fruit.

§ VI. ANTILLES.

Cet archipel, qui s'étend depuis le 10° jusqu'au 28° degré de latitude septentrionale, comprend un grand nombre d'îles. La vigne croît naturellement dans plusieurs, et elle prospère dans toutes celles' où l'on a essayé des plantations. Les jardins des villes et ceux des habitations ont des treilles et des berceaux couverts de muscats, de chasselas et de plusieurs autres espèces de raisins qui donnent deux récoltes par an, lorsqu'on taille la vigne quinze jours ou trois semaines après la première. Les fruits sont de bonne qualité, mais on n'y fait pas de vin.

Ile d'HAÏTI, autrefois *Saint-Domingue.* Les bords de la mer, et plusieurs montagnes de cette île, sont couverts de plants de vigne que l'on nomme *raisiniers,* et qui produisent des grappes de 0ᵐ,417 de longueur sur 0ᵐ,167 de diamètre, dont les grains, d'un rouge cramoisi foncé, sont gros comme de petits œufs de pigeon. On trouve aussi, dans les forêts, des ceps qui s'attachent aux arbres et montent jusqu'à leur sommet. La vigne n'est cultivée que dans les habitations et seulement pour en manger le fruit ; mais on assure qu'il y avait autrefois des vignobles qui auraient pu devenir très-productifs : on cite particulièrement l'habitation de SAINT-MARTIN, attenant à la ville du Port-au-Prince, dont les vignes rapportaient d'excellents raisins, et l'habitation des GRANDS-BOIS, où l'on récoltait 25 barriques de vin par an. Il y a encore plusieurs plantations de vigne au môle SAINT-NICOLAS, et dans quelques autres cantons.

La boisson ordinaire des îles est une liqueur fermentée nommée *ouycou*, que l'on fait avec des cassaves, des patates, des cannes à sucre et des bananes, que l'on écrase et que l'on met fermenter avec de l'eau. Cette liqueur est rougeâtre et ressemble à de la bière forte ; quoiqu'elle enivre aisément, elle est nourrissante et rafraîchissante. Les Européens s'accoutument à cette boisson aussi facilement qu'à la bière. Le *maby* est une autre liqueur dont on fait aussi un très-grand usage. Elle se prépare avec des patates, du sirop de sucre et des oranges aigres, que l'on met fermenter pendant trente heures dans de l'eau. Elle est blanche et ressemble beaucoup au meilleur poiré de Normandie ; on la trouve plus rafraîchissante et plus agréable que l'ouycou : mais elle enivre plus promptement, et occasionne des coliques venteuses sitôt qu'on en fait le moindre excès. Les nègres des sucreries font une boisson qu'ils nomment *grappe* avec le suc de cannes bien écumé et le jus de quelques citrons. Cette liqueur, qui se boit chaude, est d'un excellent usage pour la poitrine ; elle soutient, elle désaltère et produit l'effet d'un bon bouillon.

L'eau-de-vie de cannes, qui se fait aux îles avec les écumes et les sirops du sucre, est la passion commune des Américains, des Nègres et des Européens qui ne sont pas assez riches pour faire provision de celle de France. Ils en font du punch et plusieurs autres boissons. Le *sang-gris* est composé d'eau-de-vie, de vin de Madère et de jus de citron, avec de la cannelle et du girofle en poudre, beaucoup de muscade et une croûte de pain brûlé. La *limonade anglaise* se fait avec de l'eau-de-vie, du vin de Canarie, du sucre, du jus de citron, toutes sortes d'épices, et de l'essence d'ambre. On prépare aussi une espèce de vin des plus agréables avec le jus des *ananas*, que l'on fait fermenter pendant vingt-quatre heures : cette liqueur est enivrante et malfaisante quand on en boit beaucoup.

DOUANES. Les droits d'importation dans l'île d'Haïti sont fixés ainsi :

Vins rouges et blancs, en barriques de 60 gallons (2ᵗ,27), 3 gourdes ou 16 fr. 20 la barrique ;

Vins rouges et blancs, en caisses de 12 bouteilles, 0 g. 50 ou 2 fr. 70 la caisse ;

Vins de Madère, de Ténériffe, Malaga, Benty, muscat, du Cap, en bouteilles, le gallon 0 g. 12 ou l'hectolitre 28 fr. 53 ;

Vins de Champagne, de Porto, du Rhin, en caisses de 12 bouteilles, 0 g. 50 ou 2 fr. 70 la caisse ;

Vins muscat, de Malvoisie et autres de desserts, en caisses de 12 bouteilles, 0 g. 50 ou 2 fr. 70 la caisse;

Vins blancs ou colorés de Marseille, dits façon Madère, en futailles, le gallon 0 g. 12, l'hectolitre 28 fr. 53.

L'île de CUBA, la plus grande des Antilles, située au sud des Lucayes, au nord de la Jamaïque et à l'ouest de Saint-Domingue, a des treilles qui fournissent de bons raisins pour la table; mais on n'y fait pas de vin, celui qui s'y consomme est un article assez considérable des importations.

DOUANES. Les vins d'Espagne, importés, sous pavillon national, des ports de la Péninsule et des îles adjacentes, payent 5 pour 100 de leur valeur. Les vins étrangers importés, par navires espagnols, d'un port de la Péninsule payent 13 1/2 pour 100. Les vins étrangers importés par navires nationaux, et les vins d'Espagne importés par navires étrangers, payent 18 pour 100. Il faut ajouter à ces droits 1° celui dit *armamento*, qui est de 3 pour 100; 2° le droit de balance, qui est de 1 pour 100 du montant total des droits de douane.

AMÉRIQUE MÉRIDIONALE.

§ VII. *Républiques de* COLOMBIE, *de la* NOUVELLE-GRENADE *et de* VENEZUELA.

Le territoire de ces républiques, placé sous l'équateur, est exposé à une trop haute température pour que la vigne puisse y prospérer, aussi l'on n'en rencontre que très-peu; mais les vins de France y sont un objet d'importation assez considérable.

Le tarif des douanes de ces pays change fréquemment. Voici le dernier qui ait été établi dans la république de Venezuela (en vigueur en 1865).

Vins de Bourgogne, Champagne, Madère, Xérès, Porto :

Les 12 bouteilles.........	13f,20
L'hectolitre..............	54,75

Vins rouges de Catalogne, Marseille, Bordeaux et autres :

Les 12 bouteilles.........	4f,40
L'hectolitre..............	13,69

Vins communs et fins :

Les 12 bouteilles.........	7f,00
L'hectolitre..............	19,91

§ VIII. GUYANE.

La vigne, le grenadier et le figuier sont les seuls arbres fruitiers transportés d'Europe qui aient réussi dans quelques parties de cette vaste contrée ; mais les raisins pourrissent pendant la saison pluvieuse, et sont dévorés par les insectes dans les temps chauds.

Les nègres de SURINAM font en abondance du *vin de palmier ;* ils se le procurent par une incision de 0^m,533 carrés dans le tronc de l'arbre, en reçoivent le jus dans un vase et le mettent fermenter au soleil : cette boisson est agréable, fraîche, et assez forte pour enivrer.

Les Indiens libres ont plusieurs sortes de boissons, et entre autres le jus du fruit qu'ils nomment *coumou*. L'arbre qui le produit est un palmier de la plus petite espèce ; ses semences sont renfermées dans des baies d'un bleu pourpré, qui ressemblent à des grappes, et dont la pulpe adhère légèrement à un noyau dur et rond comme une balle de pistolet. On fait macérer ces baies dans de l'eau bouillante jusqu'à dissolution, et l'on y ajoute du sucre et de la cannelle ; cette boisson a un goût prononcé de chocolat. Un autre breuvage, que les Indiens appellent *pivori*, est une mixtion de pain de *cassave* (1) mâché par les femmes et fermenté dans de l'eau ; elle a le goût de la bière douce anglaise, et peut enivrer. Le pain de maïs ou blé d'Inde sert aussi aux naturels de la Guyane pour faire une autre liqueur : ils l'émiettent et le font macérer dans de l'eau jusqu'à ce que cette infusion fermente comme la précédente ; elle se nomme *chiacoar*. On en prépare encore une quatrième appelée *cassiry* : c'est un composé d'ignames, de cassave, d'oranges aigres et de sucre ou de thériaque, bien macérés et fermentés dans l'eau. Tous ces breuvages sont enivrants quand on en fait excès.

§ IX. PÉROU *et* BOLIVIE.

La province de LIMA, formée de la majeure partie de l'ancien Pérou, est située sous la zone torride, dans l'Amérique méridionale ; elle est très-fertile en vignes, et l'on en rencontre dans

_____

(1) Farine faite avec la racine de manioc séchée.

toutes ses parties. La ville de Lima, qui en est la capitale, fait
un commerce fort étendu des vins et des raisins qui y sont
apportés des différents vignobles, et particulièrement de la corrégidorerie d'ICA, qui en fournit une grande quantité. On
estime particulièrement ceux de LUCOMBA et du LAC, comme
étant les plus fins; on recherche aussi ceux des environs de
PISCO, à 200 kil. E. de LIMA.

La province de TRUXILLO, située sous les 8° et 9° degrés de
latitude méridionale, a de nombreux vignobles, dont les principaux sont dans les corrégidoreries de TRUXILLO, de ZANA et
de SAINT-JACQUES; cette dernière récolte assez de vins et de
fruits pour en envoyer à Panama dans la Colombie; ils sont
chargés par mer dans le port de Chaquo.

La province de GUAMANGA fait beaucoup de vins et d'eaux-de-
vie, surtout dans la corrégidorerie de PARINACOCHAZ; ses habitants, presque tous voituriers, les conduisent dans la province
de Cuzco et à Cumana, dans la république de Colombie, où ils
les échangent contre d'autres marchandises.

La province de CUZCO a des vignobles; les vins et les eaux-de-
vie font l'une des principales richesses de la corrégidorerie de
CALLAHUAS.

La province d'AREQUIPA, qui s'étend le long des côtes de
l'océan Pacifique, tant au pied des Andes ou Cordillières que sur
l'escarpement et le dos même de cette chaîne de montagnes, est
la plus belle et la plus fertile des quatre grandes provinces de
l'ancienne vice-royauté de Lima. La vigne y est partout cultivée,
et fournit des récoltes abondantes. La corrégidorerie de MOQUE-
HUA produit une quantité considérable de vins et d'eaux-de-vie
qui s'exportent dans différents pays. Celle de CANAMES fait aussi
de fortes expéditions dans les provinces voisines; mais les vignobles les plus intéressants de ce gouvernement sont ceux de
la corrégidorerie d'ABICA: on y récolte, dans la vallée de
SAUMBA, des vins estimés, et l'on y fait beaucoup d'eaux-de-vie.

La province de la PAZ a quelques vignobles, mais leur produit ne suffit pas aux besoins de ses habitants, qui tirent une
certaine quantité de vin et d'eau-de-vie des autres provinces.

La province de CHARCAS, ou Pérou méridional, a plusieurs
vignobles. La corrégidorerie de SICASICA fournit de bons vins;
celles de JAMPARNES, de MIZQUE, de LIPES et de PITAYAL-EL-
PASPAYA en produisent beaucoup; la dernière surtout en récolte assez pour donner lieu à la fabrication d'une grande quantité d'eaux-de-vie qui sont estimées.

Le principal commerce des vins et des eaux-de-vie se fait à Lima, où toutes les marchandises des provinces sont déposées et embarquées sur la flottille qui part du port de Callao pour aller à Panama, qui est le rendez-vous de tout le commerce du Chili et du Pérou.

Cobija ou Port-la-Mar, sur l'océan Pacifique, dans la province d'Atacama, est un port franc récemment créé par le gouvernement bolivien, dans lequel tous les bâtiments étrangers entrent librement, déchargent leurs marchandises et les déposent dans les magasins construits à cet effet, sans acquitter aucun droit de déchargement ou de réembarquement.

DOUANES DU PÉROU.

Vins de Bourgogne, de Chypre, de Madère, de Xérès, de Porto et Vermouth, en bouteilles, les 12 bouteilles, 2 piastres 4 ou 15 fr. 50 ; en d'autres récipients, le gallon 0.6 de piastre ou 89 fr. 15 l'hectolitre.

Vins de Champagne, les 12 bouteilles, 4 piastres ou 21 fr. 60.

Vins de tous autres crus, en bouteilles, les 12 bouteilles, 1 piastre 4 ou 8 fr. 10 l'hectolitre.

Vins de tous autres crus, en d'autres récipients, le gallon 0 p. 4 ou 44 fr. 57 l'hectolitre.

§ X. Brésil.

La vigne prospère dans plusieurs parties de cet empire ; elle donne trois récoltes par an, en mars, en mai et en septembre ; mais cet arbuste n'est cultivé que pour en manger le fruit. Il n'y a aucun vignoble important, et l'on ne fait pas de vin. Les habitants préparent, comme dans toute l'Amérique, des boissons fermentées de différentes espèces, et ils tirent des vins de toutes les contrées vinifères, notamment des îles Açores, Canaries et Madère.

Les mesures en usage pour la vente des liquides sont le *quartilho*, de 34^l,90; la *canada*, composée de 4 quartilhos ; la *medida*, de 2^l,65 ; le *cantaro*, de 6 canadas ; l'*almude*, de 2 cantaros ou 16^l,74 ; la *pipa*, de 26 almudes, et le *tonnel*, de 2 pipas, ou 870^l,41.

33

DOUANES DU BRÉSIL.

Vins mousseux........	2,400 reïs la canada ou	238f,92 l'hectol.	
— doux de toute sorte.	700	—	69,72 »
— secs —	—	320	—	31,85 »

(Ce qui équivaut à 50 0/0 de la valeur.)

Les vins en bouteilles ou dans des contenants de faïence
payent 25 0/0 en sus, les droits par les contenants compris.

§ XI. LA PLATA, URUGUAY, PARAGUAY, CHILI.

Le PARAGUAY contient très-peu de vignes, soit parce que le
terrain n'est pas propre à cette culture, soit parce que les missionnaires ont empêché qu'elles ne devinssent trop communes,
afin de prévenir les désordres que pourrait produire le vin. Les
Indiens remplacent cette liqueur par une espèce de bière nommée *chica* ou *ciccia*, qu'ils regardent comme la boisson la plus
délicieuse : elle se prépare avec de la farine tirée du maïs, que
l'on a fait germer dans de l'eau et passer au four avant de le
moudre. On assure que cette liqueur est plus agréable au goût
que le cidre, plus légère et plus saine que la bière d'Europe ;
qu'elle augmente les forces et entretient l'embonpoint : elle est
aussi très-susceptible d'enivrer quand on en boit avec excès.

La province de BUENOS-AYRES a peu de vignes ; elle tire beaucoup de vin et d'eau-de-vie de la corrégidorerie de Cuyo, dans
le Chili.

Le TUCUMAN, situé entre les 24° et 30° degrés de latitude méridionale, est très-fertile dans plusieurs de ses parties ; la vigne y
est cultivée avec succès, et fournit abondamment aux besoins
des habitants.

Le CHILI, bande de terre de 1,200 kil. de longueur et 60 de
largeur, sur le grand Océan, est situé entre les 25° et 42° degrés
de latitude méridionale. La vigne est cultivée dans beaucoup
d'endroits, et y parvient à des dimensions colossales. On assure
que les ceps atteignent quelquefois jusqu'à 0m,280 et 0m,333 de
diamètre, et que les grappes sont extrêmement volumineuses.
Les corrégidoreries de COPIAPO, de COQUIMBO, de QUILLOTA, de
VALPARAISO, de MELIPILLA, de SANTIAGO, de MAULE et de LA
CONCEPTION ont toutes des vignobles plus ou moins étendus ;
mais aucune n'en a d'aussi considérables que celle de CUYO,
située dans la partie orientale de cette république, nommée

Transmontano, et qui occupe un grand espace entre les 30° et 35° degrés de latitude : elle produit assez de vin pour fournir à la fabrication d'eaux-de-vie et à des exportations importantes que l'on fait, chaque année, pour Buenos-Ayres, Montevideo et tout le Paraguay, où l'on ne boit guère d'autres vins. Ceux-ci ne paraissent pas agréables aux personnes qui en boivent pour la première fois : ils ont la couleur d'une potion de rhubarbe et de séné, et leur goût, qui provient du terroir ou des peaux de bouc goudronnées dans lesquelles on les transporte, approche assez de celui de ces drogues. Cependant, lorsqu'on en a bu pendant quelques jours, on les trouve fort bons ; ils ont du corps et beaucoup de chaleur. On prépare aussi des raisins secs qui entrent dans le commerce d'exportation, comme les vins et les eaux-de-vie.

Les expéditions n'ont pas lieu par mer ; on a trouvé plus prompt, plus sûr et moins dispendieux de les faire par terre, quoiqu'il y ait 1,416 kil. de Santiago à Buenos-Ayres, sur lesquels il y en a 160 à travers les neiges et les précipices des Cordillères.

DOUANES DE CHILI.

Vins blancs.

En bouteilles ordinaires, 12 bouteilles.......	1 piastre 25	ou 6f,75
En plus grands contenants, le litre..........	0,06,60	ou 0,36

Vins rouges.

En bouteilles ordinaires, 12 bouteilles........	1 piastre	ou 5,40
En plus grands contenants, le litre............	0,06,06	ou 0,36

La PATAGONIE, la TERRE-DE-FEU et les îles qui en dépendent terminent l'Amérique méridionale du côté du pôle antarctique ; elles ne sont habitées que par des sauvages.

CLASSIFICATION.

Les renseignements que j'ai obtenus sur le caractère et la qualité des vins récoltés dans cette partie du monde ne sont pas assez certains pour que je puisse indiquer positivement le genre auquel ils appartiennent, et assigner à chacun d'eux le rang qu'il doit occuper. Cependant je crois pouvoir considérer les vins de Passo-del-Norte et de Paras comme des vins de liqueur de 2° classe ; ceux de Saint-Louis-de-la-Paz et de Zelaya, dans le Méchoacan, seraient alors de la 3°.

Les vins de San-Diego, San-Juan, Capris-Trano, San-Gabriel, San-Bonaventura, Santa-Barba, San-Luis-Obispo, Santa-Clara et San-Jose, dans la Californie et dans le Mexique, et ceux des nombreux vignobles des provinces de Lima, de la Plata et du Chili, dans l'Amérique méridionale, du pays des Illinois et des bords de l'Ohio, dans les Etats-Unis, me semblent parcourir toutes les nuances de qualité de ceux de 3°, 4° et 5° classes. Les vins rouges que l'on récolte près du Nouveau-Madrid, dans la haute Louisiane, et de Philadelphie, dans les Etats-Unis, ne peuvent entrer que dans la 5°.

CHAPITRE XVII.

Australie.

L'Australie se compose d'un continent, longtemps connu sous le nom de la Nouvelle-Hollande et d'un certain nombre d'îles. Nous n'avons aucun renseignement précis sur ces îles dont quelques-unes, favorablement situées, produisent certainement des raisins de table, mais le continent australien, où florissent maintenant les grandes colonies de la Nouvelle-Galles du sud (Sydney), Victoria et Adélaïde, n'a pas voulu rester en arrière des autres contrées civilisées, et dès 1813 ou 1814 un propriétaire entreprenant, M. Gregory, à Blaxland, fit quelques essais couronnés de succès. En 1830, M. James Bushy entreprit un voyage en France et en Espagne pour recueillir des plants à transporter dans la Nouvelle-Galles du sud, et les plantations qu'il fit à Camden s'étendirent en 1833 sur 5 acres (2 hectares). En 1837, des vignerons allemands, au nombre de six familles (30 âmes), vinrent des bords du Rhin renforcer la colonie viticole de Camden, et ils furent suivis par d'autres immigrants habitués à cette culture et venant de Bade et de Wurtemberg.

M. Bushy fut imité par d'autres cultivateurs qui essayèrent des cepages très-différents, parmi lesquels on cite surtout les suivants comme ayant le mieux réussi : Riesling (Rhin), Verdeilho (Madère), Amaro (Landes, France), Lafolle (Charente), l'Enrageat (Gironde), Gouais (France), puis Carbinet, Malbec, Verdot, Seyras ou Syras sans désignation d'origine.

On ne connaît pas la production totale de l'Australie; mais, à l'époque de l'exposition universelle de 1862, on a vu, à Londres, des échantillons des produits de la Nouvelle-Galles du sud, où l'on évalue l'étendue des vignobles à 1,000 ares (400 hectares) produisant 110,000 gallons, ou environ 5,000 hectol. de vin et une faible quantité d'eau-de-vie.

CHAPITRE XVIII.

Classification générale des vins étrangers.

S'il s'est glissé des erreurs dans la classification générale des vins de France, qui termine la première partie de cet ouvrage, je dois craindre d'en commettre davantage dans celle-ci, une partie des renseignements d'après lesquels je l'ai rédigée m'ayant été fournie par des savants et des relations de voyageurs souvent étrangers à l'art de déguster et d'apprécier les vins. Cependant, ne m'étant pas borné à consulter un seul ouvrage sur chaque pays ; ayant, au contraire, comparé les opinions d'un grand nombre de voyageurs et obtenu des renseignements positifs de plusieurs négociants des vignobles les plus importants, j'espère que cette partie de mon travail ne sera pas sans intérêt pour les amateurs.

Ce chapitre est divisé en trois paragraphes : le premier comprend les vins rouges non liquoreux, le second les vins blancs du même genre, et le troisième les vins de liqueur, tant rouges que blancs.

Nota. Je ne comprends dans cette classification que les quatre premières classes des vins rouges et des vins blancs, parce que ceux de la 5ᵉ classe ne sont pas assez connus pour indiquer le rang qu'ils doivent y occuper. La même raison m'a déterminé à n'y comprendre que les trois premières classes de vins de liqueur.

§ I. VINS ROUGES NON LIQUOREUX.

Première classe.

Aucun des vins que l'on récolte dans les pays étrangers ne réunit toutes les qualités qui distinguent ceux de la même espèce que produisent les premiers crus de quelques vignobles de France, et les meilleurs ne peuvent être comparés qu'à nos vins de 2ᵉ classe, avec lesquels ils ont, en général, peu d'analogie. Cependant je pense que le choix des vins du *haut Douro*, dans les provinces de Traz-os-Montes et de Beira, en PORTUGAL, peut être compris dans cette 1ʳᵉ classe.

Vins rouges. — Deuxième classe.

L'ALLEMAGNE ne présente ici que les vins de 1ʳᵉ qualité d'As-manhausen, dans le duché de *Nassau*.

EMPIRE D'AUTRICHE. Les meilleurs de Bude, Sirmien, Erlau, Gyœngyœsch, OEdenbourg, Rutz, Doudels-Kirchen, Cschepreg, Hidegschig, Bossi, Rieck et Kreuz, en *Hongrie;* enfin ceux de quelques crus du mont Calemberg, dans la *basse Autriche*.

ESPAGNE. Les vins rouges d'Olivenza, dans l'*Estramadure,* sont les seuls qui puissent entrer dans cette classe.

PORTUGAL. Les vins dits de *factorerie*, à Porto, venant des provinces de Traz-os-Montes et de Beira, avec les meilleurs de Moncâo, dans celle d'*Entre-Douro-e-Minho*.

TURQUIE. Les meilleurs vins d'Arinse et de Mesta, dans l'île de *Scio*.

ILES IONIENNES. Les meilleurs vins d'Ithaque, de Zante et de Céphalonie.

GRÈCE. Une petite quantité des meilleurs vins de Mega-Spi-leon, Pyrgos, Saint-Georges, Phocia, Tripolitza, Androuza, Nisi et Modon, dans la *Morée*, et des îles de Scopolo et de Tine.

ASIE. Les vins de Schiras et d'Ispahan, en *Perse,* et les meilleurs de la vallée de Cachemire, dans l'*empire des Afghans*.

ILE DE MADÈRE. Le meilleur des vins nommés *tinto*.

Vins rouges. — Troisième classe.

ALLEMAGNE. Quelques-uns des vins du duché de *Nassau;*
ceux nommés *bleichert* à Neuwied, Lintz, Altenahr, Dernau,
Mayschofl, Rech, Arhweiler, Bruck, Creutzberg, Hœnningen et
Kesseling, dans la province rhénane de Prusse, les meilleurs de
Bessigheim et de quelques autres vignobles du Necker, dans le
royaume de *Wurtemberg*, enfin ceux de Kœnigsbach et de
Wangen, dans le royaume de *Bavière*.

EMPIRE D'AUTRICHE. Les vins de 2ᵉ qualité des crus cités dans
la 2ᵉ classe, et le choix de ceux des comtés de Presbourg, Neytra,
Barsch, Neogard et Wesprin, en *Hongrie;* de Wersit, dans le
Banat; de Poleschowitz et de Brunn, en *Moravie;* de Bolzano,
dans le *Tyrol;* de quelques crus de la *Carniole*, de l'*Esclavonie*,
de l'*Istrie* et de la *Dalmatie*.

SUISSE. Les vins de Faverge et de Cortaillods, dans la principauté de *Neuchâtel*.

ITALIE. Le choix des vins de Carmignano et de quelques autres vignobles du Florentin, dans la *Toscane;* de l'Ermitage de
Monte-Serrato, île d'*Elbe;* d'Albano, Orvietto et Terni, dans
l'*État romain;* de Bari et Reggio, royaume de *Naples;* des îles
de *Caprée* et d'*Ischia;* de Mascoli, de Taormina et du Faro, en
Sicile; enfin du Brescian, du Bergamasque, de la Valteline, et du
comté de Chiavenne, dans le royaume *lombardo-vénitien*.

ESPAGNE. Les vins de Valdepenas, dans la *Nouvelle-Castille*.

PORTUGAL. La plupart des vins fins du haut Douro, dans les
provinces de *Traz-os-Montes* et de *Beira*, avec ceux de Torres-
Vedras, dans l'*Estramadure*.

RUSSIE. Les vins de Koos en *Crimée;* ceux de Zimlansk, dans
le pays des *Cosaques du Don;* de Tcheniedaly et de Mokozange,
en *Kakétie;* de Tiflis et de Chamakhi, dans le *Schirvan*.

TURQUIE. Les vins de quelques crus des environs de Cotnar,
en *Moldavie;* de Valone, Loucovo et Dzidza, dans l'*Albanie;*
de Chastita, en *Macédoine;* de Kissamos, *île de Candie;*
d'Amodos, *île de Chypre;* enfin du Kesroan et du Liban, en
Syrie.

GRÈCE. Les meilleurs vins de Lépante, Chéronée, Mégare et
Polioguna, en *Livadie;* et les meilleurs vins de Corfou, de
Sainte-Maure et de Cérigo.

ASIE. Les vins de Kasbin et d'Yesed, en *Perse*.

AFRIQUE. Les meilleurs du cap de *Bonne-Espérance*.

Vins rouges. — Quatrième classe.

ALLEMAGNE. Une bonne partie des vins rouges du Necker, dans le royaume de *Wurtemberg* et le grand-duché de *Bade*.

EMPIRE D'AUTRICHE. Une grande partie des vins des crus cités dans les 1re et 2e classes; ceux de Podskalski et de Melick, en *Bohême;* les meilleurs des comtés de Zips, d'Arva, de Lipto et du banat de Temeswar, en *Hongrie;* de Warasdin et de Saint-Georges, en *Croatie;* de Medswisch, Birthalmen et Megesward, en *Transylvanie*.

SUISSE. Les vins de Boudry et Saint-Aubin, canton de *Neuchâtel;* de Thayengen, canton de *Fribourg;* les meilleurs du Rhinthal, du Bouchberg et de Bernang, canton de *Saint-Gall;* de Wintberthur, canton de *Zurich;* de Bade, Kaiserstuhl, Eglisau, Lentzbourg et Aarau, canton d'*Argovie;* d'Erlac, canton de *Berne;* de Frangy et Monnetier, canton de *Genève;* de Martigny, dans le *Valais;* enfin de Bellenzone, de Locarno, Lugano et Mendrisio, dans le canton du *Tessin*.

ITALIE. Les meilleurs vins d'Asti, Chaumont et Albe, dans le *Piémont;* de Bellet, comté de *Nice;* de Novi, Céva et Savone, duché de *Gênes;* de Bosa, Alghieri, Sassari et de l'Ogliastra, *île de Sardaigne;* de quelques crus des duchés de *Parme,* de *Modène,* de *Massa* et de la principauté de *Lucques;* quelques-uns de ceux du Milanais, plusieurs de ceux du *Florentin,* du *Pisan* et du *Siennois,* dans la *Toscane;* de Porto-Longone, *île d'Elbe;* de Viterbe, la Riccia et Saint-Martin, dans l'*État romain;* de Fundi et de la Campanie, royaume de *Naples;* de Messine, de Catane, Agosta, Castellamare, Alcano et Palerme, dans l'*île de Sicile;* enfin des *îles Lipari*.

ESPAGNE. Les vins rouges de Cardone, en *Catalogne;* de Tierra-del-Campo, Rioxa, Miranda-de-Ebro et Cabezon, dans la *Vieille-Castille;* de Manzanarès, d'Albacette, de Ciudad-Réal et de Calatrava, dans la *Nouvelle-Castille;* les meilleurs de Bénicarlo et de Vinarôz, dans le royaume de *Valence;* ceux de Moguer, de Cordoue et le *negro rancio* de Xérès et de Rota, dans l'*Andalousie;* enfin ceux d'Aleyor, dans l'*île de Minorque*.

PORTUGAL. Les meilleurs vins de *Minho;* une assez grande quantité de ceux de tous les vignobles du haut Douro, dans les provinces de *Traz-os-Montes* et de *Beira;* de Barra-a-Barra; Cadafaès, Colares et Santarem, dans l'*Estramadure;* de Vidiguiera, Baja et Elvas, dans l'*Alemtejo*; de Sines et de Faro, dans les *Algarves*.

RUSSIE. Les meilleurs vins de Sudagh, en *Crimée*; des gouvernements d'*Astracan* et de *Saratof*; de Kisliar, dans la *Circassie* septentrionale; de Vachery, de Ghend'jé et de plusieurs autres vignobles de la *Kakétie*; de Gharthis-Kari, Moukhran et Douchett, en *Kartalinie*; de Vartsike, Bagdad, Dimi et Simmonnetti, en *Immiretie*; d'Odeschi, en *Mingrelie*; de Derbent, dans le *Daghestan*; et de Montgatchaour, dans le *Schirvan*.

TURQUIE. Les vins de plusieurs crus de la *Moldavie* et de la *Valachie*; de Pravadi, dans la *Bulgarie*; de Belgrade et de Pristina, en *Servie*; de Herseck, en *Bosnie*; de Popoco, dans l'*Herzegovine*; de Liascovo, Stalovo, Manussi, Calota, Zagori, Conitza, Tharchof, Argyro-Castron, Delvinafii, Gribovo, Calarites, Chaliki, Milias, Moussara, Voûtza et Perrhébie, dans l'*Albanie*; de Kiprio, Piliori, Crotova, Florina, Touri, Coutourachi, Galistas et Resné, en *Macédoine*; des coteaux situés entre Philippopolis et Andrinople, en *Roumanie*; de Larisse, Tempé, Cachia et Arta, en *Thessalie*; de plusieurs crus des îles de *Candie, Rhodes, Samos, Ténédos* et *Chypre*; d'Angora, Isnie, Maita, Lampsaque et Smyrne; dans l'*Asie Mineure*; enfin du Kesroan, de Much-Muché et de plusieurs autres crus de la *Syrie*.

GRÈCE. Les meilleurs vins d'Arta, Limni et Comboti, en *Acarnanie*; de Volentza, Boutohica et du vallon de Phocia, dans la *Morée*; et ceux de l'*île Miconi*. Quelques-uns des vins des îles Ioniennes.

ASIE. Les vins de l'Aderbidjan et de plusieurs autres parties de la *Perse*; de Lahor, dans l'*Inde*, et les meilleurs de l'*Arabie Heureuse*.

AFRIQUE. Quelques vins du cap de *Bonne-Espérance* et les meilleurs du Fayoum, en *Egypte*.

AMÉRIQUE. Les meilleurs vins des provinces de Lima, de la Plata et du Chili, dans l'*Amérique méridionale*; du pays des Illinois et des bords de l'Ohio, dans l'*Amérique septentrionale*.

Les vins de tous les vignobles que je n'ai pas cités ici m'ont paru ne pouvoir entrer que dans la 5e classe.

§ II. VINS BLANCS.

Première classe.

ALLEMAGNE. Les vins secs du château de Johannisberg ; les meilleurs de Rudesheim, Steinberg, Graffenberg, Hochheim et Kidrich, dans le *duché de Nassau ;* celui nommé *liebfrauenmilch*, à Worms, grand-duché de *Hesse-Darmstadt ;* enfin ceux des vignes de Leist et de Stein, à Wurtzbourg, dans le royaume de *Bavière.* Les sept premiers sont des vins du Rhin, et les deux autres des vins de Franconie.

ESPAGNE. Les vins secs provenant de vignobles dits de *terre blanche*, à Xérès, et ceux des premiers crus de Paxarète, en *Andalousie.*

ILES DE L'OCÉAN ATLANTIQUE. Les vins secs nommés *sercial* dans l'*île de Madère.*

Vins blancs. — Deuxième classe.

ALLEMAGNE. Les vins dits du *Rhin*, de 2ᵉ qualité, des crus cités dans la 1ʳᵉ classe, avec les meilleurs de Wickert, Kostheim et Geisenheim, dans le *duché de Nassau ;* de Bingen, *grand-duché de Hesse-Darmstadt ;* de Bacharach, *province rhénane de Prusse ;* les vins de *Franconie*, récoltés à Wurtzbourg et à Salecker ; ceux du *Palatinat*, que l'on récolte à Roth, Deidesheim, Durkheim et Harxheim, dans le royaume de *Bavière ;* enfin les vins de *Moselle*, provenant de Pisport, Zeltingen, Otisberg, Braunemberg, Schartzberg et Dossemond, dans la *province rhénane.*

EMPIRE D'AUTRICHE. Le vin nommé *schiracker*, dans le comté de Nagyonther, en *Hongrie ;* quelques-uns de ceux du mont Calemberg, dans la *basse Autriche*, et de Luttemberg, en *Styrie.*

ITALIE. Les vins secs de Marsalla et de Castel-Veterano, en *Sicile*, sont comparables à ceux de 2ᵉ qualité de l'île de Madère.

ESPAGNE. Les vins nommés *rancio* à Peralta, en *Navarre ;* les vins secs de 2ᵉ qualité, à Xérès, avec les meilleurs de Montilla, en *Andalousie*, et de Malaga, dans le royaume de *Grenade.*

PORTUGAL. Les vins secs de Celleiros, dans la province de *Traz-os-Montes ;* de Termo, dans celle de *Beira ;* d'Æiras, Carcavellos, Setuval et Bucellas, en *Estramadure.*

TURQUIE. Le vin dit *de loi*, à Rétimo, et plusieurs autres de l'île de *Candie*; le *nectar* de Mesta, île de *Samos*; et le *vin d'or* du mont Liban, en *Syrie*.

GRÈCE. Une petite quantité de ceux de Mega-Spileon, Pyrgos, Saint-Georges, Phocia, Tripolitza, Androusa, Nisi et Modon, dans la *Morée*; enfin les îles *Scopolo* et *Tine*.

ASIE. Les vins secs de Schiras et d'Ispahan, en *Perse*, et les meilleurs de la vallée de Cachemire, dans l'*empire des Afghans*.

ÎLES DE L'OCÉAN ATLANTIQUE. Les vins secs de 2ᵉ qualité de l'*île de Madère* et les meilleurs de l'*île Ténériffe*.

Vins blancs. — Troisième classe.

ALLEMAGNE. 1° Les vins du *Rhin*, de Rauenthal, Geisenheim, Nierstein, Oppenheim et Laubenheim, dans le *grand-duché de Hesse-Darmstadt*; de Badenweiler, Fenerbach, Laufen, Eberbach, Klingenberg et Heidelberg, dans le *grand-duché de Bade*; enfin des meilleurs crus de Kœnigsbach, Neustadt, Forst, Ungstein, Grunstadt et Wertheim, dans la *Bavière rhénane*. 2° Les *vins de la Franconie*, récoltés à Escherndorf, Volkach, Sommerach, Schalksberg et Schweinfurt, aussi dans le royaume de *Bavière*. 3° Les vins dits de *Moselle*, de Trèves, Wehlen, Graach, Becherbach, Litzerhecken et Rutz, dans la *province rhénane*. 4° Les *vins de la Nahe*, que l'on fait à Steeg, Stegerberg, Ober-Wesel, Montzingen, Maas, Huhn et Diebach, dans la même province.

EMPIRE D'AUTRICHE. Les vins de 2ᵉ qualité des crus cités dans la 2ᵉ classe, et le choix de ceux des comtés de Presbourg, Neytra, Barsch, Neogard et Wesprin, en *Hongrie*; de Wersits, dans le *banat* de Poleschowitz et Brunn, en *Moravie*; de Bolzano et de Brixen, dans le *Tyrol*; de quelques crus de la *Carniole*, de l'*Esclavonie*, de l'*Istrie* et de la *Dalmatie*.

SUISSE. Les vins de Cully et de la côte des Dessalés, canton de *Vaud*.

ITALIE. Les vins d'Arcetri et de quelques autres cantons de la *Toscane*; du Brescian, du Bergamasque, de la Valteline et du comté de Chiavenne, dans la *Lombardo-Vénétie*; les meilleurs de l'île d'*Elbe*, de l'*État romain*, du royaume de *Naples*, de plusieurs crus des îles de *Sicile*, *Caprée*, *Ischia* et *Lipari*.

ESPAGNE. Les vins de Valdepenas, dans la *Nouvelle-Castille*, les meilleurs de Mansanilla, en *Andalousie*, et ceux nommés *albaflor*, dans les îles de *Majorque* et de *Minorque*.

PORTUGAL. Les vins de Lamalonga, province de *Traz-os-Montes*, et ceux de Tavira, dans les *Algarves*.

RUSSIE. Les vins blancs mousseux et non mousseux de Sudagh, Théodosie et Affiney, en *Crimée ;* de Rasdorof, dans le pays des *Cosaques du Don ;* des meilleurs crus du gouvernement d'*Astracan ;* de Sarepta, dans celui de *Saratof ;* de Tcheniedaly et de Mokozange, dans la *Kakétie* et de quelques crus des autres vignobles.

TURQUIE. Les vins de plusieurs crus de la *Moldavie*, de l'*Albanie*, de la *Macédoine* et de l'île de *Candie ;* ceux du Kesroan et de quelques autres vignobles de la *Syrie*.

GRÈCE. Ceux de quelques crus de Lépante, Chéronée, Mégare et Polioguna, dans la *Livadie*.

ASIE. Les vins de Kasbin et d'Yesed, en *Perse*.

AFRIQUE. Les meilleurs vins secs des districts de la Perle, de Dragestein et de Stellenbosch, au cap de *Bonne-Espérance*.

ILES DE L'OCÉAN ATLANTIQUE. Une partie des vins secs des îles *Madère* et *Ténériffe*, avec les meilleurs vins des îles *Brava, Canaries, Gomer, Palme, Fer* et des *Açores*.

Vins blancs. — Quatrième classe.

ALLEMAGNE. Les vins dits de l'*Aar*, récoltés à Valporzheim et à Bodendorf; ceux de *Moselle* faits à Affenbourg, Hamen, Strang, Elzenberg, Alsenberg, Lutz, Riol, Neumagen, Wintrich, Lieser, Craef, Berncastel, Uürzig et Traben-sous-Rissbach, dans la province rhénane de Prusse ; les *vins du Rhin*, de Mayence, Bodenheim, Gauhischeim et Nackenheim, dans le *grand-duché de Hesse-Darmstadt ;* de Bischofsheim et de Rothenberg, dans la *Hesse électorale*. Ceux de Berg-Zabern, dans la province *bavaroise* de la rive gauche du Rhin; enfin des environs de Bade, Cretzingen, Berghausen et Sellingen, dans le *grand-duché de Bade*.

EMPIRE D'AUTRICHE. Une assez grande quantité des vins des crus cités dans les précédentes classes, les meilleurs de la *Bohême*, des comtés de Zips, d'Arva, Liptau et du banat de Temeswar, en *Hongrie ;* une petite quantité de ceux de la *Croatie* et de la *Transylvanie*.

SUISSE. Les vins de la côte de Rolle, canton de *Vaud ;* de Castalen, Oberflachs et Schinanach, canton d'*Argovie*.

ITALIE. Plusieurs crus du duché de *Montferrat*, du *Milanais*, de la *Toscane*, de l'île d'*Elbe* et de l'*État romain* ; de Baïa et de la Campanie, dans le royaume de *Naples* ; des îles de *Sicile, Caprée, Ischia* et *Lipari*.

ESPAGNE. Les vins de Palma, *île Majorque* ; ceux de l'île d'*Ivica* et un bon nombre de ceux des principaux vignobles du continent espagnol.

PORTUGAL. Les vins de plusieurs crus des provinces de *Minho*, de *Traz-os-Montes* et de *Beira* ; de Torres-Vedras, Barra-a-Barra, Cadafaes et Colares, dans l'*Estramadure*.

RUSSIE. Les vins de 2° qualité des vignobles cités dans la 3° classe et les meilleurs des autres cantons.

TURQUIE. Une partie des meilleurs vins des différents vignobles cités dans les précédentes classes.

GRÈCE. Les meilleurs vins d'Arta, Limni et Comboti, en *Acarnanie*, de Volentza, Boutchica et du vallon de Phocia, dans la *Morée* ; enfin ceux de l'île *Miconi* et des îles Ioniennes.

ASIE. Les vins de l'Aderbidjan, en *Perse*, de Lahor, dans l'*Indostan*, et les meilleurs de l'*Arabie Heureuse*.

AFRIQUE. Une certaine quantité des vins secs du cap de *Bonne-Espérance*.

ILES DE L'OCÉAN ATLANTIQUE. Une assez grande quantité des vins de ces différentes îles.

AMÉRIQUE. Les vins de Saint-Louis-de-la-Paz et de Zelaya, dans le Mexique ; quelques-uns de ceux des provinces de Lima, de la Plata et du Chili, dans l'*Amérique méridionale* ; enfin du pays des Illinois et des bords de l'Ohio ; dans les *États-Unis*, Amérique septentrionale.

Tous les vignobles cités dans cette classification et beaucoup d'autres produisent des vins d'ordinaire et des vins communs qui se rangent dans la 5° classe.

§ III. VINS DE LIQUEUR ROUGES ET BLANCS.

Première classe.

Parmi ces vins, comme parmi ceux des autres genres, il en est peu qui se distinguent par une réunion parfaite et bien combinée de toutes les qualités. Ils se récoltent dans des contrées fort éloignées les unes des autres, et se rencontrent rare-ment dans le commerce, non-seulement à cause du haut prix auquel on les vend, mais aussi parce que les souverains des pays qui les produisent les réservent ordinairement pour leur usage et pour les cadeaux qu'ils en font à d'autres princes.

EMPIRE D'AUTRICHE. Le vin dit de *Tokay*, que l'on récolte à Tarczal, Tokay, Mada, Zombor, Szeghi, Zadany, Tolesva et Erdo-Benye, dans le comté de Zemplin, *haute Hongrie*.

L'ITALIE fournit à cette classe le vin rouge dit *lacrymachristi*, que l'on récolte au pied du Vésuve, dans le *Napolitain ;* les muscats rouges et blancs qu'on fait à Syracuse, en *Sicile*, et le muscat rouge nommé *aleatico*, à Monte-Pulcino, en *Toscane*.

ESPAGNE. Les vins *rouges* nommés *tinto* à Alicante, royaume de *Valence*, et *tintilla*, à Rota, dans l'*Estramadure*. Les vins *blancs* nommés *malvasia* et *pedro-ximenes* à Xérès et à Paxarète, en *Andalousie*, et à Malaga, royaume de *Grenade*.

TURQUIE. Le vin vert de Cotmar, en *Moldavie*, la *malvoisie* de la Canée, dans l'île de *Candie*, et surtout le vin du canton de la Commanderie, dans l'*île de Chypre*.

ASIE. Les vins de liqueur de 1ʳᵉ qualité, rouges et blancs, de Schiras, en *Perse*.

AFRIQUE. Les vins rouges et les vins blancs de Constance, au cap de *Bonne-Espérance*.

ÎLES DE L'OCÉAN ATLANTIQUE. Les meilleurs vins dits de *Malvoisie*, dans l'île de *Madère*.

Vins de liqueur. — Deuxième classe.

EMPIRE D'AUTRICHE. Les vins nommés *ausbruchs* dans le comté de Zemplin, à Saint-Georges, Œdenbourg, Ratchdorf et Erlau, ainsi que l'ausbruch rouge de Menes, Glodova, Gyorok, Paulus et Sirmien, en *Hongrie ;* la *malvoisie* de l'île de Calamota, en *Dalmatie*.

ITALIE. Les vins muscats de Canelli et de Chounbave, dans le *Piémont ;* ceux nommés *nasco, giro, tinto, malvasia* et quelques autres de l'*île de Sardaigne ;* le *vino santo* de Castiglione, et de Lonato, dans la *Lombardo-Vénétie ;* l'*aleatico* de Ponte-a-Mariano, dans la principauté de *Lucques ;* le vin de même nom que l'on fait dans le *Florentin*, à Monte-Catini, Chianti, Montalcino, Riminese, Pont-Ecole et Santo-Stephano, dans le *Siennois ;* le *vermut* et l'*aleatico* de l'*île d'Elbe ;* les vins rouges et les vins blancs d'Albano, le *muscat* de Monte-Fiascone, d'Orvieto et de

Farnèse, dans l'*Etat romain;* les vins *muscats* du Vésuve, de Sainte-Marie-de-Capoue, ·de Coregliano et de Bari, dans le *Napolitain;* enfin le *malvasia* des *îles Lipari.*

ESPAGNE. Les vins rouges nommés *tintilla,* à Xérès et à San-Lucar, en *Andalousie,* le *tinto* de Malaga, et plusieurs autres vins de même espèce des différents vignobles du royaume de *Grenade;* les vins *blancs muscats* de Xérès; [ceux dits de *couleur de cerise, muscat, lacryma* et *malvasia,* à Malaga; le *pedroximenes* de Vittoria, dans la *Biscaye;* ceux dits *grenache,* à Sabayes et à Carinena, dans l'Aragon; le *muscat* de San-Lucar, en *Andalousie;* et le *malvasia* de Pollentia, dans l'*île Majorque.*

PORTUGAL. Les vins *muscats* de Sétuval et de Carcavellos, dans l'*Estramadure.*

TURQUIE. Le vin de Piatra, en Valachie; celui de Galistas, en *Macédoine;* les vins *muscats* rouges et blancs des *îles de Samos,* de *Ténédos* et de *Chypre;* enfin celui de Smyrne, dans l'*Asie Mineure.*

GRÈCE. Les vins dits de *Malvoisie* que l'on fait à Mistra et à Malvasia, dans la *Morée,* ainsi que le *vino santo* de l'*île Santorin.*

ASIE. La *malvoisie* de Schiras et celle d'Ispahan, en *Perse.*

AFRIQUE. Les vins *muscats* du Cap et les vins rouges dits *rota* du district de Stellenbosch, au cap de *Bonne-Espérance.*

ILES DE L'OCÉAN ATLANTIQUE. Les vins de *Malvoisie* 2° qualité de l'île *Madère* et 1re qualité de *Ténériffe* et des îles *Açores,* avec les vins *muscats* de *Madère.*

AMÉRIQUE. Les meilleurs vins de Passo-del-Norte et de Paras, dans le *Mexique.*

Les vins liquoreux de tous les vignobles que je n'ai pas cités se consomment dans les pays où on les fait, et ne sont pas assez connus pour que je puisse leur assigner le rang qu'ils doivent occuper dans la 3° ou la 4° classe des vins de cette espèce.

Vins de liqueur. — Troisième classe.

ALLEMAGNE. Les vins dits *de paille* de la Franconie, et celui nommé *calmus,* à Aschaffenbourg.

EMPIRE D'AUTRICHE. L'*ausbruch* de la Transylvanie; les différents vins de liqueur de l'Istrie et de la Dalmatie.

ITALIE. Le *vino santo* et les *vins muscats* du Véronèse, du Vicentin et du Padouan; enfin le *vin aromatique* de Chiavenne, dans le royaume lombardo-vénitien, et la plupart des vins de liqueur des vignobles cités dans la 2ᵉ classe.

ESPAGNE. Les vins de Veles-Malaga, royaume de Grenade ; les *muscats* de Fuencaral, Nouvelle-Castille; de Peralta, en *Navarre;* de Borja, dans l'Aragon ; d'Alicante, royaume de Valence, et la *malvoisie* de Sitges, en Catalogne.

PORTUGAL. Quelques vins des différents vignobles.

RUSSIE. Les vins de Sudagh et de Koos, en Crimée, et le vin cuit nommé *buza*, dans le pays des Lesghis.

TURQUIE. Les vins cuits et autres des différents vignobles.

GRÈCE. Les vins de Coskina et de la vallée de l'Hélicon, dans la Livadie.

ASIE. Les vins de liqueur de plusieurs vignobles de la Perse.

AFRIQUE. Quelques-uns des vins de l'île Roben et des autres cantons du cap de Bonne-Espérance.

ILES DE L'OCÉAN ATLANTIQUE. Les meilleurs vins dits de *Malvoisie* dans les îles Canaries, Gomère et Palme.

AMÉRIQUE. Ceux de Saint-Louis-de-la-Paz et de Zelaya, dans le Mexique.

Une grande quantité de vins de liqueur préparés dans les différents vignobles forment la 4ᵉ classe des vins de cette espèce.

APPENDICE.

APPENDICE.

Nous allons reproduire, d'après les documents officiels, une série de tableaux dont on comprendra l'importance par la simple lecture de leurs titres.

I. Nombre d'hectares plantés en vignes en 1788, 1829 et 1849 dans 77 départements français (1).

DÉPARTEMENTS.	EN 1788.	EN 1829.	EN 1849.
	hectares.	hectares.	hectares.
Ain......................	13,346	18,992	15,373
Aisne....................	8,566	7,897	7,522
Allier...................	10,843	14,960	16,944
Alpes (Basses-)..........	5,138	5,631	14,516
Alpes (Hautes-)..........	5,130	4,750	5,116
Ardèche.................	12,800	24,406	28,413
Ardennes................	1,746	1,828	1,649
Ariége..................	6,896	7,232	10,392
Aube....................	13,471	16,084	22,222
Aude....................	29,312	51,079	69,606
Aveyron.................	»	»	19,725
Bouches-du-Rhône........	32,672	37,867	46,804
Calvados................	»	»	1
Cantal..................	153	388	352
Charente................	75,000	112,640	96,837
Charente-Inférieure......	81,000	105,000	108,720
Cher....................	9,904	11,694	12,421
Corrèze.................	10,995	13,893	16,651
Côte-d'Or...............	17,658	20,548	26,990
Dordogne...............	56,000	70,000	95,454
Doubs..................	7,400	8,500	8,029
Drôme..................	16,250	24,371	23,908
Eure....................	1,973	1,679	1,107
Eure-et-Loir............	4,696	3,318	4,534
Gard...................	51,151	69,525	87,325
Garonne (Haute-)........	40,500	54,000	51,904
Gers...................	62,000	80,000	93,318
Gironde.................	135,000	140,000	150,000
Hérault.................	63,650	124,000	104,463
Ille-et-Vilaine..........	148	145	104

(1) Les totaux de la page 531 sont inférieurs à ceux de la page suivante, parce qu'à la page 531 on ne donne pas le total de la France entière.

DÉPARTEMENTS.	EN 1788.	EN 1829.	EN 1849.
	hectares.	hectares.	hectares.
Iudre................	14,020	18,000	18,558
Indre-et-Loire.............	26,000	37,657	39,726
Isère....................	»	»	28,372
Jura....................	15,155	17,041	20,405
Landes..................	15,475	19,230	19,681
Loir-et-Cher.............	22,473	22,854	26,613
Loire...................	6,778	13,556	12,364
Loire (Haute-)..........	4,800	5,184	6,428
Loire-Inférieure	30,000	35,000	29,479
Loiret..................	32,447	36,341	38,312
Lot....................	36,500	44,500	55,687
Lot-et-Garoune..........	55,000	71,000	65,831
Lozère..........	2,020	1,928	826
Maine-et-Loire............	26,797	31,790	30,528
Marne..................	20,354	19,589	17,598
Marne (Haute-)..........	11,847	14,936	15,806
Mayenne................	1,600	780	420
Meurthe.................	12,710	15,990	15,686
Meuse..................	11,858	12,746	13,173
Morbihan...............	»	100	721
Moselle.................	4,938	5,301	4,852
Nièvre..................	8,816	9,897	9,767
Oise...................	3,695	2,525	2,076
Puy-de-Dôme............	17,112	21,160	27,655
Pyrénées (Basses-)........	18,525	23,175	27,226
Pyrénées (Hautes-)........	12,338	15,297	15,426
Pyrénées-Orientales.......	26,000	39,526	47,939
Rhin (Bas-).............	11,601	13,019	13,204
Rhin (Haut-)............	9,415	12,572	11,252
Rhône..................	22,948	30,452	30,544
Saône (Haute-)..........	12,800	13,850	36,631
Saône-et-Loire...........	30,009	38,872	13,593
Sarthe..................	8,780	10,453	9,235
Seine	2,828	3,017	2,759
Seine-et-Marne............	13,750	12,970	19,154
Seine-et-Oise............	15,451	13,331	23,413
Sèvres (Deux-)...........	13,700	20,150	21,464
Somme	»	»	14
Tarn...................	25,500	30,594	37,522
Tarn-et-Garonne..........	25,000	40,000	37,816
Var.	41,027	50,726	85,257
Vaucluse	31,000	37,000	28,205
Vendée.................	12,500	16,471	15,468
Vienne.................	20,518	28,491	29,782
Vienne (Haute-)..........	2,031	9,643	3,113
Vosges.................	2,932	4,246	4,894
Yonne..................	32,168	37,212	37,424
TOTAUX.............	1,546,615	1,989,399	2,192,939

II. STATISTIQUE DE LA PRODUCTION ET DI

OBSERVATION. Nous avons supprimé les trois derniers chi

ANNÉES.	NOMBRE d'hectares plantés en vignes.	RESSOURCES DU PAYS (hectolitres)		
		Quantités produites (approximativement).	Quantités importées.	TOTAL.
1788......................	1,567,700	25,000	»	25,000
1808......................	1,613,939	28,000	»	28,000
1827......................	»	36,819	»	36,819
1829......................	2,003,365	30,973	»	30,973
1830......................	»	15,282	»	15,282
1835......................	2,118,709	26,496	»	26,496
1840......................	1,960,756	45,486	»	45,486
1845......................	»	30,140	»	30,140
1847......................	»	54,316	»	54,316
1848......................	»	51,622	»	51,622
1849......................	2,193,083	35,555	»	35,555
1850......................	»	45,266	»	45,266
1851......................	2,169,165	39,429	»	39,429
1852......................	2,158,854	28,636	3	28,639
1853......................	2,188,427	22,662	4	22,666
1854......................	2,178,129	10,824	121	10,945
1855......................	2,175,084	15,175	417	15,592
1856......................	2,170,307	21,294	341	21,635
1857......................	2,180,094	35,410	626	36,036
1858......................	»	45,805	113	»

LA CONSOMMATION DU VIN EN FRANCE.

des colonnes indiquant et les ressources et la consommation.

CONSOMMATION INTÉRIEURE ET EXPLOITATION (hectolitres).						TOTAL.
Quantités atteintes par l'impôt.	Quantités exportées.	Quantités livrées à la distillation par les bouilleurs de profession.	Quantités livrées à la distillation par les bouilleurs de cru.	Quantités converties en vinaigre.	Consommation en franchise chez les récoltants. — Approximation.	
»	»	»	»	»	5,000	»
»	1,012	»	»	»	6,000	»
12,297	1,070	»	»	»	8,000	»
12,760	1,115	»	»	»	8,000	»
10,368	875	»	»	»	4,000	»
14,929	1,301/	»	»	»	5,000	»
16,122	1,334	5,760	3,500	»	13,000	39,716
16,687	1,483	3,840	2,000	»	10,000	34,010
17,645	1,488	4,800	2,500	»	10,000	36,433
17,917	1,548	6,400	4,600	500	12,000	42,965
20,847	1,872	7,840	3,260	»	17,000	50,819
20,832	1,911	5,840	2,800	»	11,000	42,383
21,167	2,269	5,230	3,000	»	14,000	52,666
19,772	2,439	3,900	2,000	»	11,000	39,121
16,673	1,976	2,160	1,800	»	9,000	31,609
12,811	1,382	1,870	2,470	172	6,000	24,705
10,342	1,215	940	550	235	3,500	12,782
12,315	1,275	570	600	.200	3,500	18,460
13,642	1,123	1,330	1,000	»	3,500	20,595
»	1,620	»	»	»	»	»

III. Superficie des vignobles et production moyenne des vins blancs et rouges pendant la période 1852-1860 (*Statistique officielle agricole*).

	DÉPARTEMENTS.	ÉTENDUE.	PRODUIT. Années ordinaires de 1852 à 1860.	
			VIN ROUGE.	VIN BLANC.
		hectares.	hectolitres.	hectolitres.
1	Ain......................	15,464	332,345	91,791
2	Aisne....................	9,033	274,665	49,587
3	Allier...................	17,029	198,698	54,542
4	Alpes (Basses-).........	14,320	128,623	2,211
5	Alpes (Hautes-).........	5,188	98,174	4,428
6	Alpes-Maritimes........	»	»	»
7	Ardèche.................	29,645	532,018	6,215
8	Ardennes................	1,604	71,806	520
9	Ariège..................	12,753	120,573	475
10	Aube...................	22,912	565,809	41,511
11	Aude...................	63,528	1,457,112	5,475
12	Aveyron................	19,387	416,801	6,772
13	Bouches-du-Rhône.......	44,764	142,467	24,731
14	Calvados...............	»	»	»
15	Cantal.................	353	7,601	447
16	Charente...............	97,425	648,809	1,075,315
17	Charente-Inférieure....	115,997	407,903	2,260,774
18	Cher...................	10,714	212,238	54,293
19	Corrèze................	16,740	268,340	23,449
20	Corse..................	13,648	221,296	232,494
21	Côte-d'Or..............	29,811	697,766	103,620
22	Côtes-du-Nord..........	»	»	»
23	Creuse.................	»	»	»
24	Dordogne...............	96,301	1,014,261	240,840
25	Doubs..................	8,148	180,351	25,095
26	Drôme..................	24,238	358,934	8,635
27	Eure...................	1,136	31,012	55
28	Eure-et-Loir...........	4,318	105,451	2,991
29	Finistère, ;...........	»	»	»
30	Gard...................	77,794	1,467,380	47,732
31	Garonne (Haute-).......	52,000	752,070	8,888
32	Gers...................	94,592	637,079	895,493
33	Gironde................	137,706	2,316,381	1,384,093
34	Hérault................	106,485	4,080,385	216,572
35	Ille-et-Vilaine........	190	»	4,750
36	Indre..................	17,639	277,952	29,321
37	Indre-et-Loire.........	36,885	427,832	258,907
38	Isère..................	26,091	699,618	9,435
39	Jura...................	19,609	464,907	40,187
40	Landes.................	20,136	97,850	360,204

	DÉPARTEMENTS.	ÉTENDUE.	PRODUIT. Années ordinaires de 1852 à 1860.	
			VIN ROUGE.	VIN BLANC.
		hectares.	hectolitres.	hectolitres.
41	Loir-et-Cher............	25,592	674,387	305,624
42	Loire................	12,673	261,227	9,299
43	Loire (Haute-)............	5,629	133,286	11,582
44	Loire-Inférieure..........	29,583	6,195	731,388
45	Loiret...............	37,854	769,038	173,739
46	Lot.................	56,096	556,425	34,672
47	Lot-et-Garonne..........	66,792	669,108	193,971
48	Lozère...............	1,035	18,803	»
49	Maine-et-Loire..........	30,499	67,102	365,254
50	Manche...............	»	»	»
51	Marne................	17,379	410,848	187,428
52	Marne (Haute-)..........	16,386	584,903	11,949
53	Mayenne..............	»	»	»
54	Meurthe..............	16,337	790,638	21,712
55	Meuse...............	13,178	467,300	4,568
56	Morbihan.............	1,693	2	39,933
57	Moselle..............	5,465	209,050	58,304
58	Nièvre...............	9,856	158,925	56,088
59	Nord................	»	»	»
60	Oise................	2,285	63,222	3,541
61	Orne................	»	»	»
62	Pas-de-Calais..........	»	»	»
63	Puy-de-Dôme..........	28,529	751,207	27,626
64	Pyrénées (Basses-)......	25,002	192,087	173,497
65	Pyrénées (Hautes-)......	15,419	93,858	201,119
66	Pyrénées-Orientales......	46,895	606,598	22,454
67	Rhin (Bas-)...........	12,054	11,265	432,103
68	Rhin (Haut-)..........	11,561	5,775	485,138
69	Rhône...............	31,896	938,760	52,500
70	Saône (Haute-)..........	13,729	337,142	57,490
71	Saône-et-Loire.........	35,628	714,131	130,102
72	Sarthe...............	9,590	41,403	69,700
73	Savoie...............	»	»	»
74	Savoie (Haute-).........	»	»	»
75	Seine................	2,751	101,729	»
76	Seine-Inférieure.........	»	»	»
77	Seine-et-Marne.........	21,163	550,995	110,846
78	Seine-et-Oise..........	20,404	683,479	15,529
79	Sèvres (Deux-)..........	21,660	176,373	215,448
80	Somme...............	»	»	»
81	Tarn................	37,589	435,260	12,517
82	Tarn-et-Garonne.........	37,967	390,974	11,005
83	Var.................	85,200	1,606,939	4,924
84	Vaucluse..............	28,970	370,628	6,008
85	Vendée...............	15,495	»	423,757
86	Vienne...............	31,610	305,936	245,863
87	Vienne (Haute-)..........	3,137	19,902	21,350

DÉPARTEMENTS.	ÉTENDUE.	PRODUIT. Années ordinaires de 1852 à 1860.	
		VIN ROUGE.	VIN BLANC.
	hectares.	hectolitres.	hectolitres.
88 Vosges.....................	5,022	195,165	1,382
89 Yonne.....................	37,732	394,653	133,025
TOTAUX.................	2,190,909	35,599,235	12,641,286

OBSERVATION. Voyez ci-dessous : superficie des départements annexés en 1860 et leur production en 1864.

IV. Production du vin aux années suivantes :

	hectolitres.			hectolitres.
1859.........	29,800,000		1862.........	37,109,636
1860.........	39,700,000		1863.........	51,371,875
1861.........	29,900,000		1864.........	50,653,422

V. Production de l'alcool de 1862 à 1864.

	Distillateurs de profession.	Bouilleurs de cru.
	hectolitres.	hectolitres.
1862.....................	922,009	96,135
1863.....................	1,098,357	128,926
1864.....................	1,125,666	227,410

VI. Production de la bière.

	Fortes.	Petite.
1862........................	5,176,746	1,783,628
1863........................	5,246,722	1,801,357
1864........................	5,329,078	1,880,443

NOTA. Les tableaux IV, V, VI renferment les trois départements nouveaux dont on reproduit ici la superficie cultivée en vignes.

	Hectares.			Hectolitres.
Savoie...........	11,027		1864..........	310,326
Haute-Savoie......	9,430		Id...........	247,456
Alpes-Maritimes...	12,592		Id...........	59,484

VII. Prix des vins exportés de France aux années ci-après :

(SELON LES ÉVALUATIONS DE LA COMMISSION DES PRIX.)

ANNÉES.	VINS EN FUTAILLES							VINS EN BOUTEILLES		VINS DE LIQUEUR	
	DE LA GIRONDE.										
	Angleterre.	Pays-Bas. — Belgique.	Suède, Norwège. — Zollverein. Suisse.	Russie.	Villes hanséatiques.	Autres pays.	D'ailleurs.	De la Gironde.	D'ailleurs.	En futailles.	En bouteilles.
	hectol.	hect.	hect.	hect.	hect.	hect.	h.	hect.	hect.	hect.	hect.
1864	250	105	105	300	120	80	65	300	375	140	250
1863	265	105	105	300	125	90	70	325	400	150	250
1862	270	110	110	310	130	95	75	320	400	160	260
1861	240	100	100	300	125	90	70	300	400	175	275
1860	275	100	100	300	150	90	70	300	425	200	300
1859	400	85	85	200	125	80	60	300	425	200	270
1858	420	100	100	230	150	110	75	360	450	240	270
1857	420	100	100	230	150	110	80	350	450	240	270
1856	420	180	190	230	150	110	100	450	460	230	250
1855	400	160	170	210	140	100	90	310	440	240	270
1854	400	175	175	225	140	110	90	320	460	120	180
1853	363	90	90	108	67	72	36	216	390	80	120
1852	240	60	60	72	45	26	24	144	260	75	100
1851	200	50	50	60	40	22	21	120	250	75	100
1850	200	40	40	50	30	20	19	120	200	75	100
1849	200	40	40	50	50	20	15	120	200	75	100
1848	200	40	40	50	20	20	15	120	200	75	100
1847	225	45	45	60	25	25	20	130	100	75	100
Prix officiel de 1826	330	65	55	44	27	35	20	200	100	150	150

VIII. Prix des vins importés en France aux années ci-après :

(SELON LES ÉVALUATIONS DE LA COMMISSION DES PRIX.)

ANNÉES.	VINS ORDINAIRES		VINS DE LIQUEUR	
	EN FUTAILLES.	EN BOUTEILLES.	EN FUTAILLES.	EN BOUTEILLES.
	fr.	fr.	fr.	fr.
1864.........	0.25	2.25	1.10	2.50
1863.........	0.30	2.50	1.20	3.00
1862.........	0.30	2.50	1.20	3.00
1861.........	0.35	2.40	1.30	3.00
1860.........	0.40	2.40	1.50	3.00
1859.........	0.45	2.40	1.50	3.00
1858.........	0.50	2.55	1.60	3.00
1857.........	0.70	2.70	1.70	3.10
1856.........,	0.75	2.85	1.70	3.10
1855.........	0.65	2.75	1.60	3.00
1854.........	0.70	2.75	2.00	3.00
1853.........	1.25	3.00	1.75	2.40
1852.........	1.00	2.50	1.60	2.10
1851.........	1.00	2.50	1.50	2.00
1850.........	1.00	2.50	1.50	2.00
1849.........	0.75	1.00	1.50	2.00
1848.........	0.20	1.00	2.00	2.00
1847.........	0.20	1.00	2.00	2.00
Prix dit officiel, évaluation de 1826.........	0.20	1.00	2.00	2.00

IX. Alcoolisation des vins pour l'exportation.

ARRÊTÉ.

Au nom de l'Empereur,

« Le ministre des finances,
« Vu l'article 21 du décret du 27 mars 1852, concernant l'affran-

chissement de l'impôt relativement aux eaux-de-vie versées sur les vins destinés aux pays étrangers et aux colonies françaises,

« Arrête :

« Art. 1er. Dans tous les départements, les vins en cercles destinés à l'exportation pourront recevoir en franchise de l'impôt, au lieu même d'expédition, telle addition d'alcool que les producteurs ou les commerçants jugeront nécessaire.

« Art. 2. Cette concession est subordonnée aux conditions suivantes :

« La mixtion ne pourra être faite qu'en présence des agents de la régie et au moment même où les vins devront être dirigés sur le port d'embarquement ou le point de sortie par terre.

« Ces agents reconnaîtront :

« 1° La richesse alcoolique des vins destinés à recevoir une addition d'alcool ; 2° la quantité d'alcool qui sera effectivement ajoutée au vin.

« Après le mélange, ces mêmes agents prélèveront deux échantillons qui seront scellés du cachet de la régie et du cachet de l'exportation.

« L'un des échantillons sera remis à l'expéditeur pour être représenté aux employés chargés de constater l'exportation ; le second sera déposé au bureau de la régie.

« Art. 3. Relativement aux vins destinés à être exportés en bouteilles, les versements d'alcool, avec exemption de l'impôt, ne pourront être effectués au lieu d'expédition chez les producteurs ou chez les commerçants que sous les conditions particulières qui seront déterminées par la régie des contributions indirectes, en égard au mode de vinage adopté par les exportateurs.

« Art. 4. La franchise sera concédée sous la garantie de l'acquit-à-caution qui énoncera :

« 1° La quantité d'alcool ajoutée aux vins;

« 2° La force alcoolique du vin après l'addition d'alcool ;

« 3° La quantité totale de liquide, vin et alcool.

« Cet acquit-à-caution stipulera que, à défaut de justification relativement à l'exportation, l'expéditeur se soumet à payer les droits indiqués ci-après :

« Cas où la richesse alcoolique ne serait pas supérieure à 21°:

« Le sextuple droit de circulation sur la quantité totale du liquide ;

« Le double droit de consommation sur la quantité d'alcool ajoutée aux vins.

« Cas où après l'addition d'alcool les vins auraient une force alcoolique de plus de 4° :

« Le double droit de consommation sur la quantité totale de liquide considérée comme alcool pur.

« Art. 5. Le présent arrêté sera déposé au secrétariat général, pour être donné à qui de droit.

« Fait à Paris, le 28 mars 1861.

« *Signé* DE FORCADE. »

II. STATISTIQUE DE LA PRODUCTION ET DE

OBSERVATION. Nous avons supprimé les trois derniers chiffres

ANNÉES.	NOMBRE d'hectares plantés en vignes.	RESSOURCES DU PAYS (hectolitres)		
		Quantités produites (approximativement).	Quantités importées.	TOTAL.
1788.......................	1,567,700	25,000	»	25,000
1808.......................	1,613,939	28,000	»	28,000
1827.......................	»	36,819	»	36,819
1829.......................	2,003,365	30,973	»	30,973
1830.......................	»	15,282	»	15,282
1835.......................	2,118,709	26,496	»	26,496
1840.......................	1,960,756	45,486	»	45,486
1845.......................	»	30,140	»	30,140
1847.......................	»	54,316	»	54,316
1848.......................	»	51,622	»	51,622
1849.......................	2,193,083	35,555	»	35,555
1850.......................	»	45,266	»	45,266
1851.......................	2,169,165	39,429	»	39,429
1852.......................	2,158,854	28,636	3	28,639
1853.......................	2,188,427	22,662	4	22,666
1854.......................	2,178,129	10,824	121	10,945
1855.......................	2,175,084	15,175	417	15,592
1856.......................	2,170,307	21,294	341	21,635
1857.......................	2,180,094	35,410	626	36,036
1858.......................	»	45,805	113	»

.A CONSOMMATION DU VIN EN FRANCE.

les colonnes indiquant et les ressources et la consommation.

CONSOMMATION INTÉRIEURE ET EXPLOITATION (hectolitres).						
Quantités atteintes par l'impôt.	Quantités exportées.	Quantités livrées à la distillation par les bouilleurs de profession.	Quantités livrées à la distillation par les bouilleurs de cru.	Quantités converties en vinaigre.	Consommation en franchise chez les récoltants. — Approximation.	TOTAL.
»	»	»	»	»	5,000	»
»	1,012	»	»	»	6,000	»
12,297	1,070	»	»	»	8,000	»
12,760	1,115	»	»	»	8,000	»
10,368	875	»	»	»	4,000	»
14,929	1,301/	»	»	»	5,000	»
16,122	1,334	5,760	3,500	»	13,000	39,716
16,687	1,483	3,840	2,000	»	10,000	34,010
17,645	1,488	4,800	2,500	»	10,000	36,433
17,917	1,548	6,400	4,600	500	12,000	42,965
20,847	1,872	7,840	3,260	»	17,000	50,819
20,832	1,911	5,840	2,800	»	11,000	42,383
21,167	2,269	5,230	3,000	»	14,000	52,666
19,772	2,439	3,900	2,000	»	11,000	39,121
16,673	1,976	2,160	1,800	»	9,000	31,609
12,811	1,382	1,870	2,470	172	6,000	24,705
10,342	1,215	940	550	235	3,500	12,782
12,315	1,275	570	600	200	3,500	18,460
13,642	1,123	1,330	1,000	»	3,500	20,595
»	1,620	»	»	»	»	»

Apremont (Meuse), O. r. 80.
Arancy (Aisne), O. r. 51.
Arbanats (Gironde), F. b. 222.
Arbois (Jura), O. r. et F. b. 154-156.
Arcet (Landes), O. b. 232.
Arcins (Gironde), F. r. 211.
Arcy-sur-Cure (Yonne), O. r. 123.
Ardèche (dép. de l'), F. O. 243.
Ardennes (dép. des), C. 60.
Argelès (Hautes-Pyrénées), C. 282.
Argelliers (Aude), O. r. 259.
Argence (Calvados), C. 54.
Argentat (Corrèze), C. 178.
Argenteuil (Seine-et-Oise), C. 57.
Argentière, l' (Ardèche), O. 244.
Arles (Bouches-du-Rhône), O. r. 270.
Armagnac (Gers), 235.
Arnaville (Meurthe), O. r. 82
Ariége (dép. de l'), C. 283.
Ars (Moselle), O. r. 79.
Arsac (Gironde), O. r. 214.
Arsures, les (Jura), O. r. 154.
Arthezé (Sarthe), O. 95.
Artuis (Loir-et-Cher), C. b. 113.
Arveyres (Gironde), C. r. 217.
Asnières (Charente), O. r. 175.
Asques (Gironde), O. r. 217.
Athée (Indre-et-Loire), O. r. 98.
Athis (Seine-et-Oise), O. r. 57.
Aubagne (B.-du-Rhône), O. r. 270-271.
Aube (dép. de l'), F. O. C. 75.
Aubenas (Ardèche), O. r. 243.
Aubertin (Basses-Pyrénées), O. r. 279.
Aubigny (Haute-Marne), O. r. 74.
Aubous (Basses-Pyrénées), 279-281.
Aude (dép. de l'), O. C. 259.
Audignon (Landes), O. b. 232.
Aulès (Landes), O. 232.
Aunis, O. C. 160.
Aussac (Tarn-et-Garonne), 250.
Authezat, G. r. 182.
Auteuil, O. b. 58.
Auvergne, F. O. C. 179.
Auxerre (Yonne), F. O. r. 118-121.
Avallon (Yonne), O. r. 121.
Avenay (Marne), O. r. 68.
Avensan (Gironde), F. r. 211.
Aveyron (dép. de l'), O. C. r. 238.
Avignon (Vaucluse), F. r. 268.
Avirey (Aube), F. r. 75.
Avize (Marne), F. b. 70-72.
Ay (Marne), F. b. 70.
Aydie (Basses-Pyrénées), O. 279-281.
Ayrans (Gironde), O. b. 223.
Azay (Aisne), C. b. 52.
Azay (Indre-et-Loire), O. r. 98.
Arazy, F. b. 52.
Azon, r. O. 186.

B.

Babelheim (Haut-Rhin), S. F. 89.
Bacalan (Gironde), O. r. 216.
Bagneux (Aube), F. r. 75.
Bagnères (Hautes-Pyrénées), C. 282.
Bagnols (Gard), F. r. 247.
Bahus (Landes), O. 232.
Baixas (Pyrénées-Orientales), O. r. 285.
Ballan (Indre-et-Loire), O. r. 98.
Balnot (Aube), F. 75.
Bandols (Var), O. r. 264.
Banos (Landes), O. b. 232.
Banyuls-s.-Mer (Pyrénées-Orientales), F. L. 287-290.
Bar-le-Duc (Meuse), O. r. 80.
Bar-sur-Aube (Aube), O. 76.
Bar-sur-Seine (Aube), O. r. 76.
Barbantanne (Bouc.-du-Rhône), L.271.
Barbezieux (Charente), 175.
Barolles (Rhône), O. r. 188.
Barsac (Gironde), F. b. 219.
Bas-Nueil, O. b. 98.
Bassan (Hérault), L. b. 285.
Bassanèse (île de Corse), O. 290.
Bassens (Gironde), O. r. 214.
Bastennes (Landes), O. 231-233.
Bastia (île de Corse), 290.
Bats (Landes), O. b. 232.
Baule (Loiret), O. r. 107.
Baulette (Loiret), O. r. 107.
Baurech (Gironde), O. 223-228.
Bayon (Gironde), O. r. 290.
Bayonville (Meurthe), O. r. 82.
Bazas (Gironde), C. r. 219.
Bazouges (Sarthe), O. b. 95.
Béarn, F. O. et C. 278.
Beaucaire (Gard), F. r. 247.
Beauce, C. 105-106-110.
Beaugency (Loiret), O. r. 107.
Beaujolais, F. O. C. 114.
Beaulieu, F. b. 97.
Beaumarchés (Gers), O. r. 236.
Beaumes (Vaucluse), L. 268.
Beaumont (Dordogne), O. 227.
Beaumont (Marne), O. b. 72.
Beaune (Côte-d'Or), F. r. 132.
Beausset, le (Var), O. r. 264.
Beautiran (Gironde), 216-223.
Beauvais (Charente-Inférieure), 171.
Behonne (Meuse), O. r. 80.
Bellac (Haute-Vienne), C. 177.
Bellet (Alp. mar.) O. r. 266.
Belleville (Rhône), O. r. 144.
Belleville (Meuse), O. 81.
Bellevue (Aisne), O. r. 51.
Bennes (Yonne), O. b. 127.
Bergerac (Dordogne), F. 226-228.

Bergholtzell (Haut-Rhin), S. F. b. 89.
Bernouil (Yonne), O. b. 126.
Berry, O. C. 106-164.
Béru (Yonne), O. b. 126.
Besançon (Doubs), O. r. 152.
Besse (Var), C. r. 265.
Bessins (Isère), O. r. 191.
Beurre (Doubs), O. r. 152.
Béziers (Hérault), L. O. 253.
Bièvre (Aisne), O. r. 51.
Bigorre, O. C. 278.
Blacé (Rhône), O. r. 145.
Blagny (Côte-d'Or), F. 133-138.
Blaisois, O. et C. 105.
Blandans (Jura), O. r. 154.
Blanquefort (Gironde), F. 214-219.
Blanquette, vin dit (Aude), 260.
Blanzac (Charente), O. r. 175.
Blaye (Gironde), C. 218.
Bléré (Indre-et-Loire), O. r. 98.
Blois (Loir-et-Cher), O. r. 111.
Boissy-sans-Avoir (Seine-et-Oise), O. r. 57.
Boen (Loire), O. r. 156.
Boesse (Loiret), O. r. 82.
Bommes (Gironde), F. b. 219.
Boncourt (Meuse), O. b. 81.
Bonifacio (Ile de Corse), O. 290.
Bonne-Nouvelle (Savoie), O. r. 275.
Bordelais, F. O. C. 198.
Bou (Loiret), F. r. 108.
Bouch.-du-Rhône (dép. des), L. O. C. 269.
Boudonville (Meurthe), C. r. 82.
Bouilh (Hautes-Pyrénées), O. b. 281.
Bouillé (Deux-Sèvres), O. 161.
Bouilly (Aube), O. r. 76.
Boulennes (Landes), O. 231.
Bouliac (Gironde), O. r. 216.
Boulin (Landes), O. C. 232.
Bourbonnais, O. 164.
Bourdeilles (Dordogne), O. 227.
Bourg (Gironde), O. 216.
Bourg (Saône-et-Loire), O. r. 144.
Bourges (Cher), C. b. 166.
Bourgogne, F. O. C. 114.
Bourré (Loir-et-Cher), O. r. 111.
Bouzerou (Saône-et-Loire), O. b. 139.
Bouzigues (Hérault), O. r. 253.
Bouzy (Marne), F. r. 66.
Brain-sur-l'Authion, O. b. 98.
Brantôme (Dordogne), O. r. 227.
Brassac (Dordogne), O. r. 227.
Brassempouy (Landes), O. 233.
Bresse, la (Ain), C. 157.
Bretagne, O. C. 91.
Brezé (Maine-et-Loire), O. 97.
Brie, C. 48-55.
Brion (Maine-et-Loire), C. b. 98.

Brioude (Haute-Loire), C. r. 186.
Brives (Corrèze), O. r. 178.
Brochon (Côte-d'Or), O. r. 136.
Brouassin (Sarthe), O. 95.
Brouilly (Saône-et-Loire), O. r. 143.
Bruley (Meurthe), O. 82.
Buanes (Landes), O. b. 232.
Budos (Gironde), F. b. 112.
Bugey (Ain), O. 157.
Burosse (Basses-Pyrénées), O. 279-280.
Bussac (Charente-Inférieure), O. 170.
Bussy-la-Côte (Meuse), O. r. 80.
Buxerulles (Meuse), O. r. 81.
Buxières (Meuse), O. r. 81.
Buxy (Saône-et-Loire), O. 136-139.
Buzet (Lot-et-Garonne), F. b. 234.
Buzet (Haute-Garonne), O. 258.
Byans (Doubs), O. r. 152.

C.

Cadillac (Gironde), F. b. 223.
Cadillon (Basses-Pyrénées), O. 279-280.
Cagnes (Var), F. r. 264.
Cagny (Somme), 50.
Cahors (Lot), O. 237.
Caisaguet (Tarn), O. r. 250.
Calenzana (Ile de Corse), O. 290.
Calvados (dép. du), 54.
Calvi (Ile de Corse), O. 261.
Calville (Puy-de-Dôme), O. 182.
Calvisson (Gard), O. 243.
Cambes (Gironde), O. b. 218.
Camblanes (Gironde), O. b. 216.
Cambrésis, 48.
Camiac (Gironde), O. r. 216.
Campagne (Ariége), C. r. 283.
Campsas (Tarn-et-Garonne), O. r. 250.
Camy (Lot), O. 238.
Canon, côte de (Gironde), F. r. 186.
Cantal (dép. du), C. 185.
Cantefort (Savoie), O. 275.
Cantenac (Gironde), F. r. 208-209-110.
Capbreton (Landes), F. 231.
Cap-Corse (Ile de Corse), O. L. 290.
Capens (Haute-Garonne), O. r. 258.
Caries (Var), C. r. 263.
Carnoules (Var), C. r. 265.
Cassis (Bouches-du-Rhône), L. 270-271.
Castelvieilh (H.-Pyrénées), O. b. 282.
Castellet, le (Var), O. r. 264.
Castelnau (Hautes-Pyrénées), O. r. 231.
Castelnau (Landes), O. 231-232.
Castres (Gironde), O. b. 223.
Castres (Tarn), C. r. 25.
Castries (Hérault), O. r. 252.

Caupenne (Landes), O. b. 233.
Cazalis (Landes). O. 231-232-233.
Cazouls (Hérault), L. b. 255.
Celles (Dordogne), O. C. 227.
Cercié (Rhône), O. r. 144.
Cerons (Gironde), F. b. 226.
Certaux, les (Saône-et-Loire), O.b.140.
Cerveyrieux (Ain), O. r. 158.
Cette (Hérault), 231-232.
Cévennes, les (Lozère), 245.
Chablis (Yonne), F. et O. b. 124-126.
Chabris (Indre), O. b. 164.
Chaînette, clos de la (Yonne), F.r,119.
Chaintré (Maine-et-Loire), O. 72.
Chaintré (Saône-et-Loire), O. 146.
Chaise, la (Allier), C. b. 168.
Châlons (Marne), C. 68.
Chalosse, la (Landes), 232-233.
Chambertin, cru dit (Côte-d'Or), F.r.
129.
Chambéry (Savoie), F. O. 275.
Chambolle (Côte-d'Or), F. r. 130-131.
Chambon (Loir-et-Cher), O. 112.
Chamery (Marne), O. r. 67-68.
Champagne (Ain), O. r. 158.
Champagne (Sarthe), O. b. 95.
Champagne, F. O. 60.
Champagne (Charente), O. 174-175.
Champagne (Haute-Saône), 151.
Champdé (Eure-et-Loir), O. r. 105.
Champigny (Vienne), O. r. 162.
Champigny (Maine-et-Loire), O. 96.
Champillon (Marne), O. r. 68.
Champlitte-le-Château (Haute-Saône),
O. r. 151.
Champougny (Meuse), O. r. 80.
Champs (Yonne), O. b. 126.
Chancay, O. 104.
Chancelade (Dordogne), O. 227.
Chantagne, la (Savoie), O. 275.
Chanes (Saône-et-Loire), O. 145.
Chanturgue (Puy-de-Dôme), F.r.181.
Chapelle, la (Loire), O. b. 157.
Chapelle, la (Loire-infér.) O. b. 93.
Chapelle, la (Loiret), O. r. 107.
Chapelle, la (Sarthe), O. 95.
Chapelle-de-Guinchay (Saône-et-
Loire), O. r. 142.
Chapniers (Charente-Infér.), O.r.143.
Chardogne (Meuse), O. r. 80.
Charentay (Rhône), O. r. 144.
Charente (dép. de la), O. C. 170.
Charente-Infér. (dép. de la), O.C.173.
Charcy (Meurthe), O. r. 82.
Chargé (Indre-et-Loire), C. 103.
Chariez (Haute-Saône), O. r. 154.
Charlieu (Loire), C. r. 184.
Charly (Rhône), O. r. 52-189.
Charmes (Vosges), O. r. 83.

Charnay (Saône-et-Loire), O.145-148.
Chartres (Eure-et-Loir), 105.
Chartrettes, r. 59.
Chassagne, (Côte-d'Or). F. r. 144.
Chassagne, la (Rhône), O. r. 144.
Chassé (Maine-et-Loire), O. 97.
Chassors (Charente), O. r. 175.
Château-Châlons (Jura), F. b. 154.
Château-du-Loir (Sarthe), O. b. 95.
Château-Gombert (Bouch.-du-Rhône),
O. r. 209.
Château-Grillet (Loire), F. 157.
Châteaux Laffitte, Margaux, Latour,
Haut-Brion (Gironde). F. r. 207.
Châteauneuf-de-Chabre (Hautes-Alpes),
O. r. 196.
Châteauneuf-de-Gadogne (Vaucluse),
O. r. 242.
Châteaun.-du-Pape (Vauc.), F.r.267.
Châteaun.-du-Rhôn.(Drôme),O.r.196.
Château-Renard (Bouches-du-Rhône),
O. r. 270.
Châteauroux (Indre), O. 164.
Château-Thierry (Aisne), C. r. et b.
51-52.
Château-Vilain (Haute-Marne), O. r.
74.
Châteldon (Puy-de-Dôme), O. r. 81.
Châtillon-le-Duc (Drôme), O. r. 152.
Châtillon-sur-Seine. F. O. 137.
Châtre, la (Sarthe), O. b. 95.
Chaumont (Loir-et-Cher), O. 112.
Chauriaut (Puy-de-Dôme), O. 182.
Chauvigny (Vienne), O.r. 135.
Chaux, la (Puy-de-Dôme), O. 182.
Chauveau (Marne), O. r. 68.
Chavenay (Loire), O. r. 184.
Chavignol (Cher), O. 165-166.
Chemilly (Yonne), O. 126.
Chénas (Rhône), F. r. 142.
Chenay (Marne), O. r. 67.
Cheney (Yonne), O. r. 67-122.
Chenonceaux (Indre-et-Loire), O.r.98.
Chenove (Saône-et-Loire), O. 113.
Chenove (Côte-d'Or), F. O. 136-139.
Cher (département du), O. C. 165.
Chérac (Charente-Inférieure), O. 145.
Cheroubles (Rhône), O. r. 144.
Chevagny (Saône-et-Loire), O. r. 145.
Chichée (Yonne), O. b. 125.
Chigny (Marne), F. r. 67.
Chinon (Indre-et-Loire), O. 98.
Chissay (Loir-et-Cher), O. r. 111.
Chisseaux (Indre-et-Loire), O. r. 98.
Chouilly (Marne), O. b. 72.
Chouzelot (Doubs), O. r. 152.
Chusclan (Gard), F. r. 246.
Chuynes (Loire), O. r. 184-185.
Ciotat, la (B.-du-Rhône), O. C. r. L. 271.

Cissac (Gironde), F. r. 211.
Civrac (Gironde), O. r. 241.
Civray (Indre-et-Loire), O. 98.
Clairac (Lot-et-Garonne), F. 234.
Clairegoutte (Haute-Saône), 151.
Clarette (vin de Die), O. 126.
Classifications. *Voyez à la fin de cha-
cun des chapitres.*
Classification générale des vins de
France, 291.
Classun (Landes), O. b. 232.
Claveau (Marne), O. r. 68.
Clessé (Saône-et-Loire), O. 145.
Cognac (Charente), 174-175.
Collioure (Pyr.-Orientales), F. L. 285-
287.
Colmar (Haut-Rhin), L. b. 89.
Colombier (Dordogne), L. 228.
Commensac (Gironde), F. r. 209.
Commissey (Yonne), O. r. 123.
Compiègne (Oise), C. r. 55.
Comps (Gironde), O. r. 217.
Comté de Foix, C. 254.
Conchez (Basses-Pyrénées), O. 279-
281.
Concremiers (Indre), O. r. 164.
Condrieu (Rhône), F. b. 189.
Confolens (Charente), O. 175.
Conserans, C. 254.
Corent (Puy-de-Dôme), O. b. 182.
Cornas (Ardèche), F. O. r. 243.
Corneilla-de-la-Rivière (Pyrén.-Orien-
tales), O. r. 225.
Corrèze (département de la), O. C. 150.
Corse (Ile de), O. 290.
Corte (Ile de Corse), O. 290.
Corton, cru dit (Côte-d'Or), F. 130.
Cosperon (Pyrénées-Orientales), F. r.
L. b. 265-267.
Coteau-Brûlé, cru dit (Vaucluse), F.
r. 267
Côte des Célestins, 257.
Côte-d'Or (départ. de la), F. O. 127.
Côte-Rôtie (Meurthe), C. r. 82.
Côte-Rôtie (Rhône), F. r. 188.
Côte-Saint-André, la (Isère), O. b. 192.
Côtes, vins de (Gironde), 206-216-224.
Côtes-du-Nord (département des), 91.
Coudes (Puy-de-Dôme), O. r. 182.
Coulange-la-Vineuse (Yonne), O. r.
120.
Courchamps (Maine-et-Loire), O. b. 98.
Cour-Cheverny (Loir-et-Cher), O. b.
112.
Courgy (Yonne), O. b. 127.
Cournon (Puy-de-Dôme), O. r. 182.
Couronne-la-Palud, la (Charente), O.
r. 175.
Coutras (Gironde), O. r. 215.

Couture (Vienne), O. r. 162.
Couzon (Rhône), O. r. 189.
Cramant (Marne), F. b. 71.
Craonelle (Aisne), O. r. 51.
Craonne (Aisne), O. r. 51.
Cravant (Yonne), O. r. 122.
Créancey (Haute-Marne), O. r. 74.
Crépy (Aisne), O. r. 51.
Crépy (Savoie), O. 277.
Creuë (Meuse), O. 80-81.
Creuse (département de la), 151.
Creuziers, les (Allier), C. 168.
Creysse (Dordogne), F. r. 226.
Croix-de-Bléré, la (Indre-et-Loire), O.
r. 98.
Crolle (Isère), O. 191.
Cromières (Sarthe), O. 95.
Crose ou Croses (Drôme), F. r. 194.
Cruon (Aveyron), O. r. 239.
Cubzac (Gironde), O. 217.
Cuers (Var), O. C. r. 265.
Cugnaux (Haute-Garonne), O. 258.
Cuisine, 51.
Culoz (Ain), O. r. 158.
Cumières (Marne), F. r. 67.
Cunèges (Dordogne), O. r. 227,
Cunac (Tarn), O. r. 250.
Cuqueron (Basses-Pyrénées), O. r. 179.
Cuques (Bouches-du-Rhône), O. 269.
Curis (Rhône), O. 189.
Cussac (Gironde), O. r. 211-213.
Cussy (Aisne), O. 52.

D.

Dâle (Moselle), O. r. 79.
Dallet (Puy-de-Dôme), O. 182.
Damery (Marne), O. r. 68.
Dampierre (Maine-et-Loire), O. 97.
Damoulens (Landes), O. b. 232.
Dannemoine (Yonne), F. O. 118-125.
Dauphiné, F. O. 159.
Davayé (Saône-et-Loire), O. 143-144.
Designy (Savoie), O. r. 275.
Denicé (Rhône), O. r. 145.
Deuil (Seine-et-Oise), C. r. 57.
Deux-Sèvres (départ. des), O. 160.
Dierre (Indre-et-Loire), O. 98.
Dijon (Côte-d'Or), O. r. 135.
Dissay (Vienne), O. r. 162.
Distré (Maine-et-Loire), O. 98.
Dizy (Marne), F. b. 70.
Diusse (Basses-Pyrénées), O. 279-280.
Dolce-Aqua (Alp. mar.), O. 266.
Dôle (Jura), C. b. 156.
Domgermain (Meurthe), O. 82.
Domme (Dordogne), O. r. 227.

Dompcevrin (Meuse), O. r. 81.
Donzacq (Landes), O. 231-233.
Donzenac (Corrèze), O. 178.
Donzère (Drôme), O. r. 194.
Dordogne (département de la), F. O. 225.
Dornot (Moselle), O. b. 79.
Doubs (département du), F. O. 151.
Douillon (Marne), O. r. 67.
Drôme (département de la), O. 192.
Durette (Rhône), O. r. 144.

E.

Eau-de-vie (principales fabriques d'), dép. de l'Aude, 234 ; B.-du-Rhône, 247 ; Charente, 146 ; Charente-Infér. 143 ; Corrèze, 150 ; Dordogne, 206 ; Gard, 224 ; Gers, 212 ; Gironde, 197 ; Hérault, 232 ; Ind.-et-Loire, 79 ; Loir-et-Ch., 87 ; Loire-Infér., 68 ; Lot, 212 ; Lot-et-Gar., 211 ; Maine-et-Loire, 73 ; Deux-Sèvres, 134 ; Tarn-et-Garonne, 225 ; Var, 241 ; Vienne, 136.
Echaillon (Savoie), C. r. 275.
Ecrouves (Meurthe), O. r. 82.
Ecueil (Marne, O. r. 67.
Eguilles (Bouches-du-Rhône), O. 270.
Emeringes (Rhône), O. r. 144.
Enguisheim (Haut-Rhin), O. b. 89.
Engraviés (Ariége), C. r. 283.
Entre-deux-Mers, l' (Gir.), O. 206-216-224.
Epeigné (Indre-et-Loire), O. 93.
Epernay (Marne), F. 67-72.
Epinal (Vosges), C. 84.
Epineuil (Yonne), F. 119-124-125.
Ernolsheim (Bas-Rhin), O. b. 86.
Esparron (Pyrénées-Orient.), O. r. 285.
Espira-de-l'Agly (Pyr.-Or.), O. r. 285.
Essey (Meurthe), O. r. 82.
Essey-les-Ponts (H.-Marne), O. r. 74.
Essonne, F. r. 52.
Estroy (Côte-d'Or), O. r. 134.
Etoile, l' (Jura), O. b. 155.
Etoile (Drôme), F. r. 194.
Etoux, les (Rhône), O. r. 144.
Eure (département de l'), O. C. 54.
Eure-et-Loir (dép. d'), 105.
Euvezin (Meurthe), O. r. 82.
Eyres (Landes), O. b. 232.

F.

Fargues (Gironde), F. b. 222.
Fau (Tarn-et-Garonne), O. 250.
Faverolles (Loir-et-Cher), O. 111.
Finistère (département du), 91.
Fiton (Aude), O. r. 259.

Fixey (Côte-d'Or), O. r. 137.
Fixin (Côte-d'Or), F. O. 130-137.
Flandre, 40.
Flavigny (Côte-d'Or), O. r. 137.
Fleury (Loiret), C. r. 108.
Fleury (Rhône), F. r. 142.
Fleury-la-Rivière (Marne), O. r. 68.
Fley (Yonne), O. b. 125-126.
Florac (Lozère), C. 221.
Florentin (Tarn), O. r. 227.
Flotte, la (Sarthe), O. b. 95.
Foix (comté de), O. C. 278.
Fondettes (Indre-et-Loire), O. 98.
Fontenay (Yonne), O. b. 125.
Force, la (Dordogne), F. r. 226-228.
Forez, L. O. 179.
Fougerolles (Haute-Saône), 151.
Fouquebrune (Charente), C. 171.
Fourneaux (Loiret), C. 107.
Foy (Maine-et-Loire), O. 97.
Foy-Monjault, la (D.-Sèvres), C. r. 161.
Franche-Comté, F. O. 150.
Francillon (Loir-et-Cher), N. 110.
Francueil (Indre-et-Loire), O. 98.
Fronsac (Gironde), O. 214-217-224.
Frontignan (Hérault), L. 253-254.
Fronton (Haute-Garonne), O. 258.
Fuissé (Saône-et-Loire), F. b. 143.
Fussy (Cher), O. r. 165.

G.

Gabernac (Gironde), O. b. 223.
Gaillac (Tarn), O. 251-252.
Gan (Basses-Pyrénées), F. 279.
Gard (département du), F. O. C. 245.
Gardanne (Bouches-du-Rhône), O. 270.
Garde-Adhémar, la (Drôme), O. r. 194.
Gardes (Charente), O. r. 175.
Garenne-du-Sel, la (Allier), O. r. 168.
Garonne (dép. de la Haute-), O. C. 257.
Garrigues (Hérault), O. r. 253.
Gascogne, F. O. 198.
Gatinais, O. C. r. 105.
Gaude, la (Var), F. r. 259.
Gaujacq (Landes), O. 231.
Gazonfière (Sarthe), O. 75.
Gelos (Basses-Pyrénées), F. b. 279-281.
Gemenos (B.-du-Rhône), O. 270-271.
Génissac (Gironde), O. r. 217.
Geraise (Jura), O. r. 154.
Gers (département du), O. C. 235.
Gervant (Drôme), F. r. 194.
Gévaudan, le (Lozère), 245.
Gevrey (Côte-d'Or), F. 134-136.
Gex (pays de), C. 157.
Ginestas (Aude), O. r. 259.
Ginestet (Dordogne), F. r. 226-228.
Gircourt (Vosges), O. 83.

Gironde (département de la), F.O.198.
Givry (Saône-et-Loire), O. 135-136.
Givry (Yonne), O. f. 121.
Goûts (Gers), O. r. 236.
Goûts (Dordogne), O. r. 227.
Gradels (Aveyron). O. r. 239.
Grand-Bréant, O. r. 59.
Grande côte, la (Yonne), F. r. 93.
Grande-Paroisse, r. 58.
Grasse, la (Aude), O. r.°259.
Grattay (Saône-et-Loire), O. r. 145.
Grauve (Marne), O. b. 72.
Grave, la (Gironde), C. r. 209-217.
Grave, la (Tarn), O. r. 251.
Grave, les (Gironde), F. 204-205.
Grenier, mont de (Savoie), O. 276.
Gresivaudan (Isère), O. 194.
Grignon (Isère), O. 195.
Gron, O. r. 124.
Groslée (Ain), O. r. 158.
Guebwiller (Haut-Rhin), S. F. 88.
Guienne, F. O. 198.
Guines (Loiret), O. r. 107.
Guirrand (Ardèche), O. 243.
Gy (Haute-Saône), O. r. 151.
Gye (Aube), C. r. 74.

H.

Habsheim (Haut-Rhin), S. b. 89.
Hainaut, 48.
Hattonchâtel (Meuse), O. r. 81.
Hataut, F. r. 67.
Haut-Brion (Gironde), F. r. 207.
Haute-Saône (départ. de la), O. 150.
Hautvillers (Marne), F. 67-70.
Haux (Gironde), O. b. 223.
Haye, la (Loire-Inférieure), O. b. 93.
Heiligenstein (Bas-Rhin), L. 86.
Hérault (départem. de l'), L. O. 252.
Hermitage, l' (Drôme), F. 194-196.
Hernouvillé (Marne), O. r. 67.
Homme, l' (Sarthe), O. 95.
Hourcade, la (Basses-Pyr.), O. r.
Huis, l' (Ain), O. r. 158.
Hunneveyr (Haut-Rhin), S. F. 89.
Hurigny (Saône-et-Loire), O. 145.
Hyères (Var), O. r. 265.

I.

Ingré (Loiret), C. r. 108.
Ige (Saône-et-Loire), O. r. 145.
Ile-de-France, C. 48-55.
Illats (Gironde), F. b. 222.
Ille-et-Vilaine (départ. d'), C. 92.
Imbsheim (Bas-Rhin), O. b. 86.
Indre (départ. de l'), O. C. 164.
Indre-et-Loire (départ. d'), O. C. 100.

Ingersheim (Haut-Rhin), S. F. b. 89.
Irancy (Yonne), F. O. r. 120.
Irigny (Marne), O. r. 67.
Irigny (Rhône), O. 185.
Isère (départ. de l'), F. O. 189.
Issoudun (Indre), O. 164.
Izon (Gironde), O. r. 266.
Issoire (Puy-de-Dôme), O. r.

J.

Jadousse (Basses-Pyrén.), O. 179-181.
Jailleu (Isère), O. r. 191.
Jallerange (Doubs), O. C. 152.
Jambles (Saône-et-Loire), C. 137.
Jarday (Loir-et-Cher), O. 110.
Jargeau (Loiret), O. r. 107.
Jarnac (Charente), 114.
Jarrie-Haute (Isère), O. r. 191.
Jasseron (Rhône), O. r. 144.
Jasnières, les (Sarthe), O. 95.
Jaulnay (Vienne), O. r. 162.
Jaulnay (Meurthe), O. r. 82.
Javemant (Aube), O. r. 76.
Joigny (Yonne), O. 121-123.
Joinville (Haute-Marne), O. r. 74.
Jonquières (Gard), O. r. 248.
Joué (Indre-et-Loire), O. r. 98.
Julienne (Charente), O. r. 175.
Jullié (Rhône), O. r. 144.
Julliénas (Rhône), O. r. 143.
Jumigny (Aisne), O. r. 51.
Junay (Yonne), F. O. 123-124.
Jura (départ. du), F. O. 153.
Jurançon (Basses-Pyrén.), F. 278-280.
Jussy (Moselle), O. r. 79.
Jussy (Yonne), O. r. 123.

K.

Kaysersberg (Haut-Rhin), O. 87-89.
Katzenthal (Haut-Rhin), F. b. 89.
Kientzheim (Bas-Rhin), S. F. 81-87.
Kientzheim (Haut-Rhin), F. L. 89.

L.

Labarde (Gironde), O. b. 24.
Labrède (Gironde), O. r. 223.
Lacadière (Var), O. r. 264.
Lacénas (Rhône), O. r. 145.
Lachau, le (Puy-de-Dôme), O. r. 182.
Lacostière (Gard), O. r. 247.
Laguieux (Ain), O. r. 158.
Lagos (Basses-Pyrénées), O. r. 279.
Laines-aux-Bois (Aube), O. r. 76.
Laisnes (Saône-et-Loire), O. r. 145.
Laizé (Saône-et-Loire), O. 145.
Lamarque (Gironde), F. r. 211.

Lambin (Isère), C. 191.
Lancedat (Aveyron), O. r. 239.
Lancié (Rhône), O. r. 143.
Landes (départ. des), F. O. 230.
Landes (Puy-de-Dôme), O. r. 182.
Landiras (Gironde), F. b. 222.
Landreville (Aube), C. r. 76.
Langeais (Indre-et-Loire), G. 98-104.
Langlade (Gard), O. r. 248.
Langoiron (Gironde), F. O. 223-228.
Langon (Gironde), F. b. 221.
Languedoc F. O. C. 242.
Lantigné (Rhône), 144.
Laon (Aisne), O. r. 51.
Larronin (Basses-Pyrén.), F. b. 279.
Larroque (Gironde), O. b. 223.
Larroque (Tarn), O. r. 251.
Lascazères (Hautes-Pyrén.), O. r. 281.
Lasseraz (Savoie), O. b. 277.
Lasseube (Basses-Pyrén.), O. r. 279.
Latour (Gironde), F. r. 207.
Latour-du-Breuil (Indre), O. 164.
Latresne (Gironde), O. r. 216.
Laudun (Gard), O. 248-249.
Lavans (Doubs), O. r. 152.
Lebas (Lot), O. 238.
Lédenon (Gard), O. r. 246.
Lembras (Dordogne), F. 226.
Lény, côte de (Landes), O. 232-233.
Léognan (Gironde), F. 219-222.
Lestiac (Gironde), O. b. 223.
Letret (Hautes-Alpes), O. r. 196.
Leucate (Aude), O. r. 259.
Lezandre (Puy-de-Dôme), O. r. 182.
Libarde, la (Gironde), O. r. 216.
Libourne (Gironde), O. 214-217.
Liesle (Doubs), O. r. 152.
Ligny (Meuse), O. r. 80.
Ligny-le-Châtel (Yonne), O. b. 127.
Limerai (Indre-et-Loire), O. 103.
Limony (Ardèche), O. r. 243.
Limosin, O. et C. 177.
Limoux (Aude), O. b. 260-261.
Linars (Charente), O. r. 175.
Linde, la (Dordogne), O. r. 227.
Liouville (Meuse), O. r. 80.
Lirac (Gard), F. r. 246.
Listrac (Gironde), F. r. 211.
Livron (Drôme), O. 194.
Loché (Saône-et-Loire), O. 145-146.
Loir-et-Cher (départ. de), O. C. 110.
Loire (départ. de la), L. O. 183.
Loire (départ. de la Haute), C. 186.
Loire-Inférieure (dép. de la), O. C. b. 92.
Loiret (dép. du), O. C. 106.
Loisey (Meuse), O. 81.
Lombard (Doubs), O. r. 152.
Longeville (Meuse), O. r. 80.

Lons-le-Saunier (Jura), O. 153.
Lormont (Gironde), O. 216.
Loroux, le (Loire-Infér.), O. b. 93.
Lorraine, O. b. 78.
Lot (départ. du), O. C. 236.
Lot-et-Garonne (départ. de), F. O. 234.
Loudes, F. r. 67-69.
Loudun (Vienne), O. b. 163.
Loupiac (Gironde), F. O. 818-222.
Loupian (Hérault), O. r. 253.
Loupmont (Meuse), O. r. 80.
Loury (Loiret), C. b. 109.
Lozère (dép. de la), C.245.
Luc (Basses-Pyrénées), O. r. 279.
Lucey (Meurthe), O. r. 82.
Ludes (Marne), F. r. 67.
Ludon (Gironde), F. r. 211.
Lunel (Hérault), L. 254-256.
Lupé (Loire), O. r. 181.
Lure (Haute-Saône), C. 124.
Lusillé (Loir-et-Cher), O. r. 111.
Lussac (Gironde), O. 215-216.
Lussan (Gers), O. r. 236.
Lussault, O. 103.
Luynes (Indre-et-Loire), O. r. 98.
Luzech (Lot), O. 238.
Lyonnais, L. F. O. 187.

M.

Macau (Gironde), O. r. 211-216.
Maccaticcia (Ile de Corse), O.
Machurat (Ain), O. r. 158.
Mâcon (Saône-et-Loire), F. 34 et suiv.
Madiran (Hautes-Pyrénées), O. r. 281.
Magrie (Aude), O. b. 260.
Mailly (Marne), F. r. 66-69.
Maine, O. C. 69.
Maine-et-Loire (dép. de), O. 96.
Maisdon (Loire-Inf.), O. b. 93.
Malgue, la (Var), F. r. 264.
Maligny (Yonne), O. b. 125.
Manche (dép. de la), 54.
Manciet (Gers), O. O. r. 23.
Mancy (Marne), O. 68.
Mantes-sur-Seine (Seine-et-Oise), O. C. 58.
Maraussan (Hérault), L. 255.
Marchand (Rhône), O. r. 144.
Marche, O. C. 177.
Marcillac (Aveyron), O. r. 239.
Marçon (Sarthe), O. b. 95.
Mardeuil (Marne), O. r. 68.
Mardié, 108.
Mareil (Sarthe), O. b. 95.
Marennes (Charente-Inf.), O. 171.
Narétel, coteau (Savoie), L. b. 277.
Mareuil (Dordogne), O. r. 227.
Mareuil (Loir-et-Cher), O. r. 67-111.

Mareuil (Marne), F. b. 70.
Margaux (Gironde), F. r. 208-209-210.
Marigny, 109.
Marignane (B.-du-Rhône), O. 270-271.
Mariol (Puy-de-Dôme), O. 182.
Marmande (L.-et-Gar.), O. b. 234.
Marne (dép. de la), F. O. 61.
Marne (dép. de la Haute-), O. C. 73.
Marnoz (Jura), O. r. 154.
Marsangy, O. r. 124.
Marseillan (Hérault), L. b. 254.
Marseille (B.-du-Rhône), O. 269-271.
Marthon (Charente), O. r. 175.
Martigné-Briant (Maine-et-Loire), O. b. 97.
Martignac (Gironde), F. O. b. 222.
Martres, les (Puy-de-Dôme), O. r. 182.
Marvejols (Lozère), C. 245.
Mauves (Ardèche), O. r. 243.
Mauzé (Deux-Sèvres), 160.
Mayenne (dép. de la), C. 94.
Mazan (Vaucluse), L. 268.
Mazères (Basses-Pyrénées), F. b. 279.
Mazères (Gers), O. r. 236.
Médoc, le (Gironde), F. O. 215.
Mées (Basses-Alpes), O. r. 263.
Mel-la-Garde (Lot), O. 238.
Melun (Seine-et-Marne), O. 59.
Menetru (Jura), O. r. 154.
Ménil, le (Marne), F. 71-72.
Mer-la-Ville (Loir-et-Cher), O. C. 112-113.
Mercurey (Saône-et-Loire), O. r. 139.
Mercurol (Drôme), F. 194-195.
Mérignac (Gironde), F. r. 219.
Messanges (Landes), F. 251.
Meung (Loiret), O. r. 107.
Meursault (Côte-d'Or), F. O. 133-135-137-138.
Meurthe (dép. de la), G. C. 81.
Meuse (dép. de la), O. C. r. 80.
Meusnes (Loir-et-Cher), O. 111-112.
Méze (Hérault), O. 253-255.
Mézel (Puy-de-Dôme), O. 182.
Miélan (Gers), O. r. 236.
Mignaux (Seine-et-Oise), O. 57.
Mihervé (Maine-et-Loire), O. b. 98.
Milerye (Doubs), O. b. 152.
Milhars (Tarn), O. r. 251.
Millery (Rhône), O. r. 188.
Milly (Yonne), O. b. 125.
Miradoux (Gers), O. r. 236.
Mirebeau (Vienne), C. r. 162.
Mirepeisset (Aude), O. r. 259.
Mittelweyer (Haut-Rhin), S. F. 89.
Molesme (Yonne), O. r. 122.
Molins (Marne), O. b. 72.
Molsheim (Bas-Rhin), S. F. b. 86.

Momuy (Landes), O. 231-232.
Monbazillac (Dordogne), L. 228.
Monbogre (Saône-et-Loire), O. 136.
Monbrier (Gironde), G. r. 217.
Monein (Basses-Pyrénées), O. 279.
Monistrol (Haute-Loire), C. r. 186.
Monmarvès (Dordogne), F. r. 226.
Monprinblanc (Gironde), F. b. 223.
Mons (Seine-et-Oise), O. 57.
Monsec (Meuse), O. r. 81.
Montagne (Gironde), O. r. 214.
Montagny (Saône-et-Loire), O. 136-139.
Montargis (Loiret), C. r. 108.
Montbartier (T.-et-Gar.), O. r. 250.
Montbazin (Hérault), L. b. 255.
Montchâlons (Aisne), O. r. 51.
Montélimar (Drôme), O. r. 194.
Montelivaut (Loir-et-Cher), O. b. 113.
Montemaggiore (île de Corse), 290.
Mont - en - Saint - Martin - de - Sanzay (Deux-Sèvres), O. r. 161.
Mont-Termino, le (Savoie), F. r. 275.
Montesquieu-Volvestre (Haute-Gar.), O. 258.
Montferrand (Gironde), O. 214.
Montflanquin (Lot-et-Gar.), O. r. 234.
Montfort (Landes), O. r. 233.
Montgrimault (Marne), O. b. 72.
Monthelie (Côte-d'Or), O. r. 135.
Monthelon (Marne), O. 68-70.
Monthou (Loir-et-Cher), O. 111.
Montignac (Charente), O. 176.
Montigny (Jura), O. b. 156.
Montlouis, O. 103.
Montluçon (Allier), C. r. 168.
Montmélian (Savoie), F. r. 275.
Montmelas-Saint-Sorlin (Rhône), O. r. 144.
Montoire, 113.
Mouton (Puy-de-Dôme), 182.
Montpellier (Hérault), O. r. 253.
Montpeyroux (Puy-de-Dôme), O. r.
Mont-Rachet, le (Côte-d'Or), F. b. 137.
Montrelais (Loire-Inférieure), O. b. 93.
Montrichard (Loir-et-Cher), O. 111.
Montsaugeon (H.-Marne), O. r. 74.
Montségur (Drôme), O. r. 194.
Morancin, le (Landes), F. r. 231.
Morbihan (dép. du), C. 92.
Moret (Loir-et-Cher), 113.
Morey (Côte-d'Or), F. 130-132.
Morgon (Rhône), O. r. 144.
Morières (Vaucluse), O. r. 268.
Mornac (Charente), O. r. 175.
Moselle (dép. de la), O. C. 78.
Mouchy-Saint-Eloi, b. 55.
Moulidars (Charente), O. r. 175.
Moulin-à-Vent, le (S.-et-L.), F. r. 141.

Moulix (Gironde), F. r. 211.
Moussy (Marne), O. b. 71.
Mouthiers (Doubs), O. r. 152.
Muides (Loir-et-Cher), O. b. 112.
Murinais (Isère), O. b. 191.
Mutzig (Bas-Rhin), O. b. 86.

N.

Naives (Meuse), O. r. 80.
Nans (Var), C. r. 263.
Nantes (Loire-Inférieure), O. b. 93.
Narbonne (Aude), O. r. 259.
Navarre, C. 278.
Navarrenx (B.-Pyrénées), O. 279.
Nayenne (Haute-Saône), O. r. 151.
Nazelle, O. 103.
Néac (Gironde), O. r. 214.
Nechers (Puy-de-Dôme), O. r. 182.
Neffles, côte des (H.-Alpes), O. 196.
Néoulles (Var), C. r. 265.
Nersac (Charente), O. r. 175.
Nerthe, la (Vaucluse), F. 267.
Neufchâteau (Vosges), O. r. 82.
Neuillé (Maine-et-Loire), O. 97.
Neuville (Aude), O. r. 76.
Neuville (Vienne), O. r. 162.
Neuvy-Sautoir (Yonne), O. 123.
Neuwiller O. r. 82-86.
Nevers (Nièvre), O. r. 667.
Nevian (Aude), O. r. 259.
Nièvre (dép. de la), O. C. 166.
Nice (Alp.-M.), O. r. 266.
Niort (Deux-Sèvres), 161.
Nivernais, O. C. 184-167.
Noizay (Indre-et-Loire), O. b. 103.
Nord (dép. du), 49.
Normandie, C. 53.
Noulliers, les (Charente-Inf.), O. 171.
Nouilly (Moselle), O. r. 79.
Nuits (Côte-d'Or), F. r. 131-132.
Nogoro (Gers), O. r. 236.

O.

Odenas (Rhône), O. r. 143.
Oger (Marne), F. b. 72.
Oise (dép. de l'), C. r. 55.
Oléron, île d' (Char.-Inf.), C. 172-175.
Olivet (Loiret), O. C. r. 108.
Ollioules (Var), O. C. 264.
Olwiller (Haut-Rhin), S. O. L. b. 87.
Omet (Gironde), O. b. 223.
Onzain (Loir-et-Cher), O. r. 112.
Orange (Vaucluse), L. 208.
Orcet (Puy-de-Dôme), O. r. 182.
Orgeval (Aisne), O. r. 51.
Orgon (Bouc.-du-Rhône), O. r. 270.
Orléanais, O. C. 105.

Orléans (Loiret), O. C. 108-109.
Orne (dép. de l'), 54.

P.

Pagny (Meurthe), O. r. 82.
Paillet (Gironde), O. b. 223.
Palet, le (Loire-Inf.), O. b. 93.
Palus, les (Gironde), 205-216.
Pannes (Meurthe), O. r. 82.
Pargnan (Aisne), O. r. 51-52.
Pargny (Marne), O. r. 68.
Parnac (Lot), O. 238.
Parnay (Maine-et-Loire), O. 97.
Paroisse, la Grande (Seine-et-Marne),
   O. C. r. 58.
Paron (Yonne), O. r. 124.
Parsac (Gironde), O. r. 215.
Pas-de-Calais (dép. du), 49.
Pauilhac (Gironde), F. r. 208-209.
Perche, C. 53-105.
Pereuilh (H.-Pyrénées), O. 281.
Peri (île de Corse), X, 290.
Péricard (Lot-et-Gar.), O. r. 234.
Périgord, F. O. 225.
Pérols ou Préols (Hérault), O. r. 253.
Peronne (Saône-et-Loire), O. r. 145.
Pessac (Gironde), F. r. 182.
Peyriguère (H.-Pyrénées), O. 182.
Pezilla (Pyr.-Orient.), O. r. 285.
Pézenas (Hérault), F. r. 253.
Pezau (Loir-et-Cher), F. r. 112.
Pian, le (Gironde), O. r. 214.
Pfaffenheim (Haut-Rhin), F. 89.
Picardie, C. r. 25.
Pierreclos (S.-et-Loire), O. 145-146.
Pierrefeu (Var), O. r. 265.
Pierry (Marne), F. 67-70.
Pignans (Var), O. r. 265.
Pistoule, la (Lot), O. 238.
Pixerécourt, O. r. 82.
Pizay (Rhône), O. r. 144.
Plaisance (Gers), O. r. 236.
Plant-de-Cugnes (B.-du-Rh.), O. 281.
Pleyard (Aisne), O. r. 51.
Pocé (Indre-et-Loire), O. r. 102.
Podensac (Gironde), F. b. 221.
Poilly (Yonne), O. b. 127.
Poincby (Yonne), O. b. 125.
Poinvillers (Doubs), O. r. 152.
Poitou, O. C. 159.
Poleymieux (Rhône), O. 189.
Poligny (Jura), O. r. 154-156.
Pomerol (Gironde), O. r. 186.
Pomerols (Hérault), L. b. 254.
Pomard (Côte-d'Or), F. r. 132.
Pomport (Dordogne), F. b. 128.
Pont-du-Château (P.-de-D.), O. r. 182.
Pont-en-Royans (Isère), O. r. 191.

Pont-de-Veyle, O. b. 158.
Pontigny (Yonne), O. r. 123.
Ponts (B.-Pyrénées), O. 279-280.
Portel (Aude), O. 259.
Portet (B.-Pyrénées), O. r. 279-281.
Portets (Gironde), O. b. 223.
Portieux (Vosges), O. 83.
Porto-Vecchio (île de Corse), O. 290.
Port-Vendre (Pyr.-Or.), F. r. 265.
Pouillé (Loir-et-Cher), O. r. 111.
Pouilley (Doubs), O. r. 152.
Pouilly (Saône-et-Loire), F. 146.
Pouilly (Nièvre), O. 167.
Poujeaux (Gironde), F. r. 211.
Pourly (Yonne), O. r. 123.
Poussan (Hérault), O. r. 253.
Praissac (Lot), O. 238.
Prauthoy (Haute-Marne), O. r. 74.
Preignac (Gironde), F. b. 219-220.
Prémeaux (Côte-d'Or), F. 130-131.
Prémiac (Lot), O. 238.
Préols (Hérault), F. r. 253.
Prépouille-de-Salses (P.-Or.), O. b. 287.
Prigonrieux (Dordogne), F. 226-227-228.
Prinscens (Savoie), O. r. 275.
Prissé (Saône-et-Loire), O. r. 145.
Provins (Seine-et-M.), C. 59.
Provence, F. O. L. 262.
Pujaut (Gard), O. r. 248.
Pujols (Gironde), F. O. 222.
Puligny (Côte-d'Or), F. b. 137.
Pupillin (Jura), F. b. 155.
Puisseguin (Gir.), O. r. 215-216.
Puy-de-Dôme (dép. du), F. O. 180.
Puynormand (Gironde), O. r. 215.
Pyrénées (dép. des Basses-), F. O. 278.
Pyrénées (dép. des Hautes-), O. 281.
Pyrénées-Or. (dép. des), F. O. L. 284.

Q.

Quartiers, F. r. 67.
Quercy, O. C. 236-240.
Queyries (Gironde), O. r. 213.
Quincey (H.-Saône), O. r. 157.
Quincié (Rhône), O. C. r. 144.
Quinsac (Gironde), O. 216.
Quintigny (Jura), F. b. 154.

R.

Rabastens (Tarn), O. r. 251.
Rablay (Maine-et-Loire), O. 97.
Rambucourt (Meuse), O. r. 81.
Ray (Haute-Saône), O. r. 150.
Ré, O. r. 172.
Rebréchien (Loiret), O. b. 109.

Regnié (Rhône), O. r. 144.
Rembercourt (Meurthe), O. r. 82.
Rembrecourt, 81.
Renaison (Loire), O. C. r. 184.
Reuil (Marne), O. r. 68.
Reuilly (Indre), O. b. 164.
Reventin (Isère), F. r. 191.
Rhin (dép. du Bas-), S. F. 85.
Rhin (dép. du Haut-), S. F. O. 87.
Rhône (dép. du), F. O. 140-187.
Riaillé (Loire-Inf.), O. b. 93.
Ribeauvillé (Haut-Rhin), S. F. 87.
Ribérac (Dordogne), C. r. 227.
Riceys, les (Aube), F. r. 75-76.
Richebourg, cru dit le (Côte-d'Or), F. r. 129.
Richelieu, O. 104.
Rigny-le-Ferron, O. b. 76.
Rilly (Marne), F. r. 67.
Rioms (Gironde), O. 223-228.
Riquewihr (Haut-Rhin), S. F. 87-88.
Ris (Puy-de-Dôme), O. r. 182.
Rivesaltes (Pyr.-Or.), L. F. O. 285-286.
Rivières-les-Fosses (Haute-Marne), O. r. 74.
Rixheim (H.-Rhin), S. O. b. 85.
Roche de Jarjaje (H.-Alpes), O. r. 168.
Rochecorbon (Indre-et-L.), O. r. 103.
Rochefort (Maine-et-Loire), O. 97.
Rochelle, la (Charente-Inférieure), C. 171.
Rochelles, les (Meuse), O. r. 81.
Rochenard (Deux-Sèvres), O. r. 161.
Rochette, vallée de (Savoie), 276.
Rodès (Pyrénées-Orient.), L. 287.
Roffey (Yonne), O. b. 126.
Roiffé (Vienne), O. b. 163.
Romanèche (Saône-et-Loire), F. r. 141-143.
Romanée-Conti, cru dit la (Côte-d'Or), F. r. 129.
Romanée-de-Saint-Vivant, cru dit la (Côte-d'Or), F. r. 130.
Romont (Marne), F. b. 69.
Roque (Var), O. r. 265.
Roquemaure (Gard), O. r. 247.
Roquevaire (B.-du-R.), O. r. L. 271-272.
Roucy (Aisne), O. r. 51.
Rouergue, O. C. 214.
Rougiés (Var), O. r. 265.
Rougny, O. 104.
Rouillac (Charente), 174.
Roulet (Charente), O. r. 175.
Roussas (Drôme), O. r. 194.
Roussillon, F. O. L. 278.
Rousson, O. r. 124.
Roustignon (B.-Pyrénées), F. b. 269.
Roville (Meurthe), O. r. 82.
Rozières (Meuse), O. r. 80.

Rosoy (Yonne), O. r. 124.
Rufach (Haut-Rhin), S. F. b. 89.
Rumilly (Savoie), O. 275.
Rully (Saône-et-Loire), O. 136.
Ruy (Isère), O. r. 191.

S.

Sablons, r. 58.
Saillac (Corrèze), O. 178.
Saillans (Drôme), O. r. 194.
Sargoin (Savoie), O. 276.
Savoie, L. F. O. C. 274.
Saint-Aignan (Loir-et-Cher), O. 111.
—Amand (Cher), O. C. 165.
—Amarens (Tarn), O. r. 250.
—Amour (Saône-et-Loire), O. r. 149.
—André (Isère), O. r. 191-192.
—André (Loire), O. r. 184.
—André (Pyr.-Orient.), O. b. 287.
—Aubin-de-Luigné (Sarthe), O. b. 97.
—Avertin (Indre-et-Loire), O. 98.
—Ay (Loiret), O. r. 107.
—Barthélemy, 98.
—Basle (Marne), F. r. 66.
—Benoît (Ain), O. r. 158.
—Benoist (Sarthe), O. b. 95.
—Bris (Yonne), O. 123.
—Cécile.
—Chef (Isère), O. r. 191.
—Christol (Hérault), O. r. 252.
—Christoly (Gironde), O. r. 215.
—Christophe (Gironde), O. r. 214.
—Claude, 113.
—Cyprien (Dordogne), O. r. 227.
—Cyr (Maine-et-Loire), O. 97-98.
—Cyr (Var), O. r. 264.
—Cyr (Indre-et-Loire), O. r. 98.
—Denis, O. r. 103.
—Denis-de-Jargeau (Loiret), O. r. 107.
—Denis-en-Val (Loiret), O. r. 107.
—Déo (Loir-et-Cher), O. b. 112.
—Dizier, O. r. 74.
—Drézéry (Hérault), O. 252.
—Émilion (Gironde), O. r. 205.
—Estephe (Gironde), F. 209.
—Étienne-la-Varenne (Rhône), O. r. 144.
—Faust (Basses-Pyrén.), F. b. 259.
—Fiacre (Loire-Inf.), O. b. 93.
—Gengoux-le-Royal (Saône-et-Loire), O. r. 145.
—Geniés (Gard), F. r. 246.
—Geniez (Hérault), O. r. 252.
—Genis (Charente), O. r. 155.
—Georges, le clos (Côte-d'Or), F. r. 130.
—Georges (Gironde), O. r. 217.
—Georges (Indre-et-Loire), O. b. 103.
Saint-Georges (Loir-et-Cher), O. r. 111.
—Georges (Sarthe), O. b. 95.
—Georges-d'Orques (Hér.), O. r. 252.
—Georges-les-Baillargeaux (Vienne), O. r. 162.
—Gereon (Loire-Inf.), O. b. 93.
—Germain (Gironde), O. r. 215.
—Gervais (Gironde), O. r. 216-217.
—Gilles-les-Boucher (Gard), O. r. 247.
—Gy (Loiret), O. r. 108.
—Henry (Lot), O. 238.
—Herblon (Loire-Infér.), O. b. 93.
—Hilaire (Indre), O. r. 164.
—Innocent (Savoie), L. b. 277.
—Jean (Savoie), O. r. 275.
—Jean-de-la-Porte (Savoie), F. r. 275.
—Julien (Savoie), O. r. 275.
—Jean (Ardèche), O. b. 243.
—Jean-d'Angély (Charente-Infér.), O. 171-172.
—Jean-d'Ardière (Rhône), O. r. 144.
—Jean-de-Bray (Loiret), O. r. 107.
—Jean-le-Priche (Saône-et-Loire), O. r. 145.
—Jean-le-Blanc (Loiret), O. r. 107.
—Jean-Poudge (Basses-Pyrénées), O. 269-280.
—Jérôme (B.-du-Rhône), O. r. 269.
—Joseph (Ardèche), F. O. r. 243.
—Juéry (Tarn), O. r. 250.
—Julien, 123.
—Julien (B.-du-Rhône), O. b. 271.
—Julien (Meuse), O. r. 80.
—Julien (Rhône), O. r. 145.
—Julien (Gironde), F. r. 208-209-210.
—Lager (Rhône), O. r. 143.
—Lambert (Gironde), F. r. 208.
—Laune (H.-Pyrénées), O. 281.
—Laurent (B.-du-Rhône), L. 271.
—Laurent (Dordogne), L. 229.
—Laurent (Gironde), F. r. 211.
—Laurent (Gironde), O. r. 214.
—Laurent (Jura), O. r. 154.
—Laurent (Var), F. r. 264.
—Laurent (Gard), F. 246.
—Léger (Vienne), O. r. 163.
—Léon (Dordogne), O. r. 227.
—Lothain (Jura), O. r. 154.
—Loubès (Gironde), O. r. 216.
—Loubouer (Landes), O. 231-232.
—Louis (B.-du-Rhône), O. 269.
—Loup (T.-et-Garonne), O. r. 250.
—Luygne (Maine-et-Loire), O. b. 97.
—Marc (Indre-et-Loire), O. C. 98-108.
—Marcel (B.-du-Rhône), O. b. 271.
—Martin (Gironde), O. r. 214.
—Martin-le-Beau, O. 104.
—Martin (Marne), F. O. b. 72.
—Martin (S.-et-Loire), O. 136-137.

Saint-Martin (Yonne), O. C. r. 123.
—Martin-la-Rivière (Vienne), O. r. 162.
—Martin-de-la-Porte (Savoie), O. r. 275.
—Maximin (Isère), O. 196.
—Médard (Gironde), O. b. 223.
—Mesmin, 109.
—Michel (Meuse), O. r. 81.
—Michel-sous-Condrieu (Loire), L. b. 184-185.
—Mibiel-Meuse), O. r. 81.
—Naixant (Dordogne), L. 229.
—Nazaire (Var), O. r. 264.
—Nazaire (Aude), O. r. 259.
—Nicolas-de-Bourgueil (Indre - et - Loire), O. r. 98.
—Orse (Dordogne), O. r. 227.
—Pantaly (Dordogne), O. r. 227.
—Paul (Var), F. r. 264.
—Peray (Ardèche), F. b. 222.
—Pey-Langon (Gironde), F. b. 222.
—Pierre-de-Bœuf (Loire), O. r. 184.
—Privé, 103.
—Rambert (Ain), O. r. 158.
—Romain (Charente-Inférr.), O. C. r. 171.
—Romain (Gironde), O. r. 217.
—Romain (Vienne), O. r. 162.
—Ruffine, F. r. 79.
—Satur (Cher), O. b. 165-166.
—Saturnin (Charente), O. r. 175.
—Sauveur (Gironde), F. r.
—Sauveur (Vaucluse), F. r. 266.
—Savin (Isère), O. r. 191.
—Selve (Gironde), O. b. 223.
—Sernin (Charente), O. r. 175.
—Seurin (Gironde), O. r. 216.
—Seurin-de-Cadourne (Gironde), F. r. 212.
—Sever (Landes), O. b. 232.
—Sorlin (Aisne), O. r. 145-158.
—Sulpice-d'Izon (Gironde) , O. 117-220.
—Thierry (Marne), F. O. r. 66.
—Tropez (Var), O. r. 265.
—Urbain (Haute-Marne), O. r. 74.
—Vallerio (S.-et-Loire), O. 136-139.
—Vérand (Saône-et-Loire), O. 145-146.
—Verand (Isère), O. r. 191.
—Vérand (Sarthe), O. r. 95.
—Victor (Dordogne), O. r. 227.
—Vincent (Lot), O. 238.
Sainte-Cécile (Sarthe), O. 96.
—Croix (Gironde), O. r. 218. F. b. 222.
—Eulalie (Gironde), O. r. 217-218.
—Foi (Gironde), O. C. 218-224.
—Foy (Rhône), O. r. 188.

Sainte-Foy (Dordogne), F. r. 226-228.
—Gemme (Gironde), F. r. 209-210.
—Luce (Gironde), C. r. 219.
—Marthe (B.-du-Rhône), O. 269.
—Ruffine (Moselle), O. r. 79.
Saintes-Maries, les (B.-du-R.), O. r. 270.
Saintes (Charente-Inf.), O. C. r. 170.
Saintonge, C. 160.
Saix (Vienne), O. b. 163.
Sâle (Rhône), O. r. 145.
Salins (Jura), O. r. 154.
Salival (Meurthe), O. 82.
Salses (Pyrénées-Orient.), O. L. 285-287.
Samonac (Gironde), O. r. 216.
Sampigny (Meuse), O. r. 81.
Sancé (Saône-et-Loire), O. r. 145.
Sancerre (Cher), O. r. 165-166.
Sandillon (Loiret), O. r. 107.
Sannois, r. 57.
Santenay (Côte-d'Or), F. r. 134.
Saône (dép. de la Haute-), O. 150.
Saône-et-Loire (départ. de), F. O. 140.
Sara (Ardèche), O. r. 243.
Sari (Ile de Corse), O. 290.
Sarlat (Dordogne), C. r. 227.
Sarraziet (Landes), O. 232.
Sarthe (dép. de la), O. C. 95.
Saujon (Charente-Inf.), O. C. r. 170.
Saulce, la (H.-Alpes), O. b. 196.
Saules (Saône-et-Loire), O. 136-139.
Sault-de-Navailles (B.-Pyr.), O. r. 279.
Saumousset (Maine-et-L.), O. b. 27.
Saumur (Maine-et-Loire), O. b. 97.
Sauternes (Gironde), F. b. 219-220.
Sauvian (Hérault), F. r. L. b. 253-255.
Savagnac (Lot), O. 238.
Savenay (Loire-Inférieure), O. 93.
Savennières (Maine-et-Loire), O. b. 97.
Saverne (Bas-Rhin), O. 86.
Saviguy (Côte-d'Or), F. r. 133-134.
Savonnières (Meuse), O. r. 80.
Schelestadt (Bas-Rhin), O. 86.
Scy (Moselle), O. r. 79.
Seine (dép. de la), 56.
Seine-et-Marne (dép. de), 56.
Seine-et-Oise (dép. de), 56.
Seine-Inférieure (dép. de la), 54.
Selles (Loir-et-Cher), C. r. 112.
Selve (Gironde), O. b. 223.
Semécourt (Moselle), O. r. 79.
Semur (Côte-d'Or), O. C. 137.
Sennecé (Saône-et-Loire), O. 145.
Senouche (Charente-Inférr.), 170.
Séon-Saint-André (B.-du-Rhône), O. r. 269.

Séon-Saint-Henri (B.-du-Rhône), O. r. 269.
Septeuil (Seine-et-Oise), O. 57.
Sérigny (Yonne), O. b. 126.
Sèvres (dép. des Deux-), 160.
Seyssel (Ain), O. 157-158.
Seyssuel (Isère), F. r. 191.
Sigolsheim (Haut-Rhin), S. F. 89.
Sijean (Aude), O. r. 259.
Sillery (Marne), F. 67-68.
Solliés-Farlede (Var). O. r. 265.
Sologne (Loir-et-Cher), O. 112-113.
Solomé (Vienne), O. b. 163.
Solutré (Saône-et-Loire), O. 146.
Somme (dép. de la), 50.
Sommensac (Lot-et-Garonne), O. 267-268.
Sorgues (Vaucluse), F. r. 234.
Soublecauze (H.-Pyrénées), O. 281.
Souligny (Aude), O. 76.
Soupir (Aisne), O. C. 51.
Soussans (Gironde), F. r. 211.
Soustons (Landes), F. 231.
Souvigny, O. 103.
Souzay (Maine-et-Loire), O. b. 97.
Strasbourg (Bas-Rhin), C. b. 86.
Surgères (Charente-Inf.), O. 172.
Synex (Corrèze), O. 178.

T.

Tableau de l'étendue et du produit des vignobles de France, 536.
Tâche, cru dit la (Côte-d'Or), F. r. 130.
Tain (Drôme), F. r. 193-195.
Taissy (Marne), F. r. 67.
Talence (Gironde), F. r. 212.
Tallissieux (Ain), O. r. 158.
Tallano (île de Corse), O. 290.
Talmont (Vendée), O. 160.
Tanlay (Yonne), O. b. 126.
Tarantaise (Savoie), O. C. 275.
Tarascon (B.-du-Rhône), O. r. 270.
Tarbes (Hautes-Pyrénées), 281.
Tarn (dép. du), O. C. 250.
Tarn-et-Garonne (départ. de), O. C. 249.
Tauriac (Gironde), O. r. 216.
Tavel (Gard), F. r. 246.
Tecou (Tarn), O. r. 251.
Terrasse, la (Isère), O. 191.
Terres fortes (Gironde), O. C. 206.
Thann (Haut-Rhin), S. F. b. 87.
Thésée (Loir-et-Cher), O. r. 111.
Thézac (Lot-et-Garonne), O. 234.
Thiaucourt (Meurthe), O. r. 82.
Thieffenthal (Bas-Rhin), O. 82.
Thoissey (Ain), O. r. 158.

Thonac (Dordogne), O. r. 227.
Thonon (Savoie), O. 275.
Thouarcé (Maine-et-Loire). O. b. 97.
Thouars (Deux-Sèvres), O. 161.
Tincry (Meurthe), O. 82.
Tissey (Yonne), O. b. 126.
Tonnerre (Yonne), B. 125.
Torcieux (Ain), O. r. 158.
Torins, les (Saône-et-L.), F. r. 141.
Torremila (Pyrénées-Or.), O. r. 285.
Touches (Côte-d'Or), O. r. 134.
Toul (Meurthe), O. 82.
Toulene (Gironde), F. b. 222.
Touraine, 100.
Tourne, le (Gironde), O. 223-228.
Tournus (Saône-et-Loire), C. r. 145.
Touvière (Savoie), O. 275.
Treffort (Ain), O. r. 158.
Treille, la (B.-du-Rhône), O. 721.
Treilles (Aude), O. r. 259.
Tréloup, 52.
Trélazé, O. b. 98.
Trois-Moutiers, les (Vienne), O. b. 163.
Tronchoy (Yonne), O. r. 122.
Troo (Loir-et-Cher), O. b. 113.
Turckheim (Haut-Rhin), S. F. b. 88.
Turquant (Maine-et-Loire), O. 97.
Tursan, le (Landes), O. 231-232.

U.

Ubexy (Vosges), O. r. 83.
Urgons (Landes), O. b. 231-232.
Usseau (B.-Pyrénées), O. 279-280.
Uzès (Gard), F. r. 246-247.

V.

Vadans (Jura), O. r. 154.
Vadoux (Rhône), O. r. 144.
Vailly (Aisne), C. r. 52.
Valançay (Indre), O. r. 164.
Valence (Gers), O. 236.
Valentine, la (B.-du-Rhône), O. 271.
Valentons, les (Gironde), O. r. 216.
Valet (Loire-Inférieure), O. b. 93.
Valeyrac (Gironde), O. r. 215.
Vandelainville (Meurthe), O. r. 82.
Vanteuil (Marne), O. r. 68.
Var (dép. du), P. O. L. 263.
Varades (Loire-Inférieure), O. 93.
Varets (Corrèze), O. 178.
Varnéville (Meuse), O. r. 80.
Varney (Meuse), O. r. 80.
Varrains (Maine-et-Loire), O. 97-98.
Varreins (Dordogne), O. r. 227.
Vars (Charente), O. r. 175.
Vasselay (Cher), O. r. 165.

Vassogne (Aisne), O. r. 51.
Vassy (Haute-Marne), O. r. 74.
Vaucluse (dép. de), F. O. L. 266.
Vaucouleurs (Meuse), O. r. 81.
Vaulichères (Yonne), O. 122.
Vaux (Ain), O. r. 158.
Vaux (Haute-Marne), O. r. 74.
Vaux (Vienne), O. r. 162.
Vauxrenard (Rhône), O. r. 145.
Velay, 179.
Vendée (dép. de la), 160.
Vérargues (Hérault), O. r. 252.
Vercheny (Drôme), O. 194.
Véretz (Indre-et-Loire), O. r. 98.
Vergisson (Saône-et-L.), O. b. 146.
Verinay (Rhône), F. r. 188.
Verlus (Gers), O. r. 236.
Vermanton (Yonne), O. r. 123.
Vernet, le (Pyrénées-Orientales), O. r. 238.
Vernezay, F. b. 69.
Vernon (Indre-et-Loire), O. b. 103.
Veron (Yonne), O. r. 124.
Verteillac (Dordogne), O. r. 227.
Verteuil (Gironde), F. r. 211.
Vertus (Marne), O. r. 68.
Verzé (Saône-et-Loire), O. 145.
Verzenay (Marne), F. r. 66.
Verzy (Marne), F. r. 68.
Veuil (Indre), O. r. 164.
Vezannes (Yonne), O. b. 126.
Vézelay (Yonne), O. r. 126.
Vezinnes (Yonne), O. c. 123.
Vic (Meurthe), O. r. 82.
Vic-Fezensac (Gers), O. r. 236.
Vic-la-Moustière (Indre), O. 164.
Vic-le-Comte (Puy-de-Dôme), O. r. 182.
Vico (île de Corse), O. .
Viella (Gers), O. r. 236.
Vielle (Landes), O. b. 232.
Vienne (dép. de la), O. C. 162.
Vienne (dép. de la), O. C. 162.
Vienne (dép. de la Haute-), C. 177.
Vienne (Isère), O. 190-191.
Vieux-Boucau (Landes), F. 231.
Vigneulles (Meuse), O. r. 80.
Vignot (Meuse), O. r. 81.
Villaudric (H.-Garonne), O. 258.
Ville-aux-Clercs, la (Loir-et-Cher), O. r. 112.
Villebarou (Loir-et-Cher), N. 16.
Villebois (Ain), O. r. 158.
Ville-Comtal (Gers), O. r. 236.
Villedaigue (Aude), O. r. 259.
Villedieu, la (Tarn-et-Gar.), O r. 250.
Ville-Dommange (Marne), O. 67.
Villefranqueux (Marne), O. r. 67.
Villemort (Vienne), O. r. 162.

Villenave-d'Ornon (Gironde), F. b. 219.
Villeneuve (Var), F. r. 264.
Villeneuve-de-la-Rivière (Pyrén.-Or.), O. r. 285.
Villeneuve-le-Roi (Yonne), O. C. r. 123.
Villenoye (Aube), C. r. 76.
Villers-Allerand (Marne), F. r. 67.
Villers-aux-Nœuds (Marne), O. b. 72.
Villers-sous-Preny (Meurthe), O. r. 82.
Villesecron (Loir-et-Cher), O. 110.
Villetoureix (Dordogne), O. r. 227.
Villeveyrac (Hérault), O. r. 253.
Villié (Rhône), O. r. 144.
Villy (Yonne), O. b. 127.
Vimeuil, 113.
Vinaigres de Blois, 113; d'Orléans, 109; de l'île de Ré, 173 ; de Saumur, 99.
Vinay (Marne), O. r. 68-72.
Vincelottes (Yonne), O. r. 121.
Vincey (Vosges), O. r. 83.
Vins cuits de Provence, L. b. 271.
Vins de Grenache du comtat d'Avignon, 268 ; du Roussillon, 286.
Vins de liqueur, autres que les muscats, de l'Alsace, 89 ; du comtat d'Avignon, 262 ; de l'île de Corse, 291 ; du Dauphiné, 195; du Languedoc, 261; du Limosin, 178 ; de la Provence, 271 ; du Roussillon, 286.
Vins de paille de l'Alsace, 89 ; du Limosin, 178 ; du Dauphiné, 195.
Vins mousseux de l'Anjou, 97; de l'Auvergne, 182; de la Bourgogne, 125, 138, 139 ; de la Bresse, 158 ; de la Champagne, 32; du Dauphiné, 195; de la Franche-Comté, 155 ; du Languedoc, 244.
Vins muscats de l'Alsace, 87, 89 ; du comtat d'Avignon, 268; du Languedoc, 254; du Périgord, 228 ; de la Provence, 265-270 ; du Roussillon, 286.
Vins noirs de Blois, 110.
   —   de Cahors, 237.
Vinzelles (Saône-et-L.), O. 145-157.
Vion (Ardèche), O. r. 243.
Virelade (Gironde), F. b. 222.
Virieux (Ain), O. r. 158.
Vivarais, O. C. 242.
Viviers (Yonne), O. b. 126.
Voiteur (Jura), O. r. 154.
Volnay (Côte-d'Or), F. r. 182.
Vosges (dép. des), O. C. 83.
Vosnes (Côte-d'Or), F. r. 131.
Vougeot, le clos (Côte-d'Or), F. r. 129.
Vourcienne (Aisne), O. r. 51.

Vouthon (Charente), O. 175.
Vouvray (Indre-et-Loire), O. b. 98.
Vouziers (Ardennes), C. 61.

W.

Walbach (Haut-Rhin), O. 87.
Wissembourg (Bas-Rhin), O. 86.
Woinville (Meuse), O. 80.

Wolxheim (Bas-Rhin), S. F. 86.

X.

Xaronval (Vosges), O. r. 83.

Y.

Yonne (dép. de l'), F. O. 117.

DEUXIÈME PARTIE.

VIGNOBLES ÉTRANGERS.

A.

Abyssinie (Afrique), 483.
Açores (îles), O. 498.
Acqui (Italie), 380.
Acre (Syrie), 459.
Aderbijan, l' (Perse), 471.
Affiney (Russie), O. 433.
Afghanistan (Asie), L. F. 475.
Afrique, F. O. 481.
Afrique méridionale, L. F. 475.
Agosta (Sicile), O. 398.
Agosta (Ragusan), L. O. 366.
Agria (Hongrie), O. r. 363.
Alsberg, le (Pr. rhén.) S. O. b. 339.
Akerman (Russie), O. 432.
Albanie (Turquie), O. 447.
Albano (État romain), L. F. 390.
Alcala-la-Real (Espagne), O. 417.
Alcamo (Sicile), O. r. 399.
Alemtejo (Portugal), O. 430.
Algarves, les (Portugal), O. 430.
Alghieri (île de Sardaigne), L. O. 381.
Alicante (Espagne), L. 412-413.
Allemagne, L. S. F. O. 333.
Altenahr (Pr. rhén.), 338.
Amelia (État romain), O. 392.
Amérique, L. F. O. C. 499.
Amorgo, île (Grèce), O. 465.
Amphiloquie (Turquie), O. 547.
Aha (Arabie Déserte), 469.
Anatolie (Turquie), L. F. O., 446.
Andalousie (Espagne), L. F. O. 414.
Andrinople (Turquie), O. 449.
Andros (île de l'Archipel), 465.
Anduxal (Espagne), O. 417.
Angleterre (royaume d'), 322.
Annemasse (Suisse), O. 374.
Antella (Toscane), L. O. 387.
Antignana (Istrie), O. 365.
Antilles (Amérique), 508.
Appenzel (Suisse), O. C. 370.
Arabie (Asie), O. 470.
Aragon (Espagne), L. O. 409.
Arbourg (Suisse), O. b. 371.
Arcadie (Grèce), F. 464.
Archipel (îles de l'), L. F. O. 450.

Archipel au sud de l'Asie (l'), 480.
Ardola (Parme), O. 385.
Argolide (Grèce), F. 464.
Argovie, canton d' (Suisse), O. 371.
Arica (Pérou), O. 512.
Arinse (île de Scio), F. 450.
Arménie (Perse), F. O. 471.
Arnfels (Styrie), O. 364.
Artiminio (Toscane), L. O. 387.
Arva (Hongrie), O. 363.
Aschaffenbourg (Bavière), L. 350.
Asie, L. F. O. 469.
Asie Mineure (Turquie), L. F. 457.
Asmanshausen (Nassau), F. r. 332.
Asti (Piémont), O. 379.
Astracan (Russie), O. 435-437.
Asturies, les (Espagne), O. 407.
Athamanie (Turquie), O. 447.
Atlas, le mont (Afrique), 483.
Aussig (Bohême), F. r. 356.
Autriche (archiduché d'), O. 357.
Autriche (empire d'), L. F. O. 355.
Averne, lac (Naples), F. b. 393.
Avola (Parme), O. 385.
Azano (Parme), O. 385.

B.

Bacharach (Pr. rhén.), S. F. b. 338.
Bade (Suisse), O. 371.
Bade (gr.-duché de), S. F. O. 352.
Badenweiler (Bade), S. F. b. 352.
Bagaria (Sicile), O. r. 399.
Bagdad (Russie), O. 441.
Bakou (Russie), 443.
Bâle, canton de (Suisse), O. r. 371.
Banulbusa (île Majorque), O. 371.
Banat, le (Hongrie), O. 363.
Barbacena (Grèce), F. O. 464.
Barbarie (Afrique), 483.
Bardolino (Italie), O. 383.
Bari (Naples), L. 394.
Barko (Hongrie), L. F. 360.
Barra-la-Barra (Portugal), F. O. 428.
Basilicate (Naples), L. 394.
Bavière (royaume de), L. F. 347.

Becherbach (Pr. rhén.), S. F. B. 339.
Beira (Portugal), F. O. 426.
Belgique (royaume de), 331.
Belgrade (Servie), O. 447.
Bellaggio (Milanais), O. 384.
Bellenzone (Suisse), O. 375.
Bender (Russie), 432.
Benesalem (île Majorque), G. 420.
Benicarlo (Espagne), F. O. r. 413.
Berchtolsdorf (Autriche), O. 358.
Berfchetz (Istrie), L. 366.
Berg-Zabern (Bavière), S. O. 350.
Bergame (Italie), O. 383.
Berghausen (Bade), S. F. Q. 352.
Beringfeld (Bavière), 350.
Berdang (Suisse), O. 370.
Berncastel (Pr. rhén.), S. O. 337.
Berne, canton de (Suisse), O. r. 372.
Bessigheim (Wurtemberg), S.F. r.350.
Bettola (Plaisance), O. 385.
Biella (Piémont), O. 379.
Bingen (Hesse-Darmstadt), L. O. 345.
Birthalmen (Transylvanie), L. O. 364.
Biscaye (Espagne), C. 408.
Bischofsheim (Hesse), O. b. 346.
Blegno (Suisse), O. 375.
Bobbio (Gênes), C. 385.
Bodendorf (Pr. rhén.), S. O. b. 339.
Bodenheim (Hesse-Darmstadt), S. O. 345.
Bodwar (Wurtemberg), S. F. 452.
Bohême (la), F. O. 356.
Bolivie, O. 511.
Bolzano (Tyrol), O. 367.
Bologne (Italie), O. 392.
Bonneville (Suisse), O. r. 374.
Borja (Espagne), L. b. 409.
Bormio (Italie), O. 384.
Bosa, île de (Sardaigne), L. O. 381.
Bosnie (Turquie), O. 447.
Bossey (Suisse), O. 374.
Bossi (Hongrie), F. 342.
Buchberg, le (Suisse), O. 370.
Boudistan (Chine), 479.
Boudry (Suisse), F. r. 373.
Bouillon (duché de), O. C. 332.
Bourbon (île), F. 487.
Bourg (Pr. rhén.), S. b. 340.
Bournou (Afrique), 484.
Boutchica (Grèce), O. 464.
Braunberg (Pr. rhén.), S. F. b. 338.
Brava (île du cap Vert), S. F. 487.
Breitensee (Autriche), 358.
Brême (Allemagne), 336.
Brescian (Italie), L. O. 382.
Brésil, le (Amérique), 513.
Breslau (Prusse), 841.
Brig (Suisse), 374.

Brunn (Autriche), O. 358.
Brunn (Moravie), O. 356.
Buccellas (Portugal), F. b. 428.
Bukharie, la grande (Tartarie). 479.
Bukharie, la petite (Chine), O. 478.
Bude (Hongrie), F. O. 362.
Buénos-Ayres, 514.
Bukowetz (Croatie), O. 363.
Bulgarie (Turquie), C. 447.
Bungert (Pr. rhén.), S. O. b. 339.
Bunslau (Bohême), O. 356.
Buti, val de (Toscane), O. 387.

C.

Cabezon (Espagne), 410.
Caboule (Asie). 475.
Cachemire (Afghanistan), L. F. 475.
Cadafaes (Portugal), O. 428.
Cadix (Espagne), 417.
Calabre (Naples), L. 393.
Calamota (Raguzan), L. O. 366.
Calatrava (Espagne). O. 411.
Calenberg, mont (Autriche), 317.
Californie (Etats-Unis), F. 504.
Cambodja, roy. de (Asie), 476.
Campanie, la (Naples), O. 394.
Canada (Amérique), 500.
Canarie (l'île), L. F. O. 490.
Caudahar, le (Caboulistan), 475.
Candie, île (Archipel), F. O. 450.
Canée, la (île de Candie), L. 450.
Canelli (Piémont), L. 380.
Canstadt (Wurtemberg), 352.
Cap de Bonne-Espérance, L. F. 484.
Capo-d'Istria (Istrie), L. 364.
Caprée, île (Naples), L. 394.
Capris-Trano (Californie), F. O. 504.
Carcavellos (Portugal), L. 429.
Cardona (Espagne), F. O. 410.
Carigliano (Naples), L. 394.
Carinena (Espagne), L. 409.
Carinthie (emp. d'Autriche), C. 365.
Carmignano (Toscane), L. O. 387.
Carniole (emp. d'Autriche), F. O. 365.
Carthagène (Espagne), L. O. 417.
Casal (Piémont), L. O. 379.
Castalen (Suisse), O. 371.
Castellamare (Sicile), O. r. 399.
Castelleno (Italie), O. 380.
Castellina (Parme), O. 385.
Castel-Vetrano (Sicile), S. F. 399.
Castiglione (Brescian), L. O. 383.
Castille (Espagne), F. O. 410-411.
Catalogne (Espagne), L. F. O.409.
Catane (Sicile), O. r. 398.
Catzenellenbogen (Nassau), S. O. 346.
Caucase, le (Russie), O. 438.
Cauzem (Pr. rhén.), S. O. b. 340.

Céphalonie (île ionienne), L. 465.
Cérigo (île ionienne), F. O. r. 465.
Cezena (État romain), O. 392.
Chamakhi (Russie), F. 442.
Chambave (Piémont), L. 380.
Champs-Elysées, les (Naples), O. 394.
Chamusca (Portugal), O. 428.
Chan-si, le (Chine), 447.
Chan-tong (Chine), 477.
Charcas (Pérou), O. 512.
Chatista (Turquie), L. F. O. 449.
Chaumont (Piémont), O. 370.
Chéronée (Livadie), L. O. 462.
Cherso, île (Dalmatie), O. 366.
Chiavenne (Valteline), L. O. 383.
Chianti (Toscane), L. O. 387.
Chili (Amérique), O. 514.
Chinchon (Espagne), 412.
Chine (empire de la), O. 476.
Chypre (île de), L. F. 453.
Circassie (Russie), O. 438.
Citta-Nova (Istrie), L. 366.
Ciudad-Real (Espagne), 411.
Classifications. Voyez à la fin de tous
les chapitres ou l'autre table.
Clavezana (Gênes), O. 380.
Cebern (Pr. rhén.), S. C. b. 340.
Coblenz (Pr. rhén.) S. O. b. 339.
Colares (Portugal), O. r. 428.
Cologne (Pr. rhén.), S. C. b. 340.
Coligny (Suisse), O. 374.
Colombie, 510.
Commanderie, la (île de Chypre), L.
F. r. 453, 455.
Como, lac de (Italie), O. 384.
Conegliano (Frioul), O. 382.
Constance (cap), L. F. 485.
Cordoue (Espagne), L. O. 416.
Corée, la (Chine), 476.
Corfou (île ionienne), L. O. 465.
Corinthe (Grèce), O. 464.
Cornios (île de Chypre), 454.
Cortaillod (Suisse), F. r. 373.
Coskina (Grèce), L. O. 463.
Cotbus (Prusse), C. 337.
Côte, la (Suisse), O. 373.
Cotnar (Moldavie), L. F. 446.
Coutourachi (Turquie), O. 449.
Cracovie (Pologne), 357.
Craef (Pr. rhén.), O. b. 339.
Creta, la (Italie), O. 385.
Cretzingen (d. de Bade), S. F. O. 352.
Creutzberg (Pr. rhén.), O. r. 338.
Creutznach (Pr. rhén.), S. O. b. 340,
341.
Crimée (Russie), O. 432.
Croatie (empire d'Autriche), F. O. 363.
Crossen (Prusse), C. 337.
Crotova (Turquie), O. 448.

Cschepreg (Hongrie), F. 362.
Cuba, île (Amérique), 510.
Cully (Suisse), O. r. 373.
Cusel (Pr. rhén.), S. O. b. 340.
Cuyo (Chili), F. O. 514.
Cuzco (rép. du Pérou), O. 512.

D.

Daghestan (Russie), O. 442.
Dalmatie (emp. d'Autriche), F. O. 366.
Dalmatie (Turquie), O. 364.
Damas (Syrie), O. 459.
Danemark (royaume de), 320.
Dante (île Ténériffe), L. F. 491.
Deidesheim (Bavière), S. F. b. 348.
Denderah (Egypte), 482.
Derbent (Russie), 442.
Dernau (Pr. rhén.), O. r. 337.
Devestcher (Hongrie), F. O. 363.
Didymia, île (Naples), L. O. 397.
Diebach (Pr. rhén.), S. O. r. 339.
Dimi (Russie), O. 442.
Doebling (Autriche), O. 358.
Dolce-Aqua (Alpes-Mar.), O. 266.
Domech (Suisse), O. r. 371.
Don, gouv. du (Russie), F. O. 431.
Dornbach (Autriche), 358.
Douanes (tarif des) : Autriche, 540;
Angleterre, 324; Belgique, 333; Bo-
livie, 513; Brésil, 514; Chili, 515;
Cuba, 510; Danemark, 221; Es-
pagne, 407; Etats-Unis, 501; Grèce,
462; Haïti, 509; Italie, 378; Indes
anglaises, 476; Mexique, 508; Pays-
Bas, 333; Portugal, 423; Prusse,
334; Russie, 431; Suède et Norvége,
321; Suisse, 375; Turquie, 445;
Zollverein, 334.
Douchet (Russie), O. 440.
Doudels-Kirchen (Hongrie), F. 362.
Douro, le haut (Portugal, F. 423.
Durkeim (Bavière), S. F. b. 348.
Dusemond (Pr. rhén.), S. F. 338.

E.

Eau-de-vie de lait de jument et de
chair de mouton (Chine), 478.
Eberbach (d. de Bade), O. 352.
Eglisau (Suisse), O. r. 371.
Egypte (Afrique), O. 482.
Elbe (île d'), L. O. 388.
Elide, l' (Grèce), F. O. 463.
Elvas (Portugal), 429.
Ekaterinoslav (Russie), C. 432.
Engebelle, l' (Pr. rhén.), 339.
Entre-Douro-e-Minho (Portugal), F.
r. O. b. 424.

Enzersdorf (Autriche), O. 358.
Épire (Turquie), O. 447.
Erdo-Benye (Hongrie), L. F. 360.
Erivan (Perse), F. O. .
Erlac (Suisse), L. O. r. 372.
Erlau (Hongrie), O. 362.
Escherndorf (Bavière), O. b. 350.
Esclavonie (Autriche), L. F. O. 364.
Eslingen (Wurtemberg), S. F. 351.
Espagne (roy. d'), L. F. O. 402.
Estramadure (Espagne), O. 413.
Estramadure portugaise, L. F. O. 429.
État romain, L. F. O. 389.
États-Unis d'Amérique, O. 501.
Etna, le mont (Sicile), L. F. O. 396.
Etsey (Hongrie), F. O. 363.

F.

Farnèse (État romain), L. 391.
Faro, le (île de Sicile), O. 398.
Faro (Portugal), O. 429.
Farsistan, le (Perse), L. F. 472.
Faverse (Suisse), F. r. 373.
Fayal (îles Açores), O. 439.
Fayoum (Égypte), O. 482.
Felicuda, île (Naples), O. 398.
Fénerbach (d. de Bade), S. F. b. 352.
Fer (île Canarie), O. 492.
Ferrare (État romain), O. 492.
Flaach, vallée de (Suisse), O. 371.
Flores (îles Açores), C. 499.
Forst (Bavière), S. O. b. 350.
Forli (État romain), O. 392.
Fortaventura (île Canarie), C. 490.
Francavilla (Naples), L. 394.
Francfort-sur-le-Mein, 347.
Franconie (Bavière), F. L. 347.
Frangy (Suisse), O. r. 374.
French-Grant (Amérique sept.), C. 503.
Freyenthurn (Carniole), F. O. 365.
Fribourg, cant. de (Suisse), C. 373.
Frioul (Italie), O. 381.
Fuencaral (Espagne), L. 412.
Fundi (Naples), O. 394.

G.

Gal-Szech (Hongrie), L. F. 360.
Galice (Espagne), O. 407.
Galka (Russie), O. 437.
Gallicie (emp. d'Autriche), C. 357.
Garda, lac (Italie), O. 382.
Garnaccia, vin dit (île de Sardaigne), L. 381.
Gatinara (Piémont), G. 379.
Geisenheim (Nassau), S. F. b. 345.
Gênes (d. de), L. O. C. 378.

Genève, cant. de (Suisse), O. r. 374.
Genzano (État romain), O. 392.
Géorgie, la (Russie), O. 439.
Gharthis-Kari (Russie), O. 440.
Gend'jé (Russie), G. 440.
Ghilan, le (Perse), C. 471.
Gierace (Naples), L. 394.
Giogoli (Toscane), L. O. 387.
Gionpana (Ragusan), L. O. 366.
Glan, la (Pr. rhén.), C. 340.
Glaris, cant. de (Suisse), C. 372.
Glodova (Hongrie), L. 362.
Goesgen (Suisse), O. r. 371.
Gomère (île Canarie), O. C. 492.
Gonowitz (Styrie), O. 365.
Graach (Pr. rhén.), S. F. b. 339.
Gracieuse (îles Açores), C. 499.
Grafenberg (Nassau), S. F. 344-345.
Gratz (basse Styrie), F. 364.
Gravosa (Ragusan), O. 366.
Grèce (royaume de), L. F. O. 461.
Grenade, roy. de (Espagne), L. F. O. 418.
Grinzing (Autriche), O. 358.
Grisons (canton suisse), L. O. 372.
Grunau (Hongrie), F. O. 363.
Grunstadt (Bavière), S. O. b. 350.
Grusinie, la (Russie), O. 439.
Guamanga (Pérou), 512.
Guatimala (Amérique centrale), 508.
Guimar (île Ténériffe), F. 491.
Guinée (Afrique), 483.
Gumpoltskirchen (Autriche), O. 358.
Gundermansdorf (Autriche), O. 358.
Guyane (Amérique), 511.
Gyœngyœsch (Hongrie), F. 362.
Gyorok (Hongrie), L. 362.

H.

Hallvill (Suisse), O. 371.
Ha-mi, le pays de (Chine), 476.
Haïti, île d' (Amérique), 508.
Hamptberg, le (Nassau), F. b. 345.
Hanovre (royaume de), 336.
Harxheim (Bavière), S. F. b. 348.
Heidelberg (d. de), S. F. 352.
Heilbronn (Wurtemberg), S. F. 351.
Heiligenstadt (Autriche), O. 358.
Herzegovine (Turquie), O. 417.
Hesse-Darmstadt, S. F. O. 341.
Hidgschig (Hongrie), F. 362.
Hochheim (d. de Nassau), S. F. 344-345.
Hoeflein (Autriche), 358.
Hongrie (Autriche), L. F. O. 358.

I.

Ica (Amérique), O. 512.
Ile de France, l' (île Maurice), 488.
Ile de la Réunion (Bourbon), 487.
Iles Açores, O. 498.
Iles Canaries, L. S. F. 489.
Iles de l'Archipel (Turquie), L. F. O. 450; (Grèce), L. F. O, 465.
Iles de l'océan Atlantique, L. F. O. 48.
Iles du cap Vert, 489.
Iles du grand Océan (Asie), 480.
Iles Ioniennes, L. O. 466.
Illyrie (empire d'Autriche), F. 365.
Immiretie (Russie), O. 441.
Imola (État romain), O. b. 392.
Indostan (Asie), F. O. 475.
Ingelheim (Hesse-Darmstadt), F. 343.
Irak-Adgény (Perse), L. 471.
Ischia, île (Naples), L. O. 395.
Ispahan (Perse), F. b. 471.
Istrie (empire d'Autriche), O. 365.
Italie, L. F. O. C. 376.
Ithaque (île ionienne), F. r. 465.
Ivica, île (Espagne), O. 421.

J.

Jannina, vallée de (Turquie), O. 447.
Japon, empire du (Asie), 480.
Java, île (Asie), 480.
Jeres, voy. Xérès.
Jérusalem (Palestine), O. b. 460.
Jobbagy (Hongrie), F. O. 363.
Johannisberg (d. de Nassau), S. F. 343-344.

K.

Kaisersthul (Suisse), O. 371.
Kahlenberg, le (Autriche), O. 358.
Kaketie, la (Russie), O. 439.
Karlowitz (Esclavonie), F. 363.
Kartalinie, la (Russie), O. 439-441.
Katschdorf (Hongrie), F. O. 362.
Kawkaskoi-Uswat (Russie), O. C. 439.
Keroân, le (Syrie), L. 459.
Kesseling (Pr. rhén.), O. r. b. 338.
Kidrich (Nassau), S. F. b. 344.
Kiew (Russie), C. 431.
Kirchenberg (Styrie), O. 365.
Kissamos (île de Candie), L. O. 450.
Kloster-Neubourg (Autriche), O. 358.
Kœnigsbach (Bavière), G. 348-350.
Koos (Russie), O. 434.
Kos-Rad (Hongrie), F. O. 363.
Kostheim (Nassau), S. F. b. 345.
Kreutz (Hongrie), F. 362.

Kryvostyan (Hongrie), L. F. 300.

L.

Lac, le (Amérique), F. 506.
Laconie, la (Grèce), L. F. 465.
Ladikieh (Styrie), L. F. 459.
Laguna (île Ténériffe), S. L. 491.
Lahor (Indostan), F. O. 475.
Lamporechio (Toscane), L. O. 387.
Laos, royaume de (Asie), 476.
Larnica (île de Chypre), L. F. 456.
Laubenheim (Hesse-Darmstadt), F. 345.
Laufen (Bade), S. F. b. 352.
Laybach (Carniole), O. 365.
Lebrixa (Espagne), O. 417.
Leinenborn (Pr. rhén.), O. 339.
Lentzbourg (Suisse), O. 371.
Lepsguigne, la (Russie), L. 441.
Léon, roy. de (Espagne), O. 410.
Lépante (Livadie), L. O. 462.
Lesina, île (Dalmatie), O. 366.
Leutmeritz (Bohême), O. 356.
Lichtenstein (Autriche), O. 358.
Liebfrauenmilch (Hesse rhén.), S. T. b. 345.
Lieser (Pr. rhén.), S. O. 339.
Liesing (Autriche), O. 358.
Lima (Pérou), 506.
Lintz (Pr. rhén.), S. F. r. 337.
Lipari, îles (Naples), L. O. 396.
Liptau (Hongrie), O. 363.
Lisbonne (Portugal), L. F. 429.
Lissa (Ragusan), L. 366.
Litzerhecken (Pr. rhén.), S. F. 339.
Livadie (Grèce), L. O. 462.
Locarno (Suisse), O. 375.
Lodi (Milanais), O. 384.
Logrono (Espagne), O. 408-410.
Lombardie, L. F. O. 381.
Lonato (Brescian), L. O. 383.
Lopud (Ragusan), L. O. 366.
Louisbourg (Bavière), L. 350.
Louisiane (Etats-Unis), O. 504.
Lucena (Espagne), O. 417.
Lucerne (canton suisse), C. 372.
Lucomba (Amérique), F. 512.
Lucques (principauté de), O. 385.
Lugano (Milanais), O. 384.
Lugano (Suisse), O. 375.
Lusaco (Pr. rhén.), S. O. b. 307.
Lusace (Saxe), B. 341.
Lutternberg (Styrie), F. 364.
Luxembourg (grand-duché de), 332.
Luxemberg (Suisse), O. 370.

M.

Maas (Pr. rhén.), S. O. 339.
Macca (duché de), O. 386.
Macchia (Sicile), O. 398.
Macédoine (Turquie), O. 448.
Mada (Hongrie), L. F. 360.
Madagascar (île d'Afrique), 488.
Madère (île de), L. S. F. O. 493.
Majorque, île de (Espagne), L. O.420.
Malaga (Espagne), L. F. 418.
Malvasia (Morée), L. F. 465.
Manche, la (Espagne), F. O. r. 411.
Manerba (Italie), O. 383.
Nantouan (Italie), O. 384.
Manzanarès (Espague), O. 411.
Marach (Égypte), O. 482.
Markbrunn (Nassau), S. F. b. 345.
Maroc, roy. de (Afrique), 384.
Marsalla (Sicile), S. F. 399.
Martigny (Suisse), L. O. 374.
Marzamin (Carniole), F. O. 365.
Mascoli (Sicile), L. F. r. 398.
Masserano (Piémont), O. 379.
Matanza (île Ténériffe), S. F. 491.
Mataro (Espagne), O. 410.
Mauerkalksburg (Autriche), O. 358.
Mayence (Hesse-Darmstadt), S. O. 346.
Mayschof (Pr. rhén.), O. r. 333.
Mazara (Sicile), 498.
Medina-del-Campo (Espagne), O. r. 410.
Medwisch (Transylvanie), L. O. 364.
Méga-Spileon (Grèce), F. 463.
Mégare (Grèce), O. 463-464.
Meilen (Suisse), O. 371.
Melazzo (Sicile), F. 398.
Meleda, île (Dalmatie turque), O. 366.
Melnick (Bohême), O. r. 356.
Mendrisio (Suisse), O. 375.
Menes (Hongrie), L. F. 362.
Mersebourg (Bade), O. 353.
Mésopotamie (Turquie d'Asie), 429.
Messénie (Grèce), F. O. 465.
Messine (Sicile), F. 398.
Mesta (île de Scio), F. 452.
Mexique. O. 506.
Meyenfeld (Suisse), O. 372.
Mèzes-Malé, mont (Hongrie), L. F. 361.
Miconi (île de l'Archipel), O. 465.
Milanais, O. 384.
Mindanao île (Asie), 480.
Mingrelie (Russie), O. 442.
Minorque île (Espagne), O. C. 420.
Miranda-de-Ebro (Espagne), F.O. 410.

Misitra (Morée), L. F. 465.
Modène (Italie), O. 386.
Modern (Hongrie), F. O. 362.
Moedling (Autriche), O. 358.
Moettling (Carniole), F. O. 365.
Moguer (Espagne), F. 416.
Mokozange (Russie), F. 440.
Moldavie (Turquie), L. F. O. 416.
Molita (Russie), O. 440.
Moluques (îles d'Asie), 480.
Monacan (Virginie), O. 502.
Mongatchaour (Russie), O. 443.
Monnetier (Suisse), O. r. 374.
Montagne-Verte (la), S. O. 340.
Montalcino (Toscane), L. 387.
Montale (Toscane), L. O. 387.
Monte-Catini (Toscane), L. 387.
Monte-Fiascone (État romain), L.390.
Monte-Pulcino (Toscane), L. 387.
Monte-Serrato (île d'Elbe), O. 388.
Monte-Spertoli (Toscane), L. O. 387.
Monterey (Californie), F. O. 504.
Montferrat (Italie), O. 379.
Montilla (Espagne), L. 416.
Montzingen (Pr. rhén.), S. F. B. 339.
Moravie (empire d'Autriche), O. 356.
Morée, la (Grèce), L. F. O. 363.
Morges (Suisse), O. b. 373.
Mosyvina (Croatie), O. 363.
Motril (Espagne), O. 419.
Moukbran (Russie), O. 440.
Murcie, la (Espagne), L. O. 417.
Murviedro, R. O. 413.

N.

Nackenheim (Hesse), S. F. B. 346.
Naples et Sicile, F. O. L. 393.
Narni (État romain), O. 392.
Nassau (duché de), S. F. 341.
Navarre (Espagne), F. O. r. 408.
Neuchâtel (Suisse), F. O. 372.
Neudorf (Autriche), O. 358.
Neumagen (Pr. rhén.), O. 339.
Neustadt (Bavière), S. F. b. 350.
Neustift (Autriche), C. 358.
Neustœd (Hongrie), F. O. 363.
Neuwied (Pr. rhén.), F. r. 337.
Neytra (Hongrie), O. 363.
Nicosie (île de Chypre), S. 456.
Nieder-Breizig (Pr. rhén.), S. O. B. 339.
Nierstein (Hesse-Darmstadt), F. b. 345.
Novi (Gênes), L. O. 380.
Nubie (Afrique), 483.
Nussdorf (Autriche), O. 358.

O.

Oasis, les (Afrique), O. 483.
Ober-Sifring (Autriche), O. 358.
Ober-Stein (Pr. rhén)., S. O. 340.
Oberflach (Suisse), O. b. 371.
Ober-Nusdorf (Hongrie), F. O. 326.
Œdenbourg (Hongrie), F. 362.
Œiras (Portugal), L. 429.
Ogliastra l' (île de Sardaigne), L. O. 381.
Ohio, l' (Amérique), O. C. 503.
Olisberg (Pr. rhén.), S. F. b. 339.
Olivença (Espagne), F. r. 414.
Oppenheim (Hesse-Darmstadt), S. F. b. 345.
Orenbourg (Russie), C. 437.
Orotava (île Ténériffe), S. F. b. 491.
Orvieto (État romain), O. L. 391.
Otchacov (Russie), C. 432.
Ottacring (Autriche), O. 358.
Ouadnoum (Afrique), 484.

P.

Padenghe (Italie), O. 383.
Palerme (Sicile), 399.
Palestine, la (Syrie), O. b. 459.
Palma (île Majorque), O. b. 420.
Palme (île Canarie), L. F. 492.
Panaria, île (Naples), L. O. 397.
Pantellaria (île), O. 398.
Paraguay (Amérique), O. 514.
Parme, L. O. 385.
Parras (Mexique), L. F. 506.
Partiminio (Sicile), O. r. 399.
Passo-del-Norte (Mexique), L. 506.
Patagonie, la (Amérique), O. 514.
Patisbanskaja (Russie), O. 434.
Patras (Morée), O. 463.
Paulis (Hongrie), L. 362.
Pavie (Italie), O. 384.
Paxarète (Espagne), L. S. F. b. 416.
Paxos (île ionienne), O. 465.
Pays-Bas, O. 331.
Paz, la (Pérou), O. 512.
Pensylvanie (Etats-Unis), O. 502.
Peralta (Espagne), L. O. 408.
Perle, canton de la (cap de Bonne-Espérance), L. F. O. 487.
Pérou, F. O. 511.
Perse, L. F. O. 471.
Peterwaradin (Esclavonie), O. 363.
Pezaro (État romain), L. O. 392.
Pezo-da-Regoa (Portugal), F. r. 424-426.
Pickerne (basse Styrie), O. 365.
Philippines, îles (Asie), 480.
Philippopolis (Romanie), O. 449.

Philippseck (d. de Hesse-Darmstadt), S. O. b. 346.
Piatra (Valachie), L. F. 447.
Pico (îles Açores), O. 489.
Piémont (Italie), L. O. 378.
Pirano (Istrie), L. 365.
Pisco (Amérique), F. 506.
Pisan (Toscane), C. 387.
Pisport (Pr. rhén.), S. F. B. 338.
Plaisance (duché de), O. L. 385.
Plata, la (Amérique), O. C. 514.
Poetzleindorf (Autriche), O. 358.
Pokoinoi (Russie), O. C. 439.
Pola (Istrie), F. b. 364.
Poleschowitz (Moravie). O. 356.
Pollenzia (Espagne), L. b. 420.
Pologne (royaume de), C. 444.
Polpenasse (Brescian) O. 383.
Pommern (Pr. rhén.). O. r. 338.
Poncino (Toscane), L. O. 387.
Pont-Ecole (Toscane), L. 387.
Ponte-a-Mariano (princ. de Lucques), L. 386.
Ponte-d'Allolio (duché de Plaisance), O. 385.
Port-Sainte-Marie (Espagne), S. b. 416.
Porto (Portugal), F. r. 426.
Porto-Longone (île d'Elbe), O. 388.
Porto-Santo (île de l'océan Atlantique), S. O. 498.
Portugal, L. F. O. et C. 433.
Posega (Esclavonie), O. 365.
Pouille Naples), O. 394.
Prawardi (Bulgarie), O. 437.
Presbourg (Hongrie), F. O. 363.
Pressinge (Suisse), O. 371.
Procida, île (Naples), L. O. 395.
Prosecco (Istrie), O. 365.
Prov. caucasiques (Russie), O. C. 438.
Prusse (royaume de), F. O. C. 337.
Pfaffstaeteu (Autriche), O. 358.
Pulsgau (basse Styrie), O. 365.
Pyrgos (Grèce), F. O. 464.

Q.

Quarta (Espagne), O. r. 413.
Quigliano (Italie), O. 380.
Quillato (Chili), O. 514.

R.

Radkersbourg (Styrie), O. 364.
Raen (basse Styrie), O. 365.
Raffa (Italie), O. 383.
Ragusan (Autriche), O. 366.
Rasdorof (Russie), F. b. 434.
Ratchdorf (Hongrie), L. 362.

Rast (basse Styrie), O. 365.
Rauenthal (Allemagne), S. F. b. 345.
Ravensbouag (Wurtemberg), S. F. b. 350.
Rech (Pr. rhén.), O. r. 338.
Redouté-Kalé (Russie), 442.
Reggio (Naples), L. O. 394.
Reichenau, île (Bade), O. 353.
Reichenberg (Hesse-Darmstadt), S. O. b. 346.
Rems (Wurtemberg), S. F. 351.
Rensberg, le (Pr. rhén.), S. b. 340.
Retimo (île de Candie), L. 450.
Rhingau le (Nassau), S. F. 343.
Rhintal, le (Suisse), O. 370.
Rhodes, île (Turquie), F. 450.
Ribadavia (Espagne), O. 407.
Ribiera (Modène), O. 386.
Riccia, la (Etat romain), O. 391.
Riminese (Toscane), L. 387.
Rimini (Etat romain), O. 392.
Rio (île d'Elbe), L. 388.
Riol (Pr. rhén.), S. O. b. 339.
Rioxa (Espagne), F. O. 410.
Riviera (Suisse), O. 375.
Rivière, la (Italie), L. O. 382.
Rosacio (Italie), O. 380.
Roben, île (cap de Bonne-Espérance), 487.
Rolle (Suisse), O. 373.
Roman (Suisse), O. b. 373.
Roumanie (Turquie), O. 449.
Ronagremalda (Italie), O. 380.
Rosenheck (Pr. rhén.), S. 339.
Rota (Espagne), L. F. r. 414.
Roth (Bavière), S. F. b. 348.
Rothenberg (Hesse), S. b. 346.
Rudesheim (d. de Nassau), S. F. b. 344-345.
Rugarlo (Parme), O. 385.
Russie (empire de), F. O. 430.
Russie (la petite) O. 431.
Russie méridionale, la, O. 432.
Rust (Hongrie), F. 362.
Ruthi (Suisse), 370.
Rutz (Pr. rhén.), S. F. b. 339.
Ryeck (Hongrie), F. 362.

S.

Sabayes (Espagne), L. F. 409.
Saint-Aubin (Suisse), O. r. 373.
—Domingue, île (Amérique), 478.
—Gall (Suisse), O. 370.
—Georges (Hongrie), L. F. O. 362-363.
—Georges (Croatie), O. 363.
—Georges (Grèce), F. 464.
—Louis-de-la-Paz (Mexique), L. F. 506.

Saint-Marin (Italie), O. 391.
—Serf (Istrie), 365.
Sainte-Croix (île Ténériffe), 491.
—Marie (Naples), L. F. 393.
—Maure (île Ionienne), L. O. 465.
Sala-del-Cristo (Plaisance), O. 385.
Salatica (Brescian), O. 383.
Salecker (Franconie), F. b. 349.
Salmersdorf (Autriche), O. 358.
Salo (Brescian), O. 383.
Saltzbourg (duché de), O. C. 357.
Samos (île de l'Archipel), L. F. O. 450.
Sana (Arabie Heureuse), 470.
San-Buonaventura (Californie), F. O. 504.
—Diego (Californie), F. 511.
—Felice (Brescian), O. 383.
—Gabriel (Californie), F. 504.
—Giovani (Sicile), O. 398.
—Lucar (Espagne), L. 416.
—Remo (Italie), O. 380.
—Vigilio (Italie), L. O. 383.
Sansal (basse Styrie), O. 365.
Santa-Barba (Californie), F. 504.
Santarem (Portugal), O. r. 428.
Santiago (Chili), O. 514.
Santo-Pretaso (Parme), O. 385.
Santo-Stephano (Toscane), L. 387.
Santorin, île (Grèce), L. O. 465.
Saratof (Russie), O. 437.
Sardaigne (île de), L. F. O. 381.
Sarepta (Russie), O. 437.
Sargans (Suisse), O. 370.
Sassari (Sardaigne), L. et O. 381.
Sauritsch (basse Styrie), O. 365.
Saxe (royaume de), O. C. 341.
Schaffhouse (Suisse), O. 370.
Schalksberg (Bavière), O. b. 350.
Schartsberg (Pr. rhén.), S. F. b. 338.
Schinanach (Suisse), O. b. 371.
Schiras (Perse), L. F. 472.
Schiron (Grèce), 464.
Schirvan (Russie), O. 442.
Scborapana (Russie), O. 442.
Schweinfurt (Bavière), O. 350.
Schwitz (canton suisse), 372.
Sciarra (Sicile), F. r. 398.
Scio, île (Turquie), L. F. 450.
Scoglitti (Sicile), O. 398.
Scopelo, île (Grèce), F. O. 465.
Sebenico (Dalmatie), L. 365.
Segorde (Espagne), O. r. 413.
Sellingen (Bade), F. O. 353.
Seltz (Nassau), 347.
Semlim (Esclavonie), O. 363.
Sénégal (Afrique), 483-484.
Sennori (Sardaigne), 381.
Serkar, le (Asie), O. 475.

Servie (Turquie), O. 444.
Sétuval (Portugal), L. S. 428.
Séville (Espagne), L. 417.
Sicile, île (Naples), L. F. 395.
Siennois (Toscane), O. 387.
Sierre (Suisse), L. O. 374.
Silésie autrichienne, 356.
Silésie prussienne, C. 337.
Silos (île Ténériffe, F. O. 491.
Simonetti (Russie), O. 442.
Sinac (Russie), O. 440.
Sines (Portugal), O. 429.
Sion (Suisse), O. 374.
Sirmien (Hongrie), L. r. 360.
Sitges (Espagne), L. 410.
Smyrne (Turquie), L. F. 458.
Soave (Italie), L. O. 383.
Sogd (Tartarie indépendante), O. 479.
Soleure (Suisse), O. 371.
Sommerach (Bavière), O. 350.
Sorso (Sardaigne), L. b. 381.
Spitz (Autriche), O. 358.
Spoleto (Etat romain), O. 392.
Sscœtœsch (Hongrie), F. O. 363.
Stadlberg (basse Styrie), O. 365.
Steeg (Pr. rhén.), S. O. B. 339.
Steegerberg (Pr. rhén.), O. 339.
Steinberg (Nassau), S. F. b. 344.
Steinfeld (Autriche), O. 357.
Stellenbosch (cap de Bonne-Espérance), L. F. O. 487.
Stephansberg (Pr. rhén.), O. 307.
Stettin (Prusse), 340.
Stromboli (Naples), L. O. 397.
Stuttgard (Wurtemberg), 352.
Styrie (empire d'Autriche), S. O. 364.
Sudagh (Russie), L. O. 432.
Suède (royaume de), 320.
Suisse, L. F. O. C. 368.
Salm (Wurtemberg), S. F. 351.
Sumketie (Russie), C. 440.
Syracuse (Sicile), L. F. 399.
Syrie (Turquie), L. F. O. 458.
Syrmie, comté de (Esclavonie), F. 365.
Szadany (Hongrie), L. F. 360.
Szeghy (Hongrie), L. F. 360.

T.

Tacaronte (île Ténériffe), S. b. 491.
Tagamana (île Ténériffe), S. b. 491.
Taief (Arabie Heureuse), 470.
Tai-yuen (Chine), 476.
Tallya (Hongrie), L. F. 360.
Tangarog (Russie), O. 435.
Tanger (Maroc), 484.
Taormina (Sicile), O. r. 398.
Tarare (Etat romain), O. 393.

Tarczal (Hongrie), L. F. 360.
Tarente (Naples), L. 394.
Taroumoff (Russie), O. 439.
Tarrodant (Afrique), 484.
Tartarie chinoise, 478.
Tartarie indépendante, 479.
Tauride, la (Russie), O. 432.
Tauris (Perse), O. 471.
Tavira (Portugal), O. b. 429.
Tcheniedaly (Russie), F. 440.
Tcherkask (Russie), O. 434.
Temeswar (Hongrie), O. 363.
Ténédos, île (Turquie), L. 450.
Téuériffe (île), L. F. O. 490.
Tercère (îles Açores), O. 498.
Termini (Sicile), L. O. 399.
Terni (Etat romain), L. 391-392.
Tessin, canton de (Suisse), O. 375.
Thayengen (Suisse), O. 370.
Tarchof (Turquie), O. 449.
Théodosie (Russie), O. 432.
Thermina, île (Grèce), L. O. 464.
Thessalie, la (Turquie), O. 447.
Thessalie, la (Grèce), O. 462.
Thibet, le (Asie), 479.
Thurgovie (Suisse), O. 370.
Tidona, la vallée (Plaisance), O. 385.
Tierra-del-Campo (Espagne), F. O. 410.
Tiflis (Russie), O. 440.
Tina, île (Grèce), L. F. 464.
Tintilla, vin dit (Espagne), L. r. 414-416.
Tonto, vin dit (Espagne), L. r. 412-419.
Tizzanna (Toscane), L. O. 387.
Tœplitz (Croatie), O. 363.
Tokay (Hongrie), L. F. 364.
Tokluk-Syrt (Russie), O. 434.
Tolède (Espagne), O. C. 411.
Tolesva (Hongrie), L. F. 360.
Tonquin, royaume de (Asie), 476.
Torre, la (Espagne), O. r. 412.
Torrès (Espagne), O. 409.
Torrès-Vedras (Portugal), O. r. 428.
Tortose (Italie), L. O. 380.
Toscane, L. O. 386.
Toscolano (Brescian), O. 382.
Traben (Pr. rhén.), S. O. b. 339.
Transmontano (Chili), O. 514.
Transylvanie (empire d'Autriche), L. O. 364.
Trarbach (Pr. rhén.), S. O. 339.
Traz-os-Montes (Portugal), F. 324.
Trente (Tyrol), O. 366.
Trèves (Pr. rhén.), S. F. b. 339.
Trieffenstein, rocher (Bavière), 350.
Trieste (Istrie), O. 363.
Tripolitza (Grèce), O. 465.
Troade, la (Asie Mineure), 458.

Truxillo (Pérou), O. 512.
Tschernemble (Carniole), F. 365.
Tucuman, le (Amérique), 514.
Tudela (Espagne), O. r. 408.
Turquie d'Asie, L. F. O. 446.
Turquie d'Europe, L. F. O. 457.
Tuy (Espagne), O. 407.
Tyrol, le (empire d'Autriche), F. O. 367.

U.

Uberlingen (Bade), O. 353.
Udine (Frioul, Italie), O. 382.
Ukraine (petite Russie), C. 431.
Underwald (Suisse), 372.
Ungerberg (Pr. rhén.), S. O. b. 307.
Ungstein (Bavière), S. O. b. 350.
Unter-Kutzendorf (Autriche), O. 358.
Uri (Suisse), C. 372.
Urzig (Pr. rhén.), S. O. b. 339.
Ustica, île (Naples), O. 398.

V.

Vachery (Russie), O. 440.
Val-Maxgia (Suisse), O. 375.
Valachie (Turquie), L. F. O. 446.
Valais, le (Suisse), L. O. 371.
Valdepenas (Espagne), F. O. 411.
Valdrach (Pr. rhén.), S. O. b. 340.
Valence, royaume de (Espagne), L. F. O. 412.
Valparaiso (Chili), O. 514.
Valpulezella (Italie), O. 383.
Valteline, la (Italie), O. 383.
Vartsike (Russie), O. 441.
Vaud (Suisse), O. r. 373.
Vaux, la (Suisse), O. r. 373.
Veglia, île (Dalmatie), O. 366.
Velez-Malaga (Espagne), L. O. 419.
Venise, L. O. 381.
Verdetto (Plaisance), O. 383.
Veroetz (Esclavonie), O. 365.
Véronèse (Italie), L. O. 383.
Vésuve, le mont (Naples), L. F. O. 393.
Vevey (Amérique du Nord), O. 503.
Vicence (Etat de Venise), O. 383.
Vidiguiera (Portugal), O. 429.
Vin d'agneau (Chine), 448.
Vin de paille de Franconie, L. F. 347.
Vin de riz (Chine), 477.
Vinaroz (Espagne), F. O. r. 413.
Vinitza (Croatie), O. 363.
Vins de l'Aar, S. O. b. 339.
Vins de la Moselle, S. F. O. b. 339.
Vins de la Nahe, S. O. b. 340.

Vins du Necker, F. O. r. 351.
Virginie (Etats-Unis), C. 503.
Viterbe (Etat romain), O. 391.
Vittoria (Espagne), F. b. 408.
Vittoria, île de (Sicile), O. 398.
Voghera (Italie), O. 380.
Volkach (Bavière), O. 350.

W.

Waehring (Autriche), O. 325.
Walporzheim (Pr. rhén.), S. O. b. 339.
Walzenhaus (Suisse), 370.
Warasdin (Croatie), 363.
Wehlen (Pr. rhén.), S. F. b. 339.
Weinberg (Wortemberg), S. F. 319.
Wernfeld (Suisse), O. 370.
Weinhaus (Autriche), O. 351.
Weinitz (Carniole), F. O. 365.
Weisskirchen (Croatie), O. 363.
Wenzenheim (Pr. rhén.), S. O. b. 339.
Wersitz (Hongrie), F. O. 363.
Wertheim (Bavière), S. O. b. 350.
Wetzlar (Prusse), S. O. b. 346.
Wiesbaden (Nassau), S. F. b. 345.
Wiesel (basse Styrie), O. 365.
Wikert (Hesse-Darmstadt), S. F. b. 345.
Wildenstein (Hesse-Darmstadt), S. O. b. 346.
Windisch Feistritz (Styrie), O. 364.
Winningen (Pr. rhén.), C. b. 340.
Winterthur (Suisse), O. 371.
Wipach (Carniole), F. O. 365.
Witteboom (cap de Bonne-Espérance), L. F. 487.
Wittingen (grand-duché de Luxembourg), O. b. 332.
Wolfhalden (Suisse), O. 370.
Worms (Hesse-Darmstadt), S. F. b. 345.
Wurtemberg (roy. de), S. F. O. 350.
Wurtzbourg (Franconie), F. L. 318-349-350.
Wurzgarten (Pr. rhén.), S. O. b. 339.

X.

Xérès de la Frontera (Espagne), L. S. F. b. 414.

Y.

Yemen (Arabie Heureuse), 469.
Yverdun (Suisse), O. 373.
Yvorne (Suisse), O. 373.

Z.

Zabert (Wurtemberg), S. F. 351.
Zadany (Hongrie), L. F. 360.
Zana (Pérou), O. 512.
Zante (île ionienne), O. 465.
Zara (Dalmatie), 366.
Zeil (Bavière), O. 350.
Zelaya (Mexique), L. F. 506.
Zeltingen (Pr. rhén.), S. F. b. 338.

Zemplin (comté de), L. F. b. 360.
Zips (Hongrie), O. 363.
Zollicon (Suisse), O. 371.
Zombor (Hongrie), L. F. 360.
Zschelhœ (Hongrie), F. O. 363.
Zug, canton de (Suisse), C. 371.
Zullichau (Prusse), C. 337.
Zurich (Suisse), O. 370.
Zymslansk (Russie), F. r. 434.

Paris. — Imprimerie de Mme Ve Bouchard-Huzard, rue de l'Éperon, 5.

Lightning Source UK Ltd.
Milton Keynes UK
UKHW022219110522
402858UK00003B/160

9 780270 922721